Thiele / Lohse

Stahlbau

Teil 1

Bearbeitet von Dr.-Ing. Wolfram Lohse
Professor an der Fachhochschule Aachen

23., überarbeitete Auflage
Mit 285 Bildern, 64 Tafeln und 71 Beispielen

B. G. Teubner Stuttgart 1997

Die Deutsche Bibliothek – CIP-Einheitsaufnahme

Thiele, Albrecht:
Stahlbau / Thiele/Lohse. Bearb. Von Wolfram Lohse.– Stuttgart :
Teubner
früher u.d.T.: Buchenau, Heinz: Stahlhochbau
Teil 1. Mit 64 Tafeln und 71 Beispielen. – 23., überarb. u. erw.
Aufl. – 1997
ISBN 3-519-15254-1

Printed in Germany
Gesamtherstellung: Präzis-Druck GmbH, Karlsruhe
Umschlaggestaltung: Peter Pfitz, Stuttgart

Vorwort

Die Vorzüge der Stahlbauweise beruhen auf den hochwertigen und in gleichmäßiger Güte gewährleisteten Eigenschaften des Werkstoffes sowie der sorgfältig überwachten Herstellung der Stahlkonstruktionen in Werkshallen bei stets gleichbleibenden Arbeitsbedingungen. Mit modernen Betriebseinrichtungen werden die Stahlbauteile in großen, transportfähigen Einheiten gefertigt und auf der Montagestelle in kurzer Zeit und bei nahezu jeder Witterung zum Bauwerk zusammengefügt. Die Stahlbauweise bietet dem Ingenieur und dem Architekten die Möglichkeit, für seine Bauaufgabe eine leichte und elegante Lösung zu finden, wobei nachträgliche Veränderungen wie Verstärkungen und Umbauten möglich sind. Die Wiederverwertbarkeit bei der Stahlerzeugung zeichnet diesen Werkstoff als besonders umweltfreundlichen Baustoff aus.

Diese Vorzüge haben der Stahlbauweise ein breit gestreutes Anwendungsgebiet erschlossen, das vom Stahlhochbau mit Kran- und Stahlleichtbau über den Stahlbrückenbau, Stahlwasserbau, Stahlbehälterbau bis hin zum Einsatz des Stahlbaus für Baugeräte reicht.

Mit dem Erscheinen der Stahlbaugrundnormen DIN 18800-1 bis -4 im November 1990 wurde eine über zehnjährige Entwicklungsarbeit abgeschlossen, die der modernen Stahlbautechnik sowie dem theoretischen Erkenntnisstand Rechnung trägt und sich in das Europäische Normenkonzept (Eurocodes) nahtlos einfügt. Auch wurden die 1981 verabschiedeten „Grundlagen zur Festlegung von Sicherheitsanforderungen für bauliche Anlagen" konsequent beachtet, womit ein Verlassen des bisherigen „zul σ -Konzepts" notwendig war.

Mit der 22. Auflage des Teils 1 des zweibändigen Lehrbuchs wurde die Umstellung auf das neue Normenkonzept vollzogen. Bei der damaligen Neufassung habe ich mich bemüht, den bewährten Aufbau und Stil des Buches zu bewahren und den Zweck der Darstellung, besonders die praktische Anwendung der Stahlbautechnik zu fördern, abermals zu erfüllen. Es erschien es mir auch geboten, auf die theoretischen Hintergründe des Normenwerkes intensiver als bisher einzugehen, da die Verwandtschaft zu den klassischen Lehren der Mechanik, Festigkeitslehre und Stabilitätstheorie in den „Nachweisformaten" nicht mehr so deutlich wird.

Wegen der erfreulicherweise sehr regen Nachfrage nach dem Werk wurde eine Neuauflage des Teils 1 bereits nach 3 ½ Jahren erforderlich. Diese Gelegenheit habe ich zunächst genutzt, die in der 22. Auflage entdeckten Schreib- und Rechenfehler zu beseitigen und die durch die „Anpassungsrichtlinien" ([28], [29]) bedingten Ergänzungen einzuarbeiten. An dieser Stelle möchte ich mich für die zahlreichen Hinweise, Anregungen und sachliche Kritik seitens der Fachkollegen ganz herzlich bedanken.

Darüberhinaus war es notwendig, den Abschnitt 1.1 (Werkstoffe) dem aktuellen technischen Stand anzupassen und dabei gleichzeitig die neuen Normen für die Werkstoffe einzuarbeiten. Bei den Stählen werden jedoch auch noch jene Bezeichnungen berücksichtigt, wie sie in den Berechnungsnormen verwendet werden.

Der vorliegende Teil 1 beginnt mit den Grundlagen (Werkstoffe, Ausführung und Schutz der Stahlbauten), dem Kalkulationswesen und der Anwendung der DV im Stahlbau. Es schließen sich die Berechnungen der Schrauben- und Schweißnahtverbindungen an.

Beim Nachweis von Druckstäben fordert das neue Regelwerk ausdrücklich neben den Nachweisen für Biegeknicken immer auch einen Tragsicherheitsnachweis für ein räumliches Versagen (Biegedrillknicken); dieser Nachweis wird an einem aus dem Tragwerk herausgelösten Stabzug (Ersatzstab) geführt. Für das Biegeknicken stehen Ersatzstabnachweise neben den genaueren Verfahren nach Theorie II. Ordnung (elastisch oder plastisch) zur Verfügung. Diese Theorie wird ausführlicher dargestellt und durch Beispiele erläutert.

Die Behandlung der Stützen und des Trägerbaus mit Walzprofilen schließen den Teil 1 ab.

Im Anhang schließlich sind zum besseren Verständnis die beiden Regelwerke (alt-neu) in Kurzform nochmals einander gegenübergestellt. Des weiteren sind zu den Stabilitätsnachweisen Ablaufdiagramme für die praktische Arbeit aufbereitet. Der Anhang enthält auch einige wichtige Tafeln nach dem „alten" Regelwerk, das fallweise anzuwenden ist.

Im parallel in 18. Auflage erschienenen Teil 2 des Werkes werden in konsequenter Fortführung zunächst die geschweißten Blechträger mit der Beultheorie ebener Rechteckplatten, die Fachwerkträger aus offenen und geschlossenen Profilen – letztere nach Eurocode 3 – und die Kranbahnträger behandelt. Der Dauer- und Betriebsfestigkeit (auch nach Eurocode 3) wurde ein eigenes Kapitel gewidmet. Bei den Rahmentragwerken habe ich besonderen Wert gelegt auf die Anwendung der Theorie II. Ordnung sowie auf die Fließgelenktheorie (I. und II. Ordnung). Auch werden die Rahmenecken (rippenlos nach Eurocode 3) ausführlich behandelt. Im Kapitel über Tragelemente mit dünnwandigen Querschnittsteilen wird auf Druckstäbe und Schubfeldträger (nach DASt-Ri 015) eingegangen. Der Teil 2 schließt ab mit dem Verbundbau (Träger und Stützen) nach Eurocode 4.

Für die reibungslose und erfreuliche Zusammenarbeit mit dem Verlag bin ich ihm zu Dank verpflichtet. Ferner danke ich auch den Fachkollegen und meinen studentischen Mitarbeiterinnen und Mitarbeitern, die mich bei der Neubearbeitung beider Teile unterstützten.

Es wird mich freuen, wenn die Fachwelt ihr Interesse an diesem Werk durch Anregungen und Hinweise abermals bekundet.

Aachen, im Frühjahr 1997 W. Lohse

Inhalt

Hinweise auf DIN-Normen in diesem Werk entsprechen dem Stand der Normung bei Abschluß des Manuskripts. Maßgebend sind die jeweils neuesten Ausgaben der Normblätter des DIN Deutsches Institut für Normung e. V. im Format A 4, die durch den Beuth-Verlag GmbH, Berlin und Köln, zu beziehen sind. – Sinngemäß gilt das gleiche für alle in diesem Buch angezogenen amtlichen Richtlinien, Bestimmungen, Verordnungen usw.

1 Werkstoffe, Ausführung und Schutz der Stahlbauten

1.1 Werkstoff Eisen und Stahl

Das für technische Zwecke verwendete Eisen (Fe) wird aus Erzen gewonnen. Als *Stahl* bezeichnet man jede Eisenlegierung, die nicht unter Roheisen oder Gußeisen einzuordnen ist; er ist ohne Vorbehandlung schmiedbar. *Baustähle* sind Eisen-Kohlenstofflegierungen. Mit steigendem Kohlenstoffgehalt wachsen Zugfestigkeit und Härte, jedoch nimmt die Zähigkeit des Stahls ab. Soll der Stahl zum Schweißen geeignet sein, muß der hohe C-Gehalt des Roheisens bei der Stahlherstellung auf ≤ 0,25% reduziert werden. Ebenso werden bei diesem Prozeß unerwünschte Beimengungen wie Schwefel, Phosphor und Stickstoff bis auf unschädliche Reste entfernt. Zur Erzielung höherer Festigkeit oder anderer geforderter Eigenschaften können weitere Elemente wie Silizium, Chrom, Mangan und ggf. Nickel und Molybdän zugefügt werden. Liegt der gesamte Legierungsanteil unter 5%, bezeichnet man den Stahl als niedrig legiert. Die jeweilige Gewinnungsmethode bestimmt die Eigenschaften und vielfach auch den Namen des Erzeugnisses.

1.1.1 Arten der Eisenwerkstoffe

1.1.1.1 Roheisen und Gußeisen

Roheisen bildet das Ausgangsmaterial für alle Eisenwerkstoffe und wird im Hochofen aus Eisenerz mit Koks unter Zusatz von Schlackebildnern sowie Einblasen von Luft reduzierend eingeschmolzen. Je nach Art der Erze und des Verhüttungsverfahrens erhält man unterschiedliche Roheisensorten. Sie enthalten alle reichlich (3 bis 6%) Kohlenstoff C sowie neben anderen geringfügigen Beimengungen mehr oder weniger Silizium Si, Mangan Mn, Phosphor P und Schwefel S.

Gußeisen wird aus Gießereiroheisen, vielfach unter Zusatz von Schrott oder anderen Beimengungen gewonnen. Wegen seines immer noch hohen Kohlenstoffgehalts (2 bis 4%) ist es sehr spröde und erst nach Vorbehandlung bedingt schmiedbar, jedoch rostbeständiger als Stahl. Die Zugfestigkeit ist wesentlich geringer als die Druckfestigkeit. Von den verschiedenen Sorten sind für den Bauingenieur nur Grauguß (GG – Gußeisen mit Lamellengraphit) und Gußeisen mit Kugelgraphit (GGG) wichtig.

1.1.1.2 Stahl

Erschmelzungsverfahren

Die Wahl des Erschmelzungsverfahrens bleibt dem Hersteller überlassen, sofern es nicht bei der Bestellung vereinbart wurde.

Unter der Notwendigkeit der Energieeinsparung und Produktivitätssteigerung hat sich die Technologie der Stahlherstellung in den letzten Jahren stark verändert. Während die *Windfrischverfahren* (Thomas- und Bessemer-Verfahren) schon seit längerem wegen der geringen Stahlqualität nicht mehr angewendet werden, hat bei den *Herdschmelzverfahren* das Elektrostahlverfahren das Siemens-Martin-Verfahren erst in letzter Zeit weitgehendst verdrängt. Von wirtschaftlicher Bedeutung sind daher nur noch die beiden nachfolgend behandelten Verfahren der Stahlerzeugung.

Sauerstoffblasverfahren. Der Anteil an der Stahlproduktion beträgt ca. 70% und liefert einen sehr reinen Stahl. Im *Konverter* wird reiner Sauerstoff unter hohem Druck entweder mit einer wassergekühlten Lanze auf die Oberfläche des Roheisens oder durch Düsen im Boden geblasen, wobei sehr hohe Temperaturen entstehen. Dadurch erübrigt sich eine (weitere) Energiezufuhr. Durch die Zugabe Schrott und Eisenerz in dosierten Mengen wird die Temperatur kontrolliert. Die hohe Konverterkapazität (bis 400 t) macht das Verfahren besonders wirtschaftlich.

Elektrostahlverfahren. Der niedrige Energieverbrauch, das große Angebot an recycelbarem Schrott und die weitgehendste Beschränkung auf die Herstellung von Stählen für besondere Anforderungen hat diesem Verfahren einen Anteil von ca. 30% an der Stahlproduktion gesichert, die vorwiegend in Mini-Stahlwerken erfolgt. Als Ausgangsprodukt dient vornehmlich Schrott, fallweise Eisenschwamm oder Roheisen; es wird mit elektrischer Energie im Lichtbogen erschmolzen und ist daher *frei* von den sonst üblichen Verunreinigungen. Legierungszusätze wie Ni, Cu, Cr, Mn u.a. können genau dosiert zugegeben werden. Durch die Entwicklung von *Hochleistungsöfen* mit bis zu 200 t Fassungsvermögen können in Verbindung mit der *Stranggußtechnik* auch die sogenannten *Massenstähle* wirtschaftlich hergestellt werden.

Pfannenmetallurgie

Diese sekundäre Nachbehandlung des in den zuvor beschriebenen Verfahren erzeugten Stahls dient der Qualitätssteigerung und erfolgt in der Gießpfanne. Die verfahrensspezifischen Maßnahmen sind auf das jeweilige Erzeugnisprogramm der Hütten- und Walzwerke abgestimmt. Die Ziele der Pfannenmetallurgie sind in erster Linie die Reduktion des C-, H-, und O-Gehaltes der Schmelze, die Homogenisierung der Schmelze und deren Temperatur, die Beseitigung restlicher Verunreinigungen und die Entschwefelung sowie die Einstellung der Gießtemperatur. Zur *Desoxidation* werden vorzugsweise Si und Al, aber auch Mn, Ti und C verwendet. Die bei dieser Maßnahme entstehenden Oxidationsprodukte können beim erstarrenden Stahl während des Vergießens zu schädlichen Einschlüssen führen und werden dann fallweise über einen Veredelungsprozeß beseitigt. Die wichtigsten Verfahren sind das *Argon-Frischen*, das *Rühren* und *Erhitzen der Schmelze* im Gießpfannenofen und die *Entgasung* in der *Vakuum-Behandlung* oder der *Staubentgasung* über die Schlacke.

Vergießen und Erstarren

Der flüssige Stahl wird aus der Gießpfanne (seltener aus dem Konverter) entweder in gußeiserne *Kokillen* gegossen, in denen er zu Blöcken erstarrt (*Blockgußverfahren*), oder es entsteht im *Stranggußverfahren* ein kontinuierlicher Strang, bei dem das Entstehen von *Lunkern* (Hohlräume) wie beim Blockgußverfahren infolge internen Schrumpfens vermieden wird. Das Stranggußverfahren dominiert mit einem Anteil von ca. 80%. Die Vergießungsart richtet sich nach dem Grad der Desoxidation in der Pfannenmetallurgie.

Unberuhigt vergossener Stahl (FU, früher U). Beim Erstarren des flüssigen Stahls bilden sich *Blasen* aus Kohlenmonoxiden, die nur unvollkommen entweichen können und die Schmelze zum "kochen" bringt; außerdem ergeben sich bei der Erkaltung im Innern der Blöcke Anreicherungen von S und P, die dann als *Seigerungen* (Entmischungen) auch in den fertigen Walzerzeugnissen erscheinen (Bild **1.**1). Beides beeinträchtigt die Schweißeignung des Stahls und führt zu Doppelungen in den Stegen der Walzprofile und in Blechen (Bild **1.**2), wo sie sich bei Zugbeanspruchung in Dickenrichtung besonders schädlich auswirken. In der Stranggußtechnik ist ein unberuhigter Stahl nicht vergießbar. Die *unberuhigt nicht zulässige* Vergießungsart wird durch (FN) gekennzeichnet.

Beruhigt (früher R) und vollberuhigt (FF) – früher als besonders beruhigt (RR) bezeichnet- erstarrt die Schmelze dann, wenn der im Stahl gelöste Sauerstoff durch sauerstoffaffine Zusätze wie Si, Al, Mn und Ca gebunden wird. Gleichzeitig sorgt das feinverteilte Aluminiumnitrid für die erwünschte *Kornverfeinerung*. Der so beruhigte Stahl erstarrt blasenfrei, ist kaum *alterungsempfindlich* und neigt nicht zu Seigerungen. Damit sind auch größere Blechdicken gut schweißbar.

Durch die Bezeichnung der Stähle wird die in der Pfannenmetallurgie notwendige Nachbehandlung der Stahlschmelze erkenntlich. Im Zweifelsfall kann die Vergießungsart durch eine *chemische Analyse* oder mit Hilfe des *Baumannabdruckes* festgestellt werden. Liegt der Si-Gehalt > 0,1%, so handelt es sich um einen beruhigten Stahl; beim Baumannabdruck werden Seigerungen sichtbar.

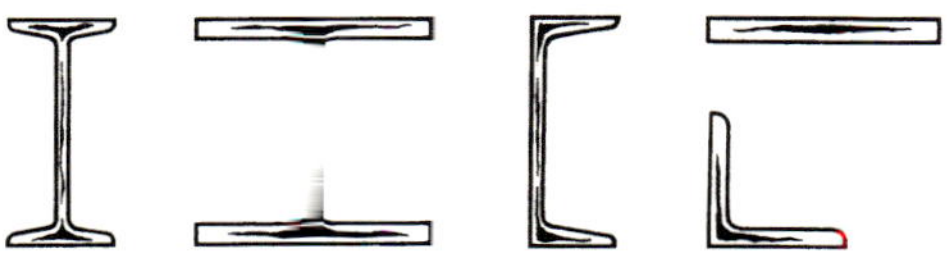
1.1 Seigerungen

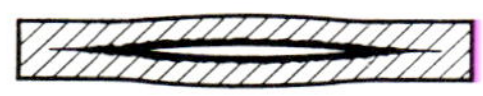
1.2 Doppelungen

Wärmebehandlung und Walztechnik

Die Schweißbarkeit der Stähle wird i. w. durch deren Zähigkeitseigenschaften bestimmt, die nicht nur von der chemischen Zusammensetzung, sondern insbesondere auch vom *Gefügeaufbau* (Korngröße) abhängig ist. Die erwünschte Feinkörnigkeit der Walzprodukte wird entweder erreicht durch eine Wärmebehandlung nach der Formgebung (Flacherzeugnis, Langerzeugnis) oder bereits beim Warmwalzvorgang, wodurch gleichzeitig Energie eingespart wird.

Beim **Normalglühen** (N) wird das geformte Walzprodukt nochmals (nachträglich) bis oberhalb des oberen Umwandlungspunktes A_3 (im Eisen-Kohlenstoffdiagramm) erwärmt und langsam abgekühlt. Es entsteht ein feinkörniges Gefüge mit geringer Neigung zum Sprödbruch.

Gleich gute oder sogar noch bessere Ergebnisse lassen sich erzielen, wenn beim Walzvorgang die Walztemperatur kontrolliert wird. Man unterscheidet:

Normalisiertes Walzen (N). Bei dieser Walztechnik erfolgt die Endformgebung in Höhe der Normalisierungstemperatur von ca. 850-950 °C, also wie beim Normalglühen.

Thermomechanisches Walzen (M). Hier wird die Endwalztemperatur nur wenig oberhalb des unteren Umwandlungspunktes (A_1) bei ca. 750 °C eingestellt, womit eine Rekristallisierung des Austenitkorns vermieden wird. Es bildet sich feines Ferrit.

Bei beiden Walztechniken wird gleichzeitig auch eine bessere Oberflächenqualität (durch weniger Zunder) erreicht. Eine weitere Kornverfeinerung ist möglich, wenn eine *beschleunigte Abkühlung* aus der Endwalztemperatur (durch Wasser) erfolgt. Man erzielt höhere Festigkeiten bei unveränderter guter Zähigkeit.

Das **Vergüten** (Q) stellt eine weitere Wärmebehandlung der Stähle nach dem Walzen dar. Nach dem letzten Walzvorgang wird die Oberfläche durch Wasser stark gekühlt; es entsteht ein im Kristallgitter stark verspanntes, hartes und sprödes Gefüge (*Martensit*). Dieser Vorgang heißt **Härten**. Ein erwünschter Ausgleich zwischen Festigkeit und Zähigkeit wird erreicht, indem man den raschen Abkühlungsvorgang gezielt unterbricht. Dies führt zu einem Wärmeaustausch zwischen dem noch warmen Kern und der erkalteten Oberfläche (Selbstanlassen). Dieser Anlaßvorgang kann auch nach der Erkaltung des Walzproduktes durch nochmaliges Erwärmen unterhalb des unteren Umwandlungspunktes (A_1) erfolgen. Es werden Stähle mit hoher Festigkeit und Zähigkeit gewonnen, die auch bei größeren Dicken ohne Vorwärmen schweißbar sind.

Stahlsorten und Stahlgüten

Nach DIN EN 10020 werden die Stähle nach der chemischen Zusammensetzung unterteilt in *unlegierte* und *legierte* Stähle. Für den Stahlbau wichtige Stähle gehören der ersten Sorte an, welche nochmals in die Hauptgüteklassen *Grundstähle (B), Qualitätsstähle (Q)* und *Edelstähle (S)* unterteilt ist.

Flach- und Langerzeugnisse aus warmgewalzten (unlegierten) Grund- und Qualitätsstählen unterscheiden sich hinsichtlich der Streckgrenze, der chemischen Zusammensetzung und der *Gütegruppen,* die in Abhängigkeit von der Kerbschlagarbeit sowie deren *Prüftemperatur* (+20, 0, -20, -30,... °C bzw.R, 0, 2, 3,...) festgelegt ist. Stähle mit einer Kerbschlagarbeit von mindestens 27J werden durch „J“ und solche mit mindestens 40 J durch „K“ gekennzeichnet. Der Informationsgehalt dieser Buchstaben- und Zahlenkombination ging früher aus den Anhängezahlen 2 und 3 – z. B. St37-2, St37-3 – hervor. Mit wachsender Kerbschlagarbeit und fallender Prüftemperatur steigt die Schweißeignung und sinkt die Sprödbruchgefahr.

Bezeichnung der Baustähle

Die Bezeichnung der Baustähle (S) erfolgt i. d. R. über *Kurznamen* mit *Hauptsymbolen* nach DIN EN 10027-1 und *Zusatzsymbolen* nach DIN 17006-100. (Die Bezeichnung über Werkstoffnummern ist in DIN EN 10027-2 geregelt). Dem Symbol (S) folgt der Mindestwert der Streckgrenze (f_y, R_{eH}) in N/mm^2 für Dicken ≤ 16 mm. Die Zusatzsymbole der Gruppe 1 kennzeichnen die Gütegruppe und den Lieferzustand (FU, FN, FF), welcher in der Stahlbezeicnung für *warmgewalzte Erzeugnisse aus unlegierten Baustählen nach DIN EN 10025* mit G1 bis G4 abgekürzt wird. Zusatzsymbole der Gruppe 2 kennzeichnen bestimmte Verwendungszwecke (z. B. H = Hohlprofil, W = Wetterfest) und werden der Gruppe 1 angehängt. Regelungen hierzu für Flach- und Langerzeugnisse siehe Norm.

Mit diesen und den vorangegangenen Erläuterungen hat z. B. ein beruhigt vergossener *Baustahl* mit einer Streckgrenze von 235 N/mm^2 und einer Kerbschlagarbeit von 27 J bei 20 °C Prüftemperatur im normalgeglühten (oder normalisierend gewalzten) Lieferzustand die Bezeichnung S235JRG2.

In DIN EN 10025 sind auch die Maschinenbaustähle – Symbol E – E355 (St60-2) und E360 (St70-2) aufgenommen, die vorzugsweise für Kranschinen verwendet werden.

Schweißgeeignete Feinkornbaustähle nach DIN EN 10113 sind Qualitäts- und Edelstähle. Der Lieferzustand ist durch N oder M gekennzeichnet und wird durch den Kennbuchstaben L für die Anforderungen an die Kerbschlagarbeit bei -50 °C ergänzt, z. B. S355NL. *Feinkornbaustähle* für Druckbehälter sind in DIN EN 10028-3 erfaßt. Beide Normen ersetzen DIN 17102. Die *Wetterfesten Baustähle* nach DIN EN 10155 sind niedrig legierte Edelstähle und stellen hinsichtlich der chemischen Zusammensetzung eine Weiterentwicklung der Stähle S235 und S355 dar. Ihre Anwendung im ungeschützten Zustand bedarf derzeit noch einer Zustimmung im Einzelfall. Da das Korrosionsverhalten dieser Stähle von den Witterungs- und Umgebungsbedingungen stark abhängig ist, sind bei ihrem Einsatz auf einige konstruktive Besonderheiten zu achten.

Gußstahl

Er wird aus geeigneten Stahlsorten mit meist höheren C-Gehalt in Sandformen zu Konstruktionsteilen als Stahlguß (GS) vergossen. Für die Verwendung im Stahlbau gilt DIN 1681 bzw. DIN 17182.

1.1.2 Eigenschaften der Baustähle

Die für das Bauwesen wichtigen Stahlsorten sind mit ihren mechanischen Eigenschaften und üblichen Anwendungsbereichen in Tafel **1**.1 zusammengestellt. Sie enthält auch die Umschlüsselung der Stahlbezeichnungen.

1.1.2.1 Werkstoffkennwerte

Ein Teil der Werkstoffkennwerte wird dem Spannungs-Dehnungsdiagramm des einachsigen Zugversuchs entnommen, bei dem ein Prüfstab nach DIN EN 10002-1 langsam und stoßfrei bis zum Bruch belastet wird (Bild **1**.3).

Im Bereich A bis P verläuft die Dehnung genau propotional der Belastung, also nach dem *Hookeschen Gesetz* (Propotionalitätsbereich). Da Punkt *P* wegen des stetigen Übergangs der Kurve schlecht bestimmbar ist, ermittelt man praktisch statt dessen die „technische Elastizitätsgrenze" $f_{0,01}$ (Punkt *E*) mit der definierten meßbaren Eigenschaft, daß die bleibende Dehnung $\varepsilon_r = 0{,}01\%$ ist.

Bei Punkt S (beim Zugversuch *Streckgrenze* f_y , beim Druckversuch Quetschgrenze) setzt starkes Fließen ein. Bei Stählen ohne ausgeprägtes Fließverhalten, z. B. legierte Stähle, gibt man statt f_y die Spannung $f_{0,2}$ bei 0,2% bleibender Dehnung an.

Die Spannungs-Dehnungs-Linie des Diagramms sinkt im weiteren Verlauf zunächst ab, um dann im *Verfestigungsbereich* bis zur Zugfestigkeit f_u anzusteigen (Punkt *B*). Der eigentliche Bruch tritt aber erst nach Spannungsabfall bei Z ein. Das Absinken bedeutet jedoch an sich keine Abnahme der Spannung; es ist vielmehr auf die Querschnittsverkleinerung infolge Einschnürung des Prüfstabes zurückzuführen, auf die ja nunmehr die Spannung bezogen werden müßte. Die Spannung verringert sich also nur scheinbar.

Aus dem linearen Verhältnis der Spannungen zur Dehnung im elastischen Bereich *AP* errechnet sich die Größe des *Elastizitätsmoduls* $E = \sigma / \varepsilon = 210000$ N/mm², der eine wichtige Kenngröße des Baustahls darstellt. *E* hat für die allgemeinen Baustähle unabhängig von ihrer Festigkeit die gleiche Größe.

Baustahl soll nicht nur ausreichend fest, sondern auch zäh sein, da er neben ruhenden Belastungen häufig Schlag-, Stoß- und Wechselbelastungen sowie Schwingungen aufzunehmen hat; durch gutes Formänderungsvermögen soll er örtliche Spannungsspitzen ohne Rißbildung abbauen. Die *Zähigkeit* wird beurteilt anhand der *Bruchdehnung* (Bild **1**.3) und nach dem *Faltversuch*, bei dem die Probe bei vorgegebenem Dorndurchmesser und Biegewinkel keinen Riß auf der Zugseite zeigen darf (Tafel **1**.1).

Ist der Werkstoff einmal über die Elastizitätsgrenze hinaus beansprucht worden, tritt nach einiger Zeit eine *Alterungssprödigkeit* auf: das Gefüge verändert sich, die Festigkeit nimmt zu, jedoch sinkt zugleich die Dehnungsfähigkeit ab. Wegen der verminderten Zähigkeit infolge einer solchen Kaltverformung darf die Werkstoffverfestigung im Stahlbau im allgemeinen nicht zur Erhöhung der Grenzspannungen ausgenutzt werden; Schweißen in stark kaltgeformten Bereichen ist aus gleichem Grund nicht zulässig (Tafel **3**.21).

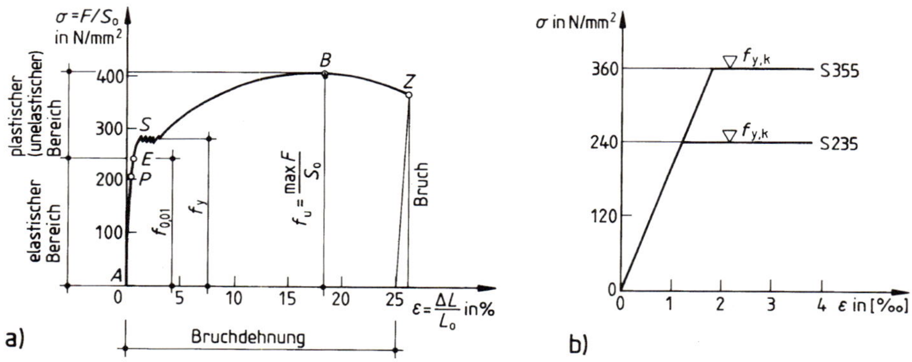

1.3 Spannungs-Dehnungsdiagramme

a) tatsächliches Diagramm für S235

b) idealisierte Diagramme

1.1.2.2 Schweißeignung

Die Schweißbarkeit eines Bauteils hängt ab von der *Schweißeignung* des Werkstoffs, der *Schweißsicherheit* der Konstruktion und der *Schweißmöglichkeit* der Fertigung. Die Wahl eines zum Schweißen geeigneten Werkstoffs ist demzufolge allein nicht ausreichend, sie ist jedoch eine wichtige Voraussetzung. Die Schweißeignung einer Stahlsorte ist zunächst gewährleistet bei Einhaltung der Anforderungen hinsichtlich der chemischen Zusammensetzung und der mechanisch-technologischen Eigenschaften in den entsprechenden Werkstoffnormen (s. Tafel **1**.1). Darüberhinaus wird sie beurteilt nach der Sprödbruchneigung, der Alterungsneigung, der Härtungsneigung, der Neigung zu Heiß- und Kaltrissen und der Terrassenbruchgefahr des Werkstoffs. Falls einer oder mehrere dieser Faktoren ungünstig ist, sind bei der schweißtechnischen Fertigung zweckmäßige, nachfolgend beschriebene Fertigungsbedingungen zu wählen.

Sprödbruchneigung. Hierunter versteht man das Stahlverhalten bei mehrachsigen Spannungszuständen, tiefer Temperatur und hoher Beanspruchungsgeschwindigkeit. Grundlage für ihre Bewertung ist die in Abhängigkeit von der Prüftemperatur gewährleistete *Kerbschlagarbeit* (Tafel **1.**1) sowie der *Aufschweißbiegeversuch:* Fertigungsmaßnahmen zur Verhinderung von Sprödbrüchen sind: Umformen oder thermisches Schneiden und Schweißen bei niedrigen Temperaturen vermeiden; Kerbwirkungen und dicke Querschnitte vermeiden; ungehindertes Schrumpfen der Bauteile durch geeignete Schweißfolge gewährleisten; Eigenspannungen durch Spannungsarmglühen verringern.

Alterungsneigung. Neigung zu Eigenschaftsveränderungen infolge Alterns nach Kaltverformung s. Abschn. 1.1.2.1. Kaltverformungen in Bereichen, in denen geschweißt werden soll, sind zu vermeiden; andernfalls ist vor dem Schweißen eine geeignete Wärmebehandlung vorzunehmen.

Härteneigung. Sie berücksichtigt Aufhärtbarkeit und Einhärtbarkeit der Stahlsorte und wird nach der chemischen Zusammensetzung beurteilt. Es ist durch *Vorwärmen* dafür zu sorgen, daß die kritische Abkühlungsgeschwindigkeit nicht überschritten wird.

Heiß- und Kaltrißneigung. *Heißrisse* können im Schweißgut und der Wärmeeinflußzone infolge niedrigschmelzender Verunreinigungen an den Korngrenzen entstehen. Durch geringe Wärmeeinbringung beim Schweißen, Verwendung basischer Elektroden und Schweißhilfen in Form von Auslaufblechen lassen sich diese vermeiden. *Kaltrisse* sind die Folge einer Wasserstoffversprödung (Martensitbildung) beim Schweißen. Abhilfe schafft hier ein gezieltes Vorwärmen der zu verbindenden Teile.

Terrassenbruchgefahr geht von den beim Walzen schichtweise angeordneten, nichtmetallischen Einschlüssen aus, die eine verminderte Dehnfähigkeit bei Beanspruchung in Dickenrichtung der Erzeugnisse bewirken. Eine Beurteilung ist möglich über die Brucheinschnürung in Dickenrichtung. Konstruktive Maßnahmen s. Abschn. 3.2.3.

Die unlegierten Baustähle nach Tafel **1.**1, Zeile 1 bis 10 sind für die üblichen Schmelzschweißverfahren gut geeignet. Lediglich die Sorten S235JR und S235JRG1 weisen eine gewisse Sprödbruchneigung auf; Stähle der Gütegruppen J2 und K2 sind sprödbruchunempfindlich. Eine Neigung zur Heißrissigkeit zeigen die Schienenstähle E335 und E360 sowie (austenitische) *nichtrostende* Stähle (z. B. X6CrNiTi 18 10), zur Kaltrissigkeit die *Feinkornbaustähle* N, NL (früher StE), zu denen auch die Stähle S355 zu zählen sind. Die hier beim Schweißen einzuhaltenden Fertigungsbedingungen sind in der DASt-Richtlinie 011 vorgeschrieben; für die *nichtrostenden* Stähle sind sie in den jeweiligen allgemeinen bauaufsichtlichen Zulassungen aufgeführt. Zum Terrassenbruch neigen vollberuhigte Baustähle (FF) und Feinkornbaustähle, wenn nicht besondere Lieferbedingungen (z. B. nach SEL 096) eingehalten sind.

1.1.3 Werkstoffprüfung

Da für die Festigkeit des fertigen Bauwerkes sowohl die Eigenschaften des Werkstoffes als auch die der Walzwerkserzeugnisse maßgebend sind, setzt die Prüfung bereits bei der Gewinnung des Roheisens ein. Vom Hochofen über alle Schmelz- und Mischverfahren wird der Stahl dauernd durch chemische, mechanische oder optische Prüfverfahren überwacht. Das für den Stahlbauer fertige Rohmaterial (Profile, Bleche) wird vor Auslieferung nochmals nach den in den Lieferbedingungen enthaltenen Vorschriften geprüft.

Tafel **1.1** Gebräuchlichste Stahlsorten des Stahlbaues und ihre wichtigsten Merkmale

Kurzname der Stahlsorte: Bezeichnung nach DIN EN 10027-1 (9.92) Stahlart: B Grundstahl Q Qualitätsstahl S Edelstahl		ältere Bezeichnung	Desoxydationsart (frühere Bezeichnung ( )) FU unberuhigt (U) FN unberuhigt nicht zulässig (R) FF[1]) Vollberuhigt (RR)	Lieferzustand (frühere Bezeichnung ( )) (U) unbehandelt N (N) normalgeglüht oder normalie-sierend gewalzt M thermomechanisch gewalzt Q (V) vergütet	DIN EN Blatt ( ) frühere Normen
S 235 JR	B	ST 37-2	freigestellt	– (U), N	10025 (17100)
S 235 JR G1	B	U St 37-2	FU (U)		
S 235 JR G2	B	R ST 37-2	FN (R)		
S 235 J0	Q	St 37-3	FN (RR)	– (U)	
S 235 J2 G3	Q		FF	N	
S 275 JR	B	St 44-2	FN (R)	– (U), N	
S 275 J0	Q	St 44-3	FN (RR)	– (U)	
S 275 J2 G3	Q		FF	N	
S 355 J0	Q	St 52-3	FN (RR)	– (U)	
S 355 J2 G3	Q			N	
E 335	B	St 60-2	FN (R)	– (U), N	
E 360	B	St 70-2	FN (R)		
S 355 N	Q	St E 355	FF (RR)	N oder M	10113 (17102)
S 355 NL	Q	T St E 355			
		W St E 355	FF (RR)		17102
		E St E 355			
		U St 36	(U)		17111
		R St 38	(R)		
1C35	S	C 35		N	(17200)
3C45	S	Ck 45		Q (V)	10083
		GS-52			1681
		GS-20 Mn 5		N	17182
X 46 Cr 13	S				10088 (17440)
X 6 Cr Ni Ti 18 10	S				

[1]) Vollberuhigter Stahl mit einem ausreichenden Gehalt an stickstoffabbindenden Elementen (z. B. ≥ 0,02% Al)

[2]) Mindestwerte an Längsproben nach DIN EN 10 002-1 abhängig von der Erzeugnisdicke (s. DIN-Blätter)

Tafel **1.1**, Fortsetzung

Zugfestigkeit[2]) f_u (R_m) in N/mm²	Streckgrenze[2]) f_y (R_{eH}) in N/mm²	Bruchdehnung der Längsproben[3]) $L_0 = 5{,}65 \cdot \sqrt{S_0}$, S_0 Probenquerschnitt ($L_0 = 5 \cdot d_0$ nach DIN 50 125) in %	Prüftemperatur der ISO-Spitzkerbproben[4]) in °C	Eignung zum Schmelzschweißen: 1 vorhanden, 2 mit Einschränkung, 3 bei besonderer Vorbereitung und Nachbehandlung	Anwendungsgebiete
340 bis 470	235 bis 225	26 bis 24 (24) (22)	+ 20	1	bevorzugte Stahlsorten für Bauteile des Stahlhoch- und Brückenbaus
	235 bis 175		± 0		
			− 20		
410 bis 560	275 bis 205	22 bis 20 (20) (18)	+ 20		
			± 0		
			− 20		
490 bis 630	355 bis 275		+ 20		
			− 20		
570 bis 710	335 bis 255	16 (14) bis 14 (12)	–	keine Angaben	Stahlsorten für Sonderzwecke z. B. Flachstahlschienen
670 bis 830	360 bis 285	11 (10) bis 9 (8)	–		
470 bis 630	355 bis 295 335 bis 295	22	s. Norm	1	W = warmfest T < 250 °C T = kaltzäh T > − 50 °C E = kaltzäh T > − 60 °C
330 bis 430 370 bis 460	205 bis 195	30	+ 20	2	Stähle für Schrauben, Muttern, Niete
	225 bis 215	25	+ 10		
490 bis 640	275	21	–	–	Lager-Walzen
630 bis 850	500	14			Schrauben 8.8
520	260	18	–	3	Lager, Gelenke, Sonderbauteile
500 bis 650	300 bis 260	22			
≤ 800	–		–		Edelstahl-Lager
700 bis 850	–			1	nicht rostende Bauteile

[3]) für Nenndicken von 3 bis 100 mm. Klammerwerte für Querproben

[4]) Mittelwert der Kerbschlagarbeit aus 3 Proben ≥ 27 J für Erzeugnisdicken von 10 bis 150 mm; für andere Dicken s. Normblätter.

Die **spezifische Prüfung** umfaßt den in Abschn. 1.1.2.1 genannten *Zugversuch* nach DIN EN 10002-1. Er bildet die Grundlage zur Einstufung der Erzeugnisse in Tafel **1**.1. Der *Kerbschlagbiegeversuch* nach DIN EN 10045-1 ist für Stähle der Gütegruppen J0, J2G3, J2G4, K2G3 und K2G4 erforderlich und liefert den Nachweis der Schweißeignung. Nach Vereinbarung ist eine Prüfbescheinigung nach DIN EN 10204 auszustellen. Zusätzlich können im Stahlbau u. a. folgende Prüfungen erforderlich oder vorgeschrieben sein:

Härteprüfung nach Brinell (DIN EN 10003-1), Vickers (DIN 50133), Rockwell (DIN EN 10109). Rückschlüsse auf Zugfestigkeit, Fließgrenze und Schweißeignung sind möglich.

Aufschweißbiegeversuch nach SEP 1390 für Blech und Breitflachstahl mit Dicken > 30 mm, die im Bereich der Schweißnähte auf Zug beansprucht werden. Erforderlich nach DIN 18800-1.

Magnetpulverprüfung (DIN 54131) zur Feststellung von Rissen am fertigen Bauteil.

Röntgen- (DIN 54111) und *Ultraschallprüfung* (DIN 54119) zum Nachweis von Doppelungen und inneren Rissen sowie für Schweißnähte.

1.2 Walzerzeugnisse

1.2.1 Form-, Stab- und Breitflachstahl

Stabstahl sind die Profile unter 80 mm, ferner ⅂, ∟, ⊤-Profile sowie Rund-, Halbrund-, Flachhalbrund-, Vierkant-, Flach-, Sechs- und Achtkantstahl.

Formstahl umfaßt I- und U-Profile mit ≥ 80 mm Höhe sowie die Breitflanschträger.

I-Stahl mit geneigter innerer Flanschfläche nach DIN 1025-1 wird zunehmend durch IPE-Stahl ersetzt.

IPE-Stahl mit parallelen Flanschflächen nach DIN 1025-5 bzw. EN 19-57; bevorzugt für Biegeträger.

IPEo- und IPEv-Stahl (nichtgenormt) mit dickeren Stegen und Flanschen als IPE-Stahl; [26].

IPB$_l$-Stahl, breite I-Träger mit parallelen Flanschflächen, leichte Reihe nach DIN 1025-3 bzw. HEA nach EN 53-62; bevorzugt für Druckstäbe und Biegeträger.

IPB-Stahl, breite I-Träger mit parallelen Flanschflächen nach DIN 1025-2 bzw. HEB nach EN 53-62; bevorzugt bei Doppelbiegung und für Stützen.

IPBv-Stahl, breite I-Träger mit parallelen Flanschflächen, verstärkte Reihe nach DIN 1025-4 bzw. HEM nach EN 53-62, bevorzugt für Druckstäbe und Biegeträger.

HX-, HD-, HP und sonstige, nichtgenormte parallelflanschige I-Profile in besonderen Ausführung für Stützen, s. Firmenprospekte (z. B. ARBED).

T-Stähle, erzeugt durch Längstrennen von I-Trägern. Alle Sorten der I-Träger werden in der Hälfte oder kurz vor der Halsrundung längsgetrennt geliefert. Sie eignen sich besonders für Schweißkonstruktionen.

U-Stahl, rundkantig nach DIN 1026 mit geneigter innerer Flanschfläche; bzw. **UAP/UPE** mit parallelen Flanschflächen (nicht genormt).

L-Stahl, gleichschenklig nach DIN 1028, ungleichschenklig nach DIN 1029

Z-Stahl nach DIN 1027, für Pfetten.

Breitflachstahl nach DIN 59200 bzw. EN 91-70.

Flachstahl nach DIN 1017-1.

Wulstflachstahl nach DIN EN 10067; im Schiffbau und für Aussteifungen (Bild **1.4**)

Vierkantstahl nach DIN 1014

Rundstahl nach DIN 1013.

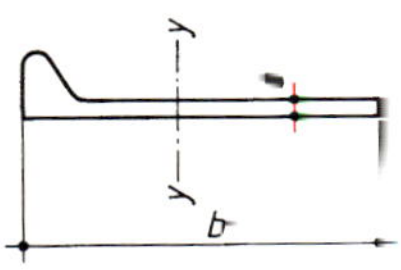

1.4 Wulstflachstahl nach DIN EN 10067

Walzprofile sind in Regellängen bis 12 m (T, L, L) bzw. 15 m (I, ⊏, Z) und in Überlängen mit Aufpreis bis 20 m lieferbar.

1.2.2 Bleche

Sie werden in Längs- und Querrichtung gewalzt und kommen deswegen vor allem dann in Frage, wenn mehrachsige Beanspruchung vorliegt, wie z. B. bei Steg- und Knotenblechen, Kopf- und Fußplatten, Unterlagsplatten usw. Man unterscheidet nach der Blechdicke folgende Gruppen:

Mittelbleche von 3 bis 4,75 mm Dicke nach DIN 1542; Längen bis über 7000 mm.

Grobbleche > 4,75 mm Dicke nach DIN EN 10029, Breite bis 3600 mm, Länge bis 8000 mm.

Riffel- und Raupenbleche in Dicken von 3 bis 24 mm und Flächengrößen ≤ 10 m² sowie **Tränenbleche in Grunddicken von 3 bis 8 mm;** [23]; geeignet als tragende Belagbleche für Stufen, Stege und Bühnenabdeckungen (Bild **1.5**)

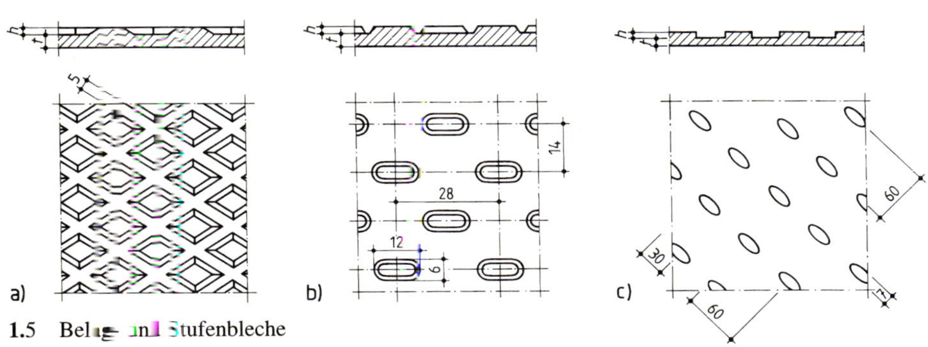

1.5 Belag- und Stufenbleche

a) Riffelblech b) Raupenblech c) Tränenblech

Stahltrapezprofile (Bild **1**.6) sind nicht genormt und von verschiedenen Herstellern nach allgemeiner bauaufsichtlicher Zulassung lieferbar. Nenndicke t = 0,75 bis 2,0 mm, Höhe h = 26 bis 160 mm, Wellenlänge b = 167 bis 345 mm. Allgemeine Anforderungen und die rechnerische Ermittlung der Tragfähigkeit sind in DIN 18807 geregelt.

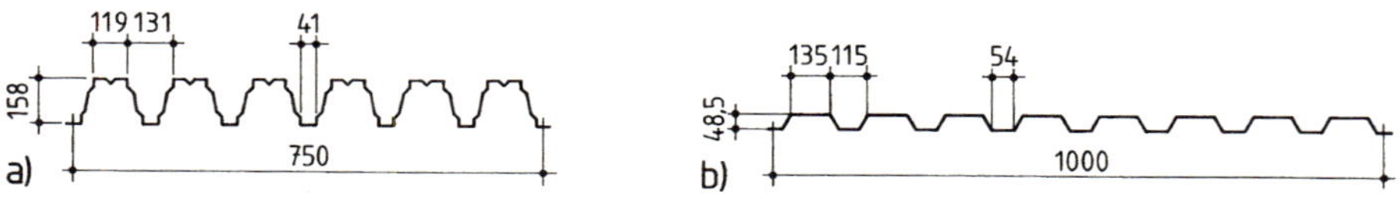

1.6 Trapezbleche

1.2.3 Hohlprofile

Sie haben einen relativ großen Trägheitsradius und eignen sich daher besonders für Druckstäbe. Sie werden u.a. bei Fachwerken, Stützen und Masten verwendet.

Nahtlose Stahlrohre nach DIN 2448 werden mit Außendurchmessern D = 10,2 bis 660 mm und Wanddicken s = 1,6 bis 65 mm hergestellt. Stahlsorte nach DIN EN 10210.

Geschweißte Stahlrohre nach DIN 2458 mit D = 10,2 bis 2220 mm und s = 1,4 bis 40 mm. Bezeichnung: Rohr D x s DIN 2458 – Stahlsorte nach DIN EN 10210.

Quadratische und rechteckige Hohlprofile nach DIN 59410 mit den Abmessungen 40 × 40 × 2,9 bis 400 × 400 × 20 mm und 50 × 30 × 2,9 bis 400 × 260 × 17,5 mm werden aus nahtlosen, bevorzugt aus geschweißten Stahlrohren bei Walztemperatur umgeformt. Es tritt keine Kaltverformung auf, die besondere Maßnahmen beim Schweißen erfordern würde. Werkstoff nach DIN EN 10210.

Hohlprofile werden auch kalt gefertigt, mit den Stahlsorten nach DIN 17119 bzw. DIN 17125. Bei diesen Profilen ist die Schweißbarkeit mit Rücksicht auf die Sprödbruch- und Alterungsgefahr in den kaltverformten Bereichen eingeschränkt (s. DIN 18800-1).

1.2.4 Kaltprofile

Nach DIN 59413 aus 1,5 bis 8 mm dickem Warmband aus Stahlsorten der Gütegruppen JR und J0, J2 nach DIN EN 10025. Kalt gewalzte oder abgekantete Profile werden in der Stahlleichtbauweise für Decken und Dachkonstruktionen sowie als Schalungsträger verwendet. Die Querschnittsformen und -abmessungen sind nicht genormt (Bild **1**.7).

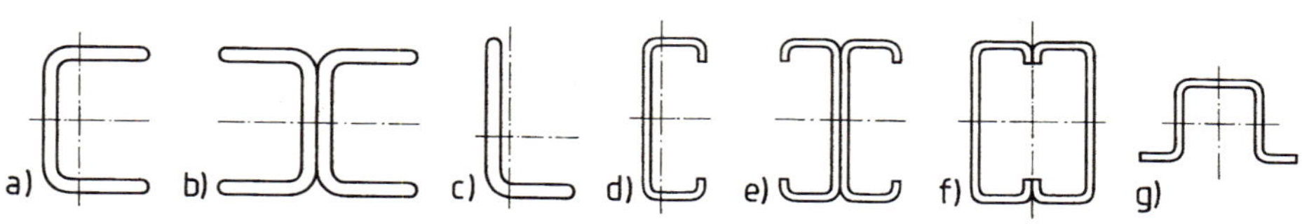

1.7 Beispiele von Kaltprofilen (nicht genormt)

1.3 Ausführung der Stahlbauten

1.3.1 Zeichnerische Darstellung von Stahlbau-Konstruktionen

Grundlagen sind die Zeichnungsnormen, vor allem DIN ISO 5261, Technische Zeichnungen für Metallbau.

Konstruktionszeichnungen werden im Stahlbau im allgemeinen im Maßstab 1:10 (auch 1:15) auf Transparentpapier überwiegend in Tusche oder mit Hilfe von CAD angefertigt. Die Bauglieder werden nicht einzeln, sondern im zusammengebauten Zustand dargestellt und bemaßt. Falls Einzelheiten vergrößert dargestellt werden müssen, dienen dazu die Maßstäbe 1:5, 1:2,5 und 1:1. Letzterer ist vor allem für Knotenbleche gebräuchlich, die auf dickes (Pack-)Papier aufgetragen und wie Schablonen verwendet werden, denn es können alle kennzeichnenden Punkte, besonders alle Bohrungen, direkt durchgekörnt werden.

Für **Übersichtszeichnungen** genügen die Maßstäbe 1:50 oder 1:100; sie enthalten in der Regel nach Art der allgemeinen Baupläne Ansichten, Grundrisse, Längs- und Querschnitte mit Teilangaben der Hauptbauteile sowie einen Lageplan.

Auch werden gewerkeübergreifende Zusammenhänge (z. B. Anschlußdetails für Dach, Wand, Beleuchtung, Zugänge) – falls erforderlich – festgehalten. Eine gut ausgearbeitete Übersichtszeichnung ist hilfreich bei allen notwendigen Abstimmungen und verkürzt die Zeiten für das Anfertigen der Konstruktionszeichnungen.

Eine bessere Einteilung der Zeichnungen hinsichtlich ihrer Funktionen läßt sich erreichen, wenn die *Übersichtszeichnung* das gesamte Bauwerk lückenlos in größerem Maßstab und ausführlicher darstellt. Dann braucht in der *Werkstattzeichnung* jedes Bauteil nur noch so weit gezeichnet zu werden, wie es für die Fertigung nötig ist. Der Zusammenhang mit Nachbarbauteilen ist für diesen Zweck nicht erforderlich; dafür können die Teile auf den Zeichnungen nach fertigungstechnischen Gesichtspunkten zusammengefaßt werden, z. B. nach Profil-, Blech- und Fachwerkkonstruktion, und man kann in größerem Umfang Hinweise für die Fertigung und Bearbeitung geben. Eine Erweiterung der vorhandenen Übersichtszeichnung führt zur *Montagezeichnung,* die alle Angaben enthalten soll, die der Monteur benötigt, wie z. B. Höhen- und Achsenangaben, Montagepositionen, Anschlüsse, Angaben für die Verbindungsmittel.

Liniengruppen und **Linienarten** s. DIN 15, (Bild **1**.8)

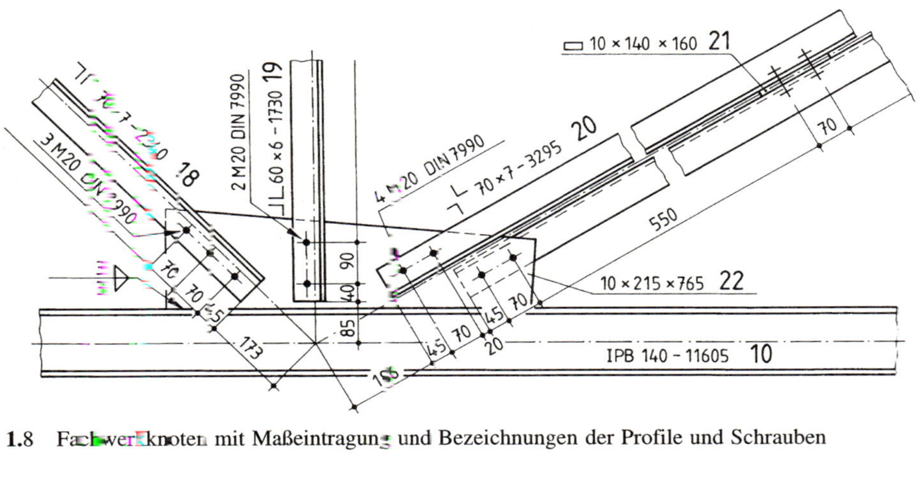

1.8 Fachwerkknoten mit Maßeintragung und Bezeichnungen der Profile und Schrauben

Ansichten und Schnitte (DIN 6)

Bei Anordnung nach der Grundregel der DIN 6 (ISO-Methode E, **1**.12 c, braucht die Blickrichtung auch bei Schnitten nicht angegeben zu werden (**1**.12 d). Ist der Verlauf eines Schnittes unmißverständlich, dann kann die Schnittverlaufslinie ebenfalls entfallen. *Abweichungen* von der Grundregel sind im Stahlbau oft zweckmäßig.

Nach Möglichkeit sind Ansichten und Schnitte projektionsgerecht, d. h. fluchtend, zu ihrer jeweiligen Ausgangsansicht zu legen. Müssen sie, z. B. aus Platzmangel, abweichend hiervon angeordnet werden, dann sind sie durch Blickrichtungspfeile, Buchstaben und Wortangaben eindeutig zu kennzeichnen; für vergrößert herausgezeichnete Einzelheiten gilt dies sinngemäß (Bild **8**.30).

Einzelheiten

Futter werden in der Ansicht nur dann mit schmalen Vollinien unter 45° schraffiert, wenn dies der Deutlichkeit halber erforderlich ist (Bild **7**.50). Ihrem Profilmaß wird „Fu“ vorangestellt. Im Schnitt werden Futter nicht geschwärzt, sondern schraffiert.

Dünne Bauteile können im Schnitt anstelle des Schraffierens (Bild **7**.17) mit Lichtkanten (Bild **1**.9) oder voll geschwärzt (DIN 6, wie hier im Buch) gezeichnet werden. Stoßen mehrere solcher Flächen zusammen, dann sind sie durch eine möglichst schmale Lichtfuge voneinander zu trennen.

Flansche werden im Schnitt mit Neigung (Bild **8**.60), in der Ansicht als volle Doppellinie im Abstand der mittleren Flanschdicke t gezeichnet (Bild **1**.10).

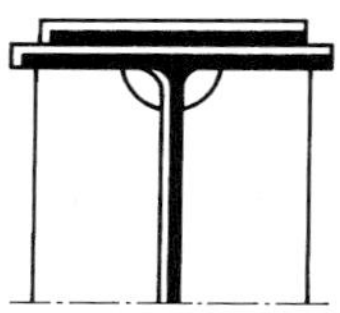

1.9 Querschnittzeichnung mit Lichtkanten

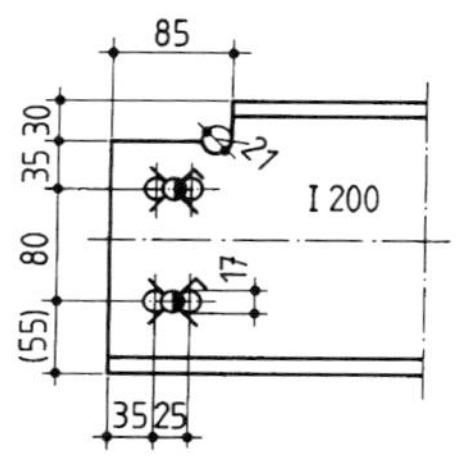

1.10 Bemaßung von Ausklinkung und Langloch

Ausrundungen konstruktiver Art (z. B. bei Ausklinkung, Abflanschung, Schlitz) werden mit dem Durch- oder Halbmesser bemaßt (Bild **1**.10). Profilquerschnitte werden im Maßstab 1:1 mit Ausrundung, im Maßstab 1:10 und kleiner auch scharfkantig gezeichnet.

Stoß zweier Bauteile mit Spiel wird durch zwei Linien (Bild **8**.39), als *Paßstoß* durch eine Linie mit Anmerkung „Paßstoß“ oder „gesägt“ (Bild **7**.39) gekennzeichnet.

Schrauben werden mit Sinnbildern und ergänzenden Angaben nach Tafel **3**.3 dargestellt. Ein Beispiel hierfür zeigt Bild **1**.8. Über die Verwendung von Schraubensinnbildern in diesem Buch s. Abschn. 3.1.2.

Schweißnähte werden mit Sinnbildern nach DIN EN 22553 dargestellt (Tafel **3**.15, **3**.16).

Bemaßung

Maße werden *über* oder notfalls *unter* durchgehende Maßlinien in *Millimetern,* jedoch ohne Maßeinheit eingetragen. Einzelabstände sind nach Möglichkeit zu Maßketten zusammenzufassen, die durch Gesamtmaße überprüfbar sind. Sich wiederholende gleiche Maße werden vereinfacht angeschrieben, z. B. 8 × 85 = 680 (Bild **3**.25).

Maßlinien dürfen die Deutlichkeit der Konstruktionszeichnung nicht beeinträchtigen und sind daher herauszuziehen; die Lochteilung kann man jedoch auch direkt an die Rißlinie antragen (Bild **4**.5). Maße für nicht maßstäblich gezeichnete Längen (kommt nur bei Änderungen in Frage) sind zu unterstreichen. Maßlinien enden in kurzen Schrägstrichen oder Pfeilen, normalerweise zwischen Punkten (Bild **1**.8, **1**.10). Die Bemaßung von Schrauben erfolgt in der derjenigen Ansicht, in der sie mit ihrem Sinnbild erscheinen; ihre Abstände zählen von der Lochmitte aus.

Die Bemaßung soll funktionsgerecht sein. Maße sollen nicht auf imaginäre Mittel- und Systemlinien, sondern auf Kanten und Flächen der Bauteile bezogen werden; dabei müssen die Maßangaben Rücksicht auf die Walztoleranzen der verwendeten Profile nehmen. Wenn beim Trägeranschluß nach Bild **1**.11 die Trägeroberkanten bündig liegen sollen, müssen die Maße für die Bohrungen von der Trägeroberkante als Konturkante ausgehen. Nach unten bleibt die Maßkette entweder offen, damit sich die Walztoleranzen nach unten hin ausgleichen können, oder man setzt das Ergänzungsmaß zur Trägerunterkante als Toleranzmaß in Klammer (Bild **1**.10). Können sich Walztoleranzen nicht in dieser Weise frei ausgleichen, ohne die Länge anderer Bauteile zu beeinflussen, müssen Ausgleichsfutter vorgesehen werden, deren Dicke in der Werkstatt nach den wirklichen Profilabmessungen zu bestimmen ist. Bei vorgegebener Länge des Stützenschusses könnte im Bild **7**.42 die planmäßige Höhenlage der Trägeroberkante nicht hergestellt werden, wenn die Toleranzen in der Höhe des Unterzugsprofils nicht durch die Dicke des Futters zwischen Stützenkopf und Trägerunterkante aufgefangen würden.

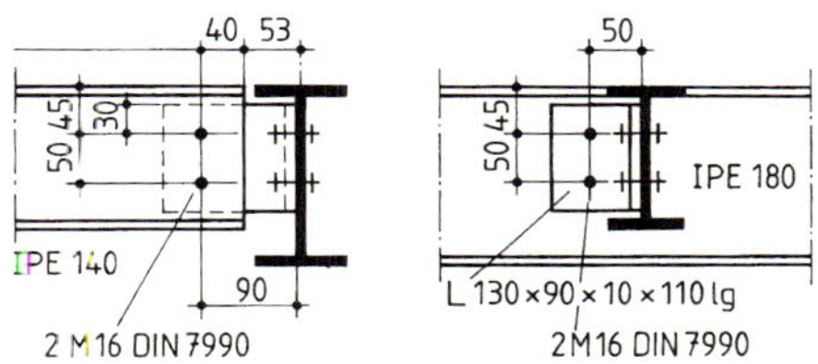

1.11
Schrauben in der Seitenansicht

Bei jedem einzelnen Bauteil sind außerdem die normgerechte Bezeichnung des Halbzeugs, die Gesamtabmessung sowie eine *Teil-Nummer* anzugeben. Diese Angaben werden in Stabrichtung auf, neben oder unter den Stab gesetzt (Bild **1**.8).

Zweckmäßigerweise unterscheidet man zwischen *Einzelteilen, Zusammenbauteilen und Anbauteilen.* Während die zwei ersten gleichzeitig auch *Versandteile* sind, werden Anbauteile bereits in der Werkstatt fest mit anderen Teilen zusammengefügt (s. Tafel **1**.3 und **1**.4).

Die einzelnen Zusammenbau- und Einzelteile einer Zeichnung werden mit allen Anbauteilen in eine Stückliste eingetragen, die alle erforderlichen Angaben wie Benennung, Werkstoff, Abmessungen, Gewicht, Stückzahl und Anstrich enthalten. Jede Konstruktionszeichnung sollte außerdem eine Zusammenfassung der verwendeten Sinnbilder für die Schrauben sowie eine Übersichtsskizze (auch Teilübersicht) für den Zusammenbau enthalten. Die Stücklistenorganisation ist firmenspezifisch sehr unterschiedlich und abgestimmt auf die Organisationsstruktur der einzelnen Stahlbauanstalten. Das Stücklistenwesen ist heute fast ausschließlich EDV-orientiert.

Alle Angaben auf der Zeichnung (Maße, Profilbezeichnungen mit Positionsnummern, Schweißnähte mit ihren Abmessungen usw.) dürfen nur einmal erscheinen, damit nicht im Falle von Änderungen unkorrigierte Eintragungen übersehen werden.

1.3.2 Werkstattarbeiten, Gewichtsberechnung und Abrechnung

In der Werkstatt werden die Einzelteile nach Zeichnungen und Stückliste vorgefertigt und zu transportfähigen Bauteilen zusammengebaut.

Automatische Fertigungsanlagen

Moderne Fertigungsbetriebe bearbeiten das Walzmaterial über NC-gesteuerte Fertigungsanlagen, wobei diese die zu bearbeitenden Werkstücke über Rollengänge (mit Quertransport und Pufferzonen) teilautomatisch zugeführt werden. (Längs- und Quertransporte mit Krananlagen sind häufig noch anzutreffen, führen jedoch zu einer deutlichen Beeinträchtigung der Durchflußzeiten). Das vom möglichst überdachten Lagerplatz geholte Walzmaterial durchläuft bei optimalen Materialfluß zuerst die *Konservierungsanlage.* In ihr werden Profile und Bleche durch *Strahlen* mit Stahlgußkies entzundert und entrostet (entsprechend des geforderten Normreinheitsgrades) und durch Aufspritzen einer schweißgeeigneten Fertigungsbeschichtung in geringer Schichtdicke (15 bis 25 µm) konserviert. Bei kurzen Durchlaufzeiten kann auf eine Vorkonservierung verzichtet werden. Nach raschem Trocknen der Beschichtung in der Trocknungszelle gelangen die Einzelteile über die zuvor erwähnten Transportmittel zur weiteren Bearbeitung zu den verschiedenen Arbeitsplätzen. *Profile* werden einer numerisch gesteuerten *Sägeanlage* zugeführt, abgelängt und zur numerisch gesteuerten *Mehrspindelbohranlage* weitergeleitet. Beide Anlagen werden auch in kombinierter Form eingesetzt. *Bleche* gelangen nach der Fertigungsbeschichtung zu den numerisch oder optisch gesteuerten *Brenn- und Anzeichnungsanlagen;* die Bohrungen erfolgen i. allg. über manuell bediente Bohrgeräte. Nach der *Vorfertigung* werden die Einzelteile oder Zusammenbauteile einschließlich aller Anbauteile den *Zusammenbau* zugeführt. *Schweißteile* gelangen nach dem Zusammenbau durch Heftnähte in die *Schweißabteilung,* die von den übrigen Bearbeitungszentren durch Sichtschutz abgetrennt ist. Die vorgefertigten Einzel- und Zusammenbauteile erreichen die Konservierungshalle, wo alle vereinbarten *Werkstattbeschichtungen* aufgebracht werden oder sie werden dem *Versand* zum Transport in eine *Verzinkerei* übergeben.

Der Vorteil der Fertigungsanlagen liegt im hohen Rationalisierungseffekt und in der gleichbleibend großen Genauigkeit.

Vorzeichnen

Ist im Betrieb eine Fertigung auf automatischen Anlagen nicht möglich, werden alle Maße für die Bearbeitung am rohen Werkstück, das vorher gerichtet wurde, nach der Zeichnung aufgetragen bzw. angerissen und mit manuell bedienten Bearbeitungsanlagen vorgefertigt. Für Schnitte erhält die Rißlinie eine Reihe leichter Körnerschläge, und der abzutrennende Teil wird mit Ölkreide schraffiert. Bohrlöcher werden durch Anreißen der Zeichnungsmaße mit Stahllineal und Anschlagwinkel angetragen. Der Schnittpunkt der Rißlinien (Lochmittelpunkt) wird kräftig angekörnt und in Ölkreide mit Sinnbildern für den Lochdurchmesser versehen. Schließlich erhält jedes Einzelstück seine Teil-Nummer nach der Zeichnung.

Bearbeitung

Richten. Profile und Bleche, die durch den Transport oder sonstwie verformt wurden, werden auf Richtplatten oder in Walzen noch vor dem Anreißen gerichtet.

Biegen erfolgt für geringe Verformungen im kalten Zustand, für größere in guter Rotglut mit anschließendem langsamem Erkalten.

Schneiden. Zum *Ablängen* dienen *Scheren* für Flachstahl, *Tafelscheren* für Bleche und *Spezialscheren* für Profil- und Stabstahl. Scherenschnitte ergeben immer geringe Verquetschungen der Ränder, die in zugbeanspruchten Bauteilen mit > 16 mm Dicke abgehobelt werden müssen. Genauere Schnitte (Bild **1.**12 a bis f) ohne Verformung liefern *Bügel-* und *Kreissägen,* mit denen man mehrere Profile gleichzeitig kalt schneiden kann. Die *zahnlose Trennscheibe* schneidet wesentlich rascher; der Werkstoff wird dabei im Schnitt durch Reibungswärme geschmolzen und verbrannt. Mit dem *Sauerstoff-Schneidverfahren* können Schnitte jeder Art und Form (auch Kurvenschnitte nach Schablonen, Ausklinken (Bild **1.**10 und **1.**12 f) von Trägern, Schweißnahtvorbereitung u. a.) einwandfrei und rasch ausgeführt werden. Es wird mit Zweidüsen- oder Ringdüsenbrennern von Hand oder mit maschinellem, ggf. numerisch gesteuertem Vorschub gearbeitet.

Bohren und Stanzen. Löcher werden entweder sofort auf den endgültigen Durchmesser gebohrt oder (besonders im Kran- und Brückenbau) kleiner vorgebohrt und nach dem Ausrichten beim Zusammenbau mit Reibahlen fertig aufgerieben. *Versenke* werden mit *Krausköpfen* (Senkbohrern) gebohrt, mit denen man auch den Grat von Bohrlöchern abarbeitet.

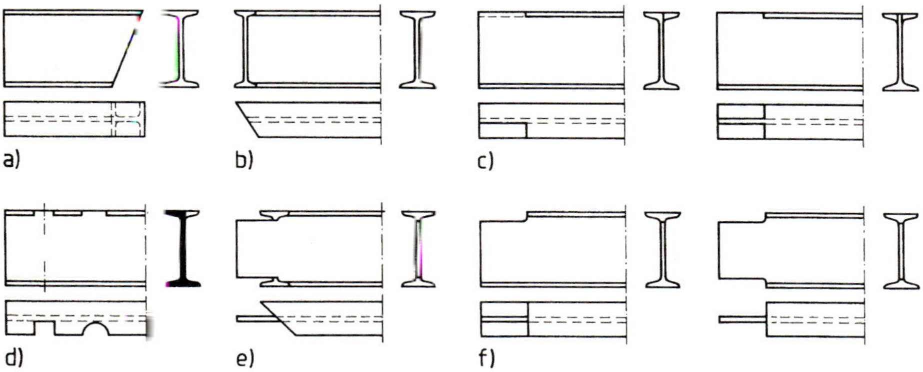

1.12 a) Glatt- und Schrägschnitt b) Gehrungsschnitt c) Ein- und beidseitige Abflanschung d) Ausflanschung e) Doppelseitige Schrägklinkung f) Ein- und doppelseitige Ausklinkung

Stanzen ist erlaubt, jedoch müssen die Löcher in zugbeanspruchten, vorwiegend ruhend belasteten Bauteilen mit > 16 mm Dicke, im Kran- und Brückenbau aber in jedem Fall, vor dem Zusammenbau um ≥ 2 mm aufgerieben werden.

Ausklinken (Bild **1.**12 e und f), **Abflanschen** (Bild **1.**12 c) **und Ausschneiden** (Bild **1.**13) erfolgen am besten durch Brennschneiden. Alle einspringenden Ecken müssen vorher abgebohrt werden. Die Brennschnitte verlaufen dann tangential von Loch zu Loch.

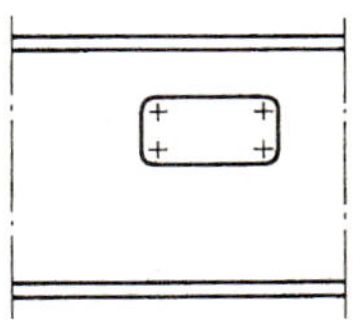

1.13
Ausschneidung eines Fensters

Hobeln und Fräsen sind kostspielig, jedoch zur Erzielung genau ebener Flächen, z. B. bei Paßstößen (Bild 7.39), oder zur Bearbeitung der Stoßkanten für Schweißnähte (Tafel **3.**13) u. U. erforderlich.

Schleifen wendet man für kleinere Einpaßarbeiten, zum Brechen oder Runden von Kanten, zum Schärfen der Werkzeuge und zum Beseitigen von Schweißnahtkerben an.

Zusammenbau

Die nach der Konstruktionszeichnung hergestellten Einzelteile werden in der Werksmontage zu möglichst großen, aber noch transportablen Teilstücken verbunden. Dies erfolgt auf einer ≈ 0,80 m hohen Zulage (Trägerrost), damit alle Arbeiten von oben wie von unten ausgeführt werden können. Falls nötig, erfolgt der Zusammenbau (Heften) geschweißter Konstruktionen statt dessen nach einem Aufriß auf einer vorbereiteten Ebene, oft mit Hilfe angeschweißter Anschläge und sonstiger Vorrichtungen. Die Einzelteile werden gesäubert und in den Berührungsflächen mit Oberflächenschutz versehen, wobei der Konservierungsanstrich als Zwischenanstrich gilt. Sie werden zunächst lose zusammengebaut, dann genau nach Zeichnung ausgerichtet und jetzt erst endgültig verschraubt oder verschweißt. Montagestöße werden im Werk angepaßt und für den Transport wieder gelöst. Die Konstruktionsteile erhalten einen Korrosionsschutz (s. Abschn. 1.4), wenn es in der Leistungsbeschreibung vorgeschrieben ist.

Abrechnung

Das *Gewicht* der Konstruktion wird zunächst nach den Stücklisten errechnet. Für das Gewicht der Verbindungsmittel werden bei geschraubten oder genieteten Hochbaukonstruktionen 3%, für geschweißte 1,5% und für teils geschweißte, teils geschraubte 2% zugeschlagen (DIN 18335). Die Gewichte werden beim Verlassen des Werkes durch Wiegen kontrolliert. Sie bilden die Grundlage für die Preisberechnung, falls kein Festpreis vereinbart wurde, sondern nach Tonnen gelieferter und montierter Konstruktion abgerechnet wird.

1.3.3 Montage

Der Zusammenbau in der Werkstatt ist billiger als auf der Baustelle; er ist vom Wetter unabhängig, und es können dabei leistungfähige Maschinen eingesetzt werden. Deshalb macht man die Montagestücke möglichst so groß, wie dies die Transportfahrzeuge und -wege (Straße, Schiene, Fluß) und die Baustellenverhältnisse zulassen.

Als *Hebezeuge* zum Aufstellen der Stahlkonstruktion sind an die Stelle der früher üblichen seilverspannten Standmaste und Derricks Autokrane getreten, deren Aufstellung wesentlich weniger Zeit beansprucht, und die darum leichter ihren Platz wechseln können. *Gittermast-Autokrane* (Bild **1**.14 a) können bei guter Geländegängigkeit große Tragkräfte (≤ 10 000 kN) oder Hubhöhen (≤ 150 m) aufweisen (Bild **1**.14 a). Der Fachwerkausleger kann mit Verlängerungsstücken der gewünschten Hubhöhe angepaßt wer-

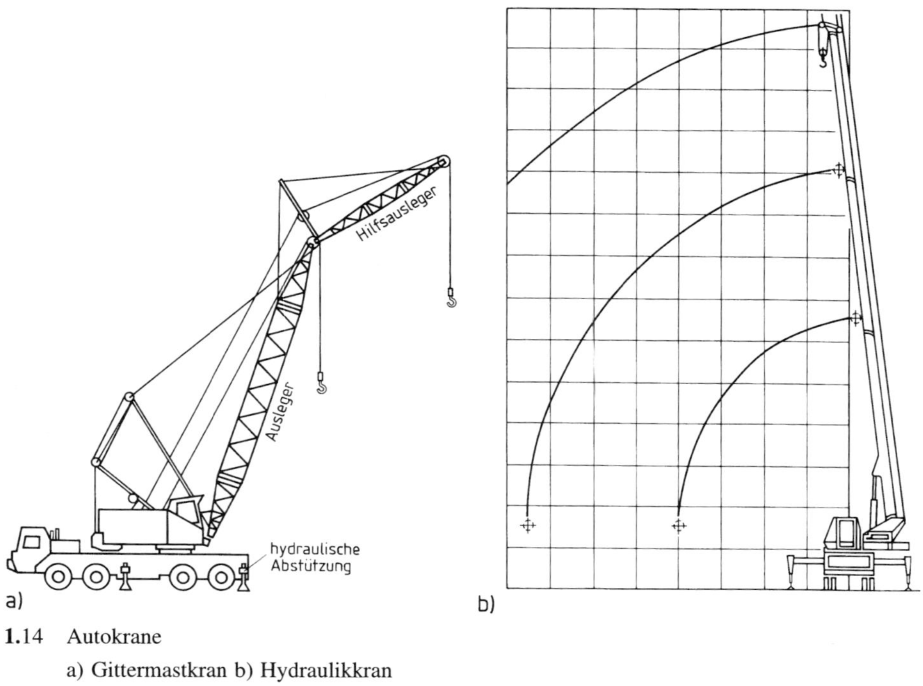

1.14 Autokrane

a) Gittermastkran b) Hydraulikkran

den, der Spitzenausleger reicht weit in das bereits montierte Bauwerk hinein. Kleine Lasten können fahrend, große Lasten aber nur im Stand bewegt werden, wobei die Standsicherheit durch mechanisch oder hydraulisch betätigte seitliche Abstützungen erhöht wird. *Hydraulikkrane* (Bild **1**.14 b) mit vollwandigem, teleskopartig verlängerbarem Ausleger ermöglichen eine feinfühlige Montage, sind jedoch nicht so vielseitig wie Gittermastkrane und in ihren Hublasten beschränkt.

Für besondere Aufgaben werden noch *Turmdrehkrane* als Kletter- oder Nadelkrane eingesetzt.

Die hohen Investitionskosten für die Montagegeräte fordern ihren wirtschaftlichen Einsatz. Stillstandzeiten lassen sich durch sorgfältige Planung von Werkstattfertigung, Transport und Reihenfolge der Montagevorgänge vermeiden. Es ist anzustreben, die Einzelteile ohne Zwischenlagerung unmittelbar vom Transportfahrzeug aus zu montieren. Die Zahl der Hubvorgänge und damit die Montagezeit kann verkürzt werden, wenn große, die Tragfähigkeit der Hebezeuge weitgehend auslastende Teile montiert werden; hierzu werden die Transportstücke zu ebener Erde zu großen Baueinheiten vormontiert, bevor sie gehoben und eingebaut werden. Solche Maßnahmen können aber nicht erst nachträglich überlegt, sondern müssen bereits während des Konstruierens berücksichtigt werden. Dazu gehören Anschlagvorrichtungen zum Heben der Großteile ebenso wie Möglichkeiten zum Anbringen von Sicherheitseinrichtungen zum Schutz gegen Arbeitsunfälle.

Das meist verwendete *Verbindungsmittel* auf der Baustelle ist die Schraube. Die Zahl der Schrauben ist zur Ersparnis von Lohnkosten möglichst klein zu halten, z. B. durch Wahl größerer Schraubendurchmesser, und es sollen möglichst oft gleiche Schraubendurchmesser verwendet werden, um die Lagerhaltung zu vereinfachen. Feuerverzinkte Schrauben sind trotz ihres höheren Preises wirtschaftlich, weil sie einfacher zu lagern sind und ein Korrosionsschutz nach erfolgtem Einbau entfällt.

Wenn Baustellenschweißung ausnahmsweise nicht zu vermeiden ist, muß die Verbindung schweißgerecht und gut zugänglich konstruiert sein.

Nach dem Zusammenbau wird die Stahlkonstruktion ausgerichtet, und die Lagerstellen werden vergossen. Um die Maßhaltigkeit des Bauwerks gewährleisten zu können, müssen Fertigungs- und Walztoleranzen bereits beim Konstruieren durch Ausgleichsfutter berücksichtigt werden.

1.3.4 Kalkulation im Stahlbau

Die Kalkulation als innerbetriebliches Rechnungssystem ist – ähnlich wie die Stücklistenorganisation – in den einzelnen Stahlbaufirmen sehr unterschiedlich und geprägt durch die Firmengröße. Da die meisten Stahlbauer der mittelständischen Industrie angehören, soll an dieser Stelle nur deren übliches Vorgehen behandelt werden.

Grundsätzlich wird unterschieden nach dem Zeitpunkt der Kostenermittlung: *Angebotskalkulation, Auftragskalkulation, Zwischenkalkulation* und *Nachkalkulation.*

Während die beiden erstgenannten stets erforderlich sind, ist die Auftragsstruktur und das Volumen maßgebend für die Erstellung der letzteren Kalkulationsarten, die den Bearbeitungsstand und das zu erwartende Ergebnis bewerten bzw. analysieren.

Tafel **1.2** Kalkulationstabelle

KALKULATION

Anfrager: ______
Objekt: ______
Anfrage-Nr.: ______ Gew. ______ Auftr.-Nr.: ______

gelb = Angebotskalkulation
grün = Auftragskalkulation
rot = Nachkalkulation

	Kostenstelle	DM/Std	Pos.			Pos.					
			Std/to	DM/to		Std/to	DM/to				
TB	Konstrukteur										
TB	Statiker										
TB	Fremdleistungen										
	Zw/Su 01										
Betrieb	Strahlen										
Betrieb	Einzelteile										
Betrieb	Zusammenbau										
Betrieb	Schweißen										
Betrieb											
Betrieb	Verladen										
Betrieb	Fuhrpark										
Betrieb	Fremdfracht										
Betrieb	Fremdleistungen										
	Zw/Su 02										
Montage	Montagepersonal										
Montage											
Montage	Autokran										
Montage	Autokran										
Montage	Fremdkran										
Montage	Fremdleistungen										
	Zw/Su 04										
	Zw/Su 05 = 01 + 02 + 04										
	% Verwaltung u. Vertrieb										
	Walzmaterial ______ + ______ – ______ =										
Material	St 52										
Material	Sonderprofile										
Material	Schrauben										
Material	Einbauteile										
Material	Farbe										
	Zw/Su 06										
	% Mat.-Gemeinkosten, einschl. Verschnitt										
Unterlieferanten	Stahl										
Unterlieferanten	Fertigbau										
Unterlieferanten	Verzinken, Anstrich										
Unterlieferanten	Gerüst										
	Zw/Su 07										
	% Zuschlag										
Sonderkosten	Auslösung/Fahrgeld										
Sonderkosten	Provision										
Sonderkosten	Abnahme										
Sonderkosten	Versicherung										
Sonderkosten											
	Selbstkosten										
	% Wagnis und Gewinn										
	Kalkulierter Preis										
	Angebotspreis										
	Erlös										

Kopie an: ______ am: ______	bearbeitet: am: ______ von: ______	geprüft: am: ______ von: ______		

Kalkulationen im Stahlbau sind immer Selbstkostenkalkulationen; Deckungsbeitragskalkulationen haben sich nicht bewährt. Ermittelt werden i. allg. die Kosten für die fertig montierte Stahlbaukonstruktion in DM/t, wobei Sonderkonstruktionen mit hohem Fertigungsaufwand (Geländer, Steigleitern, Apparateringe usw.) oder reine Zulieferteile (Gitterroste und Stufen, Belagbleche, Sicherungseinrichtungen usw.) über Zulagepreise mit entsprechender Einheit (m, m^2, Stück usw.) erfaßt werden.

Die Kosten selbst werden nach den Fertigungsstufen (Techn. Bearbeitung, Werkstatt, Montage) und den momentanen Materialpreisen unterteilt. Die Erfassung der erforderlichen Zeiten für die technische Bearbeitung und die Montage erfolgt i.d.R. auftragsübergreifend, während der Fertigungsaufwand teilespezifisch ermittelt wird. Gemeinkosten sind entweder in den Lohnkosten (DM/h) global erfaßt oder werden gesondert ermittelt. Die Aufteilung der Gesamtkosten richtet sich nach Art der Leistungsbeschreibung, unternehmerische Aufschläge für Wagnis und Gewinn sind weitgehendst konjunkturbestimmt. Die gesamte kalkulatorische Bearbeitung erfolgt in einer selbstständigen Abteilung unter Zuhilfenahme der *Arbeitsvorbereitung* und der *übrigen Bereiche.* Ein bewährtes, übersichtliches Kalkulationsschema einer mittelständischen Firma zeigt (Tafel **1**.2).

1.3.5 EDV im Stahlbau

Die elektronische Datenverarbeitung im *kaufmännischen Bereich* einschließlich *Verwaltung* sowie in der *statischen Abteilung* ist im Stahlbau durchweg eingeführt und nicht mehr wegzudenken, auch wenn nicht alle Arbeitsvorgänge (z. B. Lohn- und Gehaltsabrechnung, Statik usw.) im eigenen Haus erfolgen. Bei der betrieblichen Steuerung und der Verknüpfung mit dem technischen Bereich jedoch, steckt der Stahlbau noch in den Anfängen. Gleiches gilt für den Einsatz von CAD/CAM. Die Ursachen hierfür liegen in der Auftragsstruktur, die eine Serienfertigung i.d.R. ausschließt und auch Schweißrobotern nur eine geringe Chance bietet.

Für die Einführung eines integrierenden EDV-Einsatzes muß das Stahlbauunternehmen bereits eine klare Organisation aufweisen und bereit sein, nicht EDV-gerechte Strukturen aufzugeben. Erst dann bietet die EDV wirtschaftliche Vorteile und größere Transparenz in betrieblicher Hinsicht.

CAM-(rechnerunterstützte Fertigung) findet vorzugsweise Anwendung in der Stücklistenverarbeitung und Materialwirtschaft, ansatzweise auch in der Materialsteuerung und Maschinenbelegung. Verbindungen zu anderen organisatorischen Firmenbereichen (Rechnungswesen, Verwaltungstechnik) sind bedingt einsetzbar (s. Tafel **1**.3 und **1**.4).[1])

Aus den Stücklisten des technischen Büros können solche für die einzelnen Bearbeitungsbereiche herausgezogen werden und die Auftragsbearbeitung erleichtern. Bewährt haben sich Programmsysteme, die von Stahlbauingenieuren entwickelt wurden [1]); allgemein erstellte Programmsysteme bedürfen einer aufwendigen Anpassung und sind daher weniger geeignet.

Die Bearbeitungsanweisungen für die NC-gesteuerten Maschinen sind in der Regel von CAM-Programmen getrennt und werden auf Arbeitsplatzrechnern erstellt. Intelligente CAD/CAM-Programme vermögen jedoch auch eine integrierte Verarbeitung.

---

[1]) Knierim Datentechnik, Veitshöchheim

Tafel **1.3** EDV-Stückliste, Technisches Büro

TK32 T B - S T Ü C K L I S T E WERK 01 XXXX VOM 14.07.90 SEITE 1

H	TEILE-NR.	AN-ZAHL	MATERIAL BEMERKUNG ZUR POSITION	AI	LANG	BREIT	BEMERK	FL.	PQ.	C H	L G	VBNR	GEWICHT KG/ME	GEWICHT GESAMT	OBERFLÄCHE QM/ME	OBERFLÄCHE GESAMT
			Dieses Feld (5x60 Zeichen) kann für zeichnungsbezogene Mitteilungen verwandt werden. Falls zeichnungsübergreifende Ausdrucke, dann erfolgt keine Ausgabe des Textes.													
H	1	2	IPE 300	3B	4500		Riegel	2	A10		1	123	42,20	379,800	1,160	10,440
	4	4	BL 12		66	143	Rippe	10			1		94,20	3,556	2,024	0,076
	600159	16	6KT SCHR M24		100						3		0,49	7,840		
			DIN 6914	T ZN												
	420412	2	FL 150X10		200		DSTV	11			1		11,80	4,720	0,320	0,128
	430017	2	BL 35		340	240	DSTV	9			1		274,75	44,839	2,070	0,338
	6	4	BL 20		230	235					1		157,00	33,943	2,040	0,441
H	2	2	IPE 300		9300		Riegel	3			1		42,20	784,920	1,160	21,576
	4	4	BL 12		66	143	Rippe	10			1		94,20	3,556	2,024	0,076
	600293	8	6KT SCHR M16	MU	50						3		0,14	1,120		
			DIN 7990	GAL ZN												
	420412	2	FL 150X10		200		DSTV	11			1		11,80	4,720	0,320	0,128
	430017	2	BL 35		340	240	DSTV	9			1		274,75	44,839	2,070	0,338
Z	113	2	RIEGEL			301113						VERSANDABM.:	LÄNGE 3,9	BREITE 0,2	HÖHE 0,3	
	500293	8	6KT SCHR M16	MU	50						3		0,14	1,120		
			DIN 7990	GAL ZN												
	600293	4	6KT SCHR M16	MU	50						3		0,14	0,560		
			DIN 7990	GAL ZN												
	411622	4	L 130X90X10		120		DSTV	11			1		16,60	7,968	0,430	0,206
	421621	2	FL 70X10		160		DSTV	11			1		5,50	1,760	0,160	0,051
	401113	2	IPE 200		3900		Riegel	3			1		. 22,40	174,720	0,768	5,990

GEWICHT : 1.500,0 KG
ZUSCHLAG 2,00 %: 30,0 KG
GESAMTE ZEICHNUNG : 1.530,0 KG 39,8 QM

OBERFLÄCHENBEHANDLUNG: SA 2,5 GB FB 60 MY RAL 6011 KURZNAME: FA. XXX
AUFTRAGSNUMMER: 4711 - -
TB ERSTELLT AM 09.04.90 VON XX BAUTEIL: Bühnenträger ZEICHNUNGSNR. : 003
SEITE : 1

Tafel **1.4** EDV-Versandstückliste

TK62 VERSANDSTÜCKLISTE WERK 01 XXXX VOM 14.07.90 SEITE 1

AUFTRAG 4711 KURZNAME FA. XXX
OBERFLÄ SA 2,5 GB FB 60 MY RAL 6011 TB VON XX
ZEICHNUNG 003 BAUTEIL Bühnenträger AM 09.04.90

Z H	C H	TEILE NR.	AN-ZAHL	BENENNUNG MATERIAL	LANG	BREIT	BEMERK	LA-GER	VERSANDABM. L x B x H	PLQ	GEWICHT IN KG GESAMT	GEWICHT IN KG JE TEIL	MONTAGEABRUF NR.	MONTAGEABRUF ANZAHL	VERSAND-TERMIN
H		1	2	IPE 300	4500		Riegel	1		A10	474,7	237,3	1	1	13.01.91
				Textzeile für AV- Daten an Werkst.									2	1	19.01.91
H		2	2	IPE 300	9300		Riegel	1			839,2	419,6	1	1	13.01.91
													2	1	19.01.91
Z		113	2	RIEGEL		301113			3,9 0,2 0,3		186,1	93,1	1	1	13.01.91
													2	1	19.01.91

1500,0
ZUSCHLAG 2,0 % 30,0
GESAMTGEWICHT 1530,0

CAD-(rechnerunterstützte Konstruktion) im Stahlbau wird zukünftig beschränkt bleiben auf speziell entwickelte Programmsysteme. Allgemein orientierte Konstruktionsprogramme bedürfen einer zu großen Anpassung und führen zu keinen befriedigenden Ergebnissen. Auch hier gilt, daß eine übereilte Einführung mehr Schaden als Nutzen bringen kann. Entscheidend für die Systemauswahl ist die wirtschaftlich vertretbare Investitionsfähigkeit und die Produktpalette des einzelnen Unternehmens.

Leistungsfähige CAD-Systeme erfordern die Erstellung einer umfangreichen Datenbank für Konstruktionsdetails, sofern nicht schon typisierte Elemente mitgeliefert werden. Hierfür muß das erforderliche Personal (Techniker, Konstrukteure, Ingenieure) in einem betrieblich vertretbaren Umfang und in der erforderlichen Zeitspanne (ca. 1 bis 2 Jahre) uneingeschränkt zur Verfügung stehen. Für die mittelständige Industrie ist der Einstieg in CAD mit einfachen 2D-Systemen mit der Möglichkeit der konstruktiven Darstellung üblicher Trägerkonstruktionen (in Walzprofilbauweise) empfehlenswert. Großen Firmen und Ingenieurbüros ist die Anschaffung von komplexeren Programmen mit echter 3D-Ausstattung zu empfehlen. Weitere Einzelheiten s. [22].

1.4 Korrosionsschutz

1.4.1 Allgemeines

Durch Einwirken von Sauerstoff, Chlor- und Schwefelverbindungen (Meeres- und Industrieatmosphäre) bilden sich bei Anwesenheit von Wasser an der Stahloberfläche chemische Verbindungen (Rost). Wächst die relative Luftfeuchtigkeit an der Stahloberfläche über 60% hinaus, steigt die Korrosionsgeschwindigkeit erheblich an. Der durch die Korrosion verursachte *Materialabtrag* ist von der Konzentration der aggressiven Medien stark abhängig und reicht bei ungeschütztem Stahl einseitig von ≈ 4 µm/Jahr in Landluft, bis zu ≈ 160 µm/Jahr in Industrieluft.

Besondere *Korrosionsbedingungen* liegen im Erdboden und im Wasser vor. Hohe Korrosionsbeanspruchungen ergeben sich durch chemische Einwirkungen in Industriebetrieben, desgleichen bei mechanischem Abrieb, bei Kondenswasser oder Temperaturen über + 60 °C. Im *Inneren von Gebäuden* ist hingegen die Korrosion gering, falls die Atmosphäre nicht durch Industrieeinflüsse belastet ist. Dicht geschlossene *Hohlkörper* korrodieren im Inneren nicht, jedoch kann Oberflächenfeuchtigkeit (Regen, Kondenswasser) durch undichte Stellen eingesaugt und gespeichert werden; dem ist durch konstruktive Schutzmaßnahmen zu begegnen. Bei Bauteilen, die ausreichend dick (z. B. 35 mm) mit dichtem Beton umhüllt sind, kann auf Korrosionsschutz verzichtet werden.

Maßgebend für die Vorbereitung und Ausführung von Korrosionsschutzmaßnahmen sind DIN 55928 und DIN 18364; in Teil 8 von DIN 55928 ist auch der besonders wichtige Korrosionsschutz dünnwandiger Bauteile (Stahlleichtbau) geregelt. Da die Grenzspannungen der Bauteile nur bei ausreichendem und dauerndem Schutz gegen Querschnittsminderung durch Korrosion anwendbar sind, kommt dem wirksamen Korrosionsschutz nicht nur wirtschaftliche Bedeutung zu, sondern er ist auch ein Gebot der Sicherheit.

Sinnvoller Korrosionsschutz gehört zum Leistungsumfang qualifizierter Stahlbauunternehmen und ist nicht – wie früher üblich – als lästige Sonderleistung zu betrachten. Die notwendigen baulichen und maschinellen Einrichtungen sind daher von Stahlbaufirmen werksintern zur Verfügung zu stellen, falls nicht entsprechende Beschichtungsunternehmen in unmittelbarer Umgebung die erforderlichen Leistungen erbringen können.

Bei sorgfältiger Planung der Korrosionsschutzmaßnahmen sind Nachbesserungen erst nach ca. 10 bis 15 Jahren (als Instandhaltung) erforderlich oder können ganz unterbleiben.

1.4.2 Vorbereitung der Oberflächen

Vor dem Aufbringen von Beschichtungen oder Metallüberzügen müssen die Oberflächen von artfremden Verunreinigungen (z. B. Schmutz, Fett, lose alte Beschichtungen) und arteigenen Schichten (Zunder, Rost) befreit werden, damit die Schutzschichten fest haften und nicht durch Unterrosten abplatzen können. Eine ausreichende Oberflächen-Rauheit ist zur Verbesserung des Haftvermögens anzustreben. Für Beschichtungen können festsitzende, unversehrte Farbreste bleiben, für Metallüberzüge müssen auch diese entfernt werden. Bei erhöhter Korrosionsbeanspruchung und für metallische Überzüge ist die *Walzhaut* (Zunder) vollständig zu beseitigen; sonst kann festhaftende Walzhaut belassen werden, doch bietet sie in jedem Fall dem Anstrich einen schlechten Haftgrund. Abwittern des Zunders ist wegen der langen Dauer wenig geeignet; zudem tritt eine starke Verrostung zunderfreier Zonen und ein Befall mit Korrosionsstimulatoren (Eisensulfatnester) auf, die nicht mehr vollständig entfernt werden können.

Je nach dem Ausgangszustand der Oberflächen und dem angestrebten Norm-Reinheitsgrad ist das zweckmäßigste Entrostungsverfahren zu wählen. Der bei der Vorbereitung erreichte Reinheitsgrad wird nach DIN 55928-4 mittels fotografischer Vergleichsmuster festgestellt.

Hand- und maschinelle Entrostung. Die Ausführung von Hand erfolgt mit Drahtbürste, Spachtel, Schwedenschaber und Rostklopfhammer, die maschinelle Entrostung mit rotierenden Drahtbürsten, Schlagkolben- oder Schlaglamellengeräten, Nadelpistolen oder Schleifscheiben. Oberflächenverletzungen durch Schlagwerkzeuge sollen wegen ihrer Kerbwirkung vermieden werden. – Erreichbar sind die Norm-Reinheitsgrade St 2 und St 3.

Strahlen. Das Strahlgut wird beim Schleuderstrahlen in Durchlauf-Strahlanlagen mit Schleuderrädern, beim Druckluftstrahlen mit Druckluft und beim Naßstrahlen mit Druckwasser auf die Stahlteile geschleudert und erzeugt eine metallisch blanke, aufgerauhte Oberfläche. Strahlmittel können aus Metall in Kornform gegossen sein, oder sie sind von mineralisch synthetischer (Elektrokorund, Kupferhüttenschlacke und dgl.) bzw. natürlicher Herkunft (Quarzsand mit Verwendungsbeschränkung als gefährlicher Arbeitsstoff). Es können die Norm-Reinheitsgrade Sa 1, Sa 2, Sa $2\frac{1}{2}$ bis hin zur besten Güteklasse Sa 3 erreicht werden.

Flammstrahlen. Eine Azetylen-Sauerstoff-Flamme mit Sauerstoffüberschuß wird einmal oder mehrmals über die Oberfläche geführt. Beschichtungen, Zunder und Rost werden bis auf unbedeutende Reste entfernt (Norm-Reinheitsgrad Fl). Mindestblechdicke > 5 mm. Auf der Bauteilrückseite treten Temperaturen $\geq 100\,°C$ auf. Die Verbrennungsrückstände werden maschinell abgebürstet.

Auf die saubere, trockene und noch warme Oberfläche wird der Anstrich aufgebracht, so daß der Farbfilm sehr gut haftet.

Chemische Entrostung. Die Stahlteile werden in ein Beizbad aus verdünnten Mineralsäuren getaucht und anschließend gespült, neutralisiert und ggf. passiviert. Zunder und Rost werden vollständig entfernt (Norm-Reinheitsgrad Be).

Die Verwendung sogenannter Rostumwandler oder Roststabilisatoren ist wegen ihrer unsicheren Wirkung untersagt.

1.4.3 Beschichtungen

Beschichtungen mit Stoffen, deren Bindemittel meist organischer Natur sind, werden in der Regel aus 1 bis 2 Grundbeschichtungen, dem zusätzlichen Kantenschutz und 1 bis 3 Deckbeschichtungen aufgebaut. Die einzelnen Sollschichtdicken sind von den verwendeten Bindemitteln abhängig und führen zu einer Gesamtschichtdicke zwischen 80 und 360 µm. Durch strukturviskose Einstellung lassen sich viele Beschichtungsstoffe dickschichtig verarbeiten, so daß sie auch als Einschichter verwendbar sind.

Sofern nicht besondere Verhältnisse vorliegen, kann bei der geringen Korrosionsbeanspruchung im Inneren geschlossener Gebäude entweder ganz auf Beschichtungen verzichtet werden, oder es genügt ein vereinfachter Korrosionsschutz mit einer Grundbeschichtung. Bei teilweiser Betonumhüllung von Stahlteilen muß die Beschichtung bzw. der Überzug einige Zentimeter in die Berührungsfläche hineinführen; die Übergangsfuge ist erforderlichenfalls zusätzlich abzudichten.

Fertigungsbeschichtungen (FB). Bei der *Walzstahlkonservierung* wird auf die Bleche oder Profile nach dem Durchlaufen der Strahlkabinen sofort ein rasch trocknender *Fertigungsanstrich* von 15 bis 25 µm Dicke gespritzt, der bis zur Fertigstellung der Stahlkonstruktion ein Unterrosten verhindert. Der Konservierungsanstrich darf u. a. beim Schweißen und Brennschneiden keine gesundheitsgefährdenden Dämpfe entwickeln, seine Bestandteile dürfen die Güte der auf ihm auszuführenden Schweißnähte nicht herabsetzen (DASt-Ri.006).

Grundbeschichtungen (GB). Sie sollen als physikalisch-chemische Schutzschicht die korrosiven Einwirkungen neutralisieren. Der 1. Grundanstrich ist am Tage des Entrostens aufzubringen; andernfalls empfiehlt sich ein Voranstrich mit schnelltrocknendem Haftgrund, der nach spätestens 2 Wochen zu überstreichen ist. Für die Beschichtungsstoffe der GB werden *Korrosionsschutzpigmente,* ggf. in Kombination mit Füllstoffen, verwendet.

Solche *Pigmente* sind z. B. Bleimennige, Zinkchromat, basisches Bleisilicochromat, Zinkphosphat, Zink- oder Bleistaub. Die Beschreibung der spezifischen Schutzeigenschaften dieser Pigmente in DIN 55928-5 erleichtert die Wahl des für den jeweiligen Korrosionsangriff bestgeeigneten Pigments.

Die verwendeten *Bindemittel* müssen auf die Pigmente abgestimmt sein und werden nach Trocknungszeit und Temperaturbeanspruchung gewählt.

Sie unterteilen sich in oxidativ trocknende Bindemittel (z. B. Öl, Alkydharz, Epoxidharzester), physikalisch trocknende Bindemittel (z. B. Chlorkautschuk, Cyclokautschuk), Bindemittel für Reaktions-Beschichtungen (z. B. Epoxidharz, Polyurethan) und bituminöse Bindemittel (z. B. Bitumen, Teere und Teerpeche). Für den Stahlwasserbau kommen bis zu 2 mm dicke Schichten aus Epoxidharz, Chlorkautschuk, Polyurethan und bituminöse Bindemittel allein oder in Gemischen, ggf. mit zusätzlichen Pigmenten oder Füllstoffen in Frage.

Deckbeschichtungen (DB). Sie schränken die Einwirkung aggressiver Stoffe auf die Grundbeschichtung ein und verhindern deren vorzeitigen Abbau. Sie müssen undurchlässig, porenfrei, quell- und lichtbeständig sein.

Pigmente sind z. B. Aluminiumpulver, Bleiweiß, Eisenglimmer, Eisen-, Titan- und Zinkoxid. Im Freien sind Schuppenpigmente (Aluminiumpulver, Eisenglimmer) besonders beständig.

Als *Bindemittel* werden die gleichen Stoffe wie bei den GB verwendet.

DIN 55928-5 enthält umfangreiche Tabellen bewährter Beschichtungen für GB und DB mit Angabe der Eignung für die Korrosionsangriffe.

Ausführung der Beschichtungsarbeiten

Es soll nur auf trockene Flächen, bei trockenem Wetter und bei Temperaturen ≥ + 5 °C und ≤ 50 °C beschichtet oder gespritzt werden. Gefährlich, besonders für frische Beschichtungen, ist die Einwirkung von Kalk, Beton oder Verunreinigungen sowie das Auftreten aggressiver Gase.

Beschichtungen mit dem Pinsel gibt mit größerer Sicherheit gleichmäßige, dichte Beschichtungsfilme, auch auf Kanten und Ecken, als das schnellere *Aufspritzen*. Deswegen soll zumindest die 1. Grundbeschichtung mit dem Pinsel aufgetragen werden.

Vor dem Zusammensetzen der Einzelteile sind die Berührungsflächen nochmals zu reinigen und mit der Grundbeschichtung zu versehen. Durch Schweißen verbundene Berührungflächen bleiben ohne Beschichtung, wenn ringsum geschweißt wird, anderenfalls muß die Beschichtung vor dem Aufeinanderlegen vollkommen trocken sein. Vor der ersten, in der Werkstatt herzustellenden Grundbeschichtung sind alle offenen Fugen sorgfältig mit Kitt auszufüllen.

Nach Aufstellen der Stahlkonstruktion sind zunächst alle Räume zwischen den Verbandsteilen, in denen sich Wasser ansammeln kann, gut zu verkitten. Sodann ist die Grundbeschichtung auszubessern und an den auf der Baustelle hergestellten Verbindungen (Schrauben, Nähte) nachzuholen. Hierauf werden dem ganzen Stahlbauwerk die Deckbeschichtungen gegeben. Die aufeinanderfolgenden Beschichtungen erhalten zur Erhöhung der Haftfestigkeit steigenden Bindemittelgehalt und zur Kontrolle zweckmäßig verschiedene Farbtönungen.

Von den Gesamtkosten einer Beschichtung entfallen auf die Farbe nur etwa 25 bis 30%, so daß an ihr zweckmäßig nicht gespart werden sollte.

1.4.4 Metallüberzüge und anorganische Beschichtungen

Schmelztauchen. Als Überzugmetall wird in der Regel Zink verwendet; bei Temperaturbeanspruchung bis 700 °C kommt Aluminium in Betracht.

Stückverzinken (DIN 50976) in Bädern bis 20 m Länge ermöglicht das Verzinken ganzer Bauteile; die Schichtdicke ist 50 bis 85 µm. Bänder, die zur späteren Weiterverarbeitung zu Dach- und Wandelementen vorgesehen sind, können *kontinuierlich* (DIN EN 10142) feuerverzinkt werden; die Schichtdicke beträgt etwa 20 µm. Dem Feuerverzinken kann *Phosphatieren* zur Haftverbesserung nachfolgender Beschichtungen oder Chromatieren gegen Weißrost bzw. auf Aluminium folgen.

Beim Eintauchen in das geschmolzene Zink bilden sich auf der Stahloberfläche Eisen-Zink-Legierungen in unlösbarer Verbindung mit dem Grundwerkstoff; beim Herausziehen aus dem Bad überziehen sie sich mit einer Reinzinkschicht. Der Zinküberzug gewährleistet einen kathodischen Schutz des Stahls, der auch bei kleinen Verletzungen der Zinkschicht wirksam bleibt. Auf Grund der geringen Korrosionsgeschwindigkeit des Zinks ist die Lebensdauer des Rostschutzes bei ausreichender Schichtdicke sehr groß.

Bei der Bestellung des Stahls soll die Eignung zum Feuerverzinken besonders vereinbart werden. Die Temperatur des Zinkbades von 450 °C setzt die Streckgrenze des Stahls herab. Liegen die Eigenspannungen der Konstruktion infolge von Walzen, Schweißen, Richten und Kaltverformen oberhalb der ermäßigten Streckgrenze, treten plastische Verformungen auf, die zum Verzug der Bauteile führen. Eine Verringerung dieser Erscheinung läßt sich durch verzinkungsgerechtes Konstruieren erreichen [1].

Beim *Duplex-System* wird der Metallüberzug zusätzlich beschichtet; die Gesamtlebensdauer ist dabei wesentlich länger als die Summe der einzelnen Schutzmaßnahmen, da der Abbau des Metallüberzugs von der Beschichtung verhindert wird und diese wegen des Metallüberzugs nicht unterrosten kann. Mit in der Praxis erprobten Stoffen kann ausreichende Haftung zwischen Beschichtung und Metallüberzug erreicht werden.

Thermisches Spritzen (DIN EN 22063). Beim Flammspritzen werden Flammspritzdrähte einer Gasflamme zugeführt und vom Gasdruck in Form feiner Tröpfchen auf die durch Strahlen vorbereitete Stahloberfläche geschleudert. Als Spritzzusatz kommt neben dem bevorzugten Zink auch Aluminium in Betracht. Die Mindestschichtdicken (in städtischer Umgebung) von 100 µm bei Zink bzw. 150 µm bei Aluminium reichen nur bei zusätzlicher Beschichtung des Überzugs und müssen sonst entsprechend erhöht werden. Im Wasser und im Boden sind stets Beschichtungen erforderlich. Das Verfahren kann im Herstellerwerk und auf der Baustelle eingesetzt werden und eignet sich u. a. für den Stahlwasserbau und zum Schutz nachträglicher Schweißnähte an feuerverzinkten Bauteilen.

Emaillieren. Emailüberzüge bestehen aus einer durch Schmelzen entstandenen, glasig erstarrten oxidischen Masse; sie sind witterungsbeständig und haben infolge ihrer glatten Oberfläche geringen Pflegebedarf. Aus diesen Gründen und wegen der Möglichkeit der Farbgebung ist emaillierter Stahl für vorgefertigte Wandelemente vielseitig verwendbar.

1.4.5 Verwendung legierter Stahlsorten

Ein *Kupfergehalt* von 0,1 bis 0,2% verlangsamt die Rostgeschwindigkeit, jedoch nicht in Meeresluft und unter Wasser.

Mit Cr, Cu, Ni, P und Si schwach legierter *wetterfester Baustahl* in der Güte nach DIN EN 10155 kann bei ständigem Wechsel von Befeuchtung und Abtrocknung auf seiner Oberfläche nach etwa 3 Jahren eine festhaftende, stabile, braunviolette *Schutzschicht* ausbilden, die die Korrosionsgeschwindigkeit auf den vernachlässigbar kleinen Wert von 1 µm/Jahr reduziert und daher besondere Korrosionschutzmaßnahmen (Anstriche usw.) u. U. entbehrlich macht. Die Oxidschicht bildet sich aber nicht in geschlossenen Räumen, bei ununterbrochener Wasserbenetzung und in unmittelbarer (≤ 1 km) Meeresnähe, doch wird die Lebensdauer der in diesen Fällen notwendigen Anstriche ungefähr verdoppelt. Bei der *Konstruktion* mit wetterfestem Baustahl muß Rücksicht darauf genommen werden, daß während der ersten Rostphase Korrosionsprodukte ablaufen und andere Bauteile verfärben können. *Verbindungsmittel* müssen aus dem gleichen Material bestehen. Zu beachten sind [DASt-Ri.007] sowie Erlasse, die die Anwendung nur im Einzelfall zulassen.

Nichtrostende Stähle mit allg. bauaufsichtlicher Zulassung, z. B. X 5 CrNi 18 -10 oder X 6 CrNiTi 18 -10 für Wanddicken über 6 mm, wurden bisher wegen ihres hohen Preises vornehmlich für dekorative Zwecke eingesetzt wie Türen, Fenster und Fassaden; sie finden jedoch auch Anwendung bei Druckbehältern und zunehmend für Bauteile.

Je nach Streckgrenze werden diese Stähle wie S235 oder S355 behandelt, aber mit Änderungen bei den Tragsicherheitsnachweisen, weil ihr Elastizitätsmodul mit $E = 170\,000$ N/mm^2 niedriger liegt. Bei entsprechender Sorgfalt lassen sich die meisten der im Stahlbau üblichen Schweißverfahren anwenden. Die interkristalline Korrosionsgefahr hängt stark von der Art der Umgebung ab.

1.4.6 Konstruktiver Korrosionsschutz

Wenn Korrosionsschutzmaßnahmen unmöglich oder unwirksam sind, muß die statisch notwendige Wanddicke der Bauteile um einen Korrosionszuschlag vergrößert werden, der unter Berücksichtigung der erfahrungsgemäßen Rostgeschwindigkeit und der voraussichtlichen Lebensdauer des Bauwerks festzulegen ist.

Große Bedeutung kommt der korrosionsschutzgerechten Gestaltung zu. Dabei sind folgende Gesichtspunkte zu beachten:

- Die der Korrosion ausgesetzten Flächen sollen klein und wenig gegliedert sein.
- Unterbrochene Schweißnähte und Punktschweißung sind zu vermeiden.
- Alle Stahlbauteile sollen zugänglich und erreichbar sein; das bedeutet, daß der Raum zwischen Bauwerken bzw. Bauteilen keine kleineren Einzelmaße als 500 mm hat und daß der Abstand zwischen den zu erhaltenden Flächen groß genug ist, um sie vorzubereiten, zu beschichten und zu prüfen. DIN 55928-2 gibt hierfür Mindestmaße an (s. Teil 2 dieses Werkes). Zwischenräume $\leq$ 25 mm sind bei erhöhter Korrosionsgefahr auszufuttern; einteilige Profile sind dann vorteilhafter.
- Flächen, die nach der Montage nicht mehr zugänglich sind, erhalten einen höherwertigen Korrosionsschutz.
- Maßnahmen gegen die Ablagerung korrosionsfördernder Stoffe (Staub, Salze, aggressive Lösungen, Wasser) sind Schrägneigung der Flächen, Durchbrüche, Wasserablauföffnungen, Tropfnasen usw.
- Hohlbauteile sollen durch abgedichtete Mannlöcher oder Handlöcher dicht verschlossen werden. Andernfalls sind sie mit Umluft- und Entwässerungsöffnungen in ausreichender Anzahl und Größe zu belüften. Am geschraubten Baustellenstoß notwendige Handlöcher mit $d \geq 120$ mm sind möglichst auf der Unterseite vorzusehen; beiderseits des Schraubstoßes ist der Hohlkasten durch eingeschweißte Querschotte luftdicht zu verschließen. Dicht geschlossene Hohlbauteile können ohne Innenschutz bleiben.
- Die bei der Berührung verschiedener Metalle mit unterschiedlichen elektrischen Potential auftretende Kontaktkorrosion muß durch isolierende Zwischenlagen (Kunststoffteile, Isolierpasten, Beschichtungen) verhindert werden.

1.5 Brandschutz

1.5.1 Allgemeines

Stahl ist zwar nicht brennbar, doch versagen voll ausgenutzte Stahlbauteile im Brandfall bei der kritischen Stahltemperatur crit $T = 500\,^\circ\mathrm{C}$, weil dann die Streckgrenze auf ca. $\frac{2}{3}$ ihres ursprünglichen Wertes abgesunken ist. Stahl nimmt die Brandtemperatur relativ rasch an; es müssen deswegen Vorkehrungen getroffen werden, die das Vordringen der Hitze zum Stahl verzögern, damit Zeit zur Rettung von Menschen und für die Brandbekämpfung gewonnen wird.

Die in 18 Teile gegliederte DIN 4102 enthält die Prüfbedingungen für die Einteilung der Baustoffe und -teile nach ihrem Brandverhalten. *Baustoffe* werden unterschieden nach der Klasse A (A1, A2 = nicht brennbar) und der Klasse B (B1 = schwer-, B2 = normal-, B3 = leichtentflammbar). Für die daraus hergestellten tragenden oder raumabschließenden Bauteile gelten die Feuerwiderstandsklassen F 30 (feuerhemmend), F 60, F 90 (feuerbeständig), F 120 und F 180 (hochfeuerbeständig).

Die Zahlenangabe bezieht sich auf die Feuerwiderstandsdauer in Minuten, die das Bauteil unter zulässiger Gebrauchslast in einem genormten Brandversuch überstanden hat, ohne zusammenzubrechen. Können Stahlstützen nicht unter Gebrauchslast geprüft werden, darf die Stahltemperatur an keiner Stelle 500 °C im Versuch überschreiten. Stützen mit Bekleidungen müssen von der Klasse F 90 ab unmittelbar nach dem Versuch der Löschwasserbeanspruchung standhalten, ohne daß tragende Stahlteile freigelegt werden.

Für Außenwandelemente und Sonderbauteile gelten eigene Bedingungen.

Die *Feuerwiderstandsklasse* der vorgesehenen Schutzmaßnahmen ist durch Brandversuche an 2 gleichartigen Probekörpern nachzuweisen. Sofern jedoch Baustoffe und konstruktive Durchbildung eines Bauteils genau den Angaben in DIN 4102-4 entsprechen, darf es ohne die langwierigen und kostspieligen Brandversuche in die dort angegebene Feuerwiderstandsklasse eingereiht werden.

Die Landesbauordnungen regeln, welcher Feuerwiderstandsklasse die einzelnen Bauteile zuzuordnen und dementsprechend zu schützen sind.

1.5.2 Brandschutzmaßnahmen

Der Brandschutz umfaßt alle Maßnahmen zur Verhütung und Bekämpfung von Brandgefahren, wobei der Schutz von Personen (primärer Brandschutz) stets Vorrang hat vor der Abwehr materieller Schäden. Der primäre Brandschutz ist daher eine planerische Aufgabe.

Die vorbeugenden Brandschutzmaßnahmen umfassen *bauliche Ausführung* und *betriebliche Einrichtungen,* wie Alarmanlagen (Rauch- und Feuermelder) und automatische Feuerlöschanlagen. Zum *baulichen Brandschutz* bei Stahlkonstruktionen zählen:

Bekleidungen. Es werden zweckmäßig Baustoffe mit schlechter Wärmeleitfähigkeit verwendet. Gegen Abfallen infolge von Stoß- oder Löschwasserwirkung muß die Bekleidung erforderlichenfalls durch besondere Maßnahmen (Einlegen von Drahtgewebe u. a.) gesichert werden. Es dürfen nur Stoffe mit dem Stahl in Berührung kommen, die keine Korrosion verursachen.

Tafel **1.5** Berechnung des Verhältniswertes U/A in m^{-1} für bekleidete Stahlbauteile

Bekleidungsart	Beflammung einseitig und bei Hohlprofilen	dreiseitig	vierseitig
profilfolgend	$\frac{100}{t_f}$	$\frac{U_{st} - b_f}{A}$ oder $\frac{200}{t_f}$[1]	$\frac{U_{st}}{A}$
kastenförmig	–	$\frac{2h + b}{A}$	$\frac{2h + 2b}{A}$

U_{st} Umfang des Stahlprofils in m^2/m (s. Profiltafeln); A Stahlquerschnittsfläche in m^2; b_f Flanschbreite in m; t_f Flansch- bzw. Hohlprofildicke in cm. h und b sind Höhe und Breite des Stahlprofils in m; hat die Bekleidung auf *allen* beflammten Seiten den Abstand s vom Stahlprofil, dürfen die Innenmaße der Bekleidung eingesetzt werden (Bild **1**.15). Der größere Wert ist maßgebend.

[1]) Der größere Wert ist maßgebend.

Die jeweilige Mindestbekleidungsdicke *d* ist abhängig vom verwendeten Baustoff, von der geforderten Feuerwiderstandsklasse und vom Verhältnis *U/A* in m^{-1} des Umfangs der vom Feuer beaufschlagten Fläche zum Stahlquerschnitt (Tafel **1**.5, Bild **1**.15). *d* kann dann Tabellen der DIN 4102-4 entnommen werden. Es muß $U/A \leq 300\ m^{-1}$ bei allen in DIN 4102 klassifizierten Bauteilen sein.

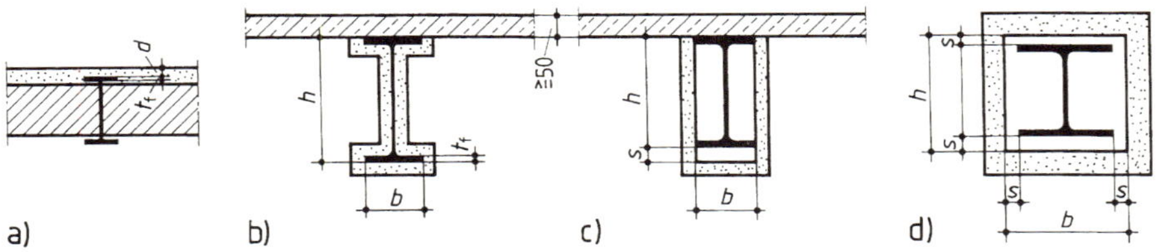

1.15 Beispiele für die Anordnung von Brandschutzbekleidungen

a) Stahlprofil in einer Wand, einseitig beflammt b) Deckenträger, 3seitig beflammt, profilfolgende Bekleidung c) desgl., kastenförmige Bekleidung d) Stütze kastenförmig bekleidet, 4seitig beflammt

Beispiel 1 Deckenträger IPE 240 mit b_{st} = 120 mm, t_f = 0,98 cm, A = 39,1 cm^2 und U_{st} = 0,922 m^2/m; dreiseitig beflammt,

a) Profilfolgend bekleidet (Bild **1**.15 b):

$$\frac{U}{A} = \frac{0{,}922 - 0{,}12}{39{,}1 \cdot 10^{-4}} = 205 \quad \text{oder} \quad \frac{200}{0{,}98} = 204; \quad \text{maßgebend } \frac{U}{A} = 205$$

b) Kastenförmig bekleidet (Bild **1**.17):

$$\frac{U}{A} = \frac{2 \cdot 0{,}24 + 0{,}12}{39{,}1 \cdot 10^{-4}} = 153$$

Einige Beispiele für Stützen- und Trägerbekleidungen aus unterschiedlichen Baustoffen zeigen die Bilder **1**.16 und **1**.17. Auch Träger können mit Platten auf tragender Unterkonstruktion bekleidet werden. Gegenüber Bild **1**.16 c verkleinert sich *d* erheblich (etwa auf die Hälfte), wenn Platten aus anderen Baustoffen, wie z. B. Vermiculite oder Fibersilikat, aufgrund von den Herstellern erteilten Prüfzeugnissen verwendet werden [3]. Profilfolgende Bekleidung von Trägern (Bild **1**.15 b) wird gemäß vorliegenden Prüfzeugnissen als Mineralfaser- oder Vermiculite-Spritzputz aufgebracht. Bei F 30–A ist *d* = 10 mm, bei F 90–A liegt *d* je nach Hersteller und Verhältnis *U/A* zwischen 15 und 35 mm.

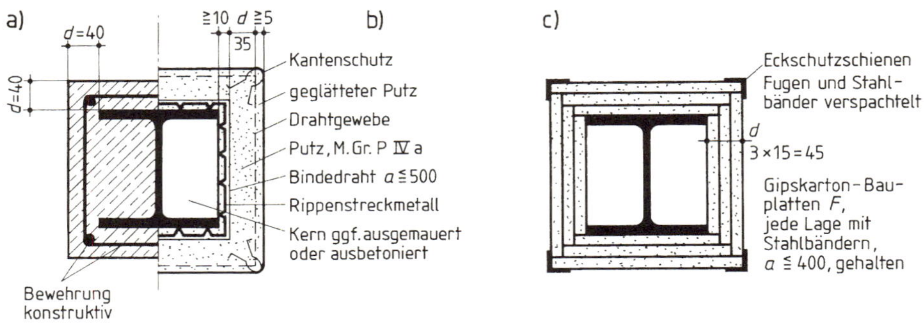

1.16 Brandschutzbekleidungen von Stützen für die Feuerwiderstandsklasse F 90 mit

a) Stahlbeton b) Putz auf Putzträger c) Gipskarton-Bauplatten F

Zum Schutz der Ummantelung gegen Beschädigung sollen Stützen mit offenem Querschnitt bis auf ≥ 1,5 m über Fußbodenoberfläche ausbetoniert oder ausgemauert werden (Bild **1**.16 b). Betongefüllte Stahlstützen mit geschlossenem Querschnitt müssen am Kopf und Fuß, höchstens jedoch in 5,0 m Abstand, jeweils zwei einander gegenüberliegender Löcher mit zusammen ≥ 6 cm^2 Querschnitt erhalten; die Bekleidung muß an diesen Stellen gleichgroße Öffnungen haben.

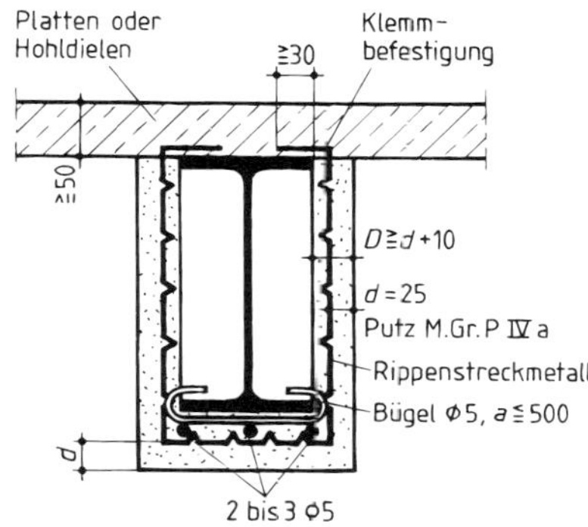

1.17
Brandschutzbekleidung eines Deckenträgers für die Feuerwiderstandsklasse F 90 mit Putz auf Putzträger

Unterdecken. Statt die Träger einzeln zu bekleiden, kann die Deckenkonstruktion von oben durch die Betonplatte, von unten durch eine untergehängte Unterdecke gegen Feuer geschützt werden (Bild **1**.18). DIN 4102-4 enthält mehrere Möglichkeiten der konstruktiven Durchbildung mit genauen Maßangaben; hinzu kommen vielfältige Angebote der Industrie für montierbare, vorgefertigte Unterdecken entsprechend den erteilten Zulassungen.

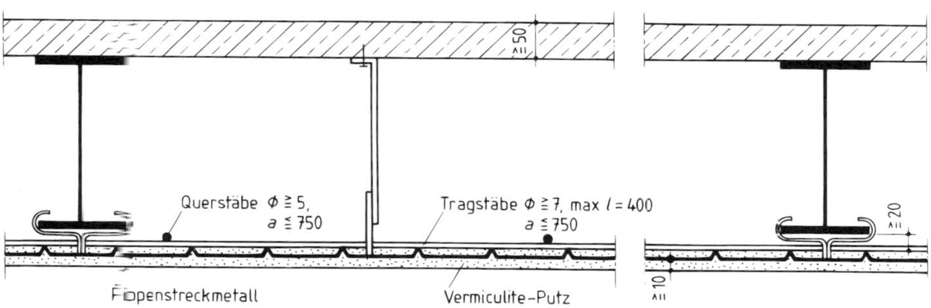

1.18 Unterdecke aus Vermiculite-Putz für die Feuerwiderstandsklasse F 90-A

Weitere Brandschutzmaßnahmen. In stark brandgefährdeten Gebäuden (Lager, Kaufhäuser usw.) werden in der Decke *Sprinkleranlagen* installiert; sie sprechen örtlich auf Wärme (ca. 70 °C) oder Rauchentwicklung automatisch an und löschen Brände durch Versprühen von Wasser bereits im Entstehen.

Bei nicht ummantelten Stützen aus Hohlprofilen kann der Brandschutz durch eine zirkulierende *Wasserfüllung* gewährleistet werden.

Im Inneren von Gebäuden verwendbare Beschichtungen mit dämmschichtbildender Wirkung bei Brandhitze erfüllen die Anforderungen der Klassen F 30 bis F 90, wenn für sie eine bauaufsichtliche Zulassung vorliegt.

2 Berechnung der Stahlbauten

Die maßgebenden Vorschriften sind die Stahlbau-Grundnormen DIN 18800-1 bis -8 sowie eine ganze Reihe spezieller Anwendungsnormen (Fachnormen), wie beispielsweise DIN 18801 für den Stahlhochbau; in ihnen sind die Bemessung, Konstruktion und Herstellung der Stahlbauten geregelt (Abschn. 10.1).

Auf das *neue Sicherheitskonzept* sind jedoch nur die Teile 1 bis 4 der Grundnorm abgestellt, während alle Fachnormen noch auf dem „zulσ-Konzept" beruhen. Hiervon sind einige durch die „Anpassungsrichtlinie Stahlbau" (s. Abschn. 10.1) auf das neue Prinzip abgestimmt. Eine Gegenüberstellung der Normenkonzepte sowie einige Tafeln des „alten Regelwerkes" enthalten die Abschnitte 10.2 und 10.3.

Die neue Normung verwendet gegenüber dem bisher gewohnten Sprachgebrauch einige neue Begriffe, die – zum leichteren Verständnis – mit der in der Praxis vertrauten Terminologie erläutert werden sollen.

Der bisherige *globale Sicherheitsbeiwert* (im allgemeinen auf der Widerstandsseite angesetzt: zulσ = β_s/γ, β_s Streckgrenze) geht über in einen *Teilsicherheitsbeiwert* γ_F auf der *„Lastseite" (Einwirkungen)* und in einen solchen auf der *Widerstandsseite* γ_M für Festigkeiten (f_y, f_u) und Steifigkeiten (z. B. EI).

Spannungs- und Stabilitätsnachweise werden zusammenfassend als *Tragsicherheitsnachweise* gegen *Grenzzustände* bezeichnet, während *Gebrauchstauglichkeits- und Lagesicherheitsnachweise* sprachlich in beiden Regelwerken identisch sind.

Der Begriff der *Lastannahmen* ist inhaltlich erweitert und durch die allgemeine Bezeichnung *Einwirkungen* ersetzt, ebenso der Begriff *zulässige Beanspruchung* durch *Beanspruchbarkeiten.*

Einwirkungen und *Widerstände* sind unterteilt in *charakteristische Werte* und *Bemessungswerte.* Erstere stellen Nennwerte dar, z. B. Lasten nach den einschlägigen Lastnormen oder Querschnittswerte für Profile nach Tabellen. Die *Bemessungswerte* beschreiben dagegen einen Fall ungünstiger Einwirkungen auf ein Tragwerk mit ungünstigen Eigenschaften und sind der Bemessung mit den entsprechenden Nachweisen – neu *Nachweisformate* – zugrunde zu legen.

Neben diesen wesentlichen sprachlichen Änderungen sind einige Umbenennungen in Anlehnung an internationale Regelwerke (mit englischer Sprache) vorhanden.

In diesem Abschnitt werden nur allgemeine Berechnungsgrundlagen für den Stahlbau erläutert. Spezielle Vorschriften, die sich auf einzelne Konstruktionselemente, wie Verbindungsmittel, Zug- oder Druckstäbe, Träger, Fachwerke oder auf Kranbahnen und Brücken beziehen, werden in den entsprechenden Buchabschnitten behandelt.

2.1 Einwirkungen und Beanspruchungen

Einwirkungen *F* verursachen im Tragwerk Schnittgrößen ($N, M, V\ldots$) und Verformungen; sie sind streuende Größen und als $p\%$-Fraktile ihrer Verteilungsfunktionen festgelegt. Liegen solche nicht vor, sind Schätzwerte anzunehmen. Entsprechend ihrer zeitlichen Veränderlichkeit werden sie unterteilt in *ständige Einwirkungen G*: Eigenlasten, Erdlasten, wahrscheinliche Setzungen

veränderliche Einwirkungen Q: Verkehrslasten, Kranlasten, Schnee, Wind, Temperatur und

außergewöhnliche Einwirkungen F_A: Anprallasten, Erdbeben, Explosion, Brand.

Als *charakteristische Größen* (Index *k*) gelten die Werte der Normen über Lastannahmen. Zur Erfassung der zeitlich sowie der örtlichen Streuung der Einwirkungen und zur Absicherung der notwendigen Vereinfachungen im statisch-mechanischen Modell werden die charakteristischen Größen mit dem *Teilsicherheitsfaktor* $\gamma_{F\ (force)}$ und gegebenenfalls mit einem *Kombinationsbeiwert* ψ vervielfältigt und als *Bemessungswerte der Einwirkungen* F_d bezeichnet (Index d).

$$\boldsymbol{F_d = \gamma_F \cdot \psi \cdot F_k} \tag{2.1}$$

Allgemein gilt:

$\gamma_F = 1{,}35$ und $\psi = 1{,}0$ für ständige Einwirkungen

$\gamma_F = 1{,}50$ und $\psi = 1{,}0$ bzw. 0,9 für veränderliche Einwirkungen.

Sonderfälle s. Anmerkung zu Tafel **2.**1 bzw. DIN 18800-1 Abschn. 7.2.2.

Aus den Bemessungswerten der Einwirkungen sind *Grundkombinationen* und *außergewöhnliche Kombinationen* mit den in Tafel **2.**1 angegebenen Sicherheitsbeiwerten γ_F oder $(\psi \cdot \gamma_F)$ zu bilden:

Grundkombination 1: Zeile 1 und 3, Spalte 1

Grundkombination 2: Zeile 1 und 2, Spalte 2

außergewöhnliche Kombination: Zeile 1, 3 und 4, Spalte 3.

Tafel **2.**1 Teilsicherheits- und Kombinationsbeiwerte γ_F und ψ; Einwirkungskombinationen

			γ_F bzw. $(\gamma_F \cdot \psi)$ für die Einwirkungskombinationen		
			1	2	3
1	Ständige Einwirkungen[2])	$G_d = \gamma_F \cdot G_k$	1,35 (1,0) [1])	1,35 (1,0) [1])	1,0
2	Berücksichtigung jeweils **einer** ungünstig wirkenden veränderlichen Einwirkung Q_i	$Q_{i.d.} = \gamma_F \cdot Q_{i.k.}$	–	1,50	–
3	Berücksichtigung **aller** ungünstig wirkenden veränderlichen Einwirkungen	$Q_{i.d.} = (\gamma_F \cdot \psi) \cdot Q_{i.k.}$	1,35	–	0,9
4	**Eine** außergewöhnliche Einwirkung	$F_{A.d.} = \gamma_F \cdot F_{A.k.}$	–	–	1,0

[1]) Klammerwerte, wenn die ständigen Einwirkungen die Beanspruchungen aus veränderlichen Einwirkungen verringern (z. B. bei Windsog). Wenn die Einwirkung Erddruck F_E die Beanspruchung aus veränderlichen Einwirkungen verringert, gilt dafür $\gamma_F = 0{,}6$.

[2]) Wenn ständige Einwirkungen bereichsweise günstig und ungünstig wirken, sind zusätzliche Grundkombinationen zu bilden. In ihnen ist anstelle von $\gamma_F = 1{,}35$ zu setzen:
Im Teilbereich mit ungünstiger Wirkung $\gamma_F = 1{,}1$, in dem mit günstiger Wirkung $\gamma_F = 0{,}9$.
(Nicht erforderlich bei vollwandigen Durchlaufträgern und Rahmen).

Beispiel 1 Für den gelenkig angeschlossenen Einfeldträger sind das größte Biegemoment in Feldmitte und die Querkraft am Trägeranschluß zu bestimmen (Bild **2**.1 und Tafel **2**.1). Es werden drei mögliche Einwirkungskombinationen gebildet:

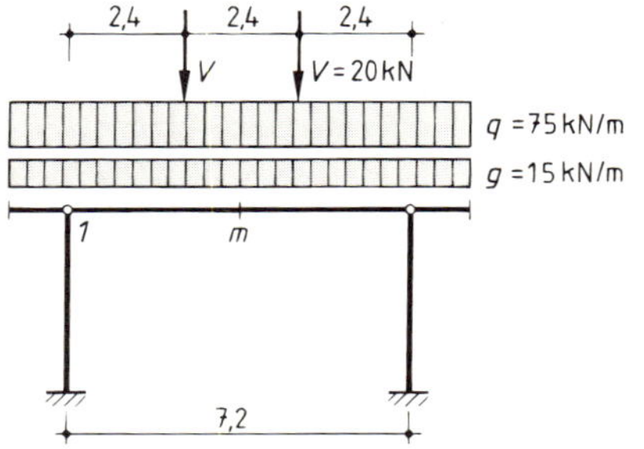

2.1
Statisches System und Einwirkungen

Ständige Einwirkungen:

$$g_k = 15 \text{ kN/m}$$

unabhängige, veränderliche Einwirkungen:

$$q_k = 75 \text{ kN/m}, \; V_k = 20 \text{ kN}$$

Einwirkungskombination 2a	Einwirkungskombination 2b	Einwirkungskombination 3
$g_d = 1{,}35 \cdot 15 \quad = 20{,}25$ kN/m $q_d = 1{,}5 \cdot 1{,}0 \cdot 75 = 112{,}5$ kN/m	$g_d = \quad = 20{,}25$ kN/m $V_d = 1{,}5 \cdot 1{,}0 \cdot 20 = 30$ kN	$g_d = \quad = 20{,}25$ kN/m $q_d = 1{,}5 \cdot 0{,}9 \cdot 75 = 101{,}25$ kN/n $V_d = 1{,}5 \cdot 0{,}9 \cdot 20 = 27$ kN
$M_{d,m} = (20{,}25 + 112{,}5) \cdot 7{,}2^2/8 =$ $= \underline{860 \text{ kNm}}$ $V_{d,1} = (20{,}25 + 112{,}5) \cdot 7{,}2/2$ $= \underline{478 \text{ kN}}$	$M_{d,m} = 20{,}25 \cdot 7{,}2^2/8 + 30 \cdot 2{,}4 =$ $= 203$ kNm $V_{d,1} = 20{,}25 \cdot 7{,}2/2 + 30 =$ $= 103$ kN	$M_{d,m} = (20{,}25 + 101{,}25) \cdot 7{,}2^2/8$ $+ 27 \cdot 2{,}4 \quad = 852$ kNm $V_{d,1} = (20{,}25 + 101{,}25) \cdot 7{,}2/2$ $+ 27 \quad = 464$ kN

Beanspruchungen S_d sind Zustandsgrößen im Tragwerk und ergeben sich aus den Bemessungswerten der Einwirkungen. Sie werden als Schnittgrößen, Spannungen, Scherkräfte in Schrauben oder Verformungen berechnet.

2.2 Widerstände, Grenzzustände und Beanspruchbarkeiten

Widerstände *M* sind jene Größen, die das Tragwerk in allen seinen Teilen den Einwirkungen entgegensetzt. Sie werden gebildet aus Werkstoffkennwerten (Streckgrenze f_y, Zugfestigkeit f_u, Elastizitäts- und Schubmodul E, G) und geometrischen Größen (Querschnittsfläche A, Flächenmomente 2. Grades I_y, I_z, I_x). Die Streuungen der Widerstände werden vereinfachend bei den *Festigkeiten* und *Steifigkeiten* durch einen *Teilsicherheitsbeiwert* γ_M erfaßt. Aus den *charakteristischen Größen* M_K ergeben sich die *Bemessungswerte* der Widerstände M_d.

$$M_d = \frac{M_K}{\gamma_M} \tag{2.2}$$

mit

$\gamma_M = 1{,}1$ für Festigkeiten und Steifigkeiten, falls in anderen Normen nicht anders geregelt.

$\gamma_M = 1{,}2$ bei einwirkungsunempfindlichen Systemen (s. DIN 18800-1, 7.3)

$\gamma_M = 1{,}0$ für Steifigkeiten, wenn keine Stabilitätsnachweise (Knicken, Biegedrillknicken) erforderlich sind (Berechnung nach Theorie I. Ordnung) oder wenn $\gamma_M = 1{,}1$ die Beanspruchungen verringert.

Grenzzustände begrenzen die Tragfähigkeit und Gebrauchstauglichkeit eines Tragwerkes in allen seinen Teilen. Sie werden erfaßt durch *Beanspruchbarkeiten* (Festigkeiten) oder Grenzwerte für die Gebrauchstauglichkeit, die in den meisten Fällen Verformungsbeschränkungen darstellen.

Beanspruchbarkeiten sind die Bemessungswerte der Widerstände und werden mit R_d bezeichnet.

Tafel **2.2** Charakteristische Werte für Walzstahl und Stahlguß

	1	2	3	4	5	6	7
	Stahl¹)	Erzeugnisdicke t²) in mm	Streckgrenze $f_{y.k.}$ in N/mm²	Zugfestigkeit $f_{u.k.}$ in N/mm²	E-Modul E in N/mm²	Schubmodul G in N/mm²	Temperaturdehnzahl a_T in K⁻¹
1	Baustahl St 37-2 USt 37-2 RSt 37-2 St 37-3	$t \leq 40$	240	360	210 000	81 000	$12 \cdot 10^{-6}$
2		$40 < t \leq 80$	215				
3	Baustahl St 52-3	$t \leq 40$	360	510			
4		$40 < t \leq 80$	325				
5	Feinkornbaustahl StE 355 WStE 355 TStE 355 EStE 355	$t \leq 40$	360	510			
6		$40 < t \leq 80$	325				
7	Stahlguß GS-52		260	520			
8	GS-20 Mn 5	$t \leq 100$	260	500			
9	Vergütungsstahl C 35 N	$t \leq 16$	300	480			
10		$16 < t \leq 80$	270				

¹) Die Bezeichnung der Stähle erfolgt in dieser Tafel in Übereinstimmung mit DIN 18800-1. Eine Umschlüsselung auf die Bezeichnungen der neuen Werkstoffnormen kann mit Hilfe der Tafel **1.**1 erfolgen

²) Für die Erzeugnisdicke werden in Normen für Walzprofile auch andere Formelzeichen verwendet, z. B. in den Normen der Reihe DIN 1025 s für den Steg.

Zur Ermittlung der Beanspruchungen und Beanspruchbarkeiten sind für Walzstahl und Stahlguß die charakteristischen Werkstoffkennwerte der Tafel **2**.2 zu verwenden. Andere Stahlsorten sind zugelassen, wenn die chemischen und mechanischen Eigenschaften sowie die Schweißeignung vom Stahlhersteller in Lieferbedingungen festgelegt sind und eine Einordnung in die üblichen Stahlsorten nach Abschn. 4.1 der DIN 18800-1 möglich ist. Ferner dürfen Stähle verwendet werden, die in Fachnormen geregelt oder allgemein bauaufsichtlich bzw. durch Zustimmung im Einzelfall zugelassen sind.

Die Stähle sind entsprechend ihrem Verwendungszweck und ihrer Schweißeignung auszuwählen. Empfehlungen können den DASt-Richtlinien 009 und 014 entnommen werden (s. Abschn. 3.2.3).

Für die verwendeten Stahlsorten müssen i. d. R. Bescheinigungen nach DIN EN 10204 vorliegen. Bei nicht geschweißten oder untergeordneten Bauteilen darf hierauf verzichtet werden. Bei Anwendung der Plastizitätstheorie sind die Werkstoffeigenschaften durch Werksprüfzeugnisse zu belegen.

2.3 Tragsicherheitsnachweis, Nachweisverfahren

Mit den Tragsicherheitsnachweisen wird belegt, daß das Tragwerk als Ganzes und in seinen Teilen während der Errichtung und der geplanten Nutzungsdauer gegen Versagen (z. B. durch Einsturz) ausreichend sicher ist.

Der Nachweis hat grundsätzlich die allgemeine Form

$$\frac{\boldsymbol{S}_\mathbf{d}}{\boldsymbol{R}_\mathbf{d}} \leq \mathbf{1} \qquad (2.3)$$

Es bedeuten:

S_d die aus den Bemessungswerten der Einwirkungen F_d – und bei statisch unbestimmtem System – mit den Bemessungswerten der Widerstände M_d ermittelten Beanspruchungen

R_d die aus den Bemessungswerten der Widerstandsgrößen bestimmten Beanspruchbarkeiten.

Je nach gewähltem Nachweisverfahren ergeben sich *Spannungsnachweise, Querschnittsnachweise* oder *Tragwerksnachweise* gegen die entsprechenden Grenzzustände (Tafel **2**.3).

Tafel **2**.3 Grenzzustände, Nachweisverfahren, Bezeichnungen

Grenzzustände	Nachweisverfahren	Berechnung der Beanspruchungen S_d nach	Berechnung der Beanspruchbarkeiten R_d nach
Fließbeginn	Elastisch-Elastisch	Elastizitätstheorie	Elastizitätstheorie
Durchplastizieren eines Querschnittes	Elastisch-Plastisch	Elastizitätstheorie	Plastizitätstheorie
Ausbildung einer Fließgelenkkette	Plastisch-Plastisch	Plastizitätstheorie	Plastizitätstheorie
Bruch	z. B. bei Schrauben und Seilen		

Weitere Grenzzustände sind *Biegeknicken, Plattenbeulung* oder *Ermüdung.* Ihre Behandlung erfolgt in den Abschnitten Druckstäbe, Träger und Kranbahnen. Das wichtige Nachweisverfahren Elastisch-Elastisch wird im folgenden Abschnitt erläutert, während die Nachweisverfahren Elastisch-Plastisch und Plastisch-Plastisch dem Abschnitt über Stützen und Trägerbau vorbehalten sind.

2.4 Allgemeine Regeln

2.4.1 Lochschwächung, Schlupf, Tragwerksverformungen, Außermittigkeiten

Lochschwächungen. Bei der Berechnung der Beanspruchbarkeiten sind Lochschwächungen zu berücksichtigen. Auf einen Lochabzug darf bei Druck- und Scherbeanspruchung verzichtet werden, wenn bei Schrauben das Lochspiel höchstens 1,0 mm beträgt oder bei größerem Lochspiel die Tragwerksverformungen nicht begrenzt werden müssen. Dies gilt auch für mit Nieten ausgefüllte Löcher.

Bei zugbeanspruchten Querschnittsteilen darf der Lochabzug entfallen, wenn folgende Verhältnisse vorliegen:

$$\frac{A_{\text{Brutto}}}{A_{\text{Netto}}} \leqq \begin{cases} 1{,}2 \text{ für St 37 (S235)} \\ 1{,}1 \text{ für St 52 (S355)} \end{cases} \tag{2.4}$$

Es bedeuten

$A_{\text{Brutto}} = A$ ungeschwächte Querschnittsfläche

$A_{\text{Netto}} = A_N = A_{\text{Brutto}} - \Delta A$

ΔA alle in die ungünstigste Rißlinie fallenden Löcher

Auf die Berücksichtigung des durch Lochschwächung verursachten Versatzes der Schwerlinien darf verzichtet werden, wenn in zugbeanspruchten Querschnitten die Beanspruchbarkeiten mit der Streckgrenze berechnet werden oder die Bedingung (2.4) erfüllt ist

Schlupf in Verbindungen (Überwindung des Lochspiels Δd bei Schraubenverbindungen) ist zu berücksichtigen, wenn sein Einfluß nicht offensichtlich vernachlässigbar ist. In Fachwerkträgern darf der Schlupf im allgemeinen vernachlässigt werden, wenn diese keine stabilisierenden Funktionen übernehmen sollen.

Tragwerksverformungen. Wenn Tragwerksverformungen als Folge von Normalkräften zu einer Vergrößerung der Beanspruchungen führen, sind die Gleichgewichtsbedingungen am verformten System aufzustellen (Theorie II. Ordnung). Ihr Einfluß ist vernachlässigbar, wenn der Zuwachs der maßgebenden Schnittgrößen infolge der nach Theorie I. Ordnung (lineare Baustatik) ermittelten Verformungen nicht größer als 10 % ist. Im Abschnitt über Druckstäbe sind weitere Abgrenzungskriterien angegeben.

Planmäßige Außermittigkeiten sind häufig konstruktiv bedingt und gegebenenfalls in die Berechnung einzubeziehen. Bei über die Länge abgestuften Fachwerkgurten bleibt die Außermittigkeit jedoch unberücksichtigt, wenn die gemittelten Schwerachsen mit den Systemlinien zusammenfallen.

Imperfektionen in Form von Stabvorverdrehungen erfassen geometrische Abweichungen von der planmäßigen Sollform und sind durch die Art und Weise der Herstellung und Montage bedingt. Sie sind nach den Ausführungen in Abschn. 2.4.2 zu berücksichtigen.

2.4.2 Geometrische Imperfektionen von Stabwerken

Bei druckbeanspruchten Stäben und Stabwerken, die im verformten Zustand Stabdrehwinkel aufweisen können, führen Vorverdrehungen der Stabachsen zu einer Vergrößerung der Beanspruchungen. Diese sind so anzusetzen, daß sie sich auf die jeweils betrachtete Schnittgröße am ungünstigsten auswirken. Dabei brauchen die Imperfektionen mit den geometrischen Randbedingungen nicht verträglich zu sein. Die Vorverdrehungen φ_o sind an Einzelstäben oder am gesamten Stabsystem anzusetzen, Bild **2**.2, **2**.3.

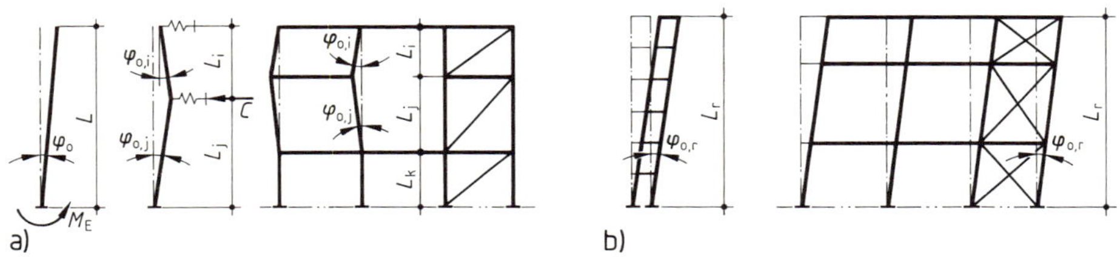

2.2 Imperfektionen von Stäben und Stabzügen

a) zur Bestimmung von Stützgrößen (C, M_E)

b) zur Bestimmung von Beanspruchungen in Stabzügen oder Aussteifungen

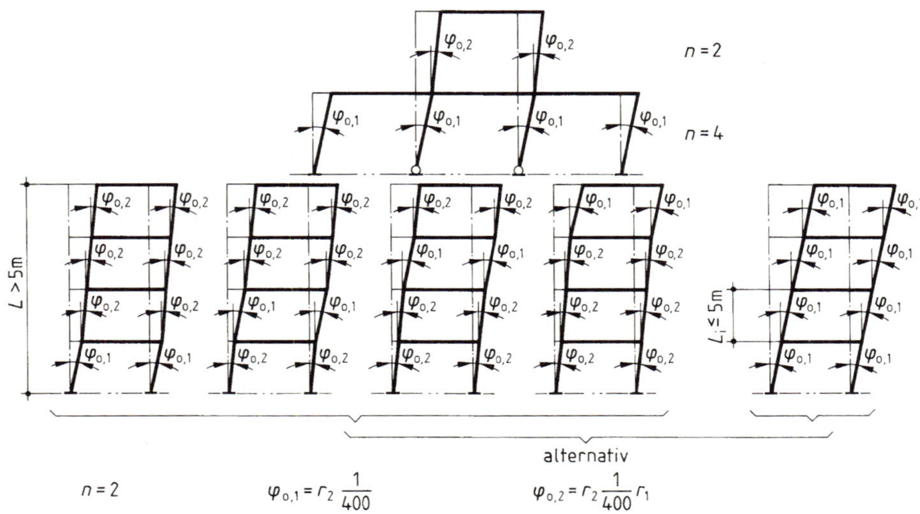

2.3 Beispiele für die Vorverdrehungen in Stabwerken

Die Größe der Vorverdrehung wird nach Gl. (2.5) bestimmt, wobei r_1 und r_2 Reduktionsfaktoren darstellen. Bei Stabilitätsgefährdung gilt Abschn. 6.2.2.4.

$$\varphi_0 = \frac{1}{400} \cdot r_1 \cdot r_2 \qquad (2.5)$$

Es bedeuten:

$r_1 = \sqrt{\frac{5}{L}} \leq 1$ Reduktionsfaktor für Stäbe oder Stabwerke mit $L > 5$ m, wobei L [m] die Länge des vorverdrehten Stabes oder Stabzuges ist.

$r_2 = \frac{1}{2} \cdot \left(1 + \sqrt{\frac{1}{n}}\right)$ Reduktionsfaktor zur Berücksichtigung von n voneinander unabhängiger Ursachen, die zu einem imperfekten statischen System führen.

Bei der Berechnung von r_2 für Rahmen ist n in der Regel die Anzahl der Stockwerksstiele in der betrachteten Stockwerksebene. Stiele im Geschoß mit $N < 0{,}25 \cdot \max N$ ($\max N$ = größte Stielnormalkraft im betrachteten Geschoß) zählen hierbei nicht. Bei der Bestimmung der Geschoßquerkraft ist für die Stäbe des betrachteten Geschosses in r_1 für L die Länge der betrachteten Geschoßstiele einzusetzen, für die übrigen Geschosse hingegen die Gebäudehöhe L_r. Beispiele für die Vorverdrehungen von Stabwerken s. Bild **2.3**

Anstelle der geometrischen Imperfektionen dürfen gleichwertige Ersatzlasten („Abtriebskräfte") nach Bild **2.4** in die statische Berechnung eingeführt werden.

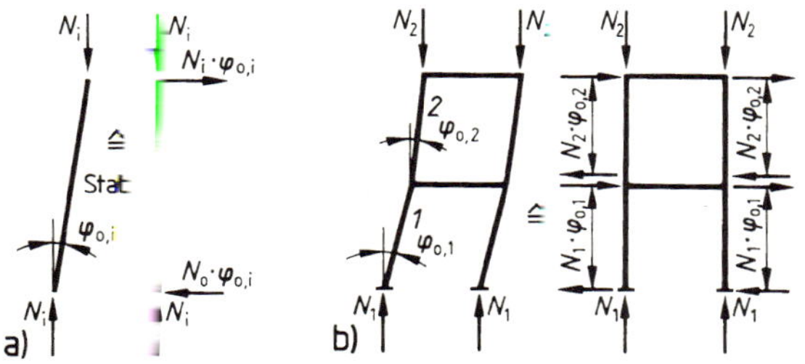

2.4 Ersatzbelastungen für Vorverdrehungen

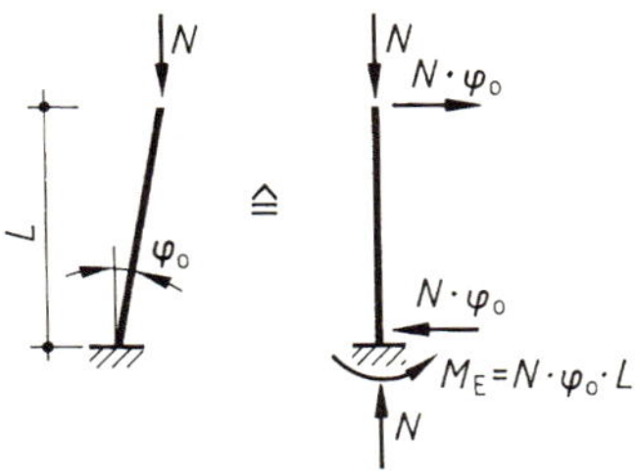

2.5 Resultierende Auflagergrößen infolge von Ersatzlasten

Wichtig hierbei ist, daß aus den Imperfektionen keine Auflagerkräfte, sondern höchstens Einspannmomente entstehen (Bild **2.5**).

Die Größe der Imperfektion ist zu verdoppeln, wenn die Summe der einwirkenden Lasten auf das Tragwerk als ganzes oder auf seine stabilisierenden Bauteile kleiner als 1/400 der ungünstigsten Vertikallasten ist. Dies trifft zu bei Tragwerken im Inneren eines Gebäudes.

Wenn die Herstellungs- und Montageverfahren geringere Schiefstellungen nachweislich gewährleisten, können die Vorverdrehungen jedoch auch reduziert werden (z.B. bei Maschinenunterbauten mit hohen Genauigkeitsanforderungen). Hierbei ist eine Abstimmung mit den zuständigen Behörden zu empfehlen.

Der Schlupf in geschraubten Rahmenecken wird – falls von Einfluß – sinnvollerweise als zusätzliche Vorverdrehung der Stiele berücksichtigt. Ihre Größe richtet sich nach der konstruktiven Rahmeneckausbildung.

2.5 Tragsicherheitsnachweise nach dem Verfahren Elastisch-Elastisch

Bei diesem Nachweisverfahren werden die Schnittgrößen nach der Elastizitätstheorie ermittelt, und es wird nachgewiesen, daß an keiner Stelle im Tragwerk die Streckgrenze $f_{y,d}$ bzw. die Scherfestigkeit $f_{y,d}/\sqrt{3}$ überschritten wird. Bei Einhaltung gewisser Bedingungen sind jedoch örtliche Plastizierungen erlaubt. Ferner muß das Tragwerk im stabilen Gleichgewicht sein, und in allen Querschnittsteilen sind die Grenzwerte grenz (b/t) oder grenz (d/t) einzuhalten, es sei denn, eine ausreichende Beulsicherheit wird nach DIN 18800-3 nachgewiesen. Die plastischen Systemreserven werden nicht ausgenutzt.

2.5.1 Spannungsnachweise

Die mit den entsprechenden Querschnittswerten berechneten Spannungen sind den *Grenzspannungen* gegenüberzustellen. Für diese gilt

Grenznormalspannungen

$$\sigma_{R,d} = f_{y,d} = \frac{f_{y,k}}{\gamma_M} \tag{2.6}$$

Grenzschubspannungen

$$\tau_{R,d} = \frac{f_{y,d}}{\sqrt{3}} = \frac{f_{y,k}}{\gamma_M \cdot \sqrt{3}} \tag{2.7}$$

Beanspruchung durch eine *Längskraft N* (Bild **2.6** a)

$$\sigma = \frac{N}{A^*} \tag{2.8}$$

(A^* maßgebende Querschnittsfläche nach Abschn. 2.4.1, Lochschwächung)

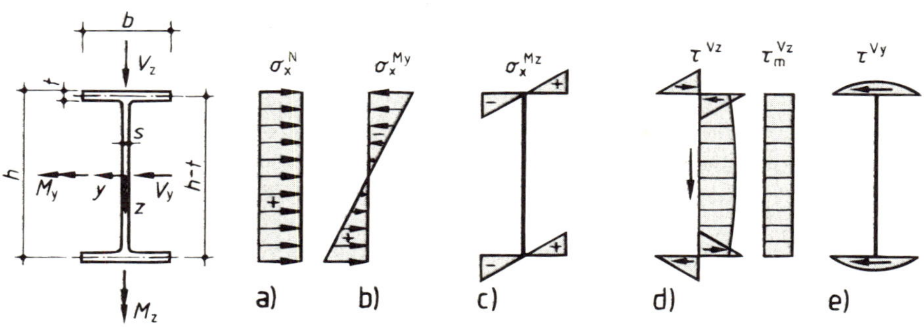

2.6 Spannungsverteilungen in Biegeträgern

Beanspruchung durch ein *Biegemoment* M_y *oder* M_z (Bild **2.6** b, c)

$$\sigma = \frac{M_y}{W_y} \quad \text{bzw.} \quad \sigma = \frac{M_z}{W_z} \tag{2.9}$$

Es bedeutet:

W_y, W_z maßgebendes elastisches Widerstandsmoment, welches auf die größte Beanspruchung führt.

Bei *gleichzeitiger Beanspruchung* durch eine Normalkraft N und Biegemomente M_y und/oder M_z gilt allgemein

$$\sigma = \frac{N}{A^*} + \frac{M_y}{I_y} \cdot z - \frac{M_z}{I_z} \cdot y \tag{2.10}$$

Es bedeuten:

I_y, I_z maßgebende Flächenmomente 2. Grades (Trägheitsmomente), u. U. unter Berücksichtigung der Lochschwächung im Zugbereich

y, z vorzeichenbehaftete Querschnittskoordinaten jenes Querschnittspunktes mit der größten Beanspruchung.

Für symmetrische I-Querschnitte geht Gl. (2.10) über in

$$\sigma = \left| \frac{N}{A^*} \pm \frac{M_y}{W_y} \pm \frac{M_z}{W_z} \right| \tag{2.11}$$

Der Nachweis lautet in allen Fällen

$$\frac{\sigma}{\sigma_{R,d}} \leq 1 \tag{2.12}$$

Örtlich begrenzte Plastizierung in Stäben mit I-Querschnitt: Bei doppelsymmetrischen I-Querschnitten darf eine örtliche Plastizierung zugelassen werden, wenn die grenz (b/t)-Verhältnisse nach dem Nachweisverfahren Elastisch-Plastisch (s. Tafel **8.**6) eingehalten sind. Anstelle der elastischen Widerstandsmomente dürfen in Gl. (2.11) die plastischen Widerstandsmomente eingesetzt werden, wobei $\alpha_{pl,z} \leq 1{,}25$ gilt (s. Abschn. 8.2.3)

$$\sigma = \left| \frac{N}{A^*} \pm \frac{M_y}{\alpha^*_{pl,y} \cdot W_y} \pm \frac{M_z}{\alpha^*_{pl,z} \cdot W_z} \right| \tag{2.13}$$

Für **Walzprofile** darf vereinfachend $\alpha^*_{pl,y} = 1{,}14$ und $\alpha^*_{pl,z} = 1{,}25$ gesetzt werden.

Winkelquerschnitte. Werden bei der Berechnung der Beanspruchung nach Gl. (2.11) von Stäben mit Winkelquerschnitt die schenkelparallelen Bezugsachsen anstelle der Trägheitshauptachsen verwendet, so sind die errechneten Spannungen im Nachweis um 30 % zu erhöhen.

Beanspruchung durch *Querkräfte* V_z *und/oder* V_y. (Bild **2.**6 d, e). Die Schubspannungen aus V_z, V_y werden nch Gl. (2.14a) errechnet und mit Gl. (2.14b) nachgewiesen.

$$\tau = \left| \frac{V_z \cdot S_y}{I_y \cdot t} \pm \frac{V_y \cdot S_z}{I_z \cdot t} \right| \qquad \tau / \tau_{R,d} \leq 1 \tag{2.14a) (2.14b}$$

Es bedeuten:

S_y, S_z Flächenmomente 1. Grades (Statisches Moment) von Querschnittsteilen mit der geschnittenen Dicke t um die y- bzw. z-Achse ohne Anrechnung einer eventuellen Lochschwächung. Für die Schubspannung im Steg infolge V_z gilt: $t = s$.

Die größten Schubspannungen bei Vorhandensein jeweils nur einer Querkraft V_z oder V_y treten in den Schnitten durch den Schwerpunkt auf. Bei I-förmigen Stäben, bei denen das Verhältnis

$$\frac{A_{\mathbf{Gurt}}}{A_{\mathbf{Steg}}} > \mathbf{0{,}6} \qquad (2.15)$$

ist, darf im Steg die mittlere Schubspannung nach Gl. (2.16) bestimmt werden:

$$\tau_{\mathbf{m}} = \frac{V_z}{A_{\mathbf{Steg}}} \; ; \; A_{\mathbf{Steg}} = (h - t) \cdot s \qquad (2.16)$$

Es bedeuten:

h = Profilhöhe, t = Flanschdicke, s = Stegdicke, $A_G = b \cdot t$.

Gleichzeitige Beanspruchung durch Biegemomente M_y und Querkräfte V_z. Bei diesem häufig vorkommenden Fall ist bei I-förmigen Querschnitten die Vergleichsspannung mit den Spannungswerten unmittelbar unterhalb der Stegausrundung (bei geschweißten Querschnitten unterhalb der Halskehlnähte)

$$\sigma_{\mathrm{v}} = \sqrt{\sigma^2 + 3\tau^2} \qquad (2.17)$$

zu bilden.

Für τ darf die mittlere Schubspannung eingesetzt werden.

Der Nachweis ist nach Gl. (2.18 a) (2.18 b) zu führen

$$\frac{\sigma_{\mathrm{v}}}{\sigma_{\mathrm{R,d}}} \leq \mathbf{1} \quad \text{bzw.} \quad \frac{\sigma_{\mathrm{v}}}{\sigma_{\mathrm{R,d}}} \leq \mathbf{1{,}1} \qquad (2.18\,\mathrm{a})\ (2.18\,\mathrm{b})$$

Die 10 %ige Überschreitung der Grenzspannung $\sigma_{\mathrm{R,d}}$ nach Gl. (2.18 b) stellt eine örtlich erlaubte Plastizierung dar und gilt für Stäbe mit Normalkräften und Biegemomenten, wenn gleichzeitig gilt:

$$\left| \frac{N}{A^*} + \frac{M_y}{I_y} \cdot z \right| \leq 0{,}8\sigma_{\mathrm{R,d}} \qquad \left| \frac{N}{A^*} + \frac{M_z}{I_z} \cdot y \right| \leq 0{,}8\sigma_{\mathrm{R,d}} \qquad (2.19\,\mathrm{a,\,b})$$

Eine Erhöhung der Grenzspannung $\sigma_{\mathrm{R,d}}$ und $\tau_{\mathrm{R,d}}$ um 10 % ist auch zulässig, wenn Stabilitätsnachweise (Knicken, Beulen) nicht erforderlich sind und die Gl. (2.13) und (2.19) nicht angewendet werden.

Beim allgemeinen räumlichen Spannungszustand wird die Vergleichsspannung nach Gl. (2.20) bestimmt.

$$\sigma_{\mathrm{v}} = \sqrt{\sigma_x^2 + \sigma_y^2 + \sigma_z^2 - \sigma_x \cdot \sigma_y - \sigma_x \cdot \sigma_z - \sigma_y \cdot \sigma_z + 3\,(\tau_{xy}^2 + \tau_{xz}^2 + \tau_{yz}^2)} \qquad (2.20)$$

Die Bedingung (2.20) gilt als erfüllt, wenn bei alleiniger Wirkung von σ_x und τ oder σ_y und τ die Werte $\sigma/\sigma_{\mathrm{R,d}} \leq 0{,}5$ oder $\tau/\tau_{\mathrm{R,d}} \leq 0{,}5$ sind.

Beanspruchungen durch *Torsionsmomente* M_x. Im Fall der zwängungsfreien Drillung (St. Venantsche Torsion) entstehen reine Torsionsschubspannungen. Bei der Zwangsdrillung (Wölbkrafttorsion) dagegen entstehen neben den Torsionsschubspannungen fallweise auch sekundäre Schubspannung und Wölbnormalspannungen.

Die St. Venantschen Torsionsschubspannungen lassen sich bei offenen und einzelligen Hohlquerschnitten nach Gl. (2.21) bestimmen.

$$\tau_{M_x} = \frac{M_x}{W_T} \tag{2.21}$$

(W_T s. z. B. [26]).

Diese Schubspannungen sind mit den gleichgerichteten Schubspannungen aus den Querkräften zu überlagern. Im Fall der Wölbkrafttorsion wird auf die einschlägige Fachliteratur (z. B. [13], [17] verwiesen).

Für eine Torsionsbeanspruchung eignen sich insbesondere geschlossene Hohlquerschnitte mit hoher Drillsteifigkeit; offene Profile sind bei merklichen Torsionsmomenten ungeeignet.

2.5.2 Nachweis ausreichender Bauteildicken

In Stäben und Stabwerken muß bis zum Erreichen der elastischen Grenztragfähigkeit sichergestellt sein, daß alle Querschnittsteile eine ausreichende Beulsicherheit aufweisen.

Bei Einhaltung der in den Tafeln **2.4** und **2.5** angegebenen Grenzwerte b/t bzw. d/t ist eine Beulgefährdung unter Druckspannungen ausgeschlossen. Wirken darüber hinaus jedoch auch noch Schubspannungen τ, so ist in der Regel ein Beulnachweis nach DIN 18800-3 erforderlich. Nach dieser Vorschrift darf darauf verzichtet werden, wenn bei ebenen Blechen die Bedingung nach Tafel **2.4** (Fußnote[1)]) eingehalten ist. Andernfalls können grenz (b/t)-Werte den Kurventafeln in [9] entnommen werden.

Beispiel 2 (Bild **2.7**) Für das geschweißte Hohlkastenprofil aus RSt 37 – 2 (S235 JRG 2)ist der Nachweis ausreichender Bauteildicke mit den Schnittgrößen M_y = + 340 kN m und N = – 4800 kN zu führen.

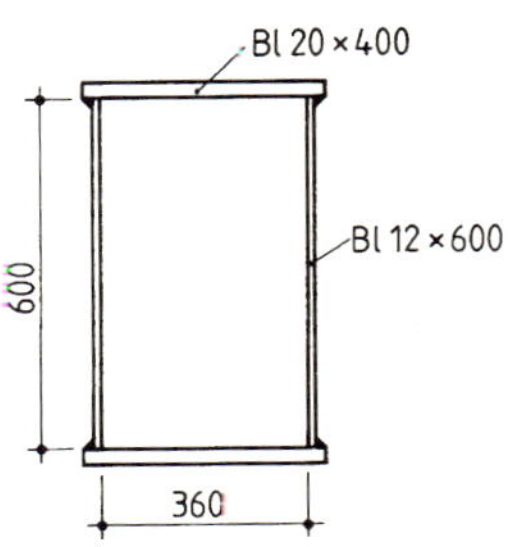

2.7 Querschnittsabmessungen

Querschnittswerte

$A = 2 \cdot (2{,}0 \cdot 40 + 1{,}2 \cdot 60) = 304 \text{ cm}^2$

$I_y = 2 \cdot 1{,}2 \cdot 60^3/12 + 2 \cdot 80 \cdot 31^2 = 196\,960 \text{ cm}^4$

$W_y = 196\,960/32 = 6155 \text{ cm}^3$

Gurt: $\sigma_1 = 4800/304 + 34\,000/6155 = 21{,}31 \text{ kN/cm}^2 = 213{,}1 \text{ N/mm}^2$

$\psi = 1{,}0 \quad k_\sigma = 4{,}0$

$$\text{grenz } (b/t) = (1{,}0 - 0{,}278 \cdot 1{,}0 - 0{,}025 \cdot 1{,}0^2) \cdot 420{,}4 \cdot \sqrt{\frac{4}{213{,}1 \cdot 1{,}1}} = 38{,}3$$

Nachweis: vorh $(b/t) = 360/20 = 18 <$ grenz $(b/t) = 38{,}3$

Beispiel 2 Forts.

Steg: Randspannungen

$\sigma_1 = 4800/304 + 34\,000 \cdot 30/196\,960 = 20{,}97 \text{ kN/cm}^2 = 209{,}7 \text{ N/mm}^2$ (Druck)

$\sigma_2 = 4800/304 - 34\,000 \cdot 30/196\,960 = 10{,}61 \text{ kN/cm}^2 = 106{,}1 \text{ N/mm}^2$ (Druck)

$\psi = \dfrac{106{,}1}{209{,}7} = 0{,}51 \quad k_\sigma = \dfrac{8{,}2}{0{,}51 + 1{,}05} = 5{,}26$

$\text{grenz}\,(b/t) = (1{,}0 - 0{,}278 \cdot 0{,}51 - 0{,}025 \cdot 0{,}51^2) \cdot 420{,}4 \cdot \sqrt{\dfrac{5{,}2}{209{,}7 \cdot 1{,}1}} = 54{,}07$

Nachweis: vorh $(b/t) = 600/12 = 50 <$ grenz $(b/t) = 54{,}07$

Werden örtlich begrenzte Plastizierung nach Gl. (2.13) zugelassen, so sind die Grenzwerte (b/t) nach dem Nachweisverfahren Elastisch-Plastisch (Tafel **8**.6) einzuhalten.

Tafel **2**.4 Grenzwerte (b/t) für ein- und beidseitig gelagerte Plattenstreifen für volles Mittragen unter Druckspannungen σ_x beim Tragsicherheitsnachweis nach dem Verfahren Elastisch-Elastisch mit zugehörigen Beulwerten k_σ

	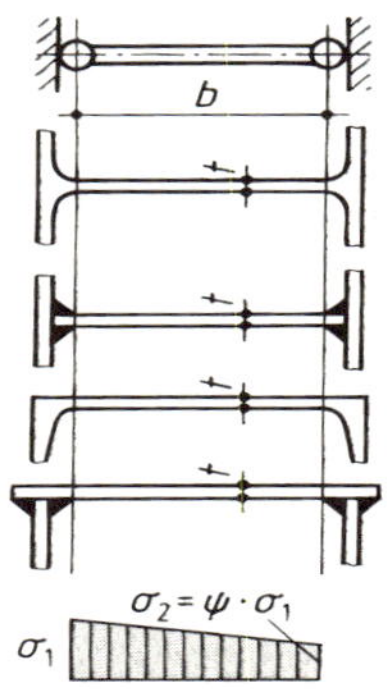	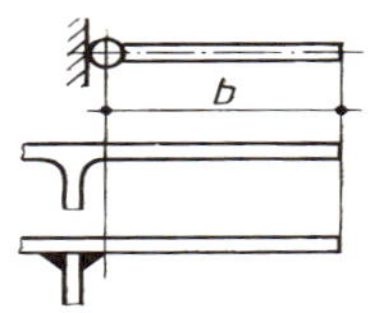 σ_1 = Größtwert der Druckspannungen σ_x in N/mm² 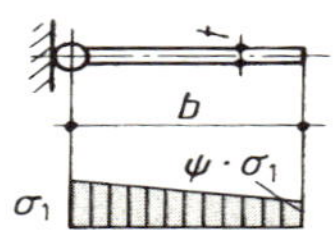	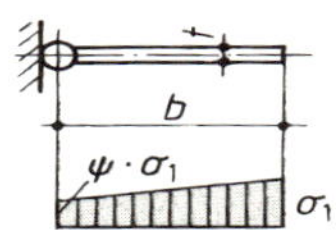
ψ	k_σ	k_σ	k_σ
1	4	0,43	0,43
$1 > \psi > 0$	$\dfrac{8{,}2}{\psi + 1{,}05}$	$\dfrac{0{,}578}{\psi + 0{,}34}$	$0{,}57 - 0{,}21 \cdot \psi + 0{,}07 \cdot \psi^2$
0	7,81	1,70	0,57
$0 > \psi > -1$	$7{,}81 - 6{,}29 \cdot \psi + 9{,}78 \cdot \psi^2$	$1{,}70 - 5 \cdot \psi + 17{,}1 \cdot \psi^2$	$0{,}57 - 0{,}21 \cdot \psi + 0{,}07 \cdot \psi^2$
-1	23,9	23,8	0,85
	grenz (b/t) [1]	**grenz (b/t)**	
$0 < \psi \le 1$	$(1 - 0{,}278\,\psi - 0{,}025\,\psi^2) \cdot 420{,}4 \cdot \sqrt{k_\sigma/(\sigma_1 \cdot \gamma_M)}$	$305 \cdot \sqrt{\dfrac{k_\sigma}{\sigma_1 \cdot \gamma_M}}$	
$\psi \le 0$	$420{,}4 \cdot \sqrt{k_\sigma/(\sigma_1 \cdot \gamma_M)}$		

Vereinfachend kann $\sigma_1 \cdot \gamma_M = f_{y,k}$ gesetzt werden.

[1]) Bei gleichzeitiger Wirkung von σ_x und τ ist ein Beulsicherheitsnachweis erforderlich, wenn $b/t > 0{,}64\ \sqrt{k_\sigma \cdot E/f_{y,k}}$

Tafel **2.5** Grenzwerte (d/t) für Kreiszylinderquerschnitte für volles Mittragen unter Druckspannungen σ_x beim Tragsicherheitsnachweis nach dem Verfahren Elastisch-Elastisch
σ_1 = Größtwert der Druckspannungen σ_x in N/mm² und $f_{y.k}$ in N/mm²
σ_N = Druckspannungsanteil aus Normalkraft in N/mm²

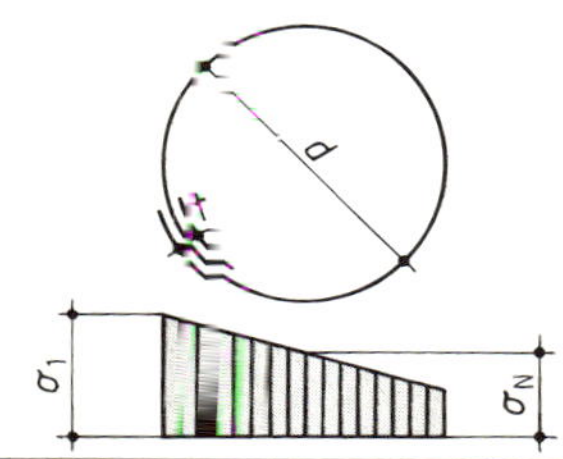

$$\text{grenz}\,(d/t) = \left(90 - 20\,\frac{\sigma_N}{\sigma_1}\right) \cdot \frac{240}{\sigma_1 \cdot \gamma_M}$$

Für $\sigma_1 \cdot \gamma_M = f_{y.k}$ gilt für St 37 $\dfrac{240}{\sigma_1 \cdot \gamma_M} = 1$

und für St 37 $\dfrac{240}{\sigma_1 \cdot \gamma_M} = \dfrac{1}{1{,}5} = 0{,}67$

2.6 Nachweis der Lagesicherheit

Der Lagesicherheitsnachweis ist als Tragsicherheitsnachweis mit den Bemessungswerten zu führen; gegebenenfalls sind auch Zwischenzustände während der Montage zu untersuchen (z. B. beim Nachweisverfahren Plastisch-Plastisch). Damit gelten die Teilsicherheitsbeiwerte γ_F nach Tafel **2.1** und $\gamma_M = 1{,}1$. Wenn die Anwendung der Theorie II. Ordnung notwendig ist, sind die so ermittelten Schnittgrößen dem Lagesicherheitsnachweis zugrunde zu legen.

Mit diesem Nachweis wird die Sicherheit gegen *Gleiten, Abheben* und *Umkippen* in unverankerten oder verankerten Lagerfugen gewährleistet.

Gleiten. Die ein Verschieben verursachende Gleitkraft (parallel zur Lagerfuge) darf nicht größer sein als die Grenzgleitkraft nach DIN 4141-1

$$V_{R,d} = \mu_d \cdot \frac{N_{z,d}}{1{,}5} + V_{a,R,d}\,; \qquad F_{xy}/V_{R,d} \le 1 \qquad (2.22\,a), (2.22\,b)$$

Es bedeuten:

μ_d	Bemessungswert der Reibungszahl in der untersuchten Fuge (Stahl/Stahl: 0,2; Stahl/Beton: 0,5).
$N_{z,d}$	Summe aller Lasten normal zur Lagerebene.
F_{xy}	Resultierende Kraft aus F_x und F_y in der Lagerebene. Die Lasten $N_{z,d}$ und F_{xy} sind aus zugehörigen Lastkombinationen zu bilden, wobei eine 1,35-fache Relativbewegung der Lager unter Gebrauchslast zu berücksichtigen ist.
$V_{a,R,d}$	Schubtragfähigkeit der Verankerung.

Die Reibzahlen gelten für folgende Stahloberflächen:

Stahl/Stahl:	unbeschichtet und fettfrei, spritzverzinkt oder zinksilikatbeschichtet
Stahl/Beton:	wie zuvor oder ungeschützte Stahloberfläche
allgemein:	vollständige Aushärtung einer Beschichtung vor Ein- oder Zusammenbau

Bei stark dynamisch beanspruchten Tragwerken (z. B. Eisenbahnbrücken) dürfen Horizontallasten F_{xy} nicht über Reibung abgetragen werden, d. h. es gilt $\mu_d = 0$.

Abheben. Für unverankerte Lagerfugen ist nachzuweisen, daß abhebende Kraftkomponenten normal zur Lagerfuge nicht entstehen können. Für verankerte Lagerfugen gilt:

$$N_{\mathrm{Z,Z,d}} \leq N_{\mathrm{Z,D,d}} + Z_{\mathrm{A,R,d}} \tag{2.23}$$

Es bedeuten:

$N_{\mathrm{Z,Z(D),d}}$ maximal abhebende (minimal pressende) Kraft normal zur Lagerfuge der maßgebenden Lastkombination

$Z_{\mathrm{A,R,d}}$ Grenztragfähigkeit der Verankerung

Es sind auch hier die Sicherheitselemente (γ_F, γ_M) für Tragsicherheitsnachweise zu beachten.

Umkippen. In diesem Berechnungsgang werden die Sicherheiten gegenüber den Grenzpressungen und bei verankerten Lagerfugen auch gegenüber den Beanspruchbarkeiten der Verankerungselemente nachgewiesen. Die Druckspannungen dürfen über eine frei wählbare Teilfläche der Lagerfuge als konstant angenommen werden. Bewährt hat sich folgendes statische Modell (Bild **2.**8).

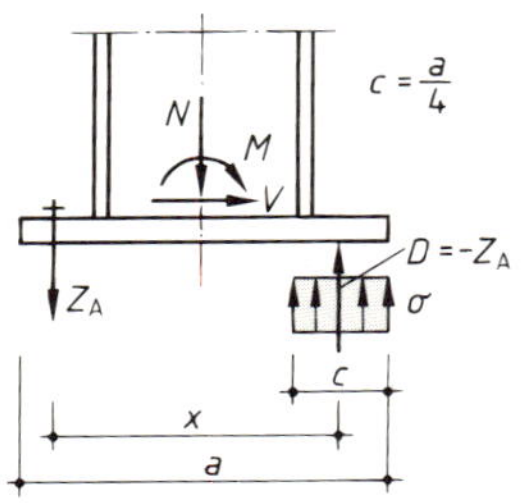

2.8
Statisches Modell beim Nachweis Umkippen

Die maßgebenden Kräfte (Spannungen) D, Z_A, (σ) ergeben sich aus den Gleichgewichtsbedingungen. Die größte Zugkraft Z_A wird für „max M" und der zugehörenden Normalkraft „min N", die größte Druckkraft D für „max M" und der zugehörenden Normalkraft „max N" ermittelt. Es sind folgende Nachweise zu führen:

$$\frac{Z_A}{Z_{\mathrm{A,R,d}}} \leq 1 \quad \text{und} \quad \frac{\sigma}{\sigma_{\mathrm{R,d}}} \leq 1 \qquad (2.24\,a)\ (2.24\,b)$$

Für die Grenzpressung in Lagerfugen aus *Beton* gilt

$$\sigma_{\mathrm{R,d}} = \frac{\beta_R}{1{,}3} \tag{2.25}$$

(β_R nach DIN 1045)

Auf die Erhöhung der Rechenfestigkeit β_R nach DIN 1045, 17.3.3 sollte aus Sicherheitsgründen wegen der nicht kontrollierbaren Verhältnisse in der Vergußmasse zwischen der Stahl- und Betonfuge verzichtet werden.

Beispiel 3 (Bild **2.**9) Für den Stützenfuß (Bild **2.**9 a) ist die Lagesicherheit nachzuweisen, wobei horizontale Kräfte nur über Reibung in der Lagerfuge aufgenommen werden sollen. Der Nachweis ist nach den Regelungen der Tragsicherheit zu führen. Die Belastungsgrößen stellen charakteristische Werte dar; alle veränderlichen Lastgrößen sind voneinander unabhängig. Statisches System nach Bild **2.**9 b.

Beispiel 3
Forts.

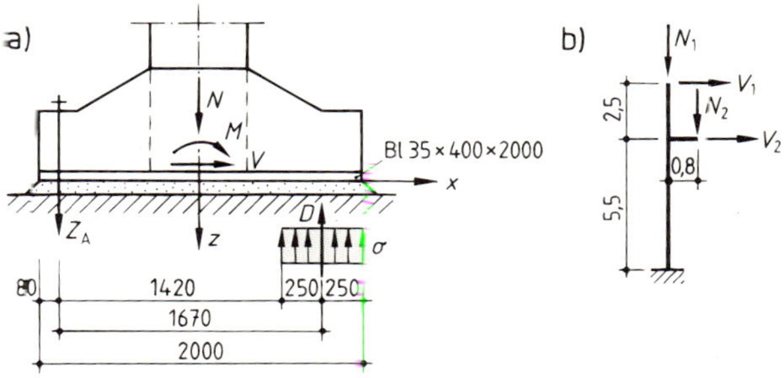

2.9 Beispiel zum Lagesicherheitsnachweis
a) Abmessungen des Stützenfußes b) Statisches System

Charakteristische Werte aus den Einwirkungen

Ständig: $N_{1,G} = 130$ kN

Veränderlich: $N_{1,Q} = 350$ kN $\quad V_{1,Q} = 14$ kN

$N_{2,Q} = 330$ kN $\quad V_{2,Q} = 45$ kN

Für diese Lasteinwirkungen sind für jeden Nachweis die maßgebenden Kombinationen zu bilden.

Gleiten: Nach Tafel **2.1** gilt: $\gamma_{F,G} = 1{,}0$ [1)]

$$\gamma_{F,Q} = 0{,}9 \cdot 1{,}5 = 1{,}35 \qquad \gamma_M = 1{,}1$$

Kräfte normal zur Lagerfuge

$$N_{z,d} = 1{,}0 \cdot 130 + 1{,}35 \cdot 330 = 576 \text{ kN}$$

Kräfte in der Lagerfuge

$$F_X = 1{,}35 \cdot (14 + 45) = 80 \text{ kN}$$

Mit $V_{a,R,d} = 0$ und $\mu_d = 0{,}5$ ist

$$V_{R,d} = 0{,}5 \cdot 576/1{,}5 = 192 \text{ kN} \qquad F_x/V_{R,d} = 80/192 = 0{,}42 < 1$$

Abheben: Die abhebenden Kräfte (aus Windsog mit $\gamma_{F,Q} = 1{,}5$) sind kleiner als die ständigen Lasten (mit $\gamma_{F,G} = 1{,}0$). Der Nachweis entfällt.

Umkippen: Die Länge der Pressungsfläche wird nach Bild **2.9** mit $c = a/4 = 200/4 = 50$ cm angenommen. Damit ist der Hebelarm der Verankerungskräfte

$$x = 200 - 8{,}0 - 50/2 = 167 \text{ cm}$$

Die *größte Ankerzugkraft* ergibt sich mit den Sicherheitsbeiwerten wie im Gleitnachweis aus

$$N = 576 \text{ kN}$$

$$M = 1{,}35 \cdot (14 \cdot 8 + 330 \cdot 0{,}8 + 45 \cdot 5{,}5) = 842 \text{ kNm}$$

$$\Sigma M = 0{:}\ Z_A \cdot 1{,}67 + 576 \cdot (1{,}0 - 0{,}25) - 842 = 0$$

$$Z_A = (842 - 576 \cdot 0{,}75) \,/\, 1{,}67 = 246 \text{ kN}$$

Die Verankerung erfolgt beidseitig über je 2 Ankerschrauben M 30 – 4.6.

Grenzzugkraft nach Taf. **3.9**: $Z_{A,R,d}$ $(= N_{R,d}) = 2 \cdot 140{,}2 = 280{,}4$ kN

$$Z_A/N_{R,d} = 246/280{,}4 = 0{,}88 < 1$$

---

1) s Tafel **2.1**

Beispiel 3 Forts.

Die *größte Pressungskraft* wird mit $\gamma_{F,G} = 1{,}0$ und $\gamma_{F,Q} = 1{,}35$ berechnet.

$$N = 1{,}35 \cdot 130 + 1{,}35 \cdot (350 + 330) = 1094 \text{ kN}$$

$$M = \qquad = 842 \text{ kN}$$

$$\Sigma M = 0\text{: } D \cdot 1{,}67 - 1094 \cdot (1{,}0 - 0{,}08) - 842 = 0$$

$$D = (842 + 1094 \cdot 0{,}92)/1{,}67 = 1107 \text{ kN}$$

Die angenommene Pressungsfläche ist

$$A = 50 \cdot 40 = 2000 \text{ cm}^2 \text{ und}$$

die Grenzpressung für Beton B 15 bei $\beta_R = 10{,}5$ N/mm²

$$\beta_{R,d} = 10{,}5/1{,}3 = 8{,}1 \text{ N/mm}^2 = 0{,}81 \text{ kN/cm}^2$$

$$\sigma = 1107/2000 = 0{,}55 \text{ kN/cm}^2$$

$$\sigma/\beta_{R,d} = 0{,}55/0{,}81 = 0{,}68 < 1$$

2.7 Gebrauchstauglichkeitsnachweis

Der Gebrauchstauglichkeitsnachweis ist in den meisten Fällen ein Nachweis der Größe der Verformungen. Diese müssen z. B. zur Vermeidung von Wassersäcken auf Dächern oder von Rissen in massiven (nicht verformbaren) Bauteilen (Wänden) und zur Sicherung des Betriebes von Maschinen beschränkt werden. Teilsicherheitsbeiwerte (γ_F), Kombinationsbeiwerte (ψ) und Einwirkungskombinationen müssen, sofern sie nicht in anderen Grund- oder Fachnormen geregelt sind, vereinbart werden (z. B. $\gamma_F = \psi = 1{,}0$). Auf der Widerstandsseite darf im allgemeinen mit $\gamma_M = 1{,}0$ gerechnet werden, wenn dies nicht gegen andere Regelungen verstößt. Ist mit dem Verlust der Gebrauchstauglichkeit jedoch eine Lebensgefährdung verbunden, gelten die Sicherheitsbeiwerte des Tragsicherheitsnachweises nach Tafel **2.**1 sowie $\gamma_M = 1{,}1$.

Die Berechnung der Verformungen erfolgt im allgemeinen mit den Bruttoquerschnittswerten (ohne Lochabzug); größere Ausschnitte jedoch sind zu berücksichtigen. Beim Nachweis aussteifender Verbände und Rahmen sind ggf. Nachgiebigkeiten in den Anschlüssen und Stößen (Schlupf) zu berücksichtigen.

Berechnung der Formänderungen. Bei beliebigen Tragwerken und Belastungen werden einzelne Formänderungsgrößen (Durchbiegungen, Auflagerverdrehungen) mit der „Arbeitsgleichung" (Prinzip der virtuellen Kräfte) berechnet. Anstelle der größten Durchbiegung max f eines Feldes begnügt man sich der Einfachheit halber mit dem Wert in Feldmitte, der nur unwesentlich kleiner ist. Für einfache, oft vorkommende Tragwerke und Lastbilder und bei konstantem Flächenmoment 2. Grades I sind die Durchbiegungen in Tabellenwerken zu finden [26]. Bei zusammengesetzter Belastung können die Einzelwerte überlagert werden.

Für ein Trägerfeld, welches mit der gleichmäßig verteilten Streckenlast q und 2 Endmomenten belastet ist, wird z. B. die Durchbiegung in Feldmitte

$$f = \frac{5}{384} \cdot \frac{q \cdot l^4}{E \cdot I} + \frac{(M_l + M_r) \cdot l^2}{16\, E \cdot I} \qquad (2.26)$$

Beim Balken auf 2 Stützen ohne Kragarme sind M_l und $M_r = 0$; setzt man dann max $M = q \cdot l^2/8$ ein, erhält man

$$\max f = \frac{5}{48} \cdot \frac{\max M \cdot l^2}{E \cdot I} \tag{2.27}$$

Ist I dem Momentenverlauf angepaßt, wird näherungsweise

$$\max f \approx \frac{5{,}5}{48} \cdot \frac{\max M \cdot l^2}{E \cdot \max I} \tag{2.28}$$

Mit der Höhe h des symmetrischen Trägers und $\sigma = \max M \cdot h/2I$ läßt sich Gl. (2.28) umformen zu

$$f = k \cdot \sigma \cdot \frac{l^2}{h} \tag{2.29}$$

Hierin ist f in cm, σ in kN/cm^2, h in mm und l in m einzusetzen. Für q oder bei mehreren Einzellasten ist $k = 0{,}992 \approx 1$, bei einer Einzellast in Feldmitte $k = 0{,}79$. Löst man Gl. (2.29) nach h auf, setzt $\sigma = f_{y,k}/1{,}5 = 16$ kN/cm^2 ($\gamma_F \cdot \gamma_M \approx 1{,}5$) und $f = l/300$, so erhält man für den Balken auf 2 Stützen mit der Streckenlast q die Profilhöhe in [m]

$$\text{erf } h \geq l/27 \tag{2.30}$$

die notwendig ist, um gleichzeitig die zulässigen Werte der Durchbiegung und der Spannung ausnutzen zu können. Bei fest eingespannten Kragträgern beschränkt man die größte Durchbiegung auf $\max f \leq l/200$. Mit den gleichen Überlegungen wie beim Einfeldträger erhält man in diesem Fall die notwendige Profilhöhe in [m] bei *Kragträgern*

Gleichstreckenlast $h \geq l/13$ (2.31)

Einzellast am Kragende $h \geq l/10$ (2.32)

Sehr häufig sind bei Einfeldträgern und Kragträgern die Grenznormalspannungen nicht ausnutzbar. In diesem Fall bestimmt man die erforderliche Größe des Flächenmomentes 2. Grades (Trägheitsmoment)

Einfeldträger ($f \leq l/300$)

Gleichstreckenlast $I \geq 15 \cdot M \cdot l$ (2.33)

Einzellast (Feldmitte) $I > 12\, M \cdot l$ (2.34)

Kragträger ($f \leq l/200$)

Gleichstreckenlast $I \geq 54\, M \cdot l$ (2.35)

Einzellast (Kragende) $I \geq 72 \cdot M \cdot l$ (2.36)

(I [cm^4], M [kN m], l [m])

Bei kurzen Trägerlängen ist zu beachten, daß die Durchbiegung aus den Schubverformungen (Querkraft) nicht vernachlässigbar ist. Ihr Einfluß kann in der „Arbeitsgleichung" durch den Anteil

$$f_v = \varkappa_V \cdot \int_0^l \frac{V \cdot V_k}{G \cdot A} \mathrm{d}x \tag{2.37}$$

berücksichtigt werden.

Es bedeuten:

f_v Durchbiegung infolge der Querkraft V

$\varkappa_V$ Schubverteilungszahl (z. B. nach [24])

V_k Querkraft aus der virtuellen Einheitslast an der Stelle der gesuchten Verformung

G Schubmodul

A Gesamtquerschnittsfläche (ohne Lochabzug)

Zulässige Durchbiegung. Während in Sonderfällen, z. B. bei Trapezblechen für Dächer, Wände und Decken, zulässige Werte der Durchbiegung vorgeschrieben sind, wurden in den Stahlhochbaunormen hierfür keine Zahlenangaben gemacht, so daß der entwerfende Ingenieur die Durchbiegungsgrenzen eigenverantwortlich unter Beachtung möglicher Folgeschäden festsetzen muß. Als Anhaltspunkt können folgende Angaben dienen.

Soweit nicht kleinere Werte einzuhalten sind, wurde bisher die Durchbiegung f begrenzt auf $f \leq l/300$ (bei Deckenträgern und Unterzügen mit Stützweite $l > 5$ m) und $f \leq a/200$ (bei Kragträgern mit Kraglänge a); der Einfluß der Eigenlast darf durch Überhöhung ausgeglichen werden (Bild **2.**10). Überhöhungen kommen bei größeren Stützweiten in Betracht.

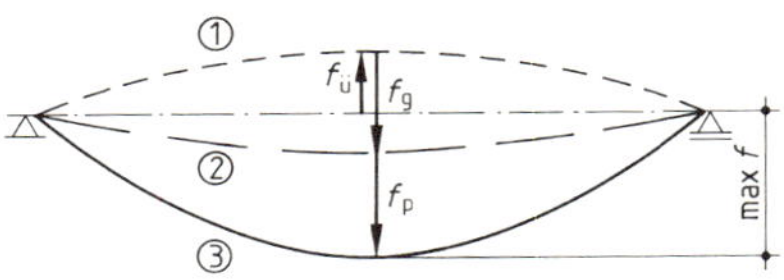

2.10
Durchbiegungen und ihre Anteile

Linie 1: $f_ü$ Spannungslose Werkstattform (Überhöhung)
Linie 2: f_g Durchbiegung infolge ständiger Last
Linie 3: f_p Zusatzdurchbiegung unter Nutzlast
max f Durchhang im Endzustand

Im Entwurf Eurocode 3 wird unterschieden in f_p infolge von Nutzlasten in ungünstigster Stellung, zuzüglich eventuellen Kriechverformungen infolge g, in $f_{g+ständ.p}$ infolge ständiger Last einschl. dem quasipermanenten Anteil der Nutzlast, sowie max f als Durchhang des Trägers infolge aller Einflüsse zusammen. Folgende zulässige Werte werden empfohlen (Klammerwerte gelten für Kragarme):

$f_p \leq 0{,}003\ (0{,}006) \cdot l$ allgemein für Deckenkonstruktionen und begehbare Dächer

$f_p \leq 0{,}002\ (0{,}004) \cdot l \leq 15\ (10)$ mm für Deckenträger, die nicht verformbare Zwischenwände tragen

$f_{g+ständ.p} \leq 28$ mm für leichte Decken ($g < 5$ kN/m^2 oder $G < 150$ kN/Träger) mit häufigem Aufenthalt von Personen

$f_{g+ständ.p} \leq 10$ mm bei rhythmisch wirkenden Verkehrslasten (Turnhallen, Tanzsäle)

max $f = 0{,}004\ (0{,}008) \cdot l$ für ordnungsgemäßen Ablauf des Regenwassers bei $\geq 1{,}5\,\%$ geneigten Dächern; größter Durchhang, wenn das Aussehen des Gebäudes beeinträchtigt wird. Die horizontale Auslenkung von Hallenstützen soll $l/150$ der Hallenhöhe nicht überschreiten.

2.8 Nachweis der Dauerhaftigkeit

Die Dauerhaftigkeit von Stahlbauten wird durch einen, über den Zeitraum der Nutzung wirksamen, Korrosionsschutz gewährleistet. Anstelle von Korrosionsschutzmaßnahmen können Dickenzuschläge berücksichtigt werden, wenn sie auf den Korrosionsabtrag und die Nutzungsdauer abgestimmt sind.

Korrosionsschutzmaßnahmen (Beschichten, metallische Überzüge) bedürfen der Unterhaltung. Bei Unzugänglichkeit der Bauteile müssen die Maßnahmen so getroffen werden, daß während der Nutzungsdauer keine Instandhaltungsarbeiten erforderlich sind (s. hierzu auch Abschn. 1.4 bzw. DIN 55928).

3 Verbindungstechnik

Die Einzelteile aus Profilen und Blechen werden nach den Konstruktionszeichnungen zu Bauteilen bzw. zu ganzen Bauwerken zusammengefügt. *Unlösbare* Verbindungen entstehen durch *Schweißnähte, lösbare* durch *Schrauben, Bolzen* oder *Keile*. Die Sicherung der Muttern macht Schraubenverbindungen jedoch oft unlösbar. Bedingung ist stets, daß alle in den Bauteilen auftretenden Kräfte ordnungsgemäß übertragen werden können und die Verformungen in den für das Bauwerk geltenden Grenzen bleiben.

Kleben von Bauteilen erfolgte bisher nur versuchsweise zusätzlich zur HV-Verschraubung (VK-Verbindung). Die allgemeine Anwendung des Metallklebens ist im konstruktiven Stahlbau z. Z. noch nicht möglich.

Nietverbindungen sind völlig von Schraub- und Schweißverbindungen verdrängt worden. Sie kommen nur noch ausnahmsweise in besonderen Fällen vor, z. B. zum Heften breiter, aufeinanderliegender Bleche, bei Bauteilen aus nicht schweißgeeignetem Werkstoff oder wenn Schweißen bei ungewöhnlich eng tolerierten Maßabweichungen wegen des zu erwartenden Schweißverzuges unzweckmäßig erscheint.

Wegen ihrer geringen Bedeutung werden sie in diesem Buch nicht mehr behandelt; es wird auf ältere Auflagen verwiesen. Hinsichtlich der statischen Wirkungsweise und ihrer Berechnung sind sie den Paßschrauben gleichgestellt.

3.1 Schraubenverbindungen

Schrauben werden vornehmlich in *Baustellenverbindungen* eingesetzt, weil der bei Schweißarbeiten notwendige Geräte- und Gerüstaufwand entfällt und Schraubverbindungen deswegen wirtschaftlicher sind. Sie müssen verwendet werden, wenn die Verbindung lösbar sein soll oder wenn ein Nachziehen erforderlich werden kann. Auch in *Werkstattverbindungen* können Schrauben trotz ihres höheren Preises dann wirtschaftlich sein, wenn die Bauteile so konstruiert sind, daß sie auf automatischen Säge- und Bohranlagen gefertigt werden können und dadurch höhere Lohnkosten für geschweißte Verbindungen entfallen. Nach ihrer Funktion unterscheidet man 2 Arten von Verbindungen:

Kraftverbindungen müssen alle nach der statischen Berechnung auftretenden Kräfte aufnehmen und übertragen.

Heftverbindungen sollen die Einzelteile auf größere Länge miteinander so verbinden, daß sie wie *ein* Stück wirken, und außerdem ein Klaffen, das immer Korrosionsgefahr bedeutet, verhindern. In Druckgliedern müssen sie auch das Ausknicken der Einzelteile verhüten.

3.1.1 Schraubenarten und Ausführungsformen von Schraubenverbindungen

Sechskantschrauben für Stahlkonstruktionen nach DIN 7990 (Bild **3.1**) sind Schrauben ohne Passung (rohe Schrauben) mit den Festigkeitsklassen 4.6 und 5.6 nach DIN

EN 20898-1. Das Spiel zwischen Schaft und Bohrung darf $\Delta d \leq 2$ mm nicht überschreiten. In Anschlüssen und Stößen seitenverschieblicher Rahmen sowie allgemein bei der Verwendung von Senkschrauben nach DIN 7969 muß $\Delta d \leq 1$ mm sein. Für tragende Verbindungen in Stahlbauten mit *nicht* ruhender Belastung dürfen rohe Schrauben nicht verwendet werden.

Die Bezeichnung der Festigkeitsklasse gibt Zugfestigkeit und Streckgrenze des Schraubenwerkstoffs an; z. B. bedeutet die Angabe 4.6:

$$f_{u,b,k} = 4 \cdot 100 = 400 \text{ N/mm}^2$$

$$f_{y,b,k} = 0{,}6 \cdot f_{u,b,k} = 0{,}6 \cdot 400 = 240 \text{ N/mm}^2$$

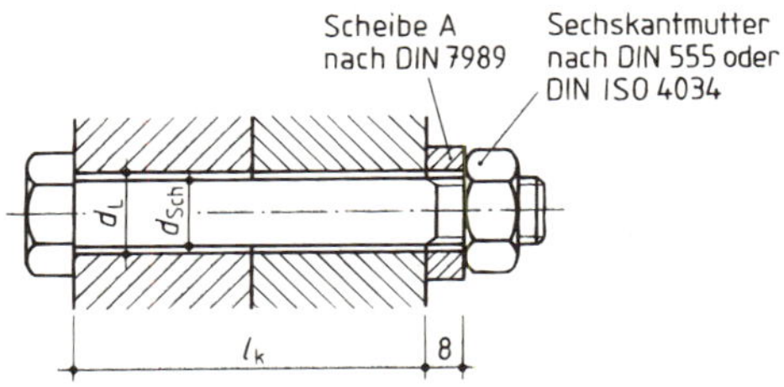

3.1 Rohe Sechskantschraube nach DIN 7990

Sechskantpaßschrauben nach DIN 7968 (Bild **3.2**) sind Schrauben mit Passung. Sie haben einen gedrehten Schaft, dessen Durchmesser < 0,3 mm kleiner sein darf als das Loch. Nach der genannten Norm kommt nur noch die Festigkeitsklasse 5.6 zur Anwendung. Bei *allen* Paßschrauben korrespondiert die Bezeichnung der Schraube mit dem Gewindedurchmesser.

Beispiel: ‹ri?›(Paßschraube M 20, Gewindedurchmesser = 20 mm, Schaftdurchmesser = 21 mm)

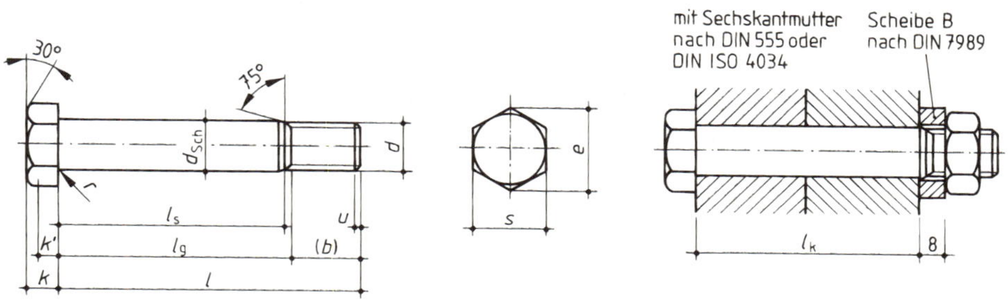

3.2 Sechskantpaßschraube nach DIN 7968

Zu beiden Schraubenarten gehören *Sechskantmuttern* nach DIN 555 bzw. DIN ISO 4034, und unter die Muttern müssen 8 mm dicke, runde *Scheiben* nach DIN 7989 gelegt werden (Typ A (roh) für Schrauben nach DIN 7990 und Typ B (blank) für Schrauben nach DIN 7968). An geneigten Flanschflächen werden statt der runden Scheiben keilförmige *Vierkantscheiben* nach DIN 434 für U- und nach DIN 435 für I-Stähle verwendet.

Die um 5 mm gestuften Schraubenlängen l betragen 30 bis 200 mm, zugehörige Klemmlänge s. DIN 7990 und DIN 7968 sowie [23].

Der Schraubenschaft soll über die ganze Klemmlänge reichen, damit das Gewinde nicht in den Bereich der Lochleibungsspannungen gerät. Liegt die Scherfuge im Gewindeteil, ist dies bei der Ermittlung der Beanspruchung zu berücksichtigen, zumindest muß die im zu verbindenen Bauteil verbleibende Schraubenschaftlänge bei vorwiegend ruhender Belastung das 0,4fache des Schraubenschaftdurchmessers betragen (DIN 18800-7). Bei nicht vorwiegend ruhender Belastung bzw. bei schwingender Beanspruchung auf Abscheren darf das Gewinde nicht in die zu verbindenden Teile reichen.

Zur Überbrückung des Gewindeauslaufs bzw. der Differenz zwischen der Schaftlänge der Schraube und der Klemmlänge ist eine Scheibe anzuordnen. Diese weist für alle Schraubenlängen – und Durchmesser eine ausreichende, gleiche Dicke von 8 mm auf.

In Bauwerken, in denen Schwingungen auftreten können, müssen die Muttern durch *Federringe* (DIN 127) oder *Sicherungsmuttern* aus Stahlblech (DIN 7967) gesichert werden. Durch die übliche Verformung des Gewindeüberstandes durch Meißelhieb wird die Schraube unlösbar. Sicherung durch *Splinte* wird im Stahlbau nur bei Gelenkverbindungen verwendet (s. Ab-schn. 3.3).

Vor dem Zusammenbau der *Einzelteile* erhalten ihre Berührungsflächen als Korrosionsschutz eine Zwischenbeschichtung. Verzinkte Schrauben sind in kompletten Garnituren (Schrauben, Muttern, Scheiben) von *einem* Hersteller zu beziehen.

Die meisten Baustellenverbindungen werden mit den preiswerten *rohen Schrauben* hergestellt. Die teueren *Paßschrauben* sind zu verwenden, wenn auch kleinste Verschiebungen im Anschluß zu vermeiden sind, also besonders bei biegefesten Stößen, in stabilitätsgefährdeten Systemen und wenn die höhere Tragfähigkeit der Paßschrauben gebraucht wird. Ihre Löcher müssen nach dem Zusammenbau der Teile vor dem Einziehen der Schrauben in der Regel aufgerieben werden.

Hochfeste Schrauben (HV-Schrauben, Bild **3**.3) der Festigkeitsklassen 8.8 und 10.9 mit großen Schlüsselweiten werden nach DIN 6914 für Verbindungen mit Lochspiel oder nach DIN 7999 als Sechskantpaßschrauben hergestellt. Die Abstufung der Schraubenlängen entspricht der von normalen Sechskantschrauben. Die blanken Scheiben nach DIN 6916 sind einseitig innen und außen abgefast und werden sowohl unter die Mutter (DIN 6915) als auch unter den Schraubenkopf gelegt. Für I-Stähle sind Schrägscheiben nach DIN 6917, für U-Stähle nach DIN 6918 zu verwenden. Alle Teile sind mit „HV" gekennzeichnet.

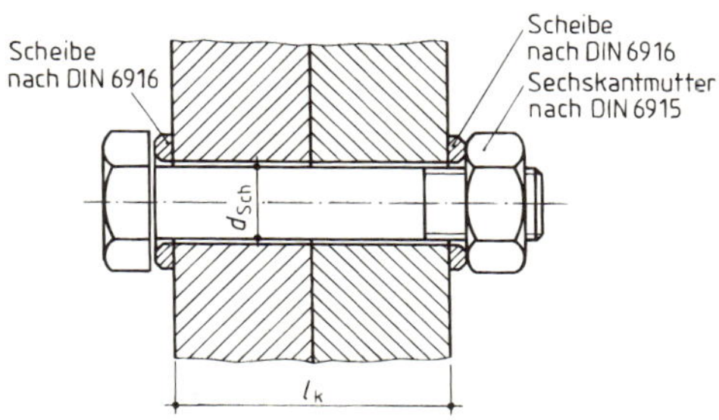

3.3
Hochfeste Schraube nach DIN 6914

Scher-/Lochleibungsverbindungen werden wie bei normalen Sechskantschrauben als SL-Verbindungen mit $\Delta d \leq 2$ mm (nur für vorwiegend ruhend belastete Bauteile) oder

[1]) Bezeichnungen der Durchmesser nach DIN 18800-1 abweichend von den Schraubennormen.

als SLP-Verbindungen mit $\Delta d \leq 0{,}3$ mm, jeweils *nicht planmäßig vorgespannt* oder *planmäßig vorgespannt,* jedoch *ohne gleitfeste Reibfläche* (SLV bzw. SLVP-Verbindungen), ausgeführt. Es kann erforderlich werden, 2 der dünneren Unterlegscheiben unter die Mutter zu legen, um das Hineinragen des Gewindes in das zu verbindende Bauteil zu vermeiden.

Bei nicht planmäßig vorgespannten hochfesten Schrauben entfällt die Kontrolle des für Erzielung der notwendigen Vorspannkraft aufzubringenden Drehmoments und bei einem Lochspiel von 2 mm darf auf die kopfseitige Unterlegscheibe verzichtet werden.

Planmäßig vorgespannte Verbindungen mit hochfesten Schrauben bzw. Paßschrauben und mit *gleitfester Reibfläche* (GV bzw. GVP-Verbindungen) sind für Bauteile mit vorwiegend ruhender und nicht ruhender Belastung zugelassen. Δd darf in GV-Verbindungen ≤ 2 mm, in GVP-Verbindungen $\leq 0{,}3$ mm betragen. Die HV-Schrauben werden mit einer genau abgemessenen Zugkraft so vorgespannt, daß die *Reibung* in den aufeinandergepreßten Berührungsflächen zwischen den Einzelteilen (beim Gebrauchstauglichkeitsnachweis) zur Kraftübertragung senkrecht zur Schraubenachse herangezogen werden kann. Um eine ausreichende Reibungskraft zu gewährleisten, müssen die Berührungsflächen so vorbehandelt werden, daß ein Reibbeiwert $\mu = 0{,}50$ erreicht wird. Die Behandlung erfolgt durch Strahlen mit Quarzsand oder Stahlgußkies, bei vorwiegend ruhend belasteten Bauteilen auch durch 2maliges Flammstrahlen.

Die Reibflächen müssen beim Zusammenbau frei von Rost, Staub, Öl und Farbe sein, da sonst der Reibbeiwert unzulässig herabgesetzt wird. Nach der Vorbehandlung darf ein gleitfester Konservierungsanstrich nach den Technischen Lieferbedingungen 918300, Blatt 85 der DB aufgetragen werden. Die Vorspannung der HV-Schrauben gilt als Sicherung der Mutter gegen Lösen (DIN 18800-7).

Das *Vorspannen* der Schrauben kann nach 3 Methoden erfolgen:

Beim *Drehmoment-Verfahren* wird die erforderliche Vorspannkraft F_V, von Hand durch ein meßbares Drehmoment erzeugt. Die verwendeten Drehmomentschlüssel haben eine Momenten-Anzeigevorrichtung oder automatische Momentenbegrenzung. Die Größe des aufzubringenden Drehmoments hängt davon ab, ob Gewinde und Auflageflächen der Schrauben geölt oder mit Molybdändisulfid (MoS_2) geschmiert sind.

Beim *Drehimpuls-Verfahren* wird die Vorspannkraft durch Drehimpulse maschineller Schlagschrauber erzeugt, die vorher an einer Anzahl von Schrauben auf die gewünschte Vorspannkraft einzustellen sind.

Beim *Drehwinkel-Verfahren* erhalten die Schrauben zunächst ein Voranziehmoment von 1/10 bis 1/5 des vollen Moments; dann wird die Mutter um einen Drehwinkel $\Phi = 180°$ bis $360°$ weiter angezogen. Φ ist abhängig von der Klemmlänge l, aber unabhängig vom Durchmesser der Schrauben und von der Schmierung. Nach diesem Verfahren vorgespannte Schrauben dürfen nicht wiederverwendet werden.

Bei *feuerverzinkten* hochfesten Schrauben müssen Gewinde und Auflageflächen grundsätzlich mit MoS_2 geschmiert werden. In Anschlüssen mit größerer Schraubenzahl werden alle Schrauben zunächst auf ≈ 60 % des Sollwertes und in einem zweiten Arbeitsgang, von der Mitte des Schraubenbildes ausgehend, auf die volle Vorspannkraft gebracht. Dadurch wird die Spannung auf alle Schrauben gleichmäßig verteilt.

Die Überprüfung der Schrauben durch Weiteranziehen mit einem dem Anziehgerät entsprechenden Prüfgerät erstreckt sich in der Regel auf 5 % der Schrauben.

Nähere Einzelheiten zur Ausführung und Prüfung der gleitfesten Verbindungen sowie notwendige Zahlenangaben hierzu sind DIN 18800-7 zu entnehmen.

Niete werden in den Stahlsorten USt 36 und RSt 38 nach DIN 17111 verwendet (Formen nach DIN 124 und DIN 302).

Kopf- und Gewindebolzen werden in vier Festigkeitsklassen nach Tafel **3.5** eingesetzt.

Bescheinigungen. Die Schrauben der Festigkeitsklasse 4.6 und 5.6 müssen nach DIN EN 20898-1, 2 geprüft sein, auf eine Bescheinigung darf verzichtet werden. Für die hochfesten Schrauben und deren Muttern muß ein Werkzeugnis nach DIN 50049 vorliegen.

Eine Zusammenfassung der Ausführungsformen von Schraubenverbindungen enthält Tafel **3.1** auf S. 64.

Schließringbolzen (Bild **3.4**) dürfen nach [DASt-Ri001] in Bauteilen mit vorwiegend ruhender Belastung verwendet werden, wenn dem Hersteller des Schließringbolzen-Systems eine Eignungsbescheinigung ausgestellt wurde[1]. Der Werkstoff der Bolzen muß mindestens der Güte 8.8 nach DIN EN 20898-1 entsprechen. Der Werkstoff des Schließrings muß trotz der beträchtlichen Kaltverformung beim Anziehvorgang rissefrei bleiben und alterungsbeständig sein.

Die Bolzen werden mit einem hydraulischen, elektrisch gesteuerten pistolenförmigen Bolzensetzgerät automatisch gesetzt. Der Kolben des Gerätes greift mit seinem gerillten Schnellspannfutter in die Zugrillen des Bolzens ein und spannt diesen vor, wobei sich der Spannzylinder auf die Schrägfläche des Schließringes abstützt und ihn gegen das Werkstück drückt. Ist die Vorspannkraft fast erreicht, wird der Schließring plastisch verformt und in die feinen Schließrillen des Bolzenschafts gequetscht, indem der Zylinder sich über den Schließring schiebt, bis er am Werkstück anliegt. Eine weitere geringe Erhöhung der Zugkraft läßt den Bolzen an der Sollbruchstelle abreißen. Die Überprüfung der gesetzten Bolzen erfolgt an mindestens 20% der Bolzen durch Kontrolle der Sollform der Schließringe. Ein Lösen ist nur durch Zerstören der Verbindung mit einem hydraulischen Schließringschneider möglich.

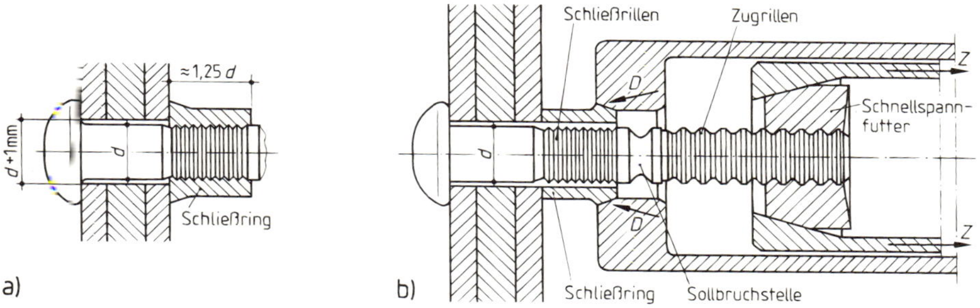

3.4 Schließringbolzen

a) Fertig gesetzter Schließringbolzen

b) Spannvorrichtung (schematisch) und Spannvorgang

Sonderschrauben

Rohe Sechskantschrauben nach DIN 564 (Bild **3.5** b), *Senkschrauben mit Schlitz* nach DIN 7969 u. ä. werden verwendet, wenn das Muttergewinde in ein Werkstück eingeschnitten ist.

---

[1]) Hochfeste Huck-Bolzen der Fa. Titgemeyer, Osnabrück

Tafel **3.1** Übersicht über die Schraubenverbindungen

Verbindungsart				Lochspiel Δd in mm	Bezeichnung und Festigkeitsklasse der Schrauben nach DIN EN 20898-1		Für Bauteile aus[5])	Vorspannung der Schrauben
Nicht planmäßige Vorspannung		**S**cher-/**L**och-leibungs-Verbindung	SL[1])	≤ 2[2])	Rohe Schrauben DIN 7990	4.6 5.6	St 37 St 52	0 0
					Hochfeste Schrauben DIN 6914	8.8 10.9	}St 37, 52	frei-gestellt[4])
				≤ 1	Senkschrauben DIN 7969[3])	4.6 5.6	St 37 St 52	0 0
		Scher-/**L**och-leibungs-**P**aßverbindung	SLP	≤ 0,3	Paßschrauben DIN 7968	5.6		0 0
					Hochfeste Paßschrauben DIN 7999	8.8 10.9	Wie SL	frei-gestellt[4])
					Niete DIN 124	USt 36 RSt 38	St 37 St 52	0 0
Planmäßige **V**orspannung	ohne Reibfläche	**S**cher-/**L**och-leibungsverbindung	SLV	≤ 2	Hochfeste Schrauben DIN 6914	8.8 10.9	St 37 St 52	$1{,}0 \cdot F_v$
		Scher-/**L**ochleibungs-**P**aßverbindung	SLVP	≤ 0,3	Hochfeste Paßschrauben DIN 7999	8.8 10.9	St 37 St 52	$1{,}0 \cdot F_v$
	mit gleitfester Reibfläche	**G**leitfeste **V**erbindung	GV	≤ 2	Hochfeste Schrauben DIN 6914	8.8 10.9	St 37 St 52	$1{,}0 \cdot F_v$
		Gleitfeste **P**aßverbindung	GVP	≤ 0,3	Hochfeste Paßschrauben DIN 7999	8.8 10.9	St 37 St 52	$1{,}0 \cdot F_v$

[1]) Nur für Bauteile mit vorwiegend ruhender Belastung; nicht in seitenverschieblichen Rahmen bei Berechnung nach der Fließgelenktheo-rie.
[2]) Bei Anschlüssen und Stößen in seitenverschieblichen Rahmen ist $\Delta d \leq 1$ mm einzuhalten.
[3]) Bei Senkschrauben und -nieten sind größere Verformungen zu erwarten; zusätzliche Nachweise bzw. Verminderung der Tragkraft s. DIN 18800-1, 8.2.1.2. Lochspiel bei Senkschrauben $\Delta d \leq 1$ mm
[4]) Nicht planmäßig vorgespannt: Vorspannung nach gängiger Montagepraxis, jedoch ohne Kontrolle des Anziehmomentes
[5]) St 37 ≙ S235, St 52 ≙ S355

Gewinde-Schneidschrauben nach DIN 7513 (Bild **3.**5 c) bis zum Durchmesser M 8 dienen zur Befestigung von Dach- und Wandelementen aus Blech an Stahlkonstruktionen mittels vorgebohrter Löcher.

Hakenschrauben nach DIN 6378 (Bild **3.**5 a) oder auch in ähnlichen Formen werden besonders bei der Montage zum Festklemmen von Bauteilen verwendet, wenn diese nicht durch Bohrungen geschwächt werden sollen.

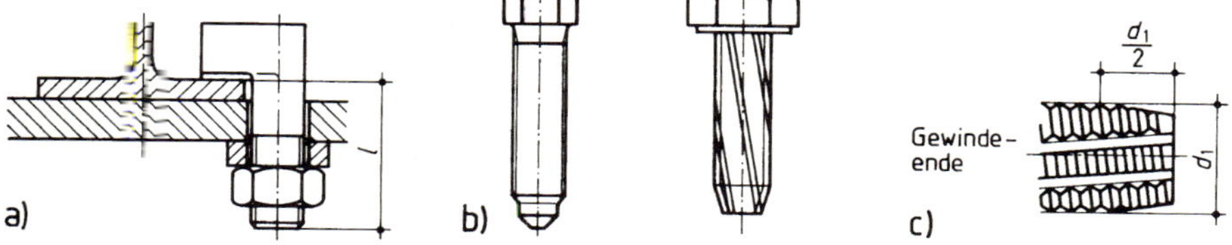

3.5 a) Hakenschraube DIN 6378
b) Rohe Sechskantschraube DIN 564
c) Gewindeschneidschraube DIN 7513 Form A

Steinschrauben (Form A bis F) nach DIN 529 (Bild **3.**6) dienen zur Befestigung von Stahlteilen im Mauerwerk oder Beton. Die Schrauben werden mit Zementmörtel vergossen.

Hammerschrauben nach DIN 7992 s. Abschn. 7.3.

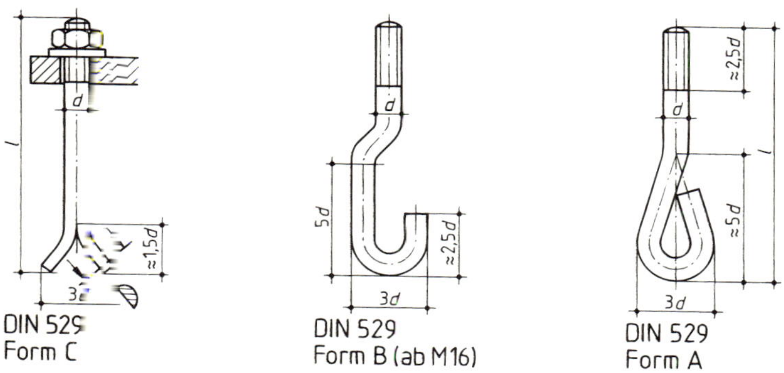

3.6 Beispiele von Steinschrauben

3.1.2 Anordnung der Schrauben, Schraubenabstände, Schraubensymbole

Der Lochdurchmesser wird nach der kleinsten Dicke min *t* der zu verbindenden Einzelteile nach Tafel **3.**2 gewählt. Bei Walzprofilen richtet man sich nach dem größten zulässigen Lochdurchmesser (DIN 997). Für kraftübertragende Verbindungen wählt man im allgemeinen mindestens M 12. Zur Verbilligung der Werkstattarbeiten soll man stets versuchen, bei einem Bauteil mit einem Lochdurchmesser auszukommen.

Tafel **3**.2 Loch- und Schraubendurchmesser in Abhängigkeit von der kleinsten vorhandenen Blechdicke *t;* Sinnbilder (veraltet)

Loch-∅	Δd = 2 mm	12	14	18	22	24	26	29	32
d_L	Δd = 1 mm[1])	11	13	17	21	23	25	28	31
Schraube M		10	12	16	20	(22)	24	(27)	30
Blech-dicke min t	gut	4 bis 5	4 bis 6	6 bis 8	8 bis 11	10 bis 14	13 bis 17	16 bis 21	20 bis 24
	möglich	3 bis 5	4 bis 7	5 bis 10	6 bis 13	8 bis 17	11 bis 20	14 bis 24	18 bis 24
Sinnbilder[2])		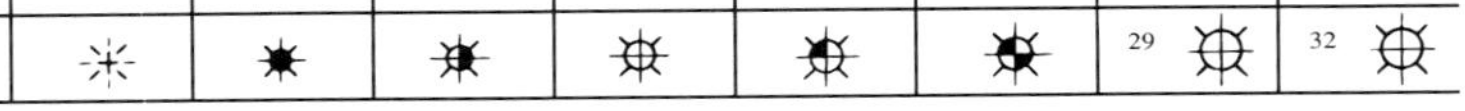							

[1]) Für Paßschrauben gelten die Loch-∅ für Δd = 1 mm.

[2]) Diese bisher üblichen Sinnbilder nach einer inzwischen zurückgezogenen Norm werden in diesem Buch **nicht mehr verwendet.**

Tafel **3**.3 Symbol für eingebaute Schraube nach DIN ISO 5261

Schraube	Darstellung in der Zeichenebene senkrecht zur Achse: nicht gesenkt	Senkung auf der Vorderseite	Senkung auf der Rückseite	parallel zur Achse: nicht gesenkt	Senkung auf einer Seite	Lageangabe der Mutter*)
in der Werkstatt eingebaut	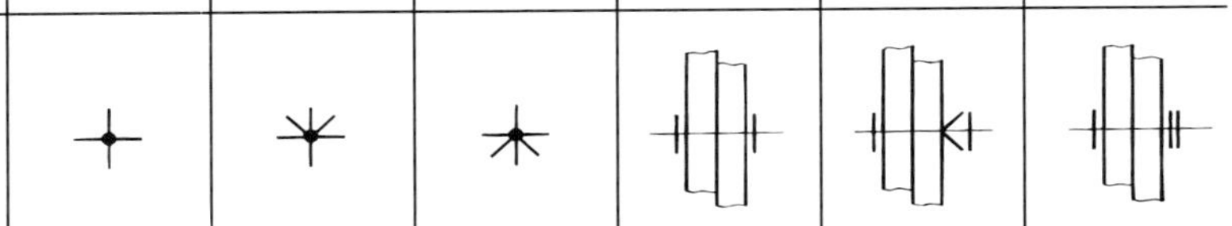					
auf der Baustelle eingebaut	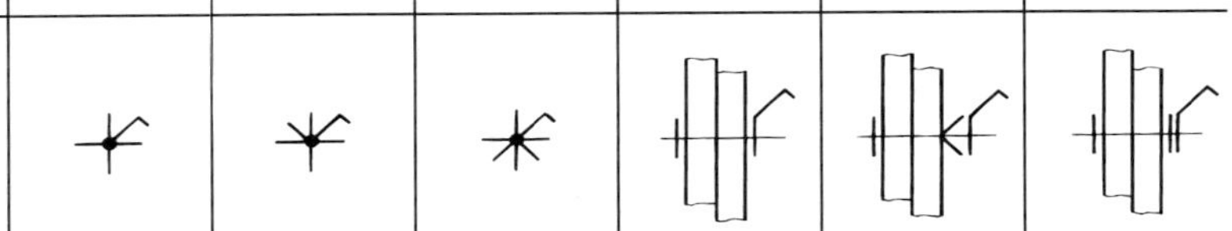					
auf der Baustelle gebohrt und eingebaut	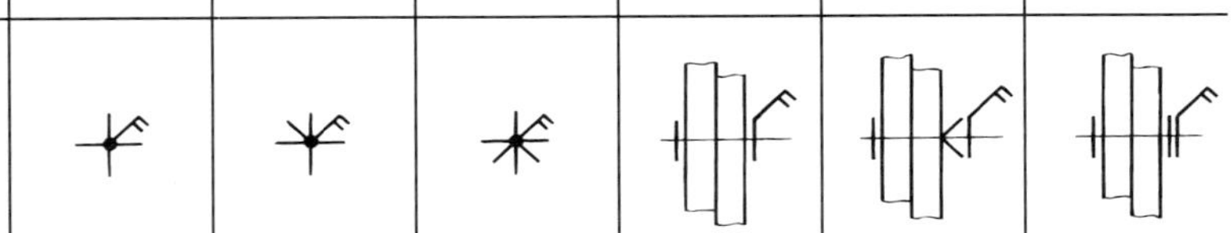					

Die Symbole für *Löcher* sind ohne Punkt in der Mitte auszuführen; der Durchmesser der Löcher wird in der Nähe des Symbols angegeben. Die Bezeichnung der *Schrauben* soll mit ihren DIN-Bezeichnungen übereinstimmen. Die Bezeichnung von Löchern oder Schrauben, die auf eine Gruppe gleicher Verbindungselemente bezogen ist, braucht nur an einem äußeren Element (mit einem Hinweispfeil) angebracht zu werden (Bild **1**.8); in diesem Fall soll die Anzahl der Löcher oder Schrauben, die die Gruppe bilden, vor der Bezeichnung eingetragen werden (z. B. 3 M 20 DIN 7990).

*) Nur wenn es erforderlich ist.

In der Praxis werden Schrauben auf Werkstattzeichnungen zum Teil noch mit *Sinnbildern* nach Tafel **3.**2 dargestellt. Zusatzsymbole (Bild **3.**7, **3.**8) geben zusätzliche Hinweise zur Herstellung und Montage. Mit Einführung von CAD wird sich die Darstellung nach Tafel **3.**3 mehr und mehr durchsetzen. Hier sind CAD-Systeme zu bevorzugen, die eine kollisionsfreie Bemaßung und Beschriftung garantieren.

3.7 Sinnbilder für Lochdurchmesser auf Naturgrößen und Werkstücken

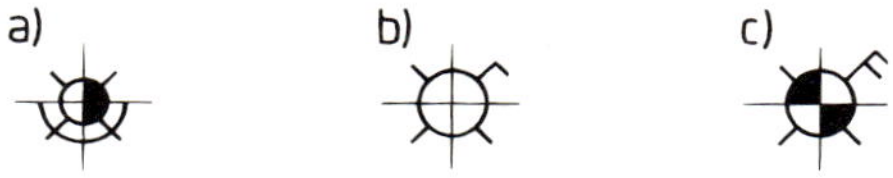

3.8 Zusatzsymbole (veraltet) zu den Schraubensinnbildern nach Tafel **3.**2

a) Schraube unten versenkt
b) Schraube auf der Baustelle einziehen
c) Loch auf der Baustelle bohren

Tafel **3.**4 Rand- und Lochabstände von Schrauben und Nieten

	1	2	3	4	5	6
1	Randabstände			Lochabstände		
2	Kleinster Randabstand	In Kraftrichtung e_1	1,2 d_L	Kleinster Lochabstand	In Kraftrichtung e	2,2 d_L
3		rechtwinklig zur Kraftrichtung e_2	1,2 d_L		rechtwinklig zur Kraftrichtung e_3	2,4 d_L
4	Größter Randabstand	In und rechtwinklig zur Kraftrichtung e_1 bzw. e_2	3 d_L oder 6 t	Größter Lochabstand, e bzw. e_2	Zur Sicherung gegen lokales Beulen	6 d_L oder 12 t
5					wenn lokale Beulgefahr nicht besteht	10 d_L oder 20 t

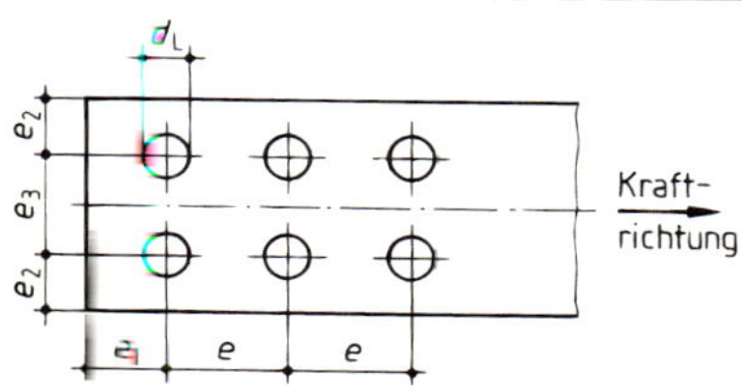

Randabstände e_1 bzw. e_2
Lochabstände e

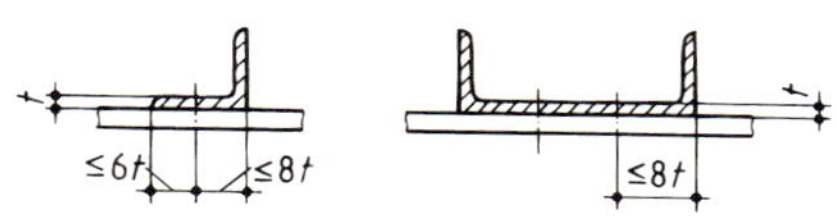

Beispiele für die Versteifung freier Ränder im Bereich von Stößen und Anschlüssen

Bei gestanzten Löchern sind die kleinsten Randabstände 1,5 d_L, die kleinsten Lochabstände 3,0 d_L.

Die Rand- und Lochabstände nach Zeile 5 dürfen vergrößert werden, wenn durch besondere Maßnahmen ein ausreichender Korrosionsschutz sichergestellt ist.

Die Abstände werden von Lochmitte aus gemessen. t ist die Dicke des dünnsten der außenliegenden Teile der Verbindungen.

Bei Anschlüssen mit mehr als 2 Lochreihen in und rechtwinklig zur Kraftrichtung brauchen die größten Lochabstände e und e_3 nach Zeile 5 nur für die äußeren Reihen eingehalten zu werden.

Wenn ein freier Rand z. B. durch die Profilform versteift wird, darf der maximale Randabstand 8 t betragen.

Die Abstände der Bohrungen untereinander und von den Rändern der Bauteile sind vorgeschrieben (Tafel **3**.4). Die unteren Grenzwerte verhüten Aufreißen des Bauteils zwischen den Löchern oder zum Rand hin, die oberen sollen Klaffen (Korrosionsgefahr) und in Druckstäben auch Ausknicken verhindern. Die Rand- und Lochabstände gehen in die Berechnung der Grenzlochleibungstragfähigkeit ein.

In Stößen und Anschlüssen sollen die Lochabstände nahe der unteren Grenze liegen, um Knotenbleche und Stoßlaschen klein zu halten. Bei Heftverbindungen hingegen sind aus Wirtschaftlichkeitsgründen die oberen Grenzen vorzuziehen.

Während die Anordnung der Schrauben in Blechen, Flach- und Breitflachstählen und in den Stegen der Walzprofile bei Beachtung von Tafel **3**.4 frei gestaltet werden kann, sind die Schrauben in Flanschen und Schenkeln von Walzprofilen in vorgeschriebene Rißlinien zu setzen, deren Lage durch das in DIN 997 festgelegte Anreißmaß w bestimmt ist. Sind bei breiten Schenkeln oder Flanschen 2 Rißlinien vorgesehen, müssen die Schrauben abwechselnd versetzt oder, falls der Rißlinienabstand $\geq 3\ d_L$ ist, auch nebeneinander in beiden Reihen angeordnet werden. Diese Anreißmaße sind stets einzuhalten; nur wenn verschiedene Profile aufeinandertreffen, z. B. an einem Stoß, müssen die Rißlinien abweichend vom Anreißmaß gelegt werden.

Für die Anordnung der *HV-Schrauben* gelten grundsätzlich die gleichen Regeln, jedoch sind zur Festlegung der Mindestabstände wegen der größeren Schlüsselweiten und mit Rücksicht auf die Abmessungen der verwendeten Geräte u. U. besondere Überlegungen nötig. So sind z. B. Größtdurchmesser und Anreißmaße in Walzprofilen in DIN 997 für HV-Schrauben z. T. von den normalen Werten abweichend vorgeschrieben.

3.1.3 Beanspruchungen und Beanspruchbarkeiten von Schrauben (Nieten, Bolzen)

3.1.3.1 Wirkungsweise der Schrauben

Abscheren. Die Verbindungen werden in der Regel so konstruiert, daß die zu übertragende Kraft V_d senkrecht zur Achse des Schraubenschaftes wirkt und dessen Querschnitt in der Berührungsebene der zu verbindenden Teile auf Abscheren beansprucht. Entsprechend der Zahl der Scherflächen im Schaft spricht man von ein-, zwei- oder mehrschnittigen Verbindungen (Bild **3**.9). Die Scherfläche ist für jeden Schnitt $A_{Sch} = \pi \cdot d_{Sch}^2/4$ (Scherfläche im Schaft) bzw. $A_{Sp} = \pi \cdot d_{Sp}^2/4$ (Scherfläche im Gewinde), allgemein A_a.

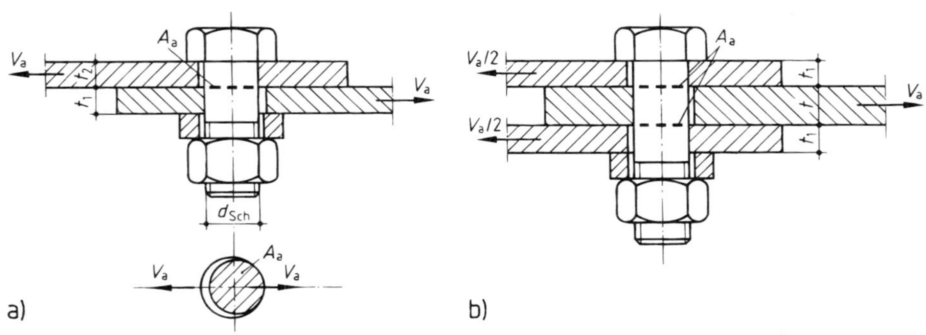

3.9 a) Ein- und b) zweischnittige Schraubenverbindung

Lochleibung. Die Kraft wird aus dem Bauteil in den Schraubenschaft stets als Pressungskraft über die *Lochleibungsfläche* $A_l = d_{sch} \cdot \Sigma t_i$ eingeleitet. Hierbei ist Σt_i die Summe der Blechdicken mit gleichgerichteter Lochleibungspressung.

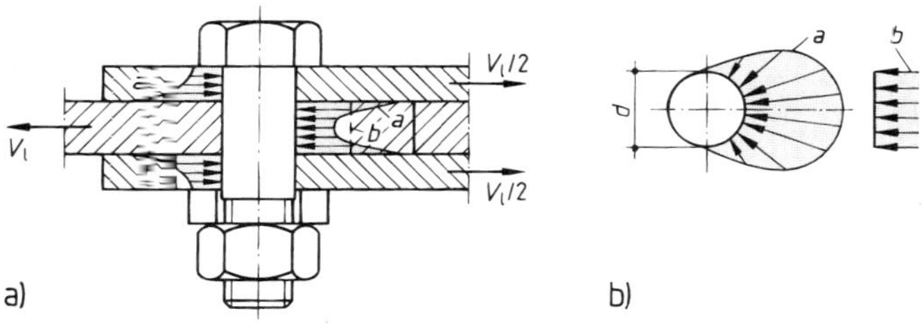

3.10 a) wirkliche und b) rechnerisch angenommene Verteilung der Lochleibungsspannungen

Obwohl der Lochleibungsdruck unter Gebrauchslast nach den Begrenzungslinien a in Bild **3.10** verläuft, darf im Tragsicherheitsnachweis mit einer gleichmäßigen Verteilung (Linien *b*) gerechnet werden, da in diesem Tragzustand ein Spannungsausgleich durch Plastizieren stattgefunden hat.

Zug. Bei Stirnplattenverbindungen in Zugstäben, biegesteifen Trägeranschlüssen oder Rahmenknoten werden Schrauben auch in Richtung ihrer Achsen auf Zug beansprucht (Bild **3.11**). Für diese Beanspruchung eignen sich besonders hochfeste Schrauben mit großer Zugfestigkeit. In Rahmenknoten werden auch rohe Schrauben eingesetzt, wenn sich die Anschlußhöhe konstruktiv vergrößern läßt.

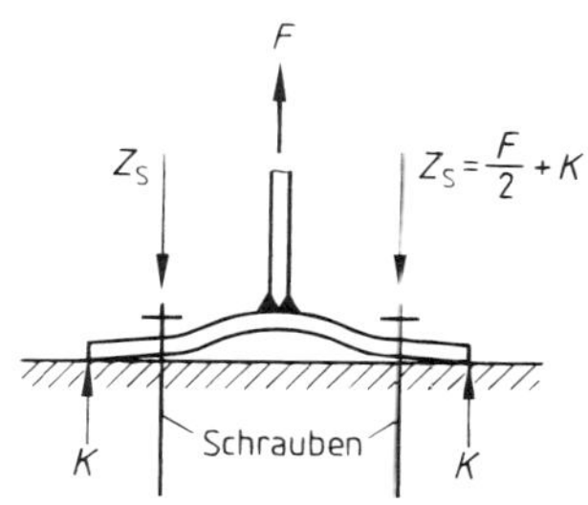

3.11
Schrauben- und Abstützkräfte beim T-Anschluß

Für die Berechnung der Grenztragfähigkeit der Schrauben bei Zugbeanspruchung ist der für alle Schrauben gleiche Spannungsquerschnitt A_{Sp} maßgebend. Er wird berechnet nach Gl. (3.1).

$$A_{Sp} = \frac{\pi}{4} \cdot \left(\frac{d_k + d_{Fl}}{2}\right)^2 \cong 0{,}79 \cdot \frac{\pi \cdot d_{Sch}{}^2}{4} \qquad (3.1)$$

Es bedeuten:

d_K Kerndurchmesser des Gewindes
d_{Fl} Flankendurchmesser des Gewindes

Hochfeste Schrauben der Festigkeitsklasse 8.8 und 10.9 weisen wegen ihrer hohen Zugfestigkeit große Dehnungen auf. In vorgespannter Ausführung jedoch, entfällt auf sie bei axialer Zugbeanspruchung nur ein kleiner Anteil aus der äußeren Kraftwirkung, die Restkraft wird verbraucht zur Entlastung der vorgespannten Verbindungsteile. Daher müssen zugbeanspruchte Verbindungen mit Schrauben der Festigkeitsklasse 8.8 und 10.9 planmäßig vorgespannt werden. Auf eine planmäßige Vorspannung darf nur verzichtet werden, wenn Verformungen beim Tragsicherheitsnachweis berücksichtigt werden und im Gebrauchszustand unbedenklich sind.

Reibung. Bei planmäßig vorgespannten Verbindungen mit Schrauben der Festigkeitsklasse 8.8 und 10.9 sind die Schrauben fast bis zur Streckgrenze auf Zug vorgespannt und pressen die zu verbindenden Teile durch Ausbildung eines Druckkegels unter den Unterlegscheiben in einer anrechenbaren Reibfläche aufeinander. In dieser Fläche können Reibkräfte bis zur Gleitgrenze übertragen werden. Die übertragbare Kraft in der Reibfläche ist im wesentlichen abhängig von der Reibflächenbeschaffenheit (Rauhigkeit) und der aufgebrachten Vorspannkraft. Vergleichbare Trageigenschaften weisen *Schließringbolzen* und die in den USA und Japan eingesetzten *“Twist-off-Schrauben“* auf.

Bei Anwendung dieser Verschraubungstechnik ist daher auf eine sorgfältige Fertigung der Verbindung sowohl werkstattmäßig als auch auf der Montage zu achten.

Während in früheren Regelungen die Reibtragfähigkeit auch den Tragsicherheitsnachweisen zugrunde gelegt wurde, wird diese nunmehr nur noch beim Gebrauchstauglichkeitsnachweis herangezogen.

Die Reibtragfähigkeit vorgespannter Verbindungen wird durch die Einwirkung äußerer Zugkräfte teilweise abgebaut. Dies muß im Gebrauchstauglichkeitsnachweis entsprechend berücksichtigt werden.

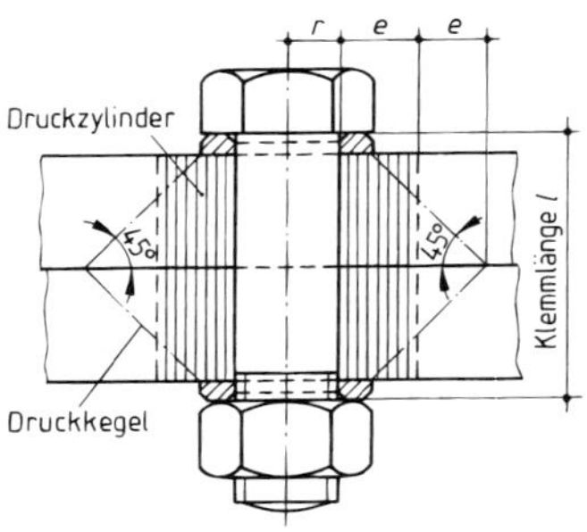

3.12 Wirkungsweise vorgespannter Schrauben

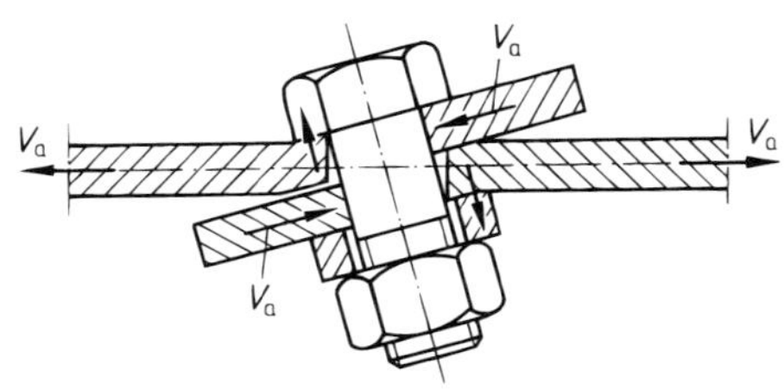

3.13 Verformung einer ungestützten einschnittigen Verbindung

Biegung. Bei allen Verbindungsarten wird der Schraubenschaft immer zusätzlich auf Biegung beansprucht. Wählt man bei Scher-/Lochleibungsverbindungen die Schaftdurchmesser passend zu den Bauteildicken (Tafel **3.**2), so bleiben die Zusatzbeanspruchungen gering bzw. sind durch das Sicherheitskonzept abgedeckt. Wird aber die Schaftlänge durch Ausgleichsfutter vergrößert, trifft dies nicht mehr zu. Deshalb müssen Futter > 6 mm mit einer Schraubenreihe oder durch entsprechende Schweißnähte vorgebunden werden.

Größere Biegebeanspruchung erhalten besonders einschnittige Verbindungen durch den exzentrischen Kraftverlauf. Dies kann zu empfindlichen Verformungen führen (Bild **3.**13); die dadurch bedingte Mehrbeanspruchung der Verbindungsmittel ist u. U. zu berücksichtigen.

3.1.3.2 Grenztragfähigkeiten der Schrauben

Im Tragsicherheitsnachweis ist die Beanspruchbarkeit aller Verbindungsarten einheitlich geregelt. Sie wird bestimmt durch die Tragfähigkeit hinsichtlich Abscheren, Lochleibung oder Zug. Ein Nachweis auf Reibtragfähigkeit wird nur beim Gebrauchstauglichkeitsnachweis vorgespannter Verbindungen erforderlich. Bei gemeinsamer Beanspruchung auf Abscheren und Zug ist ein *Interaktionsnachweis* erforderlich.

Werkstoffkennwerte. Die Beanspruchbarkeiten von Schraubenverbindungen (Niet-, Bolzen-) sind mit folgenden charakteristischen Werkstoffkennwerten zu ermitteln.

Tafel **3.5** Charakteristische Werkstoffkennwerte für Schrauben, Niete, Bolzen

Zeile	1 Festigkeitsklasse	2 Streckgrenze $f_{y.b.k}$ in N/mm²	3 Zugfestigkeit $f_{u.b.k}$ in N/mm²
Schrauben			
1	4.6	240	400
2	5.6	300	500
3	8.8	640	800
4	10.9	900	1 000
Niete			
1	USt 36	205	330
2	RSt 38	225	370

Zeile	1 Festigkeitsklasse		2 Streckgrenze $f_{y.b.k}$ in N/mm²	3 Zugfestigkeit $f_{u.b.k}$ in N/mm²
Kopf- und Gewindebolzen				
1	nach DIN 32500-1 Festigkeitsklasse 4.8		320	400
2	nach DIN 32500-3 mit der chemischen Zusammensetzung des St 37-3 nach DIN 17100[1])		350	450
3	aus St 37-2 St 37-3 nach DIN 17100[1])	$d \leq 40$	240	360
		$40 < d \leq 80$	215	
4	aus St 52-3 nach DIN 17100[1])	$d \leq 40$	360	510
		$40 < d \leq 80$	325	

[1]) Bezeichnung nach DIN 18800-1

Die Tragfähigkeit einer Verbindung wird bestimmt durch die Summe der Tragfähigkeiten der Verbindungsmittel auf Abscheren oder auf Lochleibung bzw. durch die Tragfähigkeit der anzuschließenden Bauteile. Die kleinere der Tragfähigkeiten ist für die Bemessung maßgebend. Der Nachweis ausreichender Tragfähigkeit erfolgt sinnvollerweise über aufnehmbare Schraubenkräfte; ein Nachweis über Spannungen ist möglich, jedoch rechnerisch nicht angebracht.

Abscheren. Die Grenzabscherkraft $V_{a,R,d}$ wird bestimmt aus

$$V_{\mathbf{a,R,d}} = A_{\mathbf{a}} \cdot \tau_{\mathbf{a,R,d}} = A_{\mathbf{a}} \cdot \alpha_{\mathbf{a}} \cdot \frac{f_{\mathbf{u,b,k}}}{\gamma_{\mathbf{M}}} \tag{3.2}$$

Es bedeuten:
A_a = maßgebender Abscherquerschnitt
$A_a = A_{Sch} = \pi \cdot d^2_{sch}/4$ (glatter Teil des Schaftes in der Scherfuge)
$A_a = A_{Sp}$, Gl. (3.1) (Gewindeteil des Schaftes in der Scherfuge)
$\tau_{a,R,d}$ = Grenzabscherspannung
$\alpha_a = \tau_{u,b,k}/f_{u,b,k}$
α_a = 0,60 für Schrauben der Festigkeitsklasse 4.6, 5.6 und 8.8
α_a = 0,55, (0,44) für Schrauben der Festigkeitsklasse 10.9 (Scherfuge im Gewinde)
$\gamma_M = 1{,}1$.

Mit der je Schraube und je Scherfuge vorhandenen Abscherkraft V_a lautet der Nachweis

$$\frac{V_a}{V_{a,R,d}} \leq 1 \tag{3.3}$$

Für den gesamten Anschluß oder Stoß gilt, daß die Grenzabscherkräfte einer Verbindung addiert werden dürfen. Diese Regelung kann maßgebend werden, wenn bei mehrschnittiger Beanspruchung einer Schraube sowohl der glatte Teil des Schaftes als auch der Gewindeteil des Schaftes in der Scherfuge liegt. Die Grenzabscherkräfte $V_{a,R,d}$ sind in Tafel **3**.6 tabelliert.

(Die Unterschiede in der Grenztragfähigkeit von Schrauben ohne Passung und Paßschrauben ergeben sich aus den unterschiedlichen Schaftdurchmessern.)

Tafel **3**.6 Grenzabscherkraft $V_{a,R,d}$ in kN einer Schraube für **eine** Scherfuge

	Schrauben- Ausführungsform	Werkstoff	$f_{u,b,k}$ in N/mm²	13 M 12	17 M 16	21 M 20	23 M 22	25 M 24	28 M 27	31 M 30	37 M 36
				Lochdurchmesser für Paßschrauben (Niete) in mm, Schraubengröße							
Glatter Teil des Schaftes in der Scherfuge	**SL**	**4.6**	400	24,68	43,87	68,54	82,94	98,70	124,9	154,2	222,1
		5.6	500	30,84	54,84	85,68	103,7	123,4	156,2	192,8	277,6
	SL, SLV, GV	**8.8**	800	49,35	87,74	137,1	165,9	197,4	249,8	308,4	444,2
		10.9	1 000	56,55	100,5	157,1	190,1	226,2	286,3	353,4	508,9
	SLP	**4.6**	400	28,96	49,52	75,57	90,65	107,1	134,3	164,7	234,6
		5.6	500	36,20	61,90	94,46	113,3	133,9	167,9	205,8	293,2
	SLP, SLVP, GVP	**8.8**	800	57,92	99,05	151,1	181,3	214,2	268,7	329,4	469,2
		10.9	1 000	66,37	113,5	173,2	207,7	245,4	307,9	377,4	537,6
Gewinde in der Schwerfuge	**SL**	**4.6**	400	18,39	34,18	53,41	66,20	76,91	100,2	122,3	178,2
		5.6	500	22,98	42,73	66,76	82,75	96,14	125,3	152,9	222,7
	SL, SLV, GV	**8.8**	800	36,77	68,36	106,8	132,4	153,8	200,5	244,6	356,4
		10.9	1 000	33,71	62,67	97,92	121,4	141,0	183,8	224,2	326,7

Die Grenzabscherkräfte dürfen innerhalb eines Anschlusses addiert werden.

Lochleibung. Werden Schrauben auf Lochleibung beansprucht, so müssen die Blechdicken $t \geq 3$ mm betragen. Die Grenzlochleibungskraft einer Schraube ist u. a. durch die Rand- und Lochabstände bestimmt. Dies wird durch den Abstandsbeiwert α_l erfaßt, der die Versagensarten „Ausreißen ∥ und ⊥ zur Kraft" bzw. „Riß zwischen den Schrauben" berücksichtigt. Die α_l-Werte wurden aufgrund von Versuchen ermittelt. Hierbei wurde den Forderungen der Praxis insofern Rechnung getragen, indem neben den *üblichen* Rand- und Lochabständen der Schrauben ⊥ zur Beanspruchungsrichtung auch *Kleinstwerte* erfaßt sind, unterhalb derer eine sinnvolle Stoß- und Anschlußgestaltung nicht möglich ist. Bei Einhaltung der üblichen oder Mindestwerte ist dann α_l nur noch abhängig von den gewählten Rand- und Lochabständen ∥ zur Beanspruchungsrichtung. Diese sind begrenzt durch die Mindestwerte e_1/d_L und e/d_L und durch entsprechende rechnerische Höchstwerte. Die Berechnung von α_l erfolgt nach den Gl. (3.5 a bis d) der Tafel **3.7**.

Für die konstruktiv günstige Gestaltung des Anschlusses oder Stoßes verwendet man vorteilhaft die grafische Darstellung der Tafel **3.7**. Ist aufgrund des Nachweises auf Abscherung die erforderliche Schraubenanzahl bestimmt, so ermittelt man über die Anschluß- und Stoßgeometrie (maßgebende Blechdicke t) den erforderlichen α_l-Wert, woraus sich die notwendigen Abstände e und e_1 aus der Grafik ablesen lassen.

Die Grenzlochleibungskraft $V_{l,R,d}$ wird bestimmt aus:

$$\boldsymbol{V_{l,R,d} = t \cdot d_{sch} \cdot \sigma_{l,R,d} = t \cdot d_{sch} \cdot \alpha_l \cdot \frac{f_{y,K}}{\gamma_M}} \qquad (3.4)$$

Es bedeuten:

t = Blechdicke mit der Lochleibungspressung $\sigma_{l,R,d}$
α_l = Abstandsbeiwert nach Tafel **3.7** mit $\alpha_l \leq 3{,}0$
$f_{y,k}$ = charakteristische Streckgrenze des Bauteilwerkstoffes
γ_M = 1,1

Auch in diesem Fall dürfen die Grenzlochleibungskräfte eines Anschlusses addiert werden, wenn dabei die Bedingungen auf Abscheren beachtet werden. Mit der Abhängigkeit der Grenzlochleibungskraft von den jeweils maßgebenden Abständen e und e_i (i = 1 bis 3) ergeben sich im allgemeinen für die einzelnen Schrauben eines Anschlusses unterschiedliche Beanspruchbarkeiten. Dies ist gleichbedeutend mit der Tatsache, daß die Schraubenkräfte im Anschluß nicht gleichmäßig verteilt sind. In der Praxis wird man jedoch von dieser Regelung im allgemeinen keinen Gebrauch machen und den Nachweis für die Schraube mit der geringsten Grenzlochleibungskraft bei gleichmäßiger Schraubenkraftaufteilung führen. Bei oft wiederkehrenden Stößen oder Anschlüssen innerhalb eines Tragwerkes oder bei der Nachrechnung vorhandener Anschlüsse (Stöße) ist der Rechenaufwand für eine detailliertere Tragfähigkeitsermittlung u. U. lohnenswert.

Der Nachweis einer Schraube an einer Lochwandung lautet:

$$\boldsymbol{\frac{V_l}{V_{l,R,d}} \leq 1} \qquad (3.7)$$

Es bedeuten:

V_l = vorhandene Lochleibungskraft für eine Schraube und eine Lochwandung
$V_{l,R,d}$ = Grenzlochleibungskraft nach Gl. (3.4)

Für gebräuchliche Rand- und Lochabstände ist $V_{l,R,d}$ in Tafel **3.8** berechnet.

Tafel **3.7** Lochleibungsbeiwert α_l und Grenzlochleibungsspannungen $\sigma_{l,R,d}$ in kN/cm²

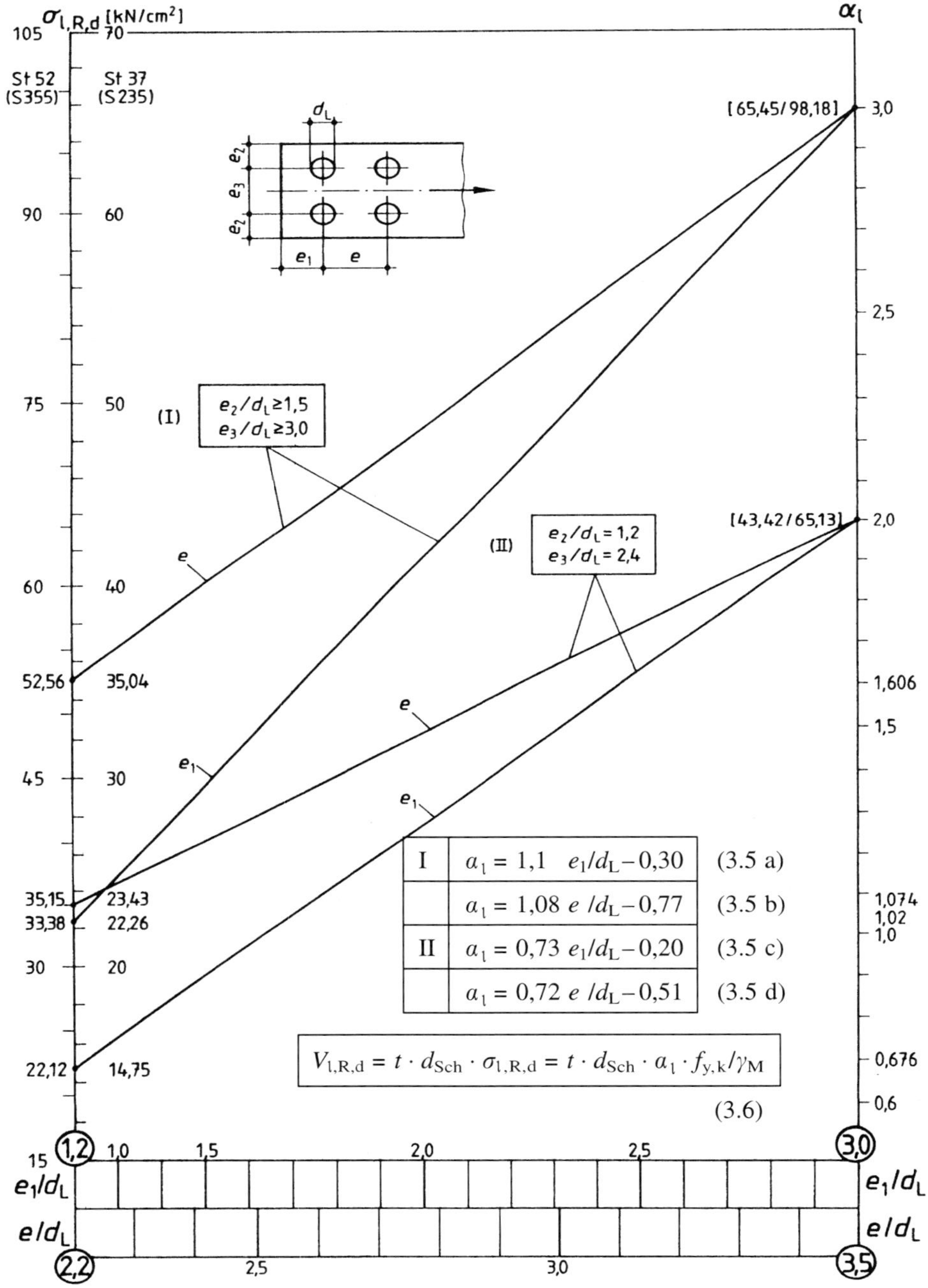

Tafel **3.8** Grenzlochleibungskraft $V_{l,R,d}$ in kN/cm je 1 cm Werkstoffdicke für gebräuchliche Lochabstände e oder Randabstände e_1

Bauteil-Werkstoff	Beiwert α_e	Schrauben- Abstand e/d_L ≥	Randabst. e_1/d_L ≥	Ausführungsform	Lochdurchmesser für Paßschrauben (Niete) in mm, Schraubengröße 13 M 12	17 M 16	21 M 20	23 M 22	25 M 24	28 M 27	31 M 30	37 M 36
St 37 (S 235)	1,9	2,5	2,0	**SL, SLV, GV**	49,75	66,33	82,91	91,20	99,49	111,9	124,4	149,2
				SLP, SLVP, GVP	53,89	70,47	87,05	95,35	103,6	116,1	128,5	153,4
	2,47	**3,0**	2,52	**SL, SLV, GV**	64,67	86,23	107,8	118,6	129,3	145,5	161,7	194,0
				SLP, SLVP, GVP	70,06	91,61	113,2	123,9	134,7	150,9	167,1	199,4
	3,0 (= max)	**3,5**	3,0	**SL, SLV, GV**	78,55	104,7	130,9	144,0	157,1	176,7	196,4	235,6
				SLP, SLVP, GVP	85,09	111,3	137,5	150,5	163,6	183,3	202,9	242,2
[1]) St 52 (S 355)	1,9	2,5	2,0	**SL, SLV, GV**	74,62	99,49	124,4	136,8	149,2	167,9	186,5	223,9
				SLP, SLVP, GVP	80,84	105,7	130,6	143,0	155,5	174,1	192,8	230,1
	2,47	**3,0**	2,52	**SL, SLV, GV**	97,00	129,3	161,7	177,8	194,0	218,3	242,5	291,0
				SLP, SLVP, GVP	105,1	137,4	169,8	185,9	202,1	226,3	250,6	299,1
	3,0 (= max)	**3,5**	3,0	**SL, SLV, GV**	117,8	157,1	196,4	216,0	235,6	265,1	294,5	353,5
				SLP, SLVP, GVP	127,6	166,9	206,2	225,8	245,5	274,9	304,4	363,3

Die Tafelwerte sind mit der maßgebenden Bauteildicke min Σt (in cm) zu multiplizieren.

Die Tafel gilt für: $e_2/d_L \geq 1{,}5$ und $e_3/d_L \geq 3{,}0$, Blechdicke 3 mm ≤ t ≤ 40 mm, glatter Teil des Schafts in der Lochleibung.

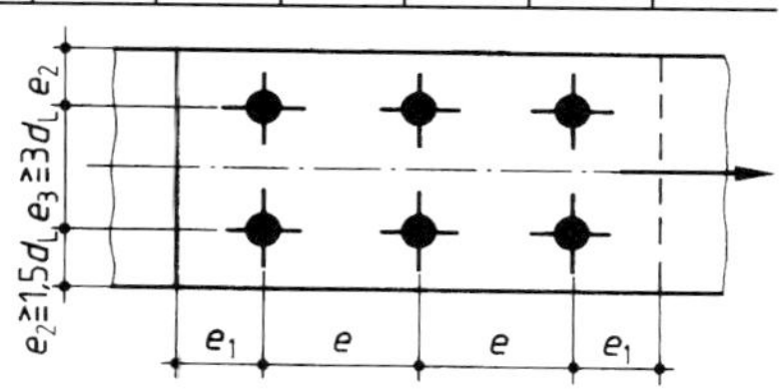

Die Grenzlochleibungskräfte dürfen innerhalb einer Verbindung addiert werden, wenn die einzelnen Schraubenkräfte beim Nachweis auf Abscheren berücksichtigt werden.

[1]) Festigkeitsklasse der Schrauben mindestens 5.6.

Mit Gl. (3.2) und Gl. (3.4) ist für jede Schraube die Summe der Grenzabscherkräfte $V_{a,R,d}$, die Summe der mit den maßgebenden Rand- und Lochabständen für *eine* Kraftrichtung ermittelten Grenzlochleibungskräfte $V_{l,R,d}$ und der gleiche Rechengang für die entgegengesetzte Kraftrichtung zu bestimmen. Der Kleinstwert ist die Beanspruchbarkeit einer Schraube. Die Beanspruchbarkeit der Verbindung als ganzes ergibt sich aus der Summe der Beanspruchbarkeiten der einzelnen Schrauben. Bei Annahme einer *gleichmäßigen* Schraubenkraftverteilung liegt die Rechnung auf der „sicheren" Seite.

Zusätzliche und besondere Regelungen

1. Bei unmittelbaren Laschen- und Stabanschlüssen dürfen in Kraftrichtung höchstens 8 hintereinanderliegende Schrauben rechnerisch berücksichtigt werden. Dies gilt nicht bei kontinuierlicher Krafteinleitung (z. B. Querkraftanschlüsse).
2. Bei einschnittig ungestützten Verbindungen (s. Bild **3.**13) mit nur einer Schraube lautet der Lochleibungsnachweis

$$\frac{V_l}{V_{l,R,d}} \leq 1/1{,}2 \tag{3.8}$$

und es sind die Randabstände $e_1 \geq 2{,}0 \cdot d_L$ und $e_2 \geq 1{,}5 \cdot d_L$ einzuhalten.
3. Bei GV- und GVP-Verbindungen dürfen erhöhte Grenzlochleibungskräfte $V_{l,R,d}$ angesetzt werden, wenn der Nettoquerschnitt im Tragsicherheitsnachweis nicht ausgenutzt ist. Es darf bei

$$\frac{\sigma}{\sigma_{R,d}} < 1 \text{ (Nettoquerschnitt) } \alpha_l = \min \begin{cases} (\alpha_l + 0{,}5) \\ 3{,}0 \end{cases} \tag{3.9}$$

eingesetzt werden.
4. Bei Anwendung des Berechnungsverfahrens Plastisch-Plastisch muß bei Vorliegen bestimmter Kriterien der Ausnutzungsgrad der Schrauben auf die Lochleibung größer sein als der Ausnutzungsgrad auf Abscheren (s. DIN 18800-1, Element (808)).

Zug. Die Grenzzugkraft einer Schraube ist nach Gl. (3.10) zu bestimmen.

$$N_{R,d} = \begin{cases} A_{Sch} \cdot f_{y,b,k} / (1{,}1\ \gamma_M) \\ A_{Sp} \cdot f_{u,b,k} / (1{,}25\ \gamma_M) \end{cases} \tag{3.10}$$

Es bedeuten:

$f_{y,b,k}$ ($f_{u,b,k}$) Streckgrenze (Zugfestigkeit) des Schraubenwerkstoffes

A_{Sch} (A_{Sp}) Schaftquerschnitt (Spannungsquerschnitt)

$\gamma_M = 1{,}1$

Der kleinere der beiden Werte ist maßgebend. Bei der Ermittlung der Zugkraft je Schraube ist u. U. die Gleichgewichtsbedingung unter Berücksichtigung der an den Stirnplattenkanten entstehenden Abstützkräfte aufzustellen. Die Schrauben erhalten dann eine um die Abstützkräfte erhöhte Beanspruchung (Bild **3.**11).

Es ist nachzuweisen, daß die vorhandene Zugkraft die Grenzzugkraft nicht überschreitet.

$$\frac{N}{N_{R,d}} \leq 1 \tag{3.11}$$

Die Grenzzugkräfte sind in der Tafel **3.**9 tabelliert.

Zug und Abscheren. In Versuchen hat sich gezeigt, daß bei gleichzeitiger Beanspruchung einer Schraube auf Zug und Abscheren eine gegenseitige Beeinflussung der Grenztragfähigkeiten stattfindet, wobei eine einfache Interaktion (als Kreisgleichung) angesetzt werden kann. Bei gestützten Verbindungen ist für eine Beanspruchung auf Zug und Abscheren neben dem Nachweis nach Gl. (3.10) folgende Interaktionsbedingung zu erfüllen:

$$\left(\frac{N}{N_{\mathrm{R,d}}}\right)^2 + \left(\frac{V_\mathrm{a}}{V_{\mathrm{a,R,d}}}\right)^2 \leq 1 \qquad (3.12)$$

Hierbei ist für $N_{\mathrm{R,d}}$ derjenige Querschnitt zugrunde zu legen, der in der Scherfuge liegt. Die Bedingung (3.12) gilt als erfüllt, wenn einer der beiden Summanden kleiner als 0,25 ist.

Tafel **3.9** Grenzzugkraft $N_{\mathrm{R,d}}$ in kN für eine Schraube; **Vorspannkraft** F_v in kN

Schrauben- Ausführungsform	Werkstoff	$f_{\mathrm{u,b,k}}$ in N/mm²	$f_{\mathrm{y,b,k}}$ in N/mm²	Schraubengröße M 12	M 16	M 20	M 22	M 24	M 27	M 30	M 36
SL	**4.6**	400	240	22,43	39,88	62,31	75,40	89,73	113,6	140,2	201,9
	5.6	500	300	28,04	49,85	77,89	94,25	112,2	142,0	175,3	252,4
SLV, GV, (SL) [1]	**8.8**	800	640	49,03	91,15	142,4	176,5	205,1	267,3	326,2	475,2
	10.9	1000	900	61,28	113,9	178,0	220,7	256,4	334,1	407,7	594,0
SLP	**4.6**	400	240	24,51	45,02	68,70	82,41	97,36	122,1	149,7	213,3
	5.6	500	300	30,64	56,28	85,87	103,0	121,7	152,7	187,1	266,6
SLVP, GVP, (SLP) [1]	**8.8**	800	640	49,03	91,15	142,4	176,5	205,1	267,3	326,2	475,2
	10.9	1000	900	61,28	113,9	178,0	220,7	256,4	334,1	407,7	594,0
Vorspannkraft F_v in kN für die Festigkeitsklasse [2]			10.9	50	100	160	190	220	290	350	510
Spannungsquerschnitt A_{Sp} in cm² [3]				0,843	1,567	2,448	3,034	3,525	4,594	5,606	8,167

Wenn $N > 0{,}25\ N_{\mathrm{R,d}}$ ist, muß die Interaktion mit Abscheren nach Gl. (3.12) nachgewiesen werden.

[1]) SL- bzw. SLP-Verbindungen nur zulässig, wenn Verformungen (Klaffen) im Tragsicherheitsnachweis berücksichtigt werden und im Gebrauchszustand in Kauf genommen werden können. Bei GV- und GVP-Verbindungen ist Tafel **3**.10 zu beachten.

[2]) Für Festigkeitsklasse 8.8 gelten 70% dieser Werte.

[3]) Bei größeren Schraubendurchmessern ist $A_{\mathrm{Sp}} \approx 0{,}005 d^{2,064}$ in cm² mit d in mm.

3.1.3.3 Nachweis der Gebrauchstauglichkeit bei GV- und GVP-Verbindungen

In bestimmten Bauteilen oder Tragwerken, z. B. bei dynamischer Beanspruchung (Kranbahnen, Eisenbahnbrücken) oder bei seitenverschieblichen Rahmen mit großen Stielnormalkräften ist ein Gleiten innerhalb der Verbindung unter Gebrauchslasten unerwünscht. In diesem Fall wird ein Gebrauchstauglichkeitsnachweis gegen Gleiten erforderlich. Die Reibtragfähigkeit einer GV- und GVP-Verbindung ist abhängig von der Rauhigkeit der durch die Vorspannkraft F_v aufeinandergepreßten Reibflächen und gehorcht den Gesetzen der Haftreibung. Wird die Verbindung zusätzlich durch Zugkräfte in Richtung der Schraubenachsen beansprucht, so wird die Klemmkraft zwischen den Berührungsflächen und damit die Reibtragfähigkeit abgebaut. Die Zugbeanspruchung aus der äußeren Belastung wird rechnerisch ausschließlich den Schrauben zugewiesen. Die Form des Nachweises berücksichtigt jedoch, daß nur ein kleiner Anteil der Zugbeanspruchung klemmkraftreduzierend wirksam wird. Die Grenzgleitkraft einer Schraube in einer Reibfläche wird berechnet nach Gl. (3.13)

$$V_{g,R,d} = \alpha \cdot F_v \cdot \frac{1 - N/F_v}{1{,}15 \cdot \gamma_M} \tag{3.13}$$

Es bedeuten:

α = 0,5 Reibungszahl für Reibflächen mit einer Vorbehandlung nach DIN 18800-7, (s. Abschn. 3.3.3.1. Größere Reibzahlen dürfen verwendet werden, wenn sie belegt sind.

F_v Vorspannkraft nach DIN 18800-7 (Tafel **3**.9).

N die anteilig auf eine Schraube entfallende Zugkraft unter den Einwirkungen im Gebrauchstauglichkeitnachweis (s. Abschn. 2.7).

γ_M = 1,0

Für Verbindungen ohne Zugbeanspruchung (N = 0) gilt

$$V_{g,R,d} = \frac{\mu \cdot F_v}{1{,}15 \cdot \gamma_M} \tag{3.14}$$

Es ist nachzuweisen, daß auf eine Schraube und in einer Reibfläche (Scherfuge) die entfallende Kraft V_g nicht größer ist als die Grenzgleitkraft.

$$\frac{V_g}{V_{g,R,d}} \leq 1 \tag{3.15}$$

Die Grenzgleitkräfte $V_{g,R,d}$ sind in Tafel **3**.10 tabelliert.

Tafel **3**.10 Grenzgleitkraft $V_{g,R,d}$ in kN von GV- und GVP-Verbindungen für **eine** Reibfläche beim Gebrauchstauglichkeitsnachweis bei der Schraubenzugkraft N = 0

Festigkeitsklasse der Schrauben	Schraubengröße M 12	M 16	M 20	M 22	M 24	M 27	M 30	M 36
10.9	21,74	43,48	69,57	82,61	95,65	126,1	152,2	221,7

Für die Festigkeitsklasse 8.8 gelten 70% der Tafelwerte.

3.1.4 Berechnung von Schrauben-Anschlüssen und -Verbindungen

Die einzelnen Teile eines Stabquerschnitts, z. B. Stege, Flansche, sind im allgemeinen je für sich nach den anteiligen Schnittgrößen anzuschließen oder zu stoßen. Wird ein Querschnittsteil nicht mittig, sondern nur mittelbar angeschlossen, so ist die Kräfteumlagerung im Anschluß- oder Stoßbereich nachzuweisen.

3.1.4.1 Anschlüsse mit mittiger Krafteinleitung

Der Anschluß eines Stabes oder Stabteiles wird mittig beansprucht, wenn der Schwerpunkt der Verbindungsmittel auf der Wirkungslinie der anzuschließenden anteiligen

Kraft F liegt. Mittige Krafteinleitung liegt bei den meisten Stababschlüssen, Stabstößen und Stoßverbindungen der Flansche von Biegeträgern vor oder ist durch konstruktive Maßnahmen erreichbar.

Nimmt man vereinfachend an, daß sich die Anschlußkraft F gleichmäßig auf alle Schrauben verteilt (s. Abschn. 3.1.3.2, Lochleibung), so entfällt auf jedes Verbindungsmittel die Anschlußkraft

$$V = \frac{F}{n} \tag{3.16}$$

die nicht größer sein darf als die Grenztragkraft einer Schraube. (Eine genauere Berechnung bezüglich der Lochleibung mit Rücksicht auf die maßgebenden Rand- und Lochabstände ist möglich. In der Praxis wird man im allgemeinen darauf verzichten, so auch bei den folgenden Beispielen).

Die erforderliche Schraubenanzahl n erhält man mit dem Kleinstwert aus $V_{a,R,d}$ oder $V_{l,R,d}$ ($\min V_{R,d}$) zu

$$\mathbf{erf}\ \boldsymbol{n} = \frac{\boldsymbol{F}}{\mathbf{min}\ \boldsymbol{V}_{\mathbf{R,d}}} \tag{3.17}$$

Damit die Annahme einer gleichmäßigen Verteilung der Anschlußkraft auf alle Schrauben gerechtfertigt ist, dürfen in einer Reihe in Kraftrichtung hintereinander nicht mehr als 8 Schrauben angeordnet werden. Ergibt sich $n > 8$, müssen mehrere Schraubenreihen vorgesehen werden. Mindestens verwendet man 2 Schrauben, jedoch ist auch der Anschluß mit nur einer Schraube zulässig; in diesem Fall ist bei Zugstäben mit unsymmetrischem Anschluß eine besondere Form für den Spannungsnachweis vorgeschrieben (s. Abschn. Zugstäbe).

Beispiel 1 Anschluß eines Zugbandes aus St 37 (S235) für eine Zugkraft N = 1000 kN an ein Knotenblech: Tragfähigkeit der Schrauben s. Tafel **3.6** bis **3.8**. In diesem Beispiel soll gezeigt werden, in welchem Umfang die Zahl der Anschlußschrauben durch die Wahl der Schraubenart beeinflußbar ist.

a) *Einschnittige* SL-Verbindung mit *rohen Schrauben* (Bild **3.14**)

Bei der gewählten Knotenblechdicke t = 12 mm wird für 1 Schraube M 20 – 4.6 mit Lochspiel $\Delta d \leq 2$ mm

$$V_{a,R,d} = 68{,}54 \text{ kN}$$

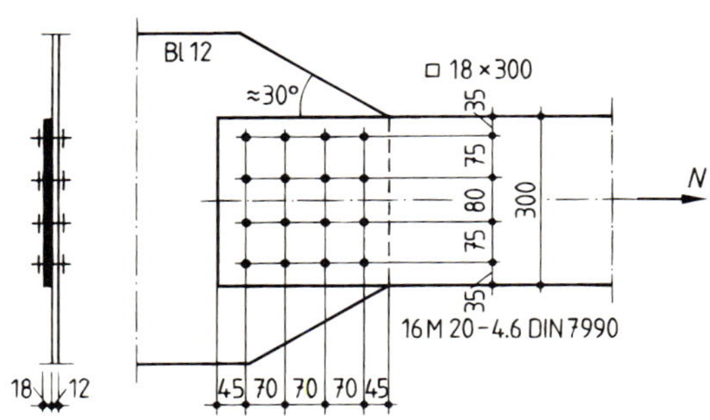

3.14
Einschnittiger Zugstabanschluß mit rohen Schrauben

Beispiel 1 Forts.

Für die erste (und maßgebende) Randschraube gilt

$e_2/d_L = 35/22 = 1{,}59 > 1{,}5$

$e_3/d_L = 75/22 = 3{,}41 > 3{,}0 \quad \alpha_l = 1{,}1 \cdot 45/22 - 0{,}3 = 1{,}95$

$V_{l,R,d} = 1{,}2 \cdot 2{,}0 \cdot 1{,}95 \cdot 24/1{,}1 = 102{,}1 \text{ kN} > V_{a,R,d}$

Maßgebend ist die Beanspruchung auf einschnittiges Abscheren:

$$\text{erf } n = \frac{1000}{68{,}54} = 14{,}6 < 16 \text{ M}20$$

Nachweis der Schrauben:

$$V = 1000/16 = 62{,}5 \text{ kN}$$

$$V_a/V_{a,R,d} = \frac{62{,}5}{68{,}54} = 0{,}91 < 1$$

$$V_l/V_{l,R,d} = \frac{62{,}5}{102{,}1} = 0{,}61 < 1$$

Da nicht mehr als 8 Schrauben hintereinander angeordnet werden dürfen und der Anschluß nicht zu lang werden soll, werden 4 Schraubenreihen vorgesehen und die Breite des Zugbandes dazu passend gewählt.

Tragsicherheitsnachweis des Zugbandes BrFl 18 × 300 im Schnitt durch die ersten 4 Bohrungen: [1])

$$A = 1{,}8 \cdot 30 = 54{,}0 \text{ cm}^2$$

$$\Delta A = 4 \cdot 1{,}8 \cdot 2{,}2 = 15{,}8 \text{ cm}^2 \qquad A/A_N = 54/38{,}2 = 1{,}41 > 1{,}2$$

$$A_N = 38{,}2 \text{ cm}^2$$

$$\sigma = \frac{1000}{38{,}2} = 26{,}2 \text{ kN/cm}^2$$

$$\sigma_{R,d} = \frac{36}{1{,}25 \cdot 1{,}1} = 26{,}2 \text{ kN/cm}^2 \qquad \sigma/\sigma_{R,d} = 1$$

b) *Zweischnittige* SL-Verbindung mit *rohen Schrauben* (Bild **3.**15)

Die für den Anschluß notwendige Anzahl der Verbindungen läßt sich verkleinern, wenn man die Verbindung durch Verwendung von 2 Breitflachstählen für den Zugstab zweischnittig macht; im allgemeinen wird dann die höhere Beanspruchbarkeit der Schrauben auf Lochleibungsdruck maßgebend, und außerdem wird die Anschlußkraft zentrisch angeschlossen, was stets angestrebt werden sollte.

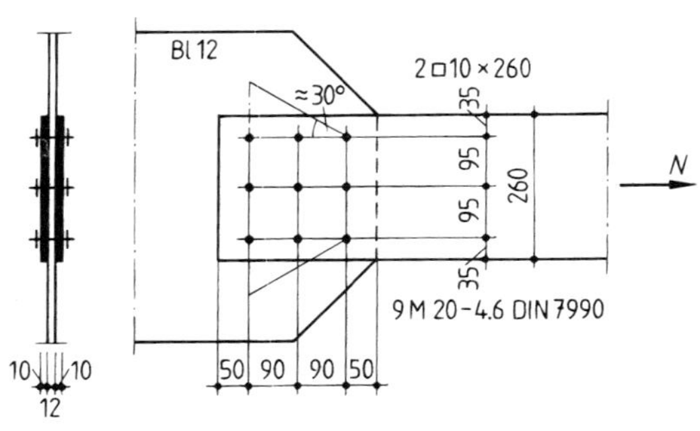

3.15 Zweischnittiger Zugstab-Anschluß mit rohen Schrauben

[1]) Tragsicherheitsnachweis für Zugstäbe s. Abschn. 4.2

Beispiel 1 Forts.

Für eine rohe Schraube M 20 – 4.6 ist

$V_{a,R,d} = 2 \cdot 68{,}54 = 137{,}08$ kN

$e_2/d_L = 1{,}59$

$e_3/d_L = 95/22 = 4{,}32 > 3{,}0 \qquad \alpha_l = 1{,}1 \cdot 50/22 - 0{,}3 = 2{,}2$

$V_{l,R,d} = 1{,}2 \cdot 2{,}0 \cdot 2{,}2 \cdot 24/1{,}1 = 115{,}2 \text{ kN} < V_{a,R,d}$

$$\text{erf } n = \frac{1000}{115{,}2} = 8{,}7 < 9 \text{ M 20}$$

$V = 1000/9 = 111{,}1$ kN

Nachweis der Schrauben:

$$V_a/V_{a,R,d} = \frac{111{,}1}{137{,}08} = 0{,}81 < 1$$

$$V_l/V_{l,R,d} = \frac{111{,}1}{115{,}2} = 0{,}97 < 1$$

Tragsicherheitsnachweis des Zugstabes aus 2 BrFl 10 × 260:

$A = 2 \cdot 1{,}0 \cdot 26{,}0 = 52{,}0 \text{ cm}^2$

$\Delta A = 2 \cdot 3 \cdot 2{,}2 \cdot 1{,}0 = 13{,}2 \text{ cm}^2 \qquad A/A_N = 52/38{,}8 = 1{,}34 > 1{,}2$

$A_N = 38{,}8 \text{ cm}^2$

$$\sigma = \frac{1000}{38{,}8} = 25{,}8 \text{ kN/cm}^2 \qquad \sigma/\sigma_{R,d} = 25{,}8/26{,}2 = 0{,}99 < 1$$

Tragsicherheitsnachweis des Knotenblechs:

Näherungsweise wird eine Lastausbreitung unter einem Winkel von 30° von den äußeren Schrauben der ersten Reihe bis zur letzten Schraubenreihe angenommen. Damit wird die mitwirkende Knotenblechbreite bei Berücksichtigung des Lochabzuges

$b_m = 2 \cdot (9{,}5 + 2 \cdot 9{,}0 \cdot \tan 30°) \approx 40{,}0$ cm

$\Delta b = 3 \cdot 2{,}2 = 6{,}6$ cm

$b_N = 33{,}4$ cm

$$A = 1{,}2 \cdot 40 = 48 \text{ cm}^2 \qquad A_N = 1{,}2 \cdot 33{,}4 = 40{,}1 \text{ cm} \qquad A/A_N = \frac{48}{40{,}1} = 1{,}2$$

$$\sigma = \frac{1000}{48{,}0} = 20{,}8 \text{ kN/cm}^2 \quad \sigma_{R,d} = 24/1{,}1 = 21{,}8 \text{ kN/cm}^2 \quad \sigma/\sigma_{R,d} = \frac{20{,}8}{21{,}8} = 0{,}95 < 1$$

c) Zweischnittige SLP-Verbindung mit *Paßschrauben* (Bild **3**.16)

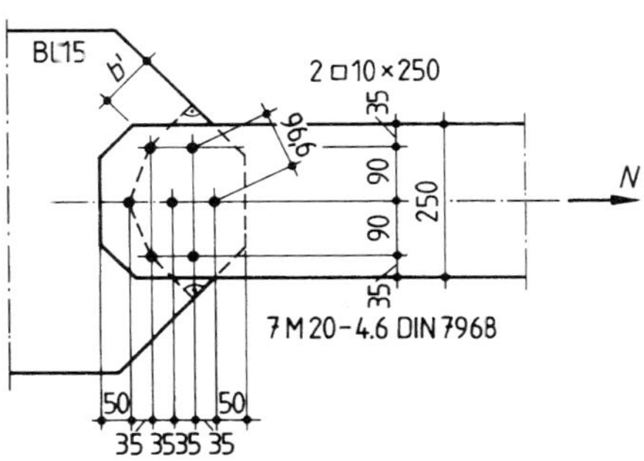

3.16 Stabanschluß mit Paßschrauben

Beispiel 1 Forts.

Eine weitere Verringerung der Schraubenzahl ergibt sich bei Verwendung von Paßschrauben, besonders dann, wenn man die Knotenblech- bzw. Stabdicke so groß wählt, daß die Tragfähigkeit der Schrauben auf Lochleibungsdruck bis zu ihrer Grenztragkraft bei zweischnittigem Abscheren angehoben wird. Die erforderliche Knotenblechdicke findet man durch Probieren.

Gewählt: Knotenblechdicke 1,5 cm, Stabdicke 2 · 1,0 = 2,0 cm

Für eine Paßschraube M 20 – 4.6 ist

$V_{a,R,d} = 2 \cdot 75{,}57 = 151{,}14$ kN

Abstände e_2, e_3 wie bei b)

e_1: $\alpha_l = 1{,}1 \cdot 50/21 - 0{,}3 = 2{,}32$

e: $\alpha_l = 1{,}08 \cdot 70/21 - 0{,}77 = 2{,}83 > 2{,}32$

$V_{l,R,d} = 1{,}5 \cdot 2{,}1 \cdot 2{,}32 \cdot 24/1{,}1 = 159{,}45 \text{ kN} > V_{a,R,d}$

$$\text{erf } n = \frac{1000}{151{,}4} = 6{,}6 < 7 \text{ Paßschrauben M 20.}$$

Nachweis der Schrauben:

$V = 1000/7 = 142{,}9$ kN

$$V_a/V_{a,R,d} = \frac{142{,}9}{151{,}14} = 0{,}94 < 1 \qquad V_l/V_{l,R,d} = \frac{142{,}9}{159{,}45} = 0{,}90 < 1$$

Tragsicherheitsnachweis des Zugstabes im Schnitt durch die 3 ersten Bohrungen ergibt

$$A = 2 \cdot (3{,}5 + 9{,}66) \cdot 2 \cdot 1{,}0 = 52{,}6 \text{ cm}^2 \qquad A/A_N = 1{,}32 > 1{,}2$$
$$\Delta A = 2 \cdot 3 \cdot 2{,}1 \cdot 1{,}0 = 12{,}6 \text{ cm}^2$$
$$A_N = 40{,}0 \text{ cm}^2$$

$$\sigma = \frac{1000}{40} = 25 \text{ kN/cm}^2 \qquad \sigma/\sigma_{R,d} = 25/26{,}2 = 0{,}95 < 1$$

Es werden nicht nur weniger Schrauben benötigt, als im Beispiel b, sondern der Querschnitt des Stabes kann auch wegen der versetzten Bohrungen etwas kleiner gewählt werden.

d) Hochfeste Schrauben M 20 – 8.8 mit Δd = 2 mm in *SL- oder SLV-Verbindung* (Bild **3.**17)

Um die Grenztragfähigkeiten der Schrauben ausnutzen zu können, wird gewählt

Knotenblechdicke 2,0 cm

Stabdicke 2 · 1,0 = 2,0 cm, Stabbreite b = 24 cm

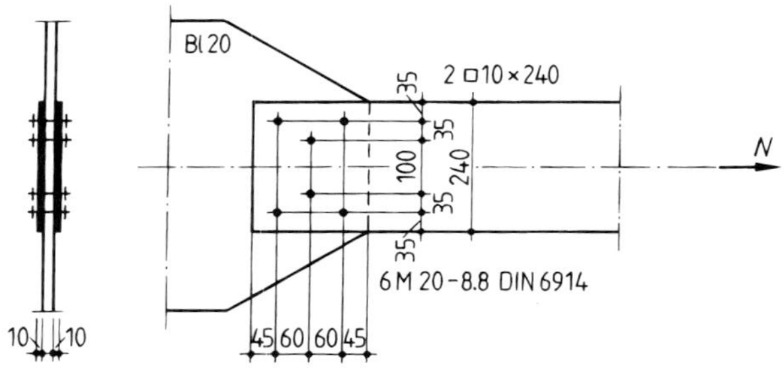

3.17 Stabanschluß mit planmäßig vorgespannten Schrauben, Güte 8.8

Beispiel 1 Forts.

Für Schrauben 8.8 erhält man:

$V_{a,R,d} = 2 \cdot 137{,}1 = 274{,}2$ kN

e_1: $a_l = 1{,}1 \cdot 45/22 - 0{,}3 = 1{,}95$

e: $a_l \geq 1{,}08 \cdot 60/22 - 0{,}77 = 2{,}18$

$V_{l,R,d} = 2{,}0 \cdot 2{,}0 \cdot 1{,}95 \cdot 24/1{,}1 = 170{,}2$ kN

$V_l = 1000/6 = 166{,}7$ kN $\quad V_l/V_{l,R,d} = 166{,}7/170{,}2 = 0{,}98 < 1$

Auf den Tragsicherheitsnachweis für den Stab kann bei den gewählten Abmessungen verzichtet werden.

e) Hochfeste Schrauben M 20 – 10.9 (Bild **3**.18)

(abgekürzter Nachweis bei gleichen Querschnittsabmessungen wie unter d))

$V_{a,R,d} = 2 \cdot 157{,}1 = 314{,}2$ kN

maßgebend ist der Abstand e:

$a_l \geq 1{,}08 \cdot 75/22 - 0{,}77 = 2{,}91$

$V_{l,R,d} = 2{,}0 \cdot 2{,}0 \cdot 2{,}91 \cdot 24/1{,}1 = 254$ kN

$V_l = 1000/4 = 250$ kN $\quad V_l/V_{l,R,d} = 250/254 = 0{,}98 < 1$

Alle weiteren Nachweise sind wie in den vorangehenden Beispielen zu führen. Der Anschluß ist auch erreichbar mit Schrauben 8.8 in einer SLP-Verbindung.

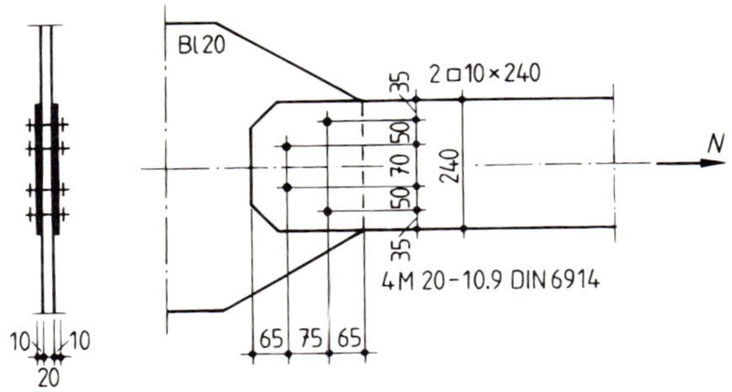

3.18 Stabanschluß mit planmäßig vorgespannten Schrauben, Güte 10.9

f) Der Anschluß nach e) soll nochmals berechnet werden, wobei jedoch jetzt auch der *Gebrauchstauglichkeitsnachweis* gefordert wird. Es wird die Anwendung der Tafel **3**.7 gezeigt. Die Kraft N setzt sich aus der *ständigen* und *einer veränderlichen* Einwirkung zusammen:

$N_G = 240$ kN

$N_Q = 450$ kN

$N_d = N = 1{,}35 \cdot 240 + 1{,}5 \cdot 450 \approx 1000$ kN

Für den Gebrauchstauglichkeitsnachweis sind folgende Teilsicherheitsbeiwerte vereinbart:

$\gamma_{F,G} = 1{,}05 \qquad \gamma_{F,Q} = 1{,}1 \qquad \gamma_M = 1{,}0$ (nach DIN 18800-1)

Für den Gebrauchstauglichkeitsnachweis erhält man folgende Kraft:

$N_g = 1{,}05 \cdot 240 + 1{,}10 \cdot 450 = 747$ kN

Grenzgleitkraft (ohne Zugbeanspruchung der Schrauben)

$V_{g,R,d} = 2 \cdot 0{,}5 \cdot 160/1{,}15 \cdot 1{,}0 = 139{,}1$ kN

erf $n = 747/139{,}1 = 5{,}4 < 6$ HV M 20 – 10.9

$V_g = 747/6 = 124{,}5$ kN

$V_g/V_{g,R,d} = 124{,}5/139{,}1 = 0{,}9 < 1$

Beispiel 1
Forts.

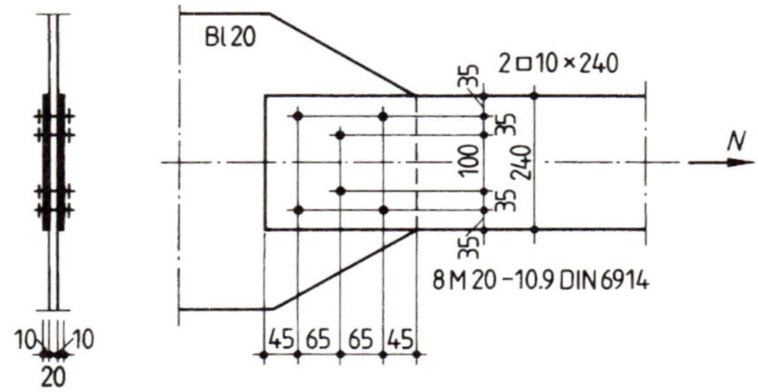

3.19
Stabanschluß mit planmäßig vorgespannten Schrauben, Güte 10.9; gleitfeste Verbindung unter Gebrauchslasten

Tragfähigkeitsnachweis. Der Nachweis auf Abscheren wurde bereits durch eine geringere Schraubenanzahl erbracht. Die erforderlichen Schraubenabstände e_1 und e werden über die Tafel **3**.7 bestimmt.

$$V_l = 1000/6 = 166{,}7 \text{ kN} \qquad \text{erf } \alpha_l = \frac{166{,}7}{87{,}27} = 1{,}91$$

$$V_{l,R,d} = \alpha_l \cdot 2{,}0 \cdot 2{,}0 \cdot 24/1{,}1 = 87{,}27 \cdot \alpha_l$$

Aus Tafel **3**.7 wird abgelesen

$$e_1/d_L \approx 2{,}0 \qquad e_1 = 2{,}0 \cdot 22 = 44 \text{ mm} \qquad e_1 = 45 \text{ mm}$$

$$e/d_L \approx 2{,}5 \qquad e = 2{,}5 \cdot 22 = 55 \text{ mm}$$

Mit Rücksicht auf den Knotenblechnachweis wird $e = 65$ mm gewählt.

$$b_m = 2 \cdot (95 + 65 \cdot \tan 30°) = 265 \text{ mm} > 260 \text{ mm (Stabbreite)}$$

Beispiel 2 Das Zugband eines Rahmenbinders aus 2 L 75 × 8 ist an das 12 mm dicke Knotenblech des Fußpunkts mit Paßschrauben M 20 für die Zugkraft $N = 425$ kN anzuschließen. St 37 (S235).

Um das Knotenblech klein zu halten, erfolgt der Anschluß mit 2 Beiwinkeln 75 × 8.

Durch die versetzte Anordnung der Schrauben in den beiden Winkelschenkeln ist im Zugband nur 1 Loch je Winkel zu berücksichtigen.

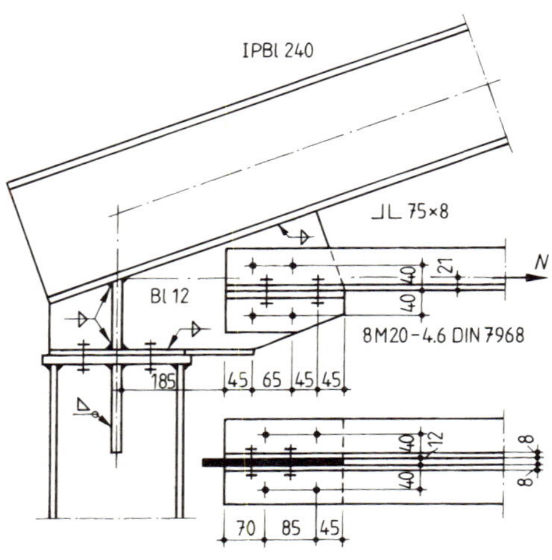

3.20
Anschluß eines Untergurts mit Beiwinkeln am Auflagerknoten

Beispiel 2 Forts.

Die am Knotenblech anliegenden Winkelschenkel sind durch zweischnittige Schrauben angeschlossen und die abstehenden Winkelschenkel sind gleichwertig einschnittig miteinander verbunden.

Paßschrauben M 20 – 4.6:

$$V_{a,R,d} = 2 \cdot 75{,}57 = 151{,}14 \text{ kN}$$

$$e_2 = 75 - 40 = 35 \text{ mm} = 1{,}67 \cdot d_L > 1{,}5 \cdot d_L$$

e_3 ist ohne Bedeutung. Maßgebend ist der Randabstand e_1:

$$e_1/d_L = 45/21 = 2{,}14 \qquad \alpha_l = 2{,}05$$

$$V_{l,R,d} = 1{,}2 \cdot 2{,}1 \cdot 2{,}05 \cdot 24/1{,}1 = 112{,}7 \text{ kN} < V_{a,R,d} \qquad \text{erf } n = 425/112{,}7 = 3{,}77 < 4$$

$$V_l = 425/4 = 106{,}3 \text{ kN}$$

$$V_l/V_{l,R,d} = \frac{106{,}3}{112{,}7} = 0{,}94 < 1$$

Tragsicherheitsnachweis für das Zugband:

$$A = 2 \cdot 11{,}5 = 23{,}0 \text{ cm}^2$$

$$\Delta A = 2 \cdot 0{,}8 \cdot 2{,}1 = 3{,}36 \text{ cm}^2$$

$$A_N = 19{,}64 \text{ cm}^2$$

$$A/A_N = \frac{23{,}0}{19{,}64} = 1{,}17 < 1{,}2$$

$$\sigma = 425/23 = 18{,}5 \text{ kN/cm}^2$$

$$\sigma/\sigma_{R,d} = \frac{18{,}5}{21{,}8} = 0{,}85 < 1$$

3.1.4.2 Verbindungen mit Beanspruchung durch Biegemomente

Wird ein Anschluß durch ein Biegemoment belastet, dann werden die Verbindungsmittel nicht gleichmäßig beansprucht, sondern die vom Schwerpunkt der Verbindungsmittel am weitesten entfernte Schraube erhält die größte Kraft. Verbindungen erhalten Biegemomente z. B. wenn der Anschlußschwerpunkt nicht auf der Wirkungslinie der Anschlußkraft liegt, bei der Verbindung von Anschlußwinkeln mit dem Trägersteg (Abschn. 8.4.2) oder bei der Stoßdeckung des Steges von Biegeträgern.

Biegesteife Stöße. Sie sind typisch für die Beanspruchung von Verbindungen durch Biegemomente; an ihrem Beispiel werden im folgenden die Berechnungsmethoden erläutert.

Verbindungsmittel und Stoßlaschen müssen die an der Stoßstelle vorhandenen Schnittgrößen M, V und gegebenenfalls auch N aufnehmen, wobei zu beachten ist, daß V ausschließlich vom Steg getragen wird. Für die Lage des Stoßes ist deswegen nach Möglichkeit eine Stelle mit kleinem Moment zu wählen, doch ist zu empfehlen, bei der Berechnung sicherheitshalber ein etwas größeres Biegemoment anzusetzen. Bewährt hat sich z. B. ein Mittelwert zwischen dem vorhandenen und dem vom Querschnitt übertragbaren Moment. Stöße von Durchlaufträgern, die nach der vereinfachten Fließgelenktheorie berechnet wurden (s. Abschn. 8.3.2.2) sind jedoch stets für das volle übertragbare Moment $M_{R,d} = W_{Netto} \cdot f_{y,k} / \gamma_M$ zu bemessen. (Beim Nachweisverfahren Elastisch-Plastisch oder Plastisch-Plastisch ist $M_{R,d}$ durch $M_{pl,d}$ zu ersetzen, üblicherweise ohne Berücksichtigung einer noch wirksamen Quer- und / oder Normalkraft).

Entsprechend dem für alle Stoßverbindungen geltenden Grundsatz ist jeder Querschnittsteil (Flansch, Steg) je für sich mit Laschen zu decken, die für die anteiligen Kräfte angeschlossen werden.

Stoßdeckung der Flansche. Die *Kraft,* die in einem Flansch bzw. in einem Teilquerschnitt des Gurtes wirkt, läßt sich aus der Brutto-Querschnittsfläche A_{Flansch} (A_{Fl}) des betreffenden Gurtteils und seiner an der Stoßstelle vorhandenen, mit den ungeschwächten Querschnittswerten ermittelten Schwerpunktspannung σ_m berechnen (Bild **3.**21).

$$N_{\text{Fl}} = A_{\text{Fl}} \cdot \sigma_m \tag{3.18}$$

Die Kraft N_{Fl} geht voll in die zugehörige Stoßdeckungslasche über ($N_{\text{La}} = N_{\text{Fl}}$). Die Lasche erhält i. allg. die gleiche Querschnittsfläche wie das zu deckende Teil, ist für N_{Fl} nachzuweisen sowie mit der notwendigen Schraubenzahl nach den Regeln des Abschn. 3.1.4.1 anzuschließen. Bei nur außen angeordneten Flanschlaschen sind die Anschlußschrauben einschnittig beansprucht (Bild **3.**25). Durch zusätzliche Laschen an den Innenseiten der Flansche wird die Verbindung 2schnittig; die Tragfähigkeit der Schrauben wird größer, der Stoß wird kürzer (Bild **3.**26).

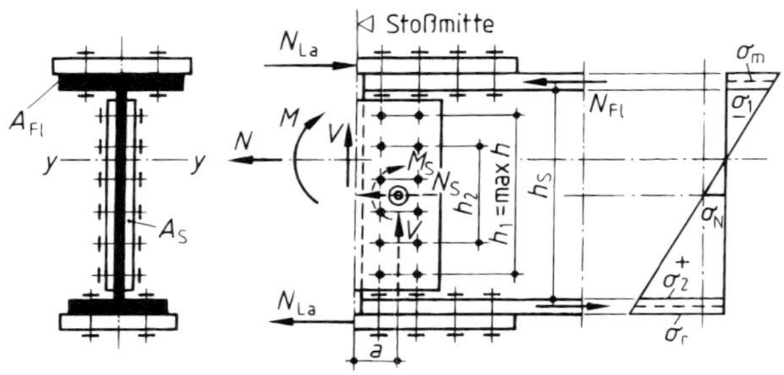

3.21
Schnittgrößen und Biegespannungen am Laschenstoß eines einfachsymmetrischen Trägers

Stoßdeckung des Steges. Der Steg erhält beiderseits je eine Lasche mit der Dicke $t \approx 0{,}8 \cdot t_{\text{Steg}}$ ($t_{\text{Steg}} = t_S$ = Stegdicke) und eine Höhe, die möglichst der Steghöhe des Trägers entspricht. Ein Nachweis der Steglaschen ist dann unnötig. Der *Anschluß* der Steglaschen hat den auf den Steg entfallenden Anteil des Biegemomentes [erster Summand in Gl. (3.24)], einen ggf. im Steg vorhandenen Normalkraftanteil N_S und die gesamte Querkraft V aufzunehmen.

Bei einfachsymmetrischen Querschnitten oder bei vorhandener Normalkraft N enthält der Steg wegen unterschiedlich großer Spannungen σ_1 und σ_2 am oberen bzw. unteren Stegrand einen Normalkraftanteil (Bild **3.**21).

$$N_S = \frac{\sigma_1 + \sigma_2}{2} \cdot A_{\text{Steg}} = \sigma_N \cdot A_S \tag{3.19}$$

σ_1 und σ_2 sind mit ihren Vorzeichen einzusetzen,
$A_{\text{Steg}} = A_S$ ist die Querschnittsfläche des Steges.

Läßt man N_S und V im Schwerpunkt des Schraubenanschlusses wirken, so können sie gleichmäßig auf die n Schrauben verteilt werden. N_S liefert eine horizontale, V eine vertikale Schraubenkraftkomponente:

$$V_h = N_S/n \qquad V_v = V/n \qquad (3.20)\ (3.21)$$

Der Anteil M_S' des Steges am gesamten Biegemoment M ist proportional dem Verhältnis des Flächenmoments 2. Grades I_S des Steges zum Brutto-Flächenmoment I des gesamten Trägers; er kann auch mit den Stegblechrandspannungen ermittelt werden:

$$M_S' = M \cdot \frac{I_S}{I} \quad \text{oder} \quad M_S' = \frac{(\sigma_2 - \sigma_1) \cdot h_S \cdot A_S}{12} \qquad (3.22)\ (3.23)$$

Die Querkraft trägt noch mit dem Hebelarm a von Stoßmitte bis zum Schwerpunkt der Verbindungsmittel zum Abschlußmoment der Steglaschen bei Gl. (3.24); damit wird das gesamte, im Schwerpunkt des Schrauben-Anschlusses wirkende Moment

$$M_S = M_S' + V \cdot a \qquad (3.24)$$

Um die größte Schraubenkraft im Steglaschenanschluß infolge des nunmehr bekannten Momentes M_S berechnen zu können, stellen wir die Gleichgewichtsbedingung $\Sigma M = 0$ für den Schwerpunkt des Anschlusses nach Bild **3**.22 auf:

$$M_S = V_1 \cdot r_1 + V_2 \cdot r_2 + \ldots + V_n \cdot r_n$$

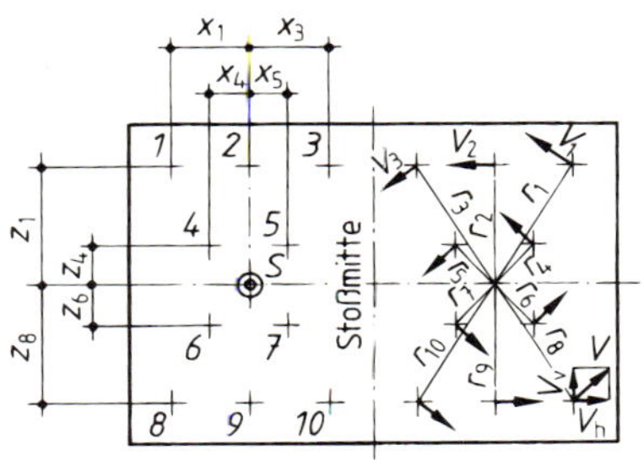

3.22
Schraubenkräfte im Steglaschen-Anschluß bei Momentenbeanspruchung. Koordinaten zur Berechnung des polaren Flächenmomentes 2. Grades I_p der Schrauben

Aus Versuchen (Lochaufweitung) wird abgeleitet, daß das Verhältnis der Schraubenkräfte V_i proportional zum Verhältnis ihrer Radien r_i ist:

$$V_2 = V_1 \cdot \frac{r_2}{r_1} \qquad V_3 = V_1 \cdot \frac{r_3}{r_1} \ldots \qquad V_n = V_1 \cdot \frac{r_n}{r_1}$$

Dann wird

$$M_S = V_1 \cdot \frac{r_1^2}{r_1} + V_2 \cdot \frac{r_2^2}{r_1} + \ldots + V_1 \cdot \frac{r_n^2}{r_1} = \frac{V_1}{r_1} \cdot \Sigma\, r^2$$

und hieraus die größte, tangential gerichtete Schraubenkraft

$$V_1 = \frac{M_S \cdot \max r}{\Sigma\, r^2} = \frac{M_S \cdot \max r}{\Sigma\,(x^2 + z^2)} = \frac{M_S \cdot \max r}{I_p}$$

Die Horizontalkomponente von V_1 wird bei Berücksichtigung der Normalkraft N_S nach Gl. (3.20)

$$\mathbf{max}\ \boldsymbol{V_h} = V_1 \cdot \frac{\max z}{\max r} + \frac{N_S}{n} = \frac{\boldsymbol{M_S \cdot \max z}}{\boldsymbol{\Sigma\,(x^2 + z^2)}} + \frac{\boldsymbol{N_S}}{\boldsymbol{n}} \qquad (3.25)$$

Zur in gleicher Weise gerechneten Vertikalkomponenten von V_1 ist der Querkraftanteil nach Gl. (3.21) zu addieren:

$$\max V_v = \frac{M_S \cdot \max x}{\Sigma\,(x^2 + z^2)} + \frac{V}{n} \tag{3.26}$$

Die beiden Komponenten werden zur größten Schraubenkraft zusammengesetzt:

$$\max V = \sqrt{\max V_h^2 + \max V_v^2} \tag{3.27}$$

Über die Richtung der einzelnen Schraubenkraftkomponenten braucht man sich im allgemeinen keine Gedanken zu machen, da für eine bestimmte Schraube alle vertikalen bzw. horizontalen Kraftkomponenten in die (entsprechende) gleiche Richtung weisen. Während die Beanspruchung der Schraube und die Beanspruchbarkeit auf Abscheren eindeutig bestimmbar sind, ist die Beanspruchbarkeit auf Lochleibung mit den Regelungen der DIN 18800-1 nicht exakt festlegbar, weil diese von Rand- und Lochabständen abhängig ist. Da die maximal beanspruchte Schraube jedoch eine Kraft in schnittgrößenabhängiger Richtung aufweist, sind „Rand- und Lochabstände" nicht mehr eindeutig angebbar.

Vereinfachend wird man hier „Ränder" der größten Schraubenkraftkomponenten (horizontal oder vertikal) zuordnen, oder, auf der sicheren Seite die Kleinstabstände zu den orthogonal liegenden Rändern der Lochleibungsbeanspruchbarkeit zugrunde legen.

Bei einem *schmalen, hohen Anschlußbild* ist x klein gegenüber z und kann näherungsweise vernachlässigt werden. Die Kraftkomponenten errechnen sich dann einfach zu

Tafel **3.**11 Koeffizienten f zur Berechnung biegebeanspruchter Verbindungen

Bohrungen	einreihig	zweireihig		dreireihig		vierreihig	
Größte Schrauben-zahl in *einer* Reihe		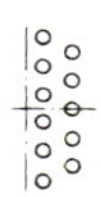		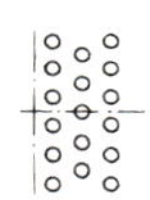	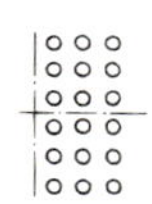	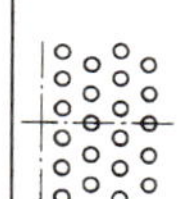	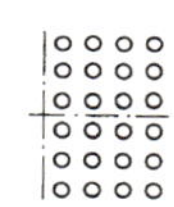
n =	f_1	f_{2v}	f_{2p}	f_{3v}	f_{3p}	f_{4v}	f_{4p}
2	1,0000	1,0000	0,5000	0,5000	0,3333	0,5000	0,2500
3	1,0000	0,8000	0,5000	0,4444	0,3333	0,4000	0,2500
4	0,9000	0,6429	0,4500	0,3750	0,3000	0,3214	0,2250
5	0,8000	0,5333	0,4000	0,3200	0,2667	0,2667	0,2000
6	0,7143	0,4545	0,3571	0,2778	0,2381	0,2273	0,1786
7	0,6429	0,3956	0,3214	0,2449	0,2143	0,1978	0,1607
8	0,5833	0,3500	0,2917	0,2188	0,1944	0,1750	0,1458
9	0,5333	0,3137	0,2667	0,1975	0,1778	0,1569	0,1333
10	0,4909	0,2842	0,2455	0,1800	0,1636	0,1421	0,1227
11	0,4545	0,2597	0,2273	0,1653	0,1515	0,1299	0,1136
12	0,4231	0,2391	0,2115	0,1528	0,1410	0,1196	0,1058
13	0,3956	0,2215	0,1978	0,1420	0,1319	0,1108	0,0989
14	0,3714	0,2063	0,1857	0,1327	0,1238	0,1032	0,0929
15	0,3500	0,1931	0,1750	0,1244	0,1167	0,0966	0,0875

$$\max V_h = M_S \cdot \frac{\max h}{\Sigma h^2} + \frac{N_S}{n} \qquad \mathbf{max}\ \boldsymbol{V_v} = \frac{\boldsymbol{V}}{\boldsymbol{n}} \qquad (3.28)\ (3.29)$$

h sind die gegenseitigen Abstände der symmetrisch zur Stegmitte liegenden, horizontalen Lochreihen (Bild **3**.21). Bei gleichem Abstand der Reihen läßt sich der Ausdruck

$$f = \frac{\max h^2}{\Sigma h^2} = 1/\Sigma \left(\frac{h}{\max h}\right)^2$$

unabhängig von Lochdurchmesser und -abstand für die verschiedenen Anschlußbilder berechnen (Taf. **3**.11). Gl. (3.28) vereinfacht sich zu

$$\mathbf{max}\ \boldsymbol{V_h} = \frac{\boldsymbol{M_S}}{\mathbf{max}\ \boldsymbol{h}} \cdot \boldsymbol{f} + \frac{\boldsymbol{N_S}}{\boldsymbol{n}} \qquad (3.30)$$

Anschließend ist Gl. (3.27) nachzuweisen.

Vereinfachte Berechnung des biegefesten Trägerstoßes. Neben der vorstehend beschriebenen genauen Berechnung ist eine wesentlich einfachere Berechnung möglich, der Traglastüberlegungen zugrunde liegen. Es wird auf die Mitwirkung des Steges bei der Aufnahme der Biegemomente ganz verzichtet, wozu man auch gezwungen sein kann, wenn eine biegefeste Stegverbindung konstruktiv nicht ausgeführt wird (Bild **3**.23 oder ggf. nicht möglich ist (Bild **8**.62)). Der Steg übernimmt dann ausschließlich die Querkraft V, die im Schraubenschwerpunkt angesetzt wird und sich gleichmäßig auf die n Schrauben der Stegverbindung verteilt (Bild **3**.24)

$$V = \frac{V}{n} \leq V_{R,d} \qquad (3.31)$$

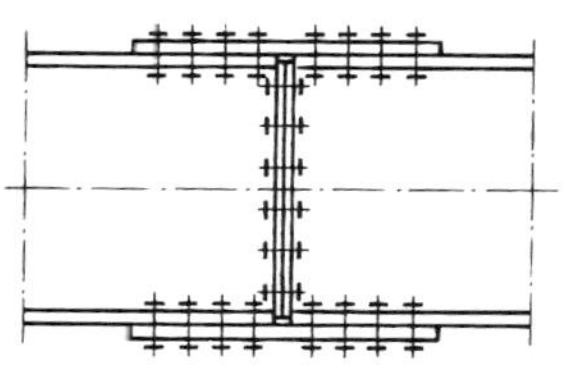

3.23 Biegefester Trägerstoß; die Stirnplattenverbindung der Stege ist nur zur Aufnahme von Querkräften geeignet

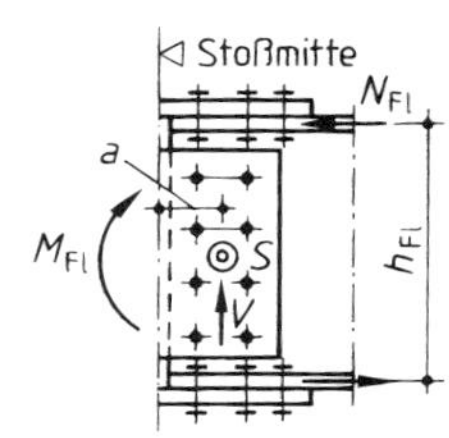

3.24 Annahme für die Kräftewirkung bei der vereinfachten Berechnung des biegefesten Trägerstoßes

Das Biegemoment M an der Stoßstelle ist um den Anteil aus der Versetzung der Querkraft um das Maß a zu vergrößern:

$$M_{Fl} = M + V \cdot a \quad (M_{Fl} = \text{Flanschbiegemoment}) \qquad (3.32)$$

M_{Fl} wird in ein von den *Flanschkräften* N_{Fl} gebildetes Kräftepaar aufgelöst:

$$N_{Fl} = M_{Fl}/h_{Fl} \qquad (3.33)$$

Mit N_{Fl} sind die Flansche, die Flanschlaschen und deren Anschlüsse nachzuweisen. Da der Steg für die Aufnahme des Biegemoments M ausfällt, kann dieser vereinfachte Stoß nur an einer Stelle geringer Biegebeanspruchung liegen. Weil die Flanschkräfte im Ober- und Untergurt die gleiche Größe erhalten, wird dieses Berechnungsmodell besser nur bei Trägern angewendet, die zur y-Achse symmetrisch sind.

Beispiel 3 Der Baustellenstoß (Gesamtstoß) eines statisch bestimmt gelagerten geschweißten Vollwandträgers aus St 37 (S235) mit einfachsymmetrischem Querschnitt ist mit hochfesten Schrauben mit 1 mm Lochspiel in SL-Verbindung herzustellen. Die Schnittgrößen an der Stoßstelle sind: M_d = 750 kNm, V_d = 320 kN, N_d = 0. Tragfähigkeit der Schrauben s. Tafel **3.**6 bis **3.**8.

Für den *Trägerquerschnitt* ist an der Stoßstelle bei Berücksichtigung der Lochschwächung in der Zugzone

$$I_y = 0{,}8 \cdot \frac{80^3}{12} + 64 \cdot 4{,}6^2 + 70{,}4 \cdot 36{,}5^2 + 50 \cdot 45{,}6^2$$

$$= 34\,133 + 1354 + 93\,790 + 103\,968 \qquad = 233\,200 \text{ cm}^4$$

$$\Delta I = 2 \cdot 2{,}5 \cdot 2{,}0 \cdot 45{,}6^2 + 0{,}8 \cdot 2{,}1\,(4{,}6^2 + 13{,}1^2 + 21{,}6^2 + 30{,}1^2 + 38{,}6^2) \qquad = 25\,900 \text{ cm}^4$$

$$I_N = 207\,300 \text{ cm}^4$$

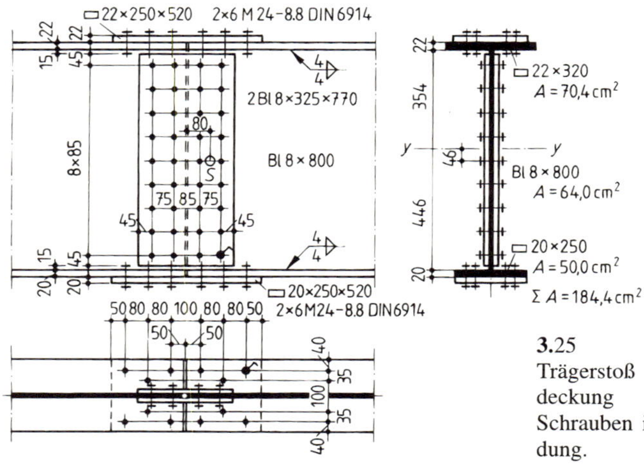

3.25 Trägerstoß mit Laschendeckung mit hochfesten Schrauben in der SL-Verbindung.

An der Stoßstelle ist das Grenzbiegemoment des Trägers bei Berücksichtigung der Lochschwächung im Zugbereich und mit

$$\sigma_{R,d} = 24/1{,}1 = 21{,}82 \text{ kN/cm}^2$$

$$M_{R,d} = \frac{207\,300}{46{,}6} \cdot 21{,}82/100 = 970 \text{ kNm}$$

Obwohl das Bemessungsmoment erheblich kleiner ist, wird zum *Nachweis des Stoßes* sicherheitshalber (nahezu) vollständige Querschnittsdeckung angestrebt. Der Nachweis erfolgt mit V_d und M_d = 950 kNm. Der Tragsicherheitsnachweis für den Querschnitt erübrigt sich damit.

Stoß des Obergurts

Schwerpunktspannung der Gurtplatte

$$\sigma_m = \frac{95\,000\,(35{,}4 + 1{,}1)}{233\,200} = 14{,}87 \text{ kN/cm}^2$$

Beispiel 3 Forts.

Druckkraft in der Gurtplatte nach Gl. (3.18)

$$D = 14{,}87 \cdot 70{,}4 = 1047 \text{ kN}$$

Anschluß der Stoßlasche $\square$ 22 × 250 mit 6 hochfesten Schrauben M24 – 8.8

$$V_{a,R,d} = 197{,}4 \text{ kN}$$

$$e_2/d_L = 40/25 = 1{,}6 > 1{,}5 \qquad e_1 : \alpha_l = 1{,}1 \cdot 50/25 - 0{,}3 = 1{,}90$$

$$e_3/d_L \geq 100/25 = 4{,}0 > 3{,}0 \qquad e : \alpha_l = 1{,}08 \cdot 80/25 - 0{,}77 = 2{,}69$$

Obwohl sich der Abstand e nach Norm auf die Schrauben einer Rißlinie bezieht, wird er hier (auf der sicheren Seite) auf die nur um 35 mm versetzten Rißlinien bezogen

$$V_{l,R,d} = 2{,}2 \cdot 2{,}4 \cdot 1{,}90 \cdot 24/1{,}1 = 219 \text{ kN} > V_{a,R,d}$$

$$\text{erf } n = \frac{1047}{197{,}4} = 5{,}3 < 6$$

Stoß des Untergurts

Schwerpunktspannung der Gurtplatte im ungeschwächten Querschnitt

$$\sigma_m = \frac{95\,000 \cdot (44{,}6 + 1{,}0)}{233\,200} = 18{,}58 \text{ kN/cm}^2$$

Zugkraft in der Gurtplatte $Z = 18{,}58 \cdot 50{,}0 = 929$ kN

Anschluß der Stoßlasche $\square$ 20 × 250 mit 6 hochfesten Schrauben M 24 – 8.8

Bei gleichen Schraubenabständen wird

$$V_{l,R,d} = 2{,}0 \cdot 2{,}4 \cdot 1{,}9 \cdot 24/1{,}1 = 199 \text{ kN}$$

$$\text{erf } n = \frac{929}{199} = 4{,}7 < 6$$

Tragsicherheitsnachweis für die Zuglasche

$$A = 50 \text{ cm}^2$$

$$\Delta A = 2 \cdot 2{,}0 \cdot 2{,}5 = \underline{10 \text{ cm}^2} \qquad A/A_N = 50/40 = 1{,}25 > 1{,}2$$

$$A_N = 40 \text{ cm}^2$$

$$\sigma = 929/40 = 23{,}23 \text{ kN/cm}^2 \qquad \sigma_{R,d} = 36/(1{,}25 \cdot 1{,}1) = 26{,}2 \text{ kN/cm}^2$$

$$\sigma/\sigma_{R,d} = 23{,}23/26{,}2 = 0{,}89 < 1$$

Stoß des Stegblechs

Randspannungen des Stegblechs

$$\sigma_1 = -\frac{95\,000 \cdot 35{,}4}{233\,200} = -14{,}42 \text{ kN/cm}^2 \qquad \sigma_2 = +\frac{95\,000 \cdot 44{,}6}{233\,200} = +18{,}17 \text{ kN/cm}^2$$

Schnittgrößen im Stegblech

nach Gl. (3.19) $N_S = \dfrac{-14{,}42 + 18{,}17}{2} \cdot 64{,}0 = 120 \text{ kN}$ ($\approx D - Z = 1047 - 929 = 118$ kN)

nach Gl. (3.22) $M'_S = 95\,000 \cdot \dfrac{34\,133}{233\,200} = 13\,905$ kNcm

nach Gl. (3.24) $M_S = 13\,905 + 320 \cdot 8{,}0 = 16\,465$ kNcm

Schraubenkräfte in den Steglaschen nach Gl. (3.29) $V_v = \dfrac{320}{18} = 17{,}8$ kN

Für die 2reihige parallele Anordnung mit 9 hochfesten Schrauben M 20 – 8.8 in einer Reihe ist nach Tafel **3.**11

Beispiel 3 Forts.

$$f_{2p} = 0{,}2667 \quad \text{und}$$

nach Gl. (3.30) $\max V_h = \dfrac{16\,465}{68{,}0} \cdot 0{,}2667 + \dfrac{120}{18} = 71{,}2$ kN

nach Gl. (3.27) $\max\, V = \sqrt{17{,}8^2 + 71{,}2^2} = 73{,}4$ kN

Die Schraubenkraft $\max V$ im Steg ist nahezu horizontal gerichtet

$$V_{a,R,d} = 2 \cdot 137{,}1 = 274{,}2 \text{ kN}$$

$$e_2/d_L = 45/21 = 2{,}14 > 1{,}5 \qquad e_3/d_L = 85/21 = 4{,}05 > 3{,}0$$

$$e_1 : a_l \cong 1{,}1 \cdot 45/21 - 0{,}3 = 2{,}06 \; (e : a_l = 3{,}0)$$

$$V_{l,R,d} = 0{,}8 \cdot 2{,}0 \cdot 2{,}06 \cdot 24/1{,}1 = 71{,}9 \text{ kN} \qquad V/V_{l,R,d} = \frac{73{,}4}{71{,}9} = 1{,}02 \approx 1{,}0$$

Beispiel 4 Der Laschenstoß eines IPB 340 ist unter Verwendung von Paßschrauben M 24 – 4.6 für das Moment M = 420 kNm und die Querkraft V = 110 kN nachzuweisen. St 37 (S 235).

Die 250 mm breiten Steglaschen greifen mit 3,5 mm so wenig in die Flanschausrundung ein, daß sich besondere Maßnahmen zum Einpassen erübrigen.

Für den Träger ist

$$A = 171 \text{ cm}^2 \qquad I_y = 36\,660 \text{ cm}^4$$

und für den Trägersteg wird

$$A_S = 1{,}2 \cdot (34{,}0 - 2 \cdot 2{,}15) = 1{,}2 \cdot 29{,}7 = 35{,}6 \text{ cm}^2$$

$$I_S = 1{,}2 \cdot 29{,}7^3/12 = 2\,620 \text{ cm}^4$$

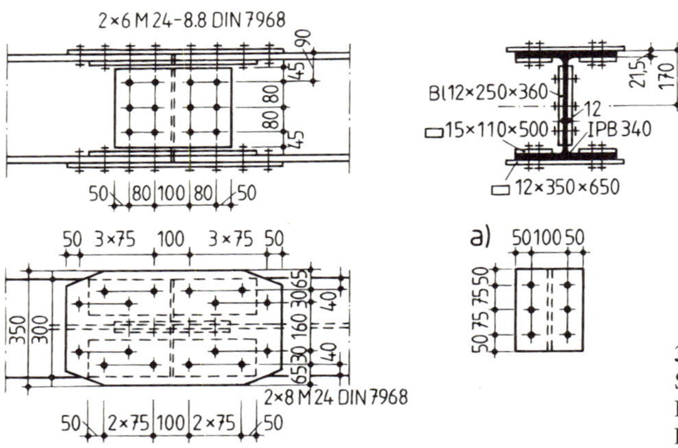

3.26 Stoß eines Trägers IPB 340 mit Laschendeckung

Stoßdeckung der Flansche

Schwerpunktspannung der Flansche: $\sigma_m = 42\,000 \cdot (17{,}0 - 2{,}15/2)/36\,660 = 18{,}24$ kN/cm²

Flanschquerschnitt: $A_{Fl} = 0{,}5\,(A - A_S) = 0{,}5\,(171 - 35{,}6) = 67{,}7$ cm²

Flanschkraft: $F_{Fl} = 18{,}24 \cdot 67{,}7 = 1\,235$ kN

Äußere Flanschlasche ▭ 12 × 350: $A_{L,a} = 1{,}2 \cdot 35{,}0 = 42{,}0$ cm²

Innere Flanschlasche 2 ▭ 15 × 110: $A_{L,i} = 2 \cdot 1{,}5 \cdot 11{,}0 = 33{,}0$ cm²

$$A_L = 75{,}0 \text{ cm}^2$$

$$\Delta A = 2 \cdot 2{,}5\,(1{,}2 + 1{,}5) = 13{,}5 \text{ cm}^2$$

$$A_{N,L} = 61{,}5 \text{ cm}^2$$

Beispiel 4 Forts.

Nachweis der Laschen: $A_L/A_{N,L} = 75/61{,}5 = 1{,}22 > 1{,}2$

$$\sigma = 1235/61{,}5 = 20{,}08 \text{ kN/cm}^2 \qquad \sigma/\sigma_{R,d} = \frac{20{,}08}{26{,}2} = 0{,}77 < 1$$

N_{Fl} wird den einzelnen Laschen flächenanteilig zugewiesen:

$$N_{L,a} = 1235 \cdot 42/75 = 692 \text{ kN} \qquad N_{L,i} = 1235 - 692 = 543 \text{ kN}$$

Grenztragfähigkeit der Schrauben: Die Grenzlochleibungstragfähigkeit muß für jede Lasche und für den Gurt des Profils ermittelt werden:

$$V_{a,R,d} = 107{,}1 \text{ kN je Scherfuge}$$

Außenlasche: $e_2/d_L = 65/25 = 2{,}6 > 1{,}5 \quad e_3/d_L = 160/25 = 6{,}4 > 3{,}0$

$$e_1/d_L = 50/25 = 2{,}0$$

$$e/d_L = 75/25 = 3{,}0 > 2{,}5 \quad V^a_{l,R,d} = 1{,}2 \cdot 103{,}6 = 124{,}3 \text{ kN (Taf. (Bild 3.8)}$$

Innenlasche: $e_2/d_L = 40/25 = 1{,}6 > 1{,}5$ $\quad e_3$ ist nicht vorhanden

Alle anderen Abstände wie Außenlasche!

$$V^i_{l,R,d} = 1{,}5 \cdot 103{,}6 = 155{,}4 \text{ kN}$$

Summe: $V_{l,R,d} = V^a_{l,R,d} + V^i_{l,R,d} = 124{,}3 + 155{,}4 = 279{,}7$ kN

Profil: Angenommene Spaltbreite ≤ 10 mm

e_2/d_L wie Innenlasche
e_3/d_L wie Außenlasche
e/d_L wie beide Laschen

$$e_1/d_L = \frac{(100-10)/2}{25} = 1{,}80 \quad \alpha_l = 1{,}1 \cdot 1{,}8 - 0{,}3 = 1{,}68$$

$$V_{l,R,d} = 2{,}15 \cdot 2{,}5 \cdot 1{,}68 \cdot 24/1{,}1 = 197 \text{ kN} < 2 \cdot 107{,}1 \text{ kN}$$

Nachweis:

Außenlasche	$V^a = 692/8$	=	86,5 kN < 107,1 kN
Innenlasche	$V^i = 543/6$	=	90,5 kN < 107,1 kN
Lochleibung	$V_l = V^a + V^i$	=	177 kN < 197 kN

Stegstoß

Nach Gl. (3.22) und (3.24): $M_S = 42\,000 \cdot 2620/36\,660 + 110 \cdot 9{,}0 = 3992$ kNcm

Weil der Anschluß der Steglaschen nicht schmal und hoch ist, muß die Berechnung der Schraubenkräfte mittels des polaren Flächenmoments 2. Grades der Schrauben durchgeführt werden.

$$I_p = \Sigma z^2 + \Sigma x^2 = 4 \cdot 8{,}0^2 + 6 \cdot 4{,}0^2 = 352 \text{ cm}^2$$

Nach Gl. (3.25): $\max V_h = 3992 \cdot 8{,}0 \cdot 352 \qquad = 90{,}7$ kN

Nach Gl. (3.26): $\max V_v = 3992 \cdot 4{,}0/352 + 110/6 \qquad = 63{,}7$ kN

Damit wird für die meistbeanspruchte Schraube im Steg nach Gl. (3.27)

$$\max V = \sqrt{90{,}7^2 + 63{,}7^2} = 110{,}8 \text{ kN}$$

Die Richtung der Schraubenkraft ist stark geneigt. Für den Steg des Profils und für die Steglaschen wird ein gemittelter Wert von e_1 in vertikaler und horizontaler Richtung von 45 mm angenommen. Die Schertragfähigkeit hat sich nicht geändert.

$$\alpha_l = 1{,}1 \cdot 45/25 - 0{,}3 = 1{,}68$$

$$V_{l,R,d} = 1{,}2 \cdot 2{,}5 \cdot 1{,}68 \cdot 24/1{,}1 = 110 \text{ kN}$$

$$\max V/V_{l,R,d} = 110{,}8/110 \approx 1{,}0$$

Beispiel 5 Der Trägerstoß aus Beispiel 4 ist für das Moment M = 350 kNm und die Querkraft V = 210 kN vereinfacht nachzuweisen. St 37 (S 235).

Für den Steg ist eine reduzierte Laschendeckung möglich ((Bild **3**.26 a).

Stegstoß: Die Schertragfähigkeit ist für die Stegverlaschung und den Steg getrennt zu ermitteln, da zwischen den Abständen e_1 (für die Laschen) und e (für den Steg) unterschieden werden muß.

Laschen (e_1): $\alpha_l = 1{,}1 \cdot 50/25 - 0{,}3 = 1{,}9$

Steg (e): $\alpha_l = 1{,}08 \cdot 75/25 - 0{,}77 = 2{,}47$

$$\min V_{l,R,d} = 1{,}2 \cdot 2{,}5 \cdot 2{,}47 \cdot 24/1{,}1 = 162 \text{ kN}$$

$$V = 210/3 = 70 \text{ kN} \qquad V/V_{l,R,d} = 70/162 = 0{,}43 < 1$$

Flanschstoß

Gl. (3.32): $M_{Fl} = 350 + 210 \cdot 0{,}05 = 360{,}5$ kNm

Gl. (3.33): $N_{Fl} = 36\,050/(34 - 2{,}15) = 1132$ kN

Nachweis des Flansches:

$$A = 2{,}15 \cdot 30 = 64{,}5 \text{ cm}^2 \qquad A/A_N = \frac{64{,}5}{53{,}75} = 1{,}20$$

$$\Delta A = 2 \cdot 2{,}5 \cdot 2{,}15 = \underline{10{,}75 \text{ cm}^2}$$

$$A_N = 53{,}75 \text{ cm}^2$$

$$\sigma = 1132/53{,}75 = 21{,}06 \text{ kN/cm}^2 \qquad \sigma/\sigma_{R,d} = \frac{21{,}06}{21{,}8} = 0{,}97 < 1$$

Beispiel 6 Der Anschluß eines Fachwerkstabes aus 2 L 90 × 9 aus St 37 (S 235) an ein 15 mm dickes Knotenblech wird mit 3 rohen Schrauben M 24 mit $\Delta d \leq 2$ mm ausgeführt. Für die Stabkraft N = 375 kN ist die ausreichende Tragfähigkeit der Schrauben nachzuweisen.

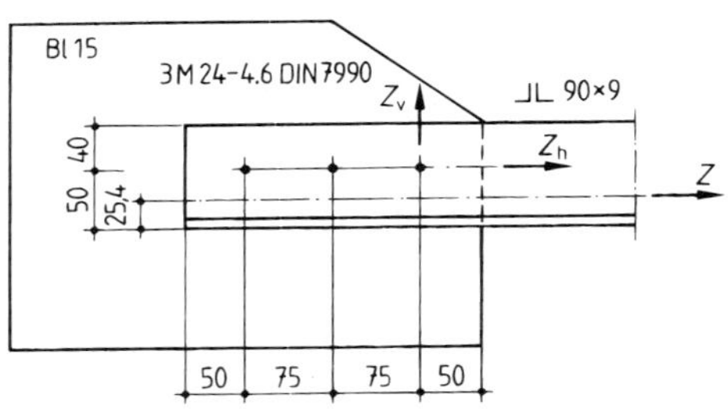

3.27
Anschluß eines Doppelwinkels mit rohen Schrauben an einem Knotenblech

Der Stab ist mit e_z = 2,46 cm exzentrisch angeschlossen. Bei steifen Knotenblechen oder langen Stäben ist das Versatzmoment ausschließlich im Anschluß wirksam. Der Stab bleibt nahezu momentenfrei. Nach DIN 18801 (s. Abschn. 6.1.1.3) darf der Stab für eine zentrische Stabkraft nachgewiesen werden, wenn die Spannungen kleiner sind als $0{,}8 \cdot \sigma_{R,d}$. Für die Anschlußmittel ist das Versatzmoment zu berücksichtigen.

Nachweis für den Stab:

$$A = 2 \cdot 15{,}5 = 31 \text{ cm}^2$$

$$\Delta A = 2 \cdot 0{,}9 \cdot 2{,}6 = \underline{4{,}68 \text{ cm}^2} \qquad A/A_N = \frac{31}{26{,}32} = 1{,}18 < 1{,}2$$

$$A_N = 26{,}32 \text{ cm}^2$$

Beispiel 6
Forts.

$$\sigma = \frac{375}{31} = 12{,}1 \text{ kN/cm}^2 \qquad \sigma/\sigma_{R,d} = 12{,}1/21{,}8 = 0{,}56 < 0{,}8$$

Anschlußmoment: $M_e = 375 \cdot 2{,}46 = 922{,}5$ kNcm

$$V_v = 922{,}5/15 = 61{,}5 \text{ kN}$$

$$V_h = 375/3 = 125 \text{ kN} \qquad V = \sqrt{61{,}5^2 + 125^2} = 139{,}3 \text{ kN}$$

Für das Knotenblech ist der Randabstand $e_1 = 50$ mm maßgebend. Für den Stab wird ein gemittelter Randabstand $e_1' = (50 + 40)/2 = 45$ mm zugrunde gelegt.

Knotenblech: $\alpha_l = 1{,}1 \cdot 50/26 - 0{,}3 = 1{,}82$

$V_{l,R,d} = 1{,}5 \cdot 2{,}4 \cdot 1{,}82 \cdot 24/1{,}1 = 143$ kN

Stab: $\alpha_l = 1{,}1 \cdot 45/26 - 0{,}3 = 1{,}6$

$V_{l,R,d} = 2 \cdot 0{,}9 \cdot 2{,}4 \cdot 1{,}6 \cdot 24/1{,}1 = 151$ kN

$V_{a,R,d} = 2 \cdot 98{,}7 = 197{,}4$ kN

$V/V_{l,R,d} = 139{,}3/143 = 0{,}97 < 1$

Bei Winkelanschlüssen des Stahlhochbaus mit vorwiegend ruhender Belastung darf die Exzentrizität der Schraubenrißlinie gegenüber der Stabschwerachse unberücksichtigt bleiben. Der Nachweis der Schrauben erfolgt dann lediglich für V_h!

Weitere Berechnungsbeispiele s. Abschn. 3.3 und 8.4.2

3.1.4.3 Anschlüsse mit zugbeanspruchten Schrauben

Mittige Zugkraft. Liegt bei einer mit der Kraft N auf Zug beanspruchten Verbindung der Schwerpunkt des Schraubenbildes auf der Wirkungslinie der Zugkraft, verteilt sich diese gleichmäßig auf alle n Schrauben:

$$N_1 = \frac{N}{n} \tag{3.34}$$

Beispiel 7 Der Stoß eines Zugstabes aus einem Rohr wird für eine Zugkraft $N = + 750$ kN mit hochfesten Schrauben ausgeführt. In der Regel sind zugbeanspruchte hochfeste Schrauben vorzuspannen (s. 3.1.3.2). RSt 37-2 (S235 JRG 2), HV-Naht mit Gütenachweis.

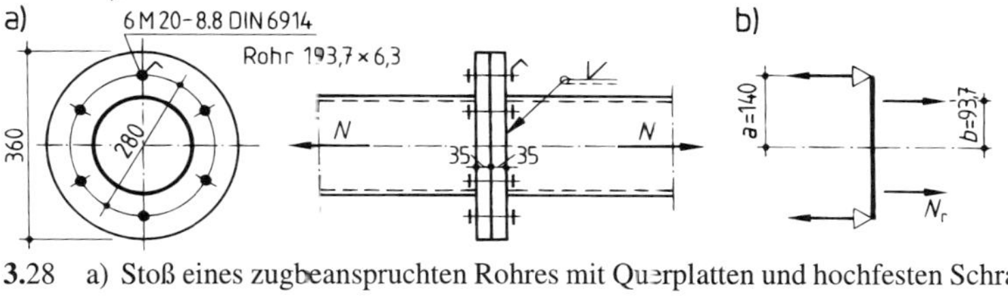

3.28 a) Stoß eines zugbeanspruchten Rohres mit Querplatten und hochfesten Schrauben
b) Belastung der kreisförmigen Stirnplatte

Der Anschluß des Stabes an die Querplatte erfolgt über eine HV-Naht. Damit ist die Beanspruchbarkeit des Zugstabes und seines Anschlusses gleichwertig (s. 3.2.5.1)

$$\sigma = 750/37{,}1 = 20{,}2 \text{ kN/cm}^2 \qquad \sigma/\sigma_{R,d} = 20{,}2/21{,}8 = 0{,}93 < 1$$

Bei 6 Schrauben entfällt auf eine Schraube die Zugkraft

$$N_1 = 750/6 = 125 \text{ kN}$$

Beispiel 7 Forts.

Nach Taf. **3.**9 ist für Schrauben HV M 20 – 8.8

$$N_{R,d} = 142{,}4 \text{ kN (Taf. 3.9)}$$

$$N_1/N_{R,d} = 125/142{,}4 = 0{,}88 < 1$$

Die Biegemomente in der Querplatte werden näherungsweise wie für eine umfangsgelagerte Kreisplatte mit kreisförmiger Linienlast berechnet (Bild **3.**28b).

Mit $\beta = b/a$ wird das radiale und tangentiale Biegemoment unter N_r

$$M_r = M_t = N_r \cdot b \cdot [0{,}175\,(1 - \beta^2) - 1{,}5 \cdot \lg\beta]$$

N_r ist die auf die Längeneinheit des mittleren Kreisumfanges bezogene Stabkraft.

$$b = (193{,}7 - 6{,}3)/2 = 93{,}7 \text{ mm} \qquad \beta = 93{,}7/140 = 0{,}669$$

$$N_r = \frac{750}{2 \cdot \pi \cdot 9{,}37} = 12{,}74 \text{ kN/cm}$$

$$M_r = M_t = 12{,}74 \cdot 9{,}37 \cdot [0{,}175 \cdot (1 - 0{,}669^2) - 1{,}5 \cdot \lg 0{,}669] = 42{,}8 \text{ kNcm/cm}$$

Bei 35 mm Plattendicke ist

$$W = 1 \cdot \frac{3{,}5^2}{6} = 2{,}04 \text{ cm}^3\text{/cm} \quad \text{und} \quad \sigma = 42{,}8/2{,}04 = 20{,}98 \text{ kN/cm}^2$$

$$\sigma/\sigma_{R,d} = 20{,}98/21{,}8 = 0{,}96 < 1$$

Biegesteife Anschlüsse. In ihnen wirkt neben der Querkraft *V* noch ein Einspannmoment *M,* gegebenenfalls auch eine Normalkraft *N* (Bild **3.**29). Die *Querkraft V* wird auf die *n* Schrauben des Anschlusses gleichmäßig verteilt und von ihnen einschnittig aufgenommen. Das *Moment M* wird als Druckkraft durch Kontaktwirkung und als Zugkraft von den Schrauben übertragen. Bilden Aussteifungen in der Nähe des Druckrandes einen Druckpunkt, liegt die Wirkungslinie von *D* in der Achse der Steifen. Für die Schraubenzugkräfte nimmt man vereinfachend an, daß sie linear mit ihrem Abstand von *D* anwachsen. Wegen der Unsicherheiten dieser Hypothese wird man sicherheitshalber nur die Schrauben in der oberen Hälfte des Anschlusses statisch in Rechnung stellen oder, wegen gleicher Steifigkeit, nur Schrauben in der Nähe angeschweißter Flansche und Aussteifungen [1]).

Ist der Druckpunkt nicht durch Aussteifungen eindeutig festgelegt, muß für *D* eine Wirkungslinie in plausiblen Abstand vom Druckrand geschätzt werden, z. B. *h*/8 bis *h*/6, falls sie nicht genauer berechnet wird [1]).

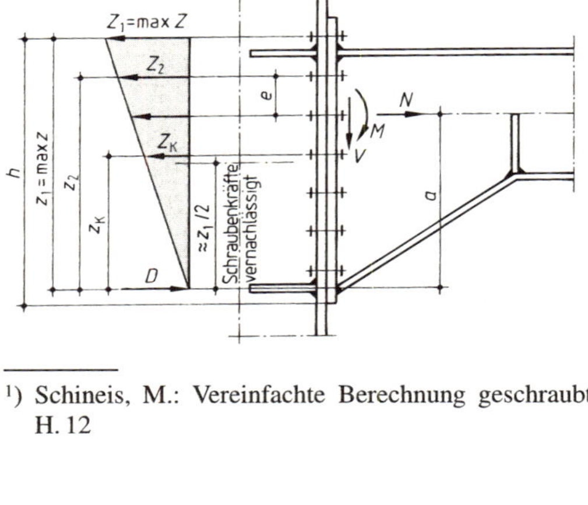

3.29
Angenommene Kräftewirkung am geschraubten biegefesten Anschluß

[1]) Schineis, M.: Vereinfachte Berechnung geschraubter Rahmenecken. Der Bauingenieur (1969) H. 12

Mit dem auf die Wirkungslinie von D bezogenen Moment

$$M_D = M + N \cdot a \tag{3.35}$$

lautet die Gleichgewichtsbedingung $\Sigma M = 0$ um D

$$M_D = \sum_{i=1}^{i=k} Z_i \cdot z_i$$

Nach gleichem Rechnungsgang wie beim Stegblechstoß erhält man

$$\max Z = M_D \cdot \frac{\max z}{\sum_{i=1}^{i=k} z_i^2} \tag{3.36}$$

Aus $\Sigma H = 0$ ergibt sich

$$D = \max Z \cdot \frac{\sum_{i=1}^{i=k} z_i}{\max z} - N \tag{3.37}$$

Die Summen in den Gl. (3.36) und (3.37) erstrecken sich nur über die Schrauben mit gleicher Steifigkeit in der oberen Hälfte des Anschlusses. – Zum Entwurf kann man die wirksame Anschlußhöhe max z mit dem geschätzten mittleren Schraubenabstand e und der Grenzzugkraft $N_{R,d}$ des obersten Schraubenpaares näherungsweise bemessen zu

$$\max z \approx \sqrt{\frac{3{,}25\, e \cdot M_D}{N_{R,d}}} - 0{,}5\, e \tag{3.38}$$

Beispiel 8 Der Anschluß der Konsole mit hochfesten Schrauben M 22 in GV-Verbindung ist für die Last $V = 180$ kN nachzuweisen. RSt 37-2 (S235JRG 2)

$V = 180$ kN $\qquad M = 180 \cdot 0{,}35 = 63$ kNm

Für die Berechnung der Schraubenzugkräfte wird das untere Schraubenpaar statisch nicht in Rechnung gestellt; der Druckpunkt liegt in der Mitte des unteren Konsolflansches. Z und D bilden ein einfaches Kräftepaare mit 17,5 cm Hebelarm.

$D = Z = 6300/17{,}5 = 360$ kN

Die Grenzzugkraft einer Schraube M 22 – 10.9 beträgt nach Tafel **3.9**

$N_{R,d} = 220{,}7$ kN

$$\frac{Z/2}{N_{R,d}} = \frac{360/2}{220{,}7} = 0{,}82 < 1$$

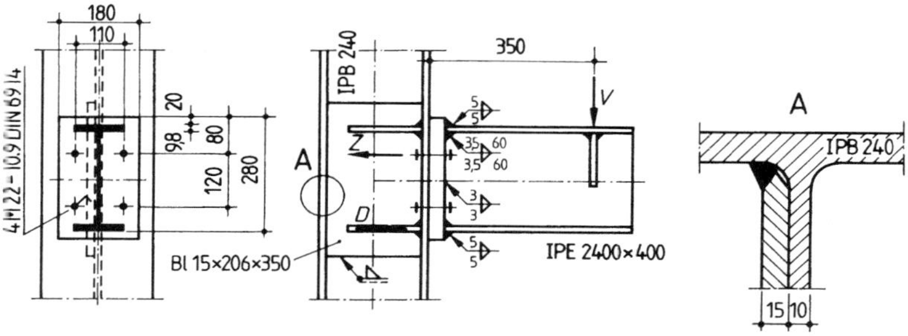

3.30 Konsolenanschluß mit hochfesten Schrauben in GV-Verbindung

Beispiel 8 Forts.

Zur Übertragung der Querkraft V werden nur die unteren Schrauben herangezogen. Für die Lochleibungstragfähigkeit wird der Abstand e maßgebend. Der Randabstand e_2 beträgt $(180-110)/2 = 35$ mm $= 1{,}46 \cdot d_L$. Er ist größer als der Mindestabstand von $1{,}2 \cdot d_L$, jedoch kleiner als $1{,}5 \cdot d_L$. Es darf zur Bestimmung von α_l linear interpoliert werden.

$$e/d_L = 120/24 = 5{,}0 > 3{,}5$$

$$e_2/d_L = 1{,}2 : \alpha_l = 2{,}0 \qquad \alpha_l = 2{,}0 + \frac{3{,}0-2{,}0}{0{,}3} \cdot 0{,}26 = 2{,}87$$

$$e_2/d_L \geq 1{,}5 : \alpha_l = 3{,}0$$

$$V_{l,R,d} = 1{,}7 \cdot 2{,}2 \cdot 2{,}87 \cdot 24/1{,}1 = 234{,}2 \text{ kN}$$

$$V_{a,R,d} = 190{,}1 \text{ kN} < V_{l,R,d}$$

$$\frac{V/2}{V_{a,R,d}} = \frac{90}{190{,}1} = 0{,}47 < 1$$

(Die Berechnung von $V_{l,R,d}$ liegt auf der sicheren Seite, da für den Stützenflansch der Randabstand e_2 größer als $1{,}5 \cdot d_L$ ist)

Schubspannung im Konsolsteg

$$\tau = \frac{V}{A_{Steg}} = \frac{180}{0{,}62 \cdot (24-0{,}98)} = 12{,}61 \text{ kN/cm}^2$$

$$\tau_{R,d} = \frac{24/\sqrt{3}}{1{,}1} = 12{,}6 \text{ kN/cm}^2 \qquad \tau/\tau_{R,d} \approx 1{,}0$$

D und Z wirken als Querkraft in der Stütze und verursachen im Stützensteg die Schubspannung.

$$\tau_m = \frac{360}{1{,}0\,(24{,}0-1{,}7)} = 16{,}14 > 12{,}6 \text{ kN/cm}^2!$$

Innerhalb der Anschlußhöhe der Konsole wird der Stützensteg durch eine einseitige Blechbeilage verstärkt.

Gebrauchstauglichkeitsnachweis: Die Konsolbelastung setzt sich zusammen aus $V_{k,G} = 37$ kN und $V_{k,Q} = 87$ kN. Die Teilsicherheitsbeiwerte sollen mit $\gamma_{F,G} = 1{,}05$ und $\gamma_{F,Q} = 1{,}10$ angenommen werden.

$$V_g = 1{,}05 \cdot 37 + 1{,}10 \cdot 87 = 135 \text{ kN}$$

$$V_{g,R,d} = 82{,}61 \text{ kN (Taf. **3.**10)}$$

$$\frac{V_g/2}{V_{g,R,d}} = \frac{135/2}{82{,}61} = 0{,}82 < 1$$

Die Beanspruchung der Stirnplatte muß noch nachgewiesen werden. Da Bild **3.**30 die typisierten Abmessungen nach [4] berücksichtigt (s. Taf. **8.**9) kann darauf verzichtet werden.

Beispiel 9 Der biegefeste Anschluß des Riegels aus IPE 360 ist für $M = 150$ kNm, $N = +\,120$ kN und $V = 60$ kN mit rohen Schrauben M 24 zu bemessen und nachzuweisen.

Für 1 Schraube M 24 – 4.6 ist $N_{R,d} = 89{,}73$ kN

Das auf den Druckpunkt (Wirkungslinie von D) bezogene Moment ist nach Gl. (3.35)

$$M_D = 15\,000 + 120\,(\max z - 22) = 12\,360 + 120 \cdot \max z$$

Die notwendige Anschlußhöhe wird bei einem angenommenen Schraubenabstand von $e = 9$ cm nach Gl. (3.38)

Beispiel 9
Forts.

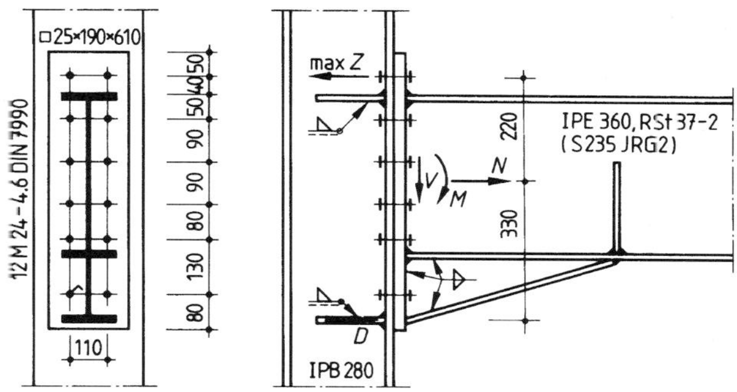

3.31 Biegefester Trägeranschluß mit rohen Schrauben

$$\max z \approx \sqrt{\frac{3{,}25 \cdot 9\,(12\,360 + 120 \cdot \max z)}{2 \cdot 89{,}73}} - 0{,}5 \cdot 9$$

Durch iteratives Einsetzen von Näherungswerten für max z auf der rechten Seite der Gleichung erhält man

$$\max z = 50 \text{ cm} < 55 \text{ cm}$$

Wenn nur die 4 Schraubenpaare der oberen Hälfte eingesetzt werden, wird mit den ausgeführten Maßen des Schraubenanschlusses

$$\Sigma z = 55 + 46 + 37 + 28 = 166 \text{ cm} \qquad \max z = 55 \text{ cm}$$

$$\Sigma z^2 = 55^2 + 46^2 + 37^2 + 28^2 = 7294 \text{ cm}^2$$

$$M_D = 12\,360 + 120 \cdot 55 = 18\,960 \text{ kNcm}$$

Nach Gl. (3.36) $\max Z = 18\,960 \cdot \dfrac{55}{7294} = 143 \text{ kN} < 2 \cdot 89{,}73 \text{ kN}$

Nach Gl. (3.37)

$$D = 143 \cdot \frac{166}{55} - 120 = 312 \text{ kN}$$

Mit D sind die Schub- und Vergleichsspannungen in der Stütze sowie die Anschlüsse der Steg- und Eckversteifungen nachzuweisen. Scherbeanspruchung der 4 unteren Schrauben:

$$V_a = 60/4 = 15 \text{ kN}$$

$$V_{a,R,d} = 98{,}7 \text{ kN} \qquad V_a/V_{a,R,d} = 15/98{,}7 = 0{,}15 < 1$$

3.2 Schweißverbindungen

Die weitaus größte Zahl der in der *Werkstatt* hergestellten Verbindungen wird heute geschweißt. Auf der *Baustelle* wird das Schweißen hingegen meist nur für gering beanspruchte Heftverbindungen eingesetzt. Für die Herstellung tragender Schweißverbindungen auf der Baustelle wirken sich nachteilig aus die erschwerte Zugänglichkeit der Schweißnähte, die oft unvermeidbare Notwendigkeit des Schweißens in Zwangslage sowie erhöhte Kosten für Rüstungen, für den Schutz der Schweißstelle gegen Witterungseinflüsse und die Kontrolle der Schweißnahtgüte.

3.2.1 Schweißverfahren, Zusatzwerkstoffe und Schweißvorgang

Die Schweißverfahren werden nach DIN 1910-1 nach unterschiedlichen Gesichtspunkten eingeteilt, wobei sich für die Anwendung im Stahlbau eine Unterteilung nach dem physikalischen Ablauf des Schweißvorganges eignet. Danach werden Preßschweißverfahren von Schmelzschweißverfahren unterschieden.

Preßschweißen

Die Werkstücke werden an der Schweißstelle bis zum teigigen Zustand erwärmt und unter Druck ohne (oder mit) Zusatzstoffe(n) miteinander verschweißt.

Im Stahlbau kommen folgende Verfahren zur Anwendung:

Gaspreßschweißen. Wärmequelle für die stumpf zu schweißenden Teile ist eine Sauerstoff-Azetylen-Flamme, die die Werkstücke im Nahtbereich bis auf die Schweißtemperatur erhitzt. Der Schweißvorgang erfolgt durch Stauchung.

Anwendung: Schweißen von Eisenbahnschienen und Bewehrungsstählen.

Widerstandspreßschweißen. Die zum Schweißen erforderliche Wärme wird mittels eines Stromflusses durch den elektrischen Widerstand erzeugt. Der Schweißvorgang erfolgt ebenfalls durch Druck.

Anwendung: Punktschweißen im Stahlleichtbau

Lichtbogenpreßschweißen. Die Wärme wird durch einen kurzfristig zwischen den Werkstücken brennenden elektrischen Lichtbogen erzeugt. Bei Erreichen der Schmelztemperatur erfolgt die Schweißung durch schlagartige (maschinelle) Stauchung.

Anwendung: Bolzenschweißen mit Hubzündung (s. Verbundträger, Stahlbau, Teil 2)

Schmelz-Schweißverfahren

Die Schweißflächen werden angeschmolzen und im flüssigen Zustand unter Beigabe von Zusatzwerkstoffen, den Schweißdrähten, miteinander verschweißt.

Gasschweißen (Autogenschweißen). Die Nahtstelle wird mit einer Azetylen-Sauerstoffflamme bis zum Schmelzfluß erwärmt, und mit gleichartigen Werkstoffen, den blanken Schweißdrähten oder -stäben, wird die Schweißfuge gefüllt. Die große Wärmezufuhr führt zu großen Verformungen, so daß das Verfahren nur selten (im Leichtbau und Rohrleitungsbau) anwendbar ist.

Offenes Lichtbogenschweißen ist das im Stahlbau am häufigsten angewendete Verfahren (Bild **3**.32). Der elektrische Lichtbogen brennt sichtbar in der Atmoshäre zwischen der Elektrode und dem Werkstück, dessen Ränder örtlich bis auf ≈ 4000 °C erhitzt und angeschmolzen werden. Gleichzeitig schmilzt die Elektrode am Ende, so daß dieses Schweißgut auf das Werkstück tropft, sich mit den angeschmolzenen Rändern vereinigt und die Schweißfuge ausfüllt. Dadurch, daß der Lichtbogen das Schweißgut zum Werkstück mitreißt, können auch Überkopfnähte, d. h. gegen die Schwerkraft nach oben gerichtete Nähte, geschweißt werden.

Beim *Handschweißen (E)* können alle Stoß- und Nahtarten in allen Schweißpositionen bei sachgemäßer Wahl der Elektroden und bei geeigneten Schweißbedingungen ausgeführt werden.

Die früheren *teilmechanisierten Verfahren* (z. B. Humboldt-Meller-Verfahren) sind heute durch die Schutzgasschweißverfahren verdrängt.

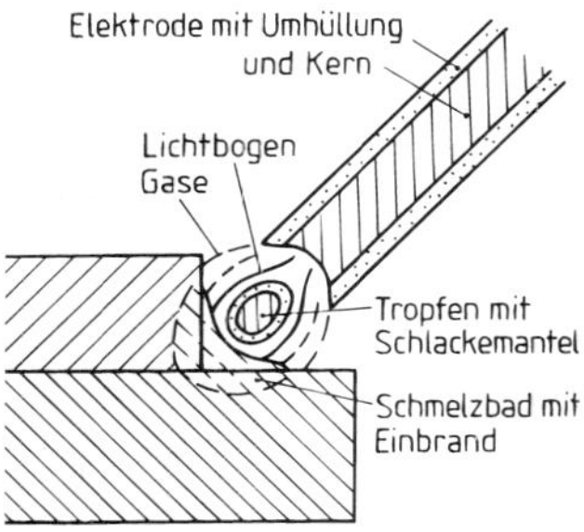

3.32 Werkstoffübergang bei der elektrischen Lichtbogenschweißung

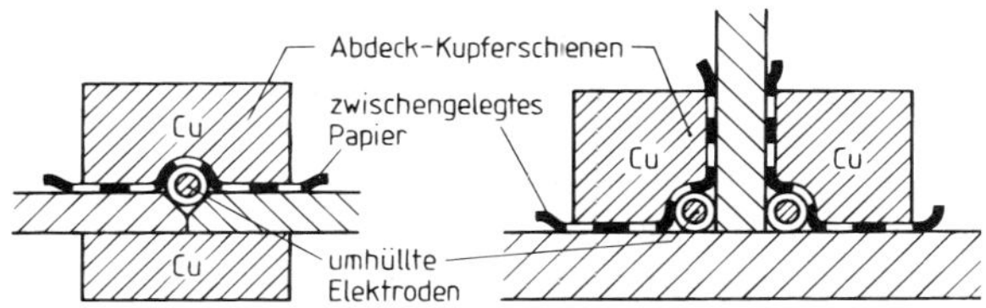

3.33 Unter-Schiene-Schweißen

Verdecktes Lichtbogenschweißen. Der Lichtbogen brennt unter besonderem Schutz.

Beim *Unter-Schiene-Schweißen (US)* werden 1,0 bis 1,5 m lange umhüllte Elektroden in die Schweißfuge eingelegt sowie mit Papierstreifen und profilierten Kupferschienen abgedeckt (Bild **3**.33). Nach Zündung des Lichtbogens an einem Ende brennt die Elektrode selbsttätig und rasch ab. Die Naht wird gleichmäßig, muß allerdings an den Enden und den Stoßstellen der Elektroden von Hand nachgeschweißt werden. Es sind nur waagrechte Nähte möglich. Die Bedeutung für den Stahlbau ist gering.

Beim *Unterpulver-Schweißen (UP)* (Bild **3**.34) schmilzt der nackte und automatisch zugeführte Schweißdraht unter einem ebenfalls maschinell zugeführten Schweißpulver in der Schweißfuge ab. Bei Stumpfnähten wird zur Schweißbadsicherung fallweise eine Kupferschiene unter der Schweißnaht angeordnet. Nach Einstellung der Drahtvorschubgeschwindigkeit wird der Lichtbogen gezündet, so daß nunmehr das Schweißpulver zu schützender Schlacke schmilzt, die Werkstückränder anschmelzen und die unter dem Pulver abschmelzende Elektrode die Fuge füllt.

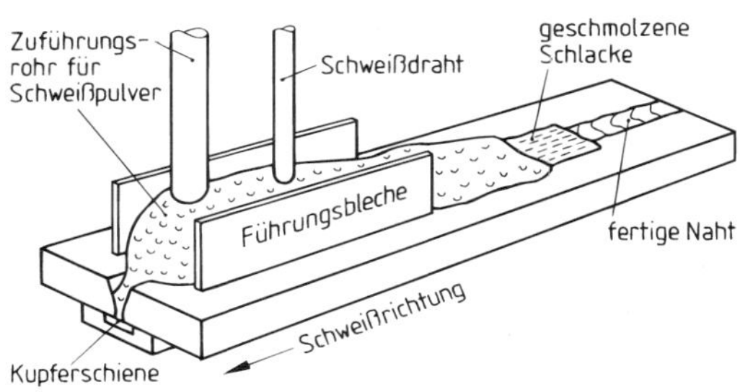

3.34
Unterpulver-Schweißen

Das Verfahren eignet sich bei hoher Abschmelzleistung besonders für Dickblechschweißung in Wannenlage.

Schutzgas-Lichtbogenschweißverfahren. Der Lichtbogen wird von einem durch eine Düse zugeführten Schutzgas umhüllt und das Schweißbad dadurch von der Luft abgeschlossen. Da eine schützende Schlacke nicht erforderlich ist, entfallen auch die Nebenzeiten für das Putzen der fertigen Naht bis auf das Beseitigen der evtl. auftretenden Schweißspritzer.

Wolfram-Inertgas-Schweißen (WIG). Der Strom fließt über eine nicht abschmelzende Wolframelektrode, während der Zusatzwerkstoff im allgemeinen per Hand seitlich zugeführt wird. Der Schutz des Lichtbogens und des Schweißbades wird durch das aus der Düse strömenden, nicht reaktionsfähigen Gas (Argon, seltener Argon mit Helium) gebildet. Das Verfahren ist auch vollautomatisierbar. Bei Gleichstrom und negativ gepolter Elektrode erzielt man einen tiefen Einbrand, weswegen dieses Schweißverfahren vorzugsweise für Wurzellagen eingesetzt wird. Es eignet sich auch zum Schweißen hochlegierter Stähle und Aluminium.

Metall-Inertgas-Schweißen (MIG). Beim MIG-Schweißverfahren fließt der Strom über eine abschmelzende Elektrode, womit die Zuführung eines getrennten Zusatzwerkstoffes entfällt. Als Schutzgas wird Argon, unter Umständen mit geringem Sauerstoffgehalt verwendet. (Stromart, Polung und Einbrand s. WIG). Dieses Verfahren wird inbesondere im Apparate- und Behälterbau bei Verarbeitung hochlegierter Stähle und der Leichtmetalle eingesetzt.

Metall-Aktivgas-Schweißen (MAG). Dieses Verfahren verwendet als Schutzgas aktive Gase und ist von daher besonders wirtschaftlich. Unter den Schutzgasverfahren erzielt man überdies die größten Schweißleistungen, so daß dieses Verfahren im Stahlbau bevorzugt wird. Bei Verwendung von reinem CO_2 entstehen relativ hohe Spritzverluste und die Schweißnähte weisen eine relativ grobschuppige Oberfläche auf. Im Zusammenhang mit häufig anzutreffenden Einbrandkerben und Nahtüberwölbung ist ein Kerbeinfluß bei dynamischer Beanspruchung wirksam. Durch Verwendung von Mischgasen (im allgemeinen 82% Argon und 18% CO_2) wird die Nahtoberfläche feinschuppig bei feintropfigem Übergang, jedoch ist der Mischgaspreis erheblich höher als das billige CO_2. Neuere Verfahren mit geänderter Schweißpistole verwenden daher 85% CO_2 und 15% Argon. Es werden hierbei Spritzerfreiheit und hohe Schweißleistungen bei großer Schweißnahtzähigkeit erreicht. Wegen der guten Spaltüberbrückbarkeit eignet sich das MAG-Verfahren auch bei der Schweißung in Zwangslagen. Nachteilig bei allen Schutzgasschweißverfahren ist, daß sie im wesentlichen auf die Werkstatt beschränkt sind, da im Freien der schützende Gasstrom bei Windeinwirkung unterbrochen wird und die Luft ungehindert an das ungeschützte Schweißbad dringen kann.

Zusatzwerkstoffe – Elektroden

Bei Lichtbogenschweißung müssen die Fugen zwischen den zu verbindenden Teilen mit einem Zusatzwerkstoff, dem Schweißgut, ausgefüllt werden. Das Schweißgut soll sich einwandfrei mit dem Werkstoff verbinden und nach dem Erkalten möglichst die gleichen Zähigkeits- und Festigkeitseigenschaften haben.

Nackte Elektroden werden wegen der schlechten Güteeigenschaften der Schweißnähte nur noch bei untergeordneten Bauteilen eingesetzt.

Umhüllte Elektroden (Stabelektroden) haben eine durch Tauchen oder Pressen aufgebrachte Umhüllung aus lichtbogenstabilisierenden, schlackenbildenden und auflegierenden Stoffen. Umhüllungstypen sind z. B.: Sauerumhüllt (A), rutil- (R), zellulose- (C) und basischumhüllt (B), sowie Kombinationen daraus. Die Bezeichnung der Elektroden nach DIN EN 499 beginnt mit „E“, gefolgt von Kennziffern für die mechanischen Eigenschaften, Kerbschlagarbeit und chemische Zusammensetzung des Schweißgutes, den Umhüllungstyp, die Ausbringung und Stromart, die Schweißposition sowie den Wasserstoffgehalt.

Die beim Schweißen abschmelzende Umhüllung bildet eine auf dem Schweißgut schwimmende Schlackendecke, die das Schweißgut gegen die Einwirkung des Sauerstoffs und Stickstoffs der

Luft abschirmt und außerdem zu rasches Abkühlen verhindert, wodurch unerwünschte Aufhärtung und Zugspannungen in der Schweißnaht verringert werden.

Saure Elektroden: Feintropfig, flache bis unterwölbte Nähte, Neigung zu Heißrissigkeit, gute mechanische Eigenschaften, nicht geeignet für Zwangspositionen.

Rutilelektrode: Feinschuppige Nähte mit sehr guten Festigkeits- und Zähigkeitseigenschaften, geeignet für alle Zwangspositionen, geringe Neigung zu Warm- und Kaltrissen.

Zelluloseelektrode: Bei tiefem Einbrand und gutem Werkstoffübergang besonders für Fallnähte geeignet.

Basische Elektrode: Für alle Schweißpositionen bei mitteltiefem Einbrand, schlechte Schlackenentfernbarkeit.

Alle Umhüllungstypen müssen bei der Verarbeitung absolut trocken sein, wozu sie vor der Verarbeitung bei ca. 250 °C, 30 Minuten nachgetrocknet und in einem schützenden Köcher aufbewahrt werden. Feuchte Elektroden neigen zu Poren und einer Wasserstoffversprödung.

Sondertypen sind z. B. Tiefeinbrandelektroden, Unterwasserschweißelektroden.

Fülldrahtelektroden liegen vor in Form von Rohren, die aus Metallband geformt werden, oder als Falzdrähte, die durch mehrmaliges Falzen von Metallband in Längsrichtung entstanden sind. Die Hohlräume sind mit lichtbogenstabilisierenden, schlackebildenden, auflegierenden und als Flußmittel wirkenden Stoffen gefüllt. Sie werden fast ausschließlich unter Schutzgas CO_2 verschweißt.

Netzmantel-Elektroden bestehen aus einem Kerndraht, der zweilagig gegenläufig mit dünnen Drähten netzartig umwickelt ist. In die Zwischenräume ist die Umhüllungsmasse gepreßt. Die Stromzuführung erfolgt in der Nähe des Lichtbogens über die Netzdrähte (Verwendung beim einseitigen Verschweißen von Blechen bis $t \leq 16$ mm)

Schweißvorgang

Bei der Lichtbogen-Handschweißung werden die genau abgelängten, gerichteten und der Naht entsprechend bearbeiteten Werkstücke von Rost, Schlacke, Zunder und Farbe gereinigt und mit Klemmbügeln, Spannschrauben, Zwingen usw. auf festen Unterlagen spannungsfrei zusammengebaut. Der Nahtform, -dicke und -lage entsprechend werden Elektroden und Stromstärke gewählt. Die Spannung wird mit dem + Pol an das Werkstück und dem – Pol über die Schweißzange an die Elektrode angelegt. Zum Schutz vor Metallspritzern und der Ultraviolett- und Ultrarot-Strahlung des Lichtbogens dienen Schutzmasken mit Dunkelgläsern, Lederhandschuhe und Lederschürzen.

Durch gleichmäßige Zickzackbewegung der Elektrode wird die Naht gelegt. Nahtdicken ≤ 6 mm können in einem Arbeitsgang, dickere Nähte müssen in mehreren Lagen (Bild **3**.35) geschweißt werden. Vor dem Schweißen einer weiteren Lage muß, wie bei Unterbrechungen des Schweißens, die fertige, erkaltete Naht peinlichst von Schlacke oder Zunder mit Pickhammer und Drahtbürste gesäubert werden.

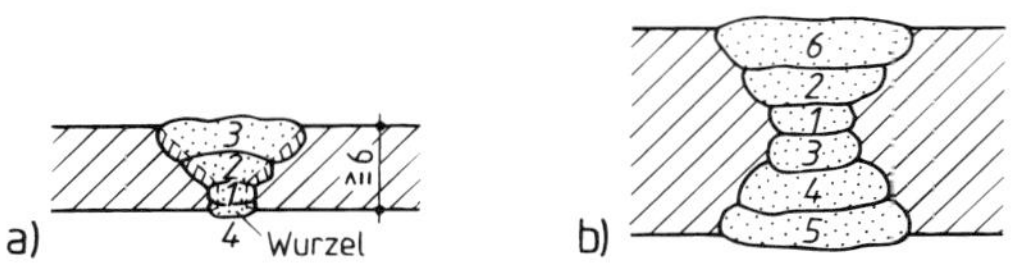

3.35
Lagenweiser Aufbau einer Schweißnaht

Die Naht soll nicht zu rasch und vor allem nicht ungleichmäßig abgekühlt werden, da sie sonst spröde wird. Daher darf auch bei Temperaturen < 0 °C nicht mehr geschweißt werden, es sei denn, das Werkstück wird im Bereich der Schweißzonen vorgewärmt.

Außerdem ist die Schweißstelle vor Wind (Ausblasen des Lichtbogens) sowie vor Regen zu schützen. Während des Schweißens und Erkaltens der Schweißnaht müssen Erschütterungen und Schwingungen vom Werkstück ferngehalten werden.

Die Werkstücke sollen in besonderen Vorrichtungen jeweils so gedreht werden können, daß sich die Nähte möglichst in waagrechter Lage schweißen lassen. Stehende Nähte sind schwieriger und Überkopfnähte nur von besten Schweißern auszuführen.

Da das Wenden der Bauteile auf der Baustelle i. allg. unmöglich ist und weil man Schweißen in Zwangslagen zu vermeiden sucht, beschränkt man die Montageschweißung tragender Nähte auf solche Stöße, die konstruktiv mit bequem schweißbaren Verbindungen gestaltet werden können.

Das beim Erkalten der Naht auftretende Schrumpfen in Längs- und Querrichtung verursacht Eigenspannungen und Verformungen (Bild **3**.36). Können sich die Verformungen im Zuge des Zusammenbaus mit anderen Bauteilen nicht frei ausbilden, treten weitere Zwängungsspannungen auf, die sich den Spannungen aus Gebrauchslast überlagern; der Zusammenbau und die Montage können behindert werden. Diese unerwünschten Erscheinungen kann man nicht vermeiden, aber vermindern durch zweckmäßige Reihenfolge beim Schweißen (Schweißplan), durch Schweißen langer Nähte von der Mitte nach den Enden hin und ggf. durch Schweißen im Pilgerschritt, durch Vorwärmen der Bauteile und durch Vorkrümmen der Einzelteile entgegen der zu erwartenden Verformung. Durch autogenes Entspannen können die Größtwerte der Schweißrestspannungen abgebaut werden, und durch Spannungsfreiglühen mit anschließendem langsamen Auskühlen kann man bei kleinen Bauteilen die Eigenspannungen völlig beseitigen.

Wichtig für die Güte der Schweißnähte ist das Können des Schweißers, dessen Eignung regelmäßig überprüft werden muß.

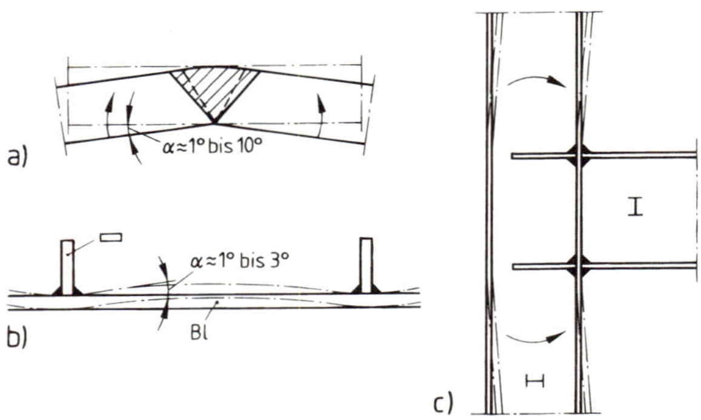

3.36
Durch Schrumpfen der Schweißnähte verursachte Werkstückverformungen

3.2.2 Stoßarten, Form und Abmessungen der Schweißnähte

Stoßarten (Tafel **3**.12).

Die Stoßarten werden nach DIN 1912-1 unterteilt je nach der geometrischen Lage der zu verbindenden Fügeteile. Hiervon zu unterscheiden sind die Fugenformen zwischen den Fügeteilen und die dadurch entstehenden Schweißnahtformen. Letztere werden grundsätzlich unterschieden in *durchgeschweißte* Nähte, *nicht durchgeschweißte* Nähte (früher Stegnähte) und *Kehlnähte*. Einen Sonderfall bildet die *Dreiblechnaht* (Mehrwegenaht).

Tafel **3.**12 Bezeichnung der Stoßarten nach DIN 1912-1

Stoßart	bildliche Darstellung	Schweißnahtart
Stumpfstoß		Stumpfnaht
T-Stoß	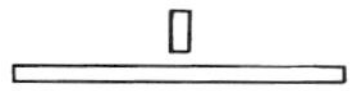	Kehlnaht (Stumpfnaht)
Kreuzstoß	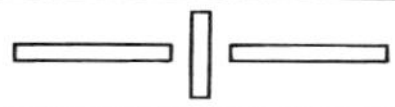	Kehlnaht (Stumpfnaht)
Überlappstoß	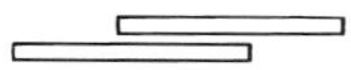	Kehlnaht
Eckstoß	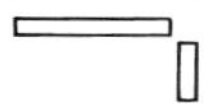	Stumpf-/Kehlnaht
Mehrfachstoß	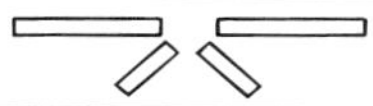	Stumpf-/Kehlnaht

Stumpfnähte (Tafel **3.**13)

Sie dienen zur Verbindung von Teilen, die in der gleichen Ebene liegen. Die für voll durchgeschweißte Nahtformen notwendigen Fugenformen sowie Erfahrungswerte für ihre Abmessungen sind für die verschiedenen Schweißverfahren in DIN EN 29692 angegeben.

I-Nähte ohne Bearbeitung der Stirnflächen können nur bei beschränkten Blechdicken, bei CO_2-Schweißung bis t = 10 mm, ausgeführt werden. Bei beidseitiger Schweißung muß wie bei allen Stumpfnähten die Wurzel ausgearbeitet und nachgeschweißt werden.

V-Nähte können, abgesehen vom Ausarbeiten und Nachschweißen der Wurzel, von einer Seite hergestellt werden, weisen aber wegen der Unsymmetrie des Nahtquerschnitts besonders große Schrumpfwinkel auf (Bild **3.**36 a). Bei größeren Blechdicken sind sie unwirtschaftlich, da sie zu viel Schweißgut (Elektroden) und Arbeitszeit zum Füllen der großen Nut erfordern.

Y-Nähte erhalten eine V-förmige Nut, die bis ⅔ der Blechdicke reicht; für voll durchgeschweißte Querschnitte ist jedoch eine Fugenform gemäß Tafel **3.**13 auszuführen.

Tafel **3.**13 Fugenformen von Stumpfnähten beim Lichtbogen-Handschweißen (Auswahl aus DIN EN 29692); Maße in mm

Benennung	I-Naht	V-Naht	Y-Naht	Steilflanken-naht	DV-Naht (X-Naht)	U-Naht
Fugenform	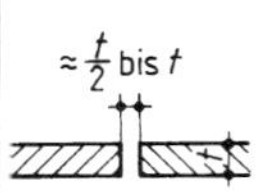	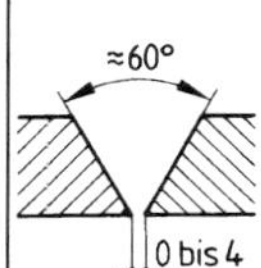	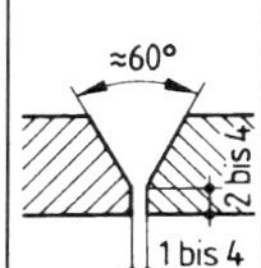	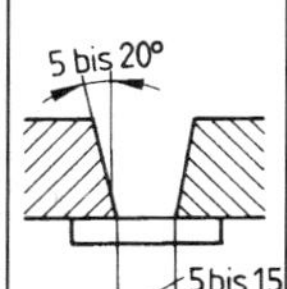	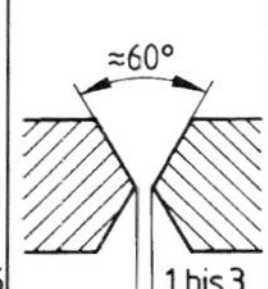	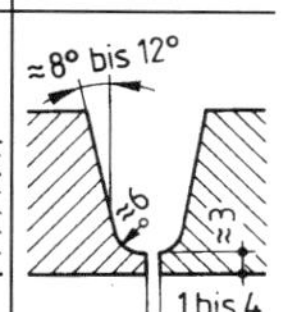
Werkstückdicke t	≤ 4 einseitig ≤ 8 beidseitig	3 bis 10	5 bis 40	> 16	> 10	> 12

Steilflankennähte werden anstelle von V-Nähten ausgeführt, wenn die Naht von der Rückseite nicht zugänglich ist, so daß die Wurzel nicht nachgeschweißt werden kann. Zum Schweißen ist eine Beilage zur Badsicherung notwendig.

D(oppel)-V-Nähte (X-Nähte) brauchen bei größeren Blechdicken weniger Elektroden als V-Nähte; sie werden wechselseitig geschweißt. Wegen der symmetrischen Nahtform und dadurch bedingter symmetrischer Temperaturverteilung wird die bei V-Nähten auftretende Winkelschrumpfung nahezu vermieden.

U-Nähte können bis auf das Nachschweißen der Wurzel von einer Seite geschweißt werden, ohne daß die Vorteile der X-Naht verloren gehen. Bei $t > 30$ mm können durch eine D(oppel)-U-Naht oder unsymmetrische V-U-Naht weitere Einsparungen an Schweißgut und Arbeitszeit erzielt werden.

Nicht nur zum Verschweißen an Stirnkanten, sondern auch zur Verbindung von rechtwinklig aneinanderstoßenden Teilen dienen die *D(oppel)-HV-Naht* (K-Naht), die HV-Naht, die HY-Naht mit Kehlnaht, die Doppel-HY-Naht mit Doppelkehlnaht und die Doppel-I-Naht (Tafel **3**.14, Zeile 2 bis 9). Die durchgeschweißten Nähte werden bei der Berechnung den Stumpfnähten gleichgestellt. Die Nahtdicke a ist nach Tafel **3**.14 anzunehmen.

Die Fugenflanken werden durch Brennschnitte oder Hobeln bearbeitet. Bei Stumpfnähten und Nähten nach Tafel **3**.14, Zeilen 2 bis 4 muß einwandfreies Durchschweißen der Wurzel gewährleistet sein; hierzu soll die Wurzel durch Auskreuzen mit dem Nutenmeißel oder durch Ausbrennen mit dem Fugenhobel ausgeräumt und gegengeschweißt werden. Legt man gerillte Kupferschienen unter, so kann von einer Seite aus durchgeschweißt werden. Bild **3**.37 zeigt ein bewährtes Verfahren, eine einwandfreie Nahtwurzel maschinell von oben zu schweißen. Die Nahtenden sind durch Verwendung von Auslaufblechen oder anderen Maßnahmen kraterfrei auszuführen ((Bild **3**.38). Wird hierauf verzichtet, sollte 1 um 2 a reduziert werden.

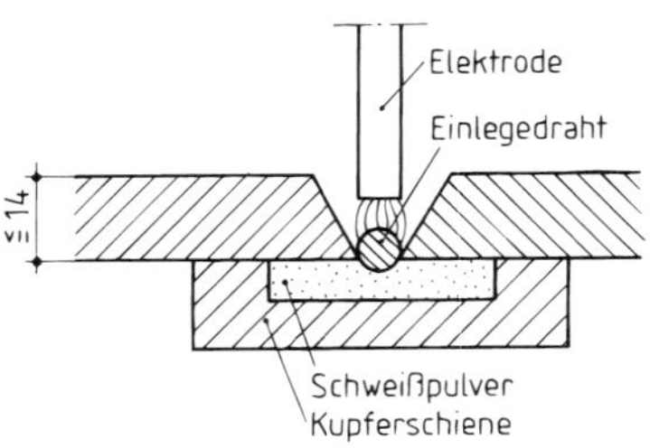

3.37 Herstellung einer fehlerfreien Wurzellage bei einer V-Naht, wenn Gegenschweißen der Kapplage nicht möglich ist.

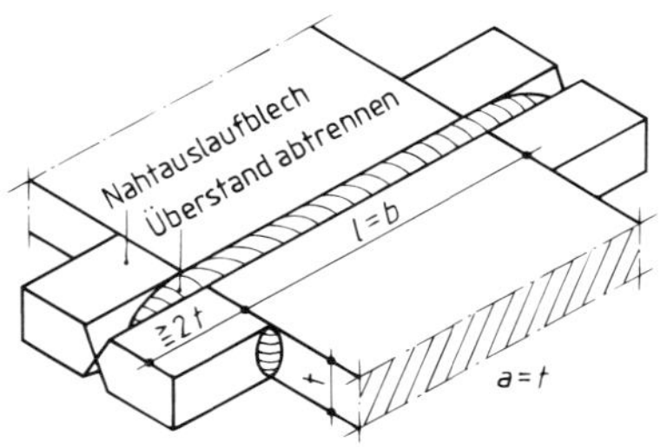

3.38 Herstellung einer Stumpfnaht mit Auslaufblechen

Die rechnerische *Nahtdicke* a ist gleich der (kleineren) Werkstückdicke t_1 (Tafel (Bild **3**.14, Z 1). Beim Wechsel von einer kleineren zur größeren Blechdicke muß die konstruktive Durchbildung einen möglichst stetigen Kraftfluß ermöglichen ((Bild **3**.39).

Die rechnerische *Nahtlänge* l ist gleich der Breite b des zu schweißenden Bauteils. Voraussetzung: Ausführung gemäß Bild (Bild **3**.38.

Tafel **3.**14 Rechnerische Schweißnahtdicken *a*

	1				2	3
	Nahtart [1], Symbol				Bild	Rechnerische Nahtdicke a
1	V	Durch- oder gegengeschweißte Nähte	Stumpfnaht		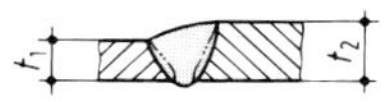	$a = t_1$, wenn $t_1 \leqq t_2$
2	K		D(oppel)HV-Naht (K-Naht)		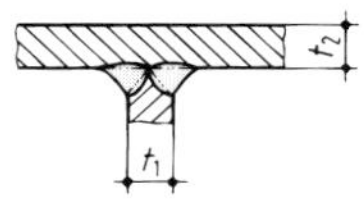	$a = t_1$
3	|/		HV-Naht	Klapplage gegen-geschweißt	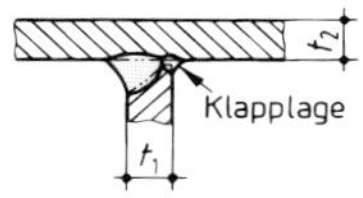	
4				Wurzel durch-geschweißt	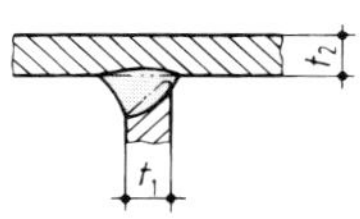	
5	Y	Nicht durchgeschweißte Nähte	HY-Naht mit Kehlnaht [2] [3]		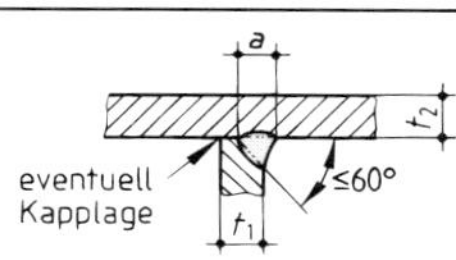	Die Nahtdicke a ist gleich dem Abstand vom theoretischen Wurzelpunkt zur Nahtoberfläche
6			HY-Naht [2] [3]		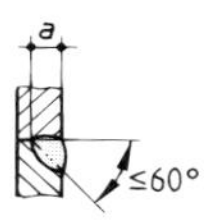	
7	K		D(oppel)HY-Naht mit Doppelkehlnaht [2]		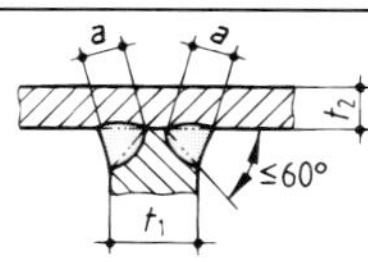	
8			D(oppel)HY-Naht [2]		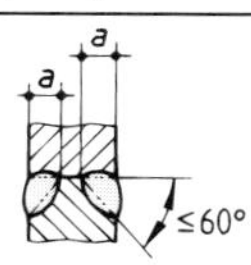	
9	||		Doppel I-Naht ohne Nahtvorbereitung (Vollmech. Naht)		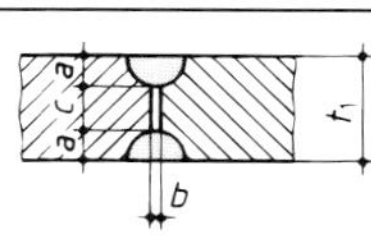	Nahtdicke a mit Verfahrensprüfung festlegen. Spalt b ist verfahrensabhängig UP-Schweißung: $b = 0$

Fortsetzung s. nächste Seite

Tafel **3**.14, Fortsetzung

	1				2	3
	Nahtart [1]), Symbol				Bild	Rechnerische Nahtdicke a
10	◺	Kehlnähte	Kehlnaht [3])		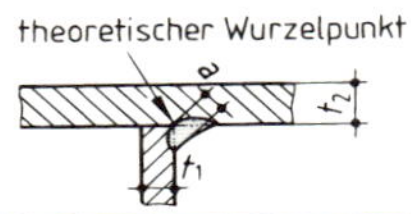	Nahtdicke ist gleich der bis zum theoretischen Wurzelpunkt gemessenen Höhe des einschreibbaren gleichschenkligen Dreiecks. empfohlene Grenzwerte für a: $a > 2$ mm; $\geq \sqrt{\max t} - 0{,}5$; $a \leq 0{,}7 \cdot \min t$ (a, t in mm) $t \geqq 3$ mm
11	⊳	Kehlnähte	Doppelkehlnaht		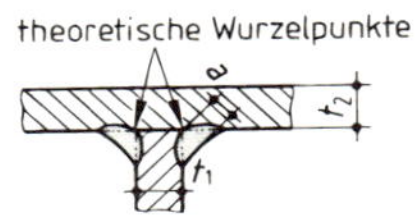	
12	◺	Kehlnähte	Kehlnaht [3])	mit tiefem Einbrand	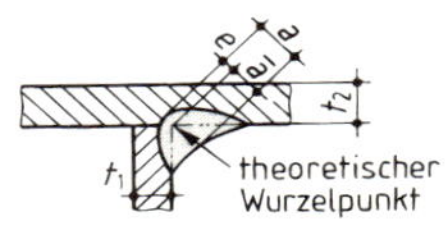	$a = \bar{a} + e$ $\bar{a}$: entspricht Nahtdicke a nach Zeile 10 und 11 e: mit Verfahrensprüfung festlegen (s. DIN 18800-7 Abschn. 3.4.3.2 a)
13	⊳	Kehlnähte	Doppelkehlnaht	mit tiefem Einbrand	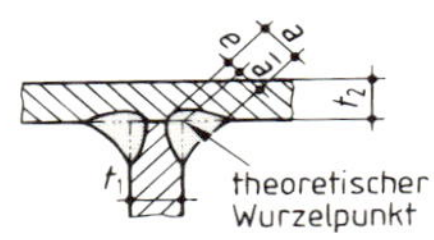	
14	|/		Dreiblechnaht Steilflankennaht [3])		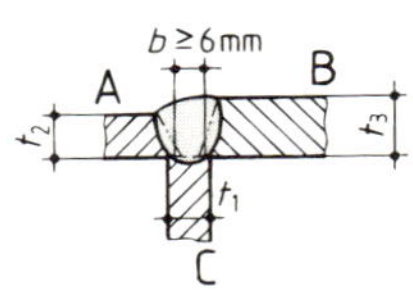	Kraftübertragung: Von A nach B — $a = t_2$ für $t_2 < t_3$
15						Kraftübertragung: Von C nach A und B — $a = b$

[1]) Ausführung nach DIN 18800-7, Abschn. 3.4.3.

[2]) Bei Nähten nach Zeilen 5 bis 8 mit einem Öffnungswinkel < 45° ist das rechnerische a-Maß um 2 mm zu vermindern oder durch eine Verfahrensprüfung festzulegen Ausgenommen hiervon sind Nähte, die in Position w (Wannenposition) und h (Horizontalposition) mit Schutzgasschweißung ausgeführt werden.

[3]) Werden die Schnittgrößen nach dem Nachweisverfahren Elastisch-Plastisch mit Umlagerung von Momenten, oder dem Nachweisverfahren Plastisch-Plastisch ermittelt, so dürfen diese Schweißnähte in Bereichen von Fließgelenken nicht verwendet werden, wenn sie durch Spannungen $\sigma_\perp$ oder $\tau_\perp$ beansprucht werden. Dies gilt auch für Nähte nach Zeile 4, wenn diese Nähte nicht prüfbar sind, es sei denn, daß durch eine entsprechende Überhöhung (Kehlnaht) das mögliche Defizit ausgeglichen ist.

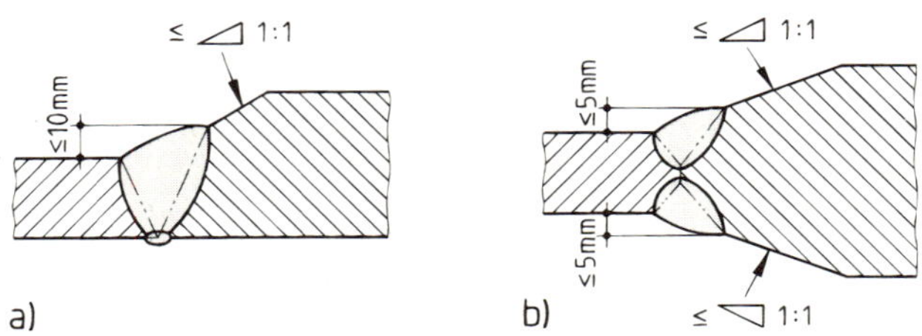

3.39
Stumpfnähte am Dickenwechsel von Blechen

a) Einseitig bündiger Stoß
b) Zentrischer Stoß

Kehlnähte

Sie werden als Flach-, Wölb- oder Hohlnähte ausgeführt (Bild **3.**40, Tafel **3.**14 Z 5 bis 13). Flachnähte erfordern bei gleicher Tragfähigkeit die wenigsten Elektroden und stellen die meist übliche Nahtform dar. Hohlnähte sind schwieriger herzustellen, haben aber den besten Einbrand und damit die beste Verbindung mit dem Werkstück und außerdem den besten Kraftfluß. Wölbnähte sind am leichtesten auszuführen. Ist der Kehlwinkel < 60°, kann der Wurzelpunkt nicht sicher erreicht werden und man sollte die Naht beim Festigkeitsnachweis nicht in Rechnung stellen.

3.40
Querschnittsformen der Kehlnähte

a) Wölbnaht
b) Flachnaht
c) Hohlnaht, Mindestgröße des Kehlwinkels
d) empfohlene größte Nahtdicke an gerundeten Profilkanten

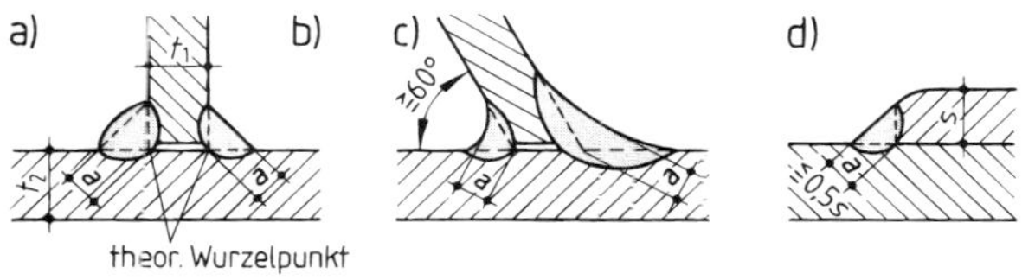

Die Nahtdicke *a* ist gleich der Höhe des einschreibbaren, gleichschenkligen Dreiecks und ist für Kehlnähte und Stegnähte nach Tafel **3.**14 Z 5 bis 13 anzunehmen. An gerundeten Profilkanten ist die maximale Nahtdicke aus geometrischen Gründen etwas kleiner anzusetzen (Bild **3.**40 d). Wird durch das angewendete Schweißverfahren ein über den theoretischen Wurzelpunkt hinausgehender Einbrand *e* gewährleistet, darf die Nahtdicke größer angenommen werden.

Kehlnähte sollen nicht dicker ausgeführt werden als es die Festigkeitsberechnung erfordert, damit die Wärmezufuhr und hiermit Verformungen und innere Spannungen klein gehalten werden. Die Naht soll bis dicht an den theoretischen Wurzelpunkt reichen und muß ihn sicher erfassen, wenn die Kehlnaht quer zur Nahtrichtung beansprucht wird.

Die *rechnerische Nahtlänge l* ist gleich der Gesamtlänge der Naht, jedoch zählen nach DIN 1912 Krater und Nahtanfänge bzw. -enden, die die verlangte Nahtdicke nicht erreichen, nicht zur Nahtlänge. Bei Nähten, die ohne Unterbrechung um einen Querschnitt laufen, ist *l* dem Umfang des Querschnitts gleichzusetzen. Abweichend hiervon wird die Länge der verdeckten, schräg liegenden Naht in Tafel **3.**15, Z 3 und 4 nur mit ihrer Projektion senkrecht zur Stabachse in Rechnung gestellt. Für einzelne *Flankenkehlnähte* (das sind die zur Kraftrichtung parallelen Nähte) in Stab- und Laschenanschlüssen ist die rechnerische Nahtlänge nach unten und oben begrenzt auf

$$\left.\begin{array}{l} \mathbf{30\ mm} \le \boldsymbol{l} \le \mathbf{150} \cdot \boldsymbol{a} \\ \boldsymbol{l} \ge \mathbf{6} \cdot \boldsymbol{a} \end{array}\right\} \qquad (3.39)$$

Die Begrenzung der rechnerischen Schweißnahtlänge nach oben (≤ 150 · *a*) ist notwendig, da die Scherspannungsverteilung über die Nahtlänge nicht – wie angenommen – konstant ist (vgl. Anzahl der Schrauben in Kraftrichtung), (s. Bild **3.**41).

Wird die rechnerische Schweißnahtlänge nach Tafel **3.**15 angenommen, so dürfen die aus der Anschlußgeometrie entstehenden Momente (Versatz von Stabachse zur Nahtanschlußachse) unberücksichtigt bleiben. Bei dynamischer Beanspruchung sollen die

Tafel **3.**15 Rechnerische Schweißnahtlängen Σl bei unmittelbaren Stabanschlüssen

	Nahtart	Bild	Rechnerische Nahtlänge Σl
1	Flankenkehlnähte	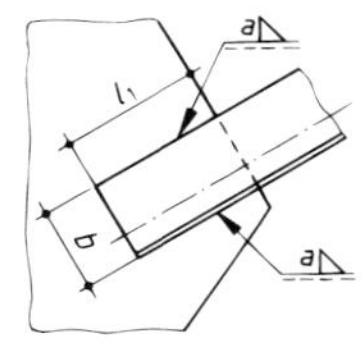	$\Sigma l = 2\,l_1$
2	Stirn- und Flankenkehlnähte	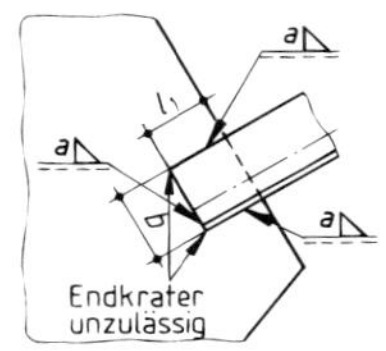	$\Sigma l = b + 2\,l_1$
3	Ringsumlaufende Kehlnaht – Schwerachse näher zur längeren Naht	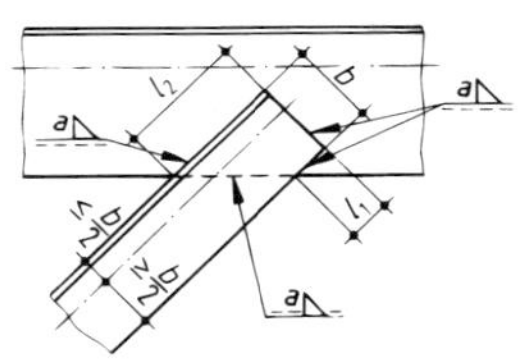	$\Sigma l = l_1 + l_2 + 2\,b$
4	Ringsumlaufende Kehlnaht – Schwerachse näher zur kürzeren Naht	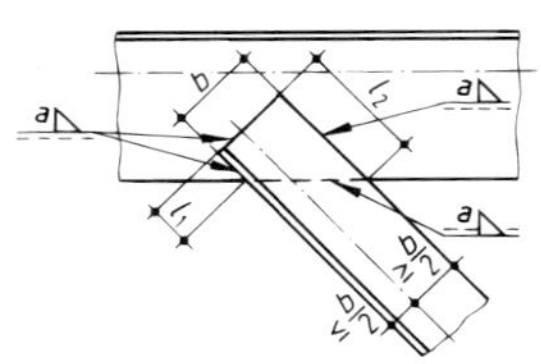	$\Sigma l = 2\,l_1 + 2\,b$
5	Kehlnaht oder HV-Naht bei geschlitztem Winkelprofil	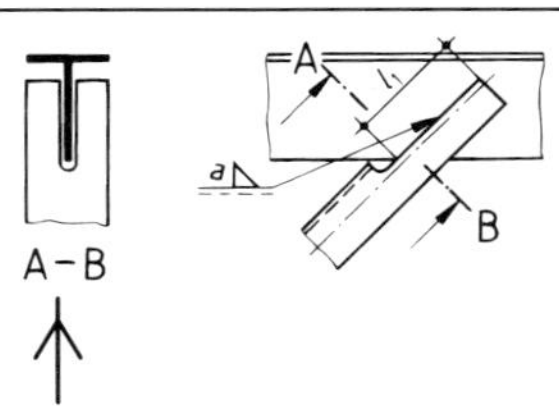	$\Sigma l = 2\,l_1$

Schwerachsen des Stabes und des Anschlußquerschnittes möglichst zusammenfallen (Ausführung nach Z 3, Tafel **3.**15). Dies gilt auch für andere Profilformen. Eine obere Begrenzung der rechnerischen Schweißnahtlängen ist nicht erforderlich bei stetiger Krafteinleitung (Querkraftanschlüsse über Stirnplatten, Hals- und Flankenkehlnähte in Biegeträgern). Bei langen, gering beanspruchten Verbindungsnähten kann die Kehlnaht unterbrochen werden, wobei die Einzelnähte mit min l nach Gl. (3.39) entweder einander gegenüber liegen oder versetzt sind. Im Freien oder bei besonderer Korrosionsgefährdung müssen die Nähte jedoch entweder durchgezogen oder als umlaufende Nähte ausgeführt werden (Bild 3.42); solche Nähte sollten bei dynamischer Beanspruchung jedoch in jedem Fall vermieden werden.

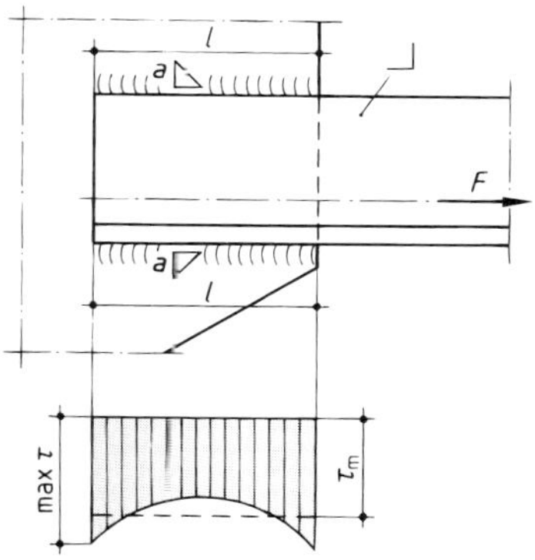

3.41 Scherspannungsverteilung in Kehlnähten

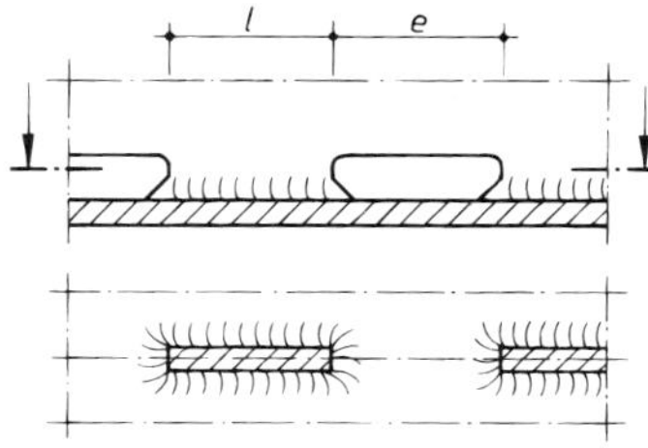

3.42 Unterbrochene Kehlnähte

Der Kraftfluß ist bei Kehlnähten nicht geradlinig wie bei Stumpfnähten, sondern wird je Seite 2mal umgelenkt (Bild 3.43). Besonders ungünstig sind einseitige Kehlnähte. Diesem ungünstigen Umstand wird durch kleinere Grenzschweißnahtspannungen der Kehlnähte Rechnung getragen.

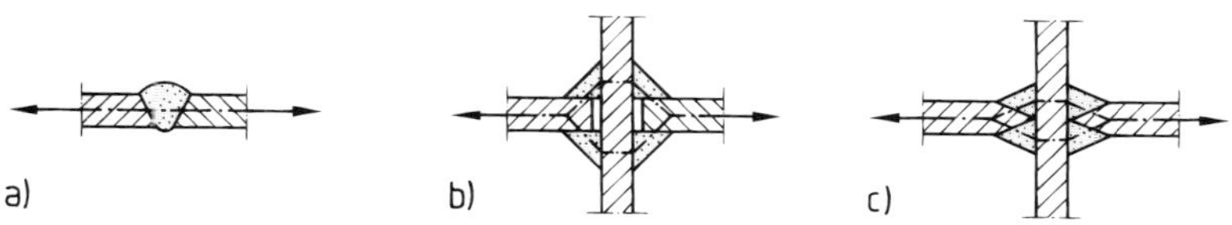

3.43 Kraftfluß in Schweißverbindungen
a) Stumpfnaht b) Kreuzstoß mit Kehlnähten und c) mit K-Nähten

Zeichnerische Darstellung Schweißen, Löten

Die zeichnerische Darstellung von Schweißnähten erfolgt nach DIN EN 22553 (in Anlehnung an ISO 2553/84). Ziel der Symbolik ist die eindeutige Kennzeichnung der Schweißnaht nach Nahtform, Oberflächenbeschaffenheit und Nahtausführung. Die Darstellung verwendet hierfür Grundsymbole, Zusatzsymbole und Ergänzungssymbole (s. Tafel 3.16), sowie eine Pfeillinie und zwei Bezugslinien. Die Pfeillinie soll bevorzugt auf die „obere Werkstückfläche" weisen. Die Bezugslinien sollen bevorzugt parallel zur Zeichnungsunterkante, d. h. in Zeichnungsleserichtung liegen. Auf oder unter die durchgezogene Bezugslinie wird das Nahtsymbol gesetzt mit Angabe der Nahtdicke (vor dem Nahtsymbol) und der Nahtlänge (hinter dem Nahtsymbol).

Bei unterbrochenen Nähten ist die Anzahl und Länge der Teilnähte sowie das Maß der Unterbrechung (in Klammer) anzugeben, bei versetzter Unterbrechung ergänzt durch das Zeichen Z mittig zur durchgezogenen Bezugslinie. Die Lage der unterbrochenen Bezugslinie gibt an, ob die Naht (Fugenvorbereitung) auf der Pfeilseite oder auf der Gegenseite liegt (ausgeführt wird). Anweisungen über das anzuwendende Schweißver-

Tafel **3.**16 Schweißnahtsymbole nach DIN EN 22553

Grundsymbole für Nahtarten			**Zusammenges. Symbole für Nahtarten** (Beispiele)		
Benennung	Darstellung	Symbol	Benennung	Darstellung	Symbol
I-Naht			D(oppel)-V-Naht (X-Naht)		
V-Naht			D(oppel)-HV-Naht (K-Naht)	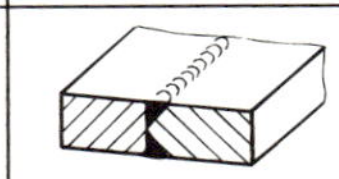	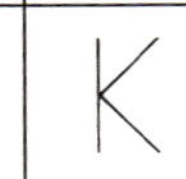
HV-Naht			D(oppel)-Y-Naht	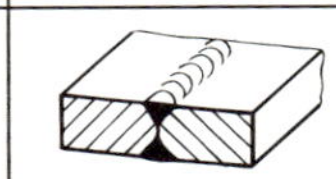	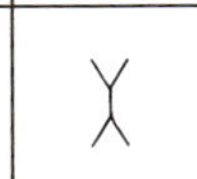
Y-Naht			D(oppel)-U-Naht		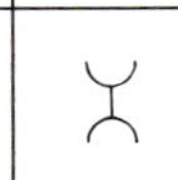
Steilflankennaht	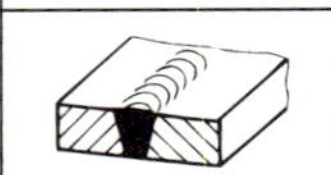	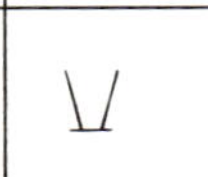	V-Naht mit Gegennaht		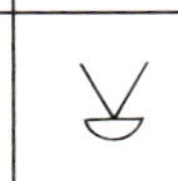
Kehlnaht	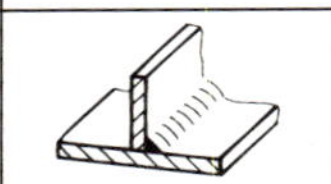	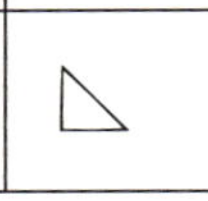	Doppel-Kehlnaht	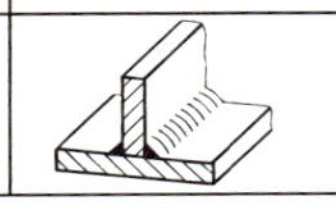	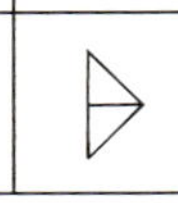

Zusatzsymbole für die Nahtausführung		**Ergänzungssymbole**	
Nahtausführung	Symbol	Bedeutung	Symbol
d) Wurzel ausgearbeitet und Gegenlage ausgeführt		ringsum verlaufende Naht	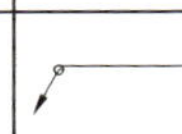
e) Naht eingeebnet durch zusätzliche Bearbeitung	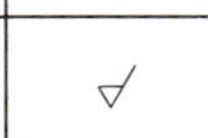	Baustellennähte	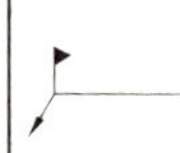
f) Nahtübergänge kerbfrei, gegebenenfalls bearbeitet	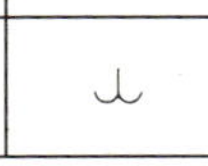		

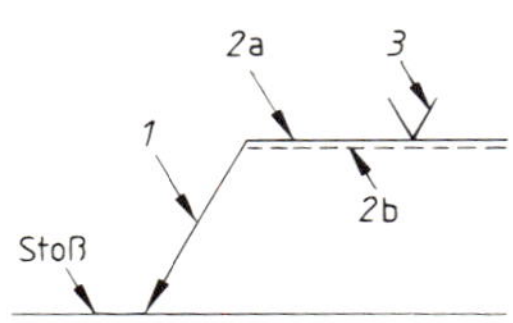

1 Pfeillinie
2a Bezugslinie (Vollinie)
2b Bezugslinie (Strichlinie)
3 Symbol

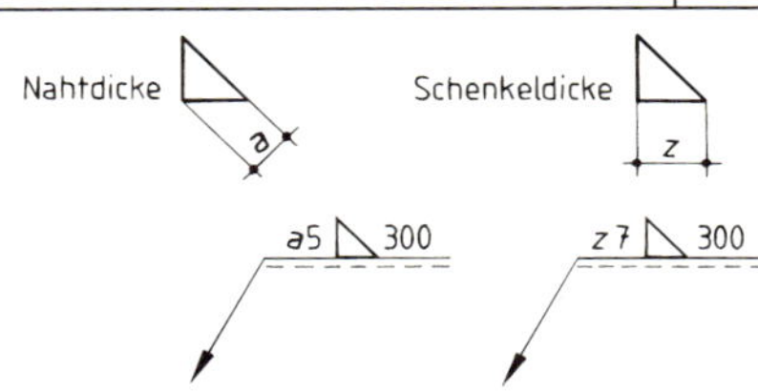

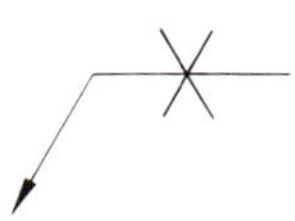

Nur für symmetrische Nähte

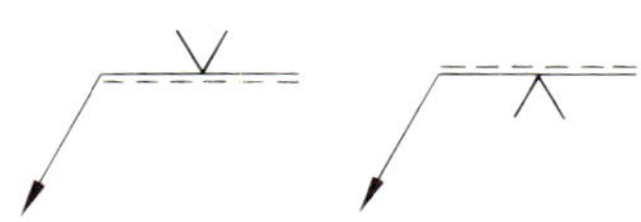

a) Naht, ausgeführt von der Pfeilseite

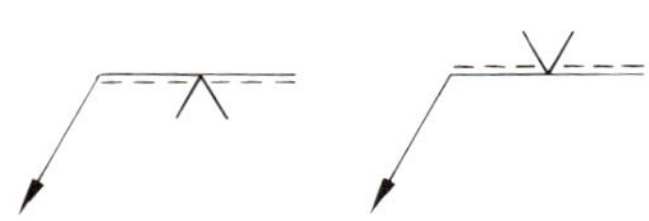

b) Naht, ausgeführt von der Gegenseite

fahren, der Bewertungsgruppe, der Schweißposition und der Zusatzwerkstoffe werden in eine Gabel am Ende der durchgezogenen Bezugslinie durch Kennziffern und Angabe der DIN-Nummern geschrieben. Anwendungsbeispiele enthält Tafel **3**.17.

Tafel **3**.17 Zeichnerische Darstellung Schweißen, Löten (Beispiele nach DIN EN 22553)

Benennung	Darstellung erläuternd	Darstellung symbolisch
V-Naht mit ausgearbeiteter Wurzel und Gegennaht. Nahtlänge = Stoßlänge	Obere Werkstückfläche 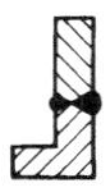	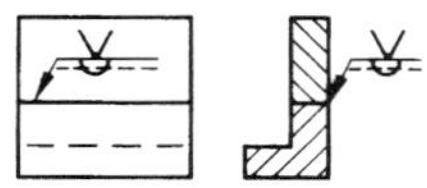
D(oppel)-V-Naht (X-Naht) Gewölbte Oberfläche, Nahtlänge = Stoßlänge; hergestellt durch Lichtbogenhandschweißen (Kennzahl 111) – gef. Bewertungsgruppe D nach EN 25817 – Wannenposition PA nach ISO 6947 – umhüllte Stabelektrode EN 499 – E 51 2 RR 22		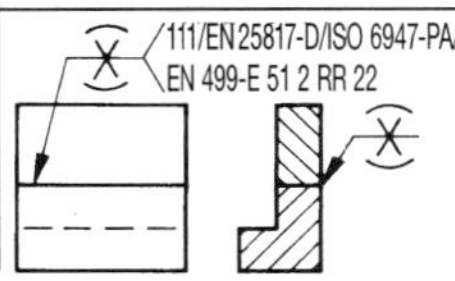
HV-Naht mit Gegennaht und beidseitig ebener Oberfläche, Nahtlänge = 800 mm ≠ Stoßlänge		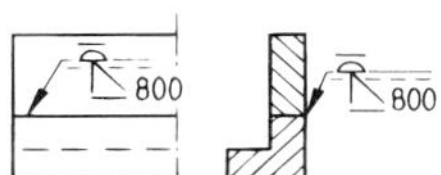 Bem.: Die Pfeillinie weist gegen die schräge Fugenflanke
D(oppel)-HV-Naht (K-Naht) Montagenaht, Nahtlänge = Stoßlänge		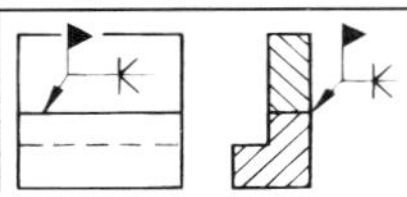 Bem.: Die Pfeillinie weist gegen die schräge Fugenflanke
U-Naht mit ebener Oberfläche auf der oberen Werkstückfläche; Nahtlänge = Stoßlänge		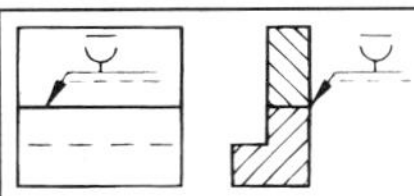
Y-Naht Nahtdicke $a = 6$ mm, Nahtlänge = Stoßlänge	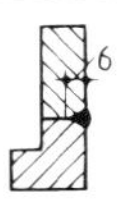	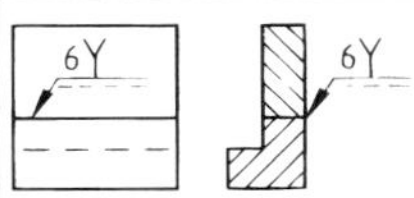

Benennung	erläuternd	symbolisch
Kehlnähte einseitig, auf der Pfeilseite mit hohler Oberfläche $a = 4$mm, auf der Gegenseite $a = 6$ mm Nahtlänge 60 mm	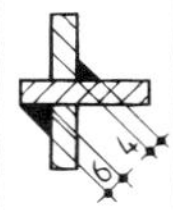	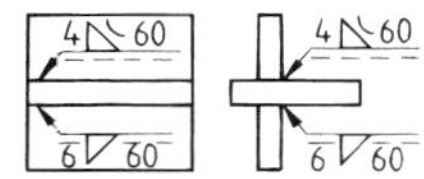
Doppel-Kehlnaht mit verschiedenen Nahtdicken, $a_1 = 8$ mm, $a_2 = 5$ mm, Montagenähte; hergestellt durch Lichtbogenhandschweißen (Kennzahl 111) – gef. Bewertungsgruppe C nach EN 25817 – Horizontalposition PB nach ISO 6947	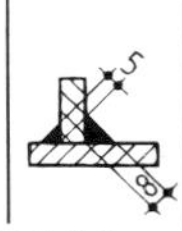	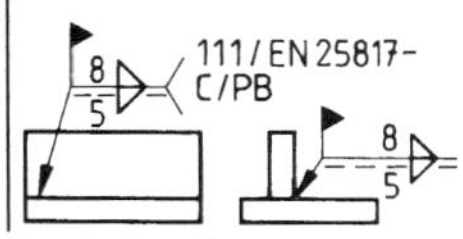
Doppelkehlnaht unterbrochen, gegenüberliegend; $n = 3$ Nähte, Nahtdicke $a = 4$ mm, Nahtlänge je 70 mm, Zwischenraum $e = 50$ mm	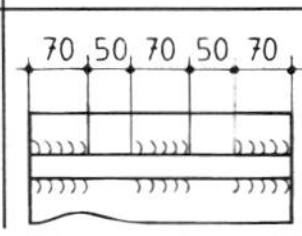	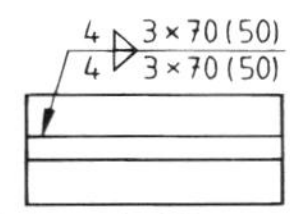
Doppelkehlnaht unterbrochen, versetzt mit Vormaß v = 50 mm, $a = 4$ mm	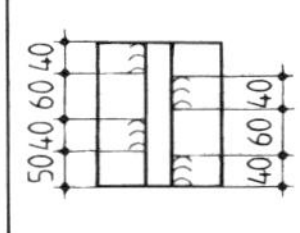	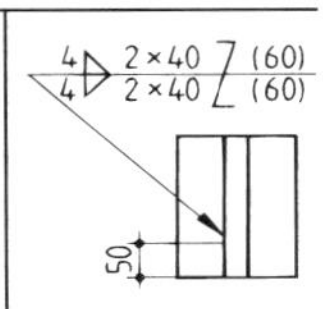
Kehlnaht ringsumverlaufend $a = 5$ mm	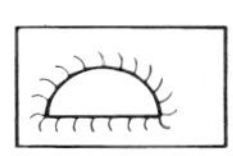	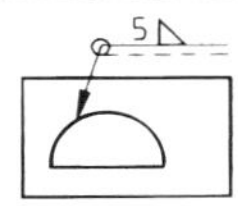

In der Praxis weicht man von dieser aufwendigen Darstellung sehr häufig ab, insbesondere wenn die Zeichnungserstellung und die Fertigung im gleichen Werk erfolgen. Bei Fremdfertigung oder Zeichnungserstellung in einem Ingenieurbüro ist die Darstellung nach DIN EN 22553 empfehlenswert.

Aus Gründen der in einem Lehrbuch erforderlichen Anschaulichkeit sind in den Abbildungen teilweise Schweißnähte „erläuternd" (= bildhaft) und „symbolisch" dargestellt.

3.2.3 Wahl der Werkstoffe, schweißgerechtes Konstruieren

Als *Werkstoffe* sind die im Abschn. 2.2 aufgeführten Baustähle zugelassen. Bescheinigungen durch Werkzeugnisse (mit geringfügigen Kosten) sind fallweise erforderlich (s. Abschn. 2.2).

Die Sicherheit einer geschweißten Konstruktion wird nicht allein durch die richtige, wirklichkeitsnahe Festigkeitsberechnung gewährleistet, sondern hängt auch von der einwandfreien Herstellung der Schweißnähte ab und setzt die richtige Wahl des Schweißverfahrens, schweißgerechte bauliche Durchbildung und sachverständige Werkstoffwahl voraus (s. Abschn. 1.1.2.2). Nur die Gesamtheit dieser Maßnahmen kann der Gefahr von *Sprödbrüchen,* die ohne Vorankündigung eintreten, begegnen. Die Sprödbruchgefahr ist vornehmlich abhängig vom Spannungszustand, von der Bedeutung des Bauteils, von der Temperatur, der Werkstoffdicke und der Kaltverformung. Mit diesen Einflußgrößen können die Stahlsorten nach den „Empfehlungen zur *Wahl der Stahlgütegruppen für geschweißte Stahlbauten*" (DASt-Ri 009) ausgewählt werden. Die Stahlgütegruppe erhält man aus der Tafel **3.**18 als Funktion der Dicke des Bauteils im Bereich der Schweißnaht und der Klassifizierungsstufe, die in Tafel **3.**19 bestimmt wurde. Die prinzipielle Vorgehensweise ist auf S. 115 f. beschrieben.

Tafel **3.**18 Bestimmung der Stahlgütegruppe

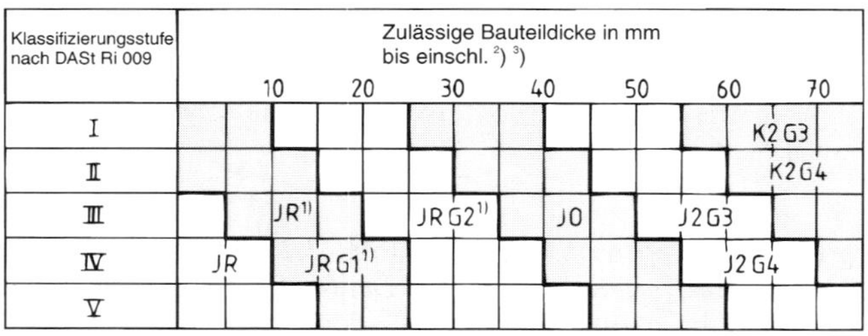

1) Mit zusätzlicher Prüfung der Kerbschlagarbeit

2) Bauteildicken sind nur in dem Rahmen zulässig, wie die Fachnormen dies ausweisen.

3) Der in den Fachnormen zusätzlich geforderte Sprödbruchnachweis, z. B. durch den Aufschweißbiegeversuch, ist ab den dort genannten Grenzwanddicken zu führen.

Tafel **3.**19 Bestimmung der Klassifizierungsstufen

Spannungszustand (s. Taf. **3.**20)	Bedeutung des Bauteils	Beanspruchung bei Gebrauchslast Druck		Zug	
		angenommene tiefste Temperatur			
		bis – 10 °C	von – 10 °C bis – 30 °C	bis – 10 °C	von – 10 °C bis – 30 °C
hoch	1. Ordnung	IV	III	II	I
	2. Ordnung	V	IV	III	II
mittel	1. Ordnung	V	IV	III	II
	2. Ordnung	V	V	IV	III
niedrig	1. Ordnung	V	V	IV	III
	2. Ordnung	V	V	V	IV

Tafel **3.**20 Beispiele für die Klassifizierung der Bauteile nach ihrem Spannungszustand

Spannungszustand	Bauteile	ferner:
niedrig	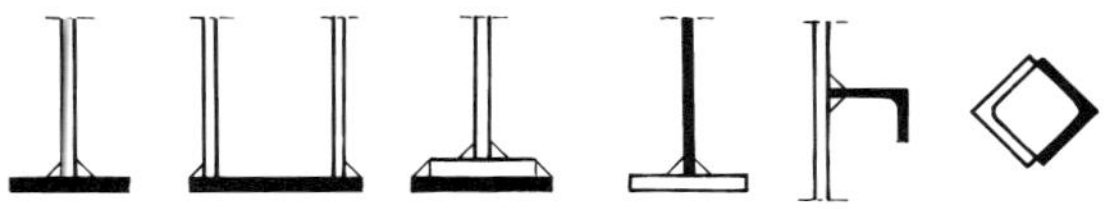	Aussteifungen, Schotte, Verbände; spannungsarm geglühte Bauteile des Spannungszustandes „mittel“
mittel	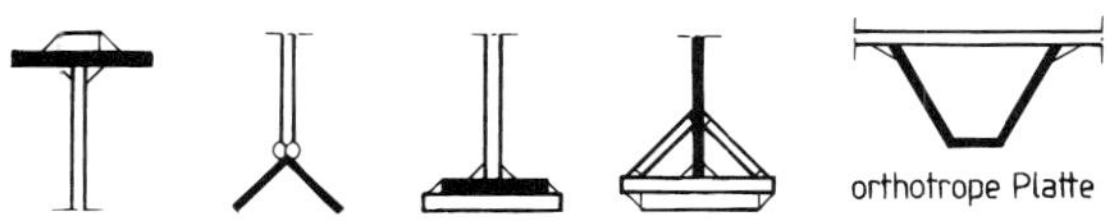	Knotenbleche an Zuggurten; spannungsarm geglühte Bauteile des Spannungszustandes „hoch“
hoch	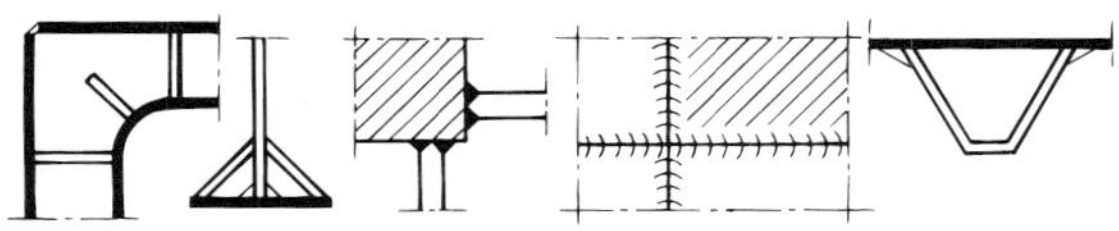	Bauteile im Bereich von schroffen Querschnittsübergängen, Spannungsspitzen, konzentrierten Krafteinleitungen, räumlichen Zugspannungszuständen

Die zu klassifizierenden Bauteile sind durch Schwärzung oder Schraffur gekennzeichnet. Gleichwertige Fälle sind sinngemäß einzuordnen.

Die so gewählte Stahlgütegruppe muß noch an Hand der Tafel **3.**21 überprüft werden, wenn im Schweißnahtbereich eine *Kaltverformung* mit der Dehnung ε stattgefunden hat (Bild **3.**44). Bei großen Dehnungen ist darüber hinaus ggf. die Verwendung von Stahl in Abkantgüte zu erwägen.

Um aus Tafel **3.**19 die Klassifizierungsstufe richtig ablesen zu können, werden folgende Angaben benötigt:

Der *Spannungszustand* berücksichtigt neben der Spannung aus den Bemessungswerten der Einwirkungen auch die Spannungskonzentration aus der konstruktiven Gestaltung und den Fertigungsbedingungen beim Schweißen; er kann für typische Fälle der Tafel **3.**20 entnommen werden.

In der *Bedeutung des Bauteils* erfaßt man auch das Schadensrisiko beim Versagen infolge eines Sprödbruchs. Ein Bauteil wird in die 1. Ordnung eingestuft, wenn von seiner Funktionsfähigkeit der Bestand des Gesamtwerks oder seiner wichtigsten Teile abhängt; ebenso gehören zur 1. Ordnung alle Bauteile, bei denen die Grenzspannungen durch langzeitige, ständige Beanspruchungen zu mehr als 70 % ausgenutzt werden. Die übrigen Bauteile, deren Versagen nur örtliche Schäden verursacht, sind von 2. Ordnung.

Die Sprödbruchneigung nimmt mit fallender *Temperatur* zu. Der Temperaturbereich bis $-10\,°C$ gilt für geschlossene Hallen, $-30\,°C$ ist die angenommene tiefste Außentemperatur. Für tiefere Temperaturen sind sinngemäß verschärfte Anforderungen an die Stahlgüte zu stellen.

Tafel **3**.21 Granzwerte min (r/t) für das Schweißen in kaltgeformten Bereichen

	max t mm	min (r/t)
1	50	10
2	24	3
3	12	2
4	8	1,5
5	4[1)]	1
6	< 4[1)]	1

[1)] Für Bauteile aus St 37-3 (S 235J0) darf dieser Wert auf 6 mm erhöht werden

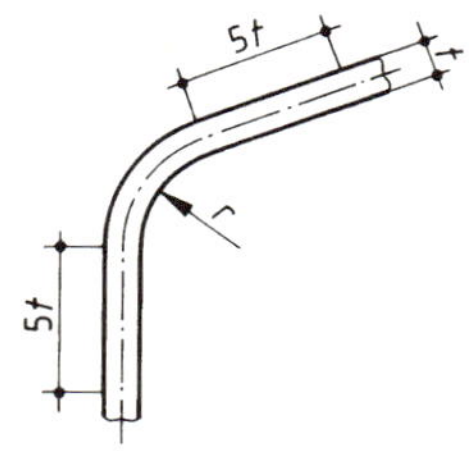

3.44 Anzunehmende Breite des kaltgeformten Bereichs

Für zugbeanspruchte Bleche und Breitflachstähle muß die Sprödbruchunempfindlichkeit durch den Aufschweißbiegeversuch nachgewiesen werden (s. Abschn. 1.1.3).

Läßt sich eine Konstruktion nur so ausführen, daß durch die Schweißung *Seigerungszonen* angeschnitten werden (Bild **1**.2), so ist beruhigt vergossener Stahl der entsprechenden Gütegruppe zu verwenden, z. B. auch für Trägergurte aus getrennten I-Profilen. In *Hohlkehlen* von Walzstählen soll wegen der besonders ungünstigen Walzeigenspannung möglichst nicht geschweißt werden. Bei unberuhigt vergossenen Stählen sind hier Schweißnähte in Längsrichtung unzulässig. Sind Längsnähte in der Ausrundung nicht zu vermeiden, muß beruhigt vergossener Stahl eingesetzt werden.

Beim Walzen bilden sich in den Walzerzeugnissen parallel zur Oberfläche plättchenförmige Einschlüsse aus Sulfiden, Silikaten und Oxiden in schichtweiser Anordnung. Diese Einschlüsse, die mit zerstörungsfreien Prüfverfahren nicht feststellbar sind, können bei Zugbeanspruchung in Dickenrichtung Brüche verursachen, die wegen ihres typischen Aussehens *Terrassenbrüche* genannt werden. Durch werkstoffliche und konstruktive Maßnahmen kann dieser Gefahr begegnet werden.

Die DASt-Richtlinie 014 gibt eine Anleitung, wie in der Form einer Punktbewertung, welche die Nahtdicke und -form, Blechdicke, Steifigkeit der Konstruktion und ggf. das Vorwärmen beim Schweißen berücksichtigt, ein Werkstoff mit ausreichender gewährleisteter Brucheinschnürung auszuwählen ist. Die konstruktiven Maßnahmen zielen darauf ab, die Zugspannung in der Mittelebene des querbeanspruchten Blechs durch symmetrische, voll durchgeschweißte Nähte mit möglichst großer Anschlußbreite zu vermindern. In diesem Sinne ist z. B. der breite Kehlnahtanschluß nach Bild **3**.43 b günstiger als die schmale DHV-Naht (mit Kehlnaht) nach c; noch besser wäre eine K-Naht mit beiderseitigen Kehlnähten.

Neben der richtigen Werkstoffwahl sind auch ausführungstechnische und konstruktive Gesichtspunkte zu beachten. *Anhäufungen* von Schweißnähten an einzelnen Stellen und *Nahtkreuzungen* sind zu vermeiden, um Eigenspannungen und räumliche Spannungszustände niedrig zu halten. Die Schweißnähte sollen *kraterfreie* Enden haben, sollen frei von Rissen, Binde- und Wurzelfehlern und möglichst frei von *Kerben* sein. Um die Nahtoberfläche kerbfrei zu halten, verschweißt man für die Naht oder für die Decklage einen geeigneten Elektrodentyp; bei dynamisch beanspruchten Konstruktionen ist vorgeschrieben, die Übergänge von der Raupe zum Blech und die Nahtenden kerbfrei zu bearbeiten und die Stumpfnähte in Sondergüte blecheben abzuschleifen. Kerbwirkungen, die durch Kraftumlenkung entstehen, können durch möglichst schlanke Übergänge (Bild **3**.39) und durch Ausrunden einspringender Ecken (Bild **3**.45) gemildert werden. Dickwandige Bauteile müssen beim Schweißen unter Umständen auf 80 bis 150 °C vorgewärmt werden.

In der Regel müssen sämtliche Schweißnähte nicht nur während der Ausführung, sondern dauernd gut zugänglich sein, um sie zu beobachten und ggf. instandhalten zu können.

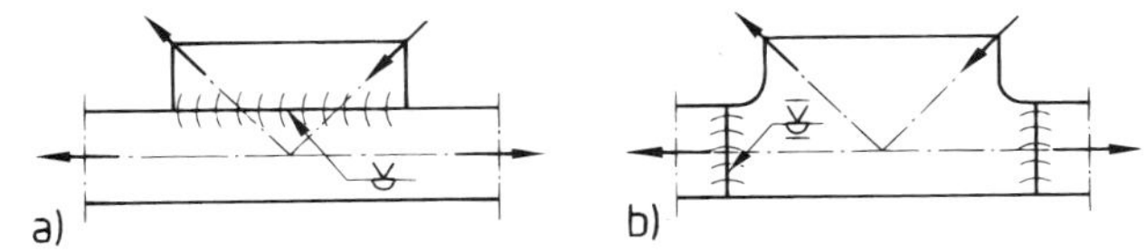

3.45
Knotenblechanschluß an einem Gurtstab

a) Ungünstige Kerbwirkung am Beginn der Stumpfnaht
b) Verminderung der Kerbwirkung durch Ausrunden der Querschnittsübergänge

3.2.4 Sicherung der Güte von Schweißarbeiten

Zur Prüfung der *Schweißnähte* stehen zerstörende und zerstörungsfreie Prüfverfahren zur Verfügung, die weitgehend genormt sind.

Zerstörende Verfahren. Sie erstrecken sich auf Zug-, Falt-, Kerbschlagbiegeversuche usw. und sind nur an Prüfstücken, also nicht an der Konstruktion, möglich. Sie dienen vornehmlich zur Prüfung der Schweißer und der Werkstoffe (s. Abschn. 1.1.3).

Zerstörungsfreie Prüfung. Am fertigen Bauteil wird das *Aussehen* der Schweißnahtoberfläche mit der Lupe geprüft; daher dürfen die Nähte vor der Prüfung höchstens farblose Anstriche erhalten. Oberflächenrisse können durch dünnflüssige oder fluoreszierende *Eindringmittel* sichtbar gemacht werden.

Bei der *magnetischen Durchflutung* häufen sich in Öl leicht bewegliche Eisenspäne im magnetischen Kraftfeld über Fehlerstellen an.

Die Prüfung mit *Röntgen-* oder *Gammastrahlen* (DIN 54111) liefert die einzige einwandfreie Beurteilung. Nahtfehler absorbieren die Röntgenstrahlen weniger stark als der fehlerfreie Grundwerkstoff und bilden sich auf dem Aufnahmefilm ab. Dazu sind kostspielige Geräte erforderlich, und die Anwendung auf der Baustelle ist besonders schwierig. Die Bewertung der Unregelmäßigkeiten (Fehler) erfolgt nach DIN EN 25817 in 3 Gruppen (D, C, B); die Unregelmäßigkeiten sind in DIN EN 26520 (vgl. IIW Röntgenatlas) beschrieben.

Beim *Ultraschall*-Echo-Impuls-Prüfverfahren (DIN 54119) sendet ein Schallkopf Ultraschallimpulse in das Werkstück. Auf einem Leuchtschirm wird das Echo der von der Rückwand reflektierten Schallwelle angezeigt. Fehler erzeugen zusätzliche Echoanzeigen. Die Lage der Fehlerquelle kann festgestellt werden, aber nicht ihre Größe und Art; diese müssen durch nachfolgende Röntgenaufnahmen nachgewiesen werden.

Die Beanspruchbarkeiten sind folgerichtig nicht nur vom Werkstoff und der Art und Lage der Nähte, sondern auch vom Ausmaß der Prüfung abhängig (Tafel **3**.22).

Die Sicherung der Güte von Schweißarbeiten ist in DIN EN 25817 geregelt. Danach muß der *Betrieb* in erforderlichem Umfang über geeignete Werkstätten, Maschinen, Vorrichtungen, Einrichtungen (z. B. Lager, Einrichtungen zur Wärmebehandlung sowie zum Prüfen und Messen) verfügen. Durch die personelle Ausstattung (DIN EN 719) muß sichergestellt sein, daß die Bauteile fachgerecht konstruiert, vorbereitet und gefertigt sowie in angemessenem Umfang geprüft werden, s. a. DIN EN 729. Nach DIN 18800-7 kann ein Betrieb, der geschweißte Stahlbauten mit vorwiegend ruhender Belastung herstellen will, auf Grund einer Betriebsprüfung, die von einer anerkannten Stelle durchgeführt wird, den großen oder den kleinen Eignungsnachweis erbringen.

Im Rahmen des *kleinen Eignungsnachweises* dürfen folgende Bauteile aus St 37 (S 235) gefertigt werden: Vollwand- und Fachwerkträger bis 16 m Stützweite; Maste und Stützen bis 16 m Länge; Silos bis 8 mm Wanddicke; Gärfutterbehälter nach DIN 11622-4; Treppen über 5 m Lauflinienlänge; Geländer mit Horizontallast $\geq$ 0,5 kN/m; andere Bauteile vergleichbarer Art und Größe. Dabei gelten folgende Begrenzungen: Verkehrslast $\leq$ 5 kN/m^2; Einzeldicke tragender Querschnitte $\leq$ 16 mm, jedoch Fuß- und Kopfplatten $\leq$ 30 mm. U. U. kann der Anwendungsbereich erweitert werden auf Bauteile aus Hohlprofilen, Bolzenschweißverbindungen bis 16 mm Durchmesser und auf Bauteile aus St 52 (S 355) in dem für St 37 (S 235) genehmigten Rahmen, sofern keine Beanspruchung auf Zug oder Biegezug vorliegt mit der Dickenbegrenzung für Kopf- und Fußplatten auf 25 mm. Stumpfstöße in Formstählen dürfen jedoch nicht hergestellt werden. Der Betrieb muß die vorgeschriebenen Einrichtungen aufweisen und einen anerkannten Schweißfachmann und geprüfte Schweißer haben.

Der *große Nachweis* für alle übrigen Schweißarbeiten gilt für Betriebe mit einem Schweißfachingenieur, geprüften Schweißern und vorschriftsmäßigen schweißtechnischen Anlagen sowie eigenen Prüfanlagen.

Der Schweißfachingenieur und der Schweißfachmann müssen über volle Fachkenntnisse verfügen und sind für alle das Schweißen betreffenden Fragen (Werkstoff, Elektroden, Geräte, Schweißfolge) sowie für die Schweißer und deren Überwachung und Prüfung verantwortlich.

Schweißer werden i. allg. alle 2 Jahre bzw. dann geprüft, wenn sie ihre Schweißtätigkeit mehr als 6 Monate unterbrochen haben. Die Prüfung erstreckt sich fallweise auf die verschiedenen Schweißverfahren, Werkstoffe, Nahtarten und Schweißpositionen. Sie erfolgt nach DIN EN 287-1.

3.2.5 Berechnung und Ausführung von Schweißverbindungen

3.2.5.1 Berechnungs- und Ausführungsvorschriften

Bezeichnung der Spannungen in Stumpf- und Kehlnähten. Zur Bezeichnung der Spannungen in Schweißnähten werden die üblichen Abkürzungen σ (für Spannungen normal zu einer Fläche) und τ (für Scher- und Schubspannungen parallel in einer Fläche) eingesetzt. Zur Unterscheidung der Spannungsrichtung in Bezug auf die Nahtachse werden Indizes verwendet ($\parallel$ – parallel, $\perp$ – senkrecht zur Nahtachse). In Stumpfnähten ist die Bezeichnung eindeutig und auf die rechnerische Nahtfläche ($a \cdot l$) bezogen (Bild **3**.38).

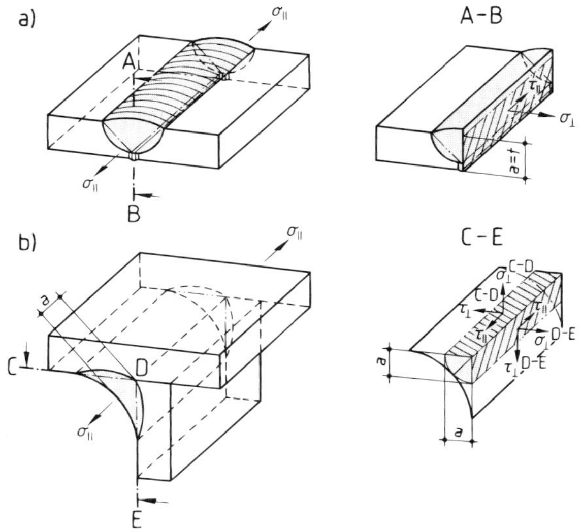

3.46 Schweißnahtspannungen

a) in Stumpfnähten und
b) in Kehlnähten

Bei Kehlnähten jedoch muß zur eindeutigen Kennzeichnung der Spannungskomponenten eine *Bezugfläche* definiert werden (Schnitt C – D oder Schnitt D – E in (Bild **3**.46), die nicht zu verwechseln ist mit der für die Berechnung maßgebenden Schweißnahtfläche ($\Sigma\, a \cdot l$) mit a nach Tafel **3**.14. Die Beibehaltung der frei wählbaren Bezugfläche in der gesamten Berechnung ist wichtig für eine korrekte Ermittlung des Vergleichswertes $\sigma_{w,v}$.

Stumpfnähte erfahren die gleichen Beanspruchungen wie das Bauteil (Grundwerkstoff) selbst, wenn die Nähte über die kleinste Bauteildicke (a = min t) voll durchgeschweißt sind. Daher sind weitere Erläuterungen nicht erforderlich. Etwas schwieriger sind die Verhältnisse bei Kehlnähten wegen der stets vorhandenen Kraftumlenkungen. Betrachtet man die Schweißnaht (in einer Explosionsdarstellung) als „festen" Bestandteil einer der Fügeteile, so wird die Entstehung der Spannungskomponenten deutlich (Bild **3**.47 a bis c).

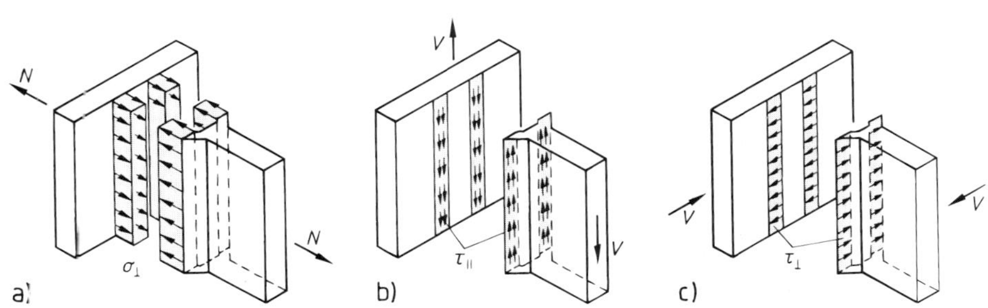

3.47 Entstehung von Spannungen in Kehlnähten

Querschnittswerte der Schweißnahtanschlußflächen. Die Schweißnähte werden als Rechtecke mit der Dicke a und der tatsächlich ausgeführten Schweißnahtlänge l aufgefaßt.

Die rechnerische *Schweißnahtfläche* ist

$$A_w = \sum_i (a_i \cdot l_i) \tag{3.40}$$

$\Sigma (a_i \cdot l_i)$ umfaßt alle Schweißnahtflächen (Einzelldicke/-länge a_i, l_i), die aufgrund ihrer Lage bevorzugt die vorhandenen Schnittgrößen übertragen können. Bei Querkraftübertragung bedeutet dies, daß nur Nähte in Rechnung gestellt werden, deren Achsen ∥ zur betrachteten Querkraft liegen, in I- und U-Stählen mit V_z also nur die *Stegnähte* A_S. Stumpf- und Kehlnähte in einem Anschluß sind zulässig.

Das *Flächenmoment 2. Grades* I_w der Schweißnähte stimmt bei voll durchgeschweißten Stumpfnähten mit jenem des anzuschließenden oder gestoßenen Bauteils überein und braucht nicht ermittelt zu werden. Bei Kehlnähten sind die Schwerachsen der Schweißnahtflächen in den theoretischen Wurzelpunkten (s. Tafel **3.**14) anzunehmen.

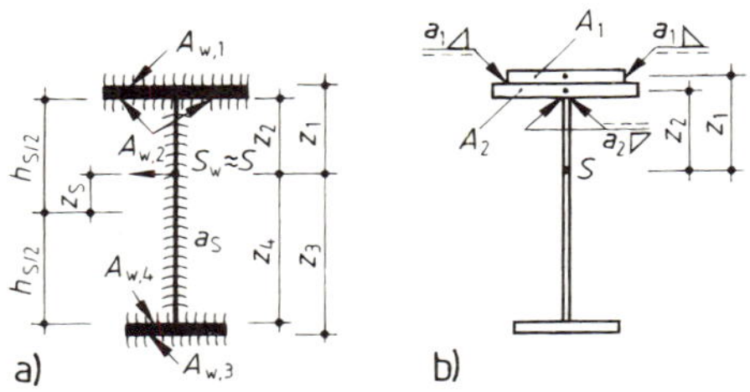

3.48
Biegesteifer Trägeranschluß
a) Kehlnähte am Anschluß
b) Trägerquerschnitt mit Längsnähten

Das Flächenmoment 2. Grades wird dann bestimmt wie bei einem aus schmalen Rechtecken zusammengesetzten Querschnitt (Bild **3.**48 a).

Nähte mit erschwerter Zugänglichkeit dürfen nicht berücksichtigt werden.

Der Schwerpunkt der Schweißnahtanschlußfläche A_w soll möglichst mit dem Schwerpunkt des Bauteils zusammenfallen, andernfalls sind die Exzentrizitäten im Anschlußbereich rechnerisch zu erfassen. Das gilt nicht bei unmittelbaren Stab- und Laschenanschlüssen nach Tafel **3.**17.

Berechnung der Beanspruchungen. Bei Stumpf- und Kehlnähten mit Beanspruchungen aus einer *Längskraft* (N) oder einer *Querkraft* (V) – allgemein Kraft F – gilt

$$\left.\begin{matrix}\sigma_\perp\\ \tau_\perp\\ \tau_\parallel\end{matrix}\right\} = \frac{F}{A_w} \tag{3.41}$$

Bei Beanspruchung durch ein *Biegemoment* M_y ist die Normalspannung in einem Punkt mit dem Abstand z von der Schweißnahtanschlußachse y

$$\sigma_\perp = \frac{M_y}{I_{w,y}} \cdot z \tag{3.42}$$

(Vertauschung von y und z bei einem Biegemoment M_z)

Für den Anschluß der Flansche und der Flanschzusatzlamellen durch die *Flankenkehlnähte* (a_1) und die *Halskehlnähte* (a_2) in einem *Biegeträger* mit der *Querkraft* V_z gilt (Bild **3.**48 b):

$$\tau = \frac{V_z \cdot S_y}{I_y \cdot \Sigma a} \tag{3.43}$$

Hierin ist I_y das Flächenmoment 2. Grades des Gesamtquerschnittes, S_y das Flächenmoment 1. Grades der angeschlossenen Querschnittsflächen (jeweils um die y-Achse) und Σa die Summe der Schweißnahtdicken zum Anschluß der Querschnittsflächen (A_1 mit $2 \cdot a_1$ und ($A_1 + A_2$) mit $2 \cdot a_2$). Bei unterbrochenen Kehlnähten gilt

$$\tau = \frac{V_z \cdot S_y}{I_y \cdot \Sigma a} \cdot \frac{e + l}{l} \tag{3.44}$$

(e ist die Länge der Nahtunterbrechung und l die Einzelschweißnahtlänge, Bild **3.**42).

Zusammengesetzte Beanspruchung. Für Stumpf- und Kehlnähte (nach Tafel **3.**14) ist bei Vorhandensein mehrerer Spannungskomponenten der Vergleichswert $\sigma_{w,v}$ zu ermitteln.

$$\sigma_{w,v} = \sqrt{\sigma_\perp^2 + \tau_\perp^2 + \tau^2} \tag{3.45}$$

Spannungen $\sigma_\parallel$ in Richtung Nahtachse bleiben in allen Nachweisen unberücksichtigt.

$\sigma_{w,v}$ ist z. B. zu ermitteln für stumpf an Gurtstäbe von Fachwerken angeschlossene Knotenbleche und für den biegesteifen Anschluß nach Bild **3.**48 a.

Sonderregelungen für biegesteife Anschlüsse und Stöße von I-Trägern:

- Für den Anschluß oder Querstoß von I-förmigen Walzträgern oder eines geschweißten I-Trägers mit ähnlichen Abmessungen entfällt der Tragsicherheitsnachweis, wenn die Ausführung nach Bild **3.**49 erfolgt.

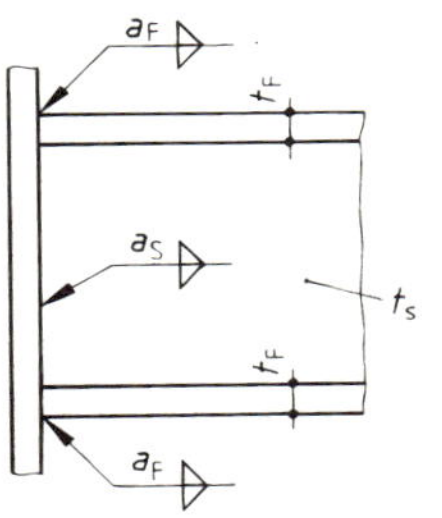

3.49
Trägeranschluß oder -querstoß mit Schweißnahtdicken, bei denen ein Tragsicherheitsnachweis entfällt

Werkstoff	Nahtdicken
St 37 (S235)	$a_F \geq 0{,}5\ t_F$ $a_S \geq 0{,}5\ t_S$
St 52 (S355) StE 355 (S355N)	$a_F = 0{,}7\ t_F$ $a_S = 0{,}7\ t_S$

- Bei doppelsymmetrischen I-förmigen Biegeträgern mit den Schnittgrößen N, M_y und V_z dürfen die Verbindungen vereinfacht mit folgenden Schnittgrößenanteilen berechnet werden

$$\begin{aligned} N_{Z,(D)} &= N/2 \pm M_y/h_F \quad &\textbf{(Flansche)} \\ V_S &= V_z \quad &\textbf{(Steg)} \end{aligned} \tag{3.46}$$

  worin h_F der Schwerpunktabstand der Flansche ist. Mit $N_{Z,(D)}$ muß für die Flansche $\sigma/\sigma_{R,d} \leq 1$ eingehalten sein.

- Werden bei zusammengesetzten Querschnitten statisch erforderliche Querschnittsteile nicht direkt angeschlossen, so ist die anteilige Kraft dieses Querschnittsteiles über die *mittelbare Anschlußlänge* l_m (Bild **3.**50) in die unmittelbar angeschlossenen Querschnittsteile zu leiten.

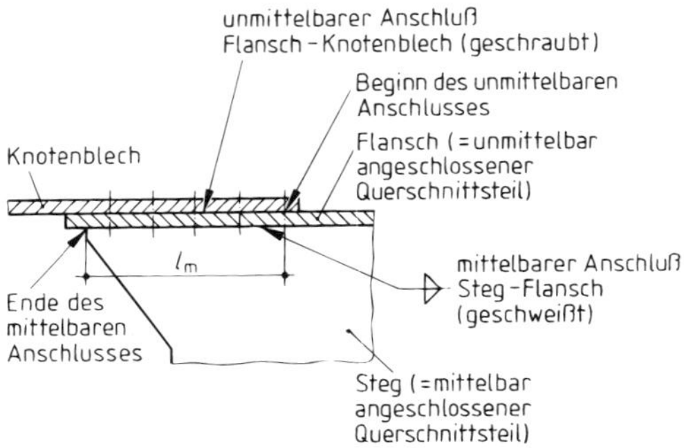

3.50 Mittelbarer Anschluß bei zusammengesetzten Querschnitten

Grenzschweißnahtspannungen. Die Grenzschweißnahtspannung $\sigma_{w,R,d}$ wird für *alle* Nähte aus

$$\sigma_{w,R,d} = \alpha_w \cdot \frac{f_{y,k}}{\gamma_M} \tag{3.47}$$

mit α_w nach Tafel **3.**22 berechnet. Für Schweißnähte in Bauteilen mit $t > 40$ mm ist für $f_{y,k}$ der Wert für $t \leq 40$ mm einzusetzen. Für *Stumpfstöße* von *Formstählen* aus St 37 – 2 (S 235 JR) bzw. USt 37 – 2 (S 235 JRG1) und Dicken > 16 mm gilt bei Zugbeanspruchung $\alpha_w = 0{,}55$.

Tafel **3.**22 α_w-Werte für Grenzschweißnahtspannungen

<table>
<tr><th></th><th>1</th><th>2</th><th>3</th><th>4</th><th>5</th></tr>
<tr><td></td><td>Nähte nach Tafel 3.14</td><td>Nahtgüte</td><td>Beanspruchungsart</td><td>St 37 – 2
USt 37 – 2
RSt 37 – 2
St 37-3
} (S 235)</td><td>St 52 – 3 (S355JO, S355J2G3)
StE 355 (S355 N)
TStE 355 (S355 NL)
WStE 355, EStE 355</td></tr>
<tr><td>1</td><td rowspan="3">Zeile 1 bis 4</td><td>alle Nahtgüten</td><td>Druck 1,0 [1])</td><td rowspan="2">1,0 [1])</td><td rowspan="2"></td></tr>
<tr><td>2</td><td>Nahtgüte nachgewiesen</td><td rowspan="2">Zug</td></tr>
<tr><td>3</td><td>Nahtgüte nicht nachgewiesen</td><td rowspan="3">0,95</td><td rowspan="3">0,80</td></tr>
<tr><td>4</td><td>Zeile 5 bis 15</td><td rowspan="2">alle Nahtgüten</td><td>Druck, Zug</td></tr>
<tr><td>5</td><td>Zeile 1 bis 15</td><td>Schub</td></tr>
</table>

[1]) Diese Nähte brauchen im allgemeinen rechnerisch nicht nachgewiesen zu werden, da der Bauteilwiderstand maßgebend ist.

Werden die Schnittgrößen nach dem Nachweisverfahren Elastisch-Plastisch mit Umlagerung von Momenten oder dem Nachweisverfahren Plastisch-Plastisch ermittelt, so darf bei Schweißnähten nach Tafel **3.**14. Zeilen 1 bis 4, der Tragsicherheitsnachweis entfallen, sofern bei Zugbeanspruchung die Nahtgüte nachgewiesen wird.

Bolzenschweißen. Werden Kopf- und Gewindebolzen (z. B. Verbundkonstruktionen) stumpf mit Stahlbauteilen verbunden, so gelten sowohl für den Bolzen als auch für die Schweißnaht die Grenzspannungen nach Gl. (3.48) und (3.49).

$$\sigma_{b,R,d} = \frac{f_{y,b,k}}{\gamma_M} \tag{3.48}$$

$$\tau_{b,R,d} = 0{,}7 \cdot \frac{f_{y,b,k}}{\gamma_M} \tag{3.49}$$

Als Bezugsfläche gilt bei Kopfbolzen A_{Sch} und bei Gewindebolzen A_{Sp}; $f_{y,b,K}$ nach Tafel 3.5.

Zusammenwirken verschiedener Verbindungsmittel. Sollen in einer Verbindung verschiedene Verbindungsmittel verwendet werden, so ist auf die Verträglichkeit der Formänderung zu achten (Schraubenverbindungen mit Lochspiel übertragen die Kräfte erst nach Überwindung des Lochspiels). Danach darf eine gemeinsame Kraftübertragung angenommen werden bei

- Niete und Paßschrauben
- GVP-Verbindungen und Schweißnähten
- Schweißnähten in einem oder beiden Gurten und Niete oder Paßschrauben in den übrigen Querschnittsteilen bei vorwiegender Beanspruchung durch Biegemomente M_y.

Die Grenztragfähigkeit der Verbindung ergibt sich aus der Summe der Grenztragfähigkeiten der einzelnen Verbindungsmittel.

Keine gemeinsame Tragwirkung darf angenommen werden bei SL- und SLV-Verbindungen mit SLP-, SLVP-, GVP- und Schweißnahtverbindungen.

3.2.5.2 Beispiele

Beispiel 10 (Bild 3.51) Geschweißter Baustellenstoß einer Stütze aus Breitflanschträgern.

Um für die Baustellenschweißung eine günstige Schweißposition zu schaffen, ist die Stumpfnaht als DV-Naht (K-Naht) mit Kehlnähten und durchgeschweißter Wurzel ausgebildet. Die Nahtenden werden mit Flachstahl- und Winkelstücken aus dem Querschnitt herausgeführt und nach Fertigstellung entfernt. Die miteinander verschraubten Winkel dienen zur Montage und Sicherung der Lage der Profile beim Schweißen. Sie werden anschließend ebenfalls abgetrennt.

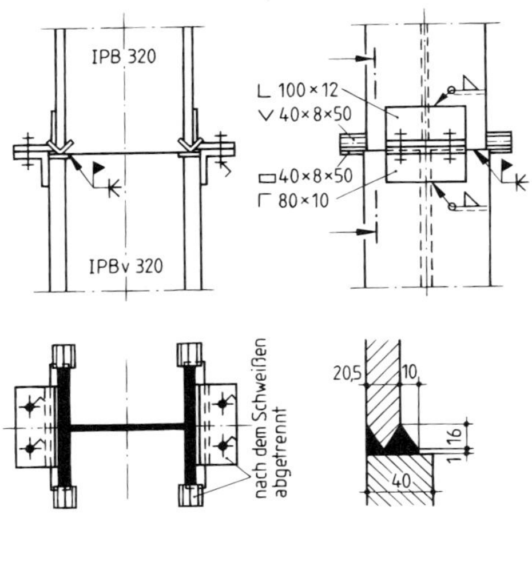

3.51
Stumpf geschweißter Baustellenstoß einer Stütze aus Breitflanschträgern

Beispiel 10 Forts. Ein Nachweis der Schweißnaht ist nicht erforderlich, auch wenn sie nicht durchstrahlt wird. Die Schweißverbindung kann zusätzlich zur Druckkraft ein Biegemoment aufnehmen. Treten in der Naht durch die Wirkung des Momentes größere Zugspannungen auf, sind die Angaben über Werkstoffgüte und Grenzschweißnahtspannungen zu beachten (s. oben).

Beispiel 11 (Bild **3**.52) Stützenstoß mit Querplatte. Profilwechsel von IPB 240 auf IPB 300, St 37 (S235) die Stützendruckkraft von $F = 1250$ kN soll voll angeschlossen werden.

Die bei der 35 mm dicken Stoßquerplatte aus schweißtechnischen Gründen empfohlene Mindestdicke der Kehlnähte ist $a = \sqrt{35} - 0{,}5 \approx 5{,}0$ mm; diese Dicke wird auf dem gesamten Querschnittsumfang ausgeführt.

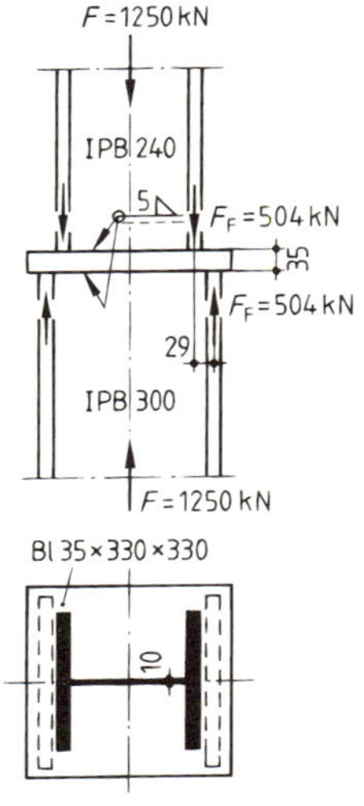

3.52 Stützenstoß mit Querplatte

Anteilige Druckkraft im Steg:

$$F_S = F \cdot \frac{A_S}{A} = 1250 \cdot \frac{20{,}6 \cdot 1{,}0}{106} = 243 \text{ kN}$$

Fläche der Kehlnähte am Steg: $A_w = 2 \cdot 0{,}5 \cdot 20{,}6 = 20{,}6 \text{ cm}^2$

$$\sigma_\perp = \frac{243}{20{,}6} = 11{,}8 \text{ kN/cm}^2 < \sigma_{w,R,d}$$

Anteilige Druckkraft im Flansch: $F_F = (1250 - 243)/2 \approx 504$ kN

Die Schweißnahtlänge der Flansche ergibt sich aus dem Profilumfang abzüglich der Länge der Stegnähte:

$$l_w = 0{,}5\,(138{,}4 - 2 \cdot 20{,}6) = 48{,}6 \text{ cm} \qquad A_w = 0{,}5 \cdot 48{,}6 = 24{,}3 \text{ cm}^2$$

$$\sigma_\perp = 504/24{,}3 = 20{,}74 \text{ kN/cm}^2$$

$$\sigma_{w,R,d} = 0{,}95 \cdot 24/1{,}1 = 20{,}73 \text{ kN/cm}^2 \qquad \frac{\sigma_\perp}{\sigma_{w,R,d}} \approx 1{,}0$$

Die Kehlnähte werden ohne Unterbrechung um den gesamten Profilumfang gezogen. Die *Querplatte* wird durch die Flanschkräfte als Balken auf 2 Stützen auf Biegung beansprucht. Bei den vorliegenden geometrischen Verhältnissen kann auf einen Nachweis der Querplatte verzichtet werden.

Beispiel 12 (Bild **3.**53) Ein 15 mm dicker Flachstahl aus RSt 37 – 2 (S 235 JRG 2) ist bei einer Zugkraft von N = 745 kN stumpf zu stoßen. Durch Auslaufbleche wird vorschriftsmäßig dafür gesorgt, daß die Naht auf der ganzen Länge vollwertig ist.

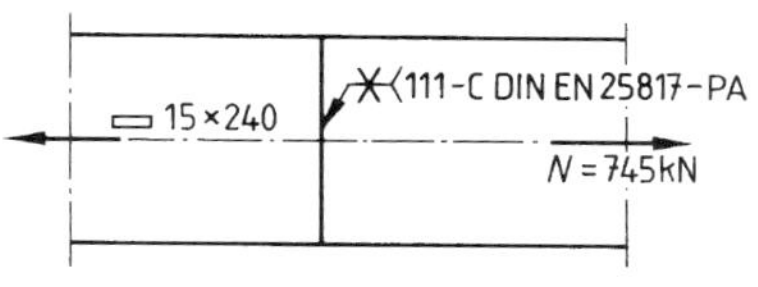

3.53
Stumpfstoß eines Breitflachstahls mit DV-Naht, hergestellt durch Lichtbogen-Handschweißen (Kennzahl 111), Bewertungsgruppe C, Wannenposition PA

a) Ausführung der Naht durch Lichtbogenschweißen ohne Nachweis fehlerfreier Ausführung durch waagerechtes Schweißen (Wannenposition) (Bild **3.**53)

$$\sigma_{w,R,d} = 20{,}73 \text{ kN/cm}^2$$

gewählt: ▭ 15 × 240

$$A_w = A = 1{,}5 \cdot 24 = 36{,}0 \text{ cm}^2 \quad \sigma_\perp = \frac{745}{36} = 20{,}7 \text{ kN/cm}^2$$

$$\sigma_\perp / \sigma_{w,R,d} = 20{,}7/20{,}73 = 1{,}0$$

b) Nahtausführung wie unter a), jedoch mit Nachweis der Freiheit von Fehlern mittels Durchstrahlung

$$\sigma_{w,R,d} = 24/1{,}1 = 21{,}8 \text{ kN/cm}^2$$

gewählt: ▭ 15 × 230 $\quad A = A_w = 34{,}5 \text{ cm}^2$

Für die Stumpfnaht ist ein Nachweis nicht erforderlich; es genügt der Spannungsnachweis des Stabes.

$$\sigma = 745/34{,}5 = 21{,}6 \text{ kN/cm}^2 \quad \sigma/\sigma_{R,d} = 21{,}6/21{,}8 = 0{,}99 < 1$$

Der Stabquerschnitt ist 10 % kleiner als ohne Durchstrahlungsprüfung, aber nur bei langen Stäben wird der Wert des dadurch eingesparten Materials die zusätzlichen Kosten für die Röntgenaufnahme überwiegen.

Beispiel 13 (Bild **3.**54) Es ist die Grenzzugkraft eines IPB 240 zu berechnen. Im Stab ist ein stumpf geschweißter Stoß unvermeidbar.

a) Stahlsorte RSt 37 – 2 oder St 37 – 3 (S 235 JRG 2 o. S 235 JO)

$$A_w = A = 106 \text{ cm}^2 \quad \sigma_{w,R,d} = 20{,}7 \text{ kN/cm}^2$$

$$N_{R,d} = 106 \cdot 20{,}7 = 2194 \text{ kN}$$

b) Stahlsorte USt 37 – 2 (S 235 JRG1)

Damit die Schweißnähte nicht die Seigerungszonen im Ausrundungsbereich anschneiden, sind die Hohlkehlen bei unberuhigtem Stahl zweckmäßig auszunehmen (Bild **3.**54)

$$A_w = A - \Delta A = 106 - 8 = 98 \text{ cm}^2$$

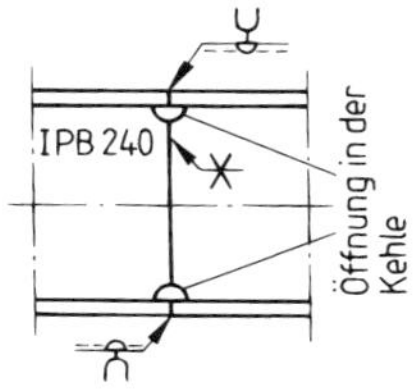

3.54
Stumpfstoß eines Breitflanschträgers aus unberuhigt vergossenem Stahl

Da die Flanschdicke mit t = 17 mm größer als 16 mm ist, gilt für die Grenzschweißnahtspannung Gl. (3.47)

$$\sigma_{w,R,d} = 0{,}55 \cdot 24/1{,}1 = 12 \text{ kN/cm}^2 \quad N_{R,d} = 12 \cdot 98 = 1176 \text{ kN}$$

Bei schlecht geeignetem Werkstoff setzt die Stumpfnaht die Tragfähigkeit des Zugstabes erheblich herab. Die Wirkung einer deshalb ins Auge gefaßten zusätzlichen Laschenverstärkung des Stoßquerschnitts ist jedoch fragwürdig und als nicht schweißgerecht abzulehnen.

Beispiel 14 (Bild **3.**55) Knotenblechanschluß eines Fachwerkstabes ⅃L 130 × 65 × 10 DIN 1029-St 37 (S235) mit Kehlnähten, $N = 800$ kN; $\tau_{w,R,d} = 20{,}7$ kN/cm²

a) Anschluß mit Flankenkehlnähten (Bild **3.**55)

$$\text{erf } A_w = \frac{800}{20{,}7} = 38{,}65 \text{ cm}^2$$

$$a \leq 0{,}7 \cdot \min t = 0{,}7 \cdot 10 = 7 \text{ mm} \qquad a \geq \sqrt{\max t} - 0{,}5 = \sqrt{14} - 0{,}5 = 3{,}24 \text{ mm}$$

gewählt mit Rücksicht auf die gerundete Profilkante: $a = 5$ mm $= 0{,}5 \cdot s$ (Bild **3.**40 d)

$$\text{erf } \Sigma l_w = \frac{\text{erf } A_w}{a} = \frac{38{,}65}{4 \cdot 0{,}5} = 19{,}33 \text{ cm}$$

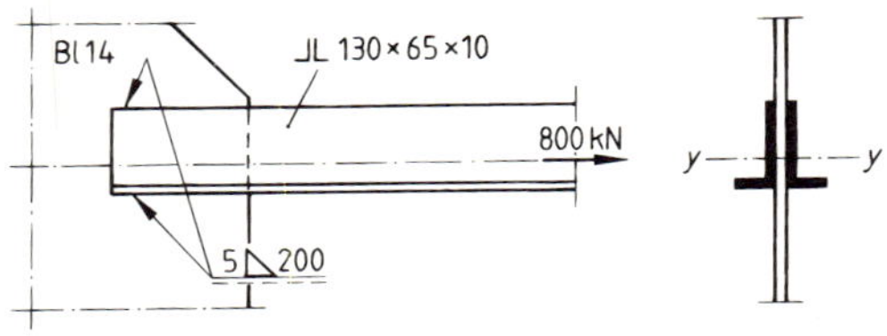

3.55 Knotenblechanschluß eines Doppelwinkels mit beiderseits gleichen Flankenkehlnähten

Ausgeführt werden 2 · 2 = 4 Nähte mit je

$$l = 20 \text{ cm} \begin{cases} < 150 \cdot 0{,}5 = 75 \text{ cm} \\ > \ 3{,}0 \text{ cm} \end{cases}$$

$$\tau_{\|} = \frac{800}{4 \cdot 0{,}5 \cdot 20} = 20{,}0 \text{ kN/cm}^2 \qquad \tau_{\|}/\tau_{w,R,d} = \frac{20{,}0}{20{,}7} = 0{,}97 < 1$$

Obwohl die Stabkraft nicht mittig zwischen den beiden Flanschkehlnähten ankommt, dürfen die Nahtabmessungen beim Anschluß von Winkelstäben ausnahmsweise gleich sein. Anzustreben ist, daß der Nahtschwerpunkt auf der Stabachse liegt.

b) Anschluß mit Stirn- und Flankenkehlnähten (Bild **3.**56 a,b).

Die Berechnung erfolgt wie unter a); Σl ist auf die Stirn- und Flankenkehlnähte aufzuteilen. Die Flankenkehlnähte gehen ohne Endkrater in die Stirnkehlnaht über.

Wird gefordert (z. B. bei nicht vorwiegend ruhend beanspruchten Konstruktionen), daß der Schweißnahtschwerpunkt auf der Stabschwerlinie liegen soll, zerlegt man die

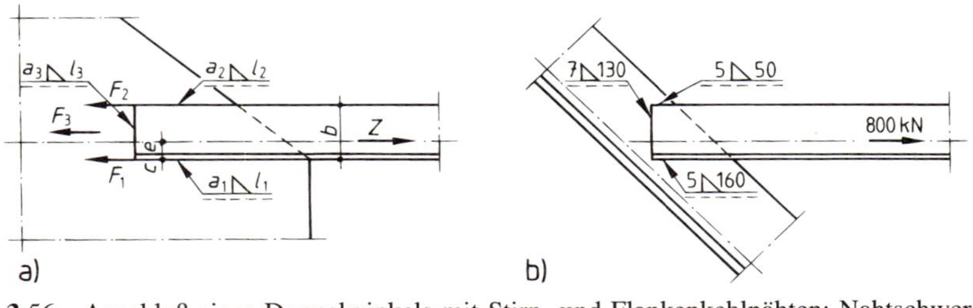

3.56 Anschluß eines Doppelwinkels mit Stirn- und Flankenkehlnähten; Nahtschwerpunkt auf der Stabachse

Beispiel 14 Forts.

Stabkraft nach dem Hebelgesetz in die Schweißnahtkräfte F_1, F_2 und F_3 (Bild **3.**56a) und bemißt jede Naht für die auf sie entfallende Kraft. Die Flankenkehlnähte wird man gleich dick ausführen und lediglich die Stirnkehlnaht den statischen Erfordernissen anpassen.

$$a_3 = \max a = 0{,}7 \cdot 10 = 7 \text{ mm}$$

$$F_3 = a_3 \cdot l_3 \cdot \sigma_{w,R,d} = 2 \cdot 0{,}7 \cdot 13 \cdot 20{,}7 = 377 \text{ kN}$$

$$F_2 = \text{N} \cdot \frac{e}{b} - \frac{N_3}{2} = 800 \cdot \frac{4{,}65}{13} - 377/2 = 98 \text{ kN}$$

$$F_1 = N - F_3 - F_2 = 800 - 377 - 98 = 325 \text{ kN}$$

Die Flankenkehlnähte werden mit $a_2 = a_1 = 5$ mm ausgeführt.

$$\text{erf } l_2 = \frac{98}{2 \cdot 0{,}5 \cdot 20{,}7} = 4{,}73 \text{ cm} \qquad l_2 = 50 \text{ mm}$$

gewählt:

$$\text{erf } l_1 = \frac{325}{2 \cdot 0{,}5 \cdot 20{,}7} = 15{,}7 \text{ cm} \qquad l_1 = 160 \text{ mm}$$

Beispiel 15 (Bild **3.**57)

Anschluß eines IPE 360 DIN 1025-St 52–3 (S 355 J0) mit Stumpf- und Kehlnähten; $N = 1800$ kN

Das Knotenblech soll möglichst dick sein, damit die Kehlnähte des Flanschanschlusses nicht zu nahe am Ausrundungsbereich liegen.

Spannungsnachweis des Zugstabes im Schnitt A – B:

$$A_N = A_S + 2\,A_F = 0{,}8 \cdot 26{,}0 + 2 \cdot 1{,}27\,(17{,}0 - 1{,}4) = 20{,}8 + 2 \cdot 19{,}8 = 60{,}4 \text{ cm}^2$$

$$\sigma = 1800/60{,}4 = 29{,}8 \text{ kN/cm}^2$$

$$\sigma_{R,d} = 36/1{,}1 = 32{,}7 \text{ kN/cm}^2 \qquad \sigma/\sigma_{R,d} = \frac{29{,}8}{32{,}7} = 0{,}91 < 1$$

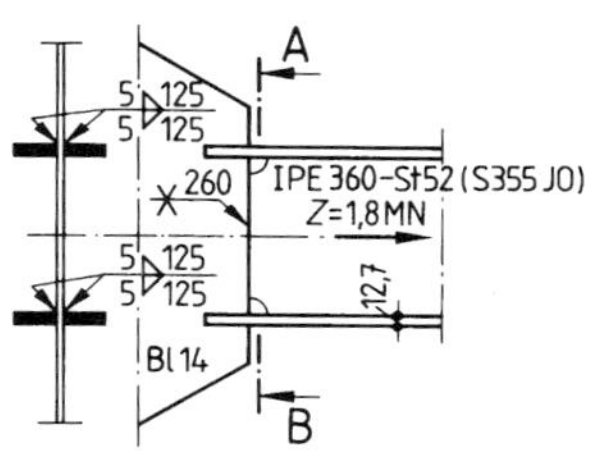

3.57
Knotenblechanschluß eines IPE-Profils mit Stumpf- und Kehlnähten

Der Nachweis der Schweißnähte erfolgt getrennt für die anteiligen Steg- und Flanschkräfte mit den jeweils maßgebenden Grenzschweißnahtspannungen.

Stumpfnaht: Nahtgüte nachgewiesen

$$\sigma_{w,R,d} = 1{,}0 \cdot 36/1{,}1 = 32{,}7 \text{ kN/cm}^2 \qquad \sigma/\sigma_{w,R,d} = \frac{29{,}8}{32{,}7} = 0{,}91 < 1$$

Kehlnähte: $\text{N}_F = 1800 \cdot \frac{19{,}8}{60{,}4} = 590$ kN $\qquad \sigma_{w,R,d} = 0{,}8 \cdot 36/1{,}1 = 26{,}2 \text{ kN/cm}^2$

$$\text{erf } l = \frac{590}{4 \cdot 0{,}5 \cdot 26{,}2} = 11{,}26 \text{ cm} \qquad \text{gewählt: } l = 125 \text{ mm}$$

Schubspannungen im Trägerflansch neben den Kehlnähten

$$\tau = \frac{590}{2 \cdot 1{,}27 \cdot 12{,}5} = 18{,}58 \text{ kN/cm}^2 \qquad \tau_{R,d} = \frac{36/\sqrt{3}}{1{,}1} = 18{,}9 \text{ kN/cm}^2$$

$$\tau/\tau_{R,d} = 18{,}58/18{,}9 = 0{,}98 < 1$$

Beispiel 16 (Bild **3**.58) Es ist zu berechnen, an welcher Stelle x eines frei aufliegenden, gleichmäßig belasteten Träger IPB 240 aus St 37 (S 235) ein Stumpfstoß liegen darf. Der Träger ist gegen Kippen gesichert.

a) Stahlsorte RSt 37 – 2 oder St 37 – 3 (S 235 JRG 2) o. (S 235 JO)

$$W_w = W = 938 \text{ cm}^3$$

$$\sigma_{w,R,d} = 24/1{,}1 = 21{,}8 \text{ kN/cm}^2 \text{ (mit Gütenachweis)}$$

$$\sigma_{w,R,d} = 0{,}95 \cdot 21{,}8 = 20{,}7 \text{ kN/cm}^2 \text{ (ohne Nachweis)}$$

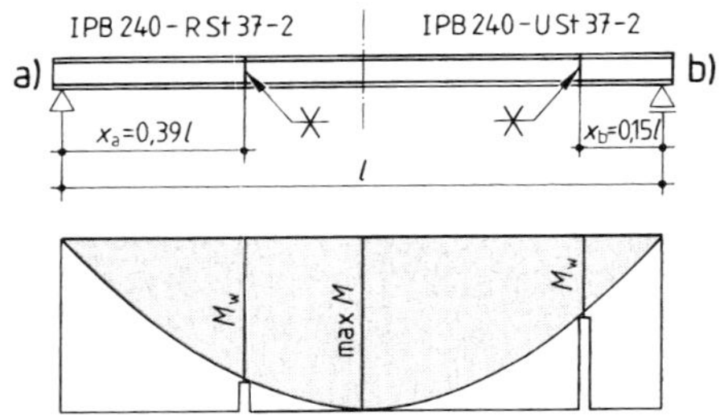

3.58
Grenzlage des Stumpfstoßes in einem Biegeträger IPB 240 aus der Stahlsorte
a) RSt 37 – 2 (S 235 JR G2)
b) USt 37 – 2 (S 235 JR G1)

Tragmoment des Trägers:

$$M_{R,d} = 938 \cdot 21{,}8/100 = 204 \text{ kNm}$$

Tragmoment des Stumpfstoßes:

$$M_{w,R,d} = 938 \cdot 20{,}7/100 = 194 \text{ kNm}$$

$$\frac{x}{l} = \frac{1}{2}\left(1 - \sqrt{1 - \frac{M_{w,R,d}}{\max M}}\right) = \frac{1}{2}\left(1 - \sqrt{1 - \frac{194}{204}}\right) = 0{,}39 \quad x_a = 0{,}39 \cdot l$$

b) Stahlsorte USt 37 – 2 (Bild **3**.54): $\sigma_{w,R,d} = 0{,}55 \cdot 24/1{,}1 = 12 \text{ kN/cm}^2$

$$I_w = 1 \cdot \frac{16{,}4^3}{12} + 2 \cdot 24 \cdot 1{,}7 \cdot 11{,}15^2 = 10\,512 \text{ cm}^4$$

$$W_w = \frac{10\,512}{12} = 876 \text{ cm}^3$$

Tragmoment des Stumpfstoßes: $M_{w,R,d} = 876 \cdot 12/100 = 105$ kNm

$$\frac{x}{l} = \frac{1}{2}\left(1 - \sqrt{1 - \frac{105}{204}}\right) = 0{,}15 \cdot x_b = 0{,}15 \cdot l$$

Der Stumpfstoß ist rechtwinklig zur Trägerachse anzuordnen und darf nicht weiter als x_a bzw. x_b vom Auflager entfernt liegen. Die in der Zugzone liegenden Stumpfnähte werden zweckmäßig durchstrahlt.

Beispiel 17 (Bild **3**.59) Der Stützenstoß von Beispiel 11 ist mit bündiger Außenkante der Stützenprofile auszuführen. Die Berechnung der Kehlnahtanschlüsse der Stützenprofile erfolgt wie in Beispiel 11. Die *Aussteifungen* unter dem Stützenflansch werden durch $F_F = 504$ kN belastet. Ihr Kehlnahtanschluß am Stützensteg wird durch F_F auf Abscheren beansprucht und erhält zusätzlich noch das Biegemoment.

$$M = \frac{504}{2} \cdot (12 - 1{,}15)/2 = 1367 \text{ kNcm}$$

Beispiel 17 Forts.

Nachweis der Kehlnähte 5 – 220:

$$A_w = 2 \cdot 0{,}5 \cdot 22 = 22\ \text{cm}^2 \qquad \tau_\parallel = \frac{504}{2 \cdot 22} = 11{,}5\ \text{kN/cm}^2$$

$$W_w = 2 \cdot 0{,}5 \cdot 22^2/6 = 80{,}7\ \text{cm}^3 \qquad \sigma_\perp = \frac{1367}{80{,}7} = 17\ \text{kN/cm}^2$$

$$\sigma_{w,v} = \sqrt{11{,}5^2 + 17^2} = 20{,}5\ \text{kN/cm}^2 \qquad \sigma_{w,v}/\sigma_{w,R,d} = 20{,}5/20{,}7 = 0{,}99 < 1$$

Die Einleitung der Flanschdruckkraft F in den unteren Stützenschuß verursacht im Steg des IPB 320 neben den Anschlußnähten der Aussteifungen die Schubspannung:

$$\tau = \frac{504}{2 \cdot 22 \cdot 1{,}15} = 9{,}96\ \text{kN/cm}^2 \qquad \tau_{R,d} = 12{,}6\ \text{kN/cm}^2$$

$$\tau/\tau_{R,d} = 9{,}96/12{,}6 = 0{,}79 < 1$$

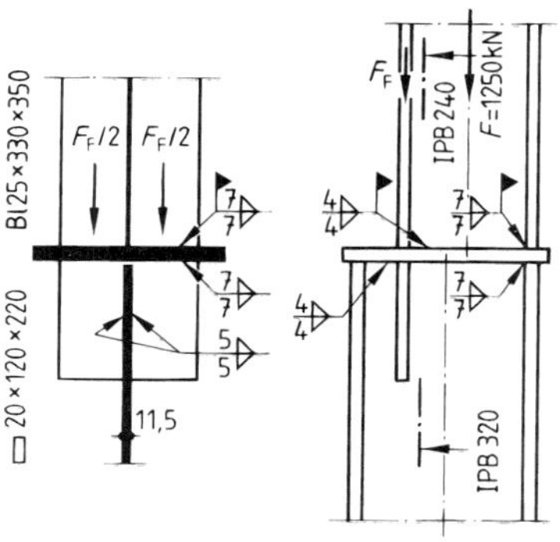

3.59 Stützenschuß mit Querplatte und Krafteinleitungsrippe

Beispiel 18 (Bild **3.60**) Anschluß eines Fachwerkstabes ∟ 80 × 8 DIN 1028-RSt 37 mit HV-Nähten ($a = s =$ 8 mm) und $N = -105$ kN.

Der Anschluß ist ausmittig, so daß die Kehlnähte ein Zusatzmoment aufnehmen müssen. Nach Tafel **3.**17 darf auf einen Nachweis verzichtet werden.

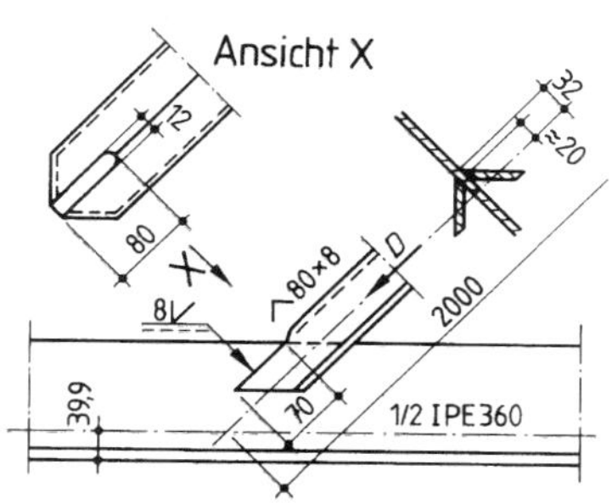

3.60 Kehlnahtanschluß eines Einzelwinkels

Die erforderliche Schweißnahtlänge wird mit Rücksicht auf die Grenzschubspannungen im Trägersteg bestimmt.

$$\tau_{R,d} = \frac{24/\sqrt{3}}{1{,}1} = 12{,}6\ \text{kN/cm}^2$$

$$\text{erf}\,l = \frac{105}{2 \cdot 0{,}71 \cdot 12{,}6} = 5{,}9\ \text{cm}$$

Beispiel 18 Forts. Mit Rücksicht auf das Anschlußmoment wird die Nahtlänge mit 70 mm ausgeführt. Der nicht erforderliche Nachweis für das Anschlußmoment wäre wie folgt zu führen.

$$A_w = 2 \cdot 0{,}8 \cdot 7{,}0 = 11{,}2 \text{ cm}^2$$

$$W_w = 2 \cdot 0{,}8 \cdot 7{,}0^2/6 = 13{,}07 \text{ cm}^3$$

$$M \leq 105 \cdot 2{,}0 = 210 \text{ kNcm}$$

$$\tau_{\parallel} = 105/11{,}2 = 9{,}4 \text{ kN/cm}^2$$

$$\sigma_{\perp} = 210/13{,}07 = 16{,}07 \text{ kN/cm}^2 \qquad \sigma_{w,v} = \sqrt{9{,}4^2 + 16{,}07^2} = 18{,}6 \text{ kN/cm}^2$$

$$\sigma_{w,R,d} = 20{,}7 \text{ kN / cm}^2 \qquad \sigma_{w,v}/\sigma_{w,R,d} = \frac{18{,}6}{20{,}7} = 0{,}90 < 1$$

Beispiel 19 (Bild **3**.25) Für den Vollwandträger aus Abschn. 3.1.4.2 Beispiel 3 ist der Nachweis für die Halsnaht des Obergurts am Trägerstoß zu führen. $V = 320$ kN

$$I = 233\,200 \text{ cm}^4$$

$$S = 70{,}4 \cdot 36{,}5 = 2570 \text{ cm}^3$$

$$a = 4 \text{ mm}$$

Nach Gl. (3.43):

$$\tau_{\parallel} = \frac{320 \cdot 2570}{233\,200 \cdot 2 \cdot 0{,}4} = 4{,}4 \text{ kN/cm}^2$$

$$\tau_{\parallel}/\tau_{w,R,d} = \frac{4{,}4}{20{,}7} = 0{,}21 < 1$$

Die vom Biegemoment verursachte Spannung $\sigma_{\parallel}$ in Längsrichtung der Naht bleibt unberücksichtigt, jedoch muß für das Stegblech erforderlichenfalls der Nachweis der Vergleichsspannungen geführt werden.

Beispiel 20 (Bild **3**.61) Der biegefeste Anschluß eines Trägers IPE 300 – St 37 (S235) mit Kehlnähten an einer Stütze aus IPB 300 ist nachzuweisen für die Anschlußgrößen M = 85 kN; N = 110 kN; V = 140 kN. Kehlnahtdicken am Flansch a = 6 mm und am Steg a = 4 mm [1]).

Die Zugbeanspruchung des Stützenflansches quer zur Werkstoffdicke ist wegen des Riegelanschlusses mit Kehlnähten unbedenklich (s. Abschn. 3.2.3).

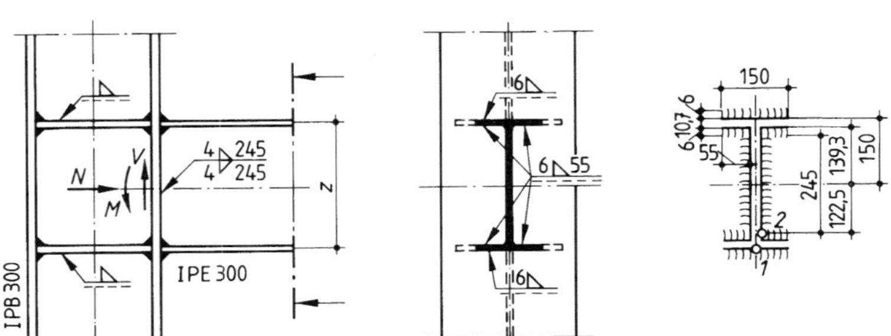

3.61 Biegefester Trägeranschluß mit Kehlnähten

[1]) Bei den gewählten Schweißnahtabmessungen wäre ein rechnerischer Nachweis nicht erforderlich (s. Bild **3**.49)

Beispiel 20 Forts.

Schweißnahtfäche:

Steg $2 \cdot 0{,}4 \cdot 24{,}5 = 19{,}6\ \text{cm}^2$

Für einen Flansch $0{,}6\,(15{,}0 + 2 \cdot 5{,}5) = 15{,}6\ \text{cm}^2$

Gesamte Schweißnähte $A_w = 19{,}6 + 2 \cdot 15{,}6 = 50{,}8\ \text{cm}^2$

Flächenmoment 2. Grades für die Schweißnähte:

$$I_w = 2 \cdot 0{,}4 \cdot \frac{24{,}5^3}{12} + 2 \cdot 0{,}6 \cdot 15 \cdot 15^2 + 4 \cdot 0{,}6 \cdot 5{,}5 \cdot 13{,}93^2 = 7592\ \text{cm}^2$$

a) *Genauer Nachweis* der Schweißnähte

im Punkt 1: $\sigma_{\perp 1} = \dfrac{N}{A_w} + \dfrac{M \cdot z}{\mathrm{I}_w} = \dfrac{110}{50{,}8} + \dfrac{8500 \cdot 15}{7592} = 18{,}96\ \text{kN/cm}^2$

im Punkt 2: $\sigma_{\perp 2} = \dfrac{110}{50{,}8} + \dfrac{8500 \cdot 12{,}25}{7592} = 15{,}88\ \text{kN/cm}^2$

$$\tau_{\parallel} = \frac{V}{A_{w\,\text{Steg}}} = \frac{140}{19{,}6} = 7{,}14\ \text{kN/cm}^2$$

Vergleichswert: $\sigma_{w,v} = \sqrt{15{,}88^2 + 7{,}14^2} = 17{,}41\ \text{kN/cm}^2$

$\sigma_{w,R,d} = 20{,}7\ \text{kN/cm}^2$

$\sigma_{w,v}/\sigma_{w,R,d} = 18{,}96/20{,}7 = 0{,}92 < 1$

b) *Vereinfachter Nachweis* (mit $a_{Fl} = 6{,}5$ mm)

Die Längskraft max N und das Biegemoment max M werden nur den Flanschnähten und die Querkraft den Stegnähten zugewiesen. Der Vergleichswert σ_v braucht nicht ermittelt zu werden, jedoch ist der Spannungsnachweis für die Flansche zu führen.

Anschlußkraft für einen *Flansch*:

$$F_{Fl} = N/2 + M/z = 110/2 + 8500/(30 - 1{,}07) = 349\ \text{kN}$$

Schweißnahtspannung:

$$\sigma_{\perp} = \frac{349 \cdot 0{,}6}{15{,}6 \cdot 0{,}65} = 20{,}65\ \text{kN/cm}^2 \qquad \frac{\sigma_{\perp}}{\sigma_{w,R,d}} \approx 1{,}0$$

Spannung im Flansch:

$$\sigma = \frac{349}{1{,}07 \cdot 15} = 21{,}74\ \text{kN/cm}^2 \qquad \frac{\sigma}{\sigma_{R,d}} = \frac{21{,}74}{21{,}8} \approx 1{,}0$$

Nähte am *Steg*:

$$\tau_{\parallel} = 140/19{,}6 = 7{,}14\ \text{kN/cm}^2$$

Wegen des geringeren Rechenaufwandes wird man den Nachweis für einen biegefesten Anschluß zunächst in vereinfachter Form führen. Erst wenn sich hierbei rechnerische Spannungsüberschreitungen ergeben, wird man die Schweißnahtspannungen genauer ermitteln.

Beispiel 21 (Bild 3.62) Der Trägeranschluß von Beispiel 20 wird mit DHV-Nähten mit durchgeschweißter Wurzel (Tafel **3.**14) ausgeführt. Wird für die Nähte im Zugbereich oberhalb der Trägerachse der Nachweis der Freiheit von Rissen, Binde- und Wurzelfehlern geführt, brauchen die Anschlußnähte nicht berechnet zu werden.

Beispiel 21 Forts. Allerdings sind die K-Nähte für die Durchstrahlungsprüfung ungünstig gelegen, und es kommt hinzu, daß die Querbeanspruchung des Stützenflansches wegen der Stumpfnähte besonderes groß ist und eingehende Werkstoffprüfungen notwendig macht (s. Abschn. 3.2.3). Der Kehlnahtanschluß ist vorzuziehen (Bild **3.**61).

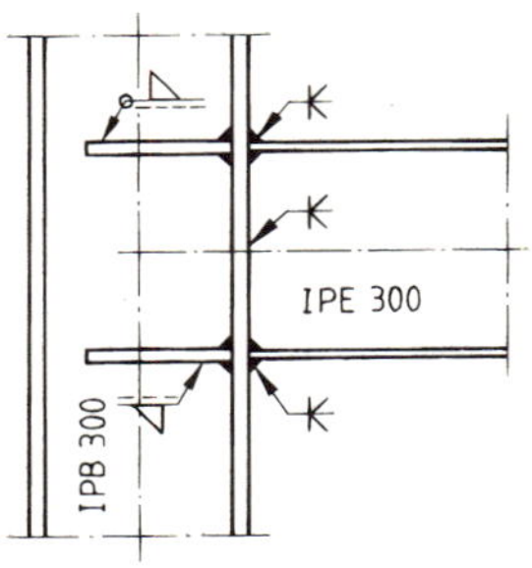

3.62 Biegefester Trägeranschluß mit DHV-Nähten; Nähte im Zugbereich durchstrahlt

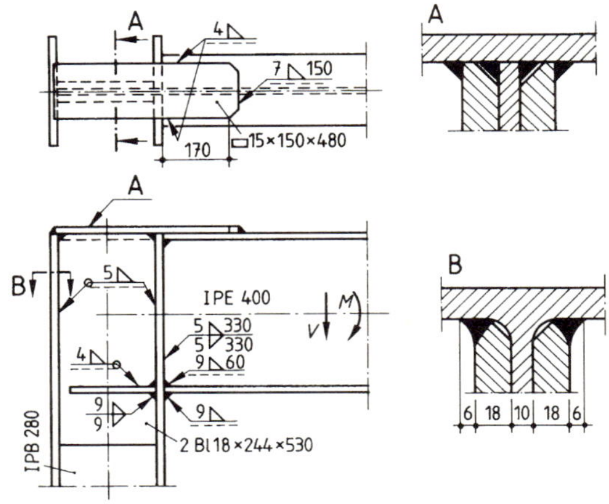

3.63 a Geschweißte Rahmenecke

Beispiel 22 (Bild **3.**63 a) Ein Riegel IPE 400 – St 37 (S 235) ist an der Rahmenecke biegesteif mit Zuglasche an den Stiel IPB 280 anzuschließen. $M = -215$ kNm, $V = 180$ kN.

Der Anschlußquerschnitt besteht aus den Kehlnähten des Steges und des Unterflansches sowie aus der Zuglasche auf dem Oberflansch; sein Flächenmoment 2. Grades, auf Trägermitte bezogen, wird tabellarisch berechnet (S. 133, Bild **3.**63 b).

Mit den Zahlen aus der letzten Zeile erhält man die Schwerachsenverschiebung des Anschlußquerschnitts gegenüber der Trägerachse zu

$$z_s = \Sigma(A \cdot z)/\Sigma A = 58/82{,}5 = +\ 0{,}7\text{cm}$$

Wegen ihrer geringen Größe sind nur kleine, zu vernachlässigende Kraftumlagerungen zu erwarten.

Auf die Schwerachse des Anschlußquerschnitts bezogen wird das Flächenmoment 2. Grades für den Anschluß

$$I_w = 19\,924 + 2995 - 82{,}5 \cdot 0{,}7^2 = 22\,880\ \text{cm}^4$$

Spannung in der Kehlnaht am *Unterflansch:*

$$\sigma_\perp = \frac{21\,500 \cdot 19{,}3}{22\,880} = 18{,}14\ \text{kN/cm}^2 \qquad \frac{\sigma}{\sigma_{w,R,d}} = \frac{18{,}14}{20{,}7} = 0{,}88 < 1$$

Spannungen in der *Stegnaht*:

$$\sigma_\perp = \frac{21\,500 \cdot 17{,}2}{22\,880} = 16{,}16\ \text{kN/cm}^2 \qquad \tau_\parallel = \frac{180}{33{,}0} = 5{,}45\ \text{kN/cm}^2$$

$$\sigma_{w,v} = \sqrt{16{,}16^2 + 5{,}45^2} = 17{,}05\ \text{kN/cm}^2 \qquad \sigma_{w,v}/\sigma_{w,R,d} = \frac{17{,}05}{20{,}7} = 0{,}82 < 1$$

Beispiel 22 Forts.

Spannung in der *Zuglasche*:

$$\sigma_z = \frac{21\,500 \cdot 22{,}2}{22\,880} = 20{,}86 \text{ kN/cm}^2 \qquad \sigma/\sigma_{R,d} = 20{,}86/21{,}8 = 0{,}96 < 1$$

Anteilige Kraft der Zuglasche:

$$N = \sigma_m \cdot A_{\text{Lasche}} = \frac{21\,500 \cdot 21{,}45}{22\,800} \cdot 22{,}5 = 454 \text{ kN}$$

Fläche und Flächenmoment 2. Grades für den Anschlußquerschnitt

Teil	A cm²	z cm	$A \cdot z$ cm³	$A \cdot z^2$ cm⁴	I_1 cm⁴
1	22,5	– 20,75	– 467	9688	0
2	33,0	0	0	0	2995
3	10,8	+ 18,65	+ 201	3756	0
4	16,2	+ 20,00	+ 324	6480	0
Σ	82,5	–	+ 58	19924	2995

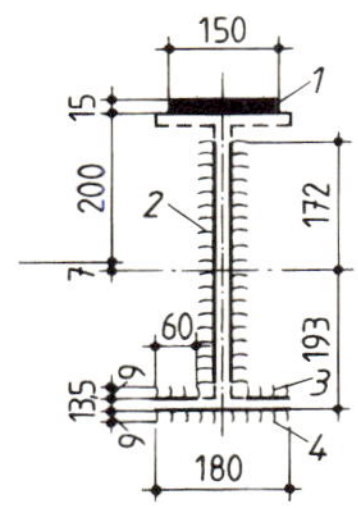

3.63 b
Anschlußquerschnitt

Anschluß der Lasche am Trägerflansch: Für die Länge der Stirnkehlnaht wird ohne Rücksicht auf die Eckabschrägung die Laschenbreite eingesetzt.

$$A_w = 0{,}7 \cdot 15 + 2 \cdot 0{,}4 \cdot 17 = 24{,}1 \text{ cm}^2 \qquad \tau_{\parallel} = 454/24{,}1 = 18{,}84 \text{ kN/cm}^2$$

$$\tau_{\parallel}/\sigma_{w,R,d} = 18{,}84/20{,}7 = 0{,}91 < 1$$

Anschluß der Lasche am Steg des Stieles: Die Nähte am Stützenflansch sind wirkungslos und bleiben außer Ansatz.

$$A_w = 2 \cdot 0{,}5 \cdot 24 = 24 \text{ cm}^2 \qquad \tau_{\parallel} = \frac{454}{24{,}0} = 18{,}92 \text{ kN/cm}^2$$

Die größte (horizontale) Querkraft des Stieles im Bereich der Rahmenecke ergibt sich als Summe aus der Laschenzugkraft und der Zugkraft der Stegnähte oberhalb der Nullinie:

$$\max V = 454 + 16{,}16 \cdot 2 \cdot 0{,}5 \cdot \frac{17{,}2}{2} = 593 \text{ kN}$$

Der Stützensteg allein kann diese Querkraft nicht aufnehmen; er wird durch 2 Steglaschen verstärkt. Als wirksame Dicke der Laschen wird die Dicke der Anschlußnähte mit $a = 5$ mm in die Rechnung gestellt. Die Bleche selbst werden dicker ausgeführt, damit sie in die Ausrundung eingepaßt und außerhalb der Hohlkehle am Flansch angeschweißt werden können.

Stützenquerschnitt in der Rahmenecke:

$$A = 131 + 2 \cdot 0{,}5 \cdot 24{,}4 = 155{,}4 \text{ cm}^2$$

$$I_y = 19\,270 + 2 \cdot 0{,}5 \cdot \frac{24{,}4^3}{12} = 20\,480 \text{ cm}^4$$

Biegemoment in der Stützenachse: $M = 215 + 180 \cdot 0{,}14 = 240$ kNm $\qquad N = 180$ kN

Flächenmoment 1. Grades für den Stützenflansch: $S = 767 - 1{,}05 \cdot \frac{9{,}80^2}{2} = 717 \text{ cm}^3$

Beispiel 22 Forts.

Normalspannung an der Flanschinnenkante:

$$\sigma = \frac{180}{155{,}4} + \frac{24\,000 \cdot 12{,}2}{20\,480} = 15{,}46 \text{ kN/cm}^2$$

Schubspannung im Steg und in den Schweißnähten:

$$\tau = \frac{V \cdot S}{I \cdot \Sigma t} = \frac{593 \cdot 717}{20\,480 \cdot 2{,}05} = 10{,}13 \text{ kN/cm}^2$$

Vergleichsspannung in der Steglasche am Kehlnahtanschluß (Flanschinnenkante) nach Gl. (3.45)

$$\sigma_v = \sqrt{15{,}46^2 + 3 \cdot 10{,}13^2} = 23{,}39 \text{ kN/cm}^2 < 1{,}1 \cdot 21{,}8 = 23{,}98 \text{ kN/cm}^2$$

Der Anschluß der Stegverstärkungen erfolgt nach entsprechender Kantenvorbereitung der 18 mm dicken Bleche über einfache Kehlnähte bzw. HV-Nähte mit Kehlnaht („A“ und „B“ in Bild **3.**63 a).

3.3 Augenstäbe und Bolzengelenke

Gelenke sollen die freie Drehbarkeit eines Bauteils ermöglichen und dadurch verhindern, daß sich Biegemomente auf ein anschließendes Konstruktionsglied übertragen. Tatsächlich findet eine Drehung um den Gelenkbolzen jedoch erst dann statt, wenn die Reibungskraft des Bolzens an der Lochwand $R = \mu \cdot N$ überwunden ist. Die Gelenkwirkung ist daher nur unvollkommen, und es entsteht das Moment

$$\boldsymbol{M = R \cdot d/2 = \mu \cdot N \cdot d/2,}$$

welches beim Spannungsnachweis des Stabes zu berücksichtigen ist.

Bolzengelenke finden im Hochbau bei Gelenkträgern (nur noch selten), häufig bei Zugbändern, Ankern und (abgespannten) Sonderkonstruktionen Verwendung und sind zweischnittig auszuführen. Als *Gelenkbolzen* dienen Bolzen mit Gewindezapfen oder die billigeren Bolzen mit Splint. Der Bolzen ist wie eine Schraube auf Abscheren, Lochleibung und *Biegung sowie Biegung mit Abscheren* nachzuweisen (Bild **3.**68).

Bei Gelenkträgern (Gerberträgern) werden an das eine Trägerende zwei Gelenklaschen biegesteif angeschlossen, das andere anschließende Trägerende erhält analog zum Auge einfach eine Bohrung. Als Gelenkbolzen dient eine Paßschraube (Bild **3.**69).

Augenstäbe (Bild **3.**64 und **3.**65)

$$\textbf{grenz}\ \boldsymbol{a} = \frac{\boldsymbol{F}}{\boldsymbol{2 \cdot t \cdot f_{y,k}/\gamma_M}} + \frac{\boldsymbol{2}}{\boldsymbol{3}} \boldsymbol{d_L} \tag{3.50}$$

$$\textbf{grenz}\ \boldsymbol{c} = \textbf{grenz}\ \boldsymbol{a} - \frac{\boldsymbol{1}}{\boldsymbol{3}} \boldsymbol{d_L} \tag{3.51}$$

Bei vorwiegend ruhenden Einwirkungen bildet man das Auge nach Bild **3.**64 und mit den Grenzabmessungen für *a* und *c* aus. Auf einen genaueren Tragsicherheitsnachweis für das Auge darf dann verzichtet werden, wenn das Lochspiel des Bolzens $\Delta d \leq 0{,}1 \cdot d_L$,

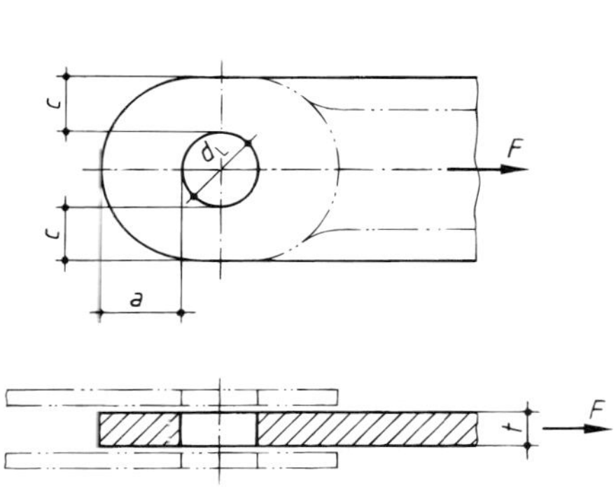

3.64 Augenstababmessung bei vorwiegend ruhender Einwirkung

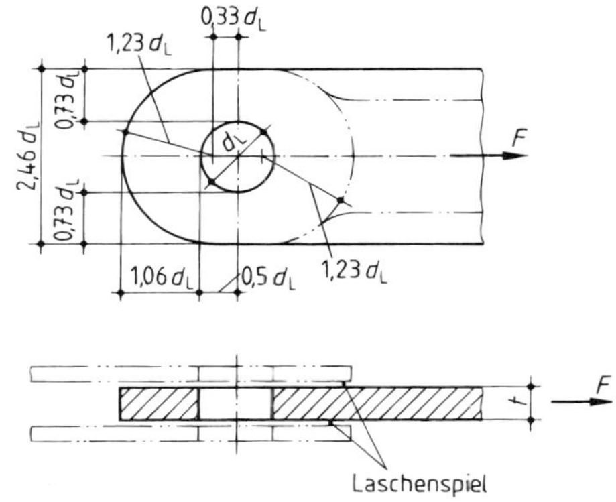

3.65 Augenstababmessung bei nicht vorwiegend ruhender Einwirkung

höchstens jedoch 3 mm ist. Sind die Einwirkungen jedoch nicht vorwiegend ruhend, ist die Augenform nach Bild **3**.65 mit den Grenzwerten für t und d_L günstiger.

$$\textbf{grenz } t = 0{,}7 \cdot \sqrt{\gamma_M \cdot F/f_{y,k}} \tag{3.52}$$

$$\textbf{grenz } d_L = 2{,}5 \textbf{ grenz } t \tag{3.53}$$

Erfahrungsgemäß macht man die Augendicke bei Rundstählen t = 0,5 bis 1,0 · d_1 (d_1 = Rundstahldurchmesser).

Bei Stäben aus Rund- oder Flachstahl wird das Auge unmittelbar aus dem Stab geschmiedet oder ein geschmiedetes Auge wird angeschweißt; bei zusammengesetzten Stäben besteht es aus einem besonderen, mit dem Stab verschweißten Stück (Bild **3**.66). Die Übergänge zwischen Auge und Stab sind gut auszurunden; alle Ecken und scharfen Einschnitte sind zu vermeiden, damit ein möglichst kerbfreier Kraftfluß stattfinden kann. Man setzt das Auge entweder zwischen zwei Anschlußbleche oder schließt es mit zwei Laschen an (Bild **3**.67).

Für den Bolzen gelten die Ausführungen wie bei Bolzengelenken.

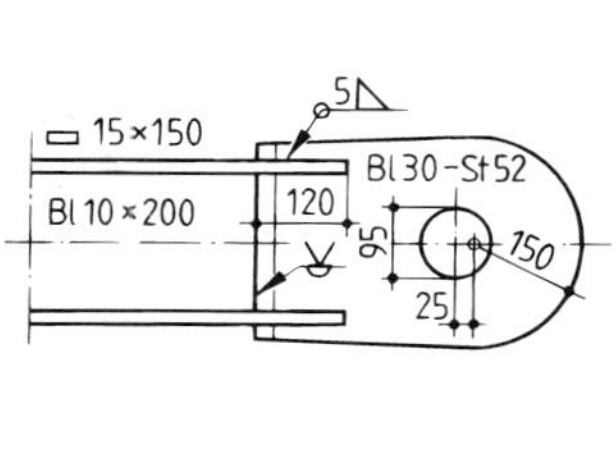

3.66 Zugstab mit angeschweißtem Auge

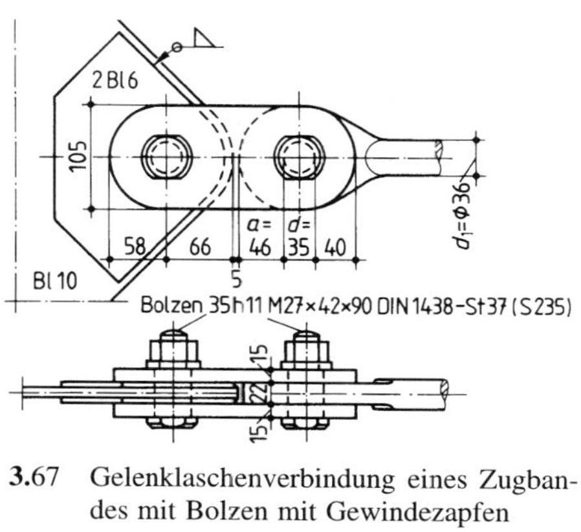

3.67 Gelenklaschenverbindung eines Zugbandes mit Bolzen mit Gewindezapfen

Die *Grenzabscherkraft* ist mit den Werkstoffkennwerten nach Tafel **3**.5 zu ermitteln.
Die *Grenzlochleibungskraft* ist mit

$$\Delta d \leq 0{,}1 \cdot d_L \leq 3 \text{ mm}$$

wie folgt zu bestimmen.

$$V_{l,R,d} = t \cdot d_{sch} \cdot 1{,}5 \cdot f_{y,k} / \gamma_M \tag{3.54}$$

Das *Grenzbiegemoment* des Bolzens ermittelt sich aus

$$M_{R,d} = W_{sch} \cdot \frac{f_{y,b,k}}{1{,}25 \cdot \gamma_M} = \frac{\pi \cdot d_{Sch}^3}{32} \cdot \frac{f_{y,b,k}}{1{,}25 \cdot \gamma_M} \tag{3.55}$$

und es ist der Nachweis zu führen

$$\max M / M_{R,d} \leq 1 \tag{3.56}$$

Das größte Biegemoment im Bolzen darf nach (Bild **3**.57) vereinfachend aus

$$\max M = \frac{F}{8} \cdot (t_2 + 4 \cdot s + 2 \cdot t_1) \tag{3.57}$$

ermittelt werden.

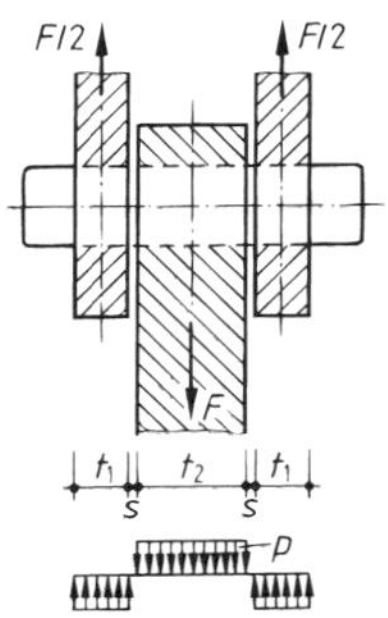

3.68 Biegebeanspruchung des Bolzens

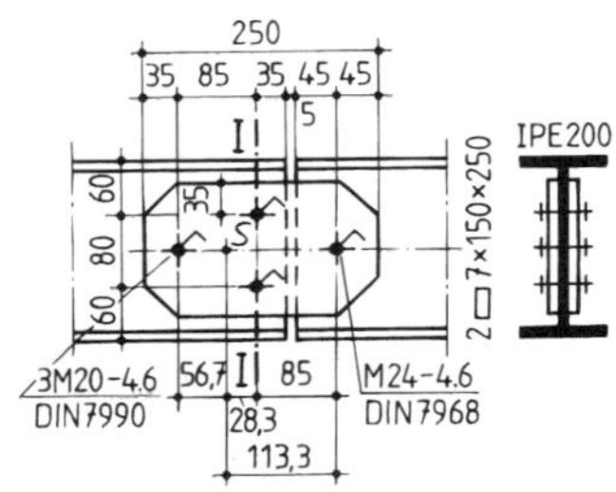

3.69 Pfettengelenk

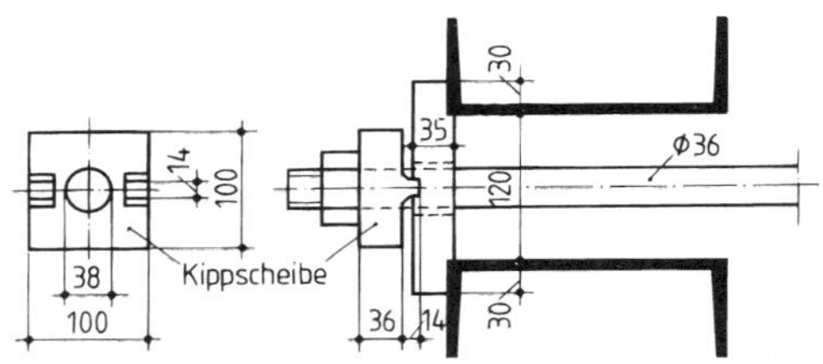

3.70 Gelenkiger Ankeranschluß mit Kippscheibe

Biegung und Abscheren. Mit dem Biegemoment M in der Scherfuge muß die Bedingung

$$\left(\frac{M}{M_{R,d}}\right)^2 + \left(\frac{V_a}{V_{a,R,d}}\right)^2 \leq 1 \tag{3.58}$$

eingehalten sein. Auf den Nachweis darf verzichtet werden, wenn einer der Summanden $\leq 0{,}25$ ist.

Die eingangs erwähnte unerwünschte Momentenbeanspruchung infolge Bolzenreibung läßt sich verhindern, wenn die Kraft in die gelenkig anzuschließende Zugstange über schmale, in einer Nut geführte Nocken einer Kippscheibe eingeleitet wird (Bild **3**.70). Die bei Winkeldrehungen der Zugstange entstehende Exzentrizität wird durch die geringe Nockenbreite begrenzt und ist kleiner als bei Bolzengelenken. Diese Konstruktion hat sich bei Spundwandverankerungen bewährt.

Beispiel 23 Nachweis für das Gelenk nach Bild **3**.69 bei einer Gelenkkraft $C = 40$ kN; Träger IPE 200 DIN 1025-St 37 (S235)

Nachweis der Laschen im gefährdeten Querschnitt I-I

$$M_1 = 40 \cdot 8{,}5 = 340 \text{ kNcm}$$

$$W_{y,N} = 46{,}0 \text{ cm}^3$$

$$\sigma = 340/46 = 7{,}39 \text{ kN/cm}^2$$

$$\sigma/\sigma_{R,d} = 7{,}39/21{,}8 = 0{,}34 < 1$$

Anschluß der Laschen mit 3 SL M 20 – 4.6 mit $\Delta d = 1$ mm (zweischnittig).

Moment um den Schraubenschwerpunkt S

$$M = 40 \cdot 11{,}33 = 453 \text{ kNcm}$$

$$\Sigma r^2 = 2 \cdot 4{,}0^2 + 2 \cdot 2{,}83^2 + 1 \cdot 5{,}67^2 = 80{,}17 \text{ cm}^2$$

Schraubenkräfte nach Gl. (3.25) bis (3.27)

$$V_{1,h} = 0$$

$$V_{1,v} = \frac{453 \cdot 5{,}67}{80{,}17} - \frac{40}{3} = 18{,}7 \text{ kN}$$

$$V_{2,h} = V_{3,h} = \frac{453 \cdot 4{,}0}{80{,}17} = 22{,}6 \text{ kN}$$

$$V_{2,v} = V_{3,v} = \frac{453 \cdot 2{,}83}{80{,}17} + \frac{40}{3} = 29{,}3 \text{ kN}$$

$$\max V_2 = \max V_3 = \sqrt{22{,}6^2 + 29{,}3^2} = 37 \text{ kN}$$

$$V_{a,R,d} = 2 \cdot 68{,}54 = 137{,}08 \text{ kN}$$

$$V_a/V_{a,R,d} = 37/137{,}08 < 1$$

$$\min e_1 = \min e_2 = 35 \text{ mm}$$

$$\alpha_l \geq 1{,}1 \cdot 35/21 - 0{,}3 = 1{,}533$$

$$\min e = 80 \text{ mm} > 3{,}5 \cdot d_L$$

$$V_{l,R,d} = 0{,}56 \cdot 2{,}0 \cdot 1{,}533 \cdot 2{,}4/1{,}1 = 37{,}5 \text{ kN}$$

$$V_l/V_{l,R,d} = 37/37{,}5 = 0{,}99 < 1$$

Gelenkbolzen (Paßschraube M 24 – 4.6 ohne Laschenspiel)

$$V_{a,R,d} = 2 \cdot 107{,}1 = 214{,}2 \text{ kN}$$

$$e_2/d_L = 45/25 = 1{,}8 > 1{,}5$$

$$e_1/d_L = 75/25 = 3{,}0 \text{ (für den Steg des Profils ohne Bedeutung)}$$

$$\alpha_l = 3{,}0$$

$$V_{l,R,d} = 0{,}56 \cdot 2{,}5 \cdot 3{,}0 \cdot 24/1{,}1 = 91{,}6 \text{ kN}$$

$$V_l/V_{l,R,d} = 40/91{,}6 = 0{,}44 < 1$$

3.4 Keilverbindungen und Spannschlösser

Keilverbindungen (Bild **3.**71) gehören zu den verstellbaren Verbindungen; sie lassen sich nachspannen und werden manchmal bei Zug- und Ankerstangen aus Rund- und Vierkantstahl angewendet. Für den *Anzug* des Keiles gilt

$$\frac{1}{n} = \frac{h_2 - h_1}{l} \leq \frac{1}{30} \text{ bis } \frac{1}{20} \tag{3.59}$$

Nur wenn ein Verschieben des Keiles durch besondere Maßnahmen verhindert wird, kann der Anzug größer sein (bis $^1/_{10}$). Das Stangenende ist durch Stauchen verdickt; die Abmessungen nach Bild **3.**71 erlauben die volle Ausnutzung der Zugstangenkraft. Die Keillänge ist $l > 2D$ + Eintreibweg.

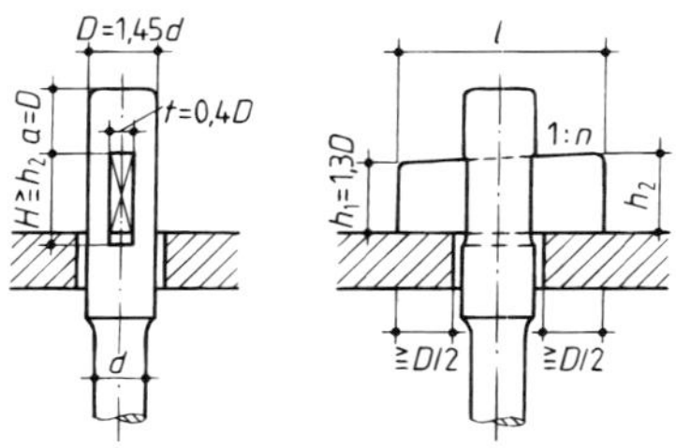

3.71 Mindestabmessungen von Keilverbindungen

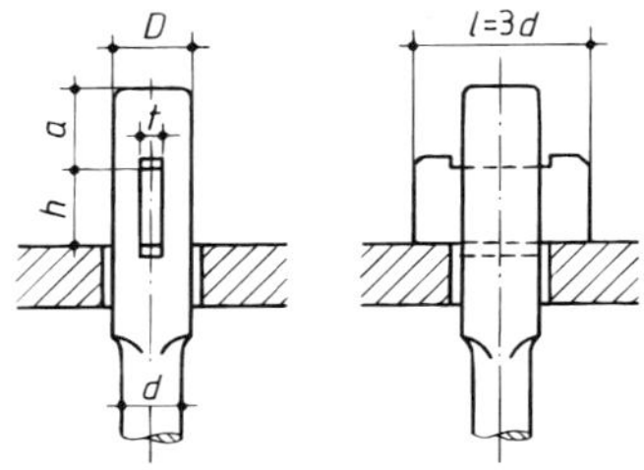

3.72 Anker mit Splint

Splintverbindungen (Bild **3.**72) lassen sich nicht nachspannen, weil der Splint parallele Längsseiten hat.

Spannschlösser aus Rohr nach DIN 1478 mit Gewinde von M 6 bis M 80 × 6 oder geschmiedet in offener Form (Bild **3.**73) nach DIN 1480 für M 6 bis M 56 dienen zum Anspannen oder Stoßen von Zugstangen. Das Ende der einen Stange erhält Rechts-, das der anderen Linksgewinde. Durch Drehen der Spannschloßmutter werden beide Stäbe gleichzeitig angezogen, wobei die Nachstellbarkeit in Abhängigkeit vom Gewindedurchmesser von 80 bis ca. 210 mm reicht. Lange Zugstangen werden zweckmäßig mit Vorspannung eingebaut.

Die Enden der Stäbe werden entweder aufgestaucht, so daß der Kerndurchmesser des Gewindes gleich dem Durchmesser *d* des Stabes wird, oder sie werden durch Widerstandsstumpfschweißung mit kurzen, dickeren Gewindestücken verbunden (Anschweißenden nach DIN 1480).

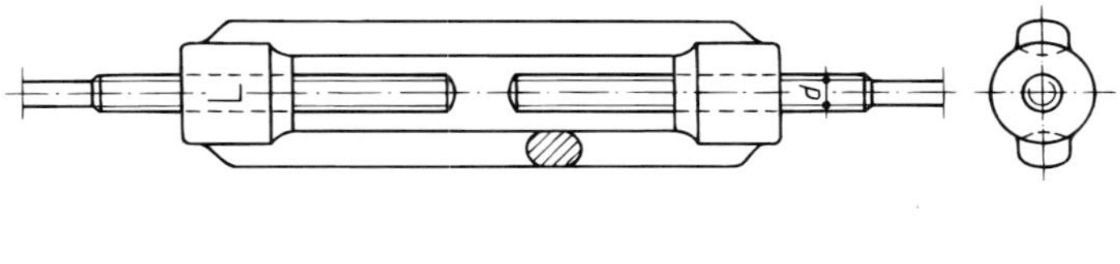

3.73 Spannschloß nach DIN 1480

4 Zugstäbe

Zugstäbe sind oft Bauglieder in Fachwerkbindern und Verbänden, und sie kommen vor als Zuglaschen, Zuganker usw. Für die Tragfähigkeit ist neben dem Werkstoff allein die nutzbare Querschnittsfläche, für die Gestaltung der Anschlüsse jedoch auch die Form des Querschnitts ausschlaggebend.

4.1 Querschnittswahl

Für Zugstäbe ist jeder Querschnitt geeignet, der sich konstruktiv in das Tragwerk eingliedern und gut anschließen läßt. Für kleine und mittlere Zugkräfte, die im Hochbau vorherrschen, werden ⊤-, ½ I-, ½ IPB-, Winkelstähle und Hohlprofile besonders häufig verwendet. Rohre, ⊤-Stähle und halbierte Profile kommen ausschließlich für *Schweißkonstruktionen* in Betracht, desgleichen der übereck gestellte Einzelwinkel (Bild **4.**1a, **3.**60). Doppelwinkel (Bild **4.**1b bis e) sind weniger schweißgerecht; sie sind zusammen mit f übliche Querschnitte für Konstruktionen mit *geschraubten* Anschlüssen, wobei wegen des kleineren Querschnittsverlustes Winkel mit dünnen Schenkeln wirtschaftlich sind. Wegen allseits guter Zugänglichkeit ist der Querschnitt **4.**1e bei erhöhter Korrosionsgefahr zu bevorzugen.

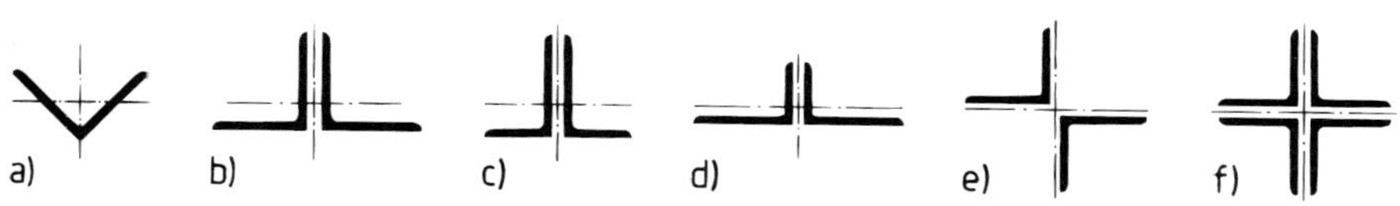

4.1 Querschnittsformen von Zugstäben aus Winkelstählen

Rund-, Quadrat- und Flachstähle (Bild **3.**53) werden für Zuglaschen und Zuganker gebraucht; in Fachwerken werden sie nur in Sonderfällen verwendet, da ihre *Steifigkeit* für Transport und Montage zu gering ist, so daß Beschädigungen zu befürchten sind. Im Hochbau müssen gering beanspruchte Zugstäbe, die rechnerisch nur kleine Zugkräfte erhalten, durchgebildet und für eine angemessene Druckkraft bemessen werden, wenn bei einer kleinen Änderung der vorgeschriebenen Lasten im Stab Druckkräfte auftreten könnten (DIN 18801).

Bei *großen* Zugkräften verwendet man U-, I-, IPE- und IPB-Profile einzeln (Bild **3.**57) oder doppelt, durch Flachstähle verstärkt oder miteinander kombiniert in ähnlichen Querschnitten, wie sie in Abschn. 6 und 7 bei Druckstäben und Stützen gezeigt werden, sowie aus Breitflachstählen zusammengesetzte Profile in verschiedenen Querschnittsformen.

Hinsichtlich der Werkstoffwahl bieten sich der hochfeste Stahl St 52-3 (S355 JO) und die schweißgeeigneten Feinkornbaustähle StE 355 (S355N) an (Tafel **1.**1).

4.2 Bemessung und Spannungsnachweis

Mittige Zugkraft

Der Tragsicherheitsnachweis wird nach Gl. (2.8) und (2.12) geführt, wobei Querschnittsschwächungen in den Anschlüssen oder Stößen berücksichtigt werden müssen, wenn im maßgebenden Schnitt des Stabes Querschnittsverhältnisse nach Gl. (2.4) vorherrschen.

Der *Querschnittsverlust* ΔA ist die Summe der Flächen aller Bohrungen oder sonstigen Querschnittsschwächungen in der ungünstigsten Rißlinie des Stabes. Sind mehrere Lochreihen vorhanden, z. B. im Flansch und Steg, kann es sein, daß die maßgebende Rißlinie nicht senkrecht, sondern teilweise auch schräg zur Stabachse verläuft (Bild **4.**4). Die zu ΔA jeweils zugehörige Querschnittsfläche A wird dann entlang der schrägen Rißlinien berechnet; weil meistens nicht ohne weiteres erkennbar ist, welche Rißlinie die kleinste Nettoquerschnittsfläche A_N ergibt, sind oft mehrere Rißlinien zu untersuchen (Beispiel 2). Um den Querschnittsverlust klein zu halten, wird man die Schrauben in den verschiedenen Reihen innerhalb des Anschlusses oder Stoßes so weit gegeneinander versetzen, daß der Riß möglichst wenige Löcher trifft. Während das hierfür notwendige Versetzungsmaß für Winkelstähle in DIN 999 bzw. DIN 998 angegeben ist, muß es für andere Profilformen durch Proberechnungen gefunden werden (Bild **4.**12).

Wird die Querschnittsschwächung in Querschnitten oder Querschnittsteilen durch gebohrte Löcher hervorgerufen, so darf die Grenzzugkraft im Nettoquerschnitt mit der Zugfestigkeit des Werkstoffes berechnet werden. Die damit erlaubten größeren Dehnungen (Bild **1.**3) sind örtlich begrenzt und haben daher einen vernachlässigbaren Einfluß auf die Gesamtverformungen eines Tragwerkes. Die Grenzzugkraft beträgt dann

$$N_{R,d} = A_N \cdot f_{u,k}/(1{,}25 \cdot \gamma_M) \tag{4.1}$$

oder die Grenzspannung

$$\sigma_{R,d} = f_{u,k}/(1{,}25 \cdot \gamma_M) \tag{4.1 a}$$

Der durch die Lochschwächung verursachte Versatz der Querschnittsachsen darf unberücksichtigt bleiben, wenn die Beanspruchbarkeiten mit der Streckgrenze berechnet werden oder der Querschnittsverlust nach Gl. (2.4) vernachlässigt werden darf.

Wenn ein geschweißter Stabanschluß so gestaltet wird, daß keine Querschnittsschwächungen ΔA auftreten, kann der Querschnitt mit $A_N = A$ voll ausgenutzt werden (Bild **3.**55). Das ergibt für Zugglieder gegenüber geschraubten Konstruktionen eine Werkstoffersparniss von 10 bis 20 %. Es ist jedoch zu beachten, daß auch bei geschweißten Anschlüssen die Tragfähigkeit von Zugstäben dann nicht voll ausgeschöpft werden kann, wenn die Profile im Anschluß geschlitzt werden (Bild **3.**57, **3.**60), oder wenn Stumpfnähte nicht durchstrahlt sind (Abschn. 3.2.5.2, Beispiel 12).

Planmäßig ausmittig beanspruchte Zugstäbe

Wird die Zugkraft ausmittig in den Stab eingeleitet oder erhält der Stab Biegemomente infolge von Querbelastungen, so sind die Spannungen σ_N infolge der Zugkraft wie für mittige Kraftwirkung und σ_M infolge des Biegemoments M nach Gl. (2.9) einzeln zu berechnen und dann für die Eckpunkte des Querschnitts unter Berücksichtigung des

Vorzeichens gemäß Gl. (2.10) zu summieren. Die Widerstandsmomente für den Biegedruckrand W_D bzw. den Biegezugrand W_Z werden gegebenenfalls mit den Querschnittsschwächungen (ΔI) ermittelt.

Biegemomente dürfen vernachlässigt werden bei Ausmittigkeiten, die entstehen, wenn

- Schwerachsen von Gurten gemittelt werden,
- die Anschlußebene eines Verbandes nicht in der Ebene der gemittelten Gurtschwerachse liegt,
- die Schwerachsen der einzelnen Stäbe von Verbänden nicht erheblich aus der Anschlußebene herausfallen.

Desgleichen brauchen bei einzelnen Zugstäben in Fachwerken solche Biegemomente nicht berücksichtigt werden, die durch Wind auf die Stabflächen oder durch Eigengewicht der Stäbe entstehen.

Besondere Regelungen gibt es für Zugstäbe mit einem Winkelquerschnitt, wenn die Zugkraft durch unmittelbaren Anschluß eines Winkelschenkels eingeleitet wird (Bild **4.**5). Falls der Stab mit mindestens 2 in Kraftrichtung hintereinanderliegenden Schauben oder mit Flankenkehlnähten, deren Länge mindestens der Schenkelbreite entspricht, angeschlossen wird, darf die Biegespannung σ_M unberücksichtigt bleiben, wenn die aus der mittig gedachten Normalkraft stammende Zugspannung

$$\boldsymbol{\sigma \leq 0{,}8 \cdot \sigma_{R,d}} \tag{4.2}$$

ist. Für die tatsächlich vorhandene Wirkung des Biegemoments bleibt somit ausreichende Reserve.

Besteht der Anschluß des Winkels jedoch nur aus einer einzigen Schraube (Bild **4.**6), können keine Biegemomente in den Stab eingeleitet werden und der wirksame Stabquerschnitt muß zwangsläufig symmetrisch zur Schraubenachse angenommen werden (Bild **4.**2); der Spannungsnachweis lautet dann

$$\sigma = \frac{N}{2 \cdot A^*} \tag{4.3}$$

wobei A_N der schwächere Teil des Nettoquerschnitts ist.

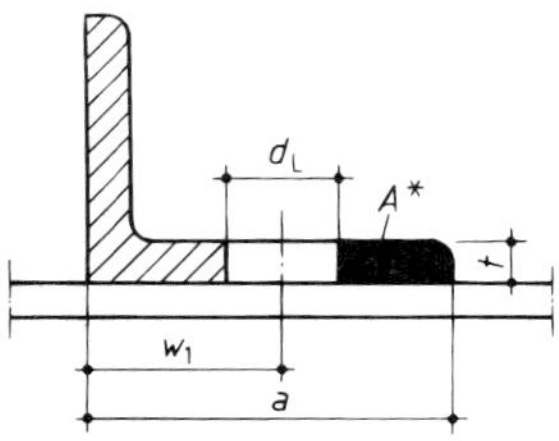

4.2 Bei einem Stabanschluß mit nur einer Schraube anzunehmende, zur Lochmitte symmetrische Netto-Querschnittsfläche

4.3 Anschlüsse

Anschlüsse müssen die vorhandenen Stabkräfte übertragen. Sie sollen nach Möglichkeit so ausgebildet werden, daß

1. der Schwerpunkt der Verbindungsmittel auf der Stabschwerachse liegt, damit der Anschluß momentenfrei bleibt und nach Abschn. 3.1.4.1 berechnet werden kann
2. die einzelnen Querschnittsteile je für sich gemäß ihrer anteiligen Kraft angeschlossen werden.

Mittiger Anschluß nach Punkt 1 ist bei doppelt symmetrischen Querschnitten immer möglich (Bild **3**.57, **4**.3); bei einfach symmetrischen Profilen kann die Bedingung beim Schweißanschluß durch richtige Bemessung der Nahtlänge und -dicke oder Begrenzung der rechnerischen Schweißnahtlängen nach Tafel **3**.17, bei geschraubtem Anschluß durch Beiwinkel erfüllt werden (Bild **3**.56, **3**.20). Ist der ausmittige Anschluß der Stabkraft konstruktiv nicht vermeidbar, muß das entstehende Moment im Anschluß oder Stab berücksichtigt werden (Bild **3**.60); lediglich bei Winkelstählen unter vorwiegend ruhender Belastung darf man darauf verzichten (Bild **3**.27, **3**.55).

Wo das durch den exentrischen Anschluß entstehende Moment zu erfassen ist (Anschluß, Stab), hängt von den Einzelsteifigkeiten der Anschlußkonstruktion und des Stabes ab.

Beispiel 1 (Bild **4**.3) Nachweise für den Anschluß des Zugstabes aus 2 U 200 – St 37 (S 235) mit der Stabkraft N = 1200 kN.

Da die Anschlußebene der U-Profile nicht mit der Einzelschwerachse zusammenfällt, entsteht ein geringes Exzentrizitätsmoment. Bei Anordnung eines Bindebleches unmittelbar vor dem Anschluß wirkt sich dieses nur örtlich aus und wird daher nicht in Rechnung gestellt.

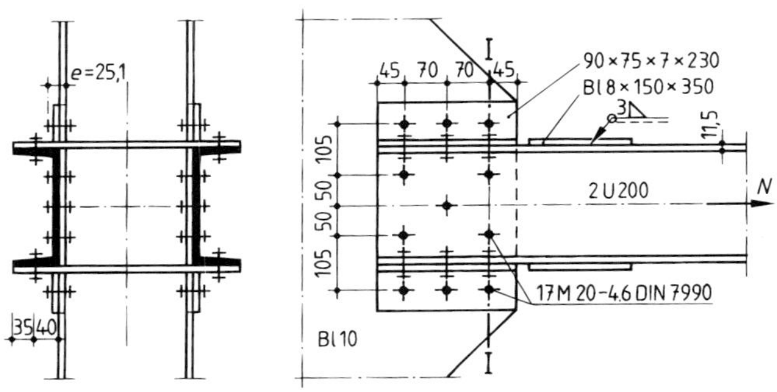

4.3 Anschluß eines zweiteiligen Zugstabes mit Beiwinkeln und rohen Schrauben

Nachweis des Stabes im Schnitt I – I

$$A = 32{,}2\ \text{cm}^2 \qquad A/A_N = 32{,}2/23{,}8 = 1{,}35 > 1{,}2$$
$$\Delta A = 2 \cdot 2{,}1 \cdot (0{,}85 + 1{,}15) = 8{,}4\ \text{cm}^2$$
$$A_N = 23{,}8\ \text{cm}^2$$

$$\sigma = \frac{1200/2}{23{,}8} = 25{,}21\ \text{kN/cm}^2 \qquad \sigma/\sigma_{R,d} = 25{,}21/26{,}2 = 0{,}96 < 1$$

Spannungsnachweis des 10 mm dicken *Knotenblechs*: Es wird von der ersten außenliegenden Schraube ab einer Kraftausbreitung im Knotenblech unter einem Winkel von ≈ 30° symmetrisch zur Stabachse bis zur letzten Schraubenreihe angenommen

$$b_m = 31 + 2 \cdot 2 \cdot 7{,}0 \cdot \tan 30° = 46{,}2\ \text{cm} \qquad b_m/b_{m,N} = 1{,}22 > 1{,}2$$
$$\Delta b_m = 4 \cdot 2{,}1 = 8{,}4\ \text{cm}$$
$$b_{m,N} = 37{,}8\ \text{cm}$$

$$\sigma = \frac{1200/2}{1{,}0 \cdot 37{,}8} = 15{,}9\ \text{kN/cm}^2 \qquad \sigma/\sigma_{R,d} = 0{,}61 < 1$$

Beispiel 1 Forts.

Für die *Berechnung des Anschlusses* wird die Stabkraft im Verhältnis der Flächen anteilmäßig auf den Steg und die Flansche aufgeteilt.

Stegfläche: $A = 20 \cdot 0{,}85 = 17{,}0 \text{ cm}^2$

Anteilige Kraft im Steg: $F_S = 600 \cdot 17{,}0/32{,}2 = 317 \text{ kN}$

Anteilige Kraft eines Flansches: $F_{Fl} = (600 - 317)/2 = 142 \text{ kN}$

Steganschluß (M 20 – 4.6, $\Delta d_L = 1$ mm):

$$(e_2/d_L = 50/21 > 1{,}5) \qquad e_3/d_L = 100/21 > 3{,}0$$

$$\alpha_l = 1{,}1 \cdot 45/21 - 0{,}3 = 2{,}057$$

$$V_{l,R,d} = 0{,}85 \cdot 2{,}0 \cdot 2{,}057 \cdot 24/1{,}1 = 76{,}3 \text{ kN}$$

$$V_{a,R,d} = 68{,}54 \text{ kN}$$

$$\text{erf } n = \frac{317}{68{,}54} = 4{,}63 < 5 \text{ M 20} - 4{,}6$$

Winkel (-Flansch)anschluß:

$$e_2/d_L = 35/21 = 1{,}67 > 1{,}5 \qquad \alpha_l = 2{,}057$$

$$V_{l,R,d} = 0{,}7 \cdot 2{,}0 \cdot 2{,}057 \cdot 24/1{,}1 = 62{,}83 \text{ kN} < V_{a,R,d}$$

$$\text{erf } n = \frac{142}{62{,}83} = 2{,}26 < 3 \text{ M 20} - 4{,}6$$

Beispiel 2 (Bild **4**.4)

Anschluß eines Hohlkastenquerschnitts an Knotenbleche. Stabkraft $Z_H = +\,2{,}9$ MN: Werkstoff St 52 – 3 (S 355). Die Kraft wird mit hochfesten Schrauben M 20 DIN 6914 – 8.8 in SL-Verbindung angeschlossen. $\Delta d = 2$ mm

Gurtquerschnitt: $A_{Fl} = 2 \cdot 22{,}0 \cdot 1{,}0 = 44{,}0 \text{ cm}^2$

Stegquerschnitt: $A_S = 2 \cdot 23{,}0 \cdot 1{,}0 = \underline{46{,}0 \text{ cm}^2}$

$A = 90{,}0 \text{ cm}^2$

Schnitt durch die beiden ersten Schrauben: $A_{N,1} = 90{,}0 - 2 \cdot 2 \cdot 2{,}2 \cdot 1{,}0 = 81{,}2 \text{ cm}^2$

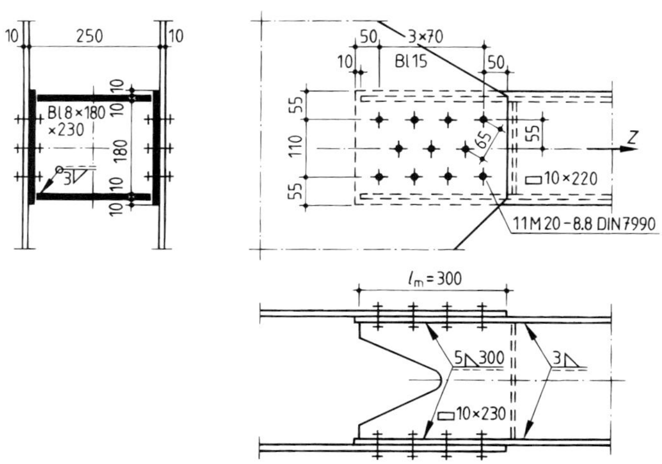

4.4 Anschluß eines Stabes mit Hohlkasten-Querschnitt mit hochfesten Schrauben in SL-Verbindung

Beispiel 2 Forts.

Schnitt durch die 3 ersten Schrauben

$$A_{N,2} = 81{,}2 + 4 \cdot (6{,}5-5{,}5) \cdot 1{,}0 - 2 \cdot 2{,}2 \cdot 1{,}0 = 80{,}8 \text{ cm}^2$$

$$A/A_N = 90/80{,}8 = 1{,}11 > 1{,}1 \text{ (St 52)}$$

$$N_{R,d,2} = 80{,}8 \cdot 51/(1{,}25 \cdot 1{,}1) = 2997 \text{ kN} \qquad N/N_{R,d,2} = \frac{2900}{2997} = 0{,}97 < 1$$

Stabanschluß:

$$V_{a,R,d} = 137{,}1 \text{ kN}$$

$$(e_2/d_L = 55/22 > 1{,}5) \qquad e_3/d_L \geq 65/22 = 2{,}95 \approx 3{,}0$$

$$e_1\text{: } a_l = 1{,}1 \cdot 50/22 - 0{,}3 = 2{,}2$$

$$e\text{: } a_l = 1{,}08 \cdot 70/22 - 0{,}77 = 2{,}67 > 2{,}2$$

$$V_{l,R,d} = 1{,}0 \cdot 2{,}0 \cdot 2{,}2 \cdot 36/1{,}1 = 144 \text{ kN}$$

$$\text{erf } n = \frac{2900}{137{,}1} = 21{,}2 < 2 \cdot 11 \text{ M 20-8.8}$$

$$V_a = 2900/22 = 131{,}8 \text{ kN} \qquad V_a/V_{a,R,d} = \frac{131{,}8}{137{,}1} = 0{,}96 < 1$$

Die Stege sind nicht unmittelbar mit dem Knotenblech verbunden: sie müssen ihre anteilige Kraft innerhalb der Anschlußlänge $l_m = 3 \cdot 7{,}0 + 2 \cdot 5{,}0 - 1{,}0 = 30$ cm an die kraftübertragenden Gurtbleche BrFl 10 × 220 abgeben. Auf jede der 4 Anschluß-kehlnähte mit $a = 5$ mm entfällt die Kraft

$$N_S = 0{,}25 \cdot 2900 \cdot 46/90 = 371 \text{ kN}$$

$$\tau_{\parallel} = \frac{371}{0{,}5 \cdot 30} = 24{,}7 \text{ kN/cm}^2 \qquad \tau_{\parallel}/\tau_{w,R,d} = 0{,}79 < 1$$

$$\tau_{w,R,d} = 0{,}95 \cdot 36/1{,}1 = 31{,}1 \text{ kN / cm}^2$$

Beispiel 3 (Bild **4.5**)

Anschluß eines Windverbandswinkels an das Knotenblech. Stabkraft $N = 90$ kN. Die Zugkraft wird mit dem Hebelarm e zwischen Knotenblechmitte und Stabschwerachse ausmittig in den Stab eingeleitet. Nach DIN 18801 darf die Ausmittigkeit unberücksichtigt bleiben, wenn der Stab nur zu 80 % ausgenutzt wird.

a) Der Nachweis des Stabes erfolgt mit Gl. (4.2)

$$A_N = 6{,}91 - 1{,}8 \cdot 0{,}6 = 5{,}83 \text{ cm}^2 \qquad A/A_N = 6{,}91/5{,}83 = 1{,}19 < 1{,}2$$

$$N_{R,d} = 0{,}8 \cdot 6{,}91 \cdot 24/1{,}1 = 120{,}6 \text{ kN} \qquad N/N_{R,d} = \frac{90}{120{,}6} = 0{,}75 < 1$$

Für den Anschluß mit 3 M 16 – 4.6 ergibt sich:

$$V_{a,R,d} = 43{,}87 \text{ kN}$$

$$e_2/d_L = 25/18 = 1{,}39 < 1{,}5$$

Interpolation:

$$e_2/d_L = 1{,}2 : a_l = 1{,}1 \cdot 35/18 - 0{,}3 = 1{,}839$$

$$e_2/d_L \geq 1{,}5 : \underline{a_l = 0{,}73 \cdot 35/18 - 0{,}2 = 1{,}219}$$

$$a_l = 1{,}219 + \frac{1{,}839 - 1{,}219}{0{,}3} \cdot 0{,}19 = 1{,}612$$

$$V_{l,R,d} = 0{,}6 \cdot 1{,}6 \cdot 1{,}612 \cdot 24/1{,}1 = 33{,}8 \text{ kN}$$

$$V_l = 90/3 = 30 \text{ kN} \qquad V_l/V_{l,R,d} = 30/33{,}8 = 0{,}89 < 1$$

Beispiel 3
Forts.

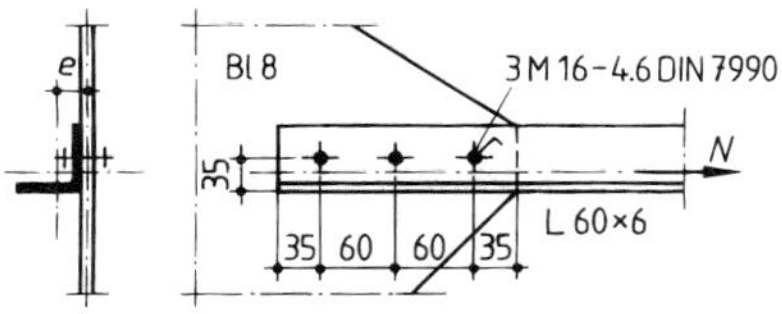

4.5 Anschluß eines Verbandsstabes aus einem Einzelwinkel mit rohen Schrauben

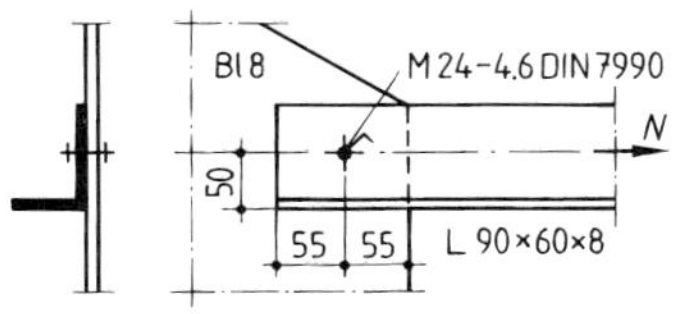

4.6 Anschluß eines Winkelstahls mit einer Schraube. Die Wirkungslinie der Zugkraft geht durch die Schraube

b) Der Anschluß wird nur mit einer Schraube M 24 – 4.6 mit 2 mm Lochspiel ausgeführt (Bild **4.6**). Der Nachweis des Stabes mit einer Zugkraft von N = 70 kN erfolgt nach Gl. (4.3), Gl. (3.8) und Bild **4.2**.

$$A^* = (40-1{,}3)\cdot 0{,}8 = 2{,}16\ \text{cm}^2 \qquad A/A^* = 1{,}67 > 1{,}2$$
$$A = 0{,}8\cdot 9{,}0/2 \qquad = 3{,}6\ \text{cm}^2$$

$$N^*_{R,d} = 2\cdot 2{,}16\cdot 36/(1{,}25\cdot 1{,}1) = 113\ \text{kN} \qquad N/N^*_{R,d} = \frac{70}{113} = 0{,}62 < 1$$

Für den Anschluß (einschnittig ungestützte Verbindung) gilt:

$$V_{a,R,d} = 98{,}7\ \text{kN}$$
$$e_2/d_L = 40/26 = 1{,}54 > 1{,}5 \qquad \alpha_l = 1{,}1\cdot 55/26 - 0{,}3 = 2{,}027$$
$$e_1/d_L = 55/26 = 2{,}12 > 2{,}0$$
$$V_{l,R,d} = 0{,}8\cdot 2{,}4\cdot 2{,}027\cdot 24/1{,}1 = 84{,}9\ \text{kN}$$
$$V_l/V_{l,R,d} = 70/84{,}9 = 0{,}82 < 1/1{,}2 = 0{,}83$$

4.4 Stöße

Auf der Baustelle werden die in der Werkstatt vorgefertigten Konstruktionsteile durch Stoßverbindungen zum Gesamtbauwerk zusammengefügt. Werkstattstöße einzelner Stäbe sind relativ selten, da die lieferbaren Profillängen fast immer für die Fertigung der Bauteile ausreichen. Die Stoßverbindung ist für die vorhandene Stabkraft zu bemessen; jede Teilfläche des Querschnitts muß für sich für ihren Anteil an der Gesamtkraft gestoßen werden, um Überbeanspruchungen des Stabes im Stoßbereich zu vermeiden.

Geschweißte Stöße kommen vornehmlich für Werkstattstöße in Betracht; sie werden in der Regel mit *Stumpfnähten* ausgeführt (Bild **3.**53).

Statt mit Stumpfnähten kann der Stoß auch durch Anschweißen der Profilenden mit Kehlnähten an eine *Stoßquerplatte* ausgeführt werden (Beispiel 4). Hinsichtlich des Werkstoffs der Querplatte s. Abschn. 3.2.3.

Auf der Baustelle führt man meist *geschraubte* Stöße aus. Beim *Laschenstoß* wird die Stabkraft durch Stoßlaschen über die Stoßstelle geleitet, wobei jeder Querschnittsteil seine eigenen Stoßlaschen mit den zum Anschluß der anteiligen Kraft erforderlichen Verbindungsmitteln erhält. Die Laschen werden nach Möglichkeit unmittelbar auf die zu deckenden Teile aufgelegt; so läßt sich am einfachsten die Forderung erfüllen, daß der *Schwerpunkt der Stoßdeckungsteile* mit dem Stabschwerpunkt zusammenfallen muß, um zusätzliche Biegespannungen im Stab oder in den Laschen auszuschalten. Statt die Laschenkräfte über die Kraftanteile der einzelnen Querschnittsflächen zu berechnen, kann man bei nur 2 Teilflächen des Stabes die Stabkraft auch nach dem Hebelgesetz auf die Laschen aufteilen. Mit ihrem Nettoquerschnitt ist für die Laschen der Spannungsnachweis zu führen.

Beispiele für die Stoßdeckung von Winkeln s. Bild **4.**7. Nicht bei allen diesen Ausführungen fällt der Schwerpunkt der Laschen genau genug mit dem Stabschwerpunkt zusammen. Die Eckkante der eingepaßten Stoßwinkel muß abgehobelt werden; den dadurch entstehenden Querschnittsverlust berücksichtigt man meist nicht. Da die Schenkel der Winkellaschen möglichst nicht über die der Hauptwinkel vorstehen sollen und trotzdem ihr Nettoquerschnitt gleich groß sein soll, wählt man Stoßwinkel mit kleinerer Schenkelbreite und größerer Dicke (Bild **4.**12).

Von der Forderung nach mittiger Anordnung der Stoßdeckungslaschen und nach gesonderter Deckung aller Querschnittsteile weicht man zwecks konstruktiver Vereinfachung

4.7 Beispiele für die Anordnung von Stoßdeckungslaschen bei Winkelstählen

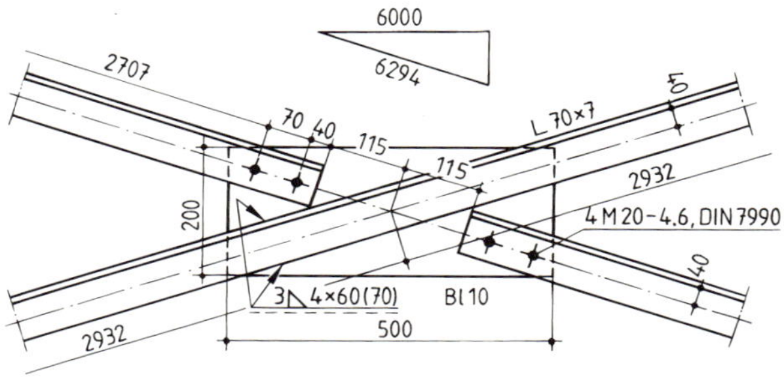

4.8 Kreuzung von Windverbands-Stäben; Stoßdeckung durch das Knotenblech

lediglich bei Verbandsstäben mit kleinen Stabkräften ab (Bild **4.**8); hier wird das Knotenblech zur Stoßdeckung herangezogen, eine konstruktive Lösung, für die der Spannungsnachweis des Knotenblechs verlangt wird und die man nur in untergeordneten Fällen ausführen sollte.

Wie bei Stabanschlüssen ist der *Querschnittsverlust* ΔA auch bei Stößen durch Versetzen der Bohrungen in den verschiedenen Lochreihen so klein wie möglich zu halten (Beispiel 5).

Rautenförmige Schraubenbilder (Bild **4.**10) verringern den Lochabzug gegenüber rechteckigen (Bild **4.**9) beträchtlich; denn bevor im Schnitt III der volle Lochabzug wirksam wird, ist bereits die Hälfte der Stabkraft in die Laschen übergegangen. Maßgebend ist in diesem Beispiel der Spannungsnachweis des Stabes im Schnitt I mit voller Stabkraft bei Abzug lediglich einer Bohrung. Für die Laschen ist Schnitt III maßgebend. Da jedoch bei rautenförmigen Schraubenbildern eine Überlastung der ersten Schraubenreihe infolge unregelmäßiger Stabdehnungen auftritt, soll man der rechteckigen Anordnung trotz ihres scheinbaren Nachteils (größerer Stabquerschnitt) den Vorzug geben.

Wenn hochfeste Schrauben verwendet werden, ist anstelle des Laschenstoßes auch der *Querplattenstoß* möglich. Die an den beiden Stabenden angeschweißten Querplatten werden mit

HV-Schrauben miteinander verschraubt (Bild **3**.28). Dadurch, daß die Schraubenkräfte gegenüber den in den Profilwandungen wirkenden Zugkräften versetzt sind, treten in den Querplatten Biegemomente auf, für die die Plattendicke zu bemessen ist.

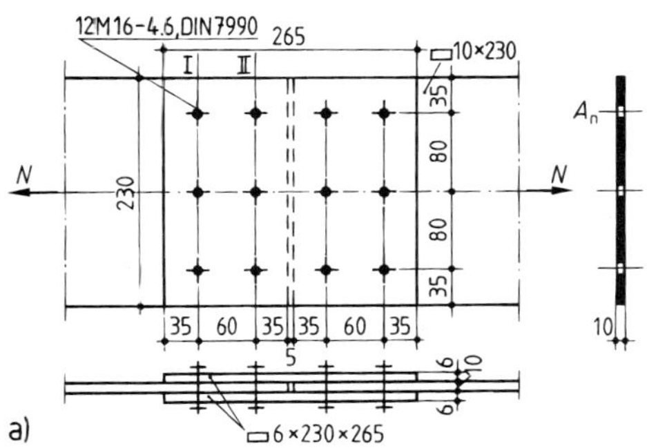

4.9 Stoß eines Breitflachstahls mit rechteckiger Anordnung der Schrauben

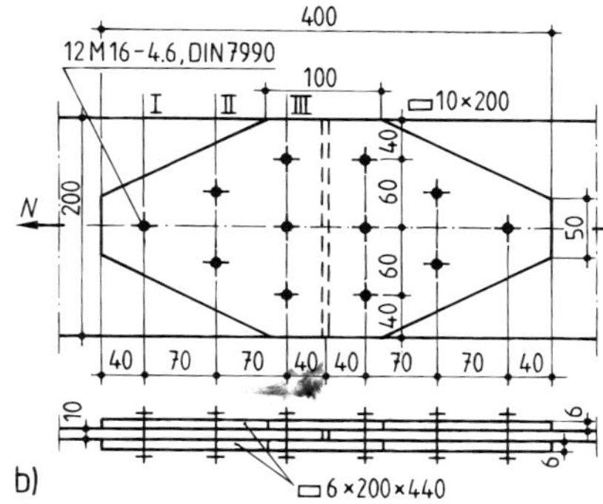

4.10 Stoß eines Breitflachstahls mit rautenförmiger Anrodnung der Schrauben (vermeiden)

Beispiel 4 (Bild **4**.11) Ein Zugstab IPB 240 – St 37 (S235) ist für seine Grenzzugkraft $N_{R,d}$ mit Stoßquerplatte zu stoßen.

Bei der gewählten Schweißnahtausführung kann auf einen Nachweis verzichtet werden (Bild **3**.49). Er soll trotzdem beispielhaft geführt werden.

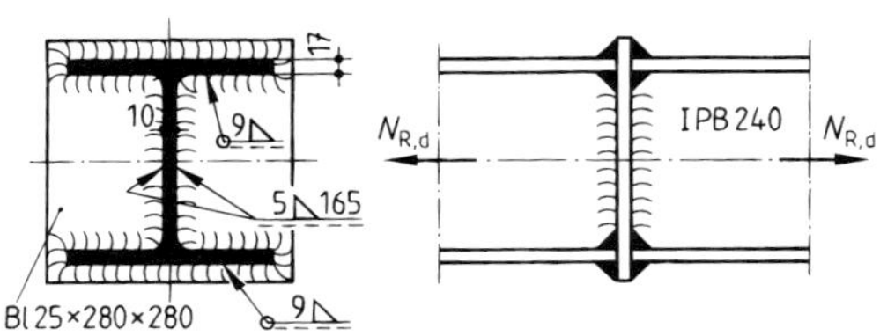

4.11 Stoß eines Zugstabes durch Kehlnahtanschluß an einer Stoßquerplatte

Grenzzugkraft $N_{R,d} = 106 \cdot 24/1{,}1 = 2313$ kN

Stegfläche $A_S = (24 - 1{,}7) \cdot 1{,}0 = 22{,}3$ cm²

Kraftanteil des Steges $N_S = 2313 \cdot 22{,}3/106 = 487$ kN

Kraftanteil des Flansches $N_F = (2313 - 487)/2 = 913$ kN

Schweißnaht des Steges $A_{W,S} = (24 - 2 \cdot 1{,}7) \cdot 2 \cdot 0{,}5 = 20{,}6$ cm²

$$\sigma_{\perp,S} = 487/20{,}6 = 23{,}64 \text{ kN/cm}^2 \qquad \sigma_{\perp}/\sigma_{w,R,d} = \frac{23{,}64}{20{,}7} = 1{,}14 > 1$$

Schweißnaht des Flansches

$$A_{W,F} = [2 \cdot (24 + 1{,}7) - 1{,}0] \cdot 0{,}9 = 45{,}36 \text{ cm}^2$$

$$\sigma_{\perp,F} = 913/45{,}36 = 20{,}13 \text{ kN} \qquad \sigma_{\perp}/\sigma_{w,R,d} = \frac{20{,}13}{20{,}7} = 0{,}97 < 1$$

Obwohl der Nachweis für den Steg nicht erfüllt ist, darf der Anschluß ohne weiteren Nachweis wie gezeichnet ausgeführt werden.

Beispiel 5 (Bild **4**.12) Für den Fachwerkgurt aus ⅃L 75 × 7 – St 37 (S 235) mit einer Zugkraft N = 425 kN ist der mit rohen Schrauben M 20 ausgeführte Laschenstoß nachzuweisen. Das Knotenblech soll nicht zur Stoßdeckung herangezogen werden (Δd = 1 mm)

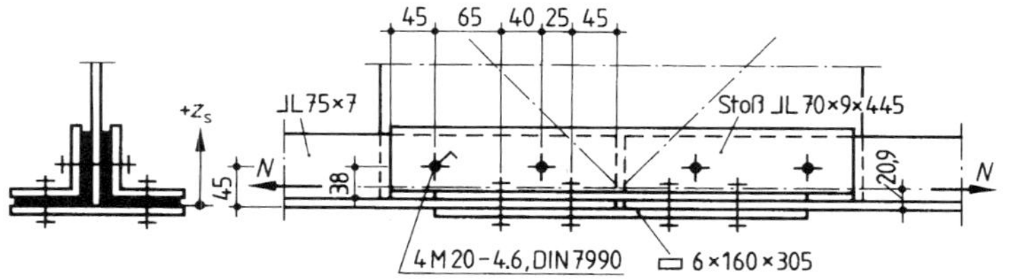

4.12 Laschenstoß eines Zugstabes aus Doppelwinkeln

Nachweis des Stabes. Die äußeren Bohrungen in den Winkelschenkeln werden mindestens um das Maß e_2 = 62 mm versetzt; dadurch braucht in jedem Winkel nur 1 Loch abgezogen werden. – In den Stoßwinkeln beträgt der gegenseitige Schraubenabstand in der maßgebenden Rißlinie jedoch nur e_1 = 25 mm, so daß 2 Bohrungen je Winkel berücksichtigt werden müssen.

⅃L 75 × 7 $\quad A = 2 \cdot 10{,}1 = 20{,}20\ \text{cm}^2$

$$\Delta A = 2 \cdot 2{,}1 \cdot 0{,}7 = 2{,}94\ \text{cm}^2 \qquad A/A_N = \frac{20}{17{,}26} = 1{,}17 < 1{,}2$$

$$A_N = 17{,}26\ \text{cm}^2$$

$$\sigma = 425/20{,}2 = 21{,}04\ \text{kN/cm}^2 \qquad \sigma/\sigma_{R,d} = 21{,}04/21{,}8 = 0{,}97 < 1$$

Stoß. Auf einen Winkel entfällt die Kraft $N_1 = 425/2 \approx 213$ kN

$$A_N \geq 11{,}9 - 2 \cdot 2{,}1 \cdot 0{,}9 = 8{,}12\ \text{cm}^2 \qquad A/A_N = \frac{11{,}9}{8{,}12} = 1{,}47 > 1{,}2$$

$$\sigma = 213/8{,}12 = 26{,}23\ \text{kN/cm}^2 \qquad \sigma_{R,d} = 36/(1{,}25 \cdot 1{,}1) = 26{,}2\ \text{kN/cm}^2$$

$$\sigma/\sigma_{R,d} \approx 1{,}0$$

Anschluß mit 2 · 2 = 4 M 20 – 4.6 (einschnittig)

$$V_{a,R,d} = 68{,}54\ \text{kN} \qquad \min e_2/d_L = 30/21 = 1{,}43,\ e_1 = 45\ \text{mm}$$

Interpolation:

$$e_2/d_L = 1{,}2 : a_1 = 0{,}73 \cdot 45/21 - 0{,}2 = 1{,}364$$

$$e_2/d_L \geq 1{,}5 : a_1 = 1{,}1 \cdot 45/21 - 0{,}3 = 2{,}057$$

$$a_1 = 1{,}364 + \frac{2{,}057 - 1{,}364}{0{,}3} \cdot 0{,}23 = 1{,}895$$

$$V_{l,R,d} = 0{,}7 \cdot 2{,}0 \cdot 1{,}895 \cdot 24/1{,}1 = 57{,}9\ \text{kN}$$

$$V_l = 425/8 = 53{,}1\ \text{kN} \qquad V_l/V_{l,R,d} = \frac{53{,}1}{57{,}9} = 0{,}92 < 1$$

Wenn auch rechnerisch der L 70 × 9 zur Stoßdeckung ausreicht, wird zusätzlich eine 6 mm dicke Flachstahllasche beigelegt, um den Schwerpunkt der Stoßlaschen in die Stabachse zu rücken. Die dafür notwendige Fläche A ergibt sich aus der Bedingung für die Schwerpunktlage, bezogen auf die Winkelunterkante:

$$z_s = \frac{2 \cdot 11{,}9\,(0{,}7 + 2{,}05) - A \cdot 0{,}3}{2 \cdot 11{,}9 + A} = 2{,}09\ \text{cm}$$

$$\text{erf}\,A = 6{,}57\ \text{cm}^2 < \text{vorh}\,A = 0{,}6 \cdot 16 = 9{,}6\ \text{cm}^2$$

Beispiel 6 (Bild **4**.13) Stoß eines Zugstabes aus 1/2 IPE 330 – St 37 (S235).

a) Für die in der Stabschwerachse mittig wirkende Zugkraft $N = +\ 600$ kN sind der Spannungsnachweis des Stabes und der Nachweis ausreichender Stoßdeckung zu führen.

War man früher bemüht, durch entsprechende Schraubenanordnung den Lochabzug im maßgebendem Schnitt (mögliche Bruchlinie) gering zu halten, so wird man heute aus Konstruktions- und Fertigungsgründen einer einfachen Schraubenanordnung den Vorzug geben. Das an dieser Stelle in früheren Auflagen behandelte Beispiel wurde daher vereinfacht.

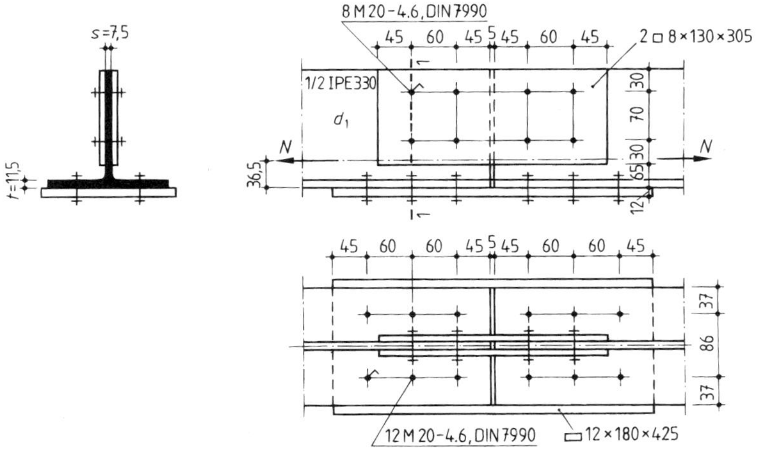

4.13 Stoßdeckung eines Zugstabes aus 1/2 IPE-Profil durch Laschen mit rohen Schrauben; mögliche Rißlinien des Stabes

Der Spannungsnachweis im Schnitt 1 – 1 wird vereinfachend mit der vollen Stabkraft, d. h. ohne Berücksichtigung des Kraftanteils in der ersten Flanschschraube geführt. (Lochspiel $\Delta\, d_L = 1{,}0$ mm)

Nachweis des Stabes:

$$A_N = 31{,}3 - 2 \cdot 2{,}1 \cdot (0{,}75 + 1{,}15) = 23{,}32\ \text{cm}_2 \qquad A/A_N = \frac{31{,}3}{23{,}32} = 1{,}34 > 1{,}2$$

$$\sigma = \frac{660}{23{,}32} = 25{,}73\ \text{kN/cm}^2 \qquad \sigma/\sigma_{R,d} = \frac{25{,}73}{26{,}2} = 0{,}98 < 1$$

Nachweis der Stoßdeckungsteile: Der gemeinsame Schwerpunkt der Stoßdeckungsteile hat gegenüber der Stabachse nur eine Exzentrizität von $e = 0{,}35$ cm. Sie darf vernachlässigt werden.

$$A_N = 2 \cdot 13 \cdot 0{,}8 + 1{,}2 \cdot 18 - 2 \cdot 2{,}1\ (2 \cdot 0{,}8 + 1{,}2) = 30{,}64\ \text{cm}^2 > 23{,}22\ \text{cm}^2$$

Nachweis der Schrauben: Die Stabkraft wird flächenanteilig auf die einzelnen Querschnittsteile aufgeteilt:

$$A_S = (16{,}5 - 1{,}15) \cdot 0{,}75 = 11{,}51\ \text{cm}^2$$

$$N_S = 600 \cdot 11{,}51/31{,}3 = 220\ \text{kN}$$

$$N_F = 600 - 220 = 380\ \text{kN}$$

Beispiel 6 Forts. Für die Steg- und Flanschverlaschung werden einheitlich Schrauben M 20 – 4.6 mit einem Lochspiel von 1 mm eingesetzt.

$$V_{a,R,d} = 68{,}54 \text{ kN (einschnittig)}$$

Steg:

$$e_2/d_L = 30/21 = 1{,}43 < 1{,}5$$

$$e_3/d_L = 70/21 = 3{,}33 > 1{,}0$$

$$e_2/d_L = 1{,}2: \ \alpha_l = 0{,}73 \cdot 45/21 - 0{,}2 = 1{,}364$$

$$e_2/d_L \geq 1{,}5: \ \underline{\alpha_l = 1{,}1 \cdot 45/21 - 0{,}3 = 2{,}057}$$

$$\alpha_l = 1{,}364 + \frac{2{,}057 - 1{,}364}{0{,}3} \cdot 0{,}23 = 1{,}895$$

Sollen die inneren Schrauben die gleiche Tragfähigkeit haben, muß der Schraubenabstand $e \geq 60$ mm betragen (Tafel **3**.7)

$$V_{l,R,d} = 0{,}75 \cdot 2{,}0 \cdot 1{,}895 \cdot 24/1{,}1 = 62 \text{ kN} < 2 \cdot V_{a,R,d}$$

$$V_l = 220/4 = 55 \text{ kN} \qquad V_l/V_{l,R,d} = \frac{55}{62} = 0{,}89 < 1$$

Flansch:

$$e_2/d_L = 37/21 = 1{,}76 > 1{,}5 \qquad \alpha_l = 2{,}057$$

$$e_3/d_L = 86/21 = 4{,}10 > 3{,}0$$

$$V_{l,R,d} = 1{,}15 \cdot 2{,}0 \cdot 2{,}057 \cdot 24/1{,}1 = 103 \text{ kN} > V_{a,R,d}$$

$$V_a = 380/6 = 63{,}3 \text{ kN} \qquad V_a/V_{a,R,d} = \frac{63{,}3}{68{,}54} = 0{,}92 < 1$$

b) An der Stoßstelle des Stabes (Bild **4**.13) wirken gleichzeitig eine Zugkraft $N = +\ 400$ kN und das Moment $M = +\ 10$ kNm ein. Für den Stab soll der Tragsicherheitsnachweis geführt werden.

Maßgebende Querschnittswerte des Stabes

$$A_N = 23{,}32 \text{ cm}^2 \text{ (wie unter a))}$$

Widerstandsmoment für den Druckrand:

$$W_D = I/z_D = 717/(16{,}5 - 3{,}65) = 55{,}8 \text{ cm}^3$$

Für die Berechnung des Widerstandsmoments für den unteren (Zug-)Rand sind beim Flächenmoment 2. Grades die Löcher im Biegezugbereich, das sind hier nur die Löcher im Flansch, abzuziehen:

$$I = 717 \text{ cm}^4$$

$$\Delta I = 2 \cdot 2{,}1 \cdot 1{,}15 \left(\frac{3{,}65 - 1{,}15}{2}\right)^2 = \underline{46 \text{ cm}^4}$$

$$I - \Delta I = 671 \text{ cm}^4$$

$$W_z = 671/3{,}65 = 184 \text{ cm}^3$$

Randspannungen nach Gl. (2.11) für den

$$\text{Druckrand } \sigma = \frac{400}{23{,}32} - \frac{1000}{55{,}8} = 0{,}77 \text{ kN/cm}^2$$

$$\text{Zugrand } \sigma = \frac{400}{23{,}32} + \frac{1000}{184} = 22{,}59 \text{ kN/cm}^2$$

$$\sigma/\sigma_{R,d} = \frac{22{,}59}{26{,}2} = 0{,}86 < 1$$

Beispiel 7 (Bild **4.14**) Der Zugstab IPB 240 – St 37 (S235) ist für seine Zugkraft $N = + 2300$ kN mit hochfesten Schrauben in GV-Verbindung (HV M 24 – 10.9, $\Delta d_L = 1$ mm) zu stoßen.

Nachweis des Stabes

Flächenanteilige Kraftzerlegung:

Steg: $A_S = 1{,}0 \cdot (24 - 1{,}7) = 22{,}3\ \text{cm}^2$ $\qquad N_S = 2300 \cdot 22{,}3/106 = 484$ kN

Flansch: $\qquad N_F = (2300 - 484)/2 = 908$ kN

Schnitt durch die 1. Flanschschraubenreihe

$$A_N = 106 - 4 \cdot 1{,}7 \cdot 2{,}5 = 89\ \text{cm}^2 \qquad A/A_N = 1{,}19 < 1{,}2$$

$$\sigma = 2300/106 = 21{,}7\ \text{kN / cm}^2 \qquad \sigma/\sigma_{R,d} = \frac{21{,}7}{21{,}8} = 10$$

Schnitt 1 – 1: Hier ist die Stabkraft um die Kraftanteile der ersten 4 Flanschschauben vermindert

$$N_{1-1} = 2300 - 2 \cdot \frac{908}{6} \cdot 2 = 1695\ \text{kN}$$

$$A_{N,1-1} = 89 - 2 \cdot 1{,}0 \cdot 2{,}5 = 84\ \text{cm}^2 \qquad A/A_N = 106/84 = 1{,}26 > 1{,}2$$

$$\sigma = 1695/84 = 20{,}18\ \text{kN/cm}^2 \qquad \sigma/\sigma_{R,d} = \frac{20{,}18}{26{,}2} = 0{,}77 < 1$$

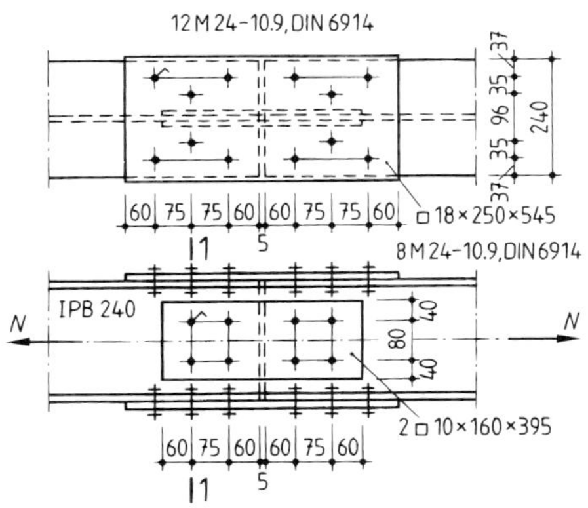

4.14 Stoß eines Zugstabes aus IPB 240 mit Laschendeckung und HV-Schrauben in GV-Verbindung

Stoßdeckung des Steges: für $N_S = 484$ kN

$$A_{N,L} = 2 \cdot 1{,}0 \cdot 16 - 41{,}0 \cdot 2{,}5 = 22\ \text{cm}^2 \qquad A/A_{N,L} = 32/22 = 1{,}45 > 1{,}2$$

$$\sigma = 484/22 = 22\ \text{kN/cm}^2 \qquad \sigma/\sigma_{R,d} = \frac{22{,}0}{26{,}2} = 0{,}84 < 1{,}0$$

$e_2/d_L = 40/25 = 1{,}6 > 1{,}5$ (gilt nur für die Laschen)

$e_3/d_L = 80/25 = 3{,}2 > 3{,}0$ (gilt für den Steg und die Laschen)

$\alpha_l = 1{,}1 \cdot 60/25 - 0{,}3 = 2{,}34$

$V_{l,R,d} = 1{,}0 \cdot 2{,}4 \cdot 2{,}34 \cdot 24/1{,}1 = 122$ kN

$V_{a,R,d} = 2 \cdot 226{,}2 = 452{,}4\ \text{kN} > V_{l,R,d}$

$V_l = 463/4 = 116$ kN $\qquad V_l/V_{l,R,d} = 116/122 = 0{,}95 < 1$

Beispiel 7 Forts.

Stoßdeckung des Flansches: für $N_F = 908$ kN

Der Nachweis der Lasche kann wegen der größeren Fläche entfallen. Für den dünneren Flansch gilt

$$e_2/d_L = 37/25 = 1{,}48 < 1{,}5 \qquad e_3 > 3{,}0 \cdot d_L$$

$$e_2/d_L = 1{,}2 : \alpha_l = 0{,}73 \cdot 60/25 - 0{,}2 = 1{,}55$$

$$e_2/d_L \geq 1{,}5 : \underline{\alpha_l = 1{,}1 \cdot 60/25 - 0{,}3 = 2{,}34}$$

$$\alpha_l = 1{,}55 + \frac{2{,}34 - 1{,}55}{0{,}3} \cdot 0{,}28 = 2{,}29$$

$$V_{l,R,d} = 1{,}7 \cdot 2{,}4 \cdot 2{,}29 \cdot 24/1{,}1 = 204 \text{ kN} < 226{,}2 \text{ kN}$$

$$V_l = 908/6 = 151 \text{ kN} \qquad V_l/V_{l,R,d} = \frac{151}{204} = 0{,}74 < 1$$

Gebrauchstauglichkeitsnachweis: Dieser wird für eine Kraft $N_g = 1760$ kN geführt. Für jede Stoßhälfte stehen $2 \cdot 6 + 4 \cdot 2 = 20$ Reibflächen zur Verfügung

$$V_{g,R,d} = 95{,}65 \text{ kN} \qquad N_{g,1}/V_{g,R,d} = \frac{88}{95{,}65} = 0{,}92 < 1$$

$$N_{g,1} = 1760/20 = 88 \text{ kN}$$

5 Hochfeste Zugglieder

Hochfeste Zugglieder als Seile oder Spannstähle werden im Stahlhochbau im wesentlichen eingesetzt zur Abspannung von Trägern bei großen Überdachungen, wie z. B. für Tribünen (Bild **5**.1), Sport- und Mehrzweckhallen (Bild **5**.2) sowie Flugzeughangars. Neben ihrer eigentlichen Aufgabe als tragendes Element bieten sie dem Architekten die Möglichkeit ästhetischer und repräsentativer Gestaltung. In der Fördertechnik werden *stehende* und *laufende* Seile eingesetzt.

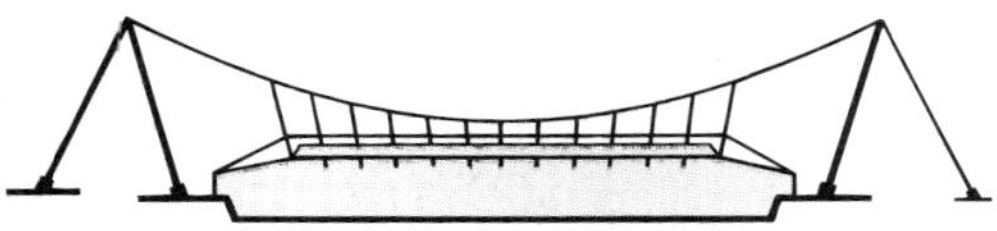

5.1 Seilabspannung eines Sporthallendaches

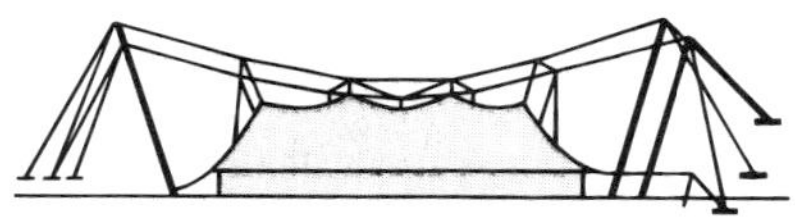

5.2 Seilabspannung einer Überdachung

In den folgenden Abschnitten werden nur einige wesentliche Begriffe erläutert; detaillierte Ausführungen, insbesondere hinsichtlich der *Seilstatik* sind der einschlägigen Fachliteratur zu entnehmen.

5.1 Materialien und Bauarten

Materialeigenschaften

Zur Herstellung von *Seilen* und *Seillitzen* wird *Seildraht* aus beruhigt vergossenem Kohlenstoffstahl (Qualitätsstahl) nach DIN EN 10016 oder aus nichtrostendem Stahl nach DIN 17440 verwendet. Der C-Gehalt bei den Kohlenstoffstählen liegt zwischen 0,35 % bis 0,9 %. Die Festigkeitseigenschaften werden durch die $f_{0,2}$-Grenze und die Zugfestigkeit $f_{u,k}$ beschrieben. Letztere soll einen Wert von 1770 N/mm^2 nicht überschreiten und für alle Drähte eines Zuggliedes gleich sein. Für *Zugglieder aus Spannstählen* (Stangen, seltener Drähte und Litzen) werden Werkstoffe nach den bauaufsichtlichen Zulassungen verwendet. Es kommen Stähle der Güte St 835/1030 bis St 1570/1770 zum Einsatz. Die Stähle sind nicht schweißbar. Alle Stähle unterliegen einer strengen Qualitätskontrolle, die durch Bescheinigungen, mindestens jedoch durch Werkszeugnisse zu belegen ist.

Während Spannstähle in der Regel als Einzelstäbe oder *Bündeln* von parallelen Einzelstäben verwendet werden, gibt es bei Seilen unterschiedliche Formen.

Seilarten

Seile werden aus Einzeldrähten (mit d = 0,7 mm bis 7,0 mm) oder Litzen hergestellt. (Litzen werden aus runden Einzeldrähten rechts- oder linksgängig im Kreuz- oder Gleichschlag maschinell hergestellt.)

Offene Spiralseile (Bild **5**.3 a) bestehen nur aus Runddrähten und werden aus mehreren Lagen um einen Kerndraht schraubenförmig geschlagener (verlitzter) Drähte hergestellt. Sie sind korrosionsanfällig und haben eine geringe *Dehnsteifigkeit*. Die Verarbeitung (Einbau) ist relativ problemlos.

Vollverschlossene Spiralseile (Bild **5**.3 b) werden im Inneren aus Runddrähten und in der (den) äußeren Lage(n) aus Formdrähten (Keildraht, Z-Draht von 3 mm bis 7 mm Stärke) hergestellt. Sie sind weniger anfällig hinsichtlich Korrosion, haben eine größere Dehnsteifigkeit und können örtliche Pressungen an Seilumlenkungen besser aufnehmen. Infolge ihrer hohen Steifigkeit ist ihre Handhabung (Montage) erschwert.

Paralleldrahtbündel bestehen aus dünnen Runddrähten, die in regelmäßigen Abständen zu einem Bund zusammengefaßt sind (Bild **5**.3 c, d). Sie werden vor Ort gefertigt und im allgemeinen durch ein Hüllrohr oder Hüllmanschetten gegen Korrosion gesichert. Sie haben die größte Dehnsteifigkeit, sind jedoch nur durch besondere Montagevorkehrungen einbaubar.

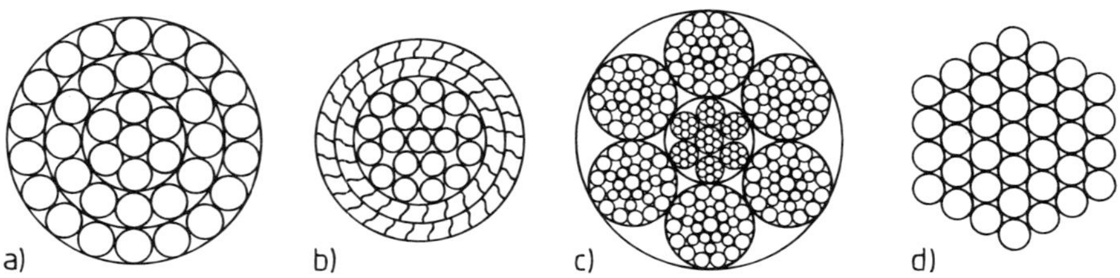

5.3 Hochfeste Zugglieder
a) Offenes Spiralseil
b) Vollverschlossenes Spiralseil
c) Rundlitzenseil
d) Bündel aus parallelen Spanndrähten, -litzen oder -stäben

5.2 Grundlagen der Berechnung

Hochfeste Zugglieder werden beansprucht durch Kräfte aus den äußeren Einwirkungen nach Maßgabe der einschlägigen Lastnormen und durch ihr Eigengewicht. Zur Ermittlung der Seilkräfte ist bei statisch unbestimmten Systemen die *Dehnsteifigkeit* von Bedeutung. Der Tragsicherheitsnachweis erfolgt gegenüber der Beanspruchbarkeit der Zugglieder.

Eigenlasten von Zuggliedern aus Seilen oder Spannstählen

Der charakteristische Eigenlastwert von Seilen oder Zuggliedern aus Spannstählen ist

$$g = \frac{\pi \cdot d^2}{4} \cdot f \cdot w \cdot = A_m \cdot w \tag{5.1}$$

mit

d Seil- oder Bündeldurchmesser in mm
f Füllfaktor } nach Tafel **5**.1
w Eigenlastfaktor } nach Tafel **5**.1
A_m metallischer Querschnitt

Als Seildurchmesser wird der Durchmesser des das Seil umhüllenden Kreises bezeichnet. Der Füllfaktor f ist von der Seilart abhängig, und der durch Wägung ermittelte Eigenlastfaktor w enthält neben dem Gewicht der metallischen Einlagen auch das Gewicht des Korrosionsschutzes.

Tafel **5**.1 Eigenlast- und Füllfaktoren bei Seilen und Spannstählen

		Füllfaktor f							Eigen-last-faktor $w \cdot 10^4$ $\frac{\text{kN}}{\text{m} \cdot \text{mm}^2}$
	Seilarten	Rund-draht-kern + 1 Lage Profil-drähte	Rund-draht-kern + 2 Lagen Profil-drähte	Rund-draht-kern + mehr als 2 Lagen Profil-drähte	Anzahl der um den Kerndraht angeordneten Drahtlagen				
					1	2	3 bis 6	> 6	
1	Offene Spiralseile	–			0,77	0,76	0,75	0,73	0,83
2	Vollverschlossene Spiralseile	0,81	0,84	0,88	–				0,83
3	Rundlitzenseile mit Stahleinlage	–			0,55				0,93
4	Zugglieder aus Spannstählen mit Korrosionsschutz durch Verzinken und Beschichten	–			0,78	0,76		0,75	0,85
5	Zugglieder aus Spannstählen mit Korrosionsschutz mit zement-injiziertem Kunst-stoffrohr	–			0,60				1,05

Verformungsmodul und Dehnsteifigkeit

Das Kraft-Verlängerungsdiagramm von Seilen ist nichtlinear und weist erst nach mehreren Lastzyklen ein stabiles Verhalten auf. Dabei stellt sich eine bleibende Verlängerung (Seilreck) ein. Dieser Seilreck ist auch durch ein Vorspannen vor dem Einbau nicht ganz vermeidbar, so daß fallweise ein Nachspannen der Seile nach einer gewissen Standzeit erforderlich ist. Da der E-Modul von der vorhandenen Spannung abhängt, wird er *Verformungsmodul* genannt. Dieser ist für die einzelnen Lastzustände unterschiedlich hoch (E_{B} für Bauzustände, E_{G} nach erstmaliger Belastung und E_{Q} im Bereich veränderlicher Einwirkungen). Die Anhaltswerte für E_{Q} nach Tafel **5**.2 gelten nach mehrmaliger Be- und Entlastung zwischen 30 % und 40 % der rechnerischen Bruchkraft.

Tafel **5**.2 Anhaltswerte für den Verformungsmodul E_Q [N/mm²] von Seiten, Drähten und Litzen

Zugglied	E_Q in N/mm²
Offene Spiralseile	$0{,}15 \cdot 10^6$
Vollverschlossene Spiralseile	$0{,}17 \cdot 10^6$
Rundlitzenseile mit Stahleinlage	$(0{,}12-0{,}09) \cdot 10^6$
Bündel aus parallelen Spanndrähten und -stäben	$0{,}20 \cdot 10^6$
Bündel aus parallelen Spannlitzen	$0{,}19 \cdot 10^6$

Die *Dehnsteifigkeit* hochfester Zugglieder wird im allgemeinen durch Versuche bestimmt und ist das Produkt aus dem Verformungsmodul und dem metallischen Querschnitt, z. B.

$$\boldsymbol{D_Q = E_Q \cdot A_m} \tag{5.2}$$

Wenn der durch Versuche bestimmte Wert D mehr als 10 % vom rechnerischen Wert abweicht, ist dies zu berücksichtigen.

Beanspruchbarkeit hochfester Zugglieder

Die Grenztragfähigkeit der hochfesten Zugglieder ergibt sich aus der Beanspruchbarkeit der Zugglieder, der Verankerung, der Umlenklager sowie der Klemmen und Schellen. Diese wird in der Regel durch Versuche bestimmt.

Die *Grenzzugkraft* ist der kleinere Wert nach Gl. (5.3)

$$\mathbf{Z_{R,d} = min} \begin{cases} \mathbf{Z_{B,k}/(1{,}5 \cdot \gamma_M)} \\ \mathbf{Z_{D,k}/(1{,}0 \cdot \gamma_M)} \end{cases} \tag{5.3}$$

mit

$Z_{B,k}$ die durch Versuche bestimmte Bruchkraft (5 % Fraktile) oder die nach Gl. (5.4) berechnete Bruchkraft

$Z_{D,k}$ die durch Versuche ermittelte Dehnkraft $Z_{D,k}$

$$\mathbf{cal\ Z_{B,k} = A_m \cdot f_{u,k} \cdot k_s \cdot k_e} \tag{5.4}$$

Hierin bedeutet

$f_{u,k}$ charakteristischer Wert der Zugfestigkeit der Drähte oder Stäbe

k_s Verseilfaktor nach Tafel **5**.3

k_e Verlustfaktor durch die Art der Verankerung nach Tafel **5**.4

Der *Tragsicherheitsnachweis* lautet

$$\mathbf{\frac{vorh\ Z}{Z_{R,d}} \leq 1} \tag{5.5}$$

Bei Seilen – mit Ausnahme vollverschlossener Seile – wird u. U. auch der *Nachweis gegen Fließen* (0,2 % Dehnkraft $Z_{D,k}$) maßgebend. $Z_{D,k}$ ist als 5 % Fraktile der Versuchswerte zu bestimmen oder rechnerisch (s. DIN 18800-1) zu ermitteln.

Tafel **5.3** Verseilfaktor k_s

Zugglieder	k_s
Offene Spiralseile	0,9 bis 0,87
Vollverschlossene Spiralseile	0,95
Rundlitzenseile mit Stahleinlage	0,84 bis 0,70
Zugglieder aus Spannstäben	1,0

Tafel **5.4** Verlustfaktor k_e

Art der Verankerung	nach Norm	Verlustfaktor k_e
Metallischer Verguß	DIN 3092-1	1,00
Kunststoff oder Kugel-Epoxidharz-Verguß	– [1])	1,00
Flämische Augen mit Stahlpreßklemmen	DIN 3095-2	1,00
Preßklemme aus Aluminium-Knetlegierungen	DIN 3093-2	0,90
Drahtseilklemme	DIN 1142	0,85

Für hier nicht aufgeführte Verankerungen sind die Werte k_e durch Versuche zu ermitteln.

[1]) s. Abschn. 4.3.2, Element 418, DIN 18800-1

5.3 Verankerungen und Umlenklager

Die Endverankerung der Seile erfolgt über reibfeste Verbindungen (Kauschen mit Klemmen) oder Vergußverankerungen (in Verankerungsköpfen). Für die Verankerungen von Zuggliedern aus Spannstählen gelten die bauaufsichtlichen Zulassungen.

Kauschen mit Seilklemmen (Bild **5.4** a) werden aus Stahlguß oder geschmiedetem Stahl (z. B. DIN 1681, DIN A 100) hergestellt (Formen s. DIN 3090, DIN 3091, DIN 1142).

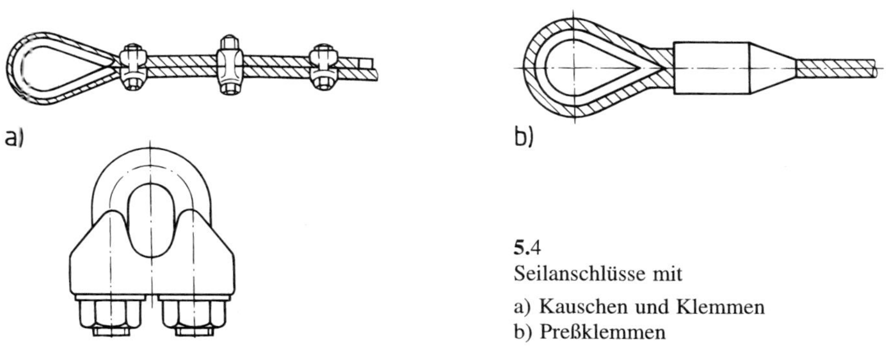

5.4
Seilanschlüsse mit
a) Kauschen und Klemmen
b) Preßklemmen

Kauschen mit Preßklemmen aus Aluminium-Knetverbindungen (DIN 3093) werden auch als „Flämisches Auge“ bezeichnet (Bild **5**.4 b).

Diese Verankerungsart kommt nur bei dünnen Seilen in Betracht. Bei großen Kräften (dicken Seilen) werden *Verankerungsköpfe* aus Stahlguß oder geschmiedetem Stahl verwendet (Bild **5**.5). In dem konischen Innenraum werden die Drähte (Litzen, Bündel) besenförmig aufgebunden und mit einem Metall-, Kunststoff- oder Kunstharzverguß verankert.

Paralleldrahtbündel und Parallellitzenbündel

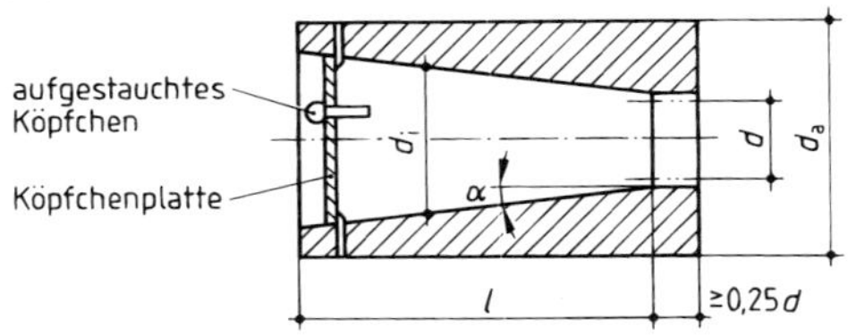

$4° < \alpha < 7°$
$d_a > 2{,}5\ d$
$l > 3{,}5\ d$
d Durchmesser des Bündels ohne Korrossionsschutz

Seile mit $d > 40$ mm

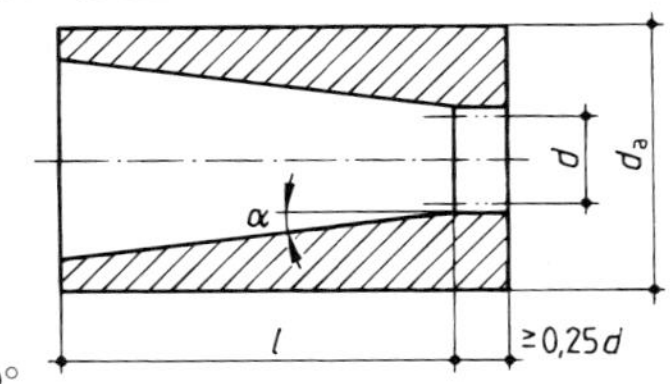

$5° < \alpha < 9°$

$$d_a = \left(0{,}3\,\frac{f_{y,D}}{f_y} + 1{,}9\right) d$$

l 5 d bzw. 50 $d_D < l < 7\ d$ bei Drahtseilen mit weniger als 50 Drähten
d Seilnenndurchmesser
d_D größter Drahtdurchmesser ≤ 7 mm (bei Formdrähten die Profilhöhe)

5.5 Anhaltswerte für die Abmessungen zylindrischer Verankerungsköpfe

Umlenklager sind nach DIN 18 800-1 auszubilden. Die dort angegebenen geometrischen Bedingungen stellen sicher, daß die Grenzzugkraft des gebogenen Seiles nicht mehr als 3 % unter der des geraden Seiles liegt.

Die *Pressungen* in Klemmen und auf Umlenklagern sowie das *Gleiten* sind nachzuweisen (s. DIN 18 800-1).

6 Druckstäbe, Knicken von Stäben und Stabwerken

Einfache Druckstäbe treten wie Zugstäbe als Bauglieder in Fachwerken und Verbänden auf. Sie sollen gerade und möglichst nur mittig belastet sein. Querlasten oder Momente sind hier zu vermeiden. Darüber hinaus treten vorwiegend druckbeanspruchte Stäbe als selbstständige Bauglieder in Geschoßbauten als Stützen (s. Abschn. 7) auf oder als Stiele biegesteifer Rahmentragwerke, wobei sie dann auch erhebliche Biegemomente bei mäßigen Querkräften zu übertragen haben.

Während zugbeanspruchte Bauteile erst bei Überschreiten der Materialfestigkeit zerstört werden, versagen (schlanke) Druckglieder (mit oder ohne Biegemomente) bereits bei sehr viel niedrigeren Spannungen durch seitliches Ausweichen des Stabes. Die bei Erreichen der Traglast plötzlich auftretende Instabilität nennt man *Biegeknicken*. Abhängig von Querschnittsform und Belastung kann allein oder auch zusammen mit der Verbiegung eine Verdrehung der Stabachse erfolgen; man spricht dann von *Drillknicken* oder *Biegedrillknicken*. Die genannten Instabilitätserscheinungen treten um so eher ein, je schlanker ein Stab ist und je dünner seine Wanddicken sind.

6.1 Querschnitte der Druckstäbe

Für die Querschnitte einfacher, einfeldriger Druckstäbe in Fachwerken ist neben einer ausreichenden Fläche auch die Form des Querschnitts von Bedeutung. Diese ist nicht nur wichtig für die Anschlußfähigkeit, sondern sie bestimmt auch weitgehend die Knicksicherheit des Druckstabes. Der für sie maßgebende Querschnittswert, der Trägheitsradius $i = \sqrt{I/A}$, wird besonders groß, wenn die Querschnittsflächen möglichst weit vom Schwerpunkt entfernt angeordnet sind. Diese Voraussetzung ist optimal beim dünnwandigen Rohr erfüllt, welches einen idealen Druckquerschnitt darstellt, aber nur schwierig mit anderen Profilformen zu verbinden ist. Statisch nahezu gleichwertig, konstruktiv jedoch bequemer einsetzbar, sind quadratische oder rechteckige Hohlprofile (Bild **6**.1). Für den Fachwerkbau des Stahlhochbaus sind bei Schweißausführung $^1/_2$ I-, T- und L-Stähle gut geeignet. Für geschraubte Konstruktionen sind Doppelwinkel am brauchbarsten, weil sie sich ausgezeichnet an die Knotenbleche anschließen lassen. Durch Bindebleche werden sie zu mehrteiligen Stäben mit günstigen statischen Eigenschaften verbunden.

Querschnitte mit wesentlich verschiedenen Trägheitshalbmessern eignen sich besonders für Druckstäbe mit unterschiedlichen Knicklängen in Richtung ihrer Hauptachsen.

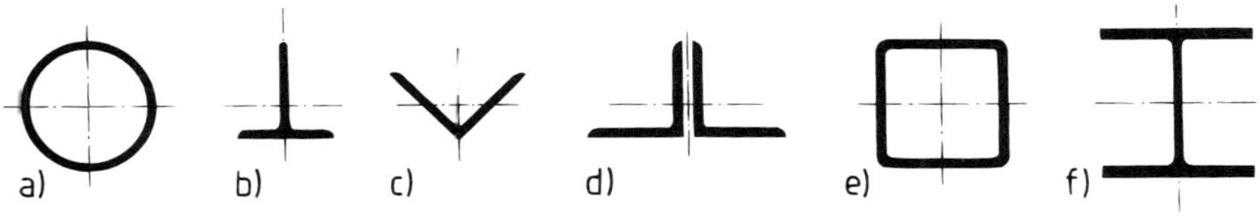

6.1 Bevorzugte leichte Druckstab-Querschnitte

In schweren Fachwerken, insbesondere im Kran- und Brückenbau, verwendet man Formstähle und Breitflanschträger (Bild **6.**1 f) sowohl einzeln als auch zusammengesetzt und durch Lamellen verstärkt, weiterhin aus Breitflachstählen geschweißte Hohlquerschnitte. (Querschnittsformen für Geschoßstützen s. Abschn. 7 und für Rahmensysteme Teil 2 dieses Werkes.)

6.2 Einführung in die Stabilitätstheorie

6.2.1 Entwicklung der Knickvorschriften

Unter idealisierten Voraussetzungen (ideal gerader Stab, mittiger Lastangriff, unbeschränkte Gültigkeit des Hookeschen Gesetzes $\sigma = \varepsilon \cdot E$) hat *L. Euler* schon 1744 herausgefunden, daß der gedrückte Stab bei der (idealen) Knicklast $N_{\text{ki}} = \pi^2 \, EI/s_{\text{K}}^2$ neben der indifferenten geraden Lage auch eine (labile) ausgebogene Gleichgewichtslage in Form der *Knickbiegelinie* aufweisen kann (Bild **6.**2 a). Man spricht daher auch von der *idealen Verzweigungstheorie* oder *Stabilitätstheorie*. Da das tatsächliche Werkstoffgesetz in dieser Theorie unberücksichtigt bleibt, ist die Theorie prinzipiell nur im elastischen Werkstoffbereich (unterhalb σ_{P}, Bild **1.**3) gültig. Tatsächlich weicht das Tragverhalten gedrückter Stäbe jedoch schon weit unterhalb dieser Grenze vom idealen Verhalten ab, da eine Reihe weiterer Einflüsse sich abmindernd auf die Steifigkeit und die Tragfähigkeit auswirken. Die Erfassung des nichtlinearen Werkstoffgesetzes oberhalb der Proportionalitätsgrenze und des Einflusses der Profilform gelang *Engesser* im Jahre 1895 (Bild **6.**2 b). Bei versuchsmäßigen Überprüfungen seiner Theorie stellten sich zwischen Rechnung und Experiment zum Teil deutliche Unterschiede ein, wobei insbesondere die Abweichung der realen Stabachse von der geraden Sollform und die Abweichungen des Lastangriffes vom Schwerpunkt verantwortlich zeichneten. Einen entscheidenden Schritt zur wirklichkeitsnahen Berechnung der Traglast ge-drückter Stäbe bei gleichzeitiger Erzielung einer geschlossenen, formelmäßig angebbaren Lösung vollzog *Ježek* im Jahre 1937. In Abhängigkeit der Stabschlankeit λ und einer mit λ wachsenden Exzentrizität e läßt sich die kritische Spannung $\sigma_{\text{Kr}} = N_{\text{Kr}}/A$ aus einem Polynom 4. Grades berechnen (s. DIN 4114-2, Bild **6.**2c). Diese Traglastkurve liegt den bekannten ω-Zahlen der vorläufig auch noch gültigen DIN 4114 zugrunde. Zur Reduzierung der auch querschnittsabhängigen σ_{Kr}-Werte hat man – stellvertretend für alle Profilformen – den ungünstigen Doppelwinkel den ω-Zahlen zugrunde gelegt. Später wurden solche für den wesentlich günstigeren Rohrquerschnitt abgeleitet.

Ab Mitte der sechziger Jahre wurde – vorwiegend von der *Europäischen Konvention für Stahlbau (EKS)* – ein weltweites Forschungsprogramm initiiert, um die Traglast noch genauer zu erfassen und eine größere Wirtschaftlichkeit zu erzielen. Neben theoretischen Untersuchungen von *Beer/Schulz* an sinusförmig vorgekrümmten Stäben (geometrische Imperfektion) und unter Berücksichtigung von Walz- und Schweißeigenspannungen sowie der dickenabhängigen Streuung der Streckgrenze der Walzerzeugnisse (strukturelle Imperfektion) wurden über 1000 Großversuche weltweit durchgeführt und die Ergebnisse statistisch ausgewertet. Es entstanden die Europäi-

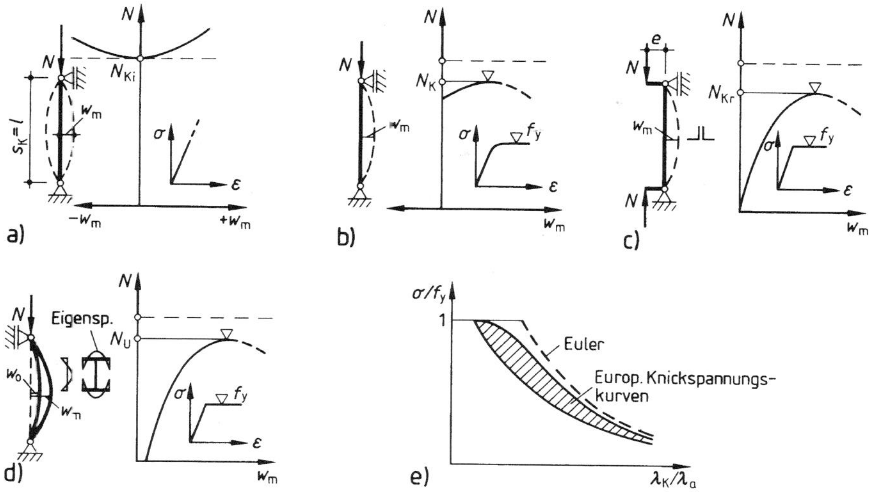

6.2 Diagramme zur Entwicklung der Knickvorschriften
a) nach *Euler* b) nach *Engesser/Kármán* c) nach *Ježek/Chwalla* d) nach *Beer/Schulz* e) bezogene Tragspannungskurven

schen Knickspannungskurven in Abhängigkeit von der Profilgeometrie, Ausweichrichtung und Herstellungsart (Bild **6.**2 d,e, **6.**11, Tafel **6.**5).

Auf ähnliche Weise wurden durch *Lindner* Tragspannungskurven für einfeldrige Stäbe im Falle des wesentlich komplizierteren *Biegedrillknickens* entwickelt. Allen Untersuchungen liegt natürlich die Theorie II. Ordnung (Th. II.O.) zugrunde, bei welcher der Gleichgewichtszustand am verformten System ermittelt wird.

Auch wenn in der neuen DIN-Vorschrift grundsätzlich ein *Tragsicherheitsnachweis* geführt wird, hat die *ideale Verzweigungstheorie* (Knicktheorie) nicht an ihrer Bedeutung verloren. Sie liefert nicht nur wesentliche Eingangsparameter für die einzelnen Nachweise, sondern läßt auch Rückschlüsse auf die allgemeine *Stabilitätsgefährdung* der Bauglieder zu. Die Beschäftigung mit dieser mathematisch interessanten Problematik läßt der Rahmen dieses Buches nicht zu; ein Einzelfall wird in Abschn. 6.2.3 behandelt.

6.2.2 Grundlagen der Tragsicherheitsnachweise nach DIN 18800-2

Gedrückte Bauglieder als Teil eines Gesamttragwerkes versagen i. allg. nach Ausbildung einer hinlänglich großen, räumlichen Verformungsfigur, wobei die Querschnittsachse in Richtung beider Hauptachsen ausbiegt und der Querschnitt fallweise auch eine Verdrehung um die Längsachse erfährt. Dieser allgemeinste Versagensfall wird *Biegedrillknicken* genannt und ist allgemeingültig unter Berücksichtigung aller Einflüsse normmäßig nicht faßbar. Eine wesentliche Vereinfachung wird erzielt, wenn, wie im vorliegenden Regelwerk, der *Biegeknicknachweis* mit Ausweicherscheinungen nur um eine der beiden Hauptachsen vom *Biegedrillknicknachweis* an gedanklich aus dem Gesamttragwert herausgelöst gedachten *Einzelstäben* getrennt werden darf. Der Biegedrillknicknachweis ist daher stets als *Ersatzstabnachweis* zu führen.

Stets zugelassen sind natürlich genaue, räumliche Tragsicherheitsnachweise nach der sogenannten *Fließzonentheorie*, die jedoch für die Praxis ausscheiden und nur in Sonderfällen möglich sind, wenn leistungfähige Rechenprogramme mit Berücksichtigung des elastisch-plastischen Tragverhaltens zur Verfügung stehen, d. h. für wissenschaftliche Zwecke.

6.2.2.1 Nachweisverfahren

Da der *Biegedrillknicknachweis* – in der praktischen Arbeit grundsätzlich – an Einzelstäben des Tragwerks als Ersatzstabnachweis geführt wird, beziehen sich die Möglichkeiten der Nachweisverfahren ausschließlich auf den Nachweis der Tragsicherheit gegenüber *Biegeknicken in der Tragwerksebene*. Hier stehen zunächst die Nachweisverfahren nach Tafel **2**.3 zur Verfügung. Das in der Praxis am häufigsten angewendete Nachweisverfahren Elastisch-Elastisch wurde bereits in Abschn. 2.5 erläutert. Beim Nachweisverfahren *Elastisch-Plastisch* werden die Schnittgrößen nach der *Elastizitätstheorie* bestimmt und die Querschnittsreserven des Stahlwerkstoffes aktiviert; es wird nachgewiesen, daß die so ermittelten Schnittgrößen an höchstens einer Querschnittsstelle die Interaktionsbeziehungen für plastische Querschnittsgrößen erfüllen oder unterschreiten (Ausbildung eines 1. Fließgelenkes).

Beim Nachweisverfahren *Plastisch-Plastisch* werden zudem die plastischen Systemreserven der statisch unbestimmten Systeme (mit der Fähigkeit von Schnittgrößenumlagerungen) ausgenutzt. Der Beanspruchungszustand wird mit Hilfe der *Fließgelenktheorie* ermittelt. Hierbei ist darauf zu achten, daß die *Traglast* (als höchste aufnehmbare Gesamteinwirkungskombination) schon erreicht werden kann, bevor sich das statische System durch Ausbildung von Fließgelenken in eine kinematische Kette mit mindesten einem Freiheitsgrad gewandelt hat (stabiles Gleichgewicht). Der u. U. zu berücksichtigende *Einfluß von Verformung* wird im folgenden Abschnitt behandelt.

Neben diesen allgemein gültigen Bemessungsverfahren bietet die DIN 18800-2 auch für das *Biegeknicken* einteiliger Stäbe vereinfachte Nachweismöglichkeiten an. Für *planmäßig* mittigen Druck gelten die Europäischen Knickspannungskurven. Im Falle der *einachsigen* Biegung mit Normalkraft wurde am einfeldrigen Stab mit Hilfe der Fließgelenktheorie II. Ordnung ein Ersatzstabnachweis Gl. (6.45) abgeleitet, welcher mit der „0,9-Formel" der DIN 4114 vergleichbar ist. Gl. (6.45) ist auch anwendbar auf Stäbe von Stabwerken, wenn für diese mit der am Gesamtsystem ermittelten Knicklänge gerechnet wird. Der Vorteil dieses vereinfachten Nachweises gegenüber den zuvor genannten allgemeineren Verfahren besteht darin, daß die Schnittgrößen nach Theorie I. Ordnung *ohne* Ansatz von Imperfektionen berechnet werden dürfen. Dennoch ist die Anwendung des Ersatzstabverfahrens nur dann zu empfehlen, wenn die Knicklängen der nachzuweisenden Stäbe auf *einfache* Weise (z. B. über Formeln oder Tabellen) angebbar sind. Das in DIN 18800-2 mitgeteilte Näherungsverfahren zur Bestimmung der Stielknicklängen verschieblicher und unverschieblicher Stockwerkrahmen sowie Durchlaufträger ist rechenintensiv und bedarf einiger Übung; es wird sich vermutlich in der Praxis nicht durchsetzen, insbesondere dann, wenn Stabwerksprogramme unter Einschluß der Theorie II. Ordnung – wie heute üblich – einsetzbar sind.

6.2.2.2 Einfluß der Verformungen, Abgrenzungskriterien

Bei der Berechnung der Schnittgrößen mit den Bemessungswerten der Einwirkungen ist der Einfluß der Verformungen auf das Gleichgewicht zu berücksichtigen, wenn er zur Vergrößerung der Beanspruchungen führt (Th. II. O.). Dies ist bei druckbeanspruchten

Stäben und Stabwerken in der Regel der Fall. Dabei gehen die Steifigkeiten (EI) mit ihren Bemessungswerten in die Rechnung ein, Gl. (6.1)

$$(EI)_{\mathrm{d}} = \frac{(EI)_{\mathrm{k}}}{\gamma_{\mathrm{M}}} \tag{6.1}$$

Der Einfluß der Schubverformungen aus den Querkräften und der Normalkraftverformungen darf im allgemeinen vernachlässigt werden.

Alternativ und gleichwertig dürfen die Schnittgrößen und Verformungen auch mit den γ_{M}-fachen Bemessungswerten der Einwirkungen ermittelt werden. Der Tragsicherheitsnachweis ist in diesem Fall jedoch mit den charakteristischen Werten der Steifigkeiten $(EI)_{\mathrm{k}}$ und gegen die charakteristischen Werte der Beanspruchbarkeiten (z. B. $f_{\mathrm{y,k}}$) zu führen. Die Ergebnisse beider Rechenmethoden sind qualitativ gleich. Die 2. Rechenmethode ist insbesondere bei Verwendung von Rechenprogrammen empfehlenswert.

Der Einfluß der Verformungen auf die Beanspruchungen darf in vielen baupraktischen Fällen jedoch vernachlässigt werden. Dies trifft dann zu, wenn der Zuwachs der maßgebenden Biegemomente (ΔM^{I}) infolge der nach *Theorie I. Ordnung (Th. I. O.)* – Gleichgewicht am unverformten System – ermittelten Verformungen nicht größer als 10 % ist.

$$\Delta M^{\mathrm{I}} \leq 0{,}1\, M^{\mathrm{I}} \tag{6.2}$$

Diese Bedingung darf als erfüllt angesehen werden, wenn *eines* der folgenden Kriterien zutrifft:

Theorie I. Ordnung erlaubt, wenn gilt:

$$\frac{N}{N_{\mathrm{Ki,d}}} \leq 0{,}1 \quad \textbf{für Gesamtsystem} \tag{6.3}$$

oder

$$\bar{\lambda}_{\mathrm{K}} \leq 0{,}3 \cdot \sqrt{\frac{f_{\mathrm{y,d}}}{\sigma_{\mathrm{N}}}} \tag{6.4}$$

oder

$$\varepsilon = \beta \cdot l \cdot \sqrt{\frac{N}{(EI)_{\mathrm{d}}}} \leq 1{,}0 \tag{6.5}$$

für alle Stäbe (gilt für (6.4) und (6.5))

Es bedeuten:

$N_{\mathrm{Ki,d}}$ Summe der zu den idealen Knicklasten gehörenden Normalkräfte
Bei Anwendung der Fließgelenktheorie ist zur Bestimmung der Verzweigungslast $N_{\mathrm{Ki,d}}$ vom statischen System unmittelbar vor Ausbildung des letzten Fließgelenkes auszugehen.

N Summe (der zu $N_{\mathrm{Ki,d}}$ gehörenden) Normalkräfte im System aus den Bemessungswerten der Einwirkungen

$\beta = s_{\mathrm{K}}/l$ Knicklängenbeiwert

Alle anderen Größen s. Abschn. 6.3.

Die Anwendung der Gl. (6.3) bis (6.5) ist nur sinnvoll, wenn sich die Knicklasten oder Knicklängen auf einfache Weise angeben lassen. Andernfalls wird man auf das ursprüngliche Kriterium zurückgreifen (s. Beispiel 1).

Wenn Theorie I. Ordnung erlaubt ist, entfällt der Nachweis der Biegeknicksicherheit, nicht jedoch der Nachweis der Biegedrillknicksicherheit.

Auf den Biegedrillknicksicherheitsnachweis darf bei Druckstäben verzichtet werden, wenn

- Stäbe mit Hohlquerschnitten vorliegen,
- Stäbe mit I-förmigen Querschnitten um die z-Achse gebogen werden oder
- Stabverdrehungen ϑ oder seitliche Verschiebungen v ausreichend behindert sind,
- wenn Stäbe mit planmäßiger Biegung einen bezogenen Schlankheitsgrad $\bar{\lambda}_M \leq 0{,}4$ haben.

Das vorletzte Kriterium und einige weitere Kriterien bei *einachsiger Biegung ohne Normalkraft* werden in Abschn. 8 (Biegeträger) behandelt.

Der Schlupf in SL- und SLV-Verbindungen ist bei stabilitätsgefährdeten Stäben und Stabwerken dann zu berücksichtigen, wenn er die Gefährdung deutlich erhöht. Dies kann für seitenverschiebliche Rahmentragwerke und bei stabilisierenden Verbänden mit Schraubenanschlüssen (Δd = 2 mm) der Fall sein. Man wird diesen Einfluß durch einen Zuschlag zu den Imperfektionen berücksichtigen (zusätzliche Schrägstellung der Stiele bei Rahmen und zusätzliche Vorkrümmung von Verbänden).

Lochschwächungen dürfen bei der Ermittlung der Schnitt- und Verformungsgrößen in der Regel vernachlässigt werden.

Beispiel 1 (Bild **6.**3) Für den Zweigelenkrahmen aus IPE 300 und ungleichen Stiellängen ist zu überprüfen, ob die Schnittgrößen nach Theorie I. Ordnung berechnet werden dürfen. Die angegebenen Lasten sind Bemessungslasten. In der Horizontallast V sind die Ersatzlasten aus Inperfektionen φ_0 bereits enthalten.

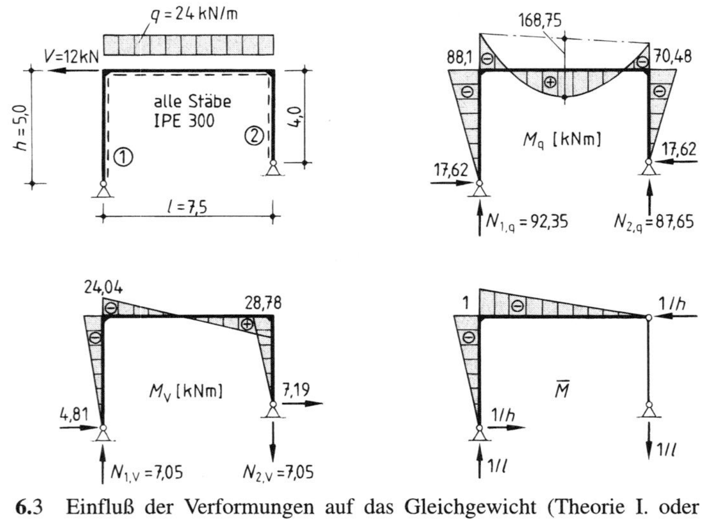

6.3 Einfluß der Verformungen auf das Gleichgewicht (Theorie I. oder Theorie II. Ordnung)

Beispiel 1 Forts. Der Rahmen ist einfach statisch unbestimmt und wird (bei Th. I. O.) zweckmäßigerweise mit dem *Kraftgrößenverfahren* berechnet. Die Momente und die Auflagerkräfte gehen – für Streckenlast und Horizontallast getrennt – aus Bild **6.**3 hervor. Der Stieldrehwinkel des Stieles 1 wird mit Hilfe der *Arbeitsgleichung* unter Verwendung des *Reduktionssatzes* (Hilfsplan $\overline{M}$) bestimmt. Der überwiegende Anteil der Zusatzmomente aus den Verformungen resultiert aus den *Abtriebskräften* druckkraftbelasteter Stäbe $\Delta V_i = (N \cdot \varphi)_i$ (Bild **2.**5), während der Einfluß der Stabkrümmungen meist vernachlässigbar ist. Im *1. Iterationschritt* beträgt der Stabdrehwinkel $\varphi_{1,1}$

$$\frac{(EI)_d}{h} \cdot \varphi_{1,1} = \left(\frac{1}{3} \cdot 88{,}10 \cdot 1 + \frac{1}{6} \cdot 1 \cdot (88{,}10 \cdot 2 + 70{,}48) \cdot 1{,}5 - \frac{1}{3} \cdot 1 \cdot 168{,}75 \cdot 1{,}5\right) +$$

$$+ \left(\frac{1}{3} \cdot 1 \cdot 24{,}04 + \frac{1}{3} \cdot 24{,}04 \cdot 1 \cdot 1{,}5 - \frac{1}{6} \cdot 28{,}78 \cdot 1 \cdot 1{,}5\right) =$$

$$= 6{,}6617 + 12{,}8380 = 19{,}50 \text{ kNm}$$

$$(EI)_d = 21 \cdot 10^3 \cdot 8360/1{,}1 = 15\,960 \text{ kNm}^2$$

$$\varphi_{1,1} = 6{,}109 \cdot 10^{-3}$$

$$\varphi_{2,1} = 6{,}109 \cdot 10^{-3} \cdot 5/4 = 7{,}636 \cdot 10^{-3}$$

Die Abtriebskräfte infolge der Stielschiefstellungen ergeben sich aus

$$\Delta V_1 = \Sigma (N_i \cdot \varphi_{i,1}) = (99{,}4 \cdot 6{,}109 + 80{,}6 \cdot 7{,}636) \cdot 10^{-3} = 1{,}223 \text{ kN}$$

und die Zusatzmomente im 1. Iterationsschritt durch Umrechnung der M-Linie aus V_d:

$$\Delta M_{b,1} = -24{,}04 \cdot 1{,}223/12 = -2{,}45 \text{ kNm}$$

$$\Delta M_{c,1} = 28{,}78 \cdot 1{,}223/12 = +2{,}93 \text{ kNm}$$

Der Zuwachs des maßgebenden Biegemomentes M_b beträgt damit (in %)

$$\Delta = \frac{2{,}45}{(88{,}1 + 24{,}04)} \cdot 100 = 2{,}2\,\% < 10\,\%$$

Damit darf der Rahmen nach Theorie I. Ordnung berechnet werden. (Setzt man die Iteration bis zum 2. Schritt fort und vergleicht die Ergebnisse dieser Näherungstheorie II. O. mit einer genauen Berechnung, kann man völlige Übereinstimmung feststellen).

6.2.2.3 Plastische Grenzschnittgrößen

Sowohl die vereinfachten Nachweisverfahren nach Abschn. 6.3 als auch die allgemeineren Verfahren nach Abschn. 6.5 verwenden zum Nachweis der Tragsicherheit *Interaktionsformeln*, in denen die vorhandenen Schnittgrößen in Beziehung zu den enstprechenden *plastischen Grenzschnittgrößen* gesetzt werden. *Vollplastische Grenzschnittgrößen* sind dadurch definiert, daß bei ihnen in allen Fasern der Querschnittsfläche der Bemessungswert der Fließgrenze des Materials (Druck, Zug oder Schub) erreicht ist. Die Berechtigung für eine solche Annahme bedarf bei reiner Normalkraftbeanspruchung ($N_{pl,d} = A \cdot f_{y,d}$) oder bei alleiniger Querkraftbeanspruchung ($V_{pl,z,d} = \tau_{y,d} \cdot A_{V,z}$; $A_{V,z}$ = bevorzugte Fläche zur Aufnahme der Querkraft V_z) keiner weiteren Erklärung. Bei alleiniger Biegebeanspruchung (z. B. M_y) wird diese in Abschn. 8 geliefert.

Für den wichtigen Fall der Biegebeanspruchung gilt:

$$\left.\begin{aligned} \boldsymbol{W_{pl} = S_o + S_u} \\ \boldsymbol{M_{pl,d} = W_{pl} \cdot f_{y,d}} \\ \boldsymbol{\alpha_{pl} = W_{pl}/W} \end{aligned}\right\} \text{ vgl. Abschn. 8.2.3.1} \qquad \begin{aligned}(6.6)\\(6.7)\\(6.8)\end{aligned}$$

Es bedeuten:

W_{pl} plastisches Widerstandsmoment
S_o, S_u Flächenmoment 1. Grades ober- bzw. unterhalb der Flächenhalbierenden
α_{pl} plastischer Formbeiwert
W elastisches Widerstandsmoment

Zur Vermeidung übergroßer Dehnungen (in Fließgelenken) ist α_{pl} im allgemeinen begrenzt auf

$$\boldsymbol{\alpha_{pl} \leq 1{,}25} \qquad (6.9)$$

Beim Zusammenwirken mehrerer Beanspruchungen in einem Querschnitt müssen die vollplastischen Schnittgrößen bei alleiniger Wirkung einer Schnittgröße um einen Anteil aus der zusätzlichen Beanspruchung reduziert werden.

Die dann noch aufnehmbaren Schnittgrößen werden *plastische Grenzschnittgrößen* genannt.

Für doppelsymmetrische I-Querschnitte dürfen die vereinfachten Interaktionsbeziehungen der Tafel **8**.5 benutzt werden.

Es sei darauf hingewiesen, daß nicht *alle* vollplastischen Schnittgrößen als Grenzschnittgrößen aufgefaßt werden dürfen, und daß beim Zusammenwirken mehrerer Schnittgrößen in bestimmten Querschnitten Teilquerschnitte nicht plastiziert sind. Bei unsymmetrischen Querschnitten ergeben sich auch für wechselnde Vorzeichen des Biegemomentes unterschiedliche plastische Grenzschnittgrößen $M_{pl,N,d}$ [22].

6.2.2.4 Imperfektionen

In Abschn. 6.2.1 wurde bereits dargelegt, daß die Tragsicherheit stabilitätsgefährdeter Bauteile durch geometrische und strukturelle Imperfektionen stark beeinflußt wird. Sie wurden in den Europäischen Knickspannungskurven genau erfaßt. Da die Imperfektion nach Abschn. 2.4.2 jedoch nur den geometrischen Anteil enthalten, sind die Schiefstellungen druckbeanspruchter Stäbe um den Anteil der strukturellen Imperfektion zu erhöhen. Für den Tragsicherheitsnachweis stabilitätsgefährdeter Stäbe und Stabwerke beim Nachweisverfahren Elastisch-Elastisch oder Elastisch-Plastisch gilt daher anstelle Gl. (2.5) die Vorverdrehung

$$\boldsymbol{\varphi_o = \frac{1}{200} \cdot r_1 \cdot r_2} \qquad (6.10)$$

r_1, r_2 s. Abschn. 2.4.2

Diese Vorverdrehung ist auch anzusetzen für Stiele von Aussteifungskonstruktionen.

Vorkrümmung. Anstelle von Vorverdrehung φ_o sind für Einzelstäbe und Stäbe von Stabwerken mit unverschieblichen Knoten parabel- oder sinusförmige Vorkrümmungen w_o oder v_o anzusetzen (Bild **6**.4, **6**.5).

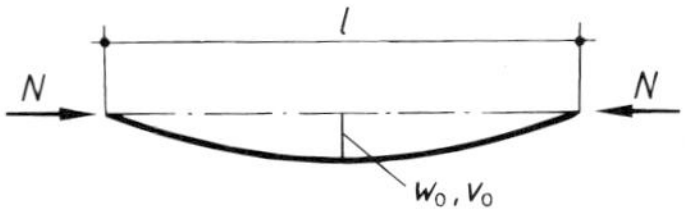

6.4 Vorkrümmung eines Stabes

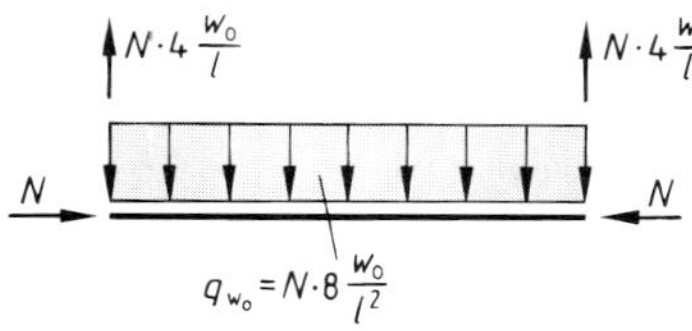

6.6 Ersatzbelastung bei quadratischer Parabel (Gleichgewichtsgruppe)

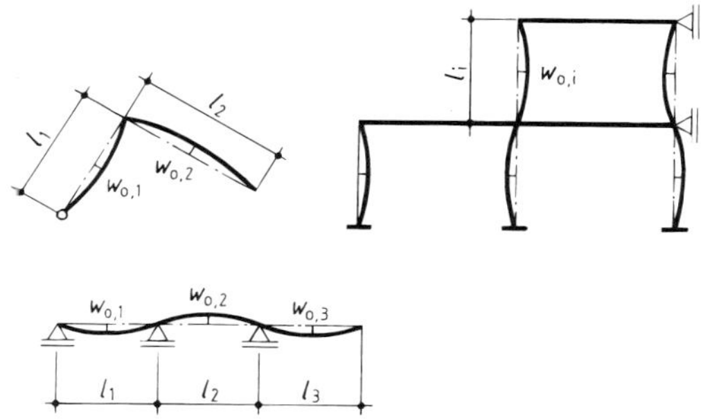

6.5 Beispiel für den Ansatz von Vorkrümmungen

Für den Stich der Vorkrümmung gilt Tafel **6.**1

Bei Anwendung des Nachweisverfahrens Elastisch-Elastisch darf φ_o, w_o um ein Drittel reduziert werden.

Wenn die Schnittgrößenermittlung nach Theorie I. Ordnung zulässig ist, entfällt der Ansatz einer Vorkrümmung, nicht jedoch der Vorverdrehung φ_0.

Die Vorverkrümmungen dürfen gleichwertig durch Ersatzbelastungen q_{wo} ersetzt werden (Bild **6.**6).

Auch hier gilt, daß die Ersatzbelastung keine Auflagerkräfte erzeugt.

Die Imperfektionen sind so anzusetzen, daß sie sich der zur kleinsten Knicklast (1. Eigenwert) gehörenden Knickfigur möglichst gut anpassen. Beim Biegeknicken infolge einachsiger Biegung mit Normalkraft brauchen Vorkrümmungen nur in Richtung der betrachteten Ausweichrichtung (w_o oder v_o) angesetzt zu werden. Bei zweiachsiger Biegung mit Normalkraft sind die Vorkrümmungen in die Ausweichrichtung für planmäßigen mittigen Druck anzusetzen. Im Fall eines genauen Biegedrillknicksicher-

Tafel **6.**1 Stich der Vorkrümmung bei Druckstäben

	Stabart	Stich w_0, v_0 der Vorkrümmung
	Einteilige Stäbe mit Querschnitten, denen nachfolgende Knickspannungslinie zugeordnet ist.	
1	a	$l/300$
2	b	$l/250$
3	c	$l/200$
4	d	$l/150$
5	**Mehrteilige Stäbe,** wenn der Nachweis nach Abschn. 6.4 erfolgt	$l/500$

heitsnachweises nach Theorie II. Ordnung ist eine Vorkrümmung mit dem Stich $0{,}5 \cdot v_o$ zu berücksichtigen.

Bei Anwendung der Ersatzstabverfahren (Abschn. 6.3) entfällt der Ansatz von Imperfektionen.

Vorkrümmungen und Vorverdrehung sind gleichzeitig anzunehmen für Stäbe, die am verformten Tragwerk Stabdrehwinkel aufweisen können und bei denen die Stabkennzahl ε, Gl. (6.27)

$$\boldsymbol{\varepsilon > 1{,}6} \tag{6.11}$$

ist.

6.2.3 Knicklänge

L. Euler hat bekanntlich vier einteilige, einfeldrige Stäbe mit unterschiedlichen Lagerungsbedingungen untersucht. Vergleicht man diese vier Fälle miteinander, unterstellt gleiche Biegesteifigkeit und fordert, daß die idealen Knicklasten aller vier Stäbe gleich groß sein sollen,

$$\boldsymbol{N_{\mathrm{Ki,i}} = \mathrm{konst.} = \frac{\pi^2 EI}{(\beta \cdot l)_i^2}, \quad i = 1, \ldots 4} \tag{6.12}$$

so erhält man folgende Darstellung (Bild **6**.7).

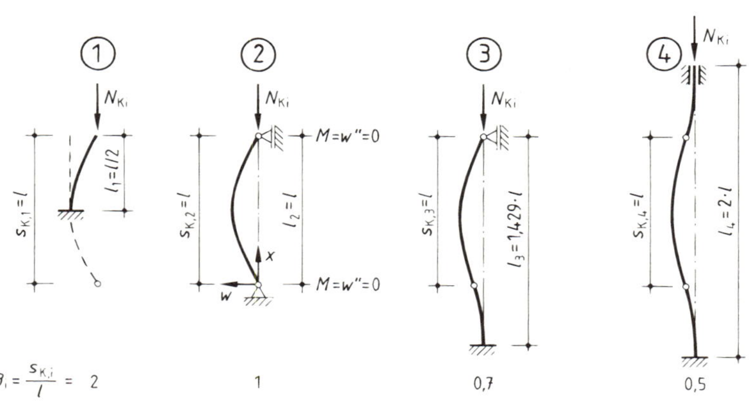

6.7 Knicklängen der vier Euler-Fälle

Der beidseitig eingespannte Stab kann bei gleicher Biegesteifigkeit und Knicklast doppelt so lang sein wie der 2. Eulerstab, und der einseitig eingespannte und am anderen Ende frei verschiebliche Stab kann bei gleicher Voraussetzung nur halb so lang sein. Der 2. Eulerfall wird als Vergleichsstab benutzt.

Im ausgeknickten Zustand eines Stabwerkes weist nun jeder Stab i mit der Länge l_i eine bestimmte Druckkraft auf, welche mit der 2. Eulerlast eines Stabes der Länge s_K verglichen wird. Mit der Stabkennzahl ε_{Ki} bei Erreichen der Stabilitätsgrenze gilt:

$$\varepsilon_{\mathrm{Ki,i}} = l_{\mathrm{i}} \cdot \sqrt{\frac{N_{\mathrm{Ki,i}}}{(EI)_{\mathrm{i}}}} = l_{\mathrm{i}} \sqrt{\frac{\pi^2 \cdot (EI)_{\mathrm{i}}}{s_{\mathrm{K,i}}^2 \cdot (EI)_{\mathrm{i}}}} = l_i \cdot \frac{\pi}{s_{\mathrm{K,i}}} \tag{6.13}$$

und

$$s_{\mathrm{K,i}} = \frac{\pi}{\varepsilon_{\mathrm{Ki,i}}} \cdot l_{\mathrm{i}} = (\beta \cdot l)_{\mathrm{i}} \tag{6.14}$$

β_{i} Knicklängenbeiwert des Stabes i

Für $\varepsilon_{\mathrm{Ki}}$ gilt

$$0 \leq \varepsilon_{\mathrm{Ki}} \leq 2\pi \tag{6.15}$$

Allgemein ist – entsprechend den Lagerungsbedingungen des 2. Eulerfalles – die Knicklänge gleich dem Abstand der benachbarten Wendepunkte in der Knickfigur (Wendepunkt: $w'' = M = 0$). Die geometrische Deutung dieser Aussage ist nicht ganz einfach, siehe hierzu z. B. [14]. Zur Bestimmung der Knicklast (und damit der Knicklänge) stehen baustatische Verfahren (Kraftgrößenverfahren bei Stabwerken mit unverschieblichen Knoten, Drehwinkelverfahren bei verschieblichen Knoten) und energetische Verfahren (Energiemethode, *Galerkin*) zur Verfügung, auf die im Rahmen dieses Buches nicht eingegangen werden kann [14]. In einfachen Fällen genügen die Gleichgewichtsbedingungen (Beispiel 2) oder Näherungsverfahren, wie das nach *Dischinger* benannte *Verschiebungsverfahren* (Beispiel 3). Wesentlich ist, daß die Lösung der Knickaufgabe an einem statischen System erfolgt, das vor Erreichen der Stabilitätsgrenze außer (in der Regel vernachlässigbarer) Normalkraftverkürzungen keinerlei Verformungen aufweist. Es wird daher nur das statische System mit den Normalkräften (Druck) aus den äußeren Einwirkungen betrachtet. Diese werden als Knotenlasten so angesetzt, daß vor Erreichen der Stabilitätsgrenze keine Stabwerksverformungen entstehen. An diesem System wird das Gleichgewicht im ausgeknickten Zusand untersucht. Man erhält ein lineares, homogenes Gleichungssystem, welches für die Eigenwerte (mehrdeutig) lösbar ist. Der erste Eigenwert entspricht der Knicklast N_{Ki}.

Für *Fachwerkstäbe* gelten vereinfachte Regelungen (s. Teil 2 des Werkes); bei einfachen Rahmentragwerken kann die Knicklänge in Anlehnung an DIN 4114 auch nach [26] bestimmt werden.

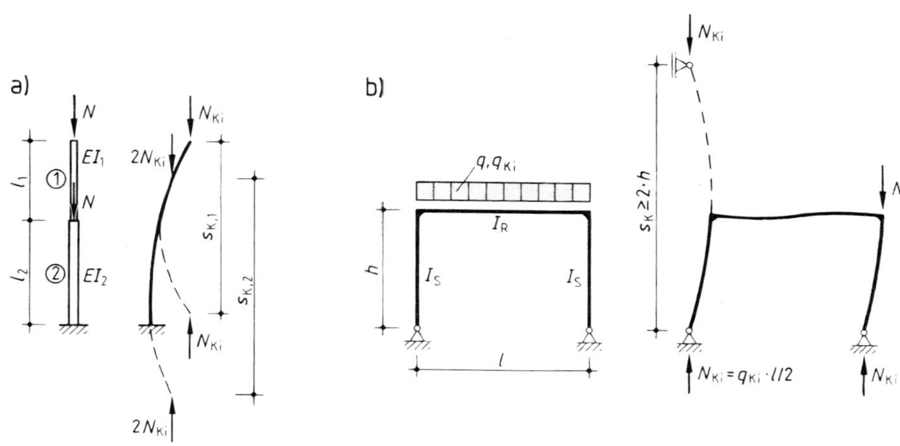

6.8 Geometrische Deutung der Knicklänge bei Stabzügen und Rahmenstielen

Beispiel 2 (Bild **6**.9) Eine – außer durch ihr vernachlässigbares Eigengewicht – unbelastete Einspannstütze – stabilisiert die mit N_1 gedrückte, selbst jedoch knicksichere Pendelstütze. Es ist die Knicklast $N_{1,\mathrm{Ki}}$ zu bestimmen.

Im ausgeknickten Zustand (Bild **6**.9 b) übt die geneigte Pendelstütze eine Abtriebskraft A auf den Einspannstiel aus.

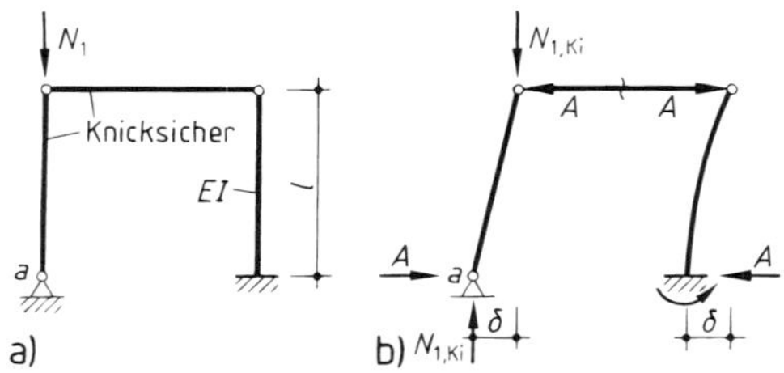

6.9 Knickung einer indirekt belasteten Einspannstütze

Das Gleichgewicht am Pendelstiel liefert

$$(\Sigma M)_a = 0 = A \cdot l - N_{1,\mathrm{Ki}} \cdot \delta \qquad A = N_{1,\mathrm{Ki}} \cdot \delta / l \tag{6.16}$$

Der Stützenkopf des Einspannstiels verschiebt sich dadurch um

$$\delta = \frac{A \cdot l^3}{3\,EI} \tag{6.17}$$

Setzt man (6.16) in (6.17) ein und unterstellt $\delta \neq 0$, so gilt

$$\delta = \frac{l^3 \cdot N_{1,\mathrm{Ki}} \cdot \delta / l}{3\,EI} \quad \text{und} \quad N_{1,\mathrm{Ki}} = 3\,EI/l^2 \tag{6.18}$$

Da die Stabkraft in der Einspannstütze Null ist, wird $\varepsilon_{\mathrm{Ki}} = 0$, somit

$$s_{\mathrm{Ki}} = \frac{\pi}{0} \cdot l = \infty$$

Druckstäbe mit geringen Normalkräften weisen allgemein eine sehr große Knicklänge auf. Im vorliegenden Fall behilft man sich durch Ansatz einer angemessenen Horizontalkraft zusätzlich zu den anzunehmenden Vorverdrehungen φ_o. Die Beanspruchung der Einspannstütze ist dann eindeutig angebbar.

Beispiel 3 (Bild **6**.10) Die Einspannstütze vom Beispiel 2 sei jetzt durch die Druckkraft N und die Pendelstütze durch N_1 belastet. Das Verhältnis der Normalkräfte wird als konstant angenommen

$$N/N_1 = k = \text{konst.} \tag{6.19}$$

Nimmt man an, daß die Knickbiegelinie durch eine quadratische Parabel angenähert werden kann, wobei der Stich der Stabachse zur Stabsehne 1/4 der Kopfauslenkung δ

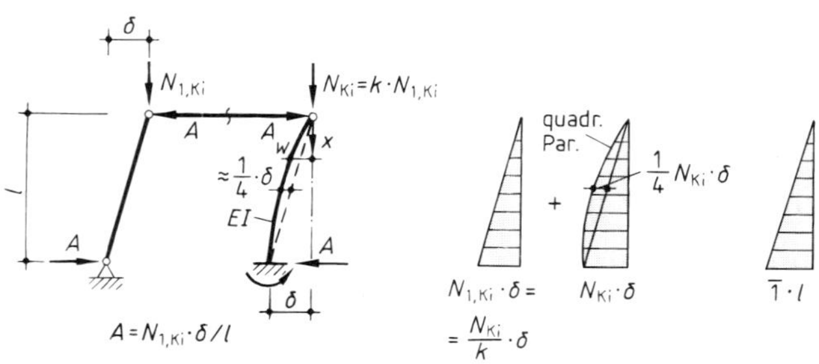

6.10 Knickung einer Einspannstütze mit angehängter Pendelstütze

Beispiel 3 Forts.

betragen soll, so läßt sich δ mit Hilfe der „Arbeitsgleichung" (Prinzip der virtuellen Kräfte) allgemein angeben. Die Momentenbeanspruchung der Einspannstütze setzt sich wie folgt zusammen:

$$M\,(x) = A \cdot x + N_{\mathrm{Ki}} \cdot w\,(x) \tag{6.20}$$

mit

$$\max M = M\,(l) = (N_{1,\mathrm{Ki}} + N_{\mathrm{Ki}}) \cdot \delta = \left(\frac{1}{k} + 1\right) \cdot N_{\mathrm{Ki}} \cdot \delta \tag{6.21}$$

Arbeitsgleichung

$$EI \cdot \overline{1} \cdot \delta = \Sigma \int_0^l M\,\overline{M}\,\mathrm{d}\,x = \frac{1}{3}\;l \cdot l \cdot \left(\frac{N_{\mathrm{Ki}}}{k} \cdot \delta + N_{\mathrm{Ki}} \cdot \delta + \frac{1}{4} N_{\mathrm{Ki}} \cdot \delta\right)$$

oder (mit $\delta \neq 0$)

$$N_{\mathrm{Ki}} = \frac{3\,EI}{l^2} \cdot \frac{k}{1 + 1{,}25 \cdot k} \tag{6.22}$$

Die Knicklänge s_{K} der Einspannstütze erhält man aus dem Vergleich der Knicklasten der Einspannstütze mit dem beidseitig gelenkig gelagerten Druckstab gleicher Steifigkeit und der Stablänge s_{K} (2. Eulerfall)

$$\frac{\pi^2\,EI}{s_{\mathrm{K}}^{\;2}} = \frac{3\,EI}{l^2} \cdot \frac{k}{1 + 1{,}25 \cdot k}$$

oder

$$s_{\mathrm{K}} = \pi \cdot l \cdot \sqrt{\frac{1 + 1{,}25 \cdot k}{3\,k}} \tag{6.23}$$

Sonderfälle:

$N = 0;\ k = 0$:

$s_{\mathrm{K}} = \infty$

$N_1 = 0;\ k = \infty$:

$$\lim_{k \to \infty} \pi \cdot l \cdot \sqrt{\frac{1 + 1{,}25 \cdot k}{3\,\mathrm{k}}} = \pi \cdot l \cdot \sqrt{\frac{1{,}25}{3}} = 2{,}03 \cdot l$$

Tafel **6.2** Knicklänge von Einspannstützen mit angehängten Pendelstielen

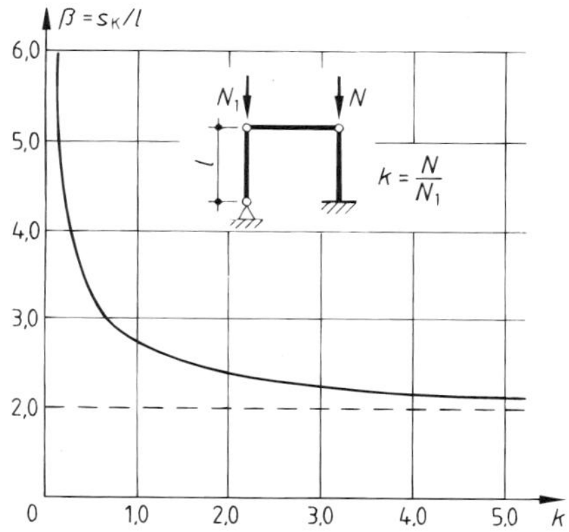

Der letzte Näherungswert weicht nur 3 % von der exakten Lösung ($s_{\mathrm{K}} = 2 \cdot l$) ab. Die Auswertung der Gl. (6.23) ist in Tafel **6.2** dargestellt.

6.3 Tragsicherheitsnachweise für einteilige Stäbe nach dem Ersatzstabverfahren

6.3.1 Allgemeine Regelungen

Die Tragsicherheitsnachweise für die in diesem Abschnitt zu behandelnden Stäbe werden bezüglich der Normalkraft auf die Europäischen Knickspannungskurven zurückgeführt. In den einzelnen Nachweisen werden eine Reihe von Eingangsparametern benötigt, die nachfolgend zusammengestellt sind.

Eingangsparameter:

$$s_K = \frac{\pi}{\varepsilon_{Ki}} \cdot l = \pi \sqrt{\frac{EI}{N_{Ki}}}$$ **Knicklänge** (6.24)

$$\lambda_K = \frac{s_K}{i}$$ **Schlankheitsgrad** (6.25)

$$\lambda_a = \pi \cdot \sqrt{\frac{E}{f_{y,k}}} = 92{,}9 \text{ für St 37 (S 235)}$$
$$= 75{,}9 \text{ für St 52 (S 355)}$$ **Bezugsschlankheitsgrad** (6.26)

$$\varepsilon = l \cdot \sqrt{N/(EI)_d}$$ **Stabkennzahl** (6.27)

$$\eta_{Ki} = N_{Ki,d}/N$$ **Verzweigungslastfaktor** (6.28)

$$\bar{\lambda}_K = \frac{\lambda_K}{\lambda_a} = \sqrt{\frac{N_{pl}}{N_{Ki}}}$$ **bezogener Schlankheitsgrad für Druckbeanspruchung** (6.29)

N_{pl}, $M_{pl,y}$ **vollplastische Schnittgrößen (mit $f_{y,k}$)**

$M_{Ki,y}$ **Biegedrillknickmoment nach der Elastizitätstheorie ohne Normalkraft (Kippmoment)**

$$\bar{\lambda}_M = \sqrt{\frac{M_{pl,y}}{M_{Ki,y}}}$$ **bezogener Schlankheitsgrad für Biegebeanspruchung** (6.30)

Mit Einführung der Bezugsschlankheit λ_a – bei dieser ist die Eulersche Knickspannung $\sigma_{Ki} = \pi^2 \cdot E/\lambda_a^2 = f_{y,k}$ – ist man von der Stahlsorte unabhängig und benötigt für alle Stahlsorten nur eine vom bezogenen Schlankheitsgrad und der Profilform abhängige Knickspannungskurve.

Das Verhältnis der bei Erreichen der Traglast N_u (ultimate) vorhandenen Spannung $\sigma_u = N_u/A$ zur Fließspannung $f_{y,k}$ wird als Abminderungsfaktor $\varkappa$ für Biegeknicken bezeichnet. Vergleichbares gilt bei einer Biegemomentenbeanspruchung für den Abminderungsfaktor $\varkappa_M$ gegenüber dem vollplastischen Moment M_{pl}.

Knickspannungslinien. Die Querschnitte werden nach Herstellungsart und Profilform in 5 Typen unterteilt (Tafel **6**.3, Bild **6**.11), denen – je nach Ausweichrichtung – eine der 4 Knickspannungslinien (a, b, c, d) zugeordnet ist. Innerhalb der Querschnittstypen sind weitere Unterscheidungsmerkmale zu beachten.

Der Abminderungsfaktor $\varkappa$ kann dem Bild **6**.11 oder der Tafel **6**.5 entnommen und über folgende Formeln berechnet werden:

$$\bar{\lambda}_K \leq 0{,}2: \varkappa = 1 \quad (6.31\ a)$$

$$\bar{\lambda}_K > 0{,}2: k = 0{,}5 \cdot [1 + \alpha\,(\bar{\lambda}_K - 0{,}2) + \bar{\lambda}_K^2] \quad (6.31\ b)$$

$$\varkappa = \frac{1}{k + \sqrt{k^2 - \bar{\lambda}_K^2}} \quad (6.31\ c)$$

Tafel **6**.3 Zuordnung der Querschnitte zu den Knickspannungslinien

	1		2	3
	Querschnitt		Ausweichen rechtwinklig zur Achse	Knickspannungslinie
1	Hohlprofile 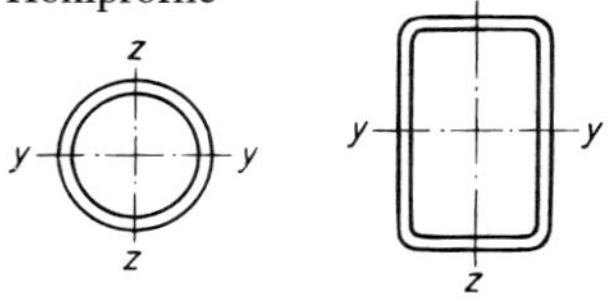	warm gefertigt	$y-y$ $z-z$	a
		kalt gefertigt	$y-y$ $z-z$	b
2	geschweißte Kastenquerschnitte 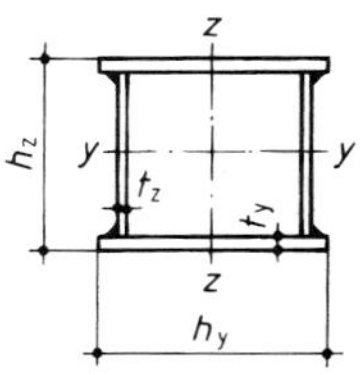		$y-y$ $z-z$	b
		dicke Schweißnaht und $\left.\begin{array}{l} h_y/t_y < 30 \\ h_z/t_z < 30 \end{array}\right\}$	$y-y$ $z-z$	c
3	gewalzte I-Profile 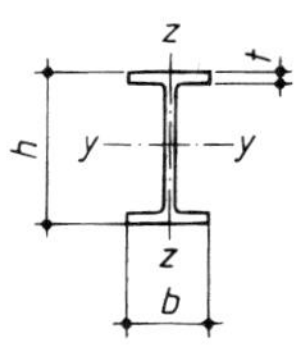	$h/b > 1{,}2;\quad t \leq 40$ mm	$y-y$ $z-z$	a b
		$\left.\begin{array}{l} h/b > 1{,}2;\ 40 < t \leq 80 \text{ mm} \\ h/b \leq 1{,}2;\quad t \leq 80 \text{ mm} \end{array}\right\}$	$y-y$ $z-z$	b c
		$t > 80$ mm	$y-y$ $z-z$	d
4	geschweißte I-Querschnitte 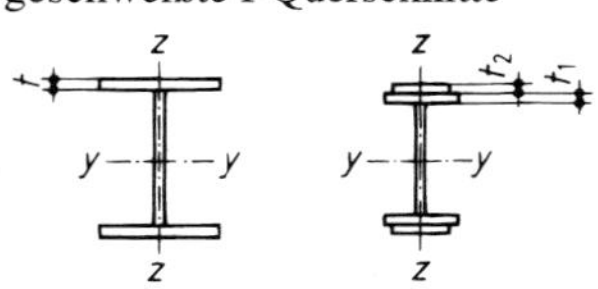	$t_i \leq 40$ mm	$y-y$ $z-z$	b c
		$t_i \leq 40$ mm $t_i > 40$ mm	$y-y$ $z-z$	c d
5	U-, L-, T- und Vollquerschnitte 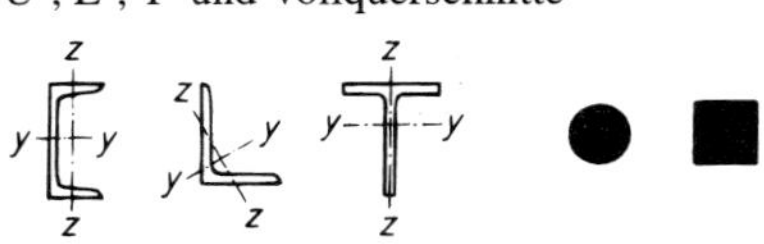 und mehrteilige Stäbe nach Abschn. 6.4.		$y-y$ $z-z$	c
6	Hier nicht aufgeführte Profile sind sinngemäß einzuordnen. Die Einordnung soll dabei nach den möglichen Eigenspannungen und Blechdicken erfolgen.			

vereinfachend für $\bar{\lambda}_K > 3{,}0$:

$$\varkappa = \frac{1}{\bar{\lambda}_K \cdot (\bar{\lambda}_K + \alpha)} \tag{6.31 d}$$

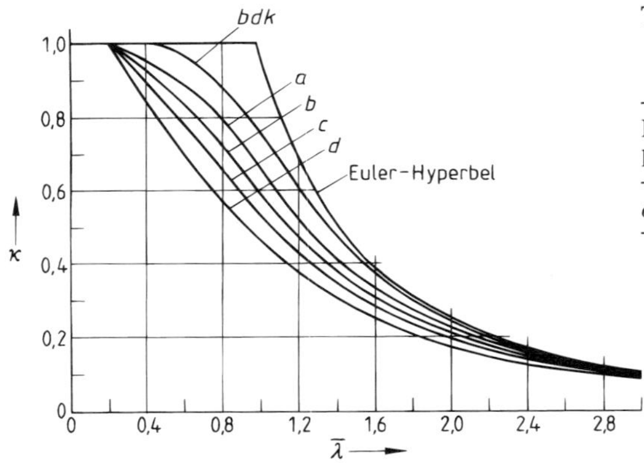

6.11
Abminderungsfaktoren $\varkappa$ für Biegeknicken (Knickspannungslinien a, b, c, d) und $\varkappa_M$ für Biegedrillknicken (bdk) mit $n = 2{,}5$

Tafel **6.**4 Parameter α zur Berechnung des Abminderungsfaktors $\varkappa$ für Biegeknicken

Knickspannungslinie	a	b	c	d
α	0,21	0,34	0,49	0,76

Hierin ist α ein Querschnittsparameter zu den Knickspannungslinien a bis d nach Tafel **6.**4. Der Berechnungsgang zur Bestimmung von $\varkappa_M$ wird bei den entsprechenden Nachweisen erläutert.

Tafel **6.**5 Abminderungsfaktoren $\varkappa$ für den Biegeknicknachweis; Parameter α zur Berechnung von $\varkappa$, Abminderungsfaktoren $\varkappa_M$ für Biegemomente beim Biegedrillknicknachweis

$\bar{\lambda}_K$	$\varkappa$ für die Knickspannungslinien				$\varkappa_M$ für die Systemfaktoren n [1])		
$\bar{\lambda}_M$	a	b	c	d	1,5	2,0	2,5
0,2	1,0000	1,0000	1,0000	1,0000	1,0000	1,0000	1,0000
0,3	0,9775	0,9641	0,9491	0,9235	1,0000	1,0000	1,0000
04	0,9528	0,9261	0,8973	0,8504	1,0000	1,0000	1,0000
0,5	0,9243	0,8842	0,8430	0,7793	0,9245	0,9701	0,9878
0,6	0,8900	0,8371	0,7854	0,7100	0,8778	0,9409	0,9705
0,7	0,8477	0,7837	0,7247	0,6431	0,8215	0,8980	0,9398
0,8	0,7957	0,7245	0,6622	0,5797	0,7591	0,8423	0,8928
0,9	0,7339	0,6612	0,5998	0,5208	0,6942	0,7771	0,8306
1,0	0,6656	0,5970	0,5399	0,4671	0,6300	0,7071	0,7579
1,1	0,5960	0,5352	0,4842	0,4189	0,5688	0,6370	0,6813
1,2	0,5300	0,4781	0,4338	0,3762	0,5122	0,5704	0,6067
1,3	0,4703	0,4269	0,3888	0,3385	0,4608	0,5092	0,5379
1,4	0,4179	0,3817	0,3492	0,3055	0,4147	0,4545	0,4766
1,5	0,3724	0,3422	0,3145	0,2766	0,3738	0,4061	0,4230

Fortsetzung und Fußnote s. nächste Seite

Tafel **6**.5, Fortsetzung

$\bar{\lambda}_K$	$\varkappa$ für die Knickspannungslinien				$\varkappa_M$ für die Systemfaktoren n [1])		
$\bar{\lambda}_M$	a	b	c	d	1,5	2,0	2,5
1,6	0,3332	0,3079	0,2842	0,2512	0,3377	0,3639	0,3766
1,7	0,2994	0,2781	0,2577	0,2289	0,3058	0,3270	0,3367
1,8	0,2702	0,2521	0,2345	0,2093	0,2777	0,2949	0,3023
1,9	0,2449	0,2294	0,2141	0,1920	0,2530	0,2670	0,2727
2,0	0,2229	0,2095	0,1962	0,1766	0,2311	0,2425	0,2469
2,1	0,2036	0,1920	0,1803	0,1630	0,2118	0,2211	0,2246
2,2	0,1867	0,1765	0,1662	0,1508	0,1946	0,20213	0,2050
2,3	0,1717	0,1628	0,1537	0,1399	0,1793	0,1857	0,1879
2,4	0,1585	0,1506	0,1425	0,1302	0,1657	0,1711	0,1727
2,5	0,1467	0,1397	0,1325	0,1214	0,1535	0,1580	0,1593
2,6	0,1362	0,1299	0,1234	0,1134	0,1426	0,1463	0,1474
2,7	0,1267	0,1211	0,1153	0,1062	0,1327	0,1359	0,1368
2,8	0,1182	0,1132	0,1079	0,0997	0,1238	0,1265	0,1273
2,9	0,1105	0,1060	0,1012	0,0937	0,1158	0,1181	0,1187
3,0	0,1036	0,0994	0,0951	0,0882	0,1084	0,1104	0,1109
α =	0,21	0,34	0,49	0,76			

[1]) n = 2,5 für gewalzte Träger
n = 2,0 für geschweißte oder ausgeklinkte Träger
n = 1,5 für Wabenträger; Voutenträger s. Normblatt

6.3.2 Planmäßig mittiger Druck (N)

Biegeknicken. Die Tragkraft N_u des einfeldrigen Einzelstabes oder des aus einem Stabwerk herausgelöst gedachten Stabes, jeweils mit der Knicklänge s_K, wird erreicht bei

$$N_u = \min \varkappa \cdot A \cdot f_{y,k} \tag{6.32}$$

Unter Berücksichtigung der Sicherheitselemente nach den Abschn. 2.1 und 2.2 lautet daher der Nachweis

$$N \le \varkappa \cdot N_{pl,d} \quad \text{oder} \quad \frac{N}{\varkappa \cdot N_{pl,d}} \le 1 \tag{6.33}$$

Hierin bedeuten:

N = größte Druckkraft unter der Bemessungslast
$\varkappa$ = min ($\varkappa_y$ oder $\varkappa_z$) in Abhängigkeit vom bezogenen Schlankheitsgrad $\bar{\lambda}_K$ und der zugeordneten Knickspannungslinie (Abschn. 6.3.1)
$N_{pl,d}$ = plastische Grenzschnittgröße nach Abschn. 6.2.2.3

Der maßgebende bezogene Schlankheitsgrad $\bar{\lambda}_K$ ist der größere der beiden Werte

$$\bar{\lambda}_{K,z} = \frac{s_{K,z}/i_z}{\lambda_a} \quad \text{oder} \quad \bar{\lambda}_{K,y} = \frac{s_{K,y}/i_y}{\lambda_a} \tag{6.34}$$

Für Schlankheitsgrade $\overline{\lambda}_K \leq 0{,}2$ entfällt der Biegeknicksicherheitsnachweis, und es genügt der Spannungsnachweis. Bemessungshilfen nach Vorwahl eines Querschnittstyps (wie in DIN 4114-2 angegeben) existieren für die neuen Regelungen nicht, so daß der Statiker auf seine praktische Erfahrung angewiesen ist.

Druckstäbe mit über die Stablänge veränderlichen Querschnitten oder/und veränderlichen Normalkräften sind als *Stabwerk* zu behandeln. Für jeden Stababschnitt i ist unter Berücksichtigung der Einzelsteifigkeiten $(EI)_i$ und der vorhandenen Normalkraftverteilung die Knicklast $N_{Ki,i}$ zu bestimmen. Für den ungünstigsten Stababschnitt ist der Nachweis nach Gl. (6.33) zu führen. Dabei müssen zusätzlich folgende Bedingungen eingehalten sein:

$$\boldsymbol{\eta_{Ki,i} = \left(\frac{N_{Ki,d}}{N}\right)_i \geq 1{,}2} \tag{6.35}$$

und

$$\mathbf{min}\ \boldsymbol{M_{pl} \geq 0{,}05 \cdot} \mathbf{max}\ \boldsymbol{M_{pl}} \tag{6.36}$$

Für Breitflanschträger sind die Grenzdruckkräfte $N_{pl,R,d} = \varkappa \cdot N_{pl,d}$ in [26] tabelliert.

Biegedrillknicken. Bei dünnwandigen, offenen und einfachsymmetrischen Querschnitten wird, besonders bei kleinen Knicklängen, statt des Biegeknicknachweises der *Biegedrillknicknachweis* maßgebend. In diesem allgemeinsten Knickfall wird der Stab dabei nicht nur um beide Hauptachsen verbogen, sondern zugleich auch um seine Längsachse verdrillt. In Sonderfällen findet nur eine Verdrillung statt (Drillknicklast). Für Walzträger mit I-Querschnitt und für I-Träger mit ähnlichen Abmessungen besteht bei mittiger Druckbelastung keine Biegedrillknickgefahr; ein Nachweis entfällt.

Für alle anderen Stäbe mit unverschieblicher Lagerung der Stabenden ist ein Tragsicherheitsnachweis nach Gl. (6.37) zu führen, wobei der Schlankheitsgrad λ_K der kleinsten Verzweigungslast für Biegedrillknicken zuzuordnen ist. Dieser kann nach den Formeln der DIN 4114-2 ermittelt werden, s. Tafel **6**.6.

Für $\varkappa$ ist stets der Wert für Ausweichen $\perp$ zur z-Richtung (entsprechend dem Profiltyp) maßgebend.

$$\boldsymbol{\frac{N}{\varkappa_z \cdot N_{pl,d}} \leq 1} \tag{6.37}$$

$\varkappa_z$ = Abminderungsfaktor für max $\overline{\lambda}_K$

Beispiel 4 Für die Druckdiagonale eines geschweißten Fachwerks mit $N_d = -\ 105$ kN ist ein gleichschenkeliger Winkel ∟ 80 × 8 vorgesehen. Vereinfachend wird mit der Knicklänge $s_{K\xi} = s_{K\eta} = 1{,}85$ m gerechnet (Bild **3**.60), St 37 (S 235).

Obwohl der Stab aufgrund seines Anschlusses planmäßig außermittig gedrückt ist, wird der Nachweis i. allg. für mittigen Druck geführt.

Biegeknicken

Für beide Knickrichtungen ist nach Tafel **6**.3 die Knickspannungslinie c mit $a = 0{,}49$ maßgebend. Mit min $i = i_\xi = 1{,}55$ cm wird

$$\lambda_K = 185/1{,}55 = 119 \quad ; \quad \overline{\lambda}_K = 119/92{,}9 = 1{,}285$$

$$k = 0{,}5 \cdot [1 + 0{,}49\,(1{,}285 - 0{,}2) + 1{,}285^2] = 1{,}591$$

Tafel **6**.6 Ideelle Schlankheitsgrade λ_{Vi} für Biegedrillknicken nach DIN 4114-2 bzw. [26]

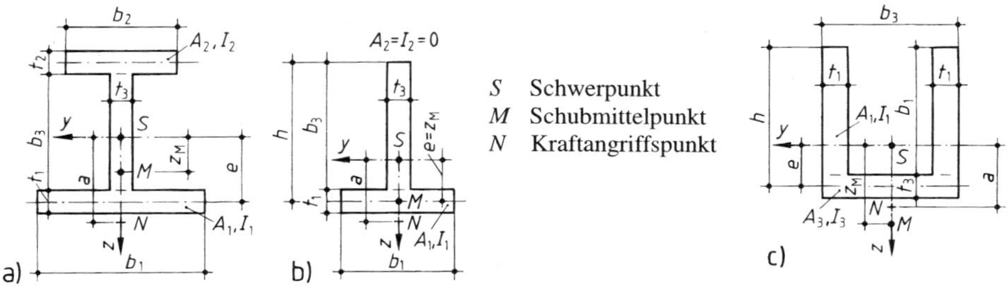

a)	b)	
$z_M = [e \cdot I_1 - (h-e)\, I_2]/I^2$	$z_M = e + I_1 \cdot h/I_z$	I_1, I_2, I_3 auf die Symmetrieachse (z) bezogene Flächenmomente 2. Grades der Teilflächen A_1, A_2, A_3
$I_\omega = C_M = I_1 \cdot I_2 \cdot h^2/(I_1 + I_2)$	$I_\omega = C_M = h^2\,(I_1^2 + 2\,I_1 \cdot I_3)/(3 I_z)$	
$I_T = (b_1 \cdot t_1^3 + b_2 \cdot t_2^3 + b_3 \cdot t_3^3)/3$	$I_T = (2\,b_1 \cdot t_1^3 + b_3 \cdot t_3^3)/3$	
$r_y = \frac{1}{I_y}\left\{z_M \cdot I_z + A_1 \cdot e^3 - A_2\,(h-e)^3 + \frac{t_3}{4}\,[e^4 - (h-e)^4]\right\}$	$r_y = \frac{1}{I_y}\left\{e\,(A_3 \cdot e^2 + I_3) + (2\,e - h)\,I_1 + \frac{t_1}{2}\,[e^4 - (h-e)^4]\right\}$	

$i_p = \sqrt{i_y^2 + i_z^2}$ auf den Schwerpunkt bezogener Trägheitsradius

$i_M = \sqrt{i_p^2 + z_M^2}$ auf den Schubmittelpunkt bezogener Trägheitsradius

$$c = \sqrt{\frac{C_M\,(\beta \cdot s)^2/(\beta_0 \cdot s_0)^2 + 0{,}039\,(\beta \cdot s)^2\, I_T}{I_z}}$$ Drehradius des Querschnitts in cm

mit

C_M auf Schubmittelpunkt M bezogener Wölbwiderstand in cm^6 (für Walzprofile s. Profiltafeln)
s Netzlänge des Stabes in cm; s_o = Abstand der Stabanschlüsse an den Stabenden in cm
β Einspannungswert für Biegung (β = 1: frei drehbare Lagerung; β = 0,5: volle Einspannung)
β_o Kennwert für Verwölbung (β_o = 1: freie Verwölbung; β_o = 0,5: Wölbbehinderung der Endstirnflächen).

Mittiger Druck ($M = 0$)

$$\lambda_{\mathrm{Vi}} = \frac{\beta \cdot s}{i_z}\sqrt{\frac{c^2 + i_M^2}{2\,c^2}\left\{1 + \sqrt{1 - \frac{4\,c^2\,[i_p^2 + 0{,}093\,(\beta^2/\beta_0^2 - 1)\,z_M^2]}{(c^2 + i_M^2)^2}}\right\}}$$ Querschnitt a, b, c

$$\lambda_{\mathrm{Vi}} = \frac{\beta \cdot s}{i_z} \cdot \frac{i_p}{c}$$ für $i_P > c$ bei punkt- und doppelsymmetrischen Querschnitten

Außermittiger Druck ($M \neq 0$)

$$\lambda_{\mathrm{Vi}} = \frac{\beta \cdot s}{i_z}\sqrt{\frac{c^2 + i_M^2 + a\,(r_y - 2\,z_M)}{2\,c^2}\left\{1 \pm \sqrt{1 - \frac{4\,c^2\,[i_p^2 + a\,(r_y - a) + 0{,}093\,(\beta^2/\beta_0^2 - 1)\,(a - z_M)^2]}{[c^2 + i_M^2 + a\,(r_y - 2\,z_M)]^2}}\right\}}$$

Es ist stets das Vorzeichen der zweiten Wurzel zu wählen, das den größeren reellen Wert für λ_{Vi} liefert.

Es bedeuten:
$a = M/N$ Entfernung des Kraftangriffpunktes vom Schwerpunkt
$r_y = 0$ bei punkt- und doppelsymmetrischen Querschnitten

Beispiel 4 Forts.

Zur Schreiberleichterung wird des weiteren bei der Bestimmung des Abminderungsfaktors $\varkappa$ zunächst sein Reziprokwert angeschrieben.

$$1/\varkappa = 1{,}591 + \sqrt{1{,}591^2 - 1{,}285^2} \quad ; \quad \varkappa = 0{,}395$$

$$N_{\text{pl,d}} = 12{,}3 \cdot 24/1{,}1 = 268{,}4 \text{ kN}$$

Der Tragsicherheitsnachweis nach Gl. (6.33) lautet

$$\frac{N_\text{d}}{\varkappa \cdot N_{\text{pl,d}}} = 105/0{,}395 \cdot 268{,}4 = 0{,}99 < 1$$

Biegedrillknicken

Bei *Einzelwinkeln* und kurzen Stablängen kann das Biegedrillknicken maßgebend werden. Der Nachweis wird wie für Biegeknicken mit $\lambda_\text{K} = \lambda_{\text{Vi}}$ nach Gl. (6.38) geführt, wenn

$$\lambda_{\text{Vi}} = 2{,}65 \cdot \left[\left(\frac{s}{b}\right)^3 + 6 \cdot \left(\frac{b}{t}\right)^3\right]^{1/3} > \lambda_\xi \text{ bzw.} \quad s \leq b^2/t \text{ ist.} \qquad (6.38)$$

(b = Schenkelbreite, t = Schenkeldicke, s = Stablänge)

$$\lambda_{\text{Vi}} = 2{,}65 \cdot \left[\left(\frac{185}{8}\right)^3 + 6 \cdot \left(\frac{8}{0{,}8}\right)^3\right]^{1/3} = 69{,}6$$

Beispiel 5 (Bild **6**.12)

Für den Obergurt eines geschweißten Fachwerks aus ½ IPE_o 240 – St 37 (S 235) ist für die Stabkraft N_d = – 360 kN bei den Knicklängen $s_{\text{Kz}} = s_{\text{Ky}}$ = 1,40 m der Tragsicherheitsnachweis zu führen. Profilkenngrößen s. [26].

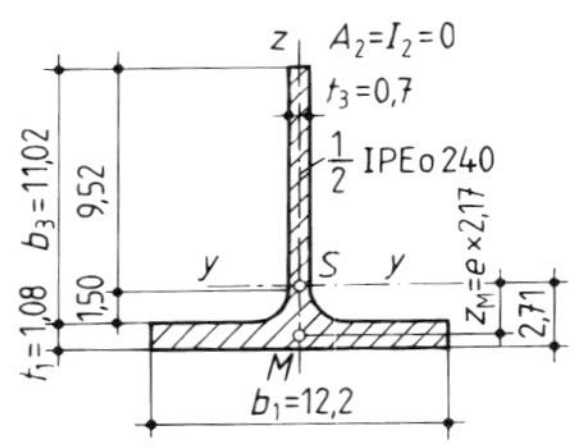

6.12
Querschnittsabmessungen zum Beispiel 5

Biegeknicken

$$\lambda_\text{K} = \frac{140}{2{,}74} = 51 \qquad \bar{\lambda}_\text{K} = 51/92{,}9 = 0{,}549$$

Nach Tafel **6**.3 ist die Linie c mit α = 0,49 maßgebend. Zunächst wird jedoch das Biegedrillknicken untersucht.

Biegedrillknicken

Anstelle der Biegedrillknicklast wird – völlig gleichwertig – eine ideelle Schlankheit λ_{vi} nach DIN 4114-2 (s. Tafel **6**.6) bestimmt. Es wird eine Gabellagerung unterstellt.

Kennwert für Verwölbung $\beta_\text{o} = 1$ }
Kennwert für Biegung $\beta = 1$ } $s_\text{o} = s = s_\text{K} = 140$ cm

Wegen $I_2 = 0$ wird der Wölbwiderstand I_ω (= C_M) = 0 und mit Berücksichtigung der Profilausrundungen nach [26]

$$I_\text{T} = 8{,}60 \text{ cm}^4$$

Beispiel 5 Forts.

Drehradius des Querschnittes

$$c^2 = \frac{0{,}039 \cdot 140^2 \cdot 8{,}60}{164} = 40{,}1 \text{ cm}^2$$

Auf den Schwerpunkt *S* bezogene Ordinate des Schubmittelpunkte *M*

$$z_M = e = 2{,}71 - 1{,}08/2 = 2{,}17 \text{ cm}$$

Polare Trägheitsradien

– bezogen auf *S*: $i_p^2 = 3{,}44^2 + 2{,}74^2 = 19{,}34 \text{ cm}^2$

– bezogen auf *M*: $i_M^2 = 19{,}34 + 2{,}17^2 = 24{,}05 \text{ cm}^2$

Ideeller Schlankheitsgrad

$$\lambda_{Vi} = \frac{1 \cdot 140}{2{,}74} \sqrt{\frac{40{,}1 + 24{,}05}{2 \cdot 40{,}1} \left\{1 + \sqrt{1 - \frac{4 \cdot 40{,}1 \cdot 19{,}34}{(40{,}1 + 24{,}05)^2}}\right\}} = 55{,}9 > \lambda_K$$

Damit wird das Biegedrillknicken maßgebend. Der Tragsicherheitsnachweis wird nach Gl. (6.37) für die Knickspannungslinie *c* geführt.

$$\bar{\lambda}_K = 55{,}9/92{,}9 = 0{,}602$$

$$k = 0{,}5 \cdot [1 + 0{,}49 \cdot (0{,}602 - 0{,}2) + 0{,}602^2] = 0{,}78$$

$$1/\varkappa = 0{,}78 + \sqrt{0{,}78^2 - 0{,}602^2} \quad : \quad \varkappa = 0{,}784$$

$$N_{pl,d} = 21{,}9 \cdot 24/1{,}1 = 477{,}8 \text{ k}N$$

$$N_d/\varkappa \cdot N_{pl,d} = 360/0{,}784 \cdot 477{,}8 \text{ k}N = 0{,}96 < 1$$

Nachweis ausreichender Bauteildicke

Auf der sicheren Seite wird grenz (b/t) nach dem Verfahren Elastisch-Plastisch – s. Tafel **8**.6 – geführt. Mit $\alpha = 1$ (Spannungsverteilung) gilt

$$\text{grenz } (b/t) = 10 \cdot \sqrt{\frac{240}{240}} = 10 < \text{vorh } (b/t) = 9{,}52/0{,}7 = 13{,}6$$

Da die vorhandene Spannung $\sigma_1 = 360/21{,}9 = 16{,}44 \text{ kN/cm}^2$ deutlich unter der Grenznormalspannung $\sigma_{R,d}$ liegt, darf unterstellt werden, daß eine völlige Plastizierung des Steges unter Berücksichtigung der Imperfektionen nicht stattfindet. Nach dem Verfahren Elastisch-Elastisch gilt mit $\psi = 1{,}0$ nach Tafel **2**.4

$$k_\sigma = 0{,}43 \quad \text{und} \quad \text{grenz } (b/t) = 305 \cdot \sqrt{\frac{0{,}43}{164{,}4 \cdot 1{,}1}} = 14{,}87 > 13{,}6$$

Für den Steg wird ausreichende Bauteildicke unterstellt.

6.3.3 Einachsige Biegung mit Normalkraft (*N*, *M*)

Druckstäbe erhalten Biegemomente, wenn die Druckkraft an einem planmäßigen Hebelarm angreift (ausmittiger Anschluß) oder wenn der Stab neben der Druckkraft noch eine Querbelastung trägt. Diese Stäbe sind grundsätzlich auf Biegeknicken *und* Biegedrillknicken zu untersuchen. Auf letzteren Nachweis darf verzichtet werden, wenn eine Stabverdrehung ausgeschlossen ist oder die Bedingungen nach Abschn. 6.2.2.2 eingehalten sind. Bei *Stäben mit geringer Normalkraft* nach Gl. (6.39)

$$\frac{N}{\varkappa \cdot N_{pl,d}} < 0{,}1 \qquad (6.39)$$

darf der Einfluß der Normalkraft vernachlässigt werden. Es wird nur die Biegedrillknicksicherheit nachgewiesen. Hier genügen auch die vereinfachten Nachweise für Biegeträger nach Abschn. 8.

Der Tragsicherheitsnachweis für Biegeknicken nach dem Ersatzstabverfahren wurde in [18] zunächst für den einfeldrigen Stab mit Sandwichquerschnitt (I-Profil mit vernachlässigbarer Stegfläche) abgeleitet und in [18] auf Stabwerke erweitert. Die Grenzen der Anwendbarkeit und die Formel selbst werden aus deren Herleitung deutlich.

6.3.3.1 Grundlagen der Ersatzstabnachweise (Biegeknicken)

Der Spannungsnachweis für den in (Bild **6.**13) dargestellten Stab lautet unter Berücksichtigung der Verformungen (Theorie II. Ordnung):

$$\sigma = \frac{N}{A} + \frac{M^{\mathrm{II}}}{W} \leq \sigma_{\mathrm{R,d}} = f_{\mathrm{y,k}} / \gamma_{\mathrm{M}} \tag{6.40}$$

mit

$A = 2 \cdot A_{\mathrm{G}}$, $W = A_{\mathrm{G}} \,.\, h^2/2$, M^{II} = Moment nach Th. II. O.

Das Biegemoment M^{II} kann näherungsweise aus dem Biegemoment nach Th. I. O. und Multiplikation mit dem *Dischinger*-Faktor $1/(1 - N/N_{\mathrm{Ki,d}})$ (vgl. Abschn. 6.5) ermittelt werden.

$$M^{\mathrm{II}} = (N \cdot w_{\mathrm{o}} + M_{\mathrm{q}}^{\mathrm{I}}) \cdot \frac{1}{1 - N/N_{\mathrm{Ki,d}}} \tag{6.41}$$

($M_{\mathrm{q}}^{\mathrm{I}}$ Moment nach Th. I. O. = $q \cdot l^2/8$)

Nach Einsetzen von Gl. (6.41) in Gl. (6.40) Division von Gl. (6.40) durch $f_{\mathrm{y,k}}/\gamma_{\mathrm{M}}$ und Vornahme formaler Umbenennungen erhält man

$$\frac{N}{N_{\mathrm{pl,d}}} + \frac{N \cdot w_{\mathrm{o}} + M_{\mathrm{q}}^{\mathrm{I}}}{M_{\mathrm{pl,d}}} \cdot \frac{1}{1 - N/N_{\mathrm{Ki,d}}} \leqq 1 \tag{6.42}$$

Zur Erfassung der geometrischen und strukturellen Imperfektionen werden die Europäischen Knickspannungskurven herangezogen, die für den Stab nach (Bild **6.**1d) mit $q = M_{\mathrm{q}}^{\mathrm{I}} = 0$ aufgestellt wurden. Für diesen gilt $N \leq N_{\mathrm{pl,R,d}}$ mit $N_{\mathrm{pl,R,d}} = \varkappa \cdot N_{\mathrm{pl,d}}$, und der *Dischinger*-Faktor liefert die genaue Lösung. Ersetzt man in Gl. (6.42) N durch $\varkappa \cdot N_{\mathrm{pl,d}}$ und $M_{\mathrm{q}}^{\mathrm{I}} = 0$, so läßt sich w_{o} ermitteln

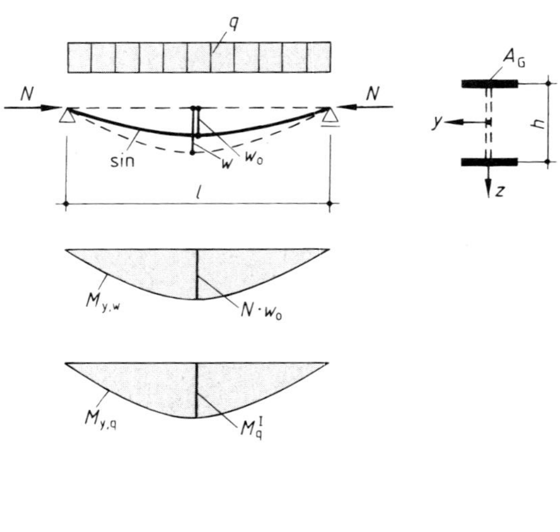

6.13
Ersatzstabverfahren am einfeldrigen Druckstab

$$w_o = \frac{(1 - \varkappa)\,(1 - \varkappa \cdot \overline{\lambda}_K^2)}{\varkappa} \cdot \frac{M_{pl,d}}{N_{pl,d}} \tag{6.43}$$

Unter Verwendung von Gl. (6.43) sowie mit $N_{Ki,d} = N_{pl,d}/\overline{\lambda}_K{}^2$ erhält man aus Gl. (6.42) durch rein mathematische Umformulierung das Nachweisformat, Gl. (6.45).

Aus der (gekürzten) Wiedergabe der Formelableitung wird ersichtlich, in welchen Fällen Gl. (6.45) zuverlässige Ergebnisse liefert: Ist die Biegelinie des nachzuweisenden Stabes qualitativ ähnlich zur Knickbiegelinie des querlastfreien Systems, so liefert die Berechnung von M^{II} mit Hilfe des *Dischinger*-Faktors ausreichend genaue Ergebnisse und Gl. (6.45) darf angewendet werden. Dies gilt auch für *Stabsysteme* der Praxis. Ist diese Einschränkung nicht erfüllt, so sollte der Tragsicherheitsnachweis nach Abschn. 6.5 erfolgen.

6.3.3.2 Biegeknicken

Sonderfälle. Für den beidseitig gelenkig gelagerten Träger mit einer Strecken- oder Einzellast und dem maximalen Moment M nach Th. I. O. ist ein vereinfachter Nachweis nach Gl. (6.33) zulässig, wenn anstelle k nach Gl. (6.32 b) der Wert k' nach Gl. (6.44) in Gl. (6.31) eingeführt wird.

$$\boldsymbol{k' = k + 0{,}5 \cdot \frac{M/M_{pl,d}}{N/N_{pl,d}}} \tag{6.44}$$

Gegebenenfalls sind Gl. (6.35) und Gl. (6.36) zu erfüllen.

Allgemein. Der Tragsicherheitsnachweis für das Ausweichen in Richtung der Lastebene (Momentebene) wird nach Gl. (6.45) geführt.

$$\boldsymbol{\frac{N}{\varkappa \cdot N_{pl,d}} + \frac{\beta_m \cdot M}{M_{pl,d}} + \Delta n \le 1} \tag{6.45}$$

Hierin bedeuten:

$\varkappa$ Abminderungsfaktor nach Gl. (6.31) in Abhängigkeit von $\overline{\lambda}_K$ für die maßgebende Knickspannungslinie und Ausweichen in der Momentebene

β_m Momentenbeiwert nach Tafel **6.**7, Spalte 2. Werte $\beta_m < 1$ sind nur zulässig für querlastfreie Stäbe mit gleichbleibendem Querschnitt und konstanter Normalkraft bei unverschieblicher Lagerung der Stabenden.

M = $|\max M|$ nach Th. I. O. ohne Ansatz vom Imperfektionen.

$$\boldsymbol{\Delta n = \frac{N}{\varkappa \cdot N_{pl,d}} \cdot \left(1 - \frac{N}{\varkappa \cdot N_{pl,d}}\right) \cdot \varkappa^2 \cdot \overline{\lambda}_K^2 \le 0{,}1} \tag{6.46}$$

Hierbei ist die Begrenzung von $\alpha_{pl} \le 1{,}25$ zu beachten.

Bei *doppelsymmetrischen Querschnitten* mit $A_{Steg} \ge 0{,}18 \cdot A$ darf $M_{pl,d}$ in Gl. (6.45) durch $1{,}1 \cdot M_{pl,d}$ ersetzt werden, wenn

$$\boldsymbol{N > 0{,}2 \cdot N_{pl,d}} \tag{6.47}$$

erfüllt ist.

Der *Einfluß der Querkräfte* auf das vollplastische Moment kann über die Interaktionsbeziehungen nach Tafel **8.**5 erfaßt werden.

Tafel **6.7** Momentenbeiwerte β_m und β_M für Biegeknicken und Biegedrillknicken

	1	2	3
	Momentenverlauf	Momentenbeiwerte β_m für Biegeknicken	Momentenbeiwerte β_M für Biegedrillknicken
1	Stabendmomente 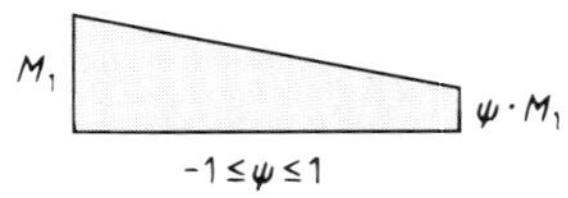 	$\beta_{m,\psi} = 0{,}66 + 0{,}44\ \psi$ jedoch $\beta_{m,\psi} \geq 1 - \frac{1}{\eta_{Ki}}$ und $\beta_{m,\psi} \geq 0{,}44$	$\beta_{M,\psi} = 1{,}8 - 0{,}7\ \psi$
2	Momente aus Querlast 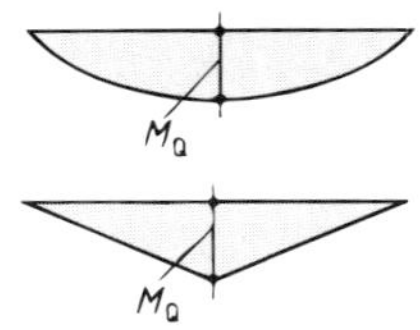 	$\beta_{m,Q} = 1{,}0$	$\beta_{M,Q} = 1{,}3$ $\beta_{M,Q} = 1{,}4$
3	Momente aus Querlasten mit Stabendmomenten 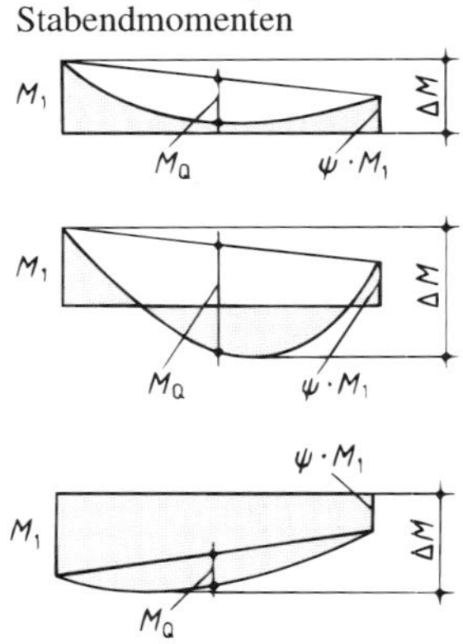 	$\psi \leq 0{,}77$: $\beta_m = 1{,}0$ $\psi > 0{,}77$: $\beta_m = \frac{M_Q + M_1 \cdot \beta_{m,\psi}}{M_Q + M_1}$ $M_1 := \lvert M_1 \rvert$	$\beta_M = \beta_{M,\psi} + \frac{M_Q}{\Delta M}(\beta_{M,Q} - \beta_{M,\psi})$ $M_Q = \lvert \max M \rvert$ nur aus Querlast $\Delta M = \begin{cases} \lvert \max M \rvert \text{ bei nicht durchschlagendem Momentenverlauf} \\ \lvert \max M \rvert + \lvert \min M \rvert \text{ bei durchschlagendem Momentenverlauf} \end{cases}$

Bei *veränderlichen Querschnitten oder/und Normalkräften* muß Gl. (6.45) für alle maßgebenden Querschnitte mit den jeweils zugehörigen Schnittgrößen, Querschnittswerten und der zugehörigen Knicklast N_{Ki} erfüllt sein.

Stababschnitte ohne oder mit *vernachlässigbarer Normalkraft* (z. B. die Riegel biegesteifer Rahmentragwerke), die mit Druckstäben verbunden sind und Biegemomente aufzunehmen haben, sind nach Gl. (6.48) nachzuweisen.

$$\frac{\boldsymbol{M/M_{pl,d}}}{\boldsymbol{1 - 1{,}15/\eta_{Ki}}} \leq \boldsymbol{1} \tag{6.48}$$

und $\eta_{Ki} > 1{,}15$. Wirtschaftlicher jedoch ist eine Berechnung nach Th. II. O.

Biegesteife Verbindungen sind mit dem vollplastischen Moment $M_{\mathrm{pl,d}}$ anstelle des vorhandenen Momentes M zu bemessen, es sei denn, die Momente an der Stoßstelle werden nach Abschn. 6.5 ermittelt.

Sondereinwirkungen (wie Lagerbewegungen oder Temperatur sind zu berücksichtigen (s. Norm).

6.3.3.3 Biegedrillknicknachweis

Der Biegedrillknicknachweis nach DIN 18800-2 Gl. (6.52) gilt für Einzelstäbe und für aus dem Stabwerk herausgelöst gedachte Stäbe. Die Stabendmomente sind erforderlichenfalls nach Th. II. O. mit Ansatz von Imperfektionen (w_o, φ_o) zu bestimmen, während die Feldmomente unter Beachtung der Gleichgewichtsbedingungen nach Theorie I. Ordnung ermittelt werden dürfen.

Der Nachweis erfaßt Stäbe ohne planmäßige Torsion und konstanter Normalkraft, die einen doppelt- oder einfachsymmetrischen Querschnitt aufweisen (gewalzt oder geschweißt mit walzprofilähnlichen Abmessungen) sowie U- und C-Profile. Bei letzteren liegt planmäßige Torsion vor, wenn der *Schubmittelpunkt M* nicht in der Lastebene liegt. T-Querschnitte sind durch die Regelungen nicht erfaßt.

Zur Ermittlung des bezogenen Schlankheitsgrades $\bar{\lambda}_M$ wird das ideale Biegedrillknickmoment bei alleiniger Wirkung von Querlasten oder/und Stabendmomenten (Kippmoment) benötigt.

Für den einfeldrigen Stab mit unverschieblichen Stabenden und doppelsymmetrischem, gleichbleibendem Querschnitt gilt vereinfacht

$$M_{\mathrm{Ki,y}} = \zeta \cdot N_{\mathrm{Ki,z}} \cdot \left(\sqrt{c^2 + 0{,}25 \cdot z_p^2} + 0{,}5\, z_p\right) \qquad (6.49)$$

Hierin bedeuten:

ζ Momentenbeiwert zur Erfassung der Momentenverteilung nach Tafel **6.**8

$N_{\mathrm{Ki,z}}$ $= \pi^2\, EI_z / s^2_{\mathrm{K,z}}$

c nach Gl. (6.50)

z_p Abstand des Lastangriffspunktes vom Schwerpunkt, auf der Biegezugseite positiv (Bild **6.**14)

Tafel **6.**8 Momentenbeiwert zur Bestimmung des Biegedrillknickmomentes

Zeile	Momentenverlauf	ζ
1	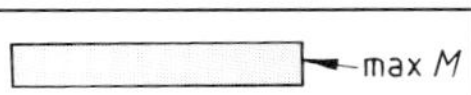 max M	1,00
2	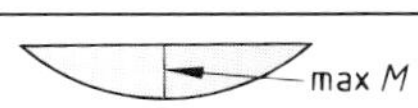 max M	1,12
3	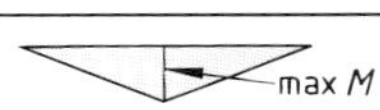 max M	1,35
4	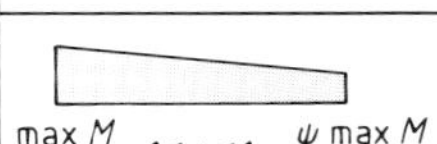 max M $-1 \le \psi \le 1$ ψ max M	1,77 – 0,77 ψ

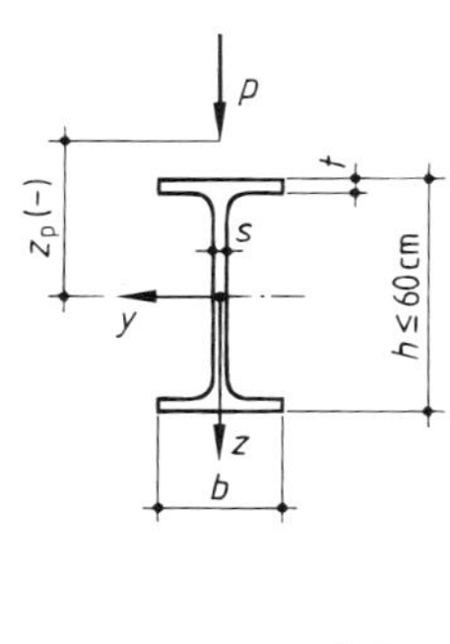

6.14 Abmessungen zur vereinfachten Bestimmung des idealen Kippmomentes

Für *Gabellagerung* ist

$$s_{K,z} = l$$

$$c^2 = (I_\omega + 0{,}039 \cdot l^2 \cdot I_T)/I_z \tag{6.50}$$

Bei Trägerhöhen $h \leq 60$ cm darf $M_{Ki,y}$ näherungsweise nach Gl. (6.51) bestimmt werden.

$$M_{Ki,y} = \frac{1{,}32 \cdot b \cdot t \cdot (EI_y)}{l \cdot h^2} \tag{6.51}$$

Ein genauerer Wert wird mit Tafel **6.**10 ermittelt. Drehelastisch angeschlossene Bauglieder (Trapezbleche, Einzelträger) oder eine federnde Abstützung des kippgefährdeten Trägers (z. B. durch einen nachgiebigen Verband) erhöhen die Kippsicherheit und damit $M_{Ki,y}$. Ihr Einfluß kann näherungsweise durch die Bestimmung einer ideellen Drillsteifigkeit berücksichtigt werden (s. Abschn. 8). Weitere Angaben können aus [24] entnommen werden.

Der Tragsicherheitsnachweis ist mit Gl. (6.52) zu führen.

$$\frac{N}{\varkappa_z \cdot N_{pl,d}} + \frac{M_y}{\varkappa_M \cdot M_{pl,y,d}} \cdot k_y \leq 1 \tag{6.52}$$

Hierin bedeuten:

$\varkappa_z$ Abminderungsfaktor nach Gl. (6.31) für das Ausweichen rechtwinklig zur z-Achse. Hierbei ist in s_K (Gl. (6.24)) für N_{Ki} die kleinere der beiden Knicklasten $N_{Ki,z}$ oder die Drillknicklast einzusetzen. Letztere wird z. B. bei gebundener Drehachse maßgebend.

β_M Momentenbeiwert für Biegedrillknicken zur Erfassung der Momentenverteilung nach Tafel **6.**7, Spalte 3 mit

$$a_y = 0{,}15\,(\bar{\lambda}_{K,z} \cdot \beta_{M,y} - 1), \text{ jedoch } a_y \leq 0{,}9 \tag{6.53}$$

$$k_y = 1 - N \cdot a_y/(\varkappa_z \cdot N_{pl,d}), \text{ jedoch } k_y \leq 1{,}0 \tag{6.54}$$

$\varkappa_M$ Abminderungsfaktor für Biegemomente in Abhängigkeit von $\bar{\lambda}_M$ nach Gl. (6.30) und Gl.(6.55)

Es gilt:

$$\bar{\lambda}_M \leq 0{,}4: \quad \varkappa_M = 1 \tag{6.55a}$$

$$\bar{\lambda}_M > 0{,}4: \quad \varkappa_M = \left(\frac{1}{1 + \bar{\lambda}_M^{2n}}\right)^{1/n} \tag{6.55b}$$

n Trägerbeiwert nach Tafel **6.**9

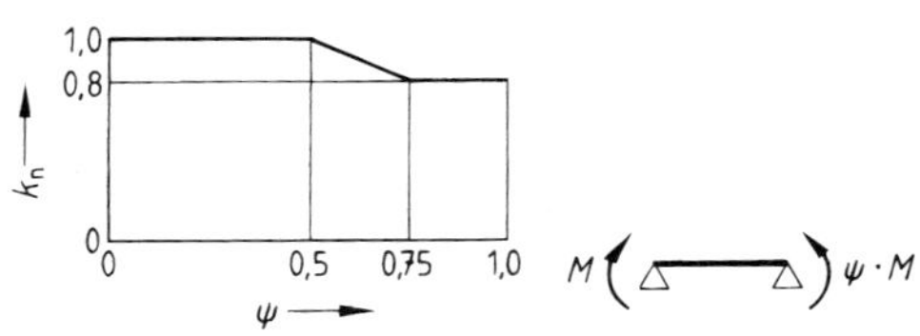

6.15
Faktor k_n für den Trägerbeiwert n (Biegedrillknicknachweis)

Tafel **6**.9 Trägerbeiwert n zur Bestimmung von $\varkappa_M$

	Profil	n		Profil	n
1	gewalzte Träger 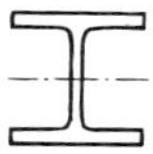	2,5	4	Ausgeklinkte Träger 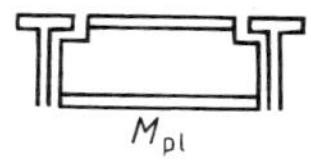	2,0
2	geschweißte Träger 	2,0	5	Voutenträger *) 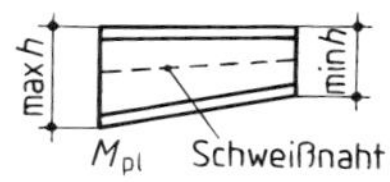 $\frac{\min h}{\max h} \geq 0{,}25$	$0{,}7 + 1{,}8 \frac{\min h}{\max h}$
3	Wabenträger 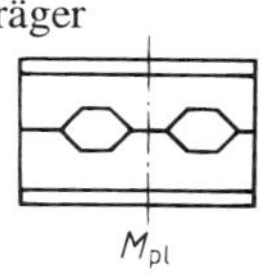	1,5			

*) Wenn die Flansche an den Steg geschweißt sind, ist der Trägerbeiwert n zusätzlich mit 0,8 zu multiplizieren.

Der Trägerbeiwert ist mit dem Faktor k_n zu vervielfältigen, falls Biegemomentenverhältnisse mit $\psi > 0{,}5$ (Bild **6**.15) vorliegen.

Beispiel 6 (Bild **6**.16) Die eingespannte Stütze IPB 400 – St 37 (S235) trägt die Lasten N_d = 520 kN und V_d = 65 kN. Das größte Biegemoment tritt an der Einspannstelle auf

$$\max M = 65 \cdot 6{,}9 = 448{,}5 \text{ kNm}$$

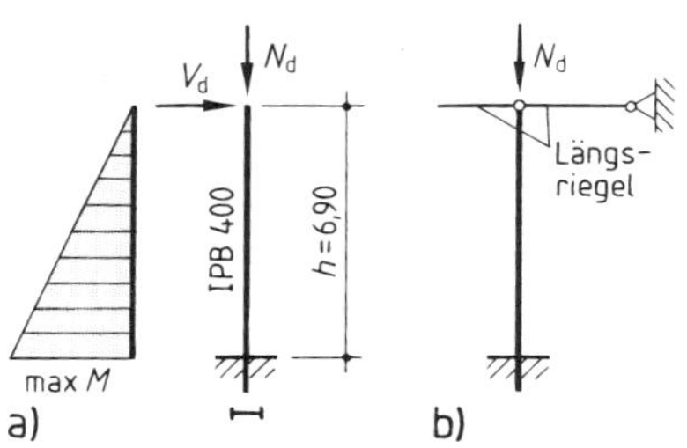

6.16
Eingespannte Stütze mit Horizontallast
a) Ansicht
b) Seitenansicht

Die Tragsicherheitsnachweise werden nach dem *Ersatzstabverfahren* (s. Abschn. 6.3.3) geführt.

Biegeknicken

Für die unten eingespannte und am oberen Ende (in Zeichenebene) frei verschiebliche Stütze ist die Knicklänge

$$s_K = 2 \cdot h = 2 \cdot 690 = 1380 \text{ cm} \quad ; \quad \lambda_{K(y)} = 1380/17{,}1 = 80{,}7$$

$$\bar{\lambda}_K = 80{,}7/92{,}9 = 0{,}869$$

Tafel **6.**10 Kippmoment $M_{Ki,y}$ querbelasteter Träger. Zusammenstellung nach [24]

System und Belastung

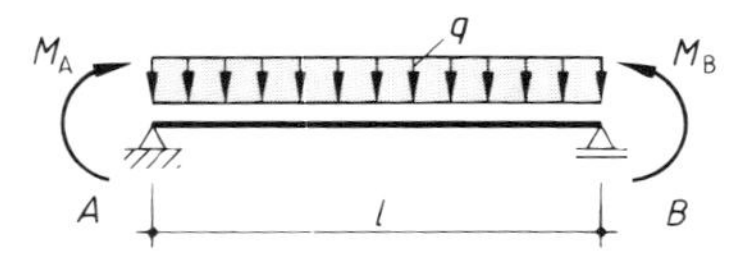

$M_A/M_B \geq 0$

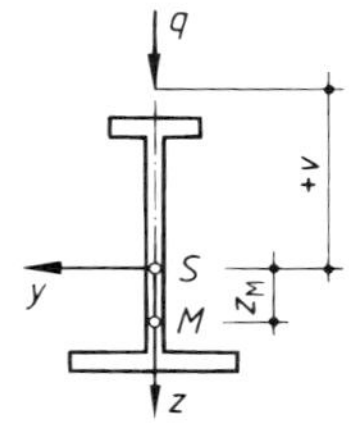

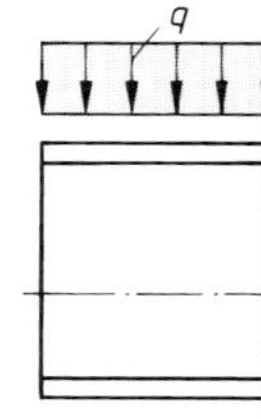

Symmetrische Lagerungsbedingungen

Biegedrillknicksicherheit	Ideales Biegedrillknickmoment
$\nu_{Ki} = \frac{\pi^2 E I_z}{G_1} \cdot [G_2 \pm \sqrt{G_2^2 + G_1 \cdot G_3}]$	$M_{ki,y} = \nu_{ki} \cdot M_y$

$$G_1 = K_0 \left[\frac{M_A + M_B}{2} + \frac{q\, l^2}{K_1} \right]^2$$

$$G_2 = -\frac{M_A + M_B}{2\, l^2} \cdot \left(K_3\, z_M + \frac{r_y}{2\beta^2} \right) + \frac{q}{2} \left(-2\, z_M \cdot \frac{K_0}{K_1} - \frac{r_y}{K_2\, \beta^2} - \frac{v \cdot \beta_0 (2 - \beta_0)}{\pi^2 \beta^2} \right);$$

$$G_3 = \frac{1}{l^4} \cdot \left[\frac{c^2}{\beta^4} + 13{,}12 \cdot (\beta - \beta_0)^2 \cdot z_M^2 \right]$$; c^2 und r_y s. Tafel **6.6**

Beiwerte K zur Berücksichtigung unterschiedlicher Randbedingungen ($\beta \geq \beta_0$)				
	Biegung β	1	0,5	1
	Verwölbung β_0	1	0,5	0,5
$K_0 = 1 - 0{,}0093 \cdot (\beta^2/\beta_o^2 - 1)$		1	1	0,72
$K_1 = 9{,}098 - 0{,}536 \cdot \beta - 4{,}638 \cdot \beta_o + 5{,}276 \cdot \beta \cdot \beta_o$		9,2	7,83	8,88
$K_2 = 5{,}14 + 12{,}10 \cdot \beta_o$		17,24	11,19	11,19
$K_3 = [1 - 0{,}213 \cdot (\beta^2/\beta_o^2 - 1)]/\beta \cdot \beta_o = K_0/\beta^2$		1	4	0,72

Unsymmetrische Lagerungsbedingungen

Biegedrillknicksicherheit	Ideales Biegedrillknickmoment
$\nu_{Ki} = \frac{4{,}4934^2 E I_z}{G_1} \cdot [G_2 \pm \sqrt{G_2^2 + G_1 \cdot G_3}]$	$M_{ki,y} = \nu_{ki} \cdot M_y$

$$G_1 = \left[\frac{2\, M_A + M_B}{3} + \frac{q\, l^2}{9{,}7} \right]^2$$

$$G_2 = -\frac{1{,}28\, M_A + 0{,}72\, M_B}{2\, l^2} \cdot \left(z_M + \frac{r_y}{2} \right) + \left[\frac{q}{2} \cdot \left(-\frac{2\, z_M}{9{,}7} - \frac{r_y}{13{,}3} - \frac{0{,}815 \cdot v}{\pi^2} \right) \right];$$

$$G_3 = \frac{c^2}{l^4} \quad c^2 = \frac{C_M + 0{,}0191 \cdot l^2 \cdot I_T}{I_z}$$

Beispiel 6 Forts.

Mit $h/b = 400/300 = 1{,}33 > 1{,}2$ und $t < 40$ gilt für das Ausweichen senkrecht zur y-Achse Linie a nach Tafel **6**.3, d. h, $\alpha = 0{,}21$.

$$k = 0{,}5 \cdot [1 + 0{,}21 \cdot (0{,}869 - 0{,}2) + 0{,}869^2] = 0{,}948$$

$$1/\varkappa = 0{,}948 + \sqrt{0{,}948^2 - 0{,}869^2} \quad ; \quad \varkappa = 0{,}754$$

Der Einfluß der Th. II. O. wird über Δn erfaßt.

$$N_{\mathrm{pl,d}} = 198 \cdot 24/1{,}1 = 4320 \text{ kN}$$

$$\Delta n = \frac{520}{0{,}754 \cdot 4320} \cdot \left(1 - \frac{520}{0{,}754 \cdot 4320}\right) \cdot 0{,}754^2 \cdot 0{,}869^2 = 0{,}058$$

Da die Einspannstütze am Stützenkopf frei verschieblich ist, gilt für den Momentenbeiwert $\beta_{\mathrm{m}} = 1$. $M_{\mathrm{pl,d}}$ wird der Literatur [26] entnommen

$$M_{\mathrm{pl,d}} = 705 \text{ kNm}$$

Tragsicherheitsnachweis nach Gl. (6.45)

$$\frac{520}{0{,}754 \cdot 4320} + \frac{1{,}0 \cdot 448{,}5}{705} + 0{,}058 = 0{,}85 < 1$$

Biegedrillknicken

Zur Bestimmung der maßgebenden Schlankheit $\bar{\lambda}_{\mathrm{M}}$ muß das ideale Kippmoment $M_{\mathrm{Ki,y}}$ bekannt sein. Für den vorliegenden Belastungs- und Lagerungsfall sind die Formeln der DIN 18800-2 (s. Abschn. 6.3.3.3) nicht anwendbar. Aus [24] erhält man unter Vernachlässigung der Wölbsteifigkeit das ideale Kippmoment für den vorliegenden Fall

$$\mathbf{M_{Ki,y} = V_{Ki} \cdot l = 5{,}50 \cdot \left(\sqrt{EI_z \cdot GI_T}\right)/l} \tag{6.56}$$

$$EI_z \cdot GI_{\mathrm{T}} = (21 \cdot 10^3 \cdot 10\,820 \cdot 8{,}1 \cdot 10^3 \cdot 356) \cdot 10^{-8} = 655{,}2 \cdot 10^4 \text{ kN}^2\text{m}^4$$

$$M_{\mathrm{Ki,y}} = \frac{5{,}50}{6{,}9} \cdot \sqrt{655{,}2 \cdot 10^4} = 2040 \text{ kNm}$$

$$\bar{\lambda}_{\mathrm{M}} = \sqrt{\frac{1{,}1 \cdot 705}{2040}} = 0{,}617$$

Der Trägerbeiwert n nach Tafel **6**.9 ist 2,5 und der Abminderungsfaktor $\varkappa_{\mathrm{M}}$ nach Gl. (6.55)

$$\varkappa_{\mathrm{M}} = \left(\frac{1}{1 + 0{,}617^{2 \cdot 2{,}5}}\right)^{1/2{,}5} = 0{,}966$$

Für das Knicken aus der Momentenebene gilt $s_{\mathrm{K}} = 0{,}7 \cdot 690 = 483$ cm; maßgebend ist die Knickspannungslinie b mit $\alpha = 0{,}34$.

$$\lambda_{\mathrm{K,z}} = 483/7{,}4 = 65{,}3 \qquad \bar{\lambda}_{\mathrm{K,z}} = 65{,}3/92{,}9 = 0{,}703$$

$$k = 0{,}5 \cdot [1 + 0{,}34\,(0{,}703 - 0{,}2) + 0{,}703^2] = 0{,}833$$

$$1/\varkappa_z = 0{,}833 + \sqrt{0{,}833^2 - 0{,}703^2} \quad ; \quad \varkappa_z = 0{,}781$$

Mit $\psi = 0$ für die Momentenverteilung ist $\beta_{\mathrm{M}\psi} = 1{,}8$ nach Tafel **6**.7. Der Momentenbeiwert k_{y} wird nach Gl. (6.54) und Gl. (6.53) bestimmt.

$$a_{\mathrm{y}} = 0{,}15 \cdot (0{,}703 \cdot 1{,}8 - 1{,}0) = 0{,}04$$

$$k_{\mathrm{y}} = 1 - \frac{520 \cdot 0{,}04}{0{,}781 \cdot 4320} = 0{,}994$$

Tragsicherheitsnachweis

$$\frac{520}{0{,}781 \cdot 4320} + \frac{448{,}5}{0{,}966 \cdot 705} \cdot 0{,}994 = 0{,}81 < 1$$

Beispiel 7 (Bild **6**.17) Der Fachwerkfüllstab ½ IPE$_o$ 180 aus St 37 (S235) hat die Druckkraft $N_d = -95$ kN. Gegenüber der Fachwerkebene, die mit der Mittelebene des Knotenblechs zusammenfällt, ist der Stab ausmittig mit dem Hebelarm $a = 2{,}52$ cm angeschlossen und erhält daraus ein über die ganze Stablänge konstantes Moment

$$M_d = 95 \cdot 0{,}0252 = 2{,}39 \text{ kNm}$$

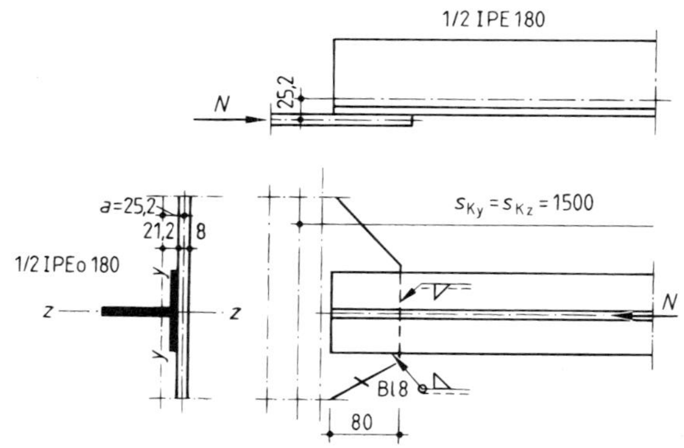

6.17 Ausmittig angeschlossener, auf Druck beanspruchter Fachwerk-Füllstab

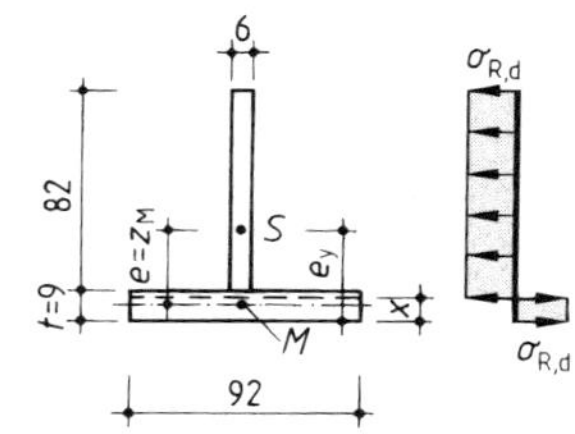

6.18 Vollplastisches Moment beim T-Querschnitt

Für die Tragsicherheitsnachweise wird $M_{pl,y,d}$ benötigt. Bei zur Biegeachse unsymmetrischen Profilen muß hierbei die Lage der Flächenhalbierenden bekannt sein (s. Abschn. 8.2.3.1).

$$A = 0{,}6 \cdot 8{,}2 + 0{,}9 \cdot 9{,}2 = 13{,}2 \text{ cm}^2$$

$$x \cdot 9{,}2 = 13{,}2/2 \quad ; \quad x = 0{,}72 \text{ cm}$$

Mit der Flächenhalbierenden im Flansch erhält man das vollplastische Moment aus Bild **6**.18.

$$M_{pl,d} = [(0{,}72^2/2 + 0{,}18^2/2) \cdot 9{,}2 + 0{,}6 \cdot 8{,}2 \cdot (4{,}1 + 0{,}9 - 0{,}72)] \cdot 24/1{,}1 = 5{,}15 \text{ kNm}$$

$$N_{pl,d} = 13{,}5 \cdot 24/1{,}1 = 294{,}5 \text{ kN}$$

Biegeknicken

Der Abminderungsfaktor $\varkappa$ ist für das Ausweichen in der Momentenebene zu bestimmen. Maßgebend ist die Knickspannungslinie c.

$$\lambda_K = 150/2{,}61 = 57{,}47 \qquad \bar{\lambda}_K = 57{,}47/92{,}9 = 0{,}619$$

$$k = 0{,}5 \cdot [1 + 0{,}49 \cdot (0{,}619 - 0{,}2) + 0{,}619^2] = 0{,}794$$

$$1/\varkappa = 0{,}794 + \sqrt{0{,}794^2 - 0{,}619^2} \qquad \varkappa_y = 0{,}774$$

Der Momentenbeiwert nach Tafel **6**.7 ist für M = konst. ($\psi = 1$)

$$\beta_{m,\psi} = 0{,}66 + 0{,}44 = 1{,}1$$

Der Einfluß der Imperfektion und der Theorie II. Ordnung wird durch Δn, Gl. (6.46), erfaßt.

$$\Delta n = \frac{95}{0{,}774 \cdot 294{,}5}\left(1 - \frac{95}{0{,}774 \cdot 294{,}5}\right) \cdot 0{,}774^2 \cdot 0{,}619^2 \approx 0{,}06$$

$$\frac{95}{0{,}774 \cdot 294{,}5} + \frac{1{,}1 \cdot 2{,}39}{5{,}15} + 0{,}06 = 0{,}99 < 1$$

Beispiel 7 Forts.

Biegedrillknicken

Der Biegedrillknicknachweis nach Abschn. 6.3.3.3 gilt nicht für T-Querschnitte. Zur Abschätzung der Biegedrillknickgefährdung wird der ideelle Schlankheitsgrad nach DIN 4114, Ri. 10.12 (s. Tafel **6.**6) bestimmt und mit λ_K für Knicken um die z-Achse verglichen.

Mit den Querschnittswerten nach [26]

$$I_y = 92{,}3\ \text{cm}^4,\ I_z = 58{,}6\ \text{cm}^4,\ I_T = 3{,}37\ \text{cm}^4,\ I_\omega = 0$$
$$i_z = 2{,}08\ \text{cm},\ i_M = 3{,}73\ \text{cm},\ i_p = 3{,}34\ \text{cm},\ e_y = 2{,}12\ \text{cm}$$

erhält man nach Tafel **6.**6

$$c^2 = 0{,}039 \cdot 150^2 \cdot 3{,}37/58{,}6 = 50{,}46\ \text{cm}^2$$
$$i_M{}^2 = 3{,}73^2 = 13{,}91\ \text{cm}^2\ ,\ i_p{}^2 = 3{,}34^2 = 11{,}16\ \text{cm}^2$$
$$h = 8{,}2 + 0{,}9/2 = 8{,}65\ \text{cm},\ e = z_M = e_y - t/2 = 2{,}12 - 0{,}45 = 1{,}67\ \text{cm}$$
$$h - e = 8{,}65 - 1{,}67 = 6{,}98\ \text{cm}$$
$$A_3 = 8{,}2 \cdot 0{,}6 = 4{,}92\ \text{cm}^2,\ A_1 = A - A_3 = 13{,}5 - 4{,}92 = 8{,}58\ \text{cm}^2$$
$$r_y = \frac{1}{92{,}3} \cdot \left[1{,}67 \cdot 58{,}6 + 8{,}58 \cdot 1{,}67^3 + \frac{0{,}6}{4}(1{,}67^4 - 6{,}98^4)\right] = -2{,}352\ \text{cm}$$

Mit $\beta = \beta_o = 1$ und $a = 2{,}52$ cm wird

$$\lambda_{Vi} = \frac{1 \cdot 150}{2{,}08} \cdot \sqrt{\frac{50{,}46 + 13{,}91 + 2{,}52 \cdot (-2{,}352 - 2 \cdot 1{,}67)}{2 \cdot 50{,}46}} \cdot$$
$$\overline{\cdot \left\{1 \pm \sqrt{1 - \frac{4 \cdot 50{,}46 \cdot [11{,}16 + 2{,}52 \cdot (-2{,}352 - 2{,}52)]}{[50{,}46 + 13{,}91 + 2{,}52 \cdot (-2{,}352 - 2 \cdot 1{,}67)]^2}}\right\}} =$$
$$= \lambda_{K,z} \cdot 0{,}984$$

Da die Schlankheitsgrade für Biegeknicken um die z-Achse und für Biegedrillknicken praktisch gleich sind, wird noch ein Biegeknicknachweis um die z-Achse (ohne M) geführt.

$$\lambda_{K,z} = \frac{150}{2{,}08} = 72{,}12 \qquad \bar{\lambda}_{K,z} = 72{,}12/92{,}9 = 0{,}776$$
$$k = 0{,}5 \cdot [1 + 0{,}49 \cdot (0{,}776 - 0{,}2) + 0{,}776^2] = 0{,}942\ \text{(Linie c)}$$
$$1/\varkappa_z = 0{,}942 + \sqrt{0{,}942^2 - 0{,}776^2}; \qquad \varkappa_z = 0{,}677$$
$$\frac{95}{0{,}677 \cdot 294{,}5} = 0{,}5 < 1$$

Wegen der geringen Ausweichgefahr quer zur Momentenebene ist Biegedrillknicken ausgeschlossen.

Beispiel 8 (Bild **6.**19) Ein durchlaufender Obergurt (HE 200 B) eines Fachwerkträgers wird durch die zwischen den Knotenpunkten angeordneten Pfetten neben der Druckkraft $N = -700$ kN aus der Fachwerktragwirkung zusätzlich auf Biegung um die y-Achse infolge V = 45 kN beansprucht. Die Knicklänge in beiden Ausweichrichtungen beträgt $s_K = 5{,}0$ m. Die Momente über der Stütze (M_{St}) und im Feld (M_F) werden wie für einen Durchlaufträger mit 5 Feldern, z. B. nach [26] bestimmt. St 37 (S235).

$$M_F = 0{,}132 \cdot V \cdot l = 0{,}132 \cdot 45 \cdot 5 = +29{,}7\ \text{kNm}$$
$$M_{St} = -0{,}118 \cdot V \cdot l = -0{,}118 \cdot 45 \cdot 5 = -26{,}6\ \text{kNm}$$

Beispiel 8
Forts.

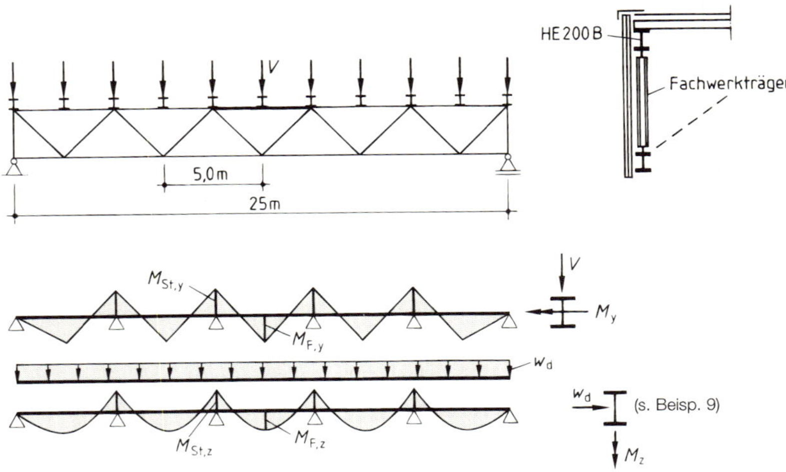

6.19 Statisches System zum Beispiel 8

Biegeknicken (in Momentenebene, Knickspannungslinie b, $\alpha = 0{,}34$)

$$\lambda_{K,y} = 500/8{,}54 = 58{,}55 \qquad \bar{\lambda}_{K,y} = 58{,}55/92{,}9 = 0{,}63$$

$$k = 0{,}5\,[1 + 0{,}34 \cdot (0{,}63 - 0{,}2) + 0{,}63^2] = 0{,}772$$

$$1/\varkappa_y = 0{,}772 + \sqrt{0{,}772^2 - 0{,}63^2} \quad ; \quad \varkappa_y = 0{,}82$$

$$N_{pl,d} = 1704 \text{ kN} \qquad M_{pl,d} = 140 \text{ kNm} \quad \text{(nach [26])}$$

Der Momentenbeiwert β_m wird nach Tafel **6**.7 und folgender Skizze ($\psi = 1{,}0$) ermittelt

$$\beta_{m,\psi} = 0{,}66 + 0{,}44 \cdot 1{,}0 = 1{,}10$$

$$\beta_m = \frac{56{,}3 + 26{,}6 \cdot 1{,}10}{56{,}3 + 26{,}6} = 1{,}032$$

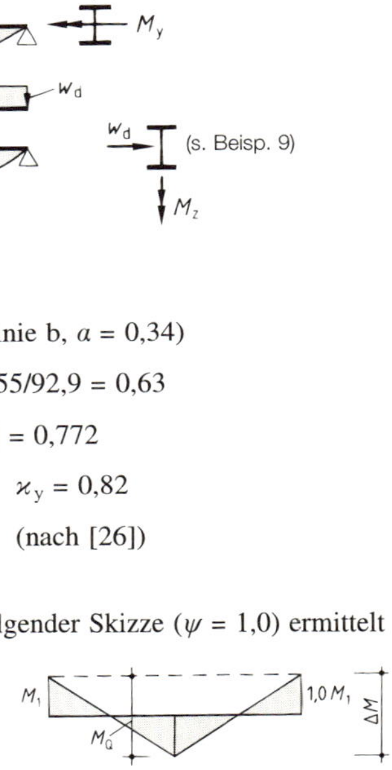

$$M_Q = 29{,}7 + 26{,}6 = 56{,}3 \text{ kNm}$$

$$\Delta n = \frac{700}{0{,}82 \cdot 1704} \cdot \left(1 - \frac{700}{0{,}82 \cdot 1704}\right) \cdot 0{,}82^2 \cdot 0{,}63^2 = 0{,}07$$

$$\frac{700}{0{,}82 \cdot 1704} + \frac{1{,}032 \cdot 29{,}7}{140} + 0{,}07 = 0{,}79 < 1$$

Biegedrillknicken

Da das Feld- und Stützmoment annähernd gleich groß ist, darf das ideale Kippmoment $M_{Ki,y}$ vereinfachend wie für den beidseits eingespannten Träger und mittiger Einzellast ($M_F = -M_{St} = 0{,}125 \cdot V \cdot l$) bestimmt werden. Nach [24] gilt

$$M_{Ki,y} = \frac{44{,}5}{8\,l} \cdot \sqrt{EI_z \cdot GI_T} \tag{6.57}$$

Beispiel 8 Forts. (Die Anwendung der Formeln in DIN 4114, Ri 15.15 für *eingespannte* Träger ist nach [17] nicht zu empfehlen.)

$$EI_z = 21 \cdot 10^3 \cdot 2000 \cdot 10^{-4} = 4200 \text{ kNm}^2$$
$$GI_T = 8{,}1 \cdot 10^3 \cdot 59{,}3 \cdot 10^{-4} = 48{,}03 \text{ kNm}^2$$
$$M_{Ki,y} = \frac{44{,}5}{8 \cdot 5{,}0} \cdot \sqrt{4200 \cdot 48{,}03} = 500 \text{ kNm}^2$$
$$\bar{\lambda}_M = \sqrt{1{,}1 \cdot 140/500} = 0{,}555 \qquad \varkappa_M = 0{,}98$$
$$\beta_{M,\psi} = 1{,}8 - 0{,}7 \cdot 1{,}0 = 1{,}1 \qquad \beta_{M,Q} = 1{,}4$$
$$\beta_{M,y} = 1{,}1 + 1{,}0 \cdot (1{,}4 - 1{,}1) = 1{,}4$$

Für Ausweichen senkrecht zur y-Achse ist die Knickspannungslinie c maßgebend.

$$\lambda_{K,z} = 500/5{,}07 = 98{,}6 \qquad \bar{\lambda}_{K,z} = 98{,}6/92{,}9 = 1{,}06$$
$$k = 0{,}5 \cdot [1 + 0{,}49\,(1{,}06 - 0{,}2) + 1{,}06^2] = 1{,}273$$
$$1/\varkappa_z = 1{,}273 + \sqrt{1{,}273^2 - 1{,}06^2} \qquad \varkappa_z = 0{,}51$$

Der Momentenbeiwert k_y wird nach Gl. (6.54) und (6.53) bestimmt.

$$a_y = 0{,}15 \cdot (1{,}06 \cdot 1{,}4 - 1{,}0) = 0{,}073$$
$$k_y = 1 - 700 \cdot 0{,}073/0{,}51 \cdot 1704 = 0{,}94$$

Nachweis

$$\frac{700}{0{,}51 \cdot 1704} + \frac{29{,}7}{0{,}98 \cdot 140} \cdot 0{,}94 = 1{,}001 \approx 1{,}0$$

6.3.4 Zweiachsige Biegung mit Normalkraft (N, M_y, M_x)

Druckstäbe mit Biegung um beide Hauptachsen kommen im Stahlhochbau relativ selten vor. Dieser Belastungsfall tritt jedoch auf bei Pfetten in geneigten Dächern, bei Eckstielen von Rahmentragwerken und bei Kranbahnen. Das prinzipielle Tragverhalten wird erfaßt durch die *Biegetorsion mit Normalkraft nach Theorie II. Ordnung*. In DIN 18800-2 werden Tragsicherheitsnachweise für Biegeknicken ohne (Abschn. 3.5.1) oder mit Biegedrillknickgefahr (Abschn. 3.5.2) angeboten. Für den Biegeknicknachweis (ohne Biegedrillknickgefahr) stehen hierbei alternativ zwei Nachweismethoden zur Verfügung. Während die *Nachweismethode 1* vom Nachweiskonzept der DIN 4114 („0,9-Formel") ausgeht, stellt die *Nachweismethode 2* eine (theoretisch nachvollziehbare) Erweiterung der in Abschn. 6.3.3.1 vorgestellten Gedankengänge mit notwendigen Vereinfachungen dar. Aus diesem Grund wird diese Methode zuerst behandelt.

Beide Nachweisverfahren sind abgesichert durch genaue Traglastberechnungen und Versuchsergebnisse. Ein Vergleich hinsichtlich Wirtschaftlichkeit und Zuverlässigkeit liegt nach Kenntnis des Verfassers noch nicht vor.

Tafel **6.**11 Momentenbeiwerte k_y und k_z bei zweiachsiger Biegung

$\varkappa_y$; $\varkappa_z$	k_y	k_z	
$\varkappa_y < \varkappa_z$	1	c_z	$c_z = \dfrac{1}{c_y} = \dfrac{1 - \bar{\lambda}^2_{K,y} \cdot N/N_{pl,d}}{1 - \bar{\lambda}^2_{K,z} \cdot N/N_{pl,d}}$
$\varkappa_y = \varkappa_z$	1	1	
$\varkappa_y > \varkappa_z$	c_y	1	

6.3.4.1 Biegeknicken (ohne Biegedrillknickgefahr)

Nachweismethode 2. Die Tragsicherheit wird mit Gl. (6.58) nachgewiesen.

$$\frac{N}{\varkappa \cdot N_{pl,d}} + \frac{\beta_{m,y} \cdot M_y}{M_{pl,y,d}} \cdot k_y + \frac{\beta_{m,z} \cdot M_z}{M_{pl,z,d}} \cdot k_z + \Delta n \leq 1 \tag{6.58}$$

Hierin bedeuten:

$\varkappa = \min(\varkappa_y, \varkappa_z)$ Abminderungsfaktor mit der maßgebenden Knickspannungslinie nach Abschn. 6.3.1
M_y, M_z Größter Absolutwert der Biegemomente nach Theorie I. Ordnung *ohne* Ansatz von Imperfektionen
$\beta_{m,y}$, $\beta_{m,z}$ Momentenbeiwert für Biegeknicken nach Tafel **6.**7, Spalte 2
k_y, k_z, c_y, c_z nach Tafel **6.**11
Δn nach Gl. (6.46) mit λ_K zugehörig zu $\varkappa$.

Nachweismethode 1. Die Tragsicherheit wird mit Gl. (6.59) nachgewiesen.

$$\frac{N}{\varkappa \cdot N_{pl,d}} + \frac{M_y}{M_{pl,y,d}} \cdot k_y + \frac{M_z}{M_{pl,z,d}} \cdot k_z \leq 1 \tag{6.59}$$

Hierin bedeutet, abweichend von Methode 2:

$\beta_{M,y}$, $\beta_{M,z}$ Momentenbeiwerte für Biegedrillknicken nach Tafel **6.**7, Spalte 3
k_y, k_z ($k_{y/z}$) Beiwerte, die nach Gl. (6.60) und Gl. (6.61) für die Indizes y und z getrennt ausgewertet werden müssen.

$$a_{y/z} = \bar{\lambda}_{K,y/z} \cdot (2 \cdot \beta_{M,y/z} - 4) + (\alpha_{pl,y/z} - 1), \quad \text{jedoch } a_{y/z} \leq 0{,}8 \tag{6.60}$$

$$k_{y/z} = 1 - N \cdot a_{y/z} / (\varkappa_{y/z} \cdot N_{pl,d}, \quad \text{jedoch } k_{y/z} \leq 1{,}5 \tag{6.61}$$

Bei dieser Nachweismethode ist eine Begrenzung des plastischen Formbeiwertes auf $\alpha_{pl} \leq 1{,}25$ *nicht* erforderlich.

6.3.4.2 Biegedrillknicken

Der Biegedrillknicknachweis ist mit den gleichen Voraussetzungen wie in Abschn. 6.3.3.3 nach Gl. (6.62) zu führen.

$$\frac{N}{\varkappa_z \cdot N_{pl,d}} + \frac{M_y}{\varkappa_M \cdot M_{pl,y,d}} \cdot k_y + \frac{M_z}{M_{pl,z,d}} \cdot k_z \leq 1 \tag{6.62}$$

Dabei ist k_y nach Gl. (6.54) und k_z nach Gl. (6.61) zu berechnen, d. h.:

$$k_y = 1 - N \cdot a_y / (\varkappa_z \cdot N_{pl,d} \leq 1; \quad a_y = 0{,}15 \cdot (\bar{\lambda}_{K,z} \cdot \beta_{M,y} - 1) \leq 0{,}9$$

$$k_z = 1 - N \cdot a_z / (\varkappa_z \cdot N_{pl,d} \leq 1{,}5; \quad a_z = \bar{\lambda}_{K,z} \cdot (2 \cdot \beta_{M,z} - 4) + (\alpha_{pl,z} - 1) \leq 0{,}8$$

Eine Näherung auf der sicheren Seite ist $k_y = 1$ und $k_z = 1{,}5$.

In dieser Regelung ist planmäßige Torsion *nicht* erfaßt; ebensowenig gilt der Nachweis für T-Querschnitte.

Beispiel 9 Der Fachwerkträger in Beispiel 8 (s. Abschn. 6.3.3) ist der Endbinder einer an den Giebelseiten offenen Halle. Der Fachwerkträger selbst ist verblendet und wird zusätzlich durch die Windlast w_d = 1,35 kN/m beansprucht. Wegen der Berücksichtigung mehrerer veränderlicher Einwirkungen, verändern sich die bereits ermittelten Schnittgrößen infolge des Kombinationsbeiwertes ψ wie folgt:

$$N = -680 \text{ kN}$$

$$M_F = 28{,}9 \text{ kNm} \quad = M_{F,y}$$

$$M_{St} = -25{,}9 \text{ kNm} = M_{St,y}$$

Aus der Windlast erhält man

$$M_{F,z} = 0{,}046 \cdot w_d \cdot l^2 = 0{,}046 \cdot 1{,}35 \cdot 5{,}0^2 = 1{,}55 \text{ kNm}$$

$$M_{St,z} = -0{,}079\, w_d \cdot l^2 = -0{,}079 \cdot 1{,}35 \cdot 5{,}0^2 = -2{,}67 \text{ kNm}$$

Der plastische Formbeiwert ist auf $\alpha_{pl,z}$ = 1,25 begrenzt.

$$M_{pl,z,d} = (1{,}25 \cdot 200 \cdot 24/1{,}1) \cdot 10^{-2} = 54{,}5 \text{ kNm}$$

Biegeknicken (Nachweismethode 2, s. Abschn. 6.3.4.1)

Mit $\varkappa = \varkappa_y = 0{,}82 > \varkappa_z = 0{,}51$ ist $k_y = c_y$ und $k_z = 1$ (Tafel **6.**11), $\bar{\lambda}_K = 0{,}82 = \bar{\lambda}_{K,y}$

$$\frac{1}{c_y} = \frac{1 - 680 \cdot 0{,}63^2/1704}{1 - 680 \cdot 1{,}06^2/1704} = 1{,}526 \qquad k_y = c_y = 0{,}66$$

Für den Momentenbeiwert $\beta_{m,z}$ gilt $\beta_{m,\psi}$ = 1,1 und M_Q = 1,55 + 2,67 = 4,22, somit

$$\beta_{m,z} = \frac{4{,}22 + 2{,}67 \cdot 1{,}1}{4{,}22 + 2{,}67} = 1{,}039$$

In Gl. (6.58) ist für $\varkappa = \min \varkappa = \varkappa_z$ einzusetzen und Δn mit den zu min $\varkappa$ gehörenden $\bar{\lambda}_K$-Wert zu bestimmen.

$$\Delta n_{(z)} = \frac{680}{0{,}51 \cdot 1704} \cdot \left(1 - \frac{680}{0{,}51 \cdot 1704}\right) \cdot 0{,}51^2 \cdot 1{,}06^2 = 0{,}05$$

Nachweis für die Stelle „F"

$$\frac{680}{0{,}51 \cdot 1704} + \frac{1{,}032 \cdot 28{,}9}{140} \cdot 0{,}66 + \frac{1{,}039 \cdot 1{,}55}{54{,}5} \cdot 1{,}0 + 0{,}05 = 1{,}003 \approx 1{,}0$$

Stelle „St": $1{,}009 \approx 1{,}0$

Biegedrillknicken (s. Abschn. 6.3.4.2)

Für den Nachweis nach Gl. (6.62) sind nur noch die Beiwerte k_z und $\beta_{M,z}$ zu bestimmen.

$$\left.\begin{array}{ll} \beta_{M,z,\psi} = 1{,}8 - 0{,}7 \cdot 1{,}0 = 1{,}1 & \beta_{M,Z,Q} = 1{,}3 \\ M_Q/\Delta M = 1 & \\ \beta_{M,z} = 1{,}1 + 1{,}0 \cdot (1{,}3 - 1{,}1) = 1{,}3 & \end{array}\right\} \text{Tafel } \mathbf{6.}7$$

Nach Gl. (6.61):

$$a_z = 1{,}06 \cdot (2 \cdot 1{,}3 - 4) + (1{,}50 - 1) = -0{,}984$$

$$k_z = 1 - \frac{680}{0{,}51 \cdot 1704} \cdot (-0{,}984) = 1{,}77 > 1{,}5 \qquad k_z = 1{,}5$$

Nachweis für die Stelle „F": $M_{pl,z} = 54{,}5 \cdot 1{,}5/1{,}25 = 65{,}4$ kNm

$$\frac{680}{0{,}51 \cdot 1704} + \frac{28{,}9}{1{,}0 \cdot 140} \cdot 0{,}94 + \frac{1{,}55}{65{,}4} \cdot 1{,}5 = 1{,}01 \approx 1{,}0$$

(Stelle „St" liefert ebenfalls 1,0).

6.4 Tragsicherheitsnachweise für mehrteilige, einfeldrige Stäbe

Mehrteilige Druckstäbe lassen sich hinsichtlich ihrer Tragfähigkeit unter Berücksichtigung der Knicklänge für beide Hauptachsen den statischen Erfordernissen durch Wahl einer geeigneten *Spreizung* h_y gut anpassen. Allerdings wird die Kosteneinsparung durch das geringe Gewicht gegenüber einer einteiligen Ausführung durch erhöhte Fertigungskosten in der Regel aufgehoben, so daß diese Querschnittsformen im Hochbau an Bedeutung verloren haben. Man trifft sie nur noch an in geschraubten Fachwerken, in Lehrgerüstkonstruktionen, im Mastbau und bei beweglichen Geräten sowie in Sonderfällen als Kranbahnstützen. Damit die Einzelquerschnitte (Bild **6.**20) als tragfähiges Ganzes wirksam werden, sind sie in geeigneter Weise miteinander zu verbinden. Bei einer Verbindung durch Fachwerkfüllstäbe spricht man von *Gitterstäben* (Bild **6.**21 a); bei einer Verbindung durch Bindebleche entsteht ein Vierendeelträger bzw. *Rahmenstab* (Bild **6.**21 b).

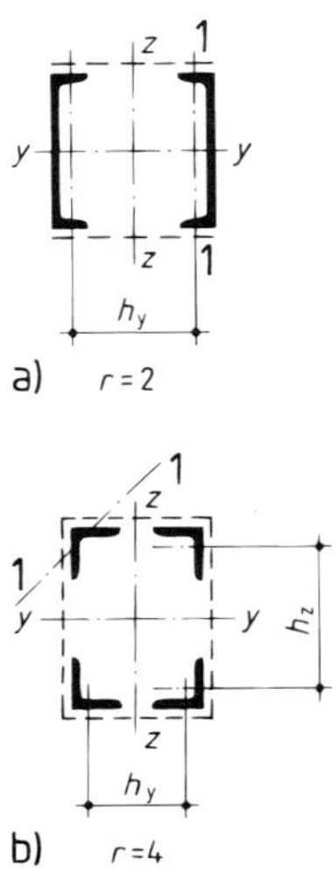

6.20 Mehrteilige Querschnitte mit
a) einer Stoffachse b) zwei stofffreien Achsen

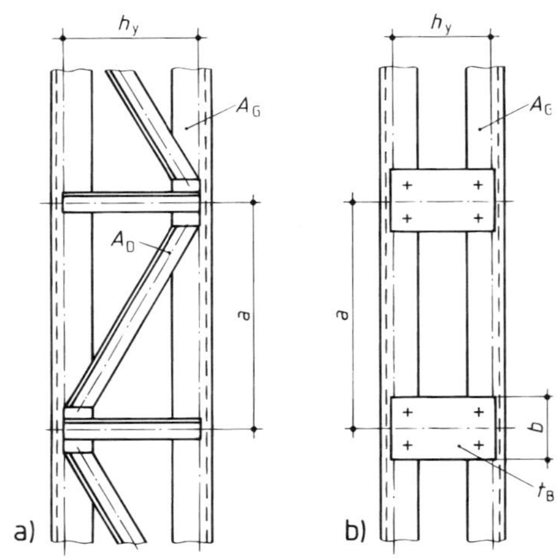

6.21 Mehrteilige Stäbe als
a) Gitterstab und b) Rahmenstab

Schneidet eine Hauptachse (Bild **6.**20 a) die Einzelquerschnitte (y-Achse bei Querschnitt a)), so nennt man sie die *Stoffachse*, während die andere Achse die stofffreie Achse ist. Der Querschnitt b) weist zwei stofffreie Achsen auf. Beim Ausknicken des Stabes rechtwinklig zur Stoffachse bleiben die Bindebleche (Füllstäbe) beanspruchungsfrei (Bild **6.**22 a). Jeder Stab übernimmt die halbe Knicklast und knickt für sich aus. Der Gesamtstab wird daher wie ein einteiliger Stab behandelt. In Bild **6.**22 b sind die zwei Einzelstäbe unverbunden aufeinandergelegt. In diesem Fall gilt das gleiche wie zuvor. Werden die Stäbe jedoch miteinander verbunden, so übertragen die Bindebleche Schubkräfte, und der Querschnitt wirkt als schubnachgiebiger Gesamtträger (Bild **6.**22 c).

Die Biegesteifigkeit und die Schubsteifigkeit wirken wie hintereinandergeschaltete Federn, so daß sich die Gesamtknicklast aus den Biegesteifigkeits- und Schubsteifigkeitsanteilen zusammensetzt.

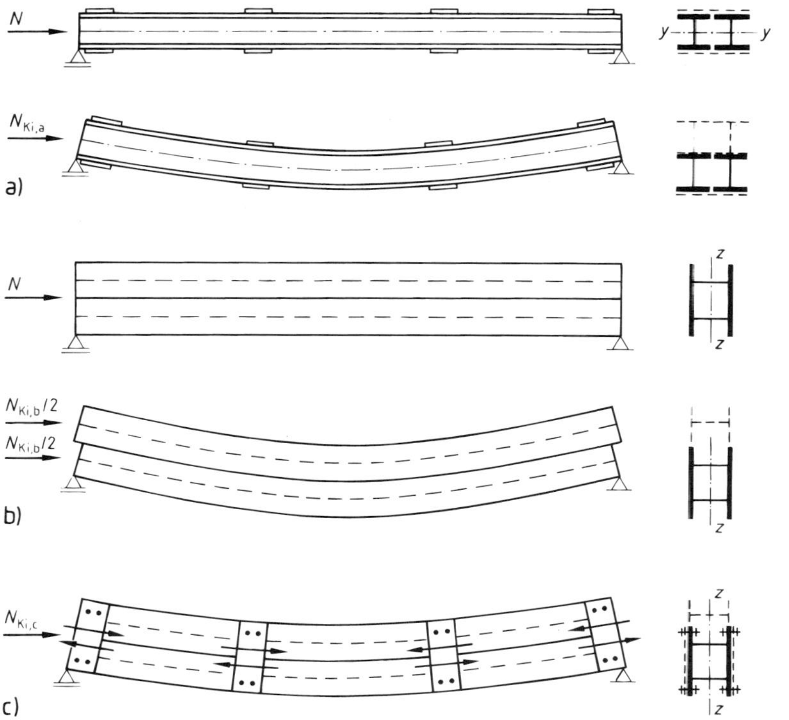

6.22 Zum Knickverhalten mehrteiliger Druckstäbe

$$\frac{1}{N_{Ki}} = \frac{1}{N_{Ki,G}} + \frac{1}{N_{Ki,S}} \quad \text{oder} \quad N_{Ki} = \frac{1}{1 + \dfrac{N_{Ki,G}}{N_{Ki,S}}} \cdot N_{Ki,G} \qquad (6.63)$$

$N_{Ki,G}$ Knicklast unter Zugrundelegung der vorhandenen Biegesteifigkeit (Schubsteifigkeit unendlich groß)

$N_{Ki,S}$ Knicklast unter Zugrundelegung der vorhandenen Schubsteifigkeit (Biegesteifigkeit unendlich groß)

Für das Ausknicken rechtwinklig zur stofffreien Achse wird der mehrteilige Stab mit schubweichem Querschnitt nach Theorie II. Ordnung behandelt. Bei sinusförmiger Vorverformung v_o lassen sich die Biegemomente und Querkräfte nach Theorie II. Ordnung unter Verwendung des Vergrößerungsfaktors $\alpha = 1/(1 - N/N_{Ki,d})$ leicht angeben.

6.4.1 Ausweichen rechtwinklig zur Stoffachse

Mit dem Gesamtträgheitsradius

$$i_y = \sqrt{\frac{2 \cdot I_{y,G}}{2 \cdot A_G}} = i_{y,G} \qquad (6.64)$$

ist der Stab sowohl für mittigen Druck als auch für Druck mit einachsiger Biegung (M_y) wie ein einteiliger Querschnitt nach Abschn. 6.3.2 bzw. 6.3.3 zu behandeln.

6.4.2 Ausweichen rechtwinklig zur stofffreien Achse

Für den häufigsten Fall der planmäßig *mittigen Druckbelastung* sind die Schnittgrößen am Gesamtstab (bei gelenkiger Endlagerung) sowie die Beanspruchungen der Verbindungselemente (Bindebleche, Diagonalstäbe) geschlossen anschreibbar. Hierbei werden folgende Größen benötigt:

$I_z = \Sigma\,(A_G \cdot y_s^2 + I_{z,G})$	Flächenmoment 2. Grades bei schubstarrer Verbindung der Gurte	(6.65)
$I_z^* = \Sigma\,(A_G \cdot y_s^2 + \eta \cdot I_{z,G})$	Rechenwert des Flächenmomentes 2. Grades bei Rahmenstäben	(6.66)
η	Korrekturbeiwert für Rahmenstäbe nach Tafel 6.12	
$I_z^* = \Sigma\,(A_G \cdot y_s^2)$	Rechenwert des Flächenmomentes 2. Grades bei Gitterstäben	(6.67)
$W_z^* = I_z^*/y_s$	Widerstandsmoment des Gesamtquerschnittes in der Gurtschwerachse	(6.68)
$s_{K,z}$	Knicklänge des Ersatzstabes ohne Berücksichtigung der Schubverformung	
$i_z = \sqrt{I_z/A}$	Trägheitsradius des schubstarren Gesamtstabes	(6.69)
$A = \Sigma\,A_G$	ungeschwächte Querschnittsfläche des mehrteiligen Stabes	(6.70)
$\lambda_{K,z} = s_{K,z}/i_z$	Schlankheitsgrad des schubstarren Rahmenstabes	

A_G, $I_{z,G}$ sind die Querschnittswerte des Einzelgurtes (bezogen auf seine zur stofffreien Achse parallelen Achse). Besitzt der Stab zwei stofffreie Achsen, so ist die Berechnung sinngemäß für beide Achsen durchzuführen.

Mit diesen Werten ergeben sich zunächst für den Stab mit gelenkiger, unverschieblicher Lagerung der Enden folgende Schnittgrößen:

Tafel **6.12** Korrekturwerte η beim Flächenmoment 2. Grades für Rahmenstäbe

$\lambda_{K,z}$	η
≤ 75	1
$75 < \lambda_{K,z} \leq 150$	$2 - \frac{\lambda_{K,z}}{75}$
> 150	0

Schnittgrößen am Gesamtstab

Stabmitte: $$\boldsymbol{M_z} = \frac{\boldsymbol{N v_o}}{\boldsymbol{1 - \dfrac{N}{N_{Ki,z,d}}}} \quad \text{mit} \tag{6.71}$$

$$\boldsymbol{N_{Ki,z,d}} = \frac{\boldsymbol{1}}{\dfrac{\boldsymbol{l^2}}{\boldsymbol{\pi^2 \cdot (EI^*_z)_d}} + \dfrac{\boldsymbol{1}}{\boldsymbol{S^*_{z,d}}}} = \frac{\boldsymbol{1}}{\dfrac{\boldsymbol{1}}{\boldsymbol{N^*_{Ki,z,d}}} + \dfrac{\boldsymbol{1}}{\boldsymbol{S^*_{z,d}}}} \tag{6.72}$$

Stabende: $$\textbf{max}\ \boldsymbol{V_y = \pi \cdot M_z / l} \tag{6.73}$$

Hierin ist $S^*_{z,d}$ die *Ersatzschubsteifigkeit* nach Tafel **6.**13.

Tafel **6.**13 Knicklängen $s_{K,1}$ und Ersatzschubsteifigkeiten $S^*_{z,d}$

		1	2	3	4	5	6
1		Gitterstäbe					Rahmenstäbe
		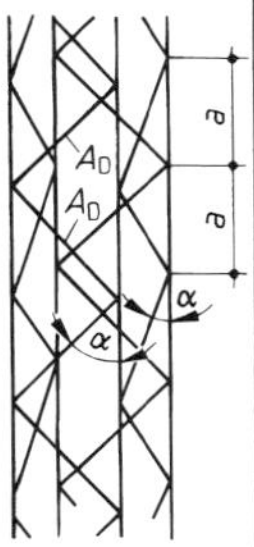	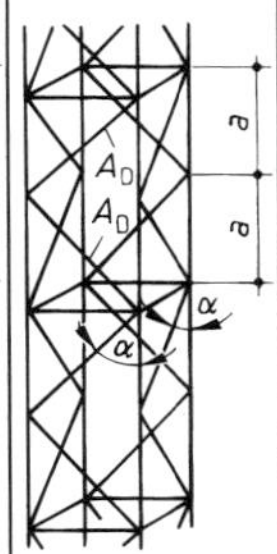	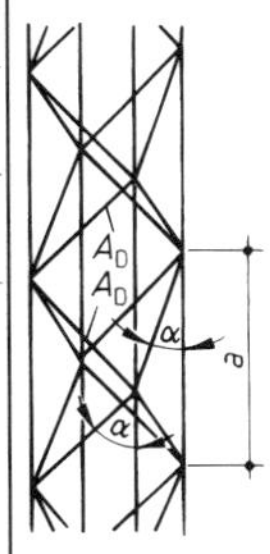	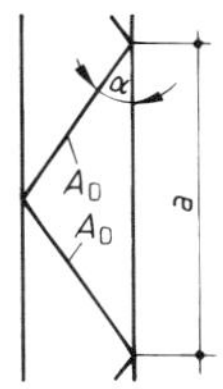	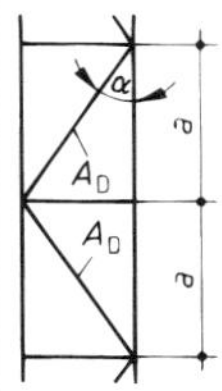	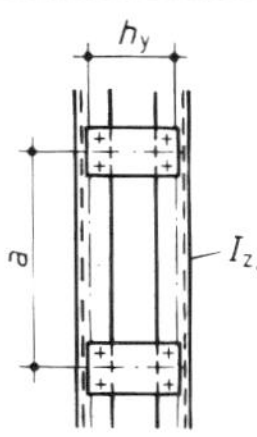 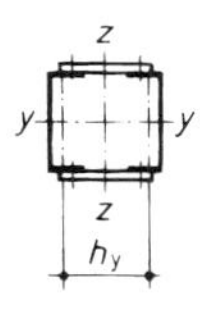
		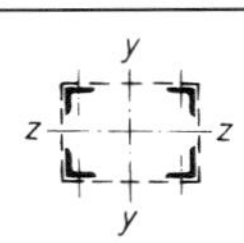			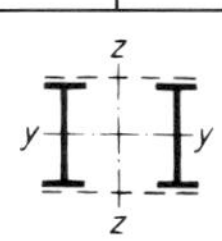		
2	$s_{K,1}$	1,52 a	1,28 a	a	a		a
3	$S^*_{z,d}$	$S^*_{z,d} = m \cdot (E \cdot A_D)_d \cdot \cos a \cdot \sin^2 a$ m Anzahl der zur stofffreien Achse rechtwinkligen Verbände					$S^*_{z,d} = \dfrac{2\pi^2 \cdot (E \cdot I_{z,G})_d}{a^2}$

Die Knicklängen $s_{K,1}$ nach Spalte 1 und 2 gelten nur für Gurte aus Winkelstählen, wobei der Schlankheitsgrad λ_1 mit dem kleinsten Trägheitsradius i_1 gebildet wird.

Werden ausnahmsweise Verbindungsmittel mit Schlupf verwendet, so darf dies durch eine entsprechende Erhöhung der geometrischen Ersatzimperfektion berücksichtigt werden.

Die Angaben für $S^*_{z,d}$ gelten nicht für den Gerüstbau. Dort sind in der Regel sehr nachgiebige Verbindungsmittel vorhanden, deren Einfluß dann zu berücksichtigen ist.

Hat der mehrteilige Rahmen- oder Gitterstab mehr als zwei Gurte oder eine andere als in Tafel **6.**13 angegebene Vergitterung, so kann $S_{z,d}^{*}$ aus [14] entnommen werden.

Der *Schnittgrößenverlauf* über die Stablänge wird nach Gl. (6.74) und Gl. (6.75) berechnet.

$$M_z(x) = M_z \cdot \sin(\pi \cdot x/l) \tag{6.74}$$

$$V_y(z) = \max V_y \cdot \cos(\pi \cdot x/l) \tag{6.75}$$

6.4.2.1 Nachweis der Einzelstäbe bei Gitter- und Rahmenstäben

Gurte. Die größte Normalkraft in den Gurten des schubweichen Gesamtstabes ergibt sich aus

$$N_G = \frac{N}{r} + \frac{M_z}{W_z^*} \cdot A_G \tag{6.76}$$

worin r die Anzahl der Gurte bedeutet.

Der Einzelgurt ist unter Annahme beidseitig gelenkiger Lagerung für die Schlankheit

$$\lambda_{K,1} = s_{K,1}/i_1 \tag{6.77}$$

(i_1 kleinster Trägheitsradius des Einzelgurtes)

und mit der Normalkraft N_G Gl. (6.76) nach den Regelungen des Abschn. 6.3.2 nachzuweisen. Für die Knicklänge $s_{K,1}$ gilt Tafel **8.**13. Greifen bei Gitterstäben nach Tafel **6.**13 Spalten 4 und 5 Querlasten innerhalb der Gurtlänge a an, so wird der Nachweis nach Abschn. 6.3.3 geführt.

Füllstäbe von Gitterstäben (Bild **6.**21) Die Stabkräfte der Füllstäbe von Gitterstäben werden nach der Theorie der Fachwerke aus den Querkräften $V_y(z)$ bestimmt. Für die Enddiagonale wird

$$N_D = \max V_y / \sin \alpha \tag{6.78}$$

α Neigungswinkel der Diagonalen gegenüber der Gurtachse

Für diese Kraft ist der Diagonalstab mit gelenkiger Endlagerung auf planmäßig mittigen Druck nachzuweisen, wobei für die Knicklänge $s_{K,D}$

$$s_{K,D} = 0{,}9 \cdot l_D \quad \text{(Ausweichen in Füllstabebene)} \tag{6.79}$$

$$s_{K,D} = 1{,}0 \cdot l_D \quad \text{(Ausweichen rechtwinklig zur Füllstabebene)} \tag{6.80}$$

eingesetzt werden darf. (Abweichungen hiervon s. Teil 2, Fachwerke).

6.4.2.2 Nachweis der Einzelfelder von Rahmenstäben

Die Gurte bei Rahmenstäben werden neben der Normalkraft insbesondere in den Endfeldern auf Biegung infolge der Querkräfte $V_y(z)$ beansprucht (Tafel **6.**14, Bild **6.**23). Vereinfachend wird der Einzelgurt des Rahmenstabes mit folgenden Schnittgrößen nach Abschn. 6.3.3 nachgewiesen.

$$N_G = \frac{N}{r} + \frac{M_z\,(x = a)}{W_z^*} \cdot A_G \tag{6.81}$$

$$M_G = \frac{\max V_y}{r} \cdot \frac{a}{2} \tag{6.82}$$

$$V_G = \frac{\max V_y}{r} \tag{6.83}$$

Hierbei darf die plastische Grenztragfähigkeit (u. U. unter Berücksichtigung der Querkraft V_G, jedoch i. allg. vernachlässigbar) ausgenutzt werden. Zu beachten ist, daß bei einfachsymmetrischen Querschnitten bezüglich der z-Achse, die aufnehmbare plastische Grenzschnittgröße unter Berücksichtigung der Normalkraft N_G ($M_{pl,NG}$) von der Ausbiegerichtung abhängig ist [15]. Zur Vereinfachung darf ein Mittelwert für das aufnehmbare plastische Moment $M_{pl,NG}$ eingesetzt werden. Bei Gurten aus Winkelprofilen sind die Momentenachsen parallel zur stofffreien Achse anzunehmen.

Tafel **6.**14 Schnittgrößenverteilung in den Bindeblechen von Rahmenstäben

1	Querschnitt mehrteiliger Rahmenstäbe	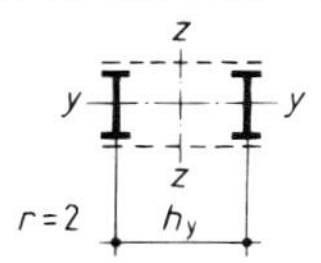
2	Statisches Modell	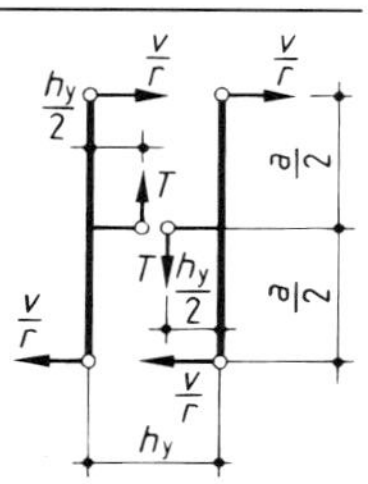
3	Biegemomentenverteilung in der Querverbindung unter den Schubkästen T	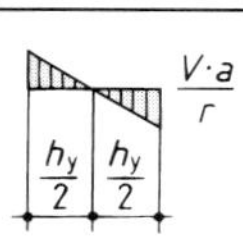
4	Schubkraft T in der Querverbindung	$T = \frac{V \cdot a}{h_y}$

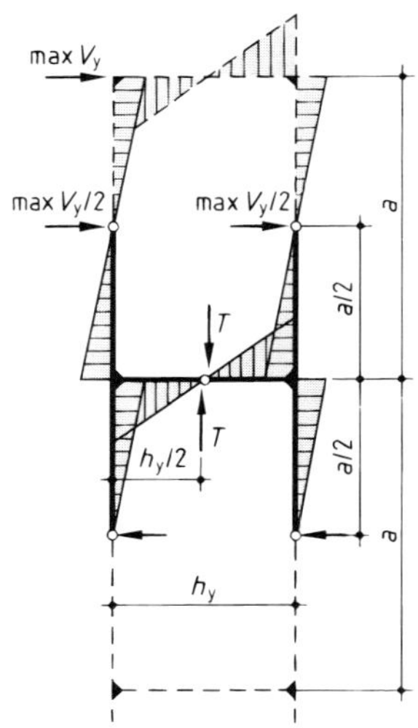

6.23 Biegebeanspruchung der Einzelfelder in Rahmenstäben infolge max V_y

6.4.2.3 Nachweis der Bindebleche

Bindebleche bei Rahmenstäben sind grundsätzlich an den Stabenden vorzusehen. Dies gilt auch für Gitterstäbe, wenn kein Endverband mit gekreuzten Diagonalen angeordnet wird. Erfolgt der Anschluß des mehrteiligen Stabes an ein gemeinsames Knotenblech, so darf dieses als Endbindeblech angesehen werden, wenn die Bindeblechwirkung beim Nachweis des Knotenbleches berücksichtigt wird.

Die weiteren Bindebleche sind – bei annähernd gleich großen Abständen – so vorzusehen, daß mindestens drei Felder entstehen ($n \geq 3$) und die Bedingung (6.84) eingehalten ist.

$$\boldsymbol{a/i_1 \leq 70.} \tag{6.84}$$

Damit ist sichergestellt, daß kein vorzeitiges Versagen des Einzelgurtes auftritt. Die Bindebleche und ihre Anschlüsse (mit mindestens zwei Schrauben oder eines gleichwertigen Schweißnahtanschlusses) sind auf Schub und Biegung zu bemessen (Tafel **6.**14). Der geschraubte Anschluß sollte mit Paßschrauben erfolgen.

Die Bindebleche läßt man in der Regel nicht über die Profilkanten hinausragen und wählt ihre Breite zu $b \approx 0{,}8$ bis $1{,}0 \cdot$ Profilhöhe. Mit Rücksicht auf die Beulgefährdung sollte die Dicke $t \geq 8$ mm sein.

6.4.3 Mehrteilige Rahmenstäbe mit geringer Spreizung

Mehrteilige Stäbe aus U- oder L-Profilen kommen häufig in geschraubten Fachwerken und Verbänden vor, wo sie an Knotenbleche (oder direkt) angeschlossen sind. Dadurch ist die Spreizung h_y, h_z nur weniger größer die Dicke des Knotenbleches (Bild **6.**24, **6.**25).

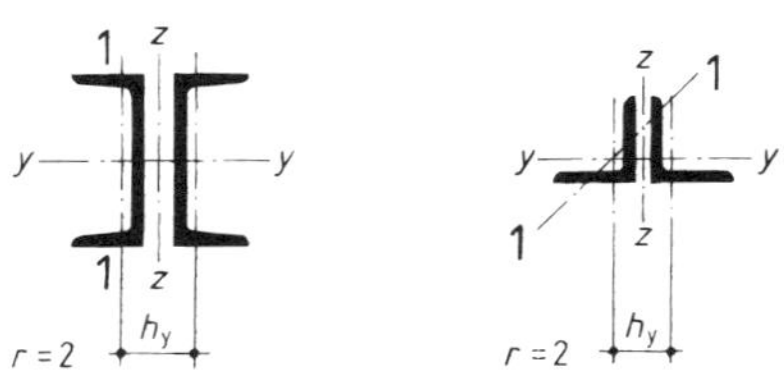

6.24 Mehrteiliger Stab mit geringer Spreizung, dessen Querschnitt eine Stoffachse hat

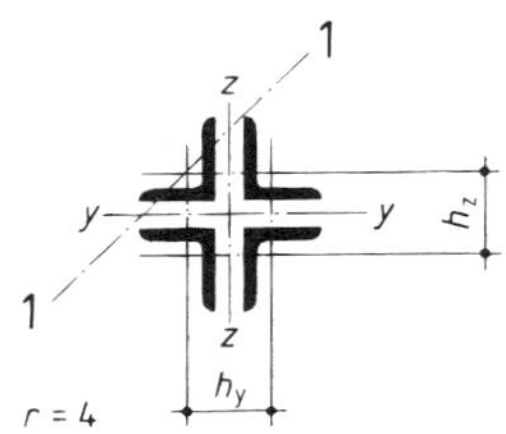

6.25 Mehrteiliger Stab mit geringer Spreizung, dessen Querschnitt zwei stofffreie Achsen hat

Stäbe mit Querschnitten nach Bild **6.**24 dürfen bei planmäßig mittigem Druck wie einteilige Stäbe nach Abschn. 6.3.2 behandelt werden, wenn

– der Abstand a der Bindebleche oder Flachstahlfutterstücke

$$\boldsymbol{a \leq 15 \cdot i_1} \tag{6.85}$$

beträgt

– oder durchgehende Flachstahlfutter in Abständen von kleiner als $15 \cdot i_1$ mit den Gurten verbunden sind.

Bei der Ermittlung des Flächenmomentes 2. Grades darf ein durchgehendes Futter rechnerisch berücksichtigt werden. Für die Querschnittsfläche gilt dies nur, wenn das Futterblech am Knotenblech ausreichend befestigt ist. Die Schubkraft T in den Bindeblechen, Futterstücken oder im Futter sowie deren Anschlüsse darf aus einer Querkraft V

$$\boldsymbol{V = N/40} \tag{6.86}$$

bestimmt werden.

Stäbe mit Querschnitten aus übereck gestellten Winkeln (Bild **6.**26) sind hinsichtlich der Unterhaltung günstiger als Querschnitte mit geringer Spreizung. Die Steifigkeit um die stofffreie Achse ist – bei gleicher Knicklänge – stets wesentlich größer als die Steifigkeit um die Stoffachse, so daß ein Tragsicherheitsnachweis nur für diese mit

$$\lambda_y = s_{K,y}/i_y$$

erforderlich ist. Bei ungleichschenkeligen Winkelprofilen darf für

$$i_y = i_0/1{,}15 \qquad (6.87)$$

gesetzt werden, wobei sich i_0 des Gesamtquerschnittes auf die zum langen Schenkel parallele Schwerachse bezieht.

Die Bindebleche werden entweder versetzt oder gleichgerichtet angeordnet. Die Schubkraft T wird wie für Querschnitte mit geringer Spreizung bestimmt.

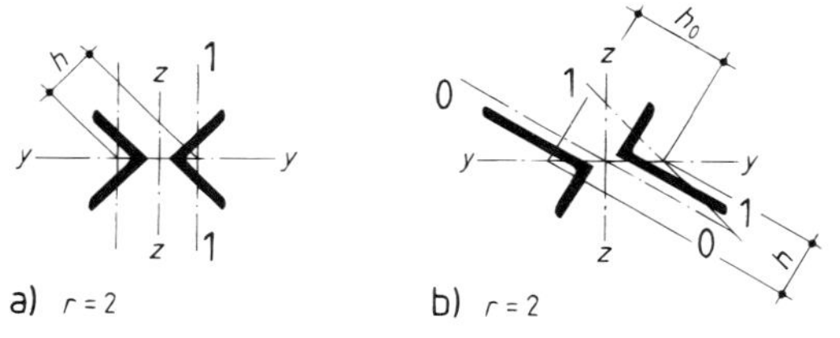

6.26
Mehrteilige Stäbe, deren Querschnitt aus zwei übereck gestellten Winkelprofilen besteht

6.4.4 Berechnungsbeispiele

Beispiel 10 (Bild **6.**27) Ein Fachwerkstab mit der Druckkraft N_d = 190 kN ist aus 2 gleichschenkligen Winkeln (⅃L) in St 37 (S235) herzustellen; Knicklänge s_K = 3,92 m, Knotenblech 12 mm dick. Es werden 2 Bindebleche zwischen den Endbindeblechen angeordnet.

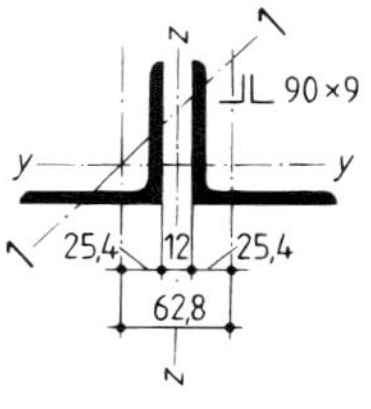

6.27
Knickstab-Querschnitt zum Beispiel 10

Querschnittswerte des Einzelwinkels:

$A_G = 15{,}5\ \text{cm}^2,\ I_{y,G} = I_{z,G} = 116\ \text{cm}^4,\ W_{z,G} = 18\ \text{cm}^3$

$i_{y,G} = i_{z,G} = 2{,}74\ \text{cm},\ i_1 = 1{,}76\ \text{cm},\ s_1 = 392/3 = 130{,}7 > 15 \cdot 1{,}76$
(Behandlung als Rahmenstab)

Knicken um *y*-Achse (Ausweichen rechtwinklig zur Stoffachse)

$\lambda_{K,y} = 392/2{,}74 = 143{,}07 \qquad \bar{\lambda}_{K,y} = 143{,}07/92{,}9 = 1{,}54$

Knickspannungslinie c mit $\alpha = 0{,}49$:

$$k = 0{,}5 \cdot [1 + 0{,}49 \cdot (1{,}54 - 0{,}2) + 1{,}54^2] = 2{,}014$$

$$1/\varkappa = 2{,}014 + \sqrt{2{,}014^2 - 1{,}54^2} \qquad \varkappa = 0{,}302$$

$$N_{pl,d} = 2 \cdot 15{,}5 \cdot 24/1{,}1 = 676{,}4\ \text{kN} = 2 \cdot 338{,}2\ \text{kN}$$

$$\frac{190}{0{,}302 \cdot 676{,}4} = 0{,}93 < 1$$

Beispiel 10 Forts.

Knicken um z-Achse (Ausweichen rechtwinklig zur stofffreien Achse)

Systemvorwerte: $h_y = 6{,}28$ cm, $y_s = 62{,}8/2 = 3{,}14$ cm

$i_z = 2 \cdot (15{,}5 \cdot 3{,}14^2 + 116) = 538 \text{ cm}^4 \qquad A = 2 \cdot 15{,}5 = 310^2$

$i_z = \sqrt{538/31{,}0} = 4{,}17$ cm

$\lambda_{K,z} = 392/4{,}17 = 94 > 75$

Das Flächenmoment 2. Grades (Trägheitsmoment) ist abzumindern.

$\eta = 2 - 94/75 = 0{,}747$ (Tafel **6.**12)

$I_z^* = 2 \cdot (15{,}5 \cdot 3{,}14^2 + 0{,}747 \cdot 116) = 479 \text{ cm}^4 \qquad W_z^* = 479/3{,}14 = 152{,}5 \text{ cm}^3$

$EI_{z,d}^* = 21 \cdot 10^3 \cdot 479 \cdot 10^{-4}/1{,}1 = 914{,}5 \text{ kNm}^2$

Die Ersatzschubsteifigkeit des Rahmenstabes beträgt nach Tafel **6.**13

$$S_{z,d}^* = \frac{2 \cdot \pi^2 \cdot 21 \cdot 10^3 \cdot 116/1{,}1}{130{,}7^2} = 2559 \text{ kN}$$

$$N_{Ki,z,d}^* = \pi^2 \cdot 914{,}5/3{,}92^2 = 587 \text{ kN}$$

$$N_{Ki,z,d} = \frac{1}{\dfrac{1}{587} + \dfrac{1}{2559}} = 477 \text{ kN}$$

Mit den Systemwerten können die Schnittgrößen nach Theorie II. Ordnung unter Berücksichtigung der Ersatzimperfektionen (Vorkrümmung v_o nach Tafel **6.**1 bestimmt werden.

Schnittgrößen nach Theorie II. Ordnung am Gesamtstab

$v_o = l/500 = 392/500 = 0{,}784$ cm

$$M_z = \frac{190 \cdot 0{,}00784}{1 - \dfrac{190}{477}} = 2{,}48 \text{ kNm (Stabmitte)}$$

$\max V_y = \pi \cdot 2{,}48/3{,}92 = 1{,}99$ kN (Stabende)

Nachweis der Einzelstäbe

Die Beanspruchung des Einzelstabes (in Stabmitte) ergibt sich aus dem Maximalmoment des Gesamtstabes und der anteiligen Druckkraft

$$N_G = \frac{190}{2} + \frac{248}{152{,}5} \cdot 15{,}5 = 120 \text{ kN}$$

Der Druckgurt wird als planmäßig mittig gedrückter Stab mit gelenkiger Lagerung zwischen den Bindeblechen in Feldmitte nachgewiesen (Knickspannungslinie c)

$\lambda_{K,1} = 130{,}7/1{,}76 = 74{,}3$[1] $\qquad \bar{\lambda}_{K,1} = 74{,}3/92{,}9 = 0{,}80$

$k = 0{,}5 \cdot [1 + 0{,}49\,(0{,}8 - 0{,}2) + 0{,}8^2] = 0{,}967$

$1/\varkappa = 0{,}967 + \sqrt{0{,}967^2 - 0{,}8^2} \qquad \varkappa = 0{,}66$

$$\frac{120}{0{,}66 \cdot 338{,}2} = 0{,}54 < 1$$

[1]) Alle Längenangaben sind Systemmaße. Durch die tatsächliche konstruktive Ausbildung kann $\lambda_{K,1} \leq 70$ ungefähr eingehalten werden.

Beispiel 10 Forts. *Nachweis des Einzelfeldes*

$$M_G = \frac{1{,}99 \cdot 1{,}307}{2 \cdot 2} = 0{,}65 \text{ kNm}$$

Bei sin-förmiger Biegelinie ist das Moment des Gesamtstabes am 1. Bindeblech

$$M_z = 2{,}48 \cdot \sin \frac{\pi \cdot 1{,}307}{3{,}92} = 2{,}15 \text{ kNm}$$

und die Druckkraft im Gurt

$$N_G = \frac{190}{2} + \frac{215}{152{,}5} \cdot 15{,}5 = 117 \text{ kN}$$

$$\sigma = \frac{117}{15{,}5} + \frac{65}{18} = 11{,}16 \text{ kN/cm}^2$$

$$\sigma/\sigma_{R,d} = 11{,}16/21{,}8 = 0{,}51$$

Aus diesem Beispiel wird deutlich, daß bei gleichschenkeligen Doppelwinkeln und $s_{K,y} = s_{K,z}$ stets der Nachweis für Knicken um die Stoffachse maßgebend ist.

Beispiel 11 (Bild **6.**28, **6.**29) Für die Gitterstütze aus St 37 (S235) sind für die Druckkraft $N_d = -1350$ kN die zweckmäßigen Abmessungen zu wählen und die Tragsicherheitsnachweise zu führen.

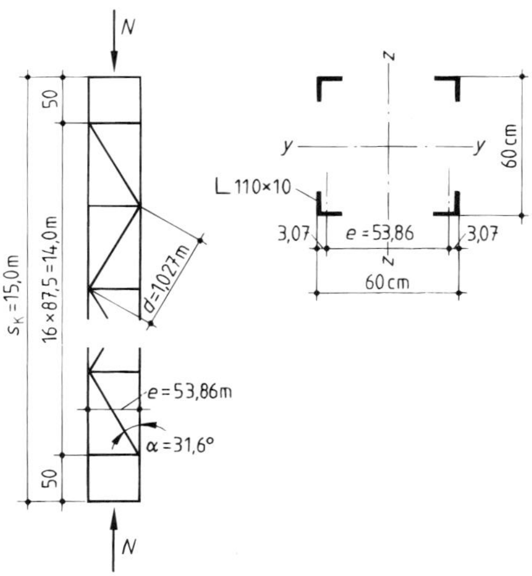

6.28 Maße der Gitterstütze zum Beispiel 2

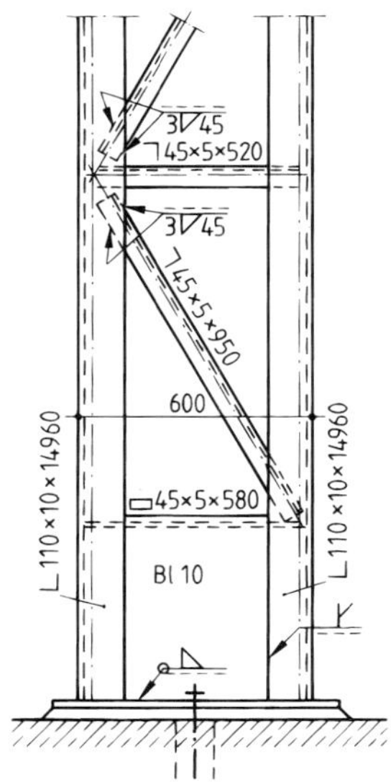

6.29 Gitterstütze aus 4 Winkelstählen

Wahl der Abmessungen: In Anlehnung an die Nachweise nach DIN 4114 erhält man sinnvolle Abmessungen aus

$h_y \approx l/25$ und $A \approx N_d/18$ bis $N_d/12$

mit A in cm^2 bei N in kN

Gewählt: $h_y \approx 1500/25 = 60$ cm

$A \approx 1350/16 = 84{,}4 \text{ cm}^2$

Beispiel 11 Forts.

Für die Eckwinkel gewählt: 4 × L 110 × 10 mit den Einzelquerschnittswerten:

$$A = 21{,}2\ \text{cm}^2,\ I_y = I_z = 239\ \text{cm}^4,\ \min i = 2{,}16\ \text{cm}$$

Die Vergitterung erfolgt in allen Stützebenen gleichartig durch Pfosten und Diagonalen, so daß mit $s_{K,1} = 87{,}5$ cm gerechnet werden kann.

Vorwerte:

$$A = 4 \cdot 21{,}2 = 84{,}8\ \text{cm}^2,\ h_y = 53{,}86\ \text{cm},\ y_s = 53{,}86/2 = 26{,}93\ \text{cm}$$

$$I_z^* = 4 \cdot 21{,}2 \cdot 26{,}93^2 = 61\,500\ \text{cm}^4 = I_y^*$$

$$W_z^* = 61\,500/26{,}93 = 2\,284\ \text{cm}^3$$

$$EI^*_{z,d} = 21 \cdot 10^3 \cdot 61\,500 \cdot 10^{-4}/1{,}1 = 117\,409\ \text{kNm}^2$$

$$N^*_{Ki,z,d} = \pi^2 \cdot 117\,409/15^2 = 51\,500\ \text{kN}$$

Die Knicklast wird durch die Schubweichheit des Gitterstabes herabgesetzt. Mit $\alpha = 31{,}6°$, $A_D = 4{,}3$ cm² und $m = 2$ ist die Ersatzschubsteifigkeit $S^*_{z,d}$ nach Tafel **6.**13

$$S^*_{z,d} = 2 \cdot 21 \cdot 10^3 \cdot 4{,}3 \cdot \cos 31{,}6 \cdot \sin^2 31{,}6/1{,}1 = 38\,394\ \text{kN}$$

und
$$N_{Ki,z,d} = \frac{1}{\dfrac{1}{5150} + \dfrac{1}{38\,394}} = 4540\ \text{kN}$$

Schnittgrößen am Gesamtstab

$$v_o = 1500/500 = 3{,}0\ \text{cm}$$

$$M_z = \frac{1350 \cdot 0{,}03}{1 - 1350/4540} = 57{,}64\ \text{kNm (Stabmitte)}$$

$$\max V_y = \pi \cdot 57{,}64/15{,}0 = 12{,}07\ \text{kN}$$

Nachweis der Einzelstäbe

Gurt:
$$N_G = 1350/4 + 5764 \cdot 21{,}2/2\,284 = 391\ \text{kN}$$

$$N_{pl,G,d} = 21{,}2 \cdot 24/1{,}1 = 463\ \text{kN}$$

$$\lambda_{K,1} = 87{,}5/2{,}16 = 40{,}51 \qquad \bar{\lambda}_{K,1} = 40{,}51/92{,}9 = 0{,}436$$

$$\alpha = 0{,}49\ \text{(Knickspannungslinie } c\text{)}$$

$$k = 0{,}5\,[1 + 0{,}49\,(0{,}436 - 0{,}2) + 0{,}436^2] = 0{,}653$$

$$1/\varkappa = 0{,}653 \cdot \sqrt{0{,}653^2 - 0{,}436^2}; \qquad \varkappa = 0{,}88$$

$$\frac{391}{0{,}88 \cdot 463} = 0{,}96 < 1$$

Diagonale: Die Druckkraft in einer Diagonalen beträgt nach Gl. (6.78)

$$N_D = 12{,}07/(2 \cdot \sin 31{,}6°) = 11{,}52\ \text{kN}$$

Der Winkelquerschnitt ist nur mit einem Schenkel durch Schweißnähte (biegesteif) an den Gurt angeschlossen. Der Einfluß der Exzentrizität darf vernachlässigt werden, wenn der bezogene Schlankheitsgrad $\bar{\lambda}_K$ vergrößert wird (s. Teil 2, Fachwerke)

$$\lambda_{K,1} = 102{,}7/0{,}87 = 118 \qquad \bar{\lambda}_{K,1} = 118/92{,}9 = 1{,}27 < \sqrt{2}$$

$$\bar{\lambda}'_{K,1} = 0{,}35 + 0{,}753 \cdot \bar{\lambda}_{K,1} = 0{,}35 + 0{,}753 \cdot 1{,}27 = 1{,}31$$

$$k = 0{,}5\,[1 + 0{,}49 \cdot (1{,}31 - 0{,}2) + 1{,}31^2] = 1{,}63$$

$$1/\varkappa = 1{,}63 + \sqrt{1{,}63^2 - 1{,}31^2}, \qquad \varkappa = 0{,}38$$

$$N_{pl,D,d} = 4{,}30 \cdot 24/1{,}1 = 94\ \text{kN}$$

$$\frac{11{,}52}{0{,}38 \cdot 94} = 0{,}32 < 1$$

Beispiel 12 Eine 5,25 m hohe Stütze aus St 37 (S235) ist für $N_d = -710$ kN bei planmäßig mittiger Beanspruchung in allen Einzelheiten nachzuweisen. Es werden 2 U-Profile mit einem lichten Abstand von 150 mm gewählt (Abstand der Schwerachsen ≈ Profilhöhe). Die Bindebleche werden in den 5-tels Punkten der Stützlänge angeordnet, womit sich

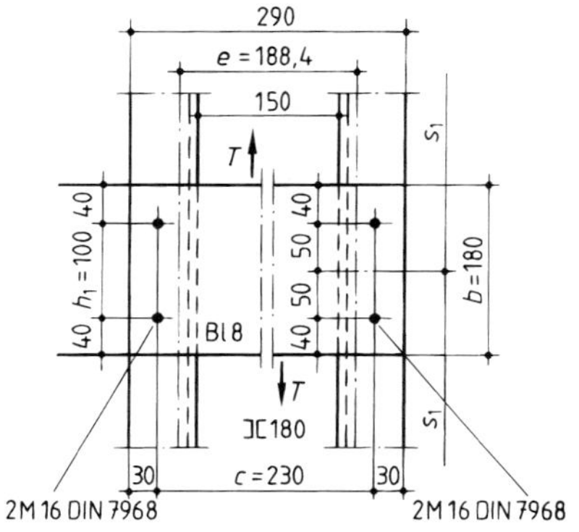

6.30
Mit Paßschrauben angeschlossenes Bindeblech

unter Beachtung der konstruktiven Ausbildung ein Bindeblechabstand von $a = 980$ mm ergibt. Die Querschnittswerte des Einzelgurtes sind:

$$A = 28{,}0 \text{ cm}^2,\ I_y = 1350 \text{ cm}^4,\ I_z = 114 \text{ cm}^4,\ i_y = 6{,}95 \text{ cm}$$
$$W_z = 22{,}4 \text{ cm}^3 \qquad i_z = 2{,}02 \text{ cm}$$

Mit dem gewählten lichten Abstand der Gurte wird

$$h_y = 15{,}0 + 2 \cdot 1{,}92 = 18{,}84 \text{ cm},\ y_s = 18{,}84/2 = 9{,}42 \text{ cm}$$

Knicken um y-Achse (Knickspannungslinie *c*)

$$\lambda_{K,y} = 525/6{,}95 = 75{,}54 \qquad \bar{\lambda}_{K,y} = 75{,}54/92{,}9 = 0{,}81$$
$$k = 0{,}5 \cdot [1 + 0{,}49 \cdot (0{,}81 - 0{,}2) + 0{,}81^2] = 0{,}98$$
$$1/\varkappa = 0{,}98 + \sqrt{0{,}98^2 - 0{,}81^2}; \qquad \varkappa = 0{,}65$$
$$N_{pl,d} = 2 \cdot 28 \cdot 24/1{,}1 = 2 \cdot 611 = 1222 \text{ kN}$$
$$\frac{710}{0{,}65 \cdot 1222} = 0{,}89 < 1$$

Knicken um z-Achse (Ausweichen rechtwinklig zur stofffreien Achse)

Systemvorwerte:

$$I_z = 2 \cdot (28 \cdot 9{,}42^2 + 114) = 5\,197 \text{ cm}^4 \qquad A = 2 \cdot 28 = 56 \text{ cm}^2$$
$$i_z = \sqrt{5197/56} = 9{,}63 \text{ cm}$$
$$\lambda_{K,z} = 525/9{,}63 = 54{,}5 < 75\ (\eta = 1, \text{ Tafel } \mathbf{6}.12)$$
$$I_z = I_z^*,\ W_z^* = 5\,197/9{,}42 = 552 \text{ cm}^3$$
$$EI_{z,d}^* = 21 \cdot 10^3 \cdot 5\,197 \cdot 10^{-4}/1{,}1 = 9922 \text{ kNm}^2$$
$$N_{Ki,z,d}^* = \pi^2 \cdot 9922/5{,}25^2 = 3553 \text{ kN}$$
$$S_{z,d}^* = \frac{2 \cdot \pi^2 \cdot 21 \cdot 10^3 \cdot 114/1{,}1}{98^2} = 4473 \text{ kN}$$

Beispiel 12 Forts. Damit ist die Knicklast des schubweichen Rahmenstabes

$$N_{\mathrm{Ki,z,d}} = \frac{1}{\dfrac{1}{3553} + \dfrac{1}{4473}} = 1980 \text{ kN}$$

Schnittgrößen nach Theorie II. Ordnung (am Gesamtstab)

$$v_o = 525/500 = 1{,}05 \text{ cm}$$

$$M_z = \frac{710 \cdot 0{,}0105}{1 - 710/1980} = 11{,}62 \text{ kNm}$$

$$\max V_y = \pi \cdot 11{,}62/5{,}25 = 6{,}95 \text{ kN}$$

Nachweis der Einzelstäbe

Gurt: $N_G = 710/2 + 1162 \cdot 28/552 = 414$ kN

$$\lambda_K = 98/2{,}02 = 48{,}5 \qquad \bar{\lambda}_K = 48{,}5/92{,}9 = 0{,}522$$

$$k = 0{,}5\,[1 + 0{,}49\,(0{,}522 - 0{,}2) + 0{,}522^2] = 0{,}715$$

$$1/\varkappa = 0{,}715 + \sqrt{0{,}715^2 - 0{,}522^2}; \qquad \varkappa = 0{,}83$$

$$\frac{414}{0{,}83 \cdot 611} = 0{,}82 < 1$$

Einzelfeld: Die Schnittgrößen an der Stelle des 1. Bindebleches betragen

aus $\max V_y$: $M_G = \pm\, 6{,}95 \cdot 0{,}98/2 \cdot 2 = \pm\, 1{,}703$ kNm

aus v_o, N_d: $M_z\,(x = a) = 11{,}62 \cdot \sin\,(\pi \cdot 0{,}98/5{,}25) = 6{,}43$ kNm

$N_G = 710/2 + 643 \cdot 28/552 \qquad = 388$ kN

$$\sigma = 388/28 + 170{,}3/22{,}4 = 21{,}46 \text{ kN/cm}^2$$

$$\sigma/\sigma_{\mathrm{R,d}} = 21{,}46/21{,}8 = 0{,}98 < 1$$

Nachweis der Bindebleche (t = 8 mm, b = 180 mm)

a) Anschluß mit Paßschrauben M 16, 4.6, SLP (Bild **6.**30)

Auf die ersten beiden Bindebleche entfällt eine Schubkraft (s. Tafel **6.**14) von

$$T = 6{,}95 \cdot 98/18{,}84 = 36{,}15 \text{ kN}$$

und erzeugt im Anschlußquerschnitt ein Moment $T \cdot c/2$, c = 230 mm (Abstand der Anschlußschwerpunkte)

$$M = 36{,}15 \cdot 23/2 = 416 \text{ kNcm}$$

Unter Berücksichtigung des Lochabzuges für die Paßschrauben M 16 auf der Biegezugseite wird

$$W_N = \frac{0{,}8 \cdot 18^3/12 - 1{,}7 \cdot 0{,}8 \cdot 5{,}0^2}{9} = 39{,}4 \text{ cm}^3$$

$$\sigma = 416/2 \cdot 39{,}4 = 5{,}28 \text{ kN/cm}^2 \ll \sigma_{\mathrm{R,d}}$$

τ vernachlässigbar klein

Die Belastung der Schrauben ergibt sich aus T und M

lotrecht $V_{1,\mathrm{V}} = \dfrac{T}{n} = \dfrac{36{,}15}{2 \cdot 2} = 9{,}04$ kN

waagrecht $V_{1,\mathrm{h}} = \dfrac{M/2}{h_1} = \dfrac{416/2}{10} = 20{,}8$ kN

$$\Big\}\; V_1 = \sqrt{9{,}04^2 + 20{,}8^2} = 22{,}68 \text{ kN}$$

Beispiel 12 Forts. Die Randabstände werden auf die waagrechte Kraftkomponente bezogen:

$$e_2/d_L = 40/17 > 1{,}5$$

$$e_3/d_L = 100/17 > 3{,}0 \qquad \alpha_l = 1{,}1 \cdot 30/17 - 0{,}3 = 1{,}641$$

$$e_1/d_L = 30/17$$

$$\left.\begin{array}{l} V_{l,R,d} = 0{,}8 \cdot 1{,}7 \cdot 1{,}641 \cdot 24/1{,}1 = 48{,}7\ \text{kN} \\ V_{a,R,d} = 49{,}52\ \text{kN} \end{array}\right\} \frac{V_l}{V_{l,R,d}} = \frac{22{,}68}{48{,}7} = 0{,}47 < 1$$

b) Ausführung nach Bild **6.**31 mit *aufgeschweißten* Bindeblechen. Kehlnahtdicke $a = 3$ mm.

Es wird vereinfachend angenommen, daß die Schubkraft T nur von der lotrechten Kehlnaht und das Anschlußmoment als Kräftepaar H nur von den waagrechten Kehlnähten aufzunehmen sind.

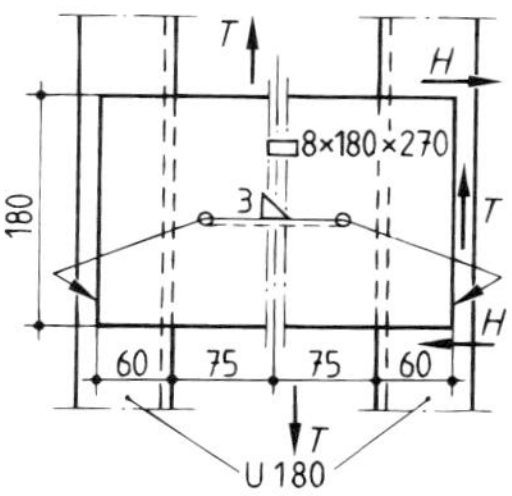

6.31 Aufgeschweißtes Bindeblech

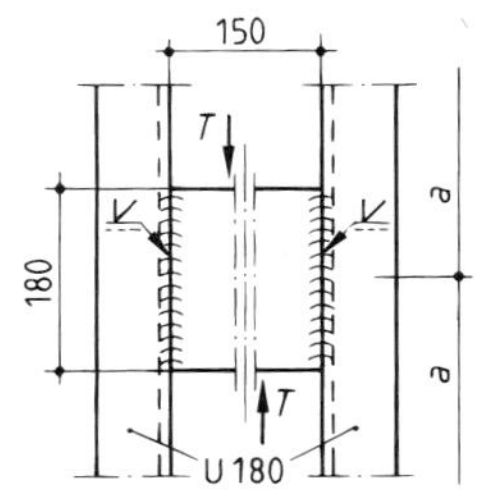

6.32 Zwischen die Einzelstäbe geschweißtes Bindeblech

Auf ein Bindeblech entfällt die Schubkraft

$$T/2 = 36{,}15/2 = 18{,}08\ \text{kN}$$

$$M = 18{,}08 \cdot 27/2 = 244\ \text{kNcm}$$

Schweißnahtspannungen:

$$\tau_{\parallel} = 18{,}08/0{,}3 \cdot 18 = 3{,}35\ \text{kN/cm}^2 \ll \tau_{R,d}$$

$$H = M/h = 244/18 = 13{,}6\ \text{kN}$$

$$\tau_{\parallel} = 13{,}6/0{,}3 \cdot 6{,}0 = 7{,}56\ \text{kN/cm}^2 \ll \tau_{R,d}$$

Eine andere Ausführungsmöglichkeit für den Bindeblechanschluß zeigt Bild **6.**32.

6.5 Tragsicherheitsnachweise für Stäbe und Stabwerke nach Theorie II. Ordnung (Biegeknicken)

Neben den in Abschn. 6.3 behandelten Ersatzstabnachweisen sind genauere Nachweisverfahren, die das Gleichgewicht am verformten System ermitteln (Theorie II. Ordnung) stets zulässig. Zur Vereinfachung der Berechnung ist eine Aufgliederung der räumlichen Stabwerksstruktur in orthogonale Scheiben i. allg. erlaubt. Die *räumliche Stabilität* wird durch den Biegedrillknicknachweis an gedanklich aus dem Tragwerk herausgelösten Einzelstäben sichergestellt. Bei der Ermittlung der Schnittgrößen kann in baupraktischen Fällen in der Regel auf eine Berücksichtigung der Normalkraftverformungen und bei einteiligen Stäben auch auf Querkraftverformungen verzichtet werden, es sei denn, es liegen extreme Abmessungen vor (s. DIN 18800-2, Abschn. 5.2.1).

Die *ebenen* Stabwerke (Durchlaufträger, Rahmen) werden unterteilt nach der *Verschieblichkeit* ihrer Knotenpunkte in Tragwerksebenen. Bei Durchlaufträgern (-stützen) ist die Unverschieblichkeit aufgrund der Konstruktion i. allg. leicht feststellbar. Stockwerkrahmen gelten als *unverschieblich*, wenn die *Aussteifungselemente* eine fünfmal so große Steifigkeit aufweisen wie der auszusteifende Rahmen, Gl. (6.88)

$$\boldsymbol{S_{\mathrm{Ausst}} \geq 5 \cdot S_{\mathrm{Ra}}} \tag{6.88}$$

Bei annähernd gleichen Stockwerksteifigkeiten S_r braucht Bedingung (6.88) nur für das unterste Stockwerk eingehalten zu werden (zur Bestimmung von S_{Aust} und S_{Ra} s. DIN 18800-2, Abschn. 5.2 und 5.3 bzw. Tafel **6.**15.

Tafel **6.**15 Steifigkeit S_{Ausst} einzelner Aussteifungselemente

	Aussteifungselement	S_{Ausst}		Ausssteifungselement	S_{Ausst}
1	Wandscheibe (z. B. Mauerwerk) 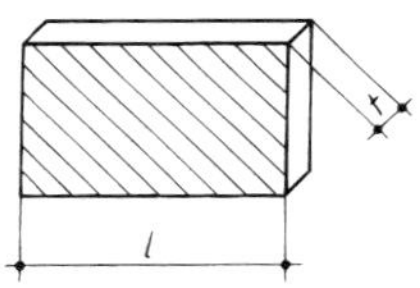	$G \cdot t \cdot l$	2	Verband (eine Diagonale wirksam) 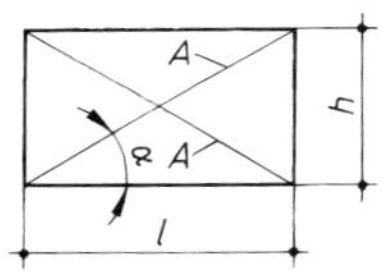	$E \cdot A \cdot \sin \alpha \cdot \cos^2 \alpha$ doppelter Wert bei ausreichender Vorspannung des Verbandes

Ist die Bedingung (6.88) nicht eingehalten, so handelt es sich um ein *verschiebliches System*.

Aussteifungselemente sind nach Theorie II. Ordnung unter Ansatz aller horizontalen Lasten sowie der Abtriebskräfte aus Imperfektionen für Aussteifungssystem und Rahmen zu berechnen. Sind zusätzlich am Rahmensystem noch Pendelstützen mit Druckkräften P_i angeschlossen, so sind die Abtriebskräfte V_o aus den Imperfektionen nach Gl. (6.89)

$$\boldsymbol{V_o = \Sigma\,(P_i \cdot \varphi_{o,i})} \tag{6.89}$$

zu berücksichtigen.

Vereinfachend dürfen die Schnittgrößen mit den um den Vergrößerungsfaktor α Gl. (6.90) vervielfältigten Querkräfte V (einschließlich der Abtriebskräfte aus Imperfektion) nach Theorie I. Ordnung bestimmt werden.

$$\boldsymbol{\alpha = \frac{1}{1 - (N/S_{\mathrm{Ausst,d}})}} \tag{6.90}$$

Hierin ist N die Summe aller im Stockwerk übertragenen Vertikallasten; $S_{\mathrm{Ausst,d}}$ entspricht der Knicklast $N_{\mathrm{Ki,d}}$ des Aussteifungselementes. Die Anwendung der Theorie I. Ordnung ist erlaubt, wenn für das Aussteifungssystem die Bedingung (6.2) nach Abschn. 6.2.2.2 erfüllt ist.

Bei *verschieblichen* Systemen sind die Nachweise mit Hilfe der Theorie II. Ordnung den Ersatzstabnachweisen häufig vorzuziehen, da hier die maßgebende Knicklänge der Stäbe (im Gegensatz zu unverschieblichen Systemen) nicht mehr auf einfache Weise angebbar oder auf der sicheren Seite abschätzbar sind. Die Schnittgrößenermittlung erfolgt nach den bekannten baustatischen Verfahren, wobei das *Drehwinkelverfahren* insbesondere bei orthogonalen Systemen und einer Handrechnung bevorzugt wird. Bei mäßigen Stabnormalkräften und Stabkennzahlen $\varepsilon < 1{,}6$ kann der endgültige Gleichgewichtszustand iterativ ermittelt werden, wenn mit vergrößerten Stockwerksquerkräften V_r gearbeitet wird.

$$V_{r,i} = V_r^H + \varphi_o \cdot N_{r,i-1} + 1{,}2 \cdot (\varphi \cdot N)_{r,i-1} \tag{6.91}$$

Hierin bedeuten:

i — i-ter Iterationsschritt
V_r^H — Querkraft im Stockwerk r nur aus äußeren Horizontallasten
N_r — Summe aller im Stockwerk r übertragenen Vertikallasten (normalerweise ist $N_r = N_{r,i} = N_{r,i-1}$ zulässig)
φ_o — Vorverdrehung nach Abschn. 6.2.2.4
$\varphi_{r,i-1}$ — Drehwinkel der Stäbe im Stockwerk r im i-1-ten Iterationsschritt

In der Regel genügen wenige Iterationsschritte; der Faktor 1,2 berücksichtigt die Abminderung der Steifigkeit infolge der Stabkrümmung gegenüber der Stabsehne und liegt auf der sicheren Seite.

Ist die Verzweigungslast im Stockwerk r bekannt, darf V_r auch bestimmt werden durch sinngemäße Anwendung des Vergrößerungsfaktors $\alpha = 1/(1 - 1/\eta_{Ki,r})$ auf die äußeren Horizontallasten einschließlich der Abtriebskräfte aus Imperfektionen.

In vielen baupraktischen Fällen beschränkt man sich auf die Berechnung des größten Biegemomentes des maßgebenden Stabes und bestimmt die dafür notwendige Größe der entsprechenden elastischen Verformung mit einfachen baustatischen Hilfsmitteln. Dabei muß die qualitative Form der Momentenflächen normalkraftbelasteter Stäbe zutreffend abgeschätzt werden. Oftmals genügt der Ansatz quadratischer oder kubischer Parabeln, so daß die bekannten Integraltafeln [26] verwendet werden können. Der Tragsicherheitsnachweis erfolgt dann nach den Nachweisverfahren Elastisch-Elastisch oder Elastisch-Plastisch. Die Anwendung der Fließgelenktheorie II. Ordnung wird in der Praxis auf wenige Ausnahmefälle beschränkt bleiben, da die konstruktiv bedingten Erfordernisse und die Gebrauchstauglichkeitsnachweise ihre Tauglichkeit ohnehin einschränken.

Beispiel 13 (Bild **6.**17, **6.**33) Der exzentrisch angeschlossene Fachwerkfüllstab wird unter Berücksichtigung der Verformungen (Theorie II. Ordnung) nachgewiesen. Das Stabeigengewicht darf vernachlässigt werden. Für das Ausweichen in der Momentenebene ist eine Vorkrümmung w_o = e/200 (Tafel **6.**1) und Knickspannungslinie *c*) zu berücksichtigen. Der Stich der Vorkrümmung darf auf ⅔ reduziert werden, wenn der Nachweis nach dem Verfahren Elastisch-Elastisch erfolgt.

Die Durchbiegung in Feldmitte wird mit Hilfe der Arbeitsgleichung ermittelt. Hierzu muß die qualitative Form der elastischen Biegelinie abgeschätzt werden. Sie wird als quadratische Parabel angenommen.

$w_o = \tfrac{2}{3} \cdot l/200 = \tfrac{2}{3} \cdot 150/200 = 0{,}5$ cm

$EI_{y,d} = 21 \cdot 10^3 \cdot 92{,}3/1{,}1 = 1\,762 \cdot 10^3$ kNcm^2

$N_d \cdot e = 95 \cdot 2{,}52 = 239{,}4$ kNcm $\qquad \bar{1} \cdot l/4 = 150/4 = 37{,}5$ cm

$N_d \cdot w_o = 95 \cdot 0{,}5 = 47{,}5$ kNcm

Beispiel 13
Forts.

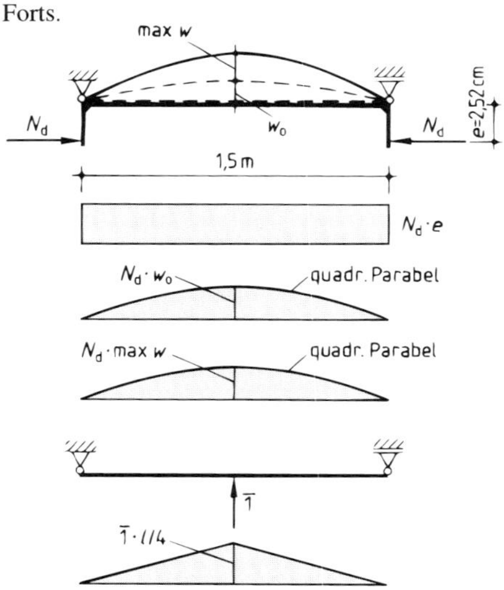

6.33 Tragsicherheitsnachweis des exzentrisch angeschlossenen Druckstabes nach Beispiel 1, Theorie II. Ordnung (Biegeknicken)

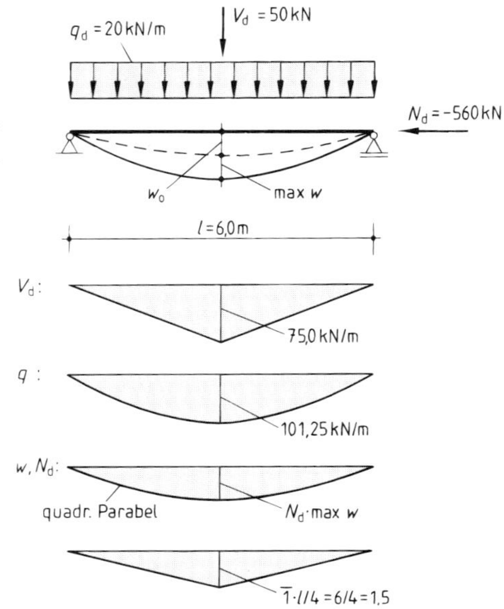

6.34 Tragsicherheitsnachweis eines querbelasteten Druckstabes (Theorie II. Ordnung) (Biegeknicken)

Arbeitsgleichung:

$$EI_{y,d} \cdot \overline{1} \cdot \max w = \Sigma \int_0^l M\overline{M}\,dx = \left[\frac{1}{2} \cdot 239{,}4 + \frac{5}{12} \cdot (47{,}5 + 95 \cdot \max w)\right] 37{,}5 \cdot 150$$

$$EI_{y,d} \cdot \max w = 784{,}6 \cdot 10^3 + 222{,}66 \cdot 10^3 \cdot \max w$$

$$\max w = \frac{784{,}6}{(1762 - 222{,}66)} = 0{,}51 \text{ cm}$$

Damit ist das Maximalmoment in Stabmitte

$$\max M^{\mathrm{II}} = 239{,}4 + 47{,}5 + 95 \cdot 0{,}51 = 335{,}4 \text{ kNcm}$$

$$W_u = 92{,}3/2{,}12 = 43{,}5 \text{ cm}^3,\; W_o = 92{,}3/(9{,}1 - 2{,}12) = 13{,}22 \text{ cm}^3$$

$$\sigma_u = -\,95/13{,}5 - 335{,}4/43{,}5 = -\,14{,}7 \text{ kN/cm}^2$$

$$\sigma_o = -\,95/13{,}5 + 335{,}4/13{,}22 = +\,18{,}3 \text{ kN/cm}^2$$

$$\sigma_o/\sigma_{R,d} = 18{,}3/21{,}8 = 0{,}84 < 1$$

Beispiel 14 (Bild **6**.34) Für den 6 m langen Träger aus IPE 400, St 37 (S235), ist der Biegeknicksicherheitsnachweis zu führen. Der Stich der Vorkrümmung nach Knickspannungslinie *a* beträgt $w_o = l/300$. Da das Nachweisverfahren zunächst noch offen ist, wird mit der vollen Größe gerechnet. Die Imperfektion wird durch eine gleichwertige Ersatzgleichstreckenlast nach Bild **6**.6 erfaßt und zur äußeren Einwirkung q_d hinzugeschlagen.

Beispiel 14
Forts.

$$q_{\mathrm{E}} = 8 \cdot 560 \cdot \frac{6{,}0}{300 \cdot 6{,}0^2} \approx 2{,}5 \text{ kN/m}$$

$$q = q_{\mathrm{d}} + q_{\mathrm{E}} = 20 + 2{,}5 = 22{,}5 \text{ kN/m}$$

Die Momentenflächen mit ihren Maximalwerten sind in Bild **6**.34 dargestellt. Hinzu kommen die Momente aus den elastischen Hebelarmen $w(x)$ der Normalkraft N_{d}. Als Biegelinie wird eine quadratische Parabel unterstellt und die maximale Biegeordinate max$w$ mit Hilfe der Arbeitsgleichung ermittelt.

$$EI_{\mathrm{y,d}} = 21 \cdot 10^3 \cdot 23\,130 \cdot 10^{-4}/1{,}1 = 44{,}16 \cdot 10^3 \text{ kNm}^2$$

$$EI_{\mathrm{y,d}} \cdot \max w = \left[\frac{1}{3} \cdot 75{,}0 + \frac{5}{12} \cdot (101{,}25 + 560 \cdot \max w)\right] \cdot 6{,}0 \cdot 1{,}5 =$$

$$= 604{,}7 + 2100 \cdot \max w$$

$$\max w = 0{,}0144 \text{ m}$$

$$\max M^{\mathrm{II}} = 75 + 101{,}25 + 560 \cdot 0{,}0144 = 184{,}3 \text{ kNm}$$

$$\sigma = 560/84{,}5 + 18\,430/1160 = 22{,}52 \text{ kN/cm}^2$$

Bei Ausnutzung der plastischen Querschnittsreserven (örtlich begrenzte Plastizierungen) wird mit $\alpha^*_{\mathrm{pl,y}} = 1{,}14$

$$\sigma = 560/84{,}5 + 18\,430/1{,}14 \cdot 1160 = 20{,}56 \text{ kN/cm}^2$$

und $\quad \sigma/\sigma_{\mathrm{R,d}} = 20{,}56/21{,}8 = 0{,}94 < 1.$

Beispiel 15 (Bild **6**.35) Anstelle des Tragsicherheitsnachweises mit Hilfe des Ersatzstabverfahrens soll der Nachweis nach Theorie II. Ordnung geführt werden (Nachweisverfahren Elastisch-Elastisch). Da die Stabkennzahl ε nach Gl. (6.27) mit

$$(EI_{\mathrm{y}})_{\mathrm{d}} = 21 \cdot 10^3 \cdot 57\,680 \cdot 10^{-4}/1{,}1 = 110{,}12 \cdot 10^3 \text{ kNm}^2$$

$$\varepsilon = 6{,}9 \cdot \sqrt{520/110{,}12 \cdot 10^3} = 0{,}47 < 1{,}6$$

ist, braucht als Imperfektion nur eine Vorverdrehung φ_{o} nach Gl. (6.10) berücksichtigt werden

$$\varphi_{\mathrm{o}} = \frac{2}{3} \cdot \frac{1}{200} \cdot \sqrt{\frac{5}{6{,}9}} \approx \frac{1}{350} \qquad \varphi_{\mathrm{o}} \cdot h = 690/350 = 1{,}97 \text{ cm}$$

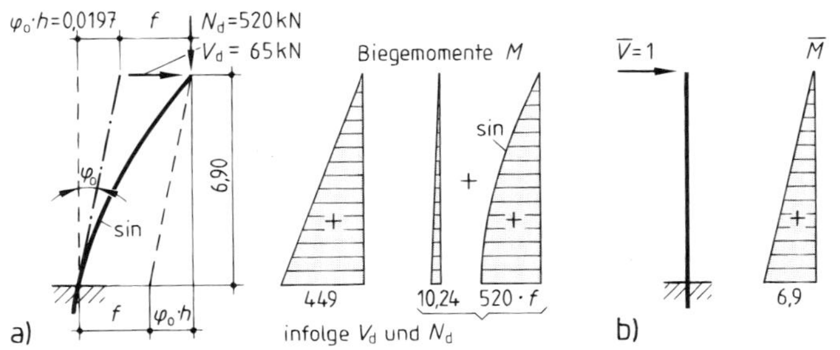

6.35 Tragsicherheitsberechnung der eingespannten Stütze nach der Elastizitätstheorie II. Ordnung, IPB 400 St 37 (S235)

a) Verformtes Tragwerk unter Bemessungslasten (Maße in m), Biegemomente in kNm

b) virtueller Kraftplan $\overline{V} = 1$ zur Berechnung von f

Beispiel 15 Forts. Zu der im spannungslosen Zustand vorhandenen Stützenkopfverschiebung von f_o = 0,0197 m kommt die noch unbekannte elastische Verschiebung f unter der Wirkung der äußeren Lasten hinzu. Die Form der Biegelinie wird als sin-Funktion angenommen. Die Momentenlinien haben an der Einspannstelle folgende Werte:

infolge V_d: $M = 65 \cdot 6{,}9 = 449$ kNm (dreiecksförmig)

infolge N_d: $M = 520 \cdot 0{,}0197 = 10{,}24$ kNm (dreiecksförmig)

$M = 520 \cdot f$ (sin-förmig)

In Richtung der gesuchten Verschiebung wird die virtuelle Last $\overline{1}$ angesetzt, die das virtuelle Moment $\overline{M}$ liefert.

$$(EI_y)_d \cdot f = \sum \int M\,\overline{M}\,dx = \left[\frac{1}{3}(449 + 10{,}24) + \frac{4}{\pi^2} \cdot 520 \cdot f\right] \cdot 6{,}9 \cdot 6{,}9$$

$$110{,}12 \cdot 10^3 \cdot f = 7288 + 10\,034 \cdot f$$

$$f = \frac{7288}{110{,}12 \cdot 10^3 - 10\,034} = 0{,}0728 \text{ m}$$

Damit wird $\max M = 449 + 10{,}24 + 520 \cdot 0{,}0728 = 497$ kNm und

$$\sigma = 520/198 + 49\,700/2\,880 = 19{,}88 \text{ kN/cm}^2$$

$$\sigma/\sigma_{R,d} = 19{,}88/21{,}8 = 0{,}91 < 1$$

Beispiel 16 (Bild **6.**36) Eine Einspannstütze aus IPE 450 (St 37 (S235)) hat zusätzlich noch zwei (selbst knicksichere) Pendelstiele zu stabilisieren. Der Tragsicherheitsnachweis soll nach dem Nachweisverfahren Elastisch-Plastisch geführt werden (hier identisch mit dem Verfahren Plastisch-Plastisch, da nur 1 Fließgelenk auftreten kann). Damit die Berechnung auf ähnliche Systeme übertragen werden kann, erfolgt sie zunächst allgemein. Alle Lasten sind Bemessungslasten: N = 745 kN, N_1 = 185 kN, N_2 = 465 kN, V = 10,37 kN. Wegen $\varepsilon < 1{,}6$ sind nur Vorverdrehungen anzusetzen. Diese, sowie die Verdrehungen der Pendelstiele aus der elastischen Stützenkopfverschiebung δ werden über gleichwertige, horizontale Ersatzlasten bzw. Abtriebskräfte erfaßt (Bild **2.**4).

Vorverdrehungen φ_o mit n = 3 Stiele:

$$\varphi_o = \varphi_{o,2} = \left(\frac{1}{200} \cdot \sqrt{\frac{5}{8}}\right) \cdot \frac{1}{2} \cdot \left(1 + \sqrt{\frac{1}{3}}\right) = \frac{1}{253} \cdot 0{,}789 \approx \frac{1}{320}$$

$$\varphi_{o,1} = \frac{1}{200} \cdot \sqrt{\frac{5}{6}} \cdot 0{,}789 \approx \frac{1}{280}$$

Aus der Geometrie erhält man

$$\delta = \varphi \cdot h = \varphi_i \cdot h_i \qquad \varphi_i = \varphi \cdot h/h_i = \varphi \cdot h_i \qquad n_i = h/h_i$$

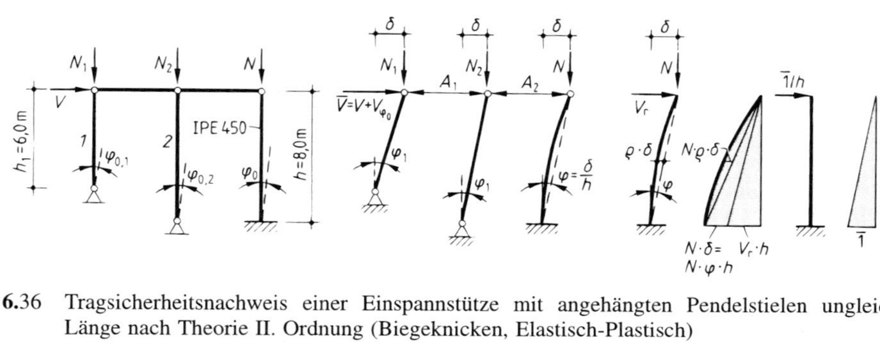

6.36 Tragsicherheitsnachweis einer Einspannstütze mit angehängten Pendelstielen ungleicher Länge nach Theorie II. Ordnung (Biegeknicken, Elastisch-Plastisch)

Beispiel 16 Forts. Die Horizontallast V wird ergänzt durch die Ersatzlasten aus den Vorverdrehungen aller Stiele:

$$\overline{V} = V + V_{\varphi o} = V + N_1 \cdot \varphi_{0,1} + N_2 \cdot \varphi_{0,2} + N \cdot \varphi_o = V + N \cdot \varphi_o \cdot \left(1 + \frac{N_1 \cdot \varphi_{0,1}}{N \cdot \varphi_o} + \frac{N_2 \cdot \varphi_o}{N \cdot \varphi_o}\right)$$

$$\overline{V} = V + N \cdot \varphi_o \cdot (1 + \sum_i k_i)$$

$$k_i = N_i \cdot \varphi_{o,i} / N \cdot \varphi_o$$

Am elastisch verformten System resultieren aus den Drehwinkeln φ_i der Pendelstiele Abtriebskräfte $A_i = N_i \cdot \varphi_i$, welche mit $\overline{V}$ zu V_r zusammengefaßt werden. Diese erzeugt an der Einspannstütze eine dreiecksförmige Momentenlinie mit dem Einspannwert $V_r \cdot h$. Hinzu kommt noch das Moment aus der Normalkraft N und der Verbiegung der Einspannstütze. Die Verkrümmung der Stütze gegenüber der Sehne wird als quadratische Parabel mit dem Stich $\rho \cdot \delta$ angenommen. (Für praktische Fälle schätzt man $\rho \approx 1/6$ bis $1/4$). Zur Ableitung einer geschlossenen Formel ist es erforderlich, den funktionalen Verlauf der Momentenfläche insgesamt abzuschätzen. Dann läßt sich $M(x)$ darstellen über

$$M(x) = \max M \cdot f(x)$$

mit

$$\begin{aligned}\max M &= \overline{V} \cdot h + A_1 \cdot h + A_2 \cdot h + N \cdot \delta = \\ &= \overline{V} \cdot h + N_1 \cdot \varphi_1 \cdot h + N_2 \cdot \varphi_2 \cdot h + N \cdot \varphi \cdot h = \\ &= \overline{V} \cdot h + N \cdot \varphi \cdot h \cdot \left(1 + \frac{N_1 \cdot \varphi_1}{N \cdot \varphi} + \frac{N_2 \cdot \varphi_2}{N \cdot \varphi}\right) = \\ &= \overline{V} \cdot h + N \cdot \varphi \cdot h \cdot \left[1 + \sum_i (n \cdot m)_i\right]\end{aligned}$$

und $m_i = N_i / N$

Aus der Arbeitsgleichung zur Bestimmung von φ folgt:

$$\frac{\overline{1}}{h} \cdot \delta = \overline{1} \cdot \varphi = \int_h \frac{M(x) \cdot \overline{M}(x)}{(EI)_d} \, dx =$$

$$= \max M \cdot \int_h \frac{f(x) \cdot \overline{M}(x)}{(EI)_d} \, dx = \max M \cdot \varphi_{11}$$

$$\varphi_{11} = \int_h \frac{f(x) \cdot \overline{M}(x)}{(EI)_d} \, dx \qquad \text{bezogener Stabdrehwinkel bei } \max M = 1$$

Damit wird das Einspannmoment $\max M$

$$\max M = \overline{V} \cdot h + N \cdot \max M \cdot \varphi_{11} \cdot h \cdot \left[1 + \sum_i (n \cdot m)_i\right]$$

oder

$$\mathbf{\max M = \frac{\overline{V} \cdot h}{1 - N \cdot \varphi_{11} \cdot h \cdot \left[1 + \sum_i (n \cdot m)_i\right]}} \tag{6.92}$$

Zur Bestimmung von φ_{11} wird für $f(x)$ der Mittelwert zwischen einer dreiecksförmigen und einer quadratischen Parabel gewählt:

$$\mathbf{\varphi_{11} = \frac{1}{2} \cdot \left(\frac{1}{3} + \frac{5}{12}\right) \cdot \frac{h}{(EI)_d} = \frac{3 \cdot h}{8 \cdot (EI)_d}} \tag{6.93}$$

Beispiel 16 Forts. Bei den vorgegebenen Zahlenwerten erhält man:

$$1 + \sum_i k_\mathrm{i} = 1 + \frac{185 \cdot 320}{280 \cdot 745} + \frac{465 \cdot 320}{320 \cdot 745} = 1{,}908$$

$$\overline{V} = 10{,}85 + \frac{745}{320} \cdot 1{,}908 = 14{,}81 \text{ kN}$$

$$1 + \sum_i (n \cdot m)_\mathrm{i} = 1 + \frac{8 \cdot 185}{6 \cdot 745} + \frac{8 \cdot 465}{8 \cdot 745} = 1{,}9553$$

$$(EI_\mathrm{y})_\mathrm{d} = 21 \cdot 10^3 \cdot 33\,740 \cdot 10^{-4}/1{,}1 = 64\,413 \text{ kNm}^2$$

$$\varphi_{11} = \frac{3 \cdot 8{,}0}{8 \cdot 64\,413} = 4{,}6574 \cdot 10^{-5} \text{ [1/kNm]}$$

Das Einspannmoment nach Theorie II. Ordnung ist damit

$$\max M = \frac{14{,}81 \cdot 8{,}0}{1 - 745 \cdot 4{,}6574 \cdot 10^{-5} \cdot 8{,}0 \cdot 1{,}9553} = 118{,}5 \cdot 2{,}19 = 260 \text{ kNm}$$

Mit $N_{\mathrm{pl,d}} = 2156$ kN und $M_{\mathrm{pl,d}} = 371$ kNm nach [26] wird die Tragsicherheit durch die Interaktionsbeziehung nach Tafel **8**.5 wie folgt nachgewiesen

$$\frac{745}{2156} + 0{,}9 \cdot \frac{260}{371} = 0{,}98 < 1$$

Knicklast

Aus der allgemeinen Ableitung für $\max M$ nach Gl. (6.92) kann auch die Knicklast $N_{\mathrm{Ki,d}} = N$ berechnet werden, wenn der Nenner in Gl. (6.92) gleich 0 gesetzt wird.

$$\boldsymbol{N_{\mathrm{Ki,d}} = \frac{1}{\varphi_{11} \cdot h \cdot \left[1 + \sum_i (n \cdot m)_\mathrm{i}\right]}} \tag{6.94}$$

Vergleicht man diese Knicklast mit jener des beidseitig gelenkig gelagerten Druckstabes gleicher Steifigkeit und der Stablänge s_K, so erhält man

$$s_\mathrm{K} = \pi \cdot \sqrt{(EI)_\mathrm{d}/N_{\mathrm{Ki,d}}}$$

Für das vorliegende Beispiel erhält man

$$N_{\mathrm{Ki,d}} = \frac{1}{4{,}6574 \cdot 10^{-5} \cdot 8{,}0 \cdot 1{,}9553} = 1373 \text{ kN}$$

oder

$$s_\mathrm{K} = \pi \cdot \sqrt{64\,413/1373} = 21{,}52 \text{ m} = 2{,}69 \cdot h$$

Der in diesem Beispiel skizzierte Berechnungsgang kann auf viele baupraktische Systeme übertragen werden, bei denen für die Bemessung oder Nachweisführung lediglich die Kenntnis des Maximalmomentes unter Berücksichtigung der elastischen Verformungen erforderlich ist.

6.6 Anschlüsse und Stöße

Für die Berechnung und Durchbildung der Anschlüsse und Stöße von Druckstäben gelten zunächst die gleichen Regeln, die in den Abschn. 4.3 und 4.4 für Zugstäbe angegeben wurden. Da bei Druckstäben jedoch ein Querschnittsverlust ΔA durch Bohrungen im allgemeinen rechnerisch nicht berücksichtigt wird, brauchen die Löcher für die Verbindungsmittel, wenn ausreichend Platz zur Verfügung steht, nicht versetzt zu werden; dadurch vereinfacht sich die Konstruktion bei Druckstäben, und Anschlüsse sowie Stöße werden kürzer. Bei *Stößen* ist jedoch dafür zu sorgen, daß nicht eine u. U. unzureichende Durchbildung zur Verringerung der Knicklast führt. Unvermeidliche Stöße in Druckstäben sollten daher wenigstens in die äußeren Viertel der Knicklänge verlegt werden, da dort im Knickfall die Momentenbeanspruchung geringer ist. Ist bei planmäßiger mittiger Druckbeanspruchung ausnahmsweise ein Stoß im mittleren Bereich der Knicklänge erforderlich, so ist es zweckmäßig, ihn so auszulegen, daß er wenigstens ein Biegemoment von ca. 75 % des Grenzmomentes aufnehmen kann.

Werkstattstöße werden bei etwa deckungsgleichen Profilen als Vollstoß durch Stumpfnähte und bei abweichenden Profilabmessungen durch kräftige Querplatten mit Kehlnähten ausgeführt. Bei stark unterschiedlicher Profilhöhe sind die Flansche des niedrigeren Profils durch Rippen in das höhere Profil zu verlängern (Bild **3**.52, **3**.59).

Baustellenstöße werden in der Regel geschraubt ausgeführt, wobei Laschenstöße (Bild **7**.39, **7**.44, **7**.45) nur noch selten ausgeführt werden. Weniger montageaufwendig sind biegesteife Kopfplattenstöße (Bild **7**.40, **7**.42, **7**.43). Werden Baustellenstöße geschweißt, sind besondere konstruktive Maßnahmen erforderlich.

Die Ausbildung von Stützenstößen mit *Kontaktwirkung* wird in Abschn. 7.3.3 behandelt.

7 Stützen

7.1 Allgemeines, Vorschriften

Stützen sind Bauteile, die in Längsrichtung auf Druck und Knicken, bei ausmittigem Kraftangriff oder bei Einleitung von Biegemomenten außerdem auf Biegung beansprucht werden und zur Unterstützung von Unterzügen und Trägern mit Wand- und Deckenlasten, von Dachbindern, Kranbahnen usw. dienen.

Wir unterscheiden bezüglich der Ausführung zwei Gruppen:

1. Die Stützen erhalten durch gelenkigen, möglichst zentrischen Anschluß der Unterzüge im wesentlichen hohe Druckkräfte und evtl. geringfügige Biegemomente bei exzentrischen Unterzuganschlüssen. Die Stabilisierung des Bauwerkes und die Aufnahme horizontaler Lasten erfolgt durch besondere Verbände, die durch massive Wand- und Deckenscheiben ersetzt werden können (Bild **7**.1 a).

2. Die Stützen sind biegesteif mit den Unterzügen zu Stockwerkrahmen verbunden. Sie erhalten Druckkräfte und auch Biegemomente aus Eigengewicht, Verkehrslast und Wind (Bild **7**.1 b). Diese Rahmentragwerke werden in Teil 2 dieses Werkes behandelt.

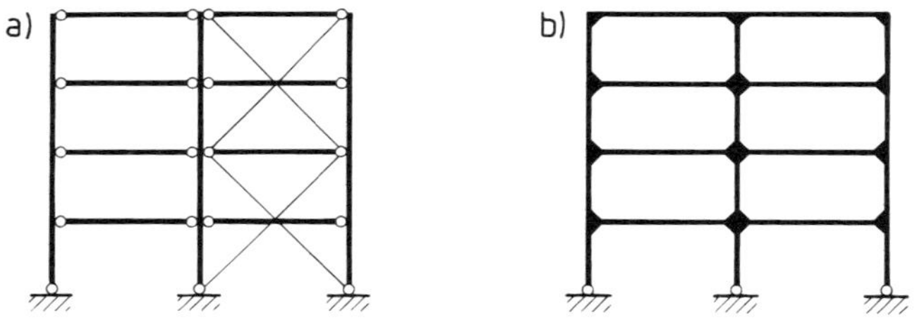

7.1
Stahlskelettbauten mit
a) aussteifenden Verbänden
b) Stockwerkrahmen

In Wohn- und Geschäftshäusern sind nach Maßnahme der einschlägigen Landesbauordnungen Stahlstützen bzw. alle tragenden Stahlteile im allgemeinen feuerbeständig nach DIN 4102 zu ummanteln. In Fabrikgebäuden läßt man die Stützen frei stehen, um Betriebseinrichtungen, Rohre, Leitungen usw. daran befestigen oder Umbauten vornehmen zu können.

Berechnung und Bemessung sind in DIN 18800-1 und -2 sowie DIN 18801 geregelt; sie sind in Abschn. 6 ausführlich dargestellt.

Durchgehende Geschoßstützen mit feldweise konstanter Normalkraft und feldweise gleichbleibendem Querschnitt sind hinsichtlich der Knicklänge als Stabsystem zu behandeln. Bei unverschieblichen Knotenpunkten ist zur Bestimmung der Knicklängen das Kraftgrößenverfahren [14] geeignet. In der Regel genügt es, den Stabzug mit der größten Druckspannung nachzuweisen, wobei als Knicklänge die Geschoßhöhe angesetzt werden darf. Für *Stützen in Stahlfachwerkwänden* darf diese Regel für das Knicken in Wandebene sinngemäß angewendet werden. Als Knicklänge wird der Abstand der an die Stützen angeschlossenen Riegel angesetzt, wenn diese durch Verbände gegen horizontale Verschiebungen gesichert sind.

7.2 Stützenquerschnitte

Einteilige Stützen

Die Berechnung und Bemessung erfolgt nach Abschn. 6.3.2, 6.3.3 bzw. 6.5 oder nach Tafeln [26].

Die Querschnitte werden aus wirtschaftlichen Gründen so gewählt, daß der Schlankheitsgrad λ in z- und y-Richtung annähernd gleich groß wird. Mittelbreite I-Profile (Bild **7**.2 a) haben einen kleinen Trägheitshalbmesser i_z; sie sind für Stützen geeignet, wenn $s_{Ky} \approx 3$ bis $4 \cdot s_{Kz}$ ist. *Breitflanschträger* (Bild **7**.2 b) sind konstruktiv günstig, da sie wenig Bearbeitung verlangen und auch bei gleichen Knicklängen $s_{Ky} = s_{Kz}$ noch wirtschaftlich sind, weil ihre Trägheitsradien i_y und i_z bei den meist verwendeten Profilen bis 300 mm Höhe im brauchbaren Verhältnis $\approx 1{,}7 : 1$ stehen. Bei mehrgeschossigen Stützen lassen sie sich den nach unten wachsenden Druckkräften durch *Profilwechsel*, Verbesserung der Stahlsorte und *Lamellenverstärkungen*, die an die Flansche und an den Steg angeschweißt werden (Bild **7**.2 c), anpassen, ohne ihre Außenabmessungen wesentlich zu vergrößern.

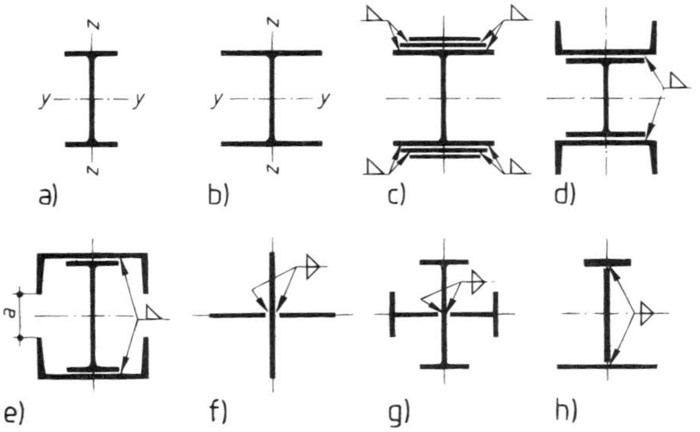

7.2 Einteilige, offene Stützenquerschnitte

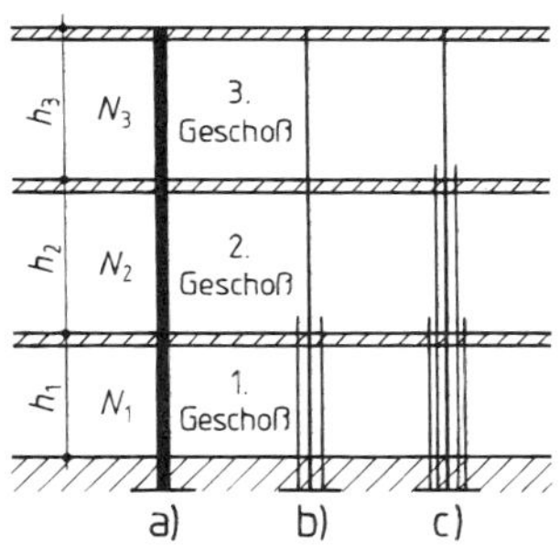

7.3 Verstärkung mehrgeschossiger Stützen

Verstärkung der Stützenflansche durch angeschweißte U- bzw. I-Stähle (Bild **7**.2 d, e) verbessert besonders die Knicksteifigkeit um die z-Achse. Es können nur Profilkombinationen ausgeführt werden, bei denen das lichte Maß a die einwandfreie Zugänglichkeit der Kehlnähte gewährleistet. Die Querschnitte nach Bild **7**.2 f, g haben nach allen Richtungen gleiche Knicksteifigkeit. Aus gestalterischen Gründen geforderte unsymmetrische Querschnitte lassen sich aus Flachstählen zusammensetzen (Bild **7**.2 h).

Geht ein Stützenschuß durch mehrere Geschosse durch, kann man das Stützenprofil nach der größten Druckkraft N_1 bemessen und hat dann allerdings in den oberen Geschossen unnötigen Querschnittsüberschuß (Bild **7**.3 a). Bemißt man das Grundprofil nach der kleinsten Druckkraft N_3 und verstärkt in jedem unteren Geschoß, wird die Stütze überall voll ausgelastet, doch ist der Arbeitsaufwand groß (Bild **7**.3 c); die Bemessung nach N_2 mit Querschnittsüberschuß im 3. und Verstärkung im 1. Geschoß (Bild **7**.3 b) ist ein Mittelweg und wird oft wirtschaftlich sein.

Die statisch günstigen *Rohre* werden bei mehrgeschossigen Stützen wegen der schwierigen Anschlüsse selten ausgeführt (Bild **7**.4). Konstruktiv bequemer und statisch kaum

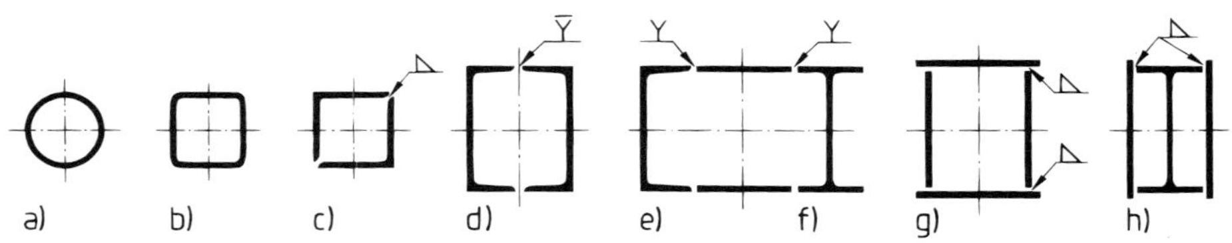

7.4 Einteilige, geschlossene Stützenquerschnitte

ungünstiger sind rechteckige *Hohlquerschnitte*. Bei unverkleideten Stützen ist Profil d oder e dem Querschnitt c vorzuziehen, weil alle 4 Ecken scharfkantig sind; die Stumpfnähte lassen sich blecheben bearbeiten. Die aus Breitflachstählen zusammengesetzte Stütze g) läßt sich durch Variation der Blechbreiten und -dicken allen statischen und konstruktiven Forderungen anpassen. Um Innenkorrosion zu verhindern, müssen Hohlquerschnitte luftdicht verschweißt werden, in verzinkter Ausführung sind jedoch Entlüftungslöcher vorzusehen.

Beispiel 1 Eine Stütze aus St 37 (S235) mit einer Last N_d = 265 kN soll vergleichsweise mit verschiedenen Profilarten bei einer Stockwerkshöhe von $h = s_{Ky} = s_{Kz}$ = 3,0 m bemessen werden.

a) Gewählt I 220 mit A = 39,5 cm² und i_z = 2,02 cm:

$\lambda = 300/2{,}02 = 148{,}5 \qquad \bar{\lambda}_z = 148{,}5/92{,}9 = 1{,}60$

$h/b > 1{,}2$, $t < 40$ mm: Knickspannungslinie b mit $\alpha = 0{,}34$

$k = 0{,}5 \cdot [1 + 0{,}34 \cdot (1{,}6 - 0{,}2) + 1{,}6^2] = 2{,}018$

$1/\varkappa = 2{,}018 + \sqrt{2{,}018^2 - 1{,}6^2} \qquad \varkappa = 0{,}308$

$N_{pl,d} = 39{,}5 \cdot 24/1{,}1 = 862$ kN

$265/0{,}308 \cdot 862 = 1{,}0$

Gewicht des Stützenschaftes: $G = 31{,}1 \cdot 3{,}0 = 93{,}3$ kg

b) Gewählt HE 120 A (IPBl) mit A = 25,3 cm² und i_z = 3,02 cm:

$\lambda_z = 300/3{,}02 = 99{,}3 \qquad \bar{\lambda}_z\ 99{,}3/92{,}9 = 1{,}07$

$h/b < 1{,}2$, $t < 80$ mm: Knickspannungslinie c mit $\alpha = 0{,}49$

$k = 0{,}5 \cdot [1 + 49 \cdot (1{,}07 - 0{,}2) + 1{,}07^2] = 1{,}286$

$1/\varkappa = 1{,}286 + \sqrt{1{,}286^2 - 1{,}07^2} \qquad \varkappa = 0{,}50$

$N_{pl,d} = 25{,}3 \cdot 24/1{,}1 = 552$ kN

$265/0{,}5 \cdot 552 = 0{,}96 < 1$ Schaftgewicht: $G = 19{,}9 \cdot 3{,}0 = 59{,}7$ kg

c) Die Stütze ist in der Wandebene in den Drittelspunkten von (mittig) angeschlossenen Wandriegeln unverschieblich gehalten. Damit ist s_{Ky} = 3,0 m und s_{Kz} = 1,0 m.

Gewählt IPE 140 mit A = 16,4 cm², i_y = 5,74 cm, i_z = 1,65 cm

$\lambda_y = 300/5{,}74 = 52{,}3 \qquad \lambda_z = 100/1{,}65 = 60{,}6 \qquad \bar{\lambda}_z = 0{,}652$ (maßgebend)

$k = 0{,}5\ [1 + 0{,}34\ (0{,}652 - 0{,}2) + 0{,}652^2] = 0{,}789 \qquad \varkappa = 0{,}81$

$N_{pl,d} = 16{,}4 \cdot 24/1{,}1 = 358$ kN $\qquad 265/0{,}81 \cdot 358 = 0{,}91 < 1$

Schaftgewicht: $G = 12{,}9 \cdot 3{,}0 = 38{,}7$ kg.

Der Vergleich zeigt, daß sich durch geschickte Profilwahl ca. 36 % an Gewicht bei gleichem Lohnaufwand für die Fertigung einsparen lassen. Durch sinnvolle Aussteifungen lassen sich auch die Abmessungen h/b reduzieren.

Mehrteilige Stützen

Sie bestehen aus 2 oder mehr Einzelprofilen, die durch Bindebleche oder Vergitterungen verbunden sind (Bild **6**.20). Macht man den Zwischenraum zwischen den Einzelprofilen groß genug und hält ihn frei von Trägeranschlüssen und Stoßverbindungen, so können Leitungen ungehindert entlang der Stütze hochgeführt werden. Die Konstruktion ist „leitungsdurchlässig", eine für Geschoßbauten wichtige Eigenschaft. Wegen der hohen Fertigungskosten werden sie heute nur noch selten eingesetzt.

Die Bemessung erfolgt nach Abschn. 6.4 oder Tabellen in [23][1]). Um die Stütze bei gleichen Knicklängen in beiden Hauptachsrichtungen möglichst gleichmäßig auszunützen, macht man den gegenseitigen Schwerpunktabstand *e* der Einzelprofile so groß, daß das Flächenmoment für die stofffreie Achse ca. 10% größer als für die Stoffachse wird; dem entspricht $h_y \geq$ Profilhöhe *h*. Meistens sind aber statt dessen konstruktive Gesichtspunkte für den Profilabstand maßgebend, wie z. B. der Platzbedarf für hochzuführende Leitungen oder durchzusteckende Unterzüge (Bild **7**.48).

7.3 Konstruktive Durchbildung

Jede Stütze besteht aus Kopf, Schaft und Fuß. Der *Kopf* nimmt die Lasten auf und überträgt sie auf den *Schaft*, der *Fuß* verteilt sie auf das Fundament (Bild **7**.5). In mehrgeschossigen Bauten gehen die einzelnen Stützenschüsse meist über 2, seltener über 3 Geschosse durch (Bild **7**.3). In den *Stößen* wechselt im allgemeinen das Profil; größere Querschnittsänderungen sollen durch allmähliche Übergänge gemildert werden. Bei der Berechnung der Stütze angenommene mittige Lasteinleitung muß konstruktiv weitgehend verwirklicht werden.

Es ist daher unzweckmäßig, anschließende Träger auf weit ausladenden Konsolen aufzulagern; das dadurch verursachte Biegemoment muß bei der Stützenbemessung berücksichtigt werden und führt dann meist zu einem größeren Stützenprofil.

7.3.1 Stützenfüße

Ist der Stützenfuß ausreichend steif konstruiert und liegt der Schwerpunkt der Fußfläche auf der Schwerlinie des Stützenprofils, dann kann man annehmen, daß sich die Stützenlast *F* gleichmäßig über die Grundfläche A_1 der Fußplatte verteilt. Die Betonpressung wird dann

$$\sigma_b = \frac{F}{A_1} \leq \frac{\beta_R}{\gamma_M} \quad (7.1)$$

Ggf. nicht genügend ausgesteifte Teilflächen der Fußplatte muß man bei der Berechnung von A_1 außer Ansatz lassen.

[1]) nach DIN 4114

Tafel **7**.1 Betonfestigkeitsklassen; Nennfestigkeit β_{WN} und Rechenwert β_R in N/mm²

Festigkeitsklasse des Betons	B 5[1])	B 10[1])	B 15	B 25	B 35
Nennfestigkeit β_{WN}	5	10	15	25	35
Rechenwert β_R	3,5	7,0	10,5	17,5	23,0

[1]) nur für unbewehrten Beton

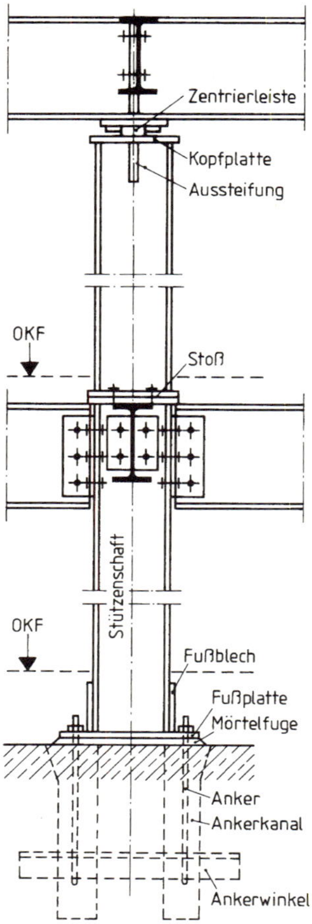

7.5 Geschoßstütze

Der Rechenwert der Betondruckfestigkeit ist Tafel **7.1** zu entnehmen. Bei der Festlegung des Sicherheitsbeiwertes γ_M ist folgendes zu beachten:

Der „globale Sicherheitsbeiwert" nach DIN 1045 für bewehrten Beton beträgt $\gamma = 2,1$. Er beinhaltet jedoch sowohl den Wert für γ_F und γ_M. Bezieht man sich auf diese Größe, so läßt sich mit der maßgebenden Einwirkungskombination ein γ_M-Wert bestimmen. Nach DIN 18800-1, Abschn. 7.6 darf mit $\gamma_M = 1,3$ gerechnet werden, während der Eurocode 2 bisher einen Materialsicherheitswert von $\gamma_M = 1,5$ vorsieht. Auf eine Erhöhung der Grenzpressung bei Teilflächenpressung nach DIN 1045, Abschn. 17.3.3 sollte wegen der nur schwer zu kontrollierenden Verhältnisse in der Lagerfuge verzichtet werden.

Das Verhältnis von Fugenbreite *b* zur Fugendichte *d* soll ≥ 7 betragen.

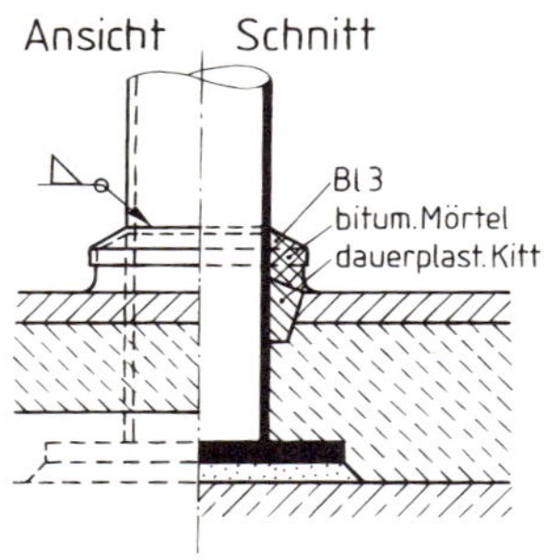

7.6 Dichtung der Fuge zwischen dem Schaft einer im Freien stehenden Stütze und dem Bodenbelag

Für die Mörtelfuge unter der Fußplatte gilt ebenfalls Gl. (7.1), wenn die Zusammensetzung des Zementmörtels der Vorschrift entspricht und wenn das Verhältnis der kleinsten tragenden Fugenbreite zur Fugendicke $b/d \geq 7$ ist.

Die Stütze wird auf das Fundament gestellt und mit Stahlplatten, Keilen und Ankern ausgerichtet. Nach der Stahlbaumontage wird die Fuge zwischen Stützenfuß und Fundament gemeinsam mit den Ankerkanälen mit Zement- oder Kunstharzmörtel vergossen. In großen Fußplatten werden besondere Gieß- und Luftlöcher angeordnet. Die *Mörtelfuge* sorgt für gleichmäßige Druckverteilung, indem sie Unebenheiten der Fundamentoberfläche und Ungenauigkeiten ihrer Höhenlage ausgleicht. Sie ist 25 bis 50 mm dick. Nach der Erhärtung des Mörtels sollen die Stahlkeile entfernt werden.

Im Inneren von Gebäuden wird die Oberkante des Fundaments so tief gelegt, daß der Stützenfuß unter dem Fußboden verschwindet (Bild **7.6**). Im Freien besteht bei dieser

Ausführung die Gefahr, daß Wasser in die Fuge zwischen Stützenschaft und Bodenbelag eindringt und Rostbildung verursacht. Hier ist es besser, den Stützenfuß vollständig zugänglich zu halten, indem das Fundament bis über Geländeoberkante hochgeführt wird. Ist diese Lösung unerwünscht, muß die gefährdete Fuge durch dauerplastischen Kitt gedichtet werden; mit einem Stahlblechkragen, der an die Stütze geschweißt wird, kann man die Dichtungsfuge zusätzlich schützen (Bild **7.**6).

7.3.1.1 Unversteifte Fußplatte

Der Stützenschaft sitzt auf der *Fußplatte* auf, die die Stützenlast F ohne Mitwirkung anderer Bauteile auf das Fundament verteilt (Bild **7.**8). Der Lohnkostenanteil bei der Herstellung des sehr einfach gestalteten Stützenfußes ist klein; dieser Preisvorteil bleibt auch trotz des gegenüber anderen Konstruktionen erhöhten Materialbedarfs in der Regel erhalten. Daher wird diese Stützenfußdurchbildung ihrer geringen Gesamtkosten und ihrer kleinen Bauhöhe wegen bevorzugt ausgeführt. Die in den nachfolgenden Abschnitten besprochenen Fußkonstruktionen kommen erst in 2. Linie in Betracht, falls die Berechnung der unversteiften Fußplatte zu praktisch nicht brauchbaren Abmessungen führen sollte. Da die Dicke t der Fußplatte mit ihren Seitenabmessungen wächst, ist man bestrebt, die Grundfläche A_1 der Platte durch Wahl großer zulässiger Betonpressungen σ_b klein zu halten, damit sich eine wirtschaftliche Lösung ergibt.

Die *Schweißnaht* die den Stützenschaft mit der Fußplatte verbindet, braucht nur für $F/10$ bemessen zu werden, wenn die Stütze ausschließlich auf *Druck* beansprucht und das Schaftende mit Sägeschnitt oder durch Fräsen *rechtwinklig* bearbeitet wird (DIN 18801, Abschn. 7.1.1).

Für die Berechnung der *Biegebeanspruchung* in der *Fußplatte* stehen 2 Verfahren zu Verfügung: Die Plattenmethode und die Balkenmethode.

Die *Plattenmethode* empfiehlt sich dann, wenn die Fußplatte den Umriß des Stützenschaftes nicht oder wenig überragt. Die Platte wird von unten her durch die gleichmäßige Betonpressung belastet und ist an den Profilkanten des Stützenschaftes liniengelagert. Die Biegemomente der maßgebenden Punkte der so gebildeten Plattenfelder können Tafeln [13] entnommen werden. Die größte auftretende Momentenspitze kann auf diese Weise genau erfaßt und die Plattendicke mit der Grenznormalspannung bemessen werden (Bild **7.**10).

Beim Nachweisverfahren Elastisch-Plastisch – u. U. mit Beschränkung des vollplastischen Momentes des Rechteckquerschnittes mit der Breite 1 und der Höhe t – gilt

$$M_{\mathrm{pl,d}} = \frac{t^2}{4} \cdot \sigma_{\mathrm{R,d}} \tag{7.2}$$

$$M_{\mathrm{pl,d,red}} = 1{,}25 \cdot \frac{t^2}{6} \cdot \sigma_{\mathrm{R,d}} \tag{7.3}$$

$$V_{\mathrm{pl,d}} = t \cdot \tau_{\mathrm{R,d}} = t \cdot \sigma_{\mathrm{R,d}}/\sqrt{3} \tag{7.4}$$

$$M_{\mathrm{pl,d,V}} = M_{\mathrm{pl,d}} \cdot \sqrt{1 - (V/V_{\mathrm{pl,d}})^2} = \frac{t}{4} \cdot \sqrt{(t \cdot \sigma_{\mathrm{R,d}})^2 - 3\,V^2} \tag{7.5}$$

V = die auf die Breiteneinheit bezogene Querkraft

Für Stützen aus Walzprofilen sind in [4] umfangreiche Tafeln für die Tragfähigkeit und die Abmessungen von Stützenfüßen bei verschiedenen Beton-Festigkeitsklassen enthalten. Die Plattendicke wurde dabei jedoch nach dem „zul. σ-Konzept" der alten DIN 18800-1 (3.81) ermittelt. Eine Umrechnung auf das neue Sicherheitskonzept ist auf einfachste Weise möglich.

Es können auch solche Fußplatten nach der Plattenmethode berechnet werden, deren Abmessungen über den Umriß des Stützenschafts hinausgehen; um vorhandene Tabellenwerke benutzen zu können, müssen dann Plattensysteme unterschiedlicher Lagerung unter Anwendung des Belastungsumordnungsverfahrens überlagert werden.

Die *Balkenmethode* liefert gut brauchbare Ergebnisse, wenn die Fußplatte deutlich größer ist als der Profilumriß. Die Fußplatte wird in der Seitenansicht als Balken betrachtet, der von oben durch die als Einzel- oder Streckenlasten erscheinenden anteiligen Kräfte der Profilteilflächen belastet wird; von unten wirkt der gleichmäßige Gegendruck des Fundaments (Bild **7.**11 b, c). Für diese Belastung wird das Maximalmoment berechnet, und zwar getrennt für beide Hauptachsenrichtungen der Fußplatte. Anders als bei der Plattenmethode stellt jetzt das errechnete Maximalmoment einen *Durchschnittswert* der Biegemomente über die Plattenbreite dar, der infolge der Plattenwirkung von lokalen Spitzenwerten u. U. erheblich übertroffen werden kann. Aus Sicherheitsgründen sollte man das Nachweisverfahren Elastisch-Elastisch wählen.

Man umgeht die mit diesem Verfahren verbundenen Unsicherheiten, wenn man die unversteiften Fußplattenflächen als unwirksam ansieht und für die mitwirkenden Plattenteile einfache Teilsysteme annimmt. Eine solche auf der sicheren Seite liegende Berechnung unter Anwendung der plastischen Bemessung liegt den „Typisierten Verbindungen im Stahlhochbau" [4] zugrunde (Bild **7.**7): Für die Betonpressung σ_b werden nur die Flächen A_1 und A_2 unter Abzug von Ankerlöchern in Rechnung gestellt. A_1 wird in Flanschbreite als von den Profilkanten auskragender Plattenstreifen behandelt. Für ihn werden, auf 1 cm Breite bezogen,

$$\max M = \sigma_b \cdot a^2{}_f/2 \tag{7.6}$$

$$\text{und } V = \sigma_b \cdot a_f \tag{7.7}$$

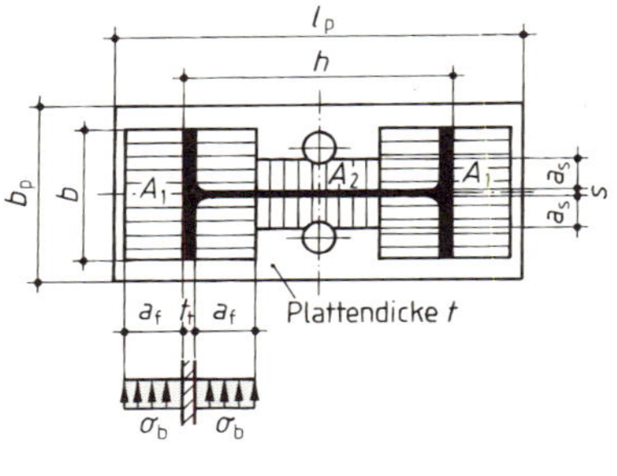

7.7
Als wirksam angenommene Teilflächen der Fußplatte; statisches System der Fußplatte

In die Gl. (7.5) eingesetzt, erhält man bei Vorgabe einer geschätzten Fußplattendicke t

$$a_f \leq \frac{t \cdot \sqrt{6}}{4} \cdot \sqrt{\sqrt{1 + \left(\frac{2}{\sqrt{3}}\right)^4 \cdot \left(\frac{\sigma_{R,d}}{\beta_{R,d}}\right)^2} - 1} \tag{7.8}$$

mit $\beta_{R,d} = \beta_R/\gamma_M$. Die geometrische Verträglichkeit von a_f muß anschließend kontrolliert werden, andernfalls ist die Fußplattendicke zu erhöhen.

Die Breite der auf den Steg entfallenden Grundfläche a_s wird ohne weiteren Nachweis aus a_f im Verhältnis der Profildicken umgerechnet

$$a_s = a_f \cdot s/t_t \tag{7.9}$$

Anschließend an die Berechnung sind die Nachweise zu führen. Es muß stets kontrolliert werden, ob der berechnete Wert für a_f geometrisch möglich ist.

Geschlossene Stützenprofile sind hinsichtlich der erforderlichen Plattendicke günstig (Bild **7**.8). Offene Querschnitte können durch Fußbleche zu einem geschlossenen Profil ergänzt werden; der Anschluß der Fußbleche an den Flanschkanten des Stützenschafts erfolgt für den Kraftanteil der auf sie entfallenden Fußfläche (= schraffierte Fläche im Bild **7**.9).

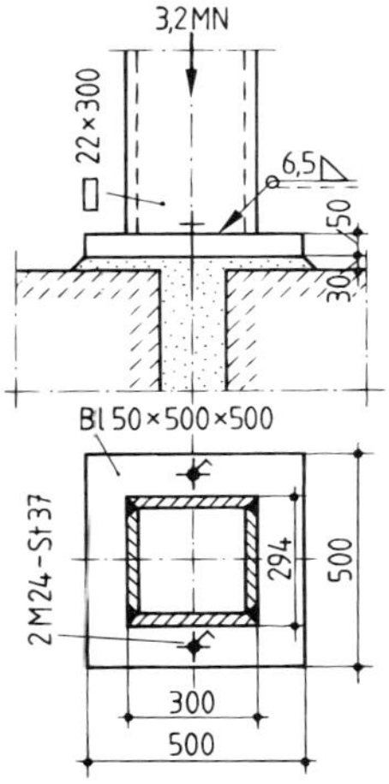

7.8 Hohlkasten mit Fußplatte

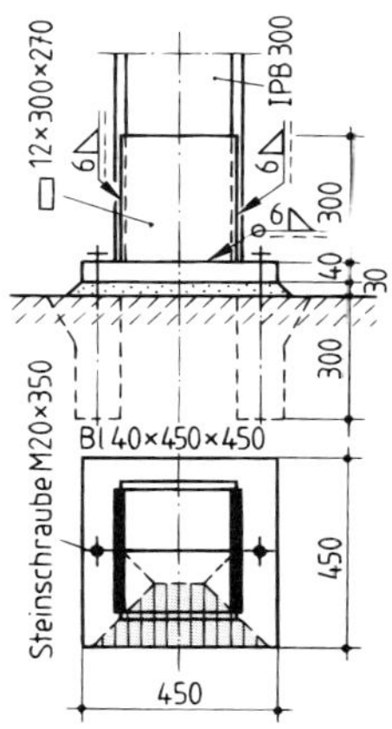

7.9 IPB-Stütze mit Fußplatte und Fußblechen

Beispiel 2 (Bild **7**.10) Für eine Stütze IPBl 180 – St 37 (S235) mit F = 275 kN und einer maßgebenden Knicklänge s_{Kz} = 6,80 m ist die Stützenfußplatte aus St 37 nachzuweisen. Fundamentbeton B15 (bewehrt).

Tragsicherheitsnachweis der Stütze (Linie *c*)

$\lambda_z = 680/4{,}52 = 150{,}4 \qquad \bar{\lambda}_z = 1{,}619$

$k = 0{,}5 \cdot [1 + 0{,}49\,(1{,}619 - 0{,}2) + 1{,}619^2] = 2{,}158 \qquad \varkappa = 0{,}279$

$N_{pl,d} = 45{,}3 \cdot 24/1{,}1 = 988 \text{ kN} \qquad 275/0{,}279 \cdot 988 = 1{,}0$

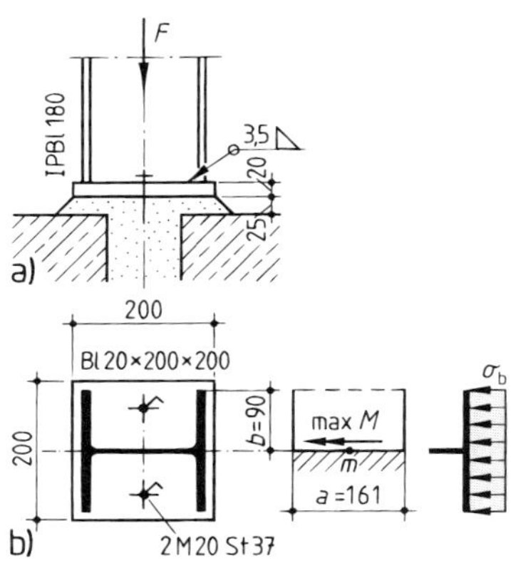

7.10
a) IPB-Stütze mit Fußplatte ohne Überstand
b) Berechnung der Fußplatte als dreiseitig gelagerte Platte

Beispiel 2 Forts.

Betonpressung

$$A_N = 20 \cdot 20 - 2 \cdot 2{,}2^2 \cdot \pi/4 = 392 \text{ cm}^2$$

$$\sigma_b = 275/392 = 0{,}70 \text{ kN/cm}^2 \qquad \beta_{R,d} = 1{,}05/1{,}3 = 0{,}81 \text{ kN/cm}^2$$

(Eurocode 2: $\beta_{R,d} = 1{,}05/1{,}5 = 0{,}70 \text{ kN/cm}^2$)

$$\sigma_b/\beta_{R,d} = \leq 1$$

Nachweis der Fußplatte

Die Fußplatte ist bei Vernachlässigung des geringen Überstandes an den beiden Flanschen frei drehbar gelagert und am Steg wegen Symmetrie als voll eingespannt anzusehen. Das absolut größte örtliche Biegemoment der Platte tritt in der Mitte des eingespannten Plattenrandes auf und wird nach den Tafeln für 3seitig gelagerte Platten berechnet [13].

Mit $a/b = 16{,}1/9{,}0 \approx 1{,}8$ wird $k \approx 0{,}155$ und

$$\max M = 0{,}155 \cdot 16{,}1 \cdot 9{,}0 \cdot 0{,}7 = 15{,}72 \text{ kNcm/cm}$$

Nachweis Elastisch-Elastisch: $W = 1{,}0 \cdot 2{,}0^2/6 = 0{,}667 \text{ cm}^3/\text{cm}$

$$\sigma = 15{,}72/0{,}667 = 23{,}57 \text{ kN/cm}^2 > \sigma_{R,d} = 21{,}8 \text{ kN/cm}^2$$

Läßt man örtliche Plastizierungen zu, so gilt mit $\alpha^*_{pl} = 1{,}25$

$$\sigma = 23{,}57/1{,}25 = 18{,}86 \text{ kN/cm}^2 \qquad \sigma/\sigma_{R,d} = 18{,}86/21{,}8 = 0{,}87 < 1$$

Der Nachweis Elastisch-Plastisch kann wie folgt geführt werden: Die Querkraft links bzw. rechts vom Stützensteg wird näherungsweise aus der anteiligen Stegkraft bestimmt

$$N_{St} = 275 \cdot \frac{0{,}6 \cdot 16{,}1}{45{,}3} = 58{,}6 \text{ kN} \qquad V = \frac{1}{2} \cdot 58{,}6/16{,}1 = 1{,}82 \text{ kN/cm}$$

Dieser Wert wird wegen der Plattentragwirkung auf 2 kN/cm erhöht.

$$V_{pl,d} = 1{,}0 \cdot 2{,}0 \cdot 24/1{,}1 \cdot \sqrt{3} = 25{,}2 \text{ kN/cm nach Gl. (7.4)}$$

Das vollplastische Moment wird auf den Formbeiwert $\alpha^*_{pl} = 1{,}25$ begrenzt.

$$M_{pl,d} = 1{,}25 \cdot 0{,}667 \cdot 24/1{,}1 = 18{,}2 \text{ kNcm/cm}$$

Unter Berücksichtigung der vorhandenen Querkraft ist das aufnehmbare plastische Moment nach Gl. (7.5)

$$M_{pl,Q,d} = 18{,}2 \cdot \sqrt{1 - (2{,}0/25{,}2)^2} = 18{,}1 \text{ kNcm/cm}$$

$$M/M_{pl,Q,d} = 15{,}72/18{,}1 = 0{,}87 < 1$$

Beispiel 3 (Bild **7.11**)

Die Stütze IPB 240 und die Fußplatte Bl 50 × 400 × 500 aus St 37 (S 235) sind für die Druckkraft $F_d = 1{,}85$ MN bei einer Knicklänge $s_K = 3{,}25$ m nachzuweisen. Fundamentbeton: B 25

Tragsicherheitsnachweis der Stütze (Linie *c*)

$$\lambda_z = 325/6{,}08 = 53{,}54 \qquad \bar{\lambda}_z = 0{,}576$$

$$k = 0{,}5\,[1 + 0{,}49 \cdot (0{,}576 - 0{,}2) + 0{,}576^2] = 0{,}758$$

$$1/\varkappa = 0{,}758 + \sqrt{0{,}758^2 - 0{,}576^2} \qquad \varkappa = 0{,}80$$

$$N_{pl,d} = 106 \cdot 24/1{,}1 = 2313 \text{ kN} \qquad N/N_{pl,d} = 1850/0{,}8 \cdot 2313 = 1{,}0$$

Nachweis der Schweißnähte

$$F_s = 1850 \cdot \frac{1{,}0 \cdot 20{,}6}{106} = 360 \text{ kN} \qquad F_G = (1850 - 360)/2 = 745 \text{ kN}$$

Die Schweißnähte werden nach den Regelungen über Kontaktstöße (DIN 18801) für 10 % der anzuschließenden Kraft nachgewiesen.

Beispiel 3
Forts.

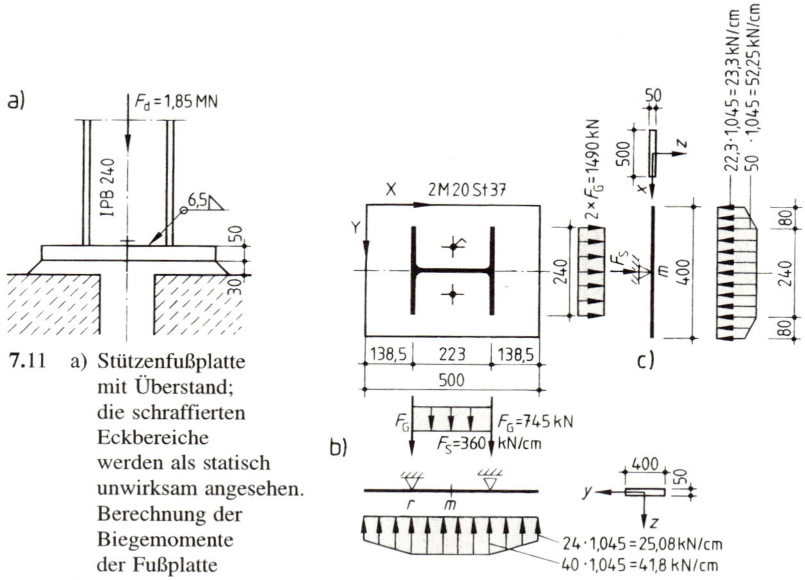

7.11 a) Stützenfußplatte mit Überstand; die schraffierten Eckbereiche werden als statisch unwirksam angesehen. Berechnung der Biegemomente der Fußplatte
b) M_y
c) M_x

Nahtdicke: min $a = \sqrt{50} - 0{,}5 = 6{,}5$mm. Bei entsprechender Wahl der Schweißparameter bzw. bei Vorwärmung der Fußplatte kann die Naht auch dünner ausgeführt werden; gewählt $a = 5$ mm.

Für einen Flansch:

$$A_w = 0{,}5 \cdot (2 \cdot 24 - 1{,}0) = 23{,}5 \text{ cm}^2$$

$$\sigma_\perp = 0{,}1 \cdot 745/23{,}5 = 3{,}17 \text{ kN/cm}^2 << \sigma_{w,R,d}$$

Betonpressung:

Die im Grundriß schraffierten, nicht ausgesteiften Plattenecken werden zur Sicherheit als nicht wirksam angesehen

$$A_N = 40 \cdot 50 - 4 \cdot 13{,}85 \cdot 8{,}0/2 - 2 \cdot 2{,}2^2 \cdot \pi/4 = 1770 \text{ cm}^2$$

$$\sigma_b = 1850/1770 = 1{,}05 \text{ kN/cm}^2 \qquad \beta_{R,d} = 1{,}75/1{,}3 = 1{,}35 \text{ kN/cm}^2$$

$$\sigma_b/\beta_{R,d} = 1{,}05/1{,}35 = 0{,}78 < 1$$

Mörtelfuge $\dfrac{\text{min Fugenbreite}}{\text{Fugendicke}} = \dfrac{40}{3} = 13{,}3 > 7$. Ein Nachweis erübrigt sich.

Fußplatte: Die Fußplatte wird in beiden Richtungen (x,y) als Balken betrachtet, der in den Profilmittellinien durch die anteiligen Kräfte gestützt ist:

M_x – Beanspruchung (Bild **7.11** c): $W_x = 50 \cdot 5{,}0^2/6 = 208$ cm^3

$$M_{x,m} = 23{,}3 \cdot \frac{8{,}0}{2}\left(\frac{24}{2} + \frac{2}{3} \cdot 8\right) + 52{,}25 \cdot \frac{8{,}0}{2} \cdot \left(\frac{24}{2} + \frac{1}{3} \cdot 8\right) + 52{,}25 \cdot \frac{12^2}{2}$$

$$- \frac{1490}{2} \cdot \frac{12}{2} = 3973 \text{ kNcm}$$

Beispiel 3 Forts.

$\sigma = 3973/208 = 19{,}10\ \text{kN/cm}^2 \qquad \sigma/\sigma_{R,d} = 19{,}10/21{,}8 = 0{,}88 < 1$

M_y – Beanspruchung (Bild **7.**11 b): $W_y = 40 \cdot 5{,}0^2/6 = 166{,}7\ \text{cm}^3$

$$M_{y,r} = 25{,}08 \cdot \frac{13{,}85}{2} \cdot \frac{2}{3} \cdot 13{,}85 + 41{,}8 \cdot \frac{13{,}85}{2} \cdot \frac{1}{3} \cdot 13{,}85 = 2940\ \text{kNcm}$$

$$M_{y,m} = 2940 + 360 \cdot \frac{22{,}3}{8} - 41{,}8 \cdot \frac{22{,}3^2}{8} = 1345\ \text{kNcm} < M_{y,r}$$

$\sigma = 2940/166{,}7 = 17{,}64\ \text{kN/cm}^2 \qquad \sigma/\sigma_{R,d} = 17{,}64/21{,}8 = 0{,}81 < 1$

Beispiel 4 Für eine Stütze aus IPB 300, St 37 (S 235) mit der Druckkraft $F = 2000$ kN sollen die Festigkeitsklasse des Stahlbetons festgelegt sowie die Abmessungen der Fußplatte bemessen und nach der vereinfachten Balkenmethode nachgewiesen werden (Bild **7.**7). Die Fußplattenbreite wird mit $b_p = 350$ mm angenommen. Geschätzte Fußplattendicke $t = 40$ mm.

a) Stahlbeton B 25; $\beta_{R,d} = 1{,}75/1{,}5 = 1{,}167\ \text{kN/cm}^2$ (nach Eurocode 2):

Nach Gl. (7.8)

$$a_F \leq \frac{4 \cdot \sqrt{6}}{4} \cdot \sqrt{\sqrt{1 + \left(\frac{2}{\sqrt{3}}\right)^4 \cdot \left(\frac{24 \cdot 1{,}5}{1{,}1 \cdot 1{,}75}\right)^2} - 1} = 12\ \text{cm} \quad \text{(geometrisch möglich)}$$

Mit $a_s = 12{,}0 \cdot 1{,}1/1{,}9 \approx 7{,}0$ erhält man

$A_1 = 2 \cdot 30 \cdot (2 \cdot 12{,}0 + 1{,}9) \qquad = 1554\ \text{cm}^2$

$A_2 = [30 - 2 \cdot (1{,}9 + 12{,}0)] \cdot 2 \cdot (7{,}0 + 1{,}1) \qquad = 35{,}64\ \text{cm}^2$

$\Delta A \approx 2{,}8^2 \cdot \pi/4 \qquad = -\ 6{,}10\ \text{cm}^2$

$A_N = 1583\ \text{cm}^2$

$\sigma_b = 2000/1583 = 1{,}263\ \text{kN/cm}^2 > \beta_{R,d}$.

Die Betongüte ist bei einer 40 mm dicken Fußplatte nicht ausreichend. Damit der Stützenfuß klein bleibt, wird die Betongüte verbessert.

b) Stahlbeton B 35; $\beta_{R,d} = 2{,}3/1{,}5 = 1{,}533\ \text{kN/cm}^2$

$$a_F \leq \frac{4 \cdot \sqrt{6}}{4} \cdot \sqrt{\sqrt{1 + \left(\frac{2}{\sqrt{3}}\right)^4 \cdot \left(\frac{24 \cdot 1{,}5}{1{,}1 \cdot 2{,}3}\right)^2} - 1} = 10{,}39\ \text{cm}$$

gewählt: $a_F = 10$ cm, $a_s = 10 \cdot 1{,}1/1{,}9 \approx 6{,}0$ cm

$l_p = 300 + 2 \cdot (100 + 19) = 540$ mm

$A_1 = 2 \cdot 30\ (2 \cdot 10{,}0 + 1{,}9) \qquad = 1314\ \text{cm}^2$

$A_2 = [30 - 2 \cdot (1{,}9 + 10{,}0) \cdot (2 \cdot 6{,}0 + 1{,}1) = \qquad 81\ \text{cm}^2$

$\Delta A \qquad = -\ 6\ \text{cm}^2$

$A_N = 1389\ \text{cm}^2$

$\sigma_b = 2000/1389 = 1{,}44\ \text{kN/cm}^2$

$\sigma_b/\beta_{R,d} = 1{,}44/1{,}533 = 0{,}94 < 1$

Kontrolle: $\max M = 1{,}44 \cdot 10^2/2 = 72\ \text{kNcm/cm}$

$V = 1{,}44 \cdot 10 \quad = 14{,}4\ \text{kN/cm}$

$$M_{pl,d,V} = \frac{4{,}0}{4} \cdot \sqrt{(4{,}0 \cdot 21{,}8)^2 - 3 \cdot 14{,}4^2} = 83{,}56\ \text{kNcm/cm}$$

$M/M_{pl,d,V} = 72/83{,}56 = 0{,}86 < 1$

7.3.1.2 Trägerrost

Schaltet man zwischen der Fußplatte und dem Fundament einen Trägerrost zur verbesserten Druckverteilung ein, kann man die Betonpressungen durch Vergrößerung der Fußfläche fast beliebig klein halten (Bild **7**.12). Die *Fußplatte* verteilt die Last auf die Rostträger. Ihre Biegebeanspruchung errechnet sich nach der Balkenmethode aus den Lasten nach *Bild* **7**.12 a rechts; ggf. muß sie durch Fußbleche versteift werden, wenn sie sonst zu dick würde. *Schweißanschluß* des Schaftes wie in Abschn. 7.3.1.1. Der *Trägerrost* wird nach Bild **7**.12 c belastet; es sind die Biegespannungen, die Schubspannung und, wenn nötig, die Vergleichsspannung nachzuweisen.

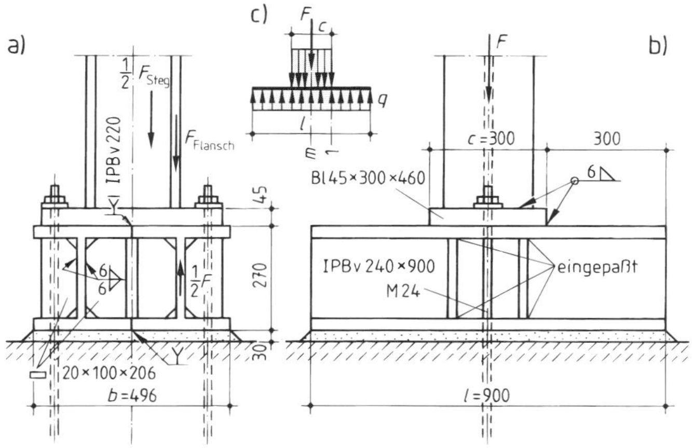

7.12
Trägerrost als Stützenfuß

Beispiel 5 (Bild **7**.12) Der Trägerrost für eine Stütze aus IPBv 220, St 37 (S235) mit einer Last $F = 2600$ kN

$$\max M = M_m = \frac{F}{8} \cdot (l - c) = \frac{2600}{8} \cdot (90 - 30) = 19\,500 \text{ kNcm}$$

$$\sigma = 19\,500/2 \cdot 1800 = 5{,}42 \text{ kN/cm}^2$$

$$\max V = V_1 = \frac{F}{2 \cdot l} \cdot (l - c) = \frac{2600}{2 \cdot 90} \cdot 60 = 867 \text{ kN}$$

$$\tau_m = 867/2 \cdot 42{,}8 = 10{,}13 \text{ kN/cm}^2 \qquad \tau_{R,d} = \sigma_{R,d}/\sqrt{3} = 21{,}8/\sqrt{3} = 12{,}6 \text{ kN/cm}$$

$$\tau_m/\tau_{R,d} = 10{,}13/12{,}6 = 0{,}80 < 1$$

Betonpressung (B15, $\beta_{R,d} = 1{,}05/1{,}5 = 0{,}70$ kN/cm² nach Eurocode 2)

$$\sigma_b = 2600/(90 \cdot 49{,}6) = 0{,}58 \text{ kN/cm}^2$$

$$\sigma_b/\beta_{R,d} = 0{,}58/70 = 0{,}83 < 1$$

Da für die Bemessung des Trägerrostes meist die Schubspannung im Steg maßgebend ist, sind Träger mit dickem Steg, u. U. geschweißte Träger, zu wählen.

Stütze und Trägerrost werden in der Werkstatt miteinander verschweißt und gemeinsam montiert. Es kann aber auch der Trägerrost vorab geliefert und im Fundament einbetoniert werden; die Stütze wird dann bei der Montage auf den Trägerrost gesetzt und die Fußplatte ringsum angeschweißt. Voraussetzung für diese Montagefolge ist aber genauestes waagerechtes Ausrichten und Festlegen des Trägerrostes beim Betonieren nach Seiten- und Höhenlage. Die Verankerung sitzt dann seitlich neben der Stützenfußplatte nur im Trägerrost.

7.3.1.3 Stützenfüße mit ausgesteifter Fußplatte

Bei großen Seitenabmessungen der Fußplatte kann die Bemessung nach Abschn. 7.3.1.1 zu einer praktisch unbrauchbaren Plattendicke führen. In diesem Falle kann man als Alternative zum Trägerrost die Fußplatte durch Aussteifungen in kleinere Plattenfelder unterteilen. Dadurch ermäßigt sich die Biegebeanspruchung der Platte beträchtlich, und man kommt je nach Betonpressung und Abstand der Aussteifungsrippen mit Plattendicken von ≈ 20 bis 40 mm aus. Wegen des hohen Lohnkostenanteils wird diese Stützenfußdurchbildung teuer; man wird sie nur dann wählen, wenn die anderen Möglichkeiten ausgeschöpft sind.

Die Fußplatte erhält gleichmäßige Belastung durch die Fundamentpressung. Denkt man sich die Stütze auf den Kopf gestellt, dann entspricht die Fußplatte der „Deckenplatte" eines Gebäudes, die Aussteifungsrippen entsprechen den „Deckenträgern" und die Fußbleche den „Unterzügen". Die Platte kann „einachsig" gespannt sein (Bild **7**.13, 14), oder man berechnet sie nach den im Stahlbetonbau üblichen Tabellen und Näherungsverfahren [2] als 4- oder 3seitig gelagerte Platten (Bild **7**.19). Die Belastung der Aussteifungsrippen kann wie im Stahlbetonbau nach DIN 1045 durch Zerlegen der Grundrißfläche in Trapeze und Dreiecke bestimmt werden (Bild **7**.19): Treffen an einer Ecke 2 Plattenränder mit gleichartiger Stützung zusammen, beträgt der Zerlegungswinkel 45°; stößt ein eingespannter mit einem frei aufliegenden Rand zusammen, ist der Zerlegungswinkel an der eingespannten Seite 60°.

Entsprechend ihrer Belastung und Lagerung sind die *Aussteifungsrippen* und ihre Anschlüsse zu bemessen, wie z. B. die Stirnrippe in Bild **7**.19. Der *Schweißanschluß* frei auskragender Rippen wird durch ihre anteilige Last V und das dadurch entstehende Einspannmoment auf Abscheren und Biegung beansprucht (s. Abschn. 3.2.5, Beispiel 8). Man kann eine solche Rippe aber auch als Druckstrebe auffassen; dann werden die Anschlüsse durch V und H auf Abscheren und Druck beansprucht (Bild **7**.13). Gegenüberliegende auskragende Rippen müssen stets gegeneinander abgestrebt werden, damit sich

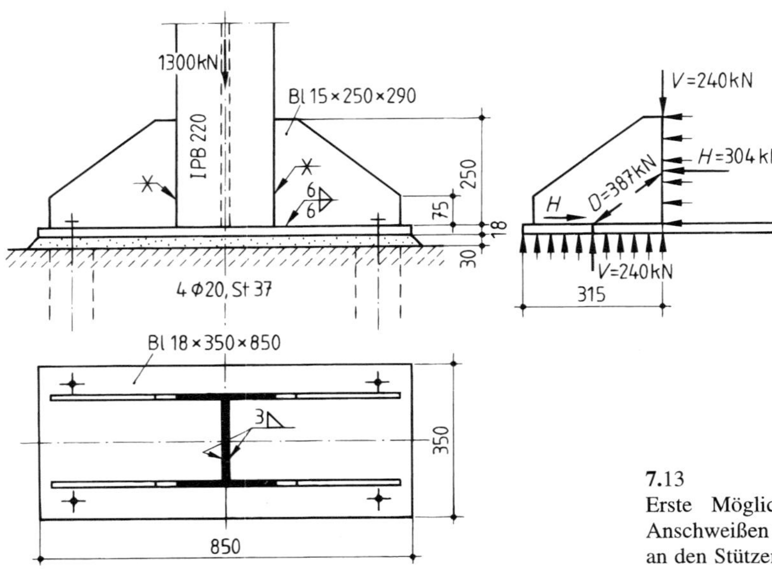

7.13
Erste Möglichkeit für das Anschweißen der Fußbleche an den Stützenschaft

ihre Horizontalkräfte H gegenseitig ausgleichen können; sie werden daher in der Ebene der Stützenflansche (Bild **7**.19) oder -stege angeordnet. Fehlt zwischen ihnen eine solche Verbindung, verformt sich der Stützenfuß, und die Aussteifung ist wirkungslos (Bild **7**.15).

Beispiel 6 (Bild **7**.14) Fuß einer Stütze aus IPB 220, St 37 (S 235) mit einer Druckkraft F = 1300 kN; Fundamentbeton B15.

Betonpressung

$$\sigma_b = 1300/(40 \cdot 80) = 0{,}41 \text{ kN/cm}^2$$

$$\sigma_b/\beta_{R,d} = 0{,}41/0{,}70 = 0{,}59 < 1$$

Fußplatte (1 cm breiter Plattenstreifen) $W = 1 \cdot 2{,}0^2/6 = 0{,}667 \text{ cm}^3\text{/cm}$

Stützmoment: $M_{St} = 0{,}41 \cdot 8{,}25^2/2 = 13{,}95$ kNcm/cm

Feldmoment: $M_F = -\,0{,}41 \cdot 23{,}5^2/8 - 13{,}95 = -\,14{,}35$ kNcm/cm

Durch die Wahl des Plattenüberstandes mit $ü \approx 0{,}354\ l$ strebt man Ausgleich zwischen Stütz- und Feldmoment an.

Anschluß des Fußblechs am Stützenschaft

Lastfläche $A = 80 \cdot \dfrac{40}{2} - 22 \cdot \dfrac{11}{2} = 1479 \text{ cm}^2$

Lastanteil des Fußblechs

$$F_{bl} = 1479 \cdot 0{,}41 = 606 \text{ kN} \qquad \tau_{w,R,d} = 0{,}95 \cdot 24/1{,}1 = 20{,}7 \text{ kN/cm}^2$$

$$A_w = 2 \cdot 0{,}4 \cdot 25 + 0{,}7 \cdot 22 = 35{,}4 \text{ cm}^2$$

$$\tau_{\|} = \frac{606}{34{,}5} = 17{,}6 \text{ kN/cm}^2$$

$$\tau_{\|}/\tau_{w,R,d} = 0{,}85 < 1$$

Außerdem wären noch für den aus den Fußblechen und der Fußplatte bestehenden Querschnitt (vgl. Bild **7**.14, Schnitt A-A) das Größtmoment und die Biegespannung sowie an der Stelle der größten Querkraft die Vergleichsspannung der Halsnaht (zwischen Fußplatte und Blech) nachzuweisen.

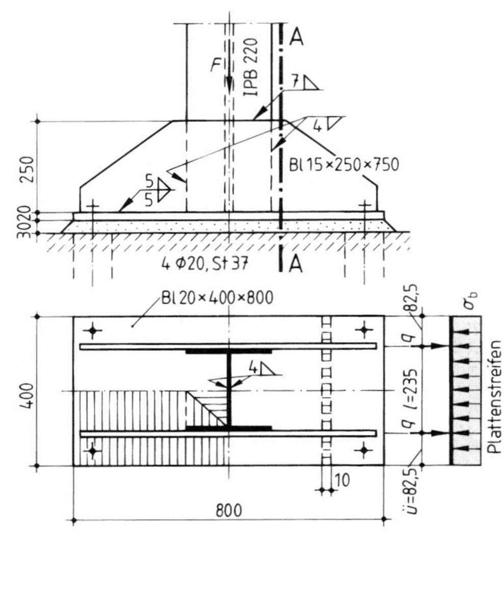

7.14
Zweite Möglichkeit für das Anschweißen der Fußbleche an den Stützenschaft

Die konstruktive Anordnung der die Hauptaussteifung bildenden *Fußbleche* kann nach den 2 in Bild **7.**13, **7.**14 gezeigten Ausführungen erfolgen. (Bild **7.**14) ist weniger schweißgerecht als (Bild **7.**13), aber einfacher in der Herstellung. Auch ist auf die Zugänglichkeit der Schweißnähte an der Flanschinnenkante zu achten. Bei größeren Plattenüberständen sind die Ecken der Platte durch Aussteifungen zu erfassen.

Die spitzen Ecken dreieckförmiger Aussteifungen werden auf 20 bis 50 mm Breite abgeschnitten, weil die Blechspitzen beim Schweißen sonst unsauber wegschmelzen; die rechtwinklige Ecke wird abgeschrägt, um die Rundumnaht des Stützenschaftes unbehindert durchziehen zu können.

Besteht bei dünnwandigen Rohrstützen großen Durchmessers die Gefahr, daß sich die Rohrwand durch den Druck der auskragenden Aussteifungen verformt und sich die beabsichtigte aussteifende Wirkung infolgedessen nicht einstellen kann (Bild **7.**15), führt man die Rippen durch den Stützenschaft durch, indem man das Rohr schlitzt und wieder luftdicht verschweißt (Bild **7.**17).

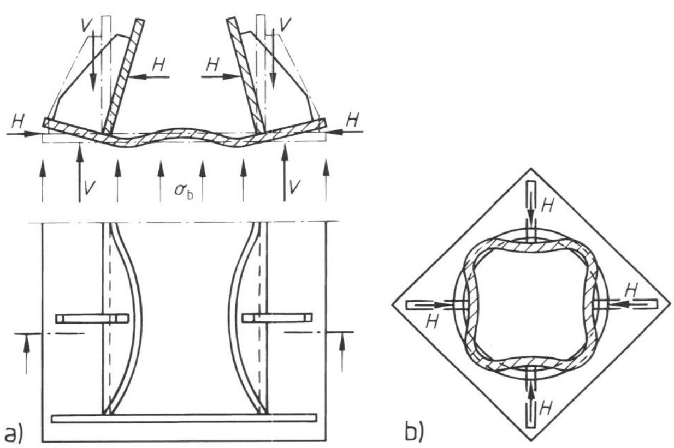

7.15 Verformungen des Stützenfußes bei falscher Anordnung der Aussteifungen

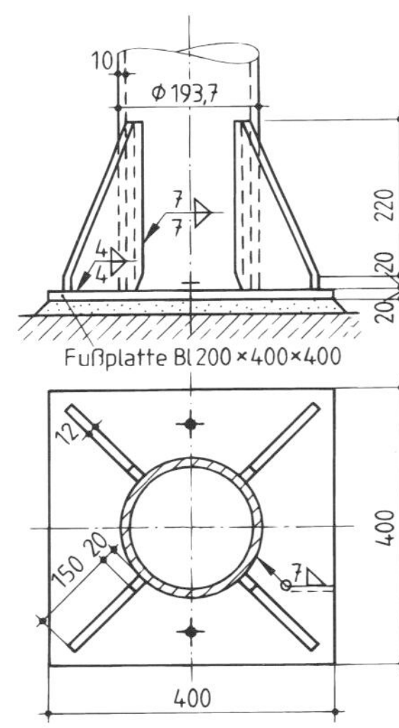

7.16 Fuß einer Stahlrohrstütze

Den Fuß einer *2teiligen Stütze* mit auf die Stützenflansche aufgelegten Fußblechen zeigt Bild **7.**18. Die Fußbleche sind nicht nur die Hauptaussteifungen des Stützenfußes, sondern erfüllen auch zugleich die Funktion der Endbindebleche für den 2teiligen Druckstab.

Bei *zusammengesetzten Stützenquerschnitten* legt man die Fußbleche grundsätzlich in die Ebene einer Gurtplatte. Diese gibt ihren Kraftanteil mittels der Stumpfnaht unmittelbar an den Stützenfuß ab; für den Anschluß der Restkraft genügen dann relativ kurze Kehlnähte, wodurch die Bauhöhe des Fußes klein bleibt (Bild **7.**19). Durch diese Maßnahme werden zudem Schweißnahthäufungen an den Profilkanten vermieden. Gurtplatte und Fußblech werden schon vor dem Zusammenbau miteinander verschweißt.

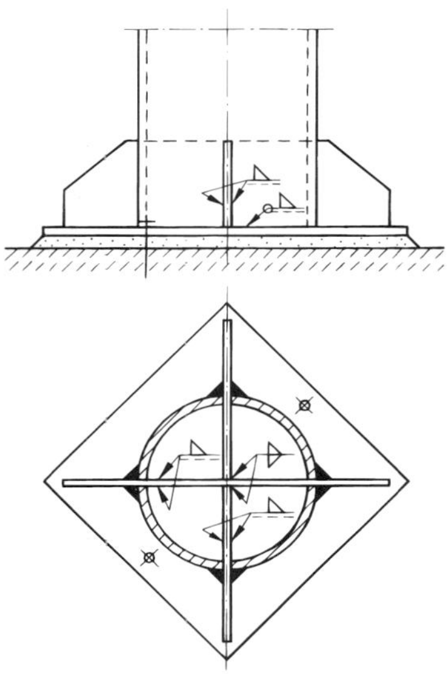

7.17 Durchgehende Fußaussteifungen einer Stahlrohrstütze bei großen Abmessungen

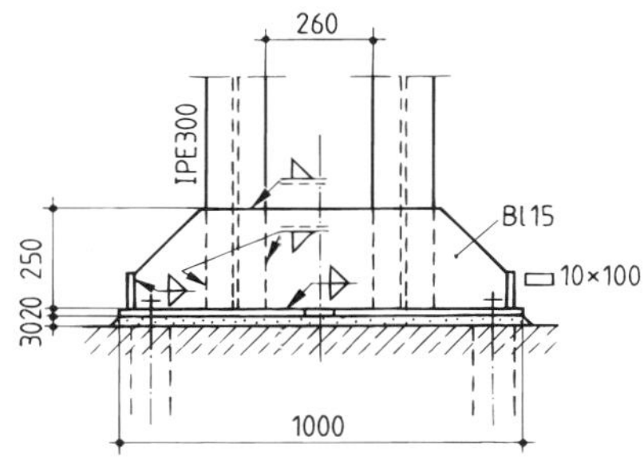

7.18 Fuß einer zweiteiligen Stütze

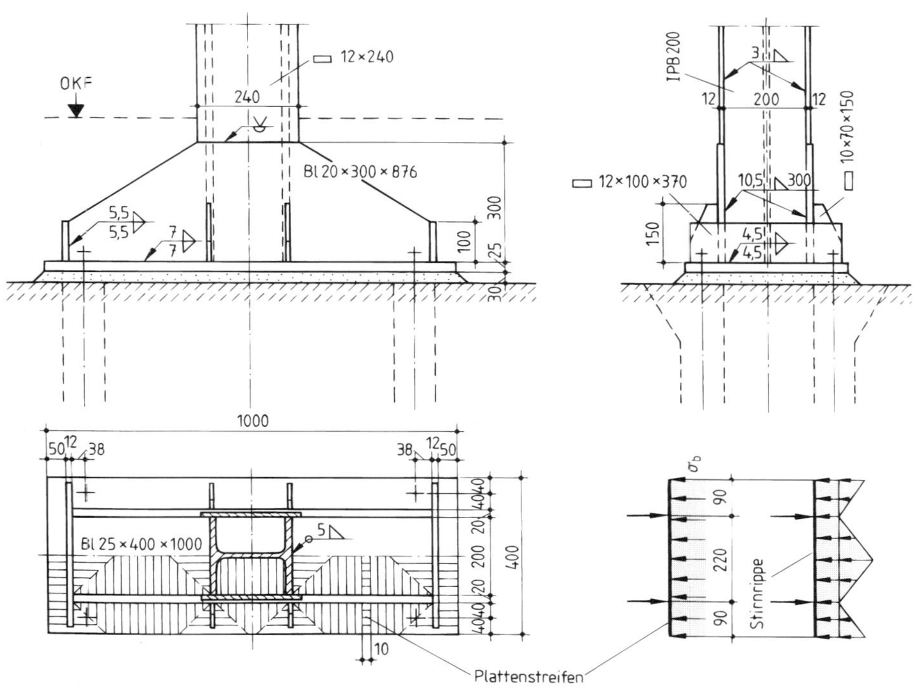

7.19 Fuß einer Hohlkastenstütze. Lastverteilung auf die Aussteifungen

7.3.1.4 Eingespannte Stützenfüße

Schließt man das bei eingespannten Stützen auftretende *Einspannmoment* an das Fundament an, ergeben sich 2 unterschiedliche konstruktive Lösungen, je nachdem, ob man das Moment in ein horizontales oder vertikales *Kräftepaar* auflöst.

Die Zugkraft Z_A des *vertikalen* Kräftepaares wird von Rundstahlankern mittels Ankerbarren in das Fundament geleitet, die Druckkraft D von der Fußplatte über die Mörtelfuge an das Fundament abgegeben (Bild **7**.20, **7**.21). Nimmt man die Betonpressung σ_b näherungsweise über $c = a/4$ gleichmäßig verteilt an, liegen alle Hebelarme fest, und man errechnet die Ankerkraft Z_A und die Betondruckkraft D aus den Gleichgewichtsbedingungen (vgl. Abschn. 2.6, Bild **2**.8).

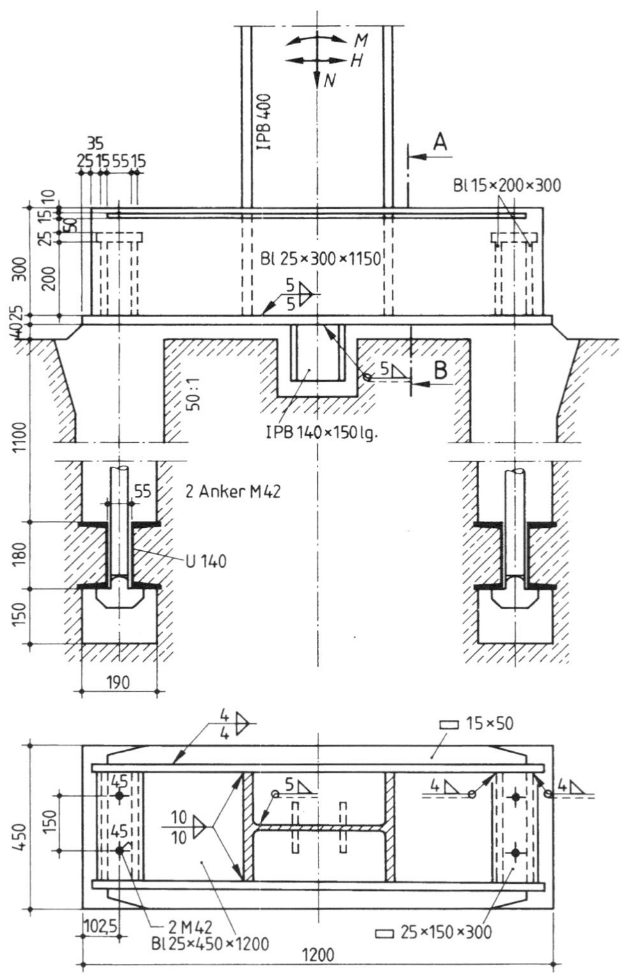

7.20
Eingespannter Stützenfuß mit Verankerung

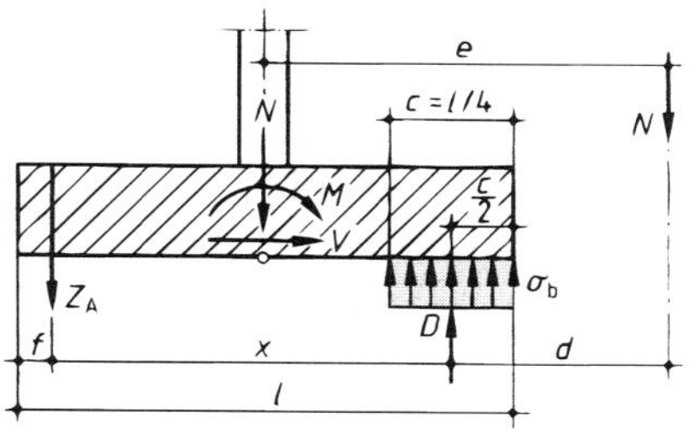

7.21
Kraftwirkungen am eingespannten Stützenfuß

Unter diesen Voraussetzungen muß der *Stützenfuß* im Hinblick auf die Grenzpressung $\beta_{R,d} = \beta_R/\gamma_M$ des Betons etwa die folgende *Länge* aufweisen:

$$l \geq \frac{\max N}{b \cdot \beta_{R,d}} \cdot \left(1 + \sqrt{\frac{6 \cdot M \cdot b \cdot \beta_{R,d}}{\max N^2}}\right) \tag{7.10}$$

Hierin ist b die Breite der Fußplatte.

Die größte Ankerzugkraft erhält man aus Gl. (7.11)

$$Z_A = [M - N \cdot (a - c)/2]/x \tag{7.11}$$

und die größte Druckkraft aus

$$D = [M + N \cdot (a/2 - f)]/x \tag{7.12}$$

Die Auswertung der Gl. (7.11) erfolgt für die kleinste Normalkraft bei größtmöglichem Moment, Gl. (7.12) für größtmögliche Schnittgrößen M und N.

Zur Einleitung der *Horizontalkraft H* in das Fundament greift ein angeschweißter Dübel aus einem Winkel oder einem kurzen Trägerstück in den Beton ein.

Die Standsicherheit der Stütze und ggf. des gesamten Bauwerks hängt nicht nur von der richtigen Bemessung, sondern auch vom ordnungsmäßigen und rechnerisch nachgewiesenen Anschluß des Zugankers am Stützenfuß ab. Es genügt nicht, den Zuganker nur in der Fußplatte zu verschrauben, wie es bei einfachen Stützen üblich ist.

Für die Fuge unter dem Stützenfuß, in der keine Zugspannungen aufgenommen werden können, ist der *Lagersicherheitsnachweis* nach Abschn. 2.6 zu führen (Gleiten, Abheben, Umkippen).

Werden der Vorabversand und der Einbau von Verankerungsmaterial unwirtschaftlich, wie z. B. bei Exportaufträgen, kann man die Fußeinspannung durch Einsetzen der Stütze in ein Köcherfundament (mindestens aus B 25) herstellen (Bild **7**.22); nach dem Ausrichten der Stütze wird der Köcher ausbetoniert. Die Einbindetiefe f liegt je nach Beanspruchung und Berechnungsmethode etwa zwischen dem 2,5- und dem 6fachen der Profilhöhe h.

Im Bauzustand – also vor dem Erhärten des endgültigen Vergusses – ist die Einspannwirkung auch bei Verwendung von Montagehilfsverankerungen nur mangelhaft. Im Zweifelsfall sind zusätzliche Abspannungen erforderlich.

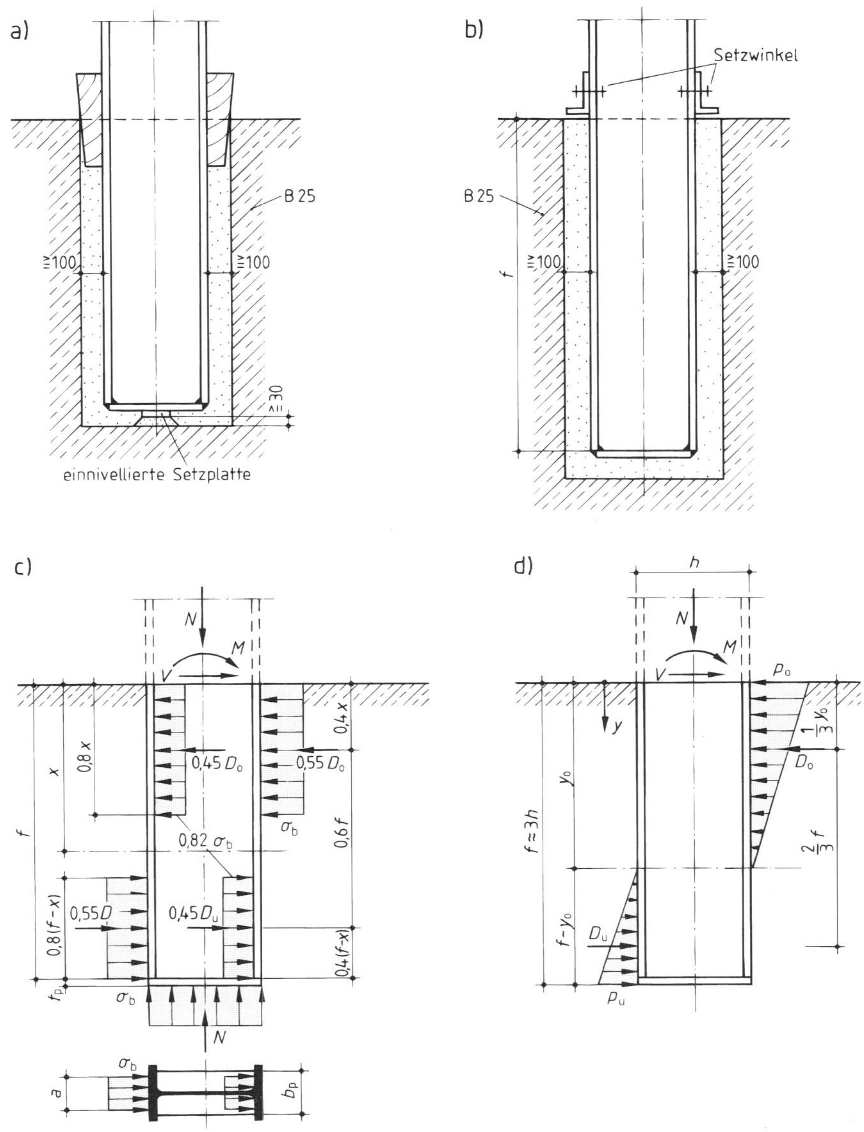

7.22 Stützenfuß-Einspannung im Köcherfundament

a) Aufsetzen auf eine Nivellierplatte und Verklemmen bei der Montage durch Holzkeile
b) Bei tieferen Aussparungen sind Setzwinkel anzuordnen
c) Berechnungsannahmen nach [4] für den Nachweis der Fußeinspannung
d) Berechnungsannahmen nach [13] für den Nachweis der Fußeinspannung

Bei der nach [4] willkürlich angenommenen Pressungsverteilung wird das Biegemoment M in ein horizontales Kräftepaar aufgelöst, wobei die obere Kraft $D_o = D_u + H$ noch die Horizontalkraft enthält (Bild **7**.22 c). Die beiden Druckkräfte werden mit 55 % auf den von außen und mit 45 % auf den von innen belasteten Stützenflansch verteilt; ohne weiteren Nachweis der Flanschbiegung wird für die wirksame Flanschbreite a eine Lastausbreitung 1 : 2,5 (= 21,8°) tangential zur Ausrundung angenommen:

$$a = s + 5t + 1{,}615r \tag{7.13}$$

Wegen der Unsicherheiten bei der vereinfachten Annahme der Betonpressung wird ihr Grenzwert auf $\beta_{R,d,red} = \beta_{R,d}/1{,}15$ vermindert. Die *Stützendruckkraft* N wird von der Fußplatte übertragen. Die Dicke der Platte t_p errechnet sich nach Abschn. 7.3.1.1, ihre Breite b_p hält man so schmal, wie es mit Rücksicht auf $\beta_{R,d}$ möglich ist, um das satte Unterfüllen mit Beton zu erleichtern. [4] enthält für IPE-, IPBl- und IPB-Profile mit Profilhöhen von 200 bis 600 mm die bei verschiedenen Einbindetiefen f aufnehmbare Schnittgrößen M, N und V nach dem „zul. σ-Konzept", so daß sich hierfür Nachweise erübrigen.

Nach [13] ist die Annahme einer dreiecksförmigen Pressungsverteilung nach Bild **7**.22 d wirklichkeitsnäher, zumal Einbindetiefen $f > 3h$ wirkungslos sind. Es wird daher vorgeschlagen, $f = 3h$ zu wählen und die Pressungsnullinie aus Gl. (7.13 a) zu bestimmen.

$$y_0 = \frac{M + 2 \cdot V \cdot f/3}{(M + V \cdot f/2)} \cdot \frac{f}{2} \tag{7.13 a}$$

Damit liegt D_U und D_O fest

$$D_U = \frac{3}{2} \cdot (M + V \cdot y_0/3)/f \tag{7.14}$$

$$D_O = D_U + V \tag{7.15}$$

und die Betonpressung kann kontrolliert werden. Mit der Pressungsverteilung $p(y)$ unterhalb Fundamentoberkante wird

$$p(y) = p_O \cdot \frac{y_0 - y}{y_0}, \; p_O = \frac{2 \cdot D_O}{y_0 \cdot b}, \; b = \text{Flanschbreite} \tag{7.16}$$

$$V(y) = V - [p_O + p(y)] \cdot b \cdot y/2 \tag{7.17}$$

und

$$M(y) = M + V \cdot y - [p_O + 0{,}5 \cdot p(y)] \cdot b \cdot y^2/3 \tag{7.18}$$

Die maximale Querkraft darf auf $^2/_3$ abgemindert werden. Danach kann die Stütze nachgewiesen werden.

Die *Fundamente* eingespannter Stützen erhalten Biegemomente, die berechnet und durch Bewehrung gedeckt werden müssen.

Beispiel 7 (Bild **7**.20, **7**.21) Es sind die wesentlichen Nachweise für den Fuß der eingespannten Stütze aus Beisp. 6, Abschn. 6.3.3, mit $\max M$ = 500 kNm (Erhöhung konstruktiv bedingt), $\max N$ = 520 kN, $\min N$ = 130 kN und V = 65 kN durchzuführen, St 37 (S235).

Für das bewehrte Fundament aus B 15 wird $\beta_{R,d}$ = 1,05/1,5 = 0,7 kN/cm² zugelassen. Die erforderliche *Stützenfußlänge* geht aus Gl. (7.10) hervor.

$$l \geq \frac{520}{45 \cdot 0{,}7} \cdot \left(1 + \sqrt{\frac{6 \cdot 50\,000 \cdot 45 \cdot 0{,}7}{520^2}}\right) = 114 \text{ cm}$$

Beispiel 7 Forts.

Gewählt wird $l = 120$ cm.

$$c = 120/4 = 30 \text{ cm} \qquad x = 120 - 30/2 - 10{,}25 = 94{,}75 \text{ cm}$$

$$\max Z_A = \frac{1}{94{,}75} \cdot \left[50\,000 - 130 \cdot \left(\frac{120 - 30}{2}\right)\right] = 466 \text{ kN}$$

$$2 \text{ M } 42,\ 4.6{:}\ A_{Sp} = \frac{\pi}{4} \cdot \left(\frac{39{,}077 + 36{,}479}{2}\right)^2 = 1120{,}9 \text{ mm}^2 = 11{,}2 \text{ cm}^2$$

(nach Gl. (3.1), d_{Fl}, d_K nach DIN 13 -1)

$$A_{sch} = \pi \cdot 4{,}2^2/4 = 13{,}85 \text{ cm}^2$$

Die Grenzzugkraft wird nach Gl. (3.10) errechnet.

$$N_{R,d} = 13{,}85 \cdot 24/1{,}1 \cdot 1{,}1 = 275 \text{ kN (maßgebend)}$$

$$N_{R,d} = 11{,}2 \cdot 40/1{,}25 \cdot 1{,}1 = 326 \text{ kN}$$

$$Z_A/N_{R,d} = 0{,}5 \cdot 466/275 \quad = 0{,}85 < 1$$

Anschluß der Ankertraversen an den beiden Querblechen 15 × 200 × 300 mit insgesamt 4 Kehlnähten 5 – 200:

$$A_w = 4 \cdot 0{,}5 \times 20 = 40 \text{ cm}^2 \qquad \tau_{\|} = 446/40 = 11{,}65 \text{ kN/cm}^2 \ll \tau_{w,R,d}$$

(Die Ankertraversen sind zugleich auch Aussteifungen der Fußplatte und übernehmen entsprechend der von ihnen gestützten Fußfläche einen Anteil der Druckkraft *D*. Bei kleinen Ankerkräften kann dieser Einfluß überwiegen und für den Schweißanschluß maßgebend werden).

Betonpressung: Maßgebend ist max *N*

$$\max V_D = \frac{1}{94{,}75} \cdot \left[50\,000 + 520 \cdot \left(\frac{120}{2} - 10{,}25\right)\right] = 800 \text{ kN}$$

$$\sigma_b = 800/(30 \cdot 45) = 0{,}59 \text{ kN/cm}^2 \qquad \sigma_b/\beta_{R,d} = 0{,}59/0{,}7 = 0{,}84 < 1$$

Anschluß des Stützenschaftes an die Seitenbleche (Bild **7**.23):

$$\max N_{\mathrm{Fl}} = 520/2 + 500/0{,}376 = 1590 \text{ kN.}$$

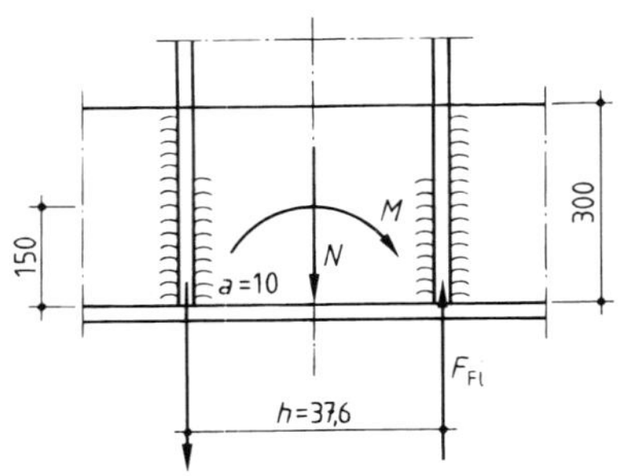

7.23 Anschlußkräfte der Stützenflansche infolge *N* und *M*

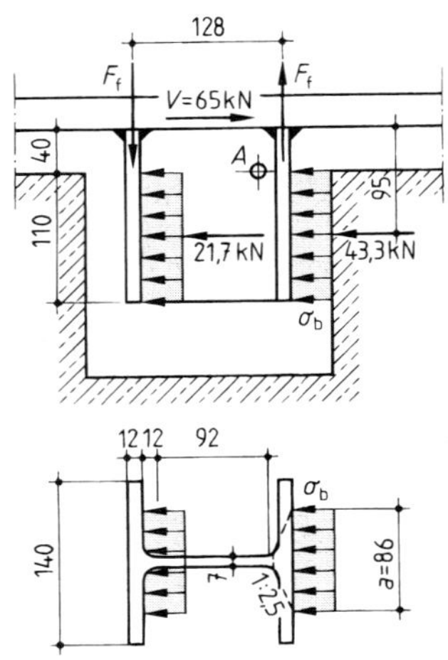

7.24 Kraftwirkungen am Dübel des Stützenfußes

Beispiel 7 Forts.

Wegen der erschwerten Zugänglichkeit der Kehlnähte an den Flanschinnenkanten wird für diese nur eine Länge von 15 cm in Rechnung gestellt:

$$A_w = 2 \cdot 1{,}0 \cdot (30 + 15) = 90 \text{ cm}^2$$

$$\tau_{\|} = 1590/90 = 17{,}67 \text{ kN/cm}^2 \qquad \tau/\tau_{w,R,d} = 17{,}67/20{,}7 = 0{,}85 < 1$$

Übertragung der Horizontalkraft V

Der Stützenschaft gibt V mittels der reichlich bemessenen Stegnähte an die Fußplatte ab, die sie über den Schubdollen IPB – nach erfolgtem Verguß – in das Fundament leitet (Bild **7**.24). Wegen der schlecht kontrollierbaren Verhältnisse in der Aussparung, wird in Abwandlung zu den Annahmen in Bild **7**.22 c die Horizontalkraft zu $\frac{2}{3}$ auf den vorderen und zu $\frac{1}{3}$ auf den hinteren Flansch verteilt und die Grenzpressung $\beta_{R,d}$ mit dem Faktor 1,15 abgemindert.

$$a = 0{,}7 + 5 \cdot 1{,}2 + 1{,}615 \cdot 1{,}2 \approx 8{,}6 \text{ cm}$$

$$\sigma_b = \frac{2/3 \cdot 65}{8{,}6 \cdot 11{,}0} = 0{,}46 \text{ kN/cm}^2$$

$$\sigma_b/(\beta_{R,d}/1{,}15) = \frac{0{,}46 \cdot 1{,}15}{0{,}7} = 0{,}76 < 1$$

Am Rundungsbeginn im Steg (Punkt A) ist

$$M_A = 65 \cdot 11/2 = 357{,}5 \text{ kNm} \qquad \sigma_x = \frac{357{,}5 \cdot 9{,}2/2}{1510} = 1{,}09 \text{ kN}$$

$$\sigma_z = -\frac{43{,}3}{11 \cdot 0{,}7} = -5{,}62 \text{ kN/cm}^2 \qquad \tau_m = \frac{65}{8{,}96} = 7{,}25 \text{ kN/cm}^2$$

$$\sigma_v = \sqrt{1{,}09^2 + 5{,}62^2 - (-5{,}62 \cdot 1{,}09) + 3 \cdot 7{,}25^2} = 14{,}03 \text{ kN/cm}^2$$

$$\sigma_v/\sigma_{R,d} = 14{,}03/21{,}8 = 0{,}64 < 1$$

Nachweis der Nähte ($a = 5$)

Steg: $\tau = 65/(2 \cdot 0{,}5 \cdot 9{,}2) = 7{,}06 \text{ kN/cm}^2 \qquad \tau_{w,R,d} = \sigma_{w,R,d} = 20{,}7 \text{ kN/cm}^2$

Flansch: $F_{Fl} = 65 \cdot 9{,}5/12{,}8 = 48{,}24 \text{ kN}$

$$A_w = 0{,}5 \cdot (14 + 2 \cdot 5{,}5) = 12{,}5 \text{ cm}^2$$

$$\sigma_{\perp} = 48{,}24/12{,}5 = 3{,}86 \text{ kN/cm}^2$$

Tragsicherheitsnachweis für den Stützenfußquerschnitt

Die Biegespannungen in der Fußplatte infolge σ_b werden mit der Lastverteilungsannahme nach (Bild **7**.25) wie folgt abgeschätzt:

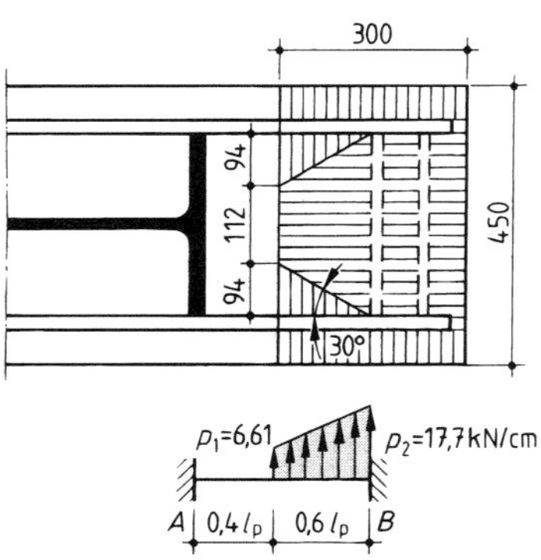

7.25
Beanspruchung der Fußplatte (Näherung)

Beispiel 7 Forts.

nach [23]: $M_B \approx -(0{,}0379 \cdot p_1 + 0{,}0305 \cdot p_2) \cdot l_p^2$

$p_1 = 0{,}59 \cdot 11{,}2 = 6{,}61$ kN/cm

$p_2 = 0{,}59 \cdot 30 = 17{,}70$ kN/cm

$M_B = -(0{,}0379 \cdot 6{,}61 + 0{,}0305 \cdot 17{,}7) \cdot 27{,}5^2 = -598$ kNcm

$W = 30 \cdot 2{,}5^2/6 = 31{,}25\ \text{cm}^3$

$\sigma_B = \pm 598/31{,}25 = 19{,}14\ \text{kN/cm}^2$

$\sigma_B/\sigma_{R,d} = 19{,}14/21{,}8 = 0{,}88 < 1$

An der Einspannstelle A sind die Spannungen im Fußblech noch ca. 40 % von σ_B, d. h. $\sigma_A \approx 0{,}4 \cdot 19{,}14 = \pm 7{,}65\ \text{kN/cm}^2$

Gesamtquerschnitt: Im Schnitt A – B (Bild **7**.20) ist der Querschnitt nach Bild **7**.26 wirksam:

$A = 2 \cdot (1{,}5 \cdot 5{,}0 + 2{,}5 \cdot 30) + 2{,}5 \cdot 45 = 277{,}5\ \text{cm}^2$

$A_V = 150\ \text{cm}^2$

$$e = \frac{2 \cdot [7{,}5 \cdot 30{,}75 + 75 \cdot 17{,}5] + 112{,}5 \cdot 1{,}25}{277{,}5} = 11{,}63\ \text{cm} \approx 11{,}6\ \text{cm}$$

$$I_y = (45 \cdot 2{,}5^3 + 2 \cdot 2{,}5 \cdot 30^3)/12 + 112{,}5 \cdot (11{,}63 - 1{,}25)^2 + 2 \cdot [7{,}5 \cdot (30{,}75 - 11{,}63)^2 + 75 \cdot (17{,}5 - 11{,}63)^2] = 34\,082\ \text{cm}^4$$

$W_o = 34\,082/20{,}9 = 1631\ \text{cm}^3$

$W_u = 34\,082/11{,}6 = 2938\ \text{cm}^3$

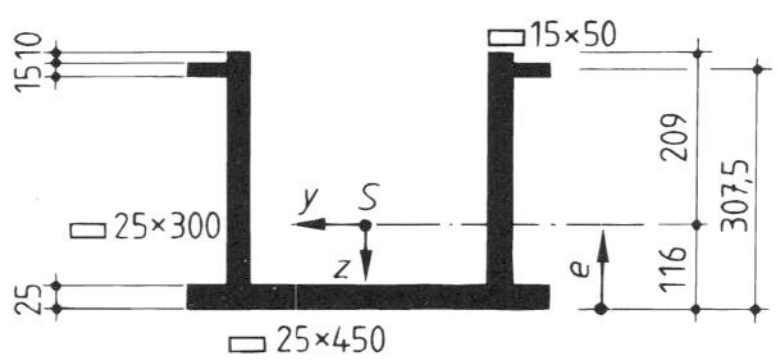

7.26
Schnitt A – B durch den Stützenfuß

Die größte Druckkraft max V_D liefert das Moment

$M = 800 \cdot (40 - 30/2) = 20\,000$ kNcm

$\sigma_o = 20\,000/1631 = 12{,}26\ \text{kN/cm}^2$ $\sigma_o/\sigma_{R,d} = 0{,}56 < 1$

$\tau_m = 800/150 = 5{,}33\ \text{kN/cm}^2$

Am unteren Plattenrand betragen die Spannungen

$\sigma_u = 20\,000/2938 + 7{,}65 = 14{,}46\ \text{kN/cm}^2$ $\sigma_u/\sigma_{R,d} = 0{,}66 < 1$

$\sigma_v = \sqrt{12{,}26 + 3 \cdot 5{,}33^2} = 15{,}35\ \text{kN/cm}^2$ $\sigma_v/\sigma_{R,d} = 0{,}70 < 1$

Der Flachstahl ▭ 15 × 50 am oberen Rand der Seitenbleche vergrößert das Widerstandmoment und die Beulstabilität.

7.3.1.5 Stützenverankerung

Montageverankerung

Auf Druck beanspruchte Stützen verbindet man durch eine Verankerung biegefest mit dem Fundament, um sie für die Dauer der Montage standsicher zu machen, ohne sie abspannen oder abstreben zu müssen.

Rundstahlanker werden in ausgesparte Ankerkanäle des Fundaments eingeführt, unter Ankerwinkel gehakt und am Stützenfuß fest verschraubt (Bild **7**.27). Die Ankerdurchmesser M 16 bis M 30 werden erfahrungsgemäß nach der Schwere der Stützenkonstruktion gewählt. Nach beendeter Montage werden die Kanäle zusammen mit der Lagerfuge mit Zementmörtel vergossen. Empfohlene Abmessungen für Ankerwinkel und Kanäle, abhängig vom Ankerdurchmesser *d*, sind dem Bild zu entnehmen. Statt der Ankerwinkel können auch hochkant stehende Flachstähle oder Rundstähle ∅ 30 verwendet werden, die jedoch eine elastisch nachgiebigere Verbindung mit dem Fundament mit sich bringen.

Engstehende Anker erhalten einen gemeinsamen Kanal (Bild **7**.27 b). Eine konische Erweiterung der Kanäle nach oben erleichtert das Ziehen der Schalung. Damit bei der Montage auftretende zufällige Ankerzugkräfte keine großen Verformungen (Schiefstellung der Stütze) verursachen, ordnet man die Anker im Stützenfuß dicht neben den Aussteifungen (Bild **7**.13) und am besten in den Ecken an (Bild **7**.14).

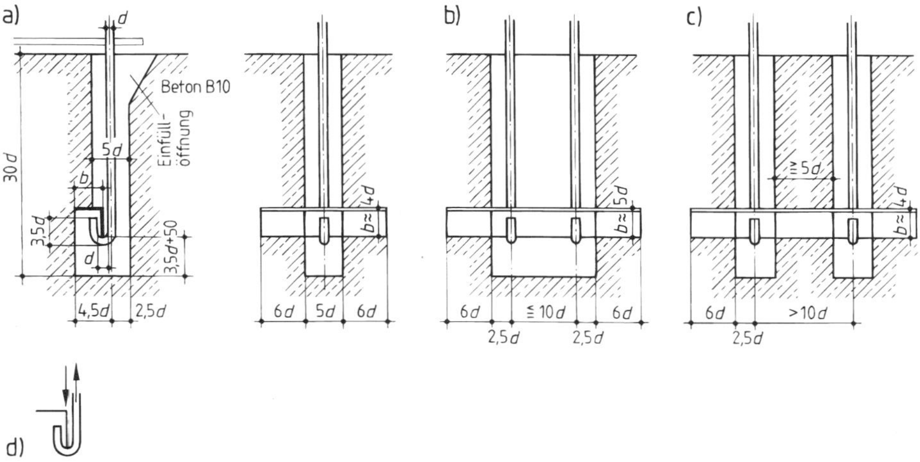

7.27 Montageverankerung; ungefähre Abmessungen der Ankerkanäle und der Ankerwinkel

Das Aussparen und Freihalten der Ankerkanäle ist unbeliebt. Man kann die Anker auch fest einbetonieren, wenn die Ausführungstoleranzen auf ± 15 mm beschränkt werden; große Bohrungen von 70 mm Durchmesser in der Fußplatte schaffen für die Anker ausreichenden Spielraum zum Ausrichten der Stütze (Bild **7**.28). Dabei muß man darauf achten, daß die zum Überdecken des großen Loches notwendige Scheibe diesen Spielraum nicht durch Anschlagen am Stützenschaft einschränkt. Für leichte Verankerungen sind einbetonierte, verankerte Halfenschienen geeignet (Bild **7**.29); in der Fußplatte sitzen die Spezialschrauben in Langlöchern quer zur Schiene.

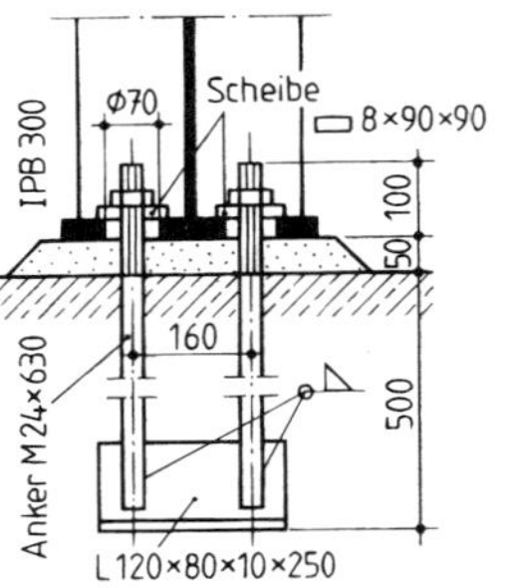

7.28 Fest einbetonierte Anker

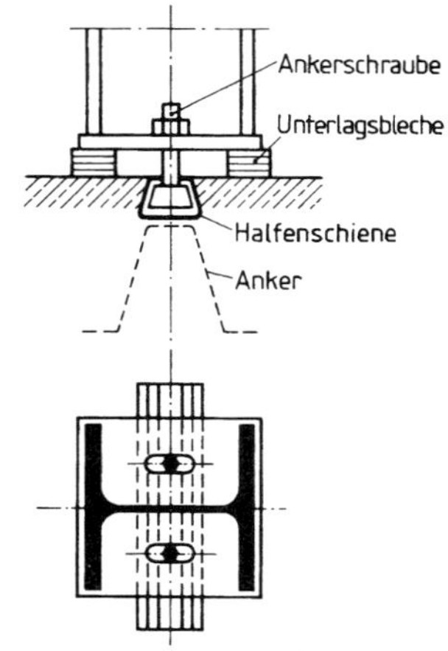

7.29 Stützenverankerung in Halfenschienen

Das Schalen der Aussparungen für die Ankerkanäle wird vermieden, wenn Verankerungskonstruktionen (Ankerkästen) vorgefertigt und in die Fundamentschalung eingelassen werden (Bild 7.31). Das dünne Schablonenblech erhält Nagellöcher und die Stützachsen werden auf ihm in geeigneter Weise markiert. Nach dem Erhärten des Fundamentbetons wird der überstehende Teil des Ankerkastens abgetrennt und die Verankerungskanäle liegen frei. Als Zuganker werden Hammerkopfschrauben verwendet (s. Zuganker).

Zuganker

Erhalten die Anker im Betriebszustand planmäßig hohe Zugkräfte (z. B. bei eingespannten Stützen), werden sie nicht in der Stützenfußplatte verschraubt, sondern mit *Traversen* an der Fußkonstruktion selbst befestigt, damit eine starre Verbindung entsteht und auch große Zugkräfte einwandfrei und rechnerisch nachweisbar angeschlossen werden können (Bild 7.20). In das Fundament leitet man die Kräfte in der Regel über *Ankerbarren* ein (Bild 7.30). Die zur Aufnahme der Zugkräfte statisch erforderlichen Barrenprofile (⊐ ⊏) sind in der Tafel 7.2 angegeben. Da bei einem Haken am unteren Ankerende bei der Zugkrafteinleitung Biegemomente auftreten würden (Bild 7.27), dürfen nur *Hammerschrauben* nach DIN 7992 verwendet werden, deren Hammerkopf eine zentrische Krafteinleitung gewährleistet. Eine Kerbe im oberen Stirnende zeigt die Richtung des Hammerkopfes an, Anschläge unter den Barren legen seine Lage fest.

Schalt man die Ankerkanäle mit gewellten Hüllrohren, entsteht ein guter Verbund zwischen dem Füllbeton und dem Fundament. Man gibt dann die Ankerkraft über Ankerplatten, die am unteren Ankerende angeschweißt oder angeschraubt sind, unmittelbar an den Füllbeton ab und spart auf diese Weise den kostspieligen Einbau der Ankerbarren. Als Montagehilfe für die Stütze sind ggf. zusätzlich Montageanker erforderlich.

Die von der Zugpannung verursachte Dehnung der Anker führt zu einer wenn auch geringen elastischen Verdrehung an der Einspannstelle. Diese läßt sich vermeiden, wenn man statt der Anker Spannstähle verwendet und sie mit den Methoden des Spannbetonbaus gegen das Fundament vorspannt.

Während der Bauzeit sind Ankerkanäle gegen hineinfallenden Schutt unverschieblich abzudecken.

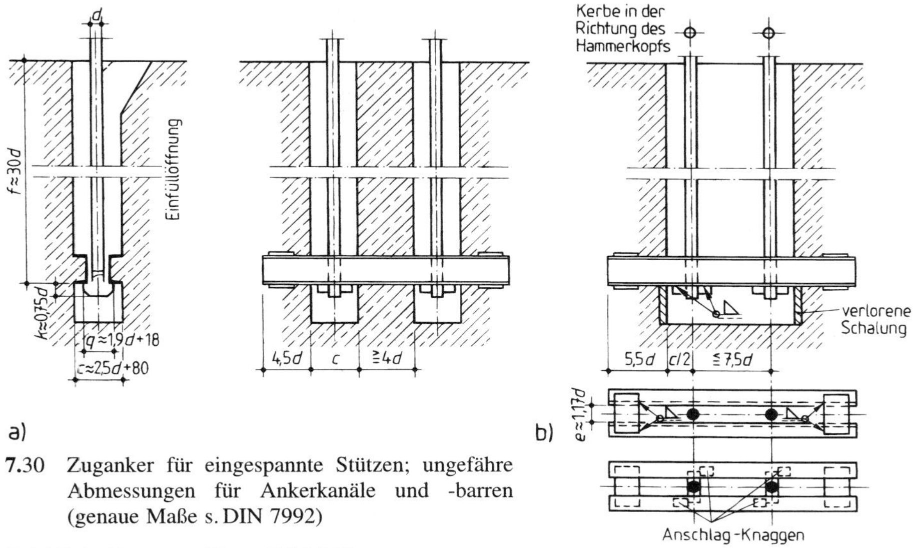

7.30 Zuganker für eingespannte Stützen; ungefähre Abmessungen für Ankerkanäle und -barren (genaue Maße s. DIN 7992)

Tafel 7.2 Barrenprofile zu Bild 7.30

Anker		M 24	M 30	M 36	M 42	M 48	M 56	M 64	M 72
Ausführung	7.30 a	⊐⊏ 65	⊐⊏ 65	⊐⊏ 80	⊐⊏ 100	⊐⊏ 120	⊐⊏ 160[1])	⊐⊏ 180[1])	⊐⊏ 200[1])
	7.30 b	⊐⊏ 80	⊐⊏ 100	⊐⊏ 120	⊐⊏ 140	⊐⊏ 180	⊐⊏ 200	⊐⊏ 220	⊐⊏ 240

[1]) abweichend von DIN 7992

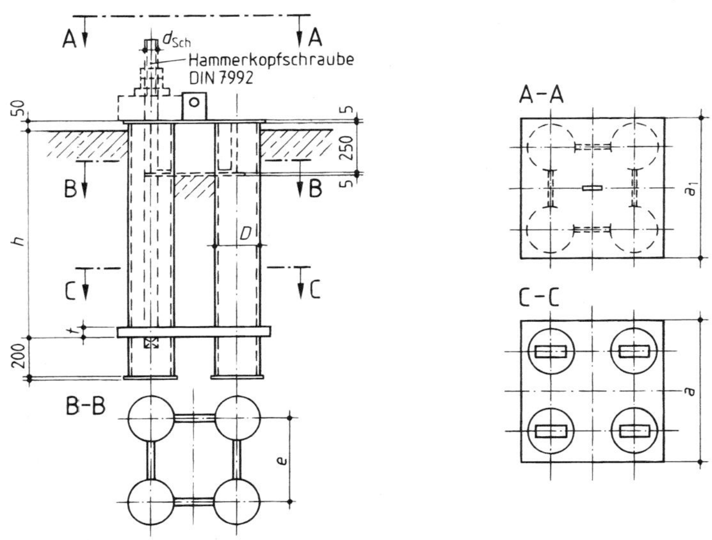

7.31 Ankerkästen für hohe Zugkräfte nach einer Werksnorm

7.3.2 Stützenkopf

Für die Auflagerung eines Unterzuges auf dem Stützenkopf gibt es 2 konstruktive Lösungen: Die Flächenlagerung und die zentrische Lagerung.

Bei der *Flächenlagerung* (Bild **7**.32) entsteht eine mehr oder weniger biegefeste Verbindung zwischen der Stütze und dem Träger, die die Stütze zur Teilnahme an der Formänderung des Trägers zwingt (Bild **7**.33, A, B, und C). Hierdurch entstehende Biegemomente werden in der Regel vernachlässigt oder sind näherungsweise bei der Bemessung der Stütze zu berücksichtigen, wenn sie, wie z. B. bei Stütze A, größere Werte annehmen.

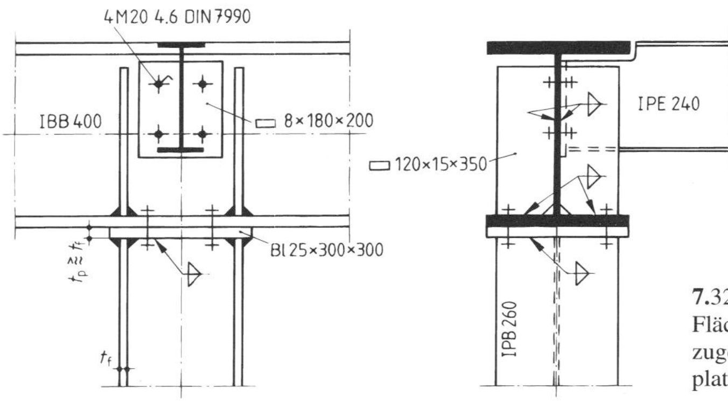

7.32
Flächenlagerung eines Unterzuges auf einer Stützenkopfplatte

Wenn auch infolgedessen ein stärkeres Stützenprofil notwendig wird, wird man doch die Flächenlagerung wegen des geringen konstruktiven Aufwandes oft vorziehen. Die *Stegaussteifungen* des Unterzuges liegen in Verlängerung der Stützenflansche, übernehmen deren Kraftanteil und leiten ihn in den Unterzugsteg; sie müssen nicht bis zum Oberflansch durchgeführt werden.

Rippenlose Krafteinleitungen sind möglich, wenn sie nachgewiesen sind (s. Trägerbau).

Zentrische Krafteinleitung hält die Stütze momentenfrei und schafft klare statische Verhältnisse (Bild **7**.33). Der Unterzug kann sich um die quer zu seiner Achse liegende, oft zylindrisch bearbeitete *Zentrierleiste* frei drehen (Linienkipplager), ohne daß sich die Auflagerlast merklich aus der Stützenachse verschiebt (Bild **7**.34). Die Zentrierleiste

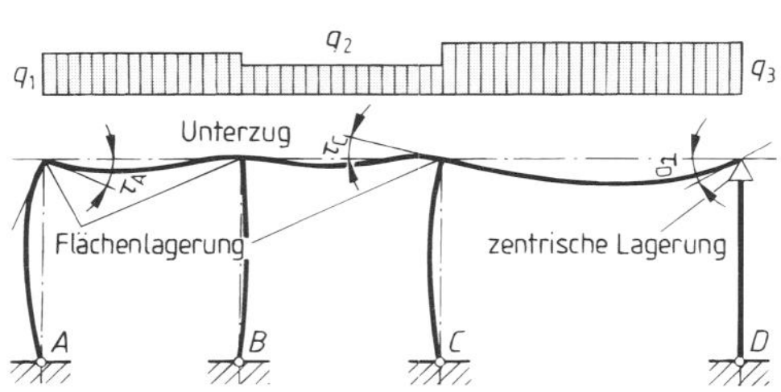

7.33
Verformungen der Stützen bei fester Verbindung mit dem Unterzug

gibt ihre Last durch Kontakt an das eben und rechtwinklig bearbeitete Stützenende ab. Nimmt man eine Druckausstrahlung unter ≈ 45° an, dann liegt aber nur ein Teil der Stützenfläche im Druckbereich (im Bild **7.**34 a schraffiert). Reicht diese Teilfläche im Allg. Spannungsnachweis nicht aus, muß der Stützenkopf durch Beilagen innerhalb des Druckbereichs verstärkt werden (Bild **7.**34 c). Nach oben hin erfaßt die Druckausbreitung die Stegaussteifungen des Unterzuges sowie am Beginn der Flanschausrundung einen entsprechenden Stegstreifen (Schnitt A – B). Die an ihrem unteren Ende eingepaßten Steifen haben die weitere wichtige Aufgabe, die Verformung des Unterzugflansches infolge des Zentrierleistendruckes q zu verhindern; andernfalls würde die Linienlagerung fast zur Punktlagerung werden mit übermäßig großen Druckspannungen und labiler Lagerung des Unterzugs (Bild **7.**34 b). Zentrierleisten müssen deshalb immer auf voller Länge von oben und von unten her durch gut eingepaßte Aussteifungen gestützt werden. Die Verbindungsschrauben im Stützenkopf legen den Unterzug in Querrichtung gegen die Stütze fest und sichern ihn an seinem Auflager gegen Kippen.

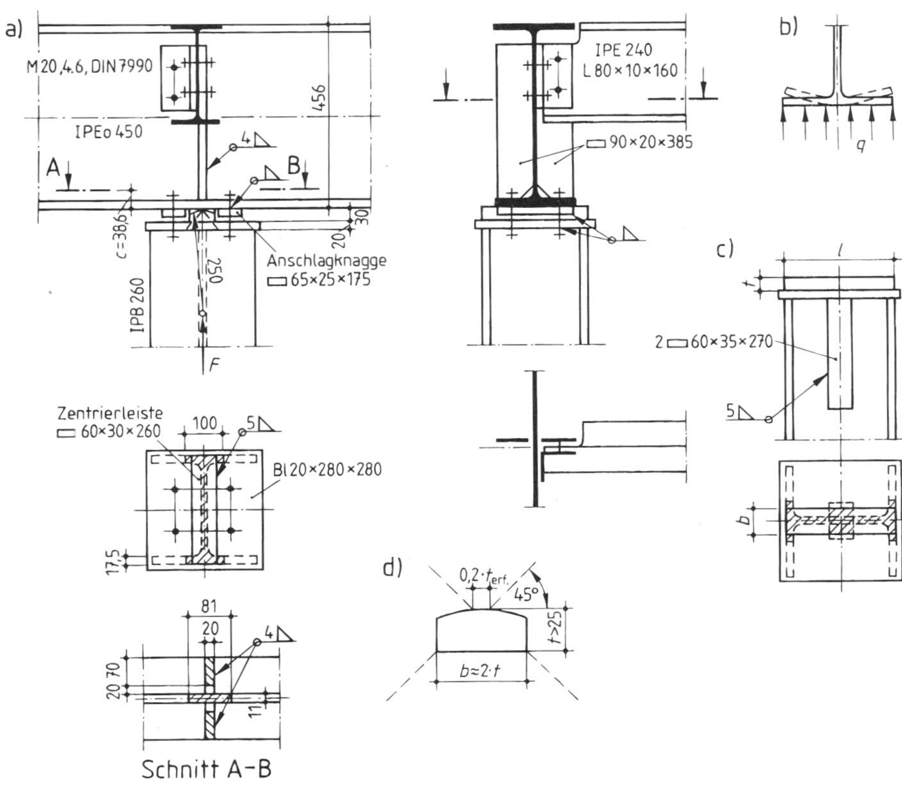

7.34 a) Zentrische Trägerlagerung auf dem Stützenkopf
b) Mögliche Verformung eines unversteiften Trägerflanschs infolge der Auflagerlast
c) Verstärkung des Stützensteges innerhalb der Druckausbreitung der Zentrierleiste bei großer Auflagerlast
d) Lastausbreitung an der (zylindrisch bearbeiteten) Zentrierleiste

Der *Zentrierleiste* mit der Länge l gibt man bei einer Auflast F mit Rücksicht auf die Biegebeanspruchung (Bild **7**.34 d) die *Dicke*

$$t \geq \frac{1{,}5 \cdot F}{l \cdot \sigma_{\mathrm{R,d}}} \quad \text{und} \quad t \geq 25 \text{ mm} \tag{7.19}$$

Die *Breite* der Zentrierleiste ist $b = 2t$. Der *Krümmungsradius* r der zylindrisch gewölbten Oberfläche wird nach den Formeln von *Hertz* bestimmt.

Für die *Hertz*sche Grenzpressung $\sigma_{\mathrm{H,R,d}} = \sigma_{\mathrm{H,k}} / \gamma_{\mathrm{M}}$ gilt Tafel **7**.45

Tafel **7**.45 Charakteristische Werte $\sigma_{\mathrm{H,k}}$ für den Grenzdruck nach Hertz

Werkstoff	$\sigma_{\mathrm{H,k}}$ in N/mm^2
St 37 (S 235)	800
St 52 (S 355)	100
C 35 N (1C35)	950

$$r \geq \frac{0{,}175 \cdot E \cdot F}{l \cdot (\sigma_{\mathrm{H,R,d}})^2} \quad \text{in cm} \tag{7.20}$$

mit F in kN, l in cm und $\sigma_{\mathrm{H,R,d}}$ in kN/cm^2 und $\gamma_{\mathrm{M}} = 1{,}1$

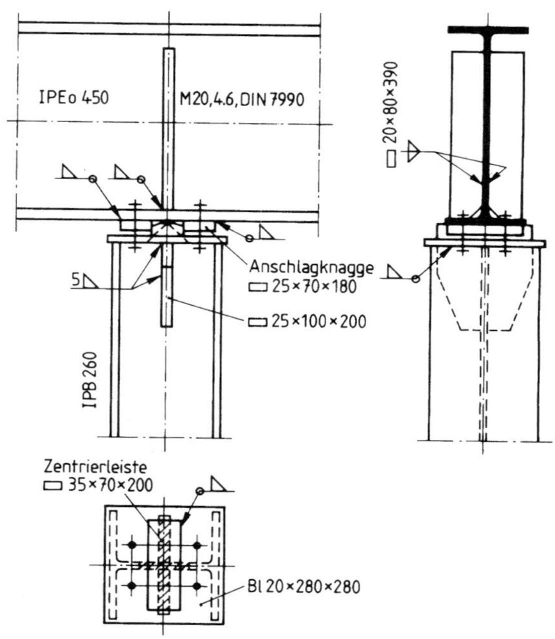

7.35 Zentrische Unterzuglagerung mit Krafteinleitungsrippen am Stützensteg

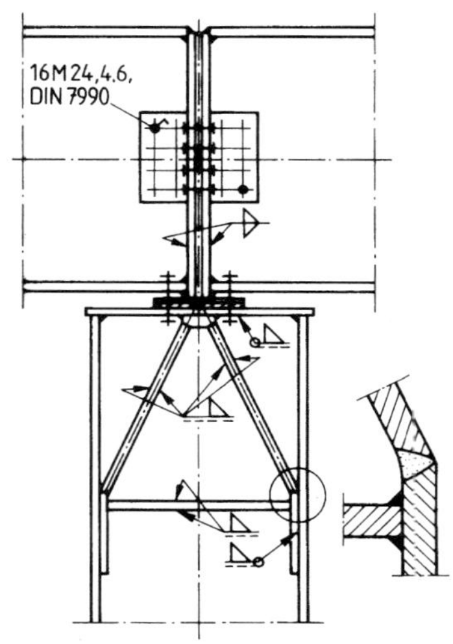

7.36 Zentrische Unterzuglagerung mit Krafteinleitung in die Stützenflansche mittels Schrägsteifen

Setzt man Gl. (7.19) in Gl. (7.20) ein, so wird daraus mit $E = 21 \cdot 10^3$ kN/cm²

$$r \geq 2450 \cdot t \cdot \sigma_{R,d}/\sigma_{H;R,d}^{\,2} \quad \text{in cm} \tag{7.20 a}$$

mit t in cm und σ in kN/cm²

Ist die Stütze im Grundriß gegenüber der Unterzugachse um 90° gedreht, sind auch im Stützenkopf unterhalb der Zentrierleiste Lasteinleitungsrippen erforderlich, die ebenso wie die Unterzugaussteifungen fast die volle Auflagerkraft zu übernehmen haben (Bild **7**.35). Der Steifenanschluß verursacht neben den Schweißnähten im dünnen Stützensteg hohe Schubspannungen (vgl. Abschn. 3.2.5, Beisp. 17). Dadurch wird die Tragfähigkeit dieser Konstruktion begrenzt.

Bei großen Kräften und breiten Stützenprofilen kann der Steg entlastet werden, indem die Auflast fachwerkartig durch Schrägsteifen unmittelbar in die kräftigen Flanschquerschnitte eingeleitet wird (Bild **7**.36). Die waagerechte Aussteifung hat hierbei die Funktion eines „Zugbandes".

Auch bei der 2teiligen Stütze nach Bild **7**.37 wird die Auflast von der Aussteifung über die Endbindebleche in die Stützenflansche eingeleitet, ohne den schwachen Steg unmittelbar zu belasten. Die über der Stütze gestoßenen Unterzüge lagern auf einer Zentrierplatte, die jedem der beiden Träger sicheres Auflager gewährt.

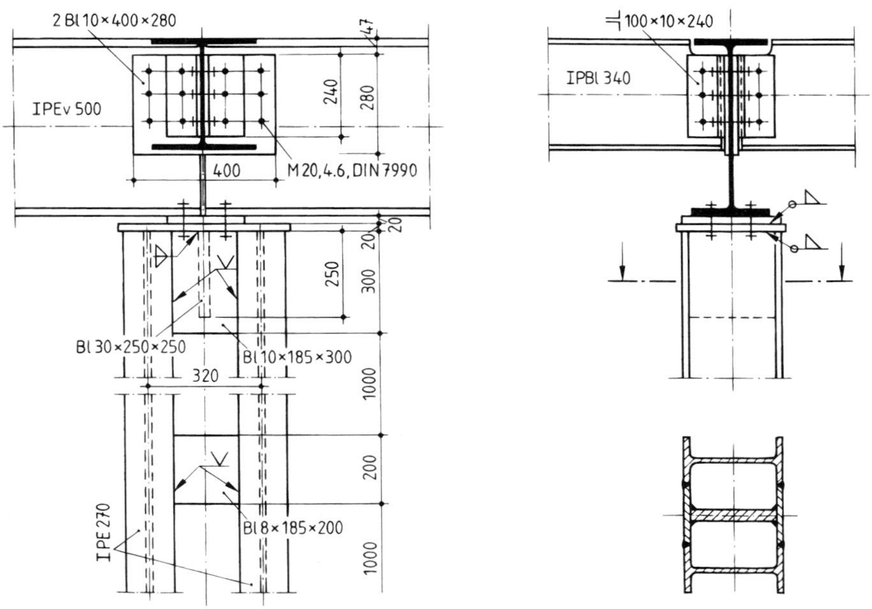

7.37 Stützenkopf einer zweiteiligen Stütze

Bei *geschlossenen* Stützenquerschnitten wird die unterhalb der Zentrierleiste notwendige Aussteifung in den geschlitzten Stützenkopf geschoben und angeschweißt (Bild **7**.38). Zur Verschraubung mit der am Unterzug angeschweißten Zentrierleiste ist die Stützenkopfplatte seitlich verbreitert worden.

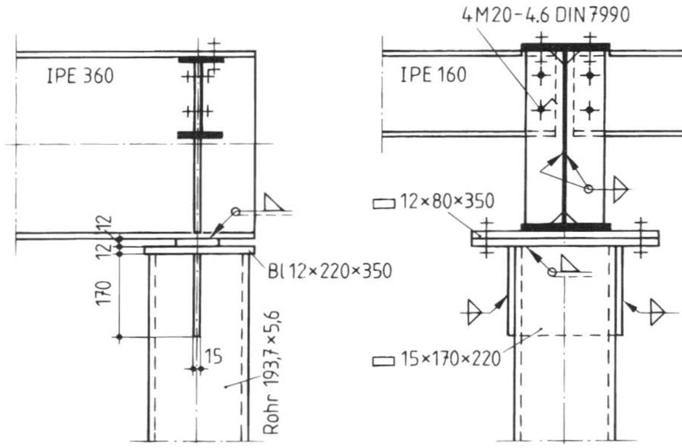

7.38
Zentrische Unterzuglagerung auf einer Rohrstütze

Beispiel 8 (Bild **7**.32) Für die Stützenlast F = 800 kN sollen näherungsweise die Spannungen nachgewiesen werden, die bei der Krafteinleitung im zentrischen Auflager entstehen. Werkstoff St 37 (S235).

Zentrierleiste

Die *Hertzsche Grenzpressung* $\sigma_{H,R,d}$ ergibt sich mit $\gamma_M = 1{,}1$ aus Tafel **7**.45

$$\sigma_{H,R,d} = 80{,}0/1{,}1 = 72{,}7 \text{ kN/cm}^2$$

$$\text{erf}t = \frac{1{,}5 \cdot 800}{26 \cdot 21{,}8} = 2{,}12 \text{ cm} < 3{,}0 \text{ cm [nach Gl. (7.19)]}$$

$$b = 2 \cdot t = 2 \cdot 30 = 60 \text{ mm}$$

$$r \geq \frac{0{,}175 \cdot 21 \cdot 10^3 \cdot 800}{26 \cdot (72{,}7)^2} = 21{,}4 \text{ cm} < 25 \text{ cm}$$

Bei einer angenommenen Kraftausbreitung unter 45° ist die wirksame *Stützenfläche* unterhalb der Kopfplatte mit b' = 60 + 2 · 20 = 100 mm

$$A = 118 - 2 \cdot (26 - 10) \cdot 1{,}75 = 62 \text{ cm}^2 \qquad \sigma = 800/62 = 12{,}9 \text{ kN/cm}^2$$

Im *Schnitt* A – B ist die Fläche

$$\text{Steg: } (0{,}4 + 2 \cdot 3{,}86) \cdot 1{,}1 = 8{,}93 \text{ cm}^2 \qquad \sigma = 800/36{,}9 = 21{,}7 \text{ kN/cm}^2$$

$$\text{Steifen: } 2 \cdot 7{,}0 \cdot 2{,}0 = 28{,}0 \text{ cm}^2 \qquad \sigma/\sigma_{R,d} = 21{,}7/21{,}8 = 1{,}0$$

$$A \approx 36{,}9 \text{ cm}^2$$

Für 1 *Aussteifung* beträgt der Kraftanteil $F_{St} = \frac{800}{36{,}9} \cdot 28/2 = 303$ kN

und das Moment in den Schweißnähten am Steg

$$M = 303 \cdot (9{,}0 - 7{,}0/2) = 1667 \text{ kNcm}$$

$$A_w \cdot 2 \cdot 0{,}4 \cdot 36{,}5 = 29{,}2 \text{ cm}^2 \qquad W_w = 2 \cdot 0{,}4 \cdot 36{,}5^2/6 = 177{,}6 \text{ cm}^3$$

$$\tau_{\parallel} = 303/29{,}2 = 10{,}38 \text{ kN/cm}^2 \qquad \sigma_{\perp} = 1667/177{,}6 = 9{,}39 \text{ kN/cm}^2$$

$$\sigma_V = \sqrt{10{,}38^2 + 9{,}39^2} = 14 \text{ kN/cm}^2 \qquad \sigma_V/\sigma_{w,R,d} = 14/20{,}7 = 0{,}68 < 1$$

Der Anschluß der Stegaussteifung am Unterzugflansch wird für $F_{St}/10$ (Kontakt) nachgewiesen

$$\sigma_{\perp} = 0{,}1 \cdot 303/(2 \cdot 0{,}4 \cdot 7{,}0) = 5{,}41 \text{ kN/cm}^2 \ll \sigma_{w,R,d}.$$

7.3.3 Stützenstöße

Da Stützenprofile stets in ausreichender Länge lieferbar sind, sind Werkstattstöße selten. Die bei mehrgeschossigen Bauten notwendig werdenden Baustellenstöße legt man der bequemen Montage wegen nach Möglichkeit dicht über eine Trägerlage. Werden Leitungen an der Stütze nach oben geführt, muß die konstruktive Durchbildung der Stöße darauf Rücksicht nehmen.

7.3.3.1 **Der Kontaktstoß** (Bild 7.39)

Druckkräfte normal zur Kontaktfuge dürfen vollständig durch Kontakt übertragen werden, wenn ein seitliches Ausweichen der Profile im Stoßquerschnitt durch konstruktive Maßnahmen ausgeschlossen ist. Die ausreichende Sicherung der gegenseitigen Lage ist nachzuweisen, wobei Reibungskräfte nicht berücksichtigt werden dürfen. Auch wenn die DIN 18800-1 keine Forderungen hinsichtlich der zulässigen Lage des Kontaktstoßes erhebt, wird man ihn zweckmäßigerweise in die äußeren Viertel der Knicklänge legen.

Bei der Druckkraftübertragung durch Kontakt wird vorausgesetzt, daß die Stirnflächen der Profile *winkelrecht* gesägt sind und *Stirnplatten*, die sich beim Schweißen verzogen haben, nachträglich planeben bearbeitet werden. Dennoch ist nicht auszuschließen, daß Ungenauigkeiten in Form von Fertigungsunebenheiten (schiefe Schnitte), Walztoleranzen, ein Schwerachsenversatz und ein Schlupf bei Laschenstößen sowie plastische Verformungen auftreten und die zu stoßenden Bauteile zusätzlich beanspruchen. Über deren Erfassung sind in der Norm Literaturhinweise enthalten.

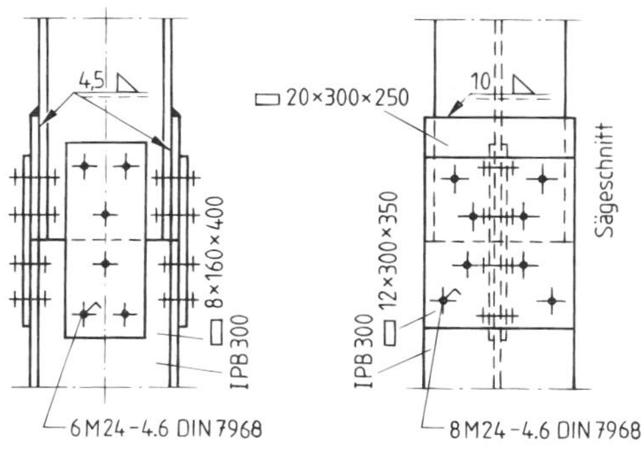

7.39
Kontaktstoß
einer IPB-Stütze
mit Laschendeckung
und Paßschrauben

Auch kann man sich auf Normen beziehen, die noch nicht auf das neue Sicherheitskonzept angepaßt sind. Bei durchgehenden, *nur auf Druck* beanspruchte Stützen mit $\lambda_K < 100$, dürfen die Stoßdeckungsteile von Stößen, die in den äußeren Vierteln der Knicklänge liegen, nach DIN 18801, Abschn. 7.1 für 50 % der Stützenlasten bemessen werden. Dicke Fußplatten am Stützenkopf und -fuß sind mit 10 % der Stützenlast anzuschließen. Nach DIN 18809 sind die Verbindungsmittel im Kontaktstoß für eine Kraft von $n \cdot F$ auszulegen, wobei $n \geq 0{,}25$ und vom Schlankheitsgrad λ_K abhängig ist. Neuere Untersuchungen halten eine auf die Verbindungsmittel anzusetzende Kraft bei reiner Druckbeanspruchung von 10 % der Stützenlast für ausreichend; diese ist auch quer zur Stützenachse anzunehmen.

In Bild **7**.39 erfolgt die Lagersicherung durch Stoßlaschen. Einfacher und heute hauptsächlich angewendet ist der verschraubte Stirnplattenstoß nach Bild **7**.40.

Die seitlich verlängerte Kopfplatte des unteren Stützenschusses wird in diesem Beispiel als Zuglasche des durchlaufenden Unterzuges herangezogen. Diese Ausführung empfiehlt sich, wenn der Unterzug unmittelbar in Stützenstoßhöhe liegen soll und ein bündiger Kopfplattenanschluß nicht möglich ist.

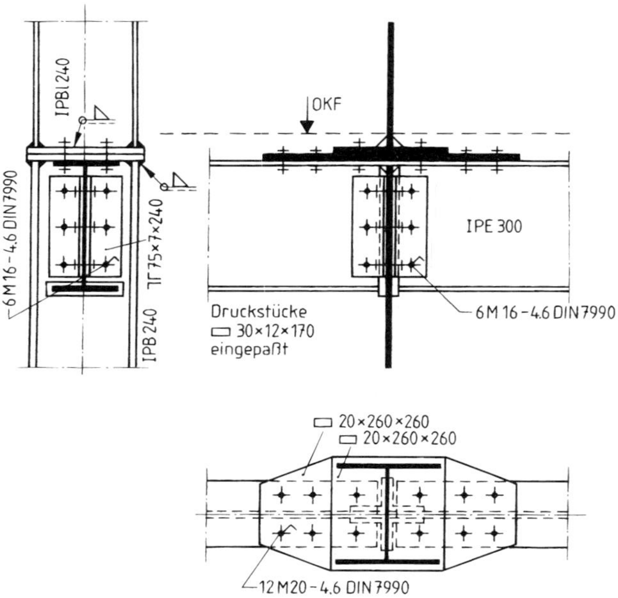

7.40
Kontaktstoß mit angeschweißten Stirnplatten

Bei dem Kontaktstoß in Bild **7**.41 stehen die rechtwinklig bearbeiteten Stirnflächen der Rohre aufeinander. Ihre Lage wird durch ein als Muffe an die untere Stütze geschweißtes Rohrstück gesichert, das auf der Baustelle mit dem obereren Stützenschuß mit Kehlnähten ebenfalls verschweißt wird.

Stehen die Stützenflansche nicht übereinander (Bild **7**.42), muß ihre anteilige Kraft in voller Größe von Aussteifungen übernommen werden (s. Abschn. 3.2.6, Beispiel 5).

Auch wenn ausnahmsweise der Unterzug beim Stoß zwischen die Stützenschüsse gelegt wird (Bild **7**.43), müssen die Flanschkräfte von eingepaßten Aussteifungen weitergeleitet werden. Wegen der zweiachsigen Beanspruchung wird der dünne Unterzugsteg nötigenfalls mit beidseitigen Beilagen verstärkt. Das zwischen Stützenkopf und Unterzug gelegte Futter gleicht Höhentoleranzen des Unterzugprofils sowie Längenabweichungen der Stützenschüsse aus.

Die Konstruktion des Kontaktstoßes *mehrteiliger Stützen* erfolgt nach den gleichen Grundsätzen wie bei einteiligen Querschnitten. An der Stoßstelle werden in der Regel Bindebleche vorgesehen (Bild **7**.48). Es ist zu beachten, daß Stoßquerplatten die Leitungsdurchlässigkeit der Stütze unterbrechen.

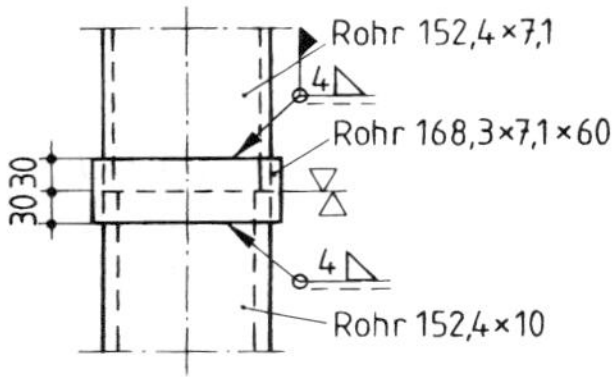

7.41 Kontaktstoß einer Rohrstütze

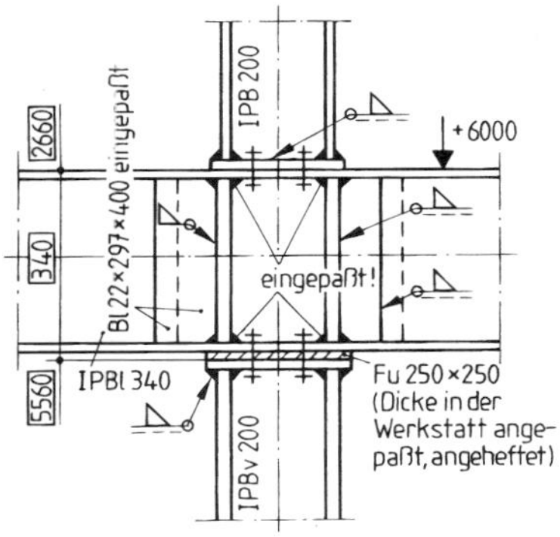

7.42 Kontaktstoß mit Stirnplatten bei Profilwechsel

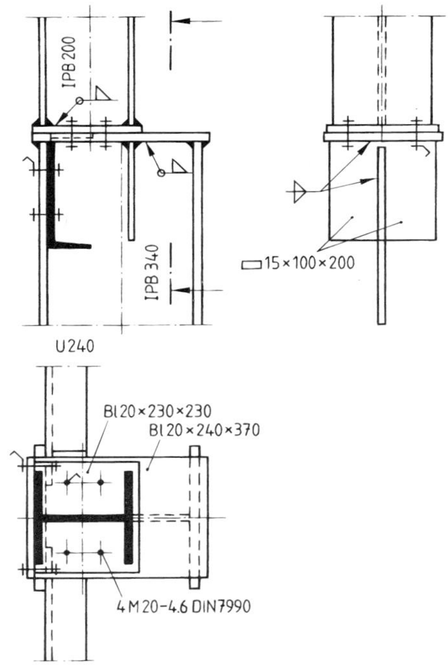

7.43 Stützenstoß mit zwischenliegendem Unterzug

7.3.3.2 Der Vollstoß

Ist eine der Voraussetzungen für die Anwendung des Kontaktstoßes, die zu Beginn des Abschn. 7.3.3.1 aufgeführt sind, nicht erfüllt, muß der Stützenstoß als *Vollstoß* ausgeführt werden. Bei ihm werden die anteiligen Steg- und Flanschkräfte der Stütze in voller Größe über die Stoßstelle hinweggeführt, das Flächenmoment der Stütze wird an der Stoßstelle voll gedeckt. Daher ist der Vollstoß auch bei ausmittiger Stützenbelastung anwendbar und kann an beliebiger Stelle der Knicklänge liegen. Zur Berechnung s. Abschn. 6.6.

Geschweißte Vollstöße kommen als *Werkstattstöße*, in einzelnen Fällen auch als Baustellenverbindungen vor. Sie werden als Stumpfstöße (Bild **3**.51), bei Profilwechsel als Querplattenstöße mit Stumpf- oder Kehlnähten hergestellt (Bild **3**.52, **3**.59).

Beim *selteneren Laschenstoß* werden die einzelnen Kraftanteile von Steg- und Flanschlaschen über die Stoßstelle geleitet. Der Anschluß der Laschenkräfte erfolgt auf der Baustelle mit Schrauben (Bild **7**.44). Zum Ausgleich unterschiedlicher Profilhöhen notwendige *Futter* mit > 6 mm Dicke werden entweder mit dem Stützenprofil verschweißt, oder der Schraubenanschluß ist für jede Futterzwischenlage um eine zusätzliche Querreihe zu verlängern. Bei mehrteiligen Stützenquerschnitten führt man die Flanschlaschen in der Regel über die ganze Stützenbreite durch; sie übernehmen dann die Funktion von Bindeblechen (Bild **7**.45).

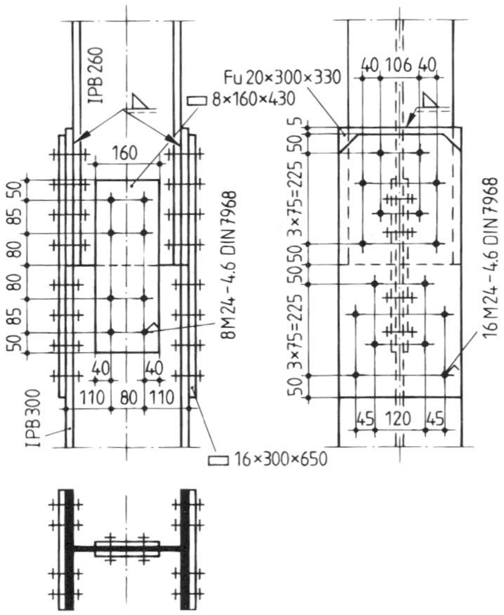

7.44
Vollstoß einer IPB-Stütze mit Stoßlaschen und Paßschrauben

Bei der vollen Stoßdeckung des rechten Flansches nach Bild **7.**46 werden durch die besondere Laschenanordnung dicke Ausgleichsfutter gespart. Als Ausgleich für *Walztoleranzen* der Stützenprofile muß aber wenigstens ein dünnes Futter vorgesehen werden.

Hinsichtlich des Fertigungs- und Montageaufwandes sind *biegesteife Stirnplattenanschlüsse* günstiger und haben die Laschenstöße verdrängt (Bild **8.**70). Bei *bündiger* Ausführung wird im allgemeinen das Grenzbiegemoment des Stützenquerschnittes nicht erreicht, was bei Anordnung des Stoßes in der Nähe der Unterzüge auch nicht erforderlich ist. Der *überstehende* Stirnplattenstoß gewährleistet große Tragfähigkeit, je-

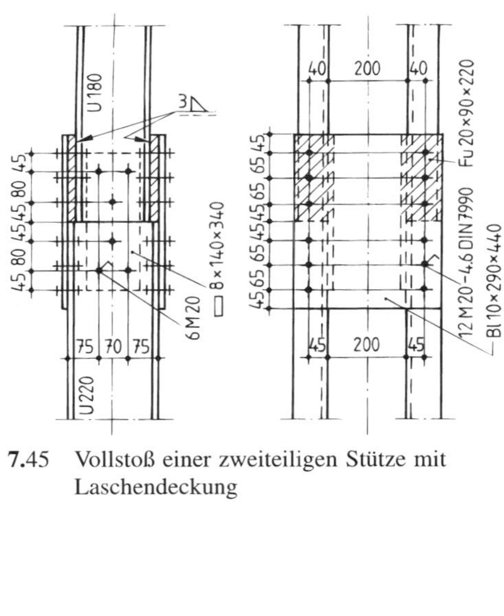

7.45 Vollstoß einer zweiteiligen Stütze mit Laschendeckung

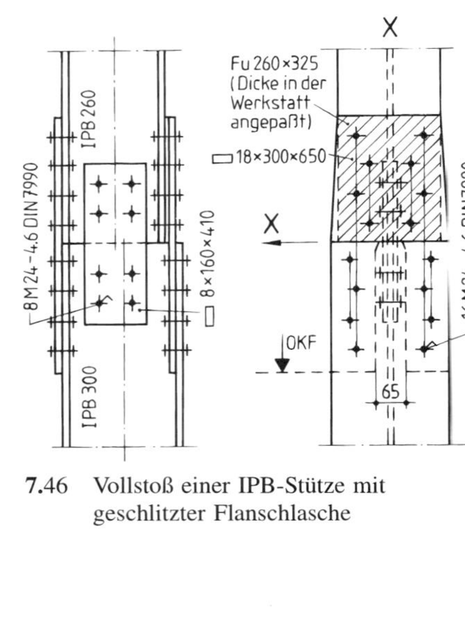

7.46 Vollstoß einer IPB-Stütze mit geschlitzter Flanschlasche

doch können die deutlich überstehenden Platten bei einer Verkleidung hinderlich sein. (Die Behandlung der Stirnplattenanschlüsse erfolgt im Abschn. Trägerbau.)

7.3.4 Trägeranschlüsse

Hier werden Anschlüsse von Trägern besprochen, die lediglich Querkräfte an die Stütze abgeben. Biegesteife Trägeranschlüsse mit planmäßiger Biegemomentenübertragung zwischen Träger und Stütze kommen bei Rahmentragwerken vor; sie werden im Abschn. „Rahmen" (s. Teil 2 dieses Werkes) behandelt.

Um eine möglichst momentenfreie, *mittige Belastung* der Stützen zu erreichen, werden die stärkstbelasteten Träger möglichst nahe der Stützenachse gelagert. Bei IPB-Stützen schließen daher die Unterzüge zweckmäßig am *Steg* und die weniger belasteten Deckenträger am Flansch an (Bild **7**.47).

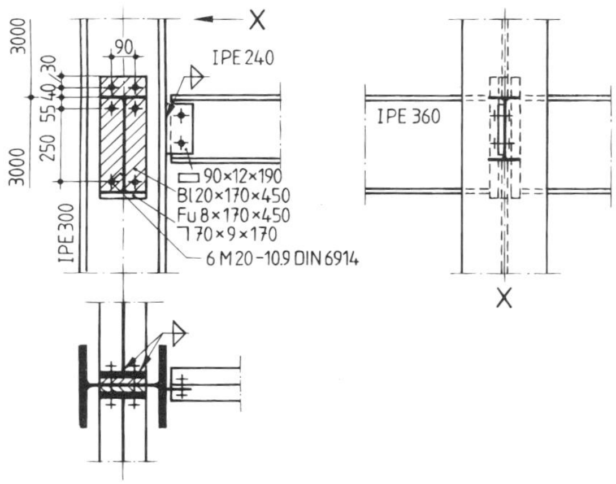

7.47
Anschluß des Unterzuges am Steg der IPB-Stütze

Bei *zweiteiligen Stützen* erreicht man mittige Belastung, indem der Unterzug durch die Stütze hindurchgeführt und auf einer Traverse zentrisch gelagert wird (Bild **7**.48). Ein zwischen Unterzug und Stütze geschraubter Verbindungswinkel sichert gegen Kippen. Es ist empfehlenswert, zur Verbesserung der Steifigkeit in der Nähe des Auflagers Bindebleche anzuordnen.

Bei *einteiligen Stützen* verwendet man Stirnplattenanschlüsse (Bild **7**.47) oder *durchschießende* Laschen. Die Schwächung des Steges braucht nur in seltenen Fällen durch Verstärkungsbleche im Stützensteg (oder Flansch) kompensiert werden. Zum Längenausgleich der Unterzügen können Futterbleche vorgesehen werden. Pilotschrauben in verlängerten Stirnplatten dienen der Montageerleichterung (Bild **8**.46).

Bei durchgehenden Rohrstützen und kleinen Auflagerdrücken der Träger verschraubt man den Trägersteg mit einem an der Stütze angeschweißten Anschlußblech (Bild **7**.49). Stärker belastete Unterzüge können mittels Stirnblechs auf einer Konsole (z. B. U-Profil mit angepaßtem Abdeckblech) aufgelagert werden; das Anschlußblech sichert den Träger gegen Abrutschen. Der *Baustellenstoß* der Stütze ist mit Kopf- und Fußplatte als Kontaktstoß ausgebildet.

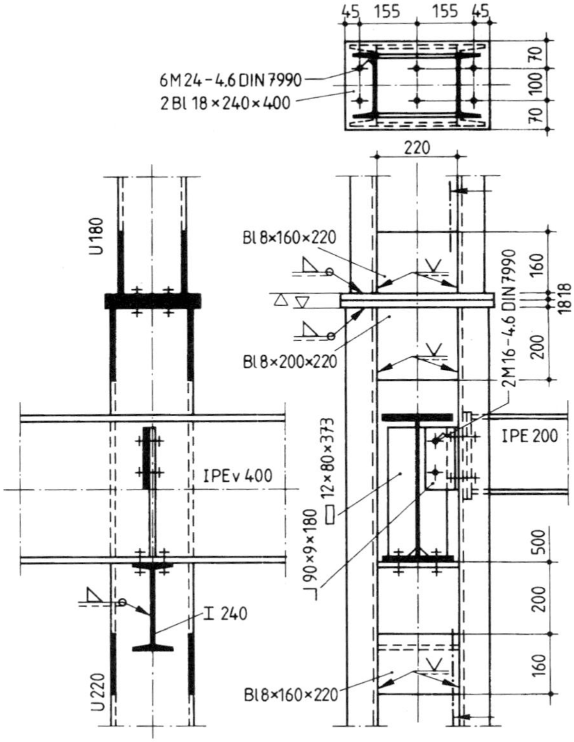

7.48 Zentrische Lagerung eines durchlaufenden Unterzuges in einer zweiteiligen Stütze; Kontaktstoß der Stütze

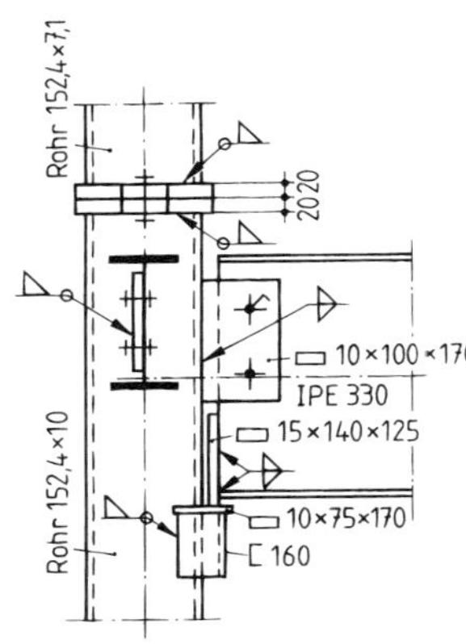

7.49 Mehrgeschossige Rohrstütze mit geschraubtem Kontaktstoß und Trägeranschlüssen

Schließen Unterzüge an den Flanschen an, so wirkt der (z. B. von einseitiger Verkehrslast erzeugte) Unterschied der beiden Auflagerdrücke am Hebelarm der halben Stützenbreite und liefert das Anschlußmoment $M = \pm h \cdot (C_r - C_l)/2$.

Die dadurch in der Stütze entstehenden Biegemomente addieren sich nicht von Geschoß zu Geschoß, sondern gehen geschoßweise geradlinig nach unten auf Null zurück, wenn man die Stütze in jedem Geschoß als Pendelstütze auffaßt (Bild **7**.51, gestrichelte Linie). Stützen ohne Stoß oder mit Vollstoß haben jedoch eine gewisse Durchlaufwirkung; an den Zwischengeschossen, nicht aber im obersten Geschoß, ist das die Stütze beanspruchende maximale Biegemoment kleiner als das Anschlußmoment M; man kann es zu $\approx \frac{2}{3} \cdot M$ annehmen.

Verstärkungen des unteren Schaftes werden bis über den Trägeranschluß geführt (Bild **7**.50).

Wird ein Unterzug als Doppelträger (Streichträger) ausgeführt, dann spreizt man die beiden Profile so weit, daß die Stütze zwischen ihnen durchschießen kann (Bild **7**.52).

Der besondere Vorteil dieser Konstruktion liegt darin, daß Installationsleitungen unbehindert von Trägeranschlüssen an der Stütze entlang zu allen Geschossen hochgeführt werden können. Die für den Trägeranschluß unentbehrlichen Konsolen sollen nicht unter dem Träger liegen, wie in Bild **3**.30, sondern man läßt sie innerhalb der Trägerhöhe verschwinden, damit sie bei der Stützenummantelung oder bei der Raumgestaltung des Skelettbaues nicht stören.

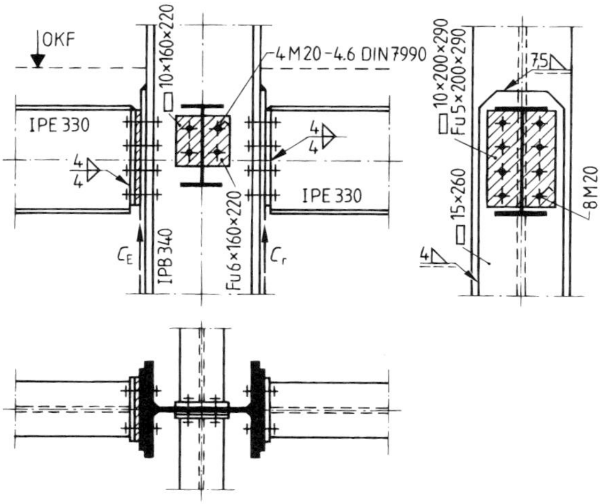

7.50
Unterzuganschluß am Stützenflansch

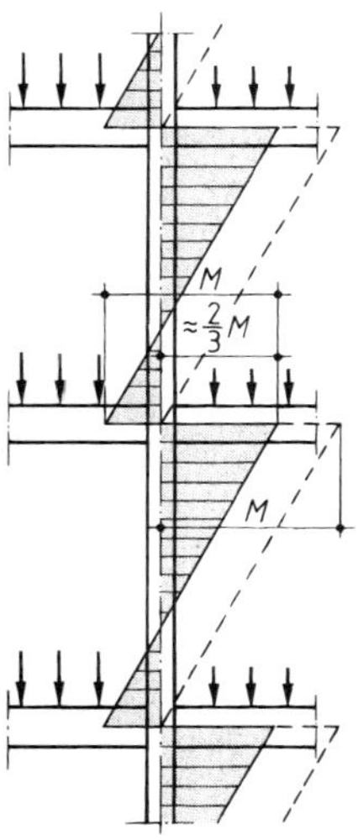

7.51 Biegemomente einer durchgehenden Geschoßstütze infolge ausmittiger Trägeranschlüsse

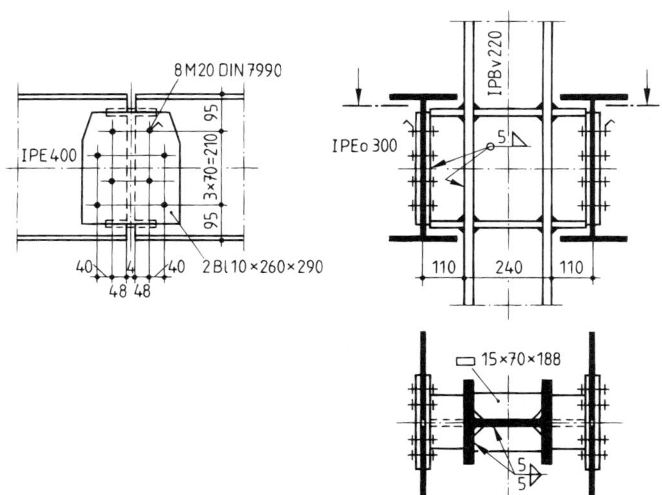

7.52 Anschluß eines zweiteiligen Unterzugs an einer einteiligen Stütze

Rohrleitungen können innerhalb des Stützenumrisses an der Stütze entlanggeführt werden, wenn man sich mit den Trägeranschlüssen außerhalb des Freiraumes hält (Bild **7**.53). Die Stoßquerplatten und die Stützenfußplatte müssen passende Aussparungen erhalten, um die Rohrleitungen auch hier unbehindert durchzuführen.

In Hohlkastenquerschnitten wird man in der Regel – auch bei verzinkter Ausführung der Stahlkonstruktion und dem dann nicht erforderlichen, luftdichten Abschluß der Profile – keine Rohre verlegen, da diese nicht mehr zugänglich sind.

Wird eine Geschoßdecke z. B. die Kellerdecke, nicht in Stahlkonstruktion, sondern in Stahlbetonbauweise hergestellt, wird man die Stahlstütze wegen der Bauhöhe des Stützenfußes kaum auf die Stahlbetonkonstruktion aufsetzen können, sondern man führt sie bis in den Keller durch und lagert die Stahlbetondecke mittels Konsolen an der Stütze (Bild **7**.54).

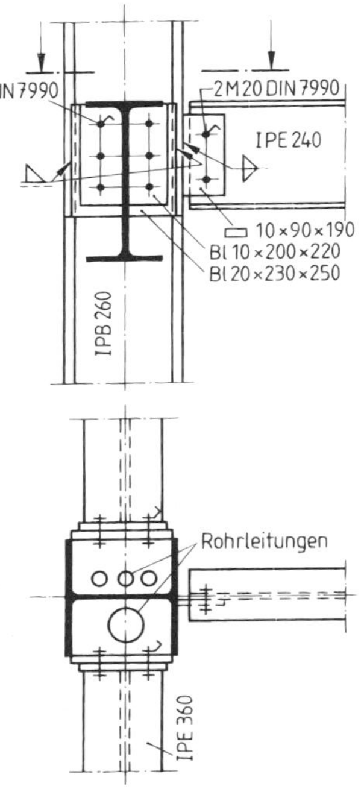

7.53 Für das Durchführen von Rohrleitungen geeigneter Anschluß eines Unterzuges an einer IPB-Stütze

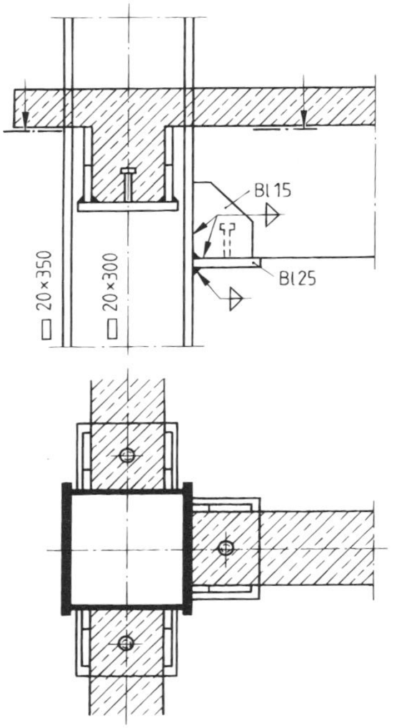

7.54 Lagerung von Stahlbetonbalken an einer Hohlkastenstütze

8 Trägerbau

8.1 Allgemeines

Träger sind vorwiegend auf *Biegung* beanspruchte Bauteile; sie kommen im Stahlhochbau z. B. als Deckenträger, Unterzüge und Sturzträger sowie bei Dächern als Dachträger und Pfetten vor (s. Teil 2 dieses Werkes).

Deckenträger und *Unterzüge* übernehmen die lotrechten Lasten der Deckenplatte und übertragen sie auf Wände oder Stützen. Ihre *Grundrißanordnung* hängt von statischen, wirtschaftlichen, räumlichen und gestalterischen Forderungen ab. Bei gegebenem Grundriß gibt es stets mehrere Möglichkeiten (Bild **8**.1), die man durchrechnen muß, wenn man die wirtschaftlichste Ausführung finden will. Im allgemeinen fördert es die Wirtschaftlichkeit, wenn die Träger über die geringstmögliche Stützweite gespannt werden, wenn die Last auf kürzestem Wege zum Erdboden abgeleitet wird und sich möglichst wenige Bauelemente an der Abtragung der Last beteiligen.

Im unteren Teil des Deckengrundrisses nach Bild **8**.1 a sind diese Grundsätze weitgehend verwirklicht: Es sind nur wenige voneinander verschiedene Trägertypen vorhanden (große Serie); die Auflagerlast der Träger wird von den Stützen unmittelbar übernommen und ohne Umweg in die Fundamente geleitet. Nachteilig ist das enge Stützenraster bezüglich der Anzahl der Einzelelemente und einer erwünschten planerischen Freiheit. Man wird die Stützenabstände vergrößern und die Deckenträger durch Unterzüge abfangen. Diese geben ihre Lasten direkt an die Stützen ab. Der Grundsatz, daß die schwer belasteten Unterzüge eine kürzere Spannweite haben sollen als die leichten Deckenträger, führt zu einem für Stahlkonstruktionen meist wirtschaftlichen rechteckigen Stützenraster.

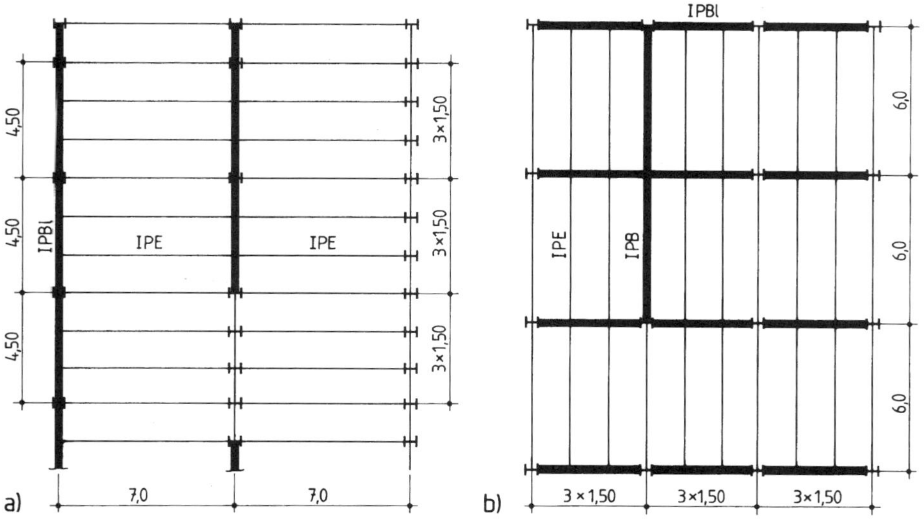

8.1 Zwei Deckengrundrisse mit unterschiedlicher Stützenstellung und Trägerlage

Der Grundriß in Bild **8.**1 b hat demgegenüber eine fast quadratische Feldeinteilung. Die Deckenträger laufen hier in Längsrichtung, die Unterzüge sind quer gespannt. Soll eine Stützenstellung ausfallen, muß ein schwerer Hauptunterzug den Querunterzug abfangen. Diese Trägerlage und Stützenanordnung wird hinsichtlich der Gesamtrohbaukosten die wirtschaftlichere Lösung sein. Spannweiten für Haupttragelemente (Deckträger, Unterzüge) unter 5 m sind in Stahlbauweise unwirtschaftlich, Spannweiten über 10 m nur in Stahl-/Stahlverbundbauweise sinnvoll.

Für die *Höhenlage* der Träger gibt es 2 Möglichkeiten. Legt man die Deckenträger auf die Unterzüge (Stapelbauweise), wird die Bauhöhe der Decke groß, jedoch eignet sich die Bauweise vor allem für hochinstallierte Bauten, weil sich Leitungen ohne Durchbrüche usw. zwischen den Trägern in Längs- und Querrichtung durchführen lassen. Die Stahlkonstruktion wird besonders einfach und billig in der Fertigung und ist bequem zu montieren. Bei dem anderen System legt man die Trägeroberkanten *bündig,* die dadurch bewirkte Einsparung an Deckenhöhe bringt eine Verringerung der gesamten Bauwerkshöhe mit sich, hingegen wachsen die Bearbeitungskosten mit dem größeren konstruktiven Aufwand für die Trägeranschlüsse.

Mit Rücksicht auf Temperaturschwankungen und Brandschutz werden lange Gebäude in angemessenen Abständen (bis ≈ 30 m) mit durchgehenden *Dehnungsfugen* in einzelne Baublöcke unterteilt, die jeder für sich standfest sein müssen. Die *Deckenplatte* trägt zur Standsicherheit des Bauwerks bei, indem sie als waagerechte Scheibe die Windlasten den Giebel-, Längs- und Treppenhauswänden (den lotrechten Scheiben) zuführt (s. Abschn. 7.1). Baustoffe der Decken sind *Stahlbeton,* der an Ort und Stelle gegossen oder in vorgefertigten Deckenelementen verwendet wird, *Stahl* in Form von Stahlleichtträgern für Rippendecken oder Trapezbleche als tragende Deckenelemente bzw. als verlorene Schalung. Während die Ortbetondecke nach Erreichen ihrer Sollfestigkeit oft ohne weiteres als Horizontalscheibe wirkt, muß die Scheibenwirkung von Deckenelementen durch besondere Maßnahmen hergestellt werden. Im Bauzustand sind u. U. Hilfsverbände erforderlich.

Die tragenden Deckenteile werden ergänzt durch wärme- und schalldämmende Schichten und durch eine Unterdecke zum Brandschutz der Stahlkonstruktion (Bild **1.**18). In dem zwischen Deckenplatte und Unterdecke entstandenen Hohlraum können Versorgungsleitungen, Beleuchtungskörper usw. untergebracht werden.

Wahl der Trägerquerschnitte

Soweit möglich verwendet man in erster Linie *I-* oder *IPE-Walzprofile;* sie sind wegen des geringen Bearbeitungsaufwandes wirtschaftlich und stehen in der Regel vom Lager zur Verfügung. Wenngleich für die Wirtschaftlichkeit einer Stahlkonstruktion vorrangig die aufzuwendenden Lohnkosten maßgebend sind, wird man doch auch stets bestrebt sein, das Stahlgewicht klein zu halten. Neben der richtigen Grundrißgestaltung hinsichtlich Stützenstellung und Trägeraufteilung beeinflußt auch die Wahl der *Profilform* das Gewicht der Trägerkonstruktion.

In Tafel **8.**1 werden Träger annähernd gleicher elastischer Grenztragfähigkeit mit einem IPE 500 verglichen. Es ist erkennbar, daß mit einer Verringerung der Trägerhöhe stets eine Vergrößerung des Stahlbedarfs einhergeht. Man kann daraus die Lehre ziehen, daß Träger mit kleiner Höhe, wie z. B. Breitflanschträger, nicht ohne besonderen Grund gewählt werden sollten. Für die Wahl von Trägern mit möglichst großer Höhe *h*, z. B. IPE-Profilen, spricht weiterhin der Umstand, daß niedrigere Träger bei gleicher Biegespannung σ größere Formänderungen aufweisen, wie sich aus Gl. (2.29) ergibt; dadurch wird die Gebrauchsfähigkeit der Konstruktion unnötig eingeschränkt.

Tafel **8**.1 Profilhöhe und Trägergewicht verschiedener Walzprofile im Vergleich zu IPE 500 (= 100 %); $W_y \geq 1\,900$ cm³

Profil		Profilhöhe	Trägergewicht	Profil		Profilhöhe	Trägergewicht
IPE	500	100 %	100 %	IPE	400	80 %	146 %
I	450	90 %	127 %	I	360	72 %	168 %
IPBI	400	78 %	138 %	IPBI	280	54 %	169 %
IPB	320	64 %	140 %	IPB	260	52 %	205 %
IPBv	260	58 %	190 %	IPBv	200	44 %	227 %

U-Profile werden als Randträger verwendet. Da sie zur Momentenebene unsymmetrisch sind, erhalten sie in der Regel Torsionsbeanspruchung; man verhindert ihre Verdrehung durch Einbetonieren oder durch biegefest angeschlossene Zwischenriegel.

Walzträger können durch aufgeschweißte Gurtplatten verstärkt werden, sofern diese Maßnahme wegen sonst zu großer Herstellungskosten nur auf kurzer Strecke notwendig ist. Solche Lamellenverstärkungen werden in der Regel hinsichtlich Fläche und Länge symmetrisch vorgenommen. Stets gilt, daß verstärkte Träger eine höhere Grenztragfähigkeit aufweisen als unverstärkte Träger, auch wenn die Verstärkung unsymmetrisch zur Biegeachse des unverstärkten Profils angeordnet wird.

Eine Vergrößerung der Biegetragfähigkeit von Walzträgern kann auch erreicht werden, wenn die Stege sägezahnartig in Längsrichtung durchtrennt und dann in versetzter Anordnung wieder verschweißt werden (s. Teil 2 dieses Werkes). Diese *Wabenträger* haben das gleiche Metergewicht wie das Ausgangsprofil bei wesentlicher Steigerung des Flächenmomentes 2. Grades und des Widerstandsmomentes. Die wabenförmigen Stegdurchbrüche eignen sich zur Durchdringung von Versorgungsleitungen.

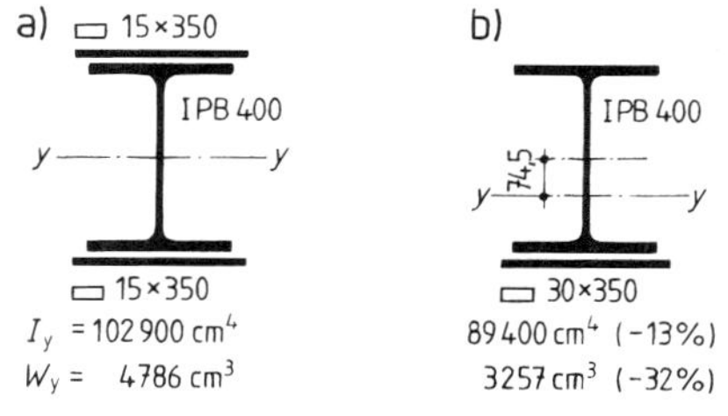

8.2
Zwei verstärkte Walzprofile mit gleich großer Querschnittsfläche
a) symmetrische Anordnung der Gurtplatten
b) unsymmetrischer Querschnitt

Für große Spannweiten und hohe Lasten sind durch Schweißung zusammengesetzte *Vollwandträger* oder Fachwerkträger oft statisch notwendig oder auch wirtschaftlicher (s. Teil 2 dieses Werkes).

8.2 Bemessung und Berechnung vollwandiger Träger (Walzträger)

8.2.1 Allgemeine Berechnungsgrundlagen und Nachweise

Einwirkungen. Die Einwirkungen ergeben sich aus DIN 1055 und dem gewählten Trägerraster. Für Industriebauten und Produktionsgebäude berechnen sich die ständigen und veränderlichen Einwirkungen (früher Nutz- und Verkehrslasten) aus den Betriebsbedingungen und den erforderlichen Anlagen. Hier sind frühzeitige Abstimmungen mit allen Beteiligten erforderlich (Bauherr, Behörde, Prüfingenieur, Anlagenbauer). Die Einwirkungen werden zu solchen (tatsächlich möglichen) Einwirkungskombinationen zusammengestellt, daß sich möglichst ungünstige Schnittgrößen ergeben.

Trägerstützweiten. Die Trägerstützweite l ist der Abstand der Auflagermitten bzw. der Achsen der stützenden Träger. Bei unmittelbarer Lagerung auf Mauerwerk oder Beton gilt mit w = Lichtweite nach DIN 18801 für (Bild **8**.3 a)

$$l = 1{,}05 \cdot w = w + a \geq w + 12 \text{ cm} \quad (8.1)$$

bzw. für (Bild **8**.3 b)

$$l = 1{,}025 \cdot w = w + \frac{a}{2} \geq w + 7 \text{ cm} \quad (8.2)$$

Trägerauflagerungen auf Mauerwerk/Beton oder auf Unterzügen sowie Steganschlüsse über Winkel oder Stirnplatten gelten als *frei drehbare* Lagerungen.

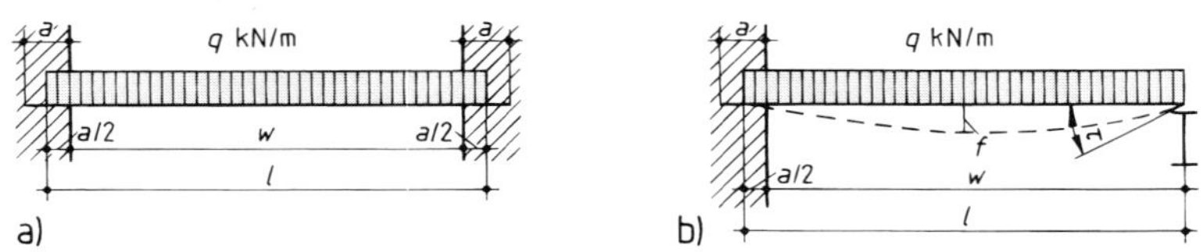

8.3 Lichtweite und rechnerische Stützweite

Planmäßige Einspannungen sind entsprechend konstruktiv durchzubilden und rechnerisch nachzuweisen.

Schnitt- und Stützgrößen. Die Wahl des Berechnungsverfahrens zur Bestimmung der *Schnittgrößen* ist abhängig vom gewählten Nachweisverfahren (s. Abschn. 2.3). Bei statisch bestimmten Einfeldträgern oder durchlaufenden Gelenkträgern erfolgt die Schnittgrößenermittlung nach der *Elastizitätstheorie.* Bei statisch unbestimmten Trägersystemen kann man elastisch oder *plastisch (Fließgelenktheorie)* rechnen. Auf die Erläuterung der Schnittgrößenermittlung nach der Elastizitätstheorie kann hier verzichtet werden, da sie Lehrstoff der allgemeinen Baustatik ist. Bei Durchlaufträgern ist auf eine (mögliche) feldweise Belastung zu achten. Die Vorgehensweise bei Anwendung der Fließgelenktheorie wird in Abschn. 8.2.3 und 8.3.2.2 erläutert. Die *Stützkräfte* bei Durchlaufträgern dürfen nach DIN 18801 für Stützweitenverhältnisse mit

$$\min l \geq 0{,}8 \cdot \max l \quad (8.3)$$

wie für Träger auf zwei Stützen berechnet werden. Ausgenommen hiervon sind *Zweifeldträger* mit extremer Stützkraftverteilung.

Nach der Ermittlung und Zusammenstellung der maßgebenden Schnittgrößen des Trägers sind – je nach dem gewählten Nachweisverfahren – die folgende Nachweise zu führen:

- *Allgemeiner Spannungsnachweis* beim Nachweisverfahren Elastisch-Elastisch (s. Abschn. 2.5.1)
- *Interaktionsnachweis plastischer Grenzschnittgrößen* beim Nachweisverfahren Elastisch-Plastisch bzw. Plastisch-Plastisch (s. Abschn. 8.2.3)
- *Nachweis ausreichender Bauteildicken* (s. Abschn. 2.5.2 bzw. Abschn. 8.2.3.4; bei Walzträgern sind Beuluntersuchungen für die Stege in der Regel nicht erforderlich, s. Teil 2 dieses Werkes)
- *Lagesicherheitsnachweis* (in Ausnahmefällen, s. Abschn. 2.6)
- *Gebrauchstauglichkeitsnachweis* (Durchbiegungen, s. Abschn. 2.7).

Beim Nachweisverfahren Plastisch – Plastisch ist hierbei zu prüfen, ob bereits im Gebrauchszustand plastische Gelenke auftreten. Dies ist bei der Berechnung der Formänderungen dann zu berücksichtigen.

- *Stabilitätsnachweise.* Bei einachsiger Biegung um die starke Achse können Träger mit I-Querschnitt bei Erreichen einer kritischen Last seitlich ausbiegen, verbunden mit einer Verdrehung der Stabachse in Trägerlängsrichtung. Diese Instabilitätserscheinung wurde früher *Kippen* genannt, während die neue Norm den Oberbegriff *Biegedrillknicken* verwendet. (Die Verformungen sind in beiden Fällen gleich.) Weist der Träger auch eine Druckkraft N auf, so ist der Träger nach Abschn. 6.3 zu untersuchen. Für reine Biegebeanspruchung M_y gelten die Ausführungen des folgenden Abschnittes.

8.2.2 Biegedrillknicken (Kippen) biegebeanspruchter Träger (M_y, $N = 0$)

8.2.2.1 Allgemeines

Zur sprachlichen Vereinfachung, aber auch aus Gründen größerer Anschaulichkeit, wird des weiteren von *Kippen* gesprochen. Diese Stabilitätserscheinung tritt bei (einstegigen) U- und I-Profilen mit Biegung um die starke y-Achse auf. Dabei wird die Kippung im allgemeinen eingeleitet durch das seitliche Ausknicken des gedrückten Gurtes. Gleichzeitig findet eine Verdrehung um die Stablängsachse statt (Bild **8**.4 a,b). Daher spielt die *Seitensteifigkeit* (EI_z) und die *Drillsteifigkeit (Torsionssteifigkeit* (GI_T) des Querschnittes eine entscheidende Rolle. Darüber hinaus sind noch eine Vielzahl weiterer Faktoren wie Trägerlänge l, Wölbsteifigkeit (EI_ω), Abstand des Lastangriffspunktes (z_p) vom Schwerpunkt S (Bild **8**.4 c) und Lagerungsbedingungen von Bedeutung. Aber auch die praktische Bauausführung (Bild **8**.4 e) wirkt sich auf die Kippstabilität biegebeanspruchter Träger aus. Selbst wenn der Träger in einer Längsachse seitlich unverschieblich gelagert ist (Drehachse in Bild **8**.4 d), kann der Träger – allerdings unter wesentlich höherer Last – kippen. Häufig werden die Lasten über angrenzende Bauteile (kontinuierliche Deckenplatte oder diskontinuierlich angeordnete Deckenträger) eingeleitet, die eine freie Verdrehbarkeit drehelastisch behindern (Bild **8**.4 d, f) bzw. die Träger sind zur Stabilisierung an Verbände (oder Scheiben) angeschlossen, die eine federelastische Stützung bewirken. Wie bei

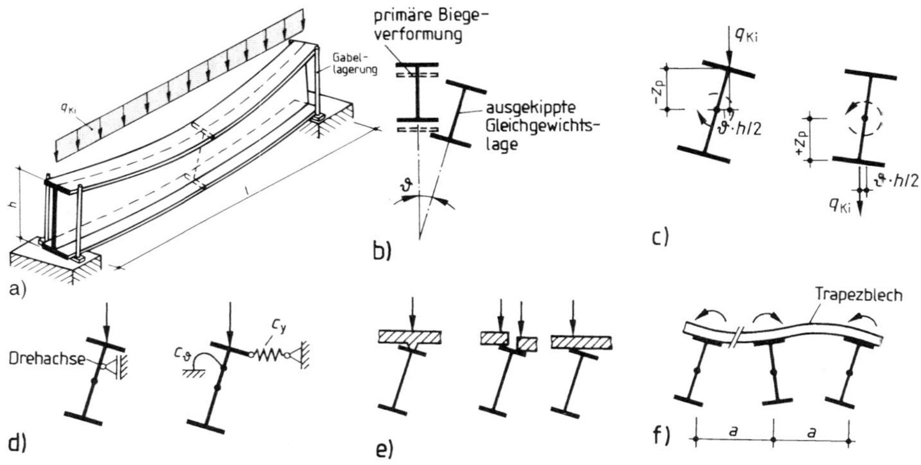

8.4 Zum Kippproblem bei Biegeträgern

a) Kippfigur b) Verschiebungen und Verdrehungen c) Einfluß des Lastangriffspunktes d) gebundene Kippung e) Einflüsse aus praktischer Ausführung f) behinderte Kippung

Druckstäben haben auch bei Biegeträgern geometrische und strukturelle Imperfektionen Einfluß auf die Höhe der Kipplast (des Kippmomentes).

Zur Vermeidung der Kippgefahr sind zunächst alle Maßnahmen geeignet, die die Seitensteifigkeit und die Drillsteifigkeit erhöhen (Bild **8.5** a). Dabei ist stets auch auf eine kippsichere Auflagerung (Bild **8.5** c) bzw. auf einen kippsicheren Anschluß der Träger

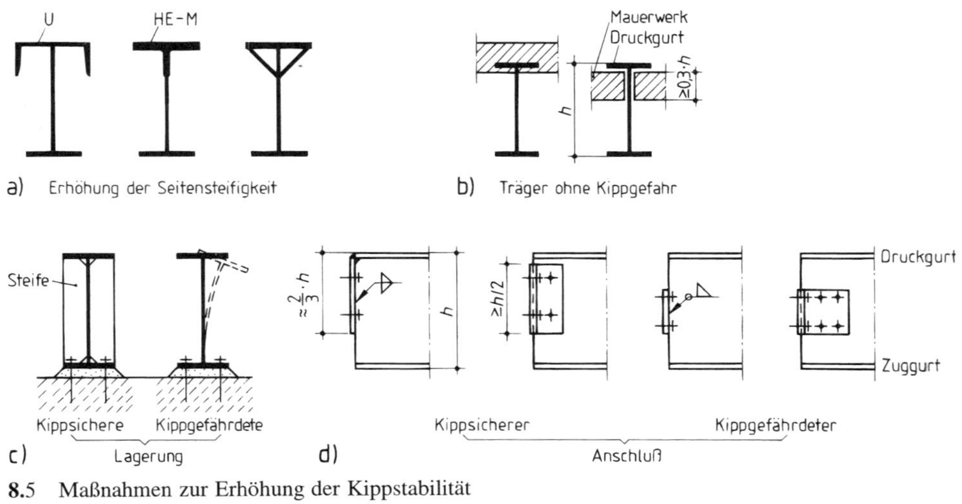

8.5 Maßnahmen zur Erhöhung der Kippstabilität

a) Erhöhung der Seitensteifigkeit b) einbetonierte Druckgurte c) kippsichere Lagerung und d) Anschlüsse zu achten (Bild **8.**5 d). Stahlbaumäßig an den Druckgurt angeschlossene Verbände (Bild **8.**6) stellen im allgemeinen eine ausreichende Behinderung gegen seitliches Ausbiegen dar. Es liegt dann eine „gebundene Kippung" vor oder das Kippen ist ausgeschlossen. Bei geschraubten Anschlüssen der Verbandsdiagonalen sollte das Lochspiel auf $\Delta d = 1$ mm beschränkt werden. Wirkungsvoller sind Paßverbindungen oder vorgespannte, gleitfeste Verbindungen. Ist der Druckgurt mit einer Massivdecke schubsteif (z. B. durch Anordnung von Kopfbolzendübeln) verbunden, so ist eine seitliche Verbiegung und damit eine Kippung ausgeschlossen. Dies gilt auch für die als Scheiben ausgebildete und an Randtragglieder entsprechend befestigte Stahltrapezbleche.

Ein Kippnachweis kann generell entfallen, wenn die Abgrenzungskriterien für *Biegedrillknicken* nach Abschn. 6.2.2.2 eingehalten sind. Ferner für Träger, deren Druckgurte einbetoniert sind und Stäbe, die durch ständig am Druckgurt anliegendes Mauerwerk nach Bild **8.**5 b ausgesteift werden. In allen anderen Fällen ist ein Kippnachweis bzw. ein Nachweis der angeschlossenen Aussteifungselemente erforderlich.

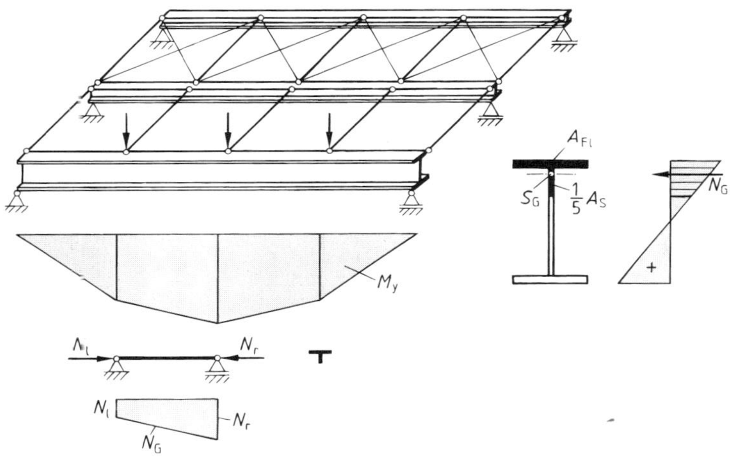

8.6 Kippstabilisierung durch einen Verband; vereinfachter Kippnachweis

8.2.2.2 Behinderung der seitlichen Verschiebung und der Verdrehung[1])

Behinderung der seitlichen Verschiebung. Bei Behinderung der seitlichen Verschiebung des gedrückten Gurtes liegt im allgemeinen eine gebundene Kippung vor. Bei gabelgelagerten Einfeldträgern mit annähernd gleichmäßiger Streckenlast oder einer Einzellast ist dabei eine Kippung ausgeschlossen. Die Behinderung der seitlichen Verschiebung wird über die Schubsteifigkeit S der Aussteifungselemente nachgewiesen. Die nachfolgende Regelung nach DIN 18800-2 gilt zunächst für die Aussteifung durch Trapezbleche (Bild **8.**7 a) nach DIN 18807, wenn die Befestigung in jeder Rippe erfolgt. Ist das Trapezblech nur mit jeder zweiten Rippe mit dem Träger verbunden, so ist die Schubsteifigkeit des Trapezbleches nur mit 20 % in Rechnung zu stellen. Wenn die Schubsteifigkeit S der Bedingung (8.4) genügt, gilt der Träger als unverschieblich gehalten. Es ist ein Nachweis mit gebundener Drehachse zu führen.

[1]) Beispiele hierzu s. Teil 2 des Werkes.

$$S \geq \left(\frac{\pi}{l}\right)^2 \cdot \left[EI_\omega + \left(\frac{l}{\pi}\right)^2 \cdot GI_T + 0{,}25 \cdot h^2 \cdot EI_z\right] \cdot \frac{70}{h^2} \tag{8.4}$$

Hierin bedeuten:

EI_z, EI_ω, GI_T Biege-, Wölb- und Drillsteifigkeit des Trägers

l, h Trägerlänge und -höhe

Die Schubsteifigkeit S des Trapezbleches ist auf die Anzahl der auszusteifenden Träger aufzuteilen; für die Ermittlung von S gilt DIN 18807-1.

Die Bedingung für die seitliche Unverschieblichkeit darf auch auf andere Bekleidungen mit ausreichender Ausbildung der Anschlüsse angewendet werden. Für Verbände kann S nach Abschn. 6.4.2, Tafel **6.**13 berechnet oder der Literatur [13], [22] entnommen werden. Gl. (8.4) ist mit den charakteristischen Werten, d. h. ohne γ_M formuliert.

Behinderung der Verdrehung. Sind an den kippgefährdeten Trägern angrenzende Bauteile biegesteif angeschlossen, so können diese bei ausreichender Biegefestigkeit eine Verdrehung des Querschnittes verhindern und die Kippgefährdung ausschließen.

Die aussteifenden Elemente wirken wie eine kontinuierliche Drehfeder (z. B. Trapezbleche auf Pfetten) (Bild **8.**7 a) oder wie diskrete Drehfedern (wie Pfetten auf Dachträgern), die bei hinreichend kleinem Abstand auf die Längeneinheit des zu sichernden Trägers „verschmiert“ werden dürfen (Bild **8.**7 b). Eine diskrete Erfassung ist durch (8.18) und (8.19) möglich. Die wirksame (und rechnerisch ansetzbare) Drehbettung wird beeinflußt durch Nachgiebigkeiten in den Anschlüssen der aussteifenden Elemente

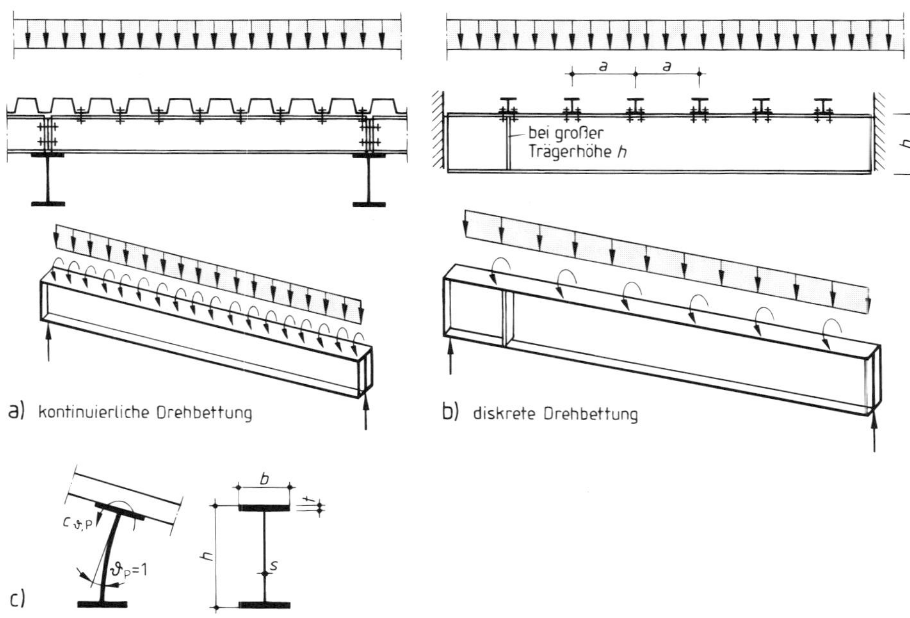

8.7 Kippaussteifung durch anschließende Bauteile; Profilverformung beim Kippen

(Trapezbleche) und durch örtliche Profilverformungen (Bild **8.7** c) bei Trägerhöhen $h > 200$ mm und dünnen Stegen (IPE-, HE-A-Profile). Die Einzelsteifigkeiten wirken wie hintereinandergeschaltete Federn.

Bei doppelsymmetrischen I-Querschnitten (Walzträger oder Träger mit walzprofilähnlichen Abmessungen) ist eine ausreichende Drehbettung vorhanden, wenn Gl. (8.5) erfüllt ist.

$$\textbf{(erf.) } c_{\vartheta,\mathrm{k}} \geq \frac{M^2_{\mathrm{pl,y,k}}}{(EI_z)_\mathrm{k}} \cdot k_\vartheta \cdot k_\mathrm{v} \tag{8.5}$$

Hierin bedeuten:

k_v = 0,35 beim Nachweisverfahren Elastisch-Elastisch
= 1,0 beim Nachweisverfahren Elastisch-Plastisch und Plastisch-Plastisch.
k_ϑ nach Tafel **8.2**: Spalte 2: wenn sich der Träger seitlich unbehindert verschieben kann
Spalte 3: wenn der gedrückte Gurt (Obergurt) seitlich unverschieblich gehalten ist.

Die wirksame vorhandene Drehbettung (vorh.) $c_{\vartheta,\mathrm{k}}$ kann nach Gl. (8.6) bestimmt werden.

$$\frac{1}{\textbf{(vorh.) } c_{\vartheta,\mathrm{k}}} = \frac{1}{c_{\vartheta\mathrm{M,k}}} + \frac{1}{c_{\vartheta\mathrm{A,K}}} + \frac{1}{c_{\vartheta\mathrm{P,K}}} \tag{8.6}$$

Hierin bedeuten:

$c_{\vartheta\mathrm{M,k}}$ theoretische Drehbettung des aussteifenden Elementes („a“) mit „starrer“ Verbindung nach Gl. (8.7)

$$c_{\vartheta\mathrm{M,k}} = \frac{(EI_\mathrm{a})_\mathrm{k}}{a} \cdot k \tag{8.7}$$

mit

$k = 2$ für Einfeld- und Zweifeldträger
$k = 4$ für Durchlaufträger mit 3 oder mehr Feldern
EI_a Biegesteifigkeit des abstützenden Bauteils (Trapezblech) [kN m²/m]; bei diskreter Abstützung durch angeschlossene Träger im Abstand b ist deren Biegesteifigkeit durch b zu dividieren
a Stützweite des abstützenden Bauteils
$c_{\vartheta\mathrm{A,k}}$ Drehbettung aus der Nachgiebigkeit des Anschlusses bei Trapezblechprofilen mit $\bar{c}_{\vartheta\mathrm{A,k}}$ nach Tafel **8.3** und Gl. (8.8) bzw. (8.9)

$$c_{\vartheta\mathrm{A,k}} = \bar{c}_{\vartheta\mathrm{A,K}} \cdot \left(\frac{\text{vorh } b}{100}\right)^2 \qquad \textbf{für } \frac{\text{vorh } b}{100} \leq 1{,}25 \tag{8.8}$$

$$c_{\vartheta\mathrm{A,k}} = \bar{c}_{\vartheta\mathrm{A,K}} \cdot \left(\frac{\text{vorh } b}{100}\right) \cdot 1{,}25 \textbf{ für } 1{,}25 < \left(\frac{\text{vorh } b}{h}\right) \leq 2{,}0 \tag{8.9}$$

mit

b = Gurtbreite in [mm] des zu stützenden Trägers
$c_{\vartheta\mathrm{P,k}}$ Drehbettung aus der Profilverformung des zu stützenden Trägers mit $h > 200$ mm nach Gl. (8.10) bzw. Gl. (8.11)

$$c_{\vartheta\mathrm{P,k}} = \frac{(3\, EI_\mathrm{s})}{h - t} \quad \text{(kontinuierliche Drehbettung)} \tag{8.10}$$

(mit $I_\mathrm{s} = s^3/12$)

$$c_{\vartheta P,k} = \frac{(k+1)}{l} \cdot \sqrt{\frac{E \cdot G}{3} \cdot \frac{b}{(h-t)} \cdot (s \cdot t)^3} \quad \text{(diskrete Drehbettung)} \qquad (8.11)$$

mit

k Anzahl der örtlichen Drehfedern im Feldbereich, d. h. ohne Randträger
l Länge des kippgefährdeten Trägers
b, h, t, s Querschnittsabmessungen des zu stützenden Trägers (Bild **6**.14)

Tafel **8**.2 Beiwerte k_ϑ beim Nachweis ausreichender Drehbettung

	1	2	3		1	2	3
	Momentenverlauf	freie	gebundene		Momentenverlauf	freie	gebundene
		Drehachse				Drehachse	
1	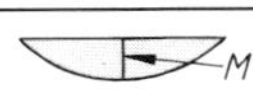	4,0	0	3	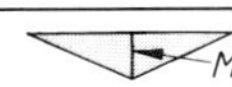	2,8	0
2 a	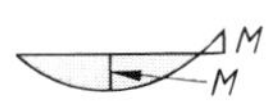	3,5	0,12	4		1,6	1,0 (M<0) 0 (M>0)
2 b	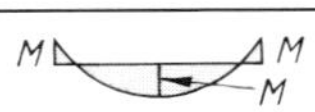		0,23	5	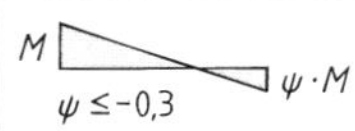	1,0	0,70

Tafel **8**.3 Charakteristische Werte für Anschlußsteifigkeiten $\bar{c}_{\vartheta A,k}$ von Trapezprofilen aus Stahl, bezogen auf eine Gurtbreite b = 100 mm

Zeile	Trapezprofillage		Schrauben im		Schraubenabstand		Scheiben-durchmesser in mm	$\bar{c}_{\vartheta A,k}$ in kNm/m	max b_t [3]) in mm
	positiv	negativ	Unter-gurt	Ober-gurt	b_r [1])	$2\,b_r$ [1])			
	Auflast								
1	×		×		×		22	5,2	40
2	×		×			×	22	3,1	40
3		×		×	×		Ka [2])	10,0	40
4		×		×		×	Ka [2])	5,2	40
5		×	×		×		22	3,1	120
6		×	×			×	22	2,0	120
	Sog								
7	×		×		×		16	2,6	40
8	×		×			×	16	1,7	40

[1]) b_r Rippenabstand
[2]) Ka Abdeckkappen aus Stahl mit $t \geq 0{,}75$ mm
[3]) b_t Breite des angeschlossenen Gurtes des Trapezprofils

Die angegebenen Werte gelten für Schrauben mit dem Durchmesser $d \geq 6{,}3$ mm, die nach Bild 13 DIN 18800-2 angegeben sind, sowie für Unterlegscheiben aus Stahl mit der Dicke $d \geq 1{,}0$ mm und aufvulkanisierter Neoprendichtung.

8.2.2.3 Vereinfachter Kippnachweis für Träger mit seitlicher Stützung

Für I-Träger mit zur Stegebene symmetrischem Querschnitt, bei denen der Druckgurt in einzelnen Punkten im Abstand c unverschieblich gehalten wird, kann ein *vereinfachter Kippnachweis mit Hilfe des Knicknachweises des gedrückten Gurtes* geführt werden. Dieser Nachweis ist streng betrachtet nur gültig, wenn der Träger nur in den Punkten der seitlichen Abstützung belastet wird. In der Praxis wird der Nachweis jedoch auch für andere Belastungsfälle verwendet, da er im allgemeinen durch Vernachlässigung stabilisierender Einflüsse auf der „sicheren“ Seite liegt. Da jedoch die Lastangriffshöhe in die Nachweisführung nicht eingeht, muß seine Anwendbarkeit beschränkt werden [10]. Der Nachweis geht von einer über die Länge c konstanten Druckkraft im *maßgebenden Druckgurt* aus, der aus dem Druckflansch und 1/5 des Steges gebildet wird (Bild **8.**6). Da die Druckkraft $D = M(x)/z$ mit der M-Linie im allgemeinen veränderlich ist, kann für „c“ – auch wenn dies in der Norm nicht ausdrücklich vermerkt ist – die maßgebende Knicklänge s_{Ki} des Stabes mit *veränderlicher Normalkraft* (s. z. B. DIN 4114) anstelle des Abstandes c eingeführt werden. Für einige M-Verteilungen wird dies durch den Druckkraftbeiwert k_c nach Tafel **8.**4 erfaßt.

Tafel **8.**4 Druckkraftbeiwerte k_c für den vereinfachten Kippnachweis

	Normalkraftverlauf[1]	k_c		Normalkraftverlauf[1]	k_c
1		1,00	3	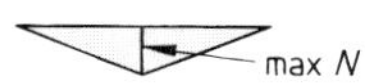	0,86
2		0,94	4	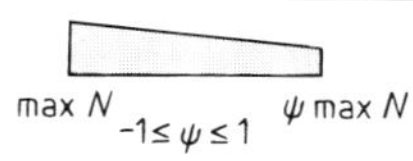	$\dfrac{1}{1{,}33 - 0{,}33\,\psi}$

[1] identisch zum Momentenverlauf

Für den Trägheitsradius des maßgebenden Druckgurtes um die z-Achse (Stegachse) gilt

$$\boldsymbol{i_{z,g} = \sqrt{\frac{I_z}{A - 0{,}6 \cdot A_s}}} \tag{8.12}$$

mit

$A_s = s \cdot (h - t)$, A, I_z = Querschnittswerte des Gesamtquerschnittes

Keine Kippgefahr besteht dann, wenn die Schlankheit $\bar{\lambda}$ der Bedingung (8.13) genügt.

$$\boldsymbol{\bar{\lambda} = \frac{c \cdot k_c}{i_{z,g} \cdot \lambda_a} \le 0{,}5 \cdot \frac{M_{pl,y,d}}{M_y}} \tag{8.13}$$

mit k_c nach Tafel **8.**4

Ist Bedingung (8.13) nicht erfüllt, so ist ein Knicknachweis des gedrückten Gurtes nach Gl. (8.14) zu führen

$$\boldsymbol{\frac{0{,}843 \cdot M_y}{\varkappa \cdot M_{pl,y,d}} \le 1} \tag{8.14}$$

Hierin bedeuten:

M_y größter Absolutwert des vorh. Biegemomentes

$\varkappa$ Abminderungsfaktor nach Gl. (6.31) für Knickspannungslinie c bzw. d mit $\bar{\lambda}$ nach Gl. (8.13). Knickspannungslinie d gilt für alle nicht gewalzten Profile (Tafel **6.**9, Zeile 1) und die durch Querlasten am Druckgurt belastet sind. Für diese ist die Trägerhöhe h beschränkt auf

$$\frac{h}{t} \leq 44 \cdot \sqrt{\frac{240}{f_{y,k}}} \quad (t = \text{Flanschdicke}) \tag{8.15}$$

8.2.2.4 Biegedrillknicknachweis (bei $N = 0$)

Dieser Nachweis wird als „genauer" Kippnachweis bezeichnet und ist zu führen, falls die Einschränkungen der vorangehenden Abschnitte nicht erfüllbar sind. Der Nachweis ist anwendbar auf I-, U- und C-Profile, die nicht durch planmäßige Torsion beansprucht sind. Für diese muß die Bedingung Gl. (8.16) eingehalten sein.

$$\frac{M_y}{\varkappa_M \cdot M_{pl,y,d}} \leq 1 \tag{8.16}$$

Der Abminderungsfaktor $\varkappa_M$ sowie das *ideale Kippmoment* $M_{Ki,y}$ sind nach Abschn. 6.3.3.3 zu ermitteln.

Für Träger mit der Höhe ≤ 60 cm und mit den Flanschabmessungen ($b \cdot t$) sowie der Stützweite l darf $\varkappa_M = 1$ gesetzt werden, wenn gilt

$$l \leq \frac{b \cdot t}{h} \cdot 200 \cdot \frac{240}{f_{y,k}} \tag{8.17}$$

$f_{y,k}$ in [N/mm²] (s. Bild **6.**14)

Berücksichtigung elastischer Federungen. Reichen die Bedingungen des Abschn. 8.2.2.2 nicht aus, um eine seitliche Verbiegung des gedrückten Gurtes und/oder eine Verdrehung des Querschnittes auszuschließen, so können die Federsteifigkeiten $c_{y,k}$ für die Behinderung seitlicher Verbiegungen und $c_{\vartheta,k}$ für die Behinderung der Querschnittsverdrehungen näherungsweise bei der Bestimmung des idealen Kippmomentes berücksichtigt werden. Für gabelgelagerte Einfeldträger wird eine ideelle Drillsteifigkeit nach Gl. (8.18) ermittelt.

$$I_{T,id} = I_T + [\text{vorh } c_{\vartheta,k} + c_{y,k} \cdot z_v^2] \cdot \frac{l^2}{\pi^2 \cdot G} \tag{8.18}$$

Hierin bedeuten:

I_T Drillsteifigkeit des zu stützenden Trägers

$c_{y,k}$ Wegfedersteifigkeit nach Gl. (8.19)

$$c_{y,k} = S_k \cdot \left(\frac{\pi}{l}\right)^2 \tag{8.19}$$

S_k auf den zu stützenden Träger entfallende, anteilige Schubsteifigkeit des Verbandes/-Schubfeldes

l Stützweite des auszusteifenden Trägers

z_v Abstand des Verbandes (Schubfeldes) mit der Schubsteifigkeit S_k vom Schwerpunkt des zu stützenden Trägers.

8.2.3 Fließgelenktheorie

Die *Fließgelenktheorie* ist eine spezielle Form der *allgemeinen Plastizitätstheorie (Fließzonentheorie)* und insbesondere anwendbar auf die im Stahlbau meist verwendeten I-Querschnitte, jedoch auch zulässig für andere Profilformen. Bei ihr werden Stabbereiche, die über die Fließdehnung $\varepsilon_{y,k}$ hinaus beansprucht werden, auf den Ort höchster Beanspruchung (dem Fließgelenk) konzentriert und für die restlichen Stabbereiche elastisches Verhalten mit $\sigma = \varepsilon \cdot E$ unterstellt. Der hierdurch bedingte Fehler in der statischen Berechnung beträgt für baupraktische Fälle nur wenige Prozent. Ausgenommen von dieser Berechnungsweise sind *ungeeignete Systeme,* die im wesentlichen extreme Abmessungsverhältnisse aufweisen.

Die Berechtigung für die Annahme punktförmig konzentrierter plastischer Bereiche geht aus den folgenden Darstellungen hervor.

8.2.3.1 Vollplastische Schnittgrößen

Die *elastische Grenztragfähigkeit* eines Querschnittes ist – z. B. bei alleiniger Beanspruchung durch ein Biegemoment M_y – erreicht, wenn die *maximale Randspannung* (Bild **8**.8 b) die Streckgrenze $f_{y,k}$ erreicht.

$$\boldsymbol{M_{el} = W_{el} \cdot f_{y,k}} \tag{8.20}$$

mit W_{el} = elastisches Widerstandsmoment = $2\ I_y/h$.

Dabei weisen die Randfasern des Querschnittes Längsdehnungen von ca. 0,15 bis 0,2 % auf (Bild **1**.3 a). Idealisiert man das tatsächliche Werkstoffgesetz (1. Vereinfachung – auf der sicheren Seite) auf ein idealelastisch-idealplastisches Dehnungsgesetz (Bild **1**.3 b), so erkennt man, daß größere Dehnungen der Randfasern, jedoch ohne Zunahme der Spannungen, möglich sind. Der Querschnitt beginnt zu *plastizieren.*

Zum prinzipiellen Verständnis aller weiteren Ableitungen eignet sich besonders der einfache *Rechteckquerschnitt.* Die gewonnenen Ergebnisse lassen sich auf andere Querschnittstypen – jedoch mit erheblichem Rechenaufwand – übertragen.

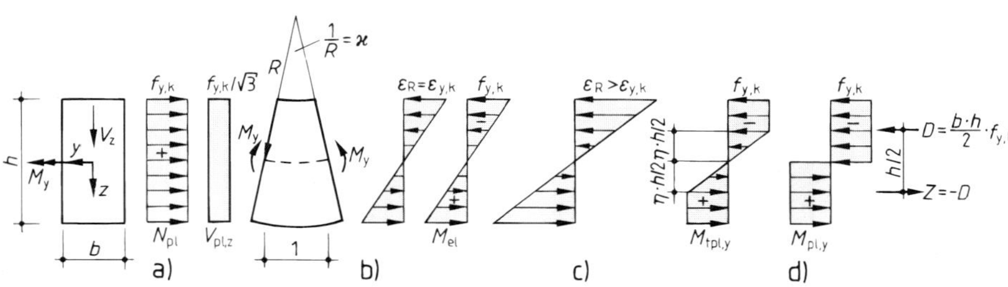

8.8 Dehnungs- und Spannungszustände am Stabelement; vollplastische Schnittgrößen

Vollplastische Normalkraft $N_{pl,k}$ (Bild **8**.8 a). Die Grenztragfähigkeit wird erreicht bei

$$N_{pl,k} = A_k \cdot f_{y,k} \tag{8.21}$$

wobei A_k die Querschnittsfläche $A = b \cdot h$ bedeutet.

Vollplastische Querkraft $V_{pl,k}$ (Bild **8.**8 a). Aus der für zähe (fließfähige) Stähle maßgebenden Vergleichsspannungshypothese wird mit $\sigma_x = 0$ die *Fließschubspannung* $\tau_{y,k}$ abgeleitet:

$$\sigma_v = f_{y,k} = \sqrt{0 + 3 \cdot \tau_{y,k}^2} = \tau_{y,k} \cdot \sqrt{3} \tag{8.22}$$

$$\tau_{y,k} = \frac{f_{y,k}}{\sqrt{3}} \tag{8.23}$$

Die Grenztragfähigkeit wird mit der für die Aufnahme der Querkraft maßgebenden Fläche A_v zu

$$V_{pl,k} = \tau_{y,k} \cdot A_v = A_v \cdot \frac{f_{y,k}}{\sqrt{3}} \tag{8.24}$$

bestimmt. (Beim Rechteckquerschnitt ist $A_v = A$.)

Vollplastisches Moment $M_{pl,y,k}$. Zur Ableitung des plastischen Momentes betrachten wir mehrere Dehnungs- und Spannungszustände (Bild **8.**8 b,c):

Im Teilbild b) ist der elastische Grenzzustand erreicht

$$M_{el} = f_{y,k} \cdot \frac{b \cdot h^2}{6} \tag{8.25}$$

die Krümmung des Balkenelementes der Länge $\Delta x = 1$ beträgt

$$\varkappa = \frac{2 \cdot \varepsilon_{y,k}}{h} = \varkappa_{el} \tag{8.26}$$

Wird die Krümmung vergrößert (Teilbild c), so nehmen noch die Spannungen im Querschnittsbereich $\pm\, \eta \cdot h/2$ zu, während sie ober- und unterhalb dieser Grenze auf $f_{y,k}$ = konst. bleiben. Die Krümmung beträgt jetzt

$$\varkappa = \frac{2 \cdot \varepsilon_{y,k}}{\eta \cdot h} \tag{8.27}$$

Bildet man das Verhältnis von $\varkappa/\varkappa_{el}$ und wendet den Strahlensatz auf den Dehnungszustand des Teilbildes b) an, so erhält man

$$\frac{\varkappa}{\varkappa_{el}} = \frac{1}{\eta} = \frac{\varepsilon_r}{\varepsilon_{y,k}} \tag{8.28}$$

mit ε_r = Randdehnung

Im Teilbild d) schließlich ist die Streckgrenze (als Druck- und Zugspannung) über den gesamten Querschnitt – dies ist nur theoretisch möglich – erreicht, und man erhält das größte aufnehmbare Moment (vollplastisches Moment)

$$M_{pl,k} = f_{y,k} \cdot \frac{b \cdot h^2}{4} = f_{y,k} \cdot W_{pl} \tag{8.29}$$

Das Verhältnis von $M_{pl,k}/M_{el}$ wird Formbeiwert α_{pl} genannt; er beträgt beim Rechteckquerschnitt

$$\alpha_{pl} = \frac{M_{pl,k}}{M_{el}} = \frac{W_{pl}}{W_{el}} = \frac{b \cdot h^2}{4} \cdot \frac{6}{b \cdot h^2} = 1{,}5 \tag{8.30}$$

Aus dem Spannungsbild c) schließlich wird – nach einiger Rechnung und unter Verwendung der Krümmungen – ein teilplastisches Moment M_{tpl} errechnet

$$M_{tpl} = M_{pl,k} \cdot \left[1 - \frac{1}{3} \cdot \left(\frac{\varkappa_{el}}{\varkappa}\right)^2\right] = M_{pl,k} \cdot \left[1 - \frac{1}{3} \cdot \left(\frac{\varepsilon_{y,k}}{\varepsilon_r}\right)^2\right] \tag{8.31}$$

Die Auswertung der Gl. (8.31) zeigt Bild **8.**9. Man erkennt, daß bereits bei einer Randdehnung $\varepsilon_r = 6 \cdot \varepsilon_{y,k} \approx 1\,\%$ (z. B. bei St 37) das vollplastische Moment bis auf 1 % erreicht ist. Bei I-Querschnitten (gestrichelte Linie) sind die Verhältnisse noch günstiger. Die *Linearisierung* des tatsächlichen *Momenten-Krümmungsverlaufes* führt zu einer weiteren (2.) Vereinfachung der Berechnungen.

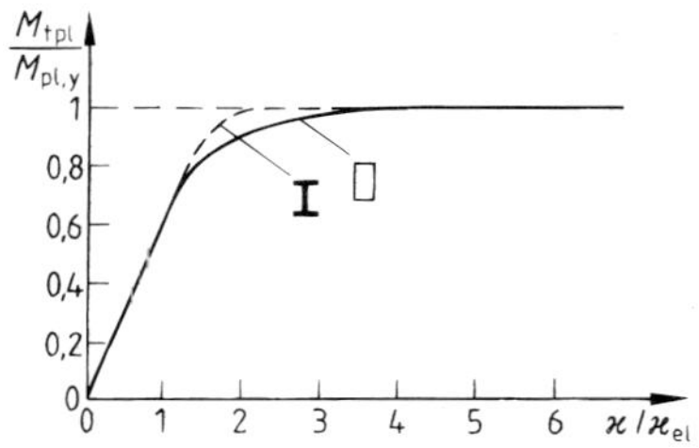

8.9 Momenten-Krümmungsbeziehung

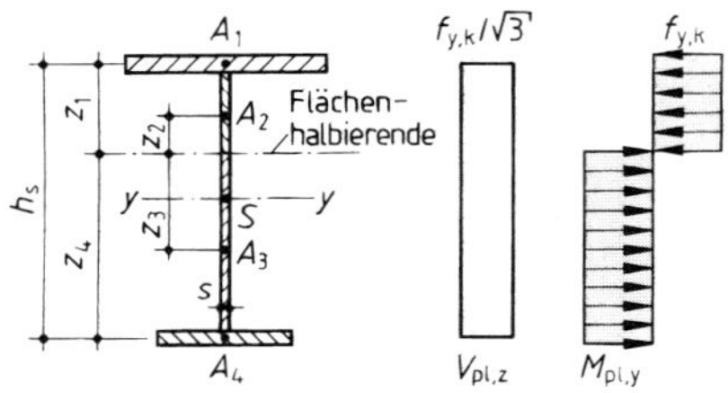

8.11 Vollplastische Schnittgrößen (V, M_y) am unsymmetrischen I-Querschnitt

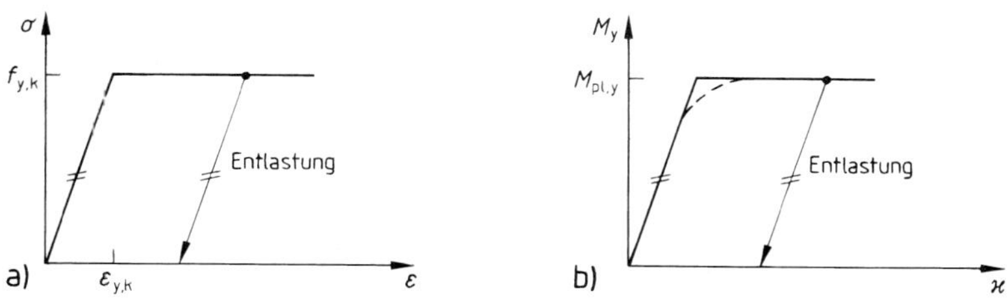

8.10 Idealisiertes Spannungsdiagramm und vereinfachte Momenten-Krümmungsbeziehung

Für den *einfachsymmetrischen* I-Querschnitt nach Bild **8.**11 gilt

$$\boldsymbol{V_{pl,z,k} = A_s \cdot f_{y,k}/\sqrt{3} = h_s \cdot s \cdot f_{y,k}/\sqrt{3}} \tag{8.32}$$

Bei reiner Momentenbeanspruchung M_y ist $D = -Z$ wegen $N = \int \sigma \cdot dA = 0$; daraus folgt, daß die *Spannungsnull-Linie* nicht mehr durch den Schwerpunkt, sondern durch die Flächenhalbierende verläuft.

$$\boldsymbol{M_{pl,y,k} = f_{y,k} \cdot (A_1 \cdot z_1 + A_2 \cdot z_2 + \ldots) = f_{y,k} \cdot \Sigma A_i \cdot z_i} \tag{8.33}$$

Mit $\Sigma \boldsymbol{A_i} \cdot z_i$ = Summe der Flächenmomente 1. Grades (statisches Moment) oberhalb (o) und unterhalb (u) der Flächenhalbierenden ist

$$\boldsymbol{W_{pl,y} = S_o + S_u} \tag{8.34 a}$$

und bei doppelsymmetrischen

$$\left.\begin{aligned} \boldsymbol{W_{pl,y}} &= \boldsymbol{2 \cdot S_y = \alpha_{pl} \cdot W_{el}} \\ \boldsymbol{M_{pl,y,k}} &= \boldsymbol{2 \cdot f_{y,k} \cdot S_y} \end{aligned}\right\} \tag{8.34 b}$$

Bei Walzträgern liegt der Formbeiwert α_{pl} zwischen 1,10 und 1,24; vereinfachend darf mit α_{pl} = 1,14 gerechnet werden, falls keine Tabellenwerke [26] greifbar sind.

Konzentration der Fließzonen. Ermittelt man den genauen Spannungszustand eines Einfeldträgers mit I-Querschnitt unter der Wirkung einer mittigen Einzellast oder einer Streckenlast, so zeigt sich, daß bei Erreichen des vollplastischen Momentes in Trägermitte nur wenige Trägerbereiche neben diesem Querschnitt teilplastiziert sind (Bild **8.**12, qualitative Darstellung). Dies führt zu einer 3. Vereinfachung: Es darf anstelle ausgebreiteter Fließzonen mit *konzentrierten Fließgelenken* in den Querschnitten mit (relativen) Momentenhöchstwerten gerechnet werden.

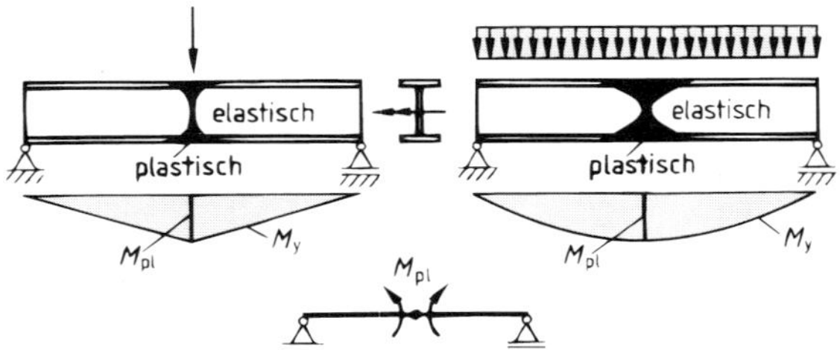

8.12
Fließzonenbereiche am Einfeldträger

8.2.3.2 Plastische Schnittgrößen (Interaktionsbeziehungen) bei kombinierter Beanspruchung

Zum prinzipiellen Verständnis eignet sich wiederum der einfache Rechteckquerschnitt.

M_y-N-Interaktion. Der Rechteckquerschnitt sei gleichzeitig durch eine Normalkraft N und ein Biegemoment $M_{(y)}$ beansprucht. Gesucht ist das bei einer vorhandenen Normalkraft N noch aufnehmbare Biegemoment $M_{pl,N}$, wenn der Querschnitt voll durchplastiziert ist. Der Index k ist hier vereinfachend weggelassen (Bild **8.**13).

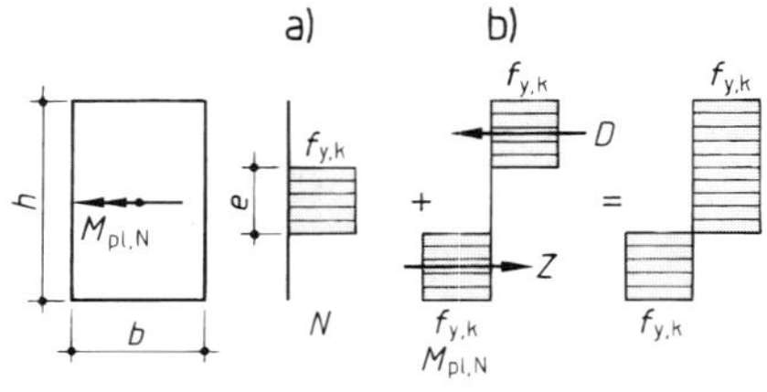

8.13
Zusammenwirkung (Interaktion) von Normalkraft und Biegemoment

Zur Aufnahme der Normalkraft N reservieren wir symmetrisch zur Flächenhalbierenden die Teilfläche $b \cdot e$ (Teilbild a)) und bilden das Verhältnis $N/N_{pl,k}$

$$\frac{N}{N_{pl,k}} = \frac{f_{y,k} \cdot b \cdot e}{f_{y,k} \cdot b \cdot h} = \frac{e}{h} \tag{8.35}$$

Das plastische Moment $M_{\text{pl,N}}$ wird aus Teilbild b) ermittelt

$$M_{\text{pl,N}} = M_{\text{pl,k}} - M_{\text{pl,e}} = M_{\text{pl,k}} - f_{\text{y,k}} \cdot \frac{b \cdot e^2}{4} \tag{8.36}$$

Mit (8.35) erhält man

$$\boldsymbol{M_{\text{pl,N}} = f_{\text{y,k}} \cdot \frac{b \cdot h^2}{4} \cdot \left[1 - \left(\frac{e}{h}\right)^2\right]} \quad \text{oder}$$

$$\boldsymbol{\frac{M_{\text{pl,N}}}{M_{\text{pl,k}}} = \left[1 - \left(\frac{N}{N_{\text{pl,k}}}\right)^2\right]} \quad \text{bzw.} \tag{8.37}$$

$$\boldsymbol{\frac{M_{\text{pl,N}}}{M_{\text{pl,k}}} + \left(\frac{N}{N_{\text{pl,k}}}\right)^2 = 1} \tag{8.38}$$

Gl. (8.38) nennt man eine *Interaktionsbeziehung* zwischen den plastischen und vollplastischen Schnittgrößen.

M_y-V_z-Interaktion. Unter Beachtung der Fließbedingung $\sigma_v = \sqrt{\sigma^2 + 3\tau^2} = f_{y,k}$ und bei Annahme einer gleichmäßigen Verteilung der Schubspannungen aus V_z über den gesamten Querschnitt läßt sich folgende Beziehung ableiten:

$$\boldsymbol{\frac{M_{\text{pl,V}}}{M_{\text{pl,k}}} = \sqrt{1 - \left(\frac{V}{V_{\text{pl,k}}}\right)^2}} \tag{8.39}$$

M_y, M_z, V_z-Interaktion. Einfache Formeln sind hier nur noch bei Querschnittssonderfällen möglich. Man verwendet vielmehr graphische Darstellungen.

Interaktion bei I-Querschnitten. Für I-Querschnitte aus Walzprofilen oder solchen mit *walzprofilähnlichem* Charakter – dies setzt die volle Mitwirkung druckbeanspruchter Querschnittsteile voraus – dürfen die Interaktionsbeziehungen nach Tafel **8.5** verwendet werden. Für andere Querschnitte sind solche in [22] zu finden. Bei Anwendung der Tafel **8.5** sind bei zweiachsiger Biegung mit Normalkraft die Querkräfte $V_{z,d}$ $V_{y,d}$ begrenzt auf

$$\boldsymbol{V_z \leq 0{,}33 \cdot V_{\text{pl,z,d}}} \quad \text{und} \quad \boldsymbol{V_y \leq 0{,}25 \cdot V_{\text{pl,y,d}}} \tag{8.40}$$

Zur Vermeidung übergroßer *Knickwinkel* in plastischen Gelenken ist – mit wenigen Ausnahmen – der plastische Formbeiwert α auf $\alpha_{\text{pl}} \leq 1{,}25$ begrenzt.

Grenzschnittgrößen im plastischen (vollplastischen) Zustand. Unter Berücksichtigung des Teilsicherheitsfaktors γ_M auf der Seite der Widerstände ergeben sich alle Grenzschnittgrößen aus den charakteristischen plastischen Schnittgrößen (Index k) durch Division mit γ_M

$$\boldsymbol{(M_{\text{pl}}, V_{\text{pl}}, N_{\text{pl}}, M_{\text{pl,N}} \ldots)_d = (M_{\text{pl}}, V_{\text{pl}}, N_{\text{pl}}, M_{\text{pl,N}} \ldots)_k / \gamma_M} \tag{8.41}$$

8.2.3.3 Plastische Grenztragfähigkeit statisch unbestimmter, biegebeanspruchter Systeme

Es werden Systeme behandelt, bei denen die Normalkräfte einen vernachlässigbaren Einfluß auf den Gleichgewichtszustand ausüben, d. h. die Theorie I. Ordnung anwendbar ist. Bei diesen Systemen wird die (plastische) Grenztragfähigkeit erreicht, wenn das

Tafel **8.5** Vollplastische Schnittgrößen und Interaktionsbeziehungen

Vollplastische Schnittgrößen	Interaktion N, M_y, M_z [1])
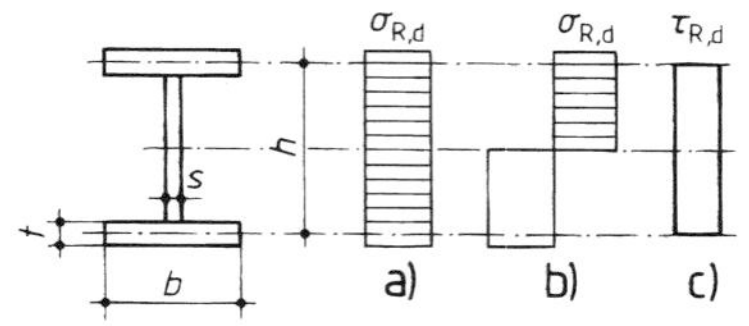 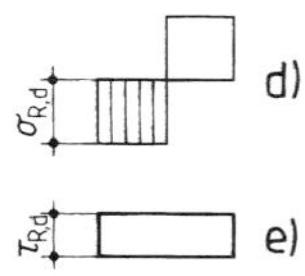 a) $N_{pl,d} = \sigma_{R,d} \cdot A$ b) $M_{pl,y,d} = \sigma_{R,d} \cdot \alpha_{pl,y} \cdot W_y$ c) $V_{pl,z,d} = \tau_{R,d} \cdot h \cdot s$ d) $M_{pl,z,d} = \sigma_{R,d} \cdot \alpha_{pl,z} \cdot W_z$ e) $V_{pl,y,d} = 2 \cdot t \cdot b \cdot \tau_{R,d}$	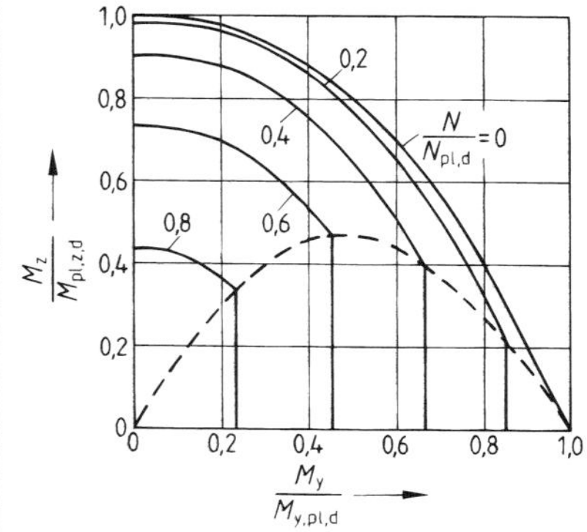

Formelmäßige Darstellung der N, M_y, M_z-Interaktion [1])

Vorwerte	$M_y \le M_y^*$	$M_y > M_y^*$
$M_y^* = [1 - (N/N_{pl,d})^{1,2}] \cdot M_{pl,y,d}$ $c_1 = (N/N_{pl,d})^{2,6}$ $c_2 = (1 - c_1)^{-N_{pl,d}/N}$ $M_z^* = [1 - c_2 \cdot (M_y^*/M_{pl,y,d})^{2,3} - c_1] \cdot M_{pl,z,d}$	$\dfrac{M_z}{M_{pl,z,d}} + c_1 + c_2 \cdot \left(\dfrac{M_y}{M_{pl,y,d}}\right)^{2,3} \le 1$	$\dfrac{1}{40} \cdot \left(\dfrac{M_z}{M_{pl,z,d}} - \dfrac{M_z^*}{M_{pl,z,d}}\right) + \left(\dfrac{N}{N_{pl,d}}\right)^{1,2} + \dfrac{M_y}{M_{pl,y,d}} \le 1$

Vereinfachte Interaktionsbeziehungen für doppelsymmetrische I-Querschnitte

Momente um y-Achse, $V = V_z$	Gültigkeitsbereich	$\dfrac{V}{V_{pl,d}} \le 0{,}33$	$0{,}33 < \dfrac{V}{V_{pl,d}} \le 0{,}9$
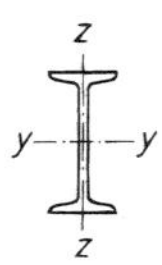	$\dfrac{N}{N_{pl,d}} \le 0{,}1$	$\dfrac{M}{M_{pl,d}} \le 1$	$0{,}88 \dfrac{M}{M_{pl,d}} + 0{,}37 \dfrac{V}{V_{pl,d}} \le 1$
	$0{,}1 < \dfrac{N}{N_{pl,d}} \le 1$	$0{,}9 \dfrac{M}{M_{pl,d}} + \dfrac{N}{N_{pl,d}} \le 1$	$0{,}8 \dfrac{M}{M_{pl,d}} + 0{,}89 \dfrac{N}{N_{pl,d}} + 0{,}33 \dfrac{V}{V_{pl,d}} \le 1$
Momente um z-Achse, $V = V_y$	Gültigkeitsbereich	$\dfrac{V}{V_{pl,d}} \le 0{,}25$	$0{,}25 < \dfrac{V}{V_{pl,d}} \le 0{,}9$
	$\dfrac{N}{N_{pl,d}} \le 0{,}3$	$\dfrac{M}{M_{pl,d}} \le 1$	$0{,}95 \dfrac{M}{M_{pl,d}} + 0{,}82 \left(\dfrac{V}{V_{pl,d}}\right)^2 \le 1$
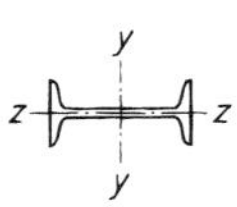	$0{,}3 < \dfrac{N}{N_{pl,d}} \le 1$	$0{,}91 \dfrac{M}{M_{pl,d}} + \left(\dfrac{N}{N_{pl,d}}\right)^2 \le 1$	$0{,}87 \dfrac{M}{M_{pl,d}} + 0{,}95 \left(\dfrac{N}{N_{pl,d}}\right)^2 + 0{,}75 \left(\dfrac{V}{V_{pl,d}}\right)^2 \le 1$

[1]) Gültig für $V_z/V_{pl,z,d} \le 0{,}33$ und $V_y/V_{pl,y,d} \le 0{,}25$

statische System eine solche Anzahl von *Fließgelenken* ausgebildet hat, daß eine *kinematische Kette* entsteht. Hierzu betrachten wir den Balken mit biegestarren Einzelstäben, die an den Stabenden durch *Rutschkupplungen* mit der angegebenen Momenten-Krümmungsbeziehung gelagert bzw. in Stabmitte verbunden sind (Bild **8**.14).

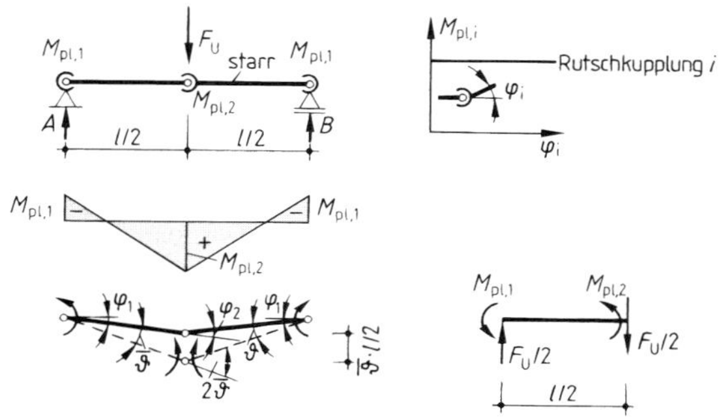

8.14
Modell einer Fließgelenkkette (Starrkörper mit Rutschkupplungen)

Der Stabzug hat offensichtlich seine Tragfähigkeit erreicht, wenn die Kraft F_u in allen Kupplungen die Gleitgrenze $M_{pl,i}$ erreicht hat. Die Momentenverteilung ist dann bekannt, und die Tragkraft F_u kann aus einfachen Gleichgewichtsbedingungen berechnet werden.

$$\boldsymbol{F_u = A_u + B_u = \frac{4 \cdot (M_{pl,1} + M_{pl,2})}{l}} \qquad (8.42)$$

Bei der Übertragung auf *elastische* (elastisch-plastische) Systeme sind zwei Vorgehensweisen möglich. Bei der *schrittweisen Berechnung* werden nacheinander alle Gleichgewichtszustände untersucht, bis ein *Versagen* des Tragwerks durch Ausbildung einer Fließgelenkkette eintritt. Die Berechnung erfolgt mit den üblichen Methoden der Baustatik, ausgehend von der elastischen Schnittgrößenberechnung. Bei dieser Vorgehensweise hat man mehrere statische Systeme zu untersuchen und erhält mit Hilfe der Arbeitsgleichung auch den gesamten Last-Verformungsverlauf. Meistens interessiert jedoch nur der endgültige Gleichgewichtszustand unter der erreichbaren Grenztragfähigkeit. Dieser ist auf einfachste Weise zu ermitteln mit Hilfe des *Prinzips der virtuellen Verschiebungen.*

Die unterschiedlichen Vorgehensweisen sollen am Träger nach Bild **8**.15 vorgeführt werden. (Der Einfluß der Querkräfte wird zunächst vernachlässigt und der Index k weggelassen.)

Beispiel 1 (Bild **8**.15) **Schrittweise Berechnung**. Der Träger erreicht seine elastische Grenztragfähigkeit q_{el}, wenn an den Einspannstellen mit der größten Momentenbeanspruchung das elastische Grenzmoment erreicht wird. Die hierzu gehörende Last q_{el} errechnet sich aus

$$\boldsymbol{M_E = M_{el} = f_y \cdot W_{el} = \frac{q_{el} \cdot l^2}{12}} \qquad (8.43)$$

zu

$$\boldsymbol{q_{el} = \frac{12 \cdot W_{el}}{l^2} \cdot f_y} \quad \text{(s. Bild 8.15)} \qquad (8.44)$$

Beispiel 1 Forts.

Die Last kann so weit gesteigert werden, bis an den Einspannstellen das vollplastische Moment M_{pl} erreicht ist. Mit Annahme eine bilinearen Momentenkrümmungsbeziehung und unter Verwendung des Formbeiwertes α_{pl} ist

$$q_{tpl} = \frac{12 \cdot W_{el}}{l^2} \cdot \alpha_{pl} \cdot f_y = \frac{12\, M_{pl}}{l^2} \tag{8.45}$$

Der Laststeigerungsfaktor gegenüber q_{el} beträgt lediglich α_{pl} (= Querschnittsreserve). Eine weitere Momentenzunahme an den Einspannstellen ist jetzt nicht mehr möglich, jedoch ist der Stab zwischen den Einspannungen noch völlig elastisch; er vermag eine zusätzliche Last Δq aufzunehmen, bis auch in Feldmitte das Moment aus q_{tpl} und Δq den Wert M_{pl} erreicht hat. Die Zusatzlast Δq wirkt auf den statisch bestimmten Einfeldträger (Bild **8.**15 b)

$$M_m = \frac{q_{tpl} \cdot l^2}{24} + \frac{\Delta q \cdot l^2}{8} = \alpha \cdot W_{el} \cdot f_y \tag{8.46}$$

Mit Gl. (8.45) errechnet sich Δq zu

$$\Delta q = \frac{4 \cdot W_{el}}{l^2} \cdot \alpha_{pl} \cdot f_y$$

und die plastische Grenzlast

$$q_{pl} = (12 + 4) \cdot \frac{W_{el}}{l^2} \cdot \alpha_{pl} \cdot f_y = \frac{16\, W_{el}}{l^2} \cdot \alpha_{pl} \cdot f_y = \frac{16\, M_{pl}}{l^2} \tag{8.47}$$

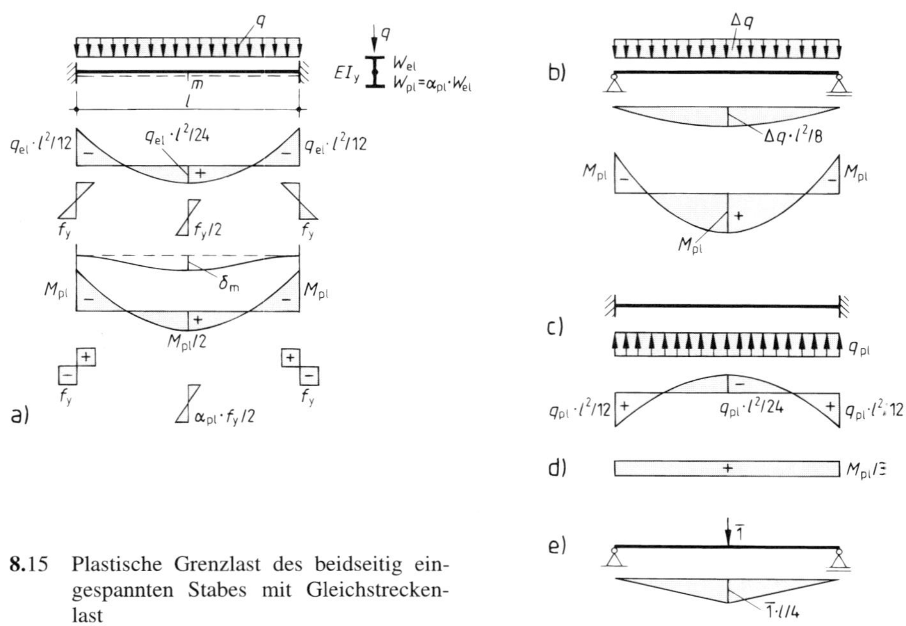

8.15 Plastische Grenzlast des beidseitig eingespannten Stabes mit Gleichstreckenlast

Beispiel 1 Forts.

Das Verhältnis von q_{pl} zu q_{el} beträgt

$$\frac{q_{pl}}{q_{el}} = \frac{16}{12} \cdot \alpha_{pl} = 1{,}33 \cdot \alpha_{pl} \tag{8.48}$$

Der Faktor 1,33 ist die plastische Reserve des statisch unbestimmten Systems.

Last-Verformungskurve und Entlastung. Mit den M-Linien der einzelnen Teilschritte läßt sich die Lastverformungskurve unter Verwendung von Tabellenwerken bestimmen. Für eine graphische Darstellung eignet sich die Mittendurchbiegung δ_m

infolge q_{tpl}:

$$\delta_{m,tpl} = \frac{q_{tpl} \cdot l^4}{384\,EI} = 3 \cdot \frac{M_{pl}\,l^2}{96\,EI} = 3 \cdot \bar{\delta}_m \tag{8.49}$$

$$\frac{96\,EI}{M_{pl} \cdot l^2} \cdot \delta_{m,tpl} = \bar{\delta}_m = 3$$

infolge Δq:

$$\Delta\delta_m = \frac{5\,\Delta q \cdot l^4}{384\,EI} = 5 \cdot \frac{M_{pl} \cdot l^2}{96\,EI} = 5 \cdot \bar{\delta}_m$$

Die Gesamtdurchbiegung beim Erreichen des letzten Fließgelenkes (FG) beträgt

$$\delta_m = 8\,\frac{M_{pl} \cdot l^2}{96\,EI} = 8 \cdot \bar{\delta}_m \tag{8.50}$$

Entsprechend der Entlastungsgeraden im bilinearen σ-ε-Diagramm (Bild **8**.10 a) verhält sich das Tragwerk bei Entlastung völlig elastisch. Wird die Entlastung als entgegengesetzte Streckenlast ($-q_{pl}$) auf den ursprünglichen Träger aufgebracht, so erhält man die M-Linie nach Bild **8**.15 c. Überlagert man die M-Flächen aus q_{pl} und $-q_{pl}$ – dies ist möglich, da alle Teilmomentenflächen einfache quadratische Parabeln sind – so verbleibt ein über die Trägerlänge konstanter *Restspannungszustand* von $M_{pl}/3$ (Bild **8**.15 d). Die nach Entlastung verbleibende Mittendurchbiegung wird mit Hilfe der Arbeitsgleichung bestimmt

$$\delta_{m,bl} = \frac{1}{2} \cdot \frac{M_{pl}}{3} \cdot \frac{l}{4\,EI} = \frac{4\,M_{pl} \cdot l^2}{96\,EI} = 4 \cdot \bar{\delta}_m \tag{8.51}$$

Die Entlastungsgerade verläuft in der Tat parallel zum ersten Teilstück der Belastungskurve. An den Einspannstellen verbleiben Knickwinkel von der Größe $\Delta\varphi_{E,bl} = (M_{pl} \cdot l)/6\,EI$.

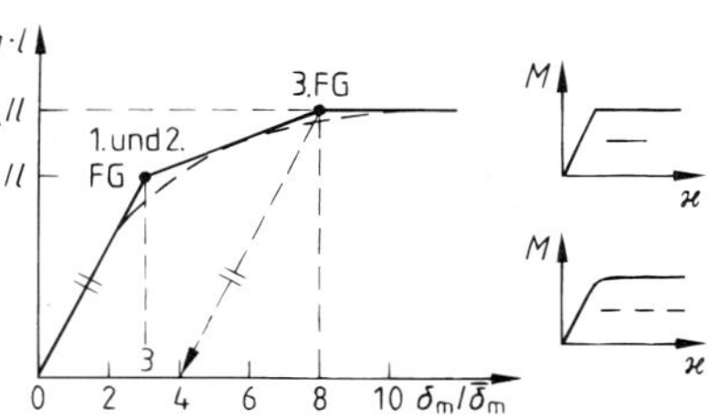

8.16 Last-Verformungskurve zu Beispiel 1

Berechnung mit dem Prinzip der virtuellen Verrückungen (P.d.v.V). Das Prinzip der virtuellen Verrückungen ist das umfassendste Prinzip der Mechanik und vermag die Gleichgewichtsbedingungen identisch zu ersetzen. (Das in der Praxis häufiger verwendete Prinzip der virtuellen Kräfte = „Arbeitsgleichung" beschreibt demgegenüber einen Verformungsvorgang.)

Das P.d.v.V lautet:

> Befindet sich ein System im Gleichgewicht, so sind die virtuellen Arbeiten ($\delta_v A$) der äußeren und inneren Kräfte (Momente) längs beliebiger, aber systemverträglicher infinitesimaler, gedachter Wege (virtuelle Verrückung) gleich groß
>
> $$\delta_v A_a = \delta_v A_i \tag{8.52}$$

Wir wenden dieses Prinzip nun auf den unter der Last q_{pl} im Gleichgewichtszustand befindlichen Träger an und wählen hierzu eine spezielle virtuelle Verrückung in Form einer Starrkörperbewegung. Die Teilträger seien starre Scheiben und werden um den virtuellen Drehwinkel ϑ, ausgehend von der Gleichgewichtslage, zusätzlich verformt.

Wegen der geometrischen Linearität zwischen Endlage und Ausgangslage (Starrkörper) kann der virtuelle Verformungszustand auch von der unausgebogenen Lage aus gezeichnet werden. (Dies gilt nicht bei Anwendung der Theorie II. Ordnung!). Der gesamte virtuelle Verformungszustand der Gelenkkette ist geometrisch bestimmt. Da die Teilscheiben sich wie Starrkörper verhalten sollen, wird *innere Arbeit* nur in den plastischen Gelenken geleistet, wobei diese in jedem FG einen positiven Wert annimmt. Man braucht sich also um den Drehsinn von Moment und Knickwinkel (Relativdrehwinkel) nicht zu kümmern. Die Streckenlasten auf den Teilscheiben fassen wir zu Resultierenden zusammen. Sie leisten äußere Arbeit auf den zu ihnen gehörenden Verschiebungswegen. Da die Last- und Schnittgrößen bei der virtuellen Verrückung bereits in voller Größe vorhanden sind, entfällt der bei tatsächlichen Arbeiten auftretende Integrationsfaktor „1/2".

> Virtuelle äußere Arbeit: Σ (Kraft $\times$ virtueller Verschiebungsweg)
>
> Virtuelle innere Arbeit: Σ (M_{pl} $\times$ Drehwinkel)

Also gilt nach Bild **8**.17:

$$\delta_v A_a = \left(q_{pl} \cdot \frac{l}{2} \cdot \bar{\vartheta} \cdot \frac{l}{4}\right) \cdot 2 = M_{pl}\,(\bar{\vartheta} + 2 \cdot \bar{\vartheta} + \bar{\vartheta}) = \delta_v A_i \tag{8.53}$$

$$q_{pl} \cdot \frac{l^2}{4} = 4\,M_{pl} \quad \text{oder} \tag{8.54}$$

$$q_{pl} = \frac{16\,M_{pl}}{l^2} \quad \text{q. e. d.}$$

Diese Vorgehensweise ist also wesentlich einfacher als die umständliche, schrittweise Berechnung. Allerdings läßt sich mit dieser Methode nur der Endzustand angeben. Zwischenzustände erhält man nicht.

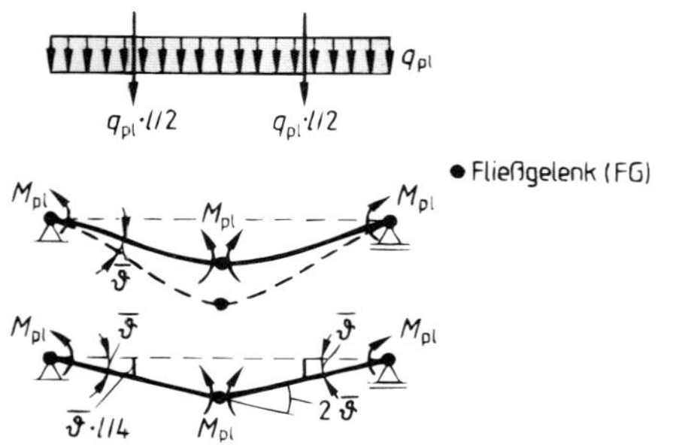

8.17 Behandlung des 1. Beispiels mit Hilfe des Prinzips der virtuellen Verrückung

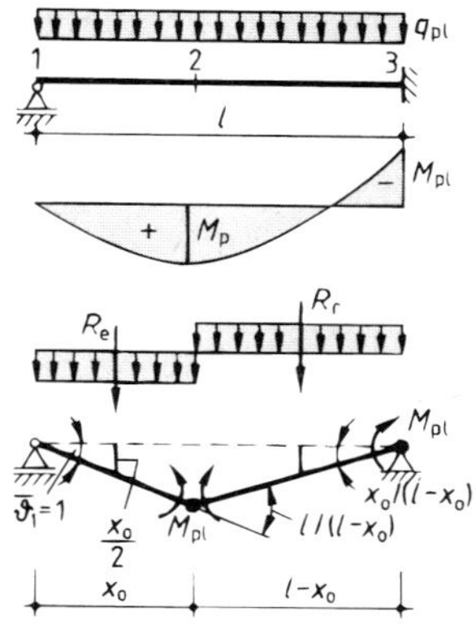

8.18 Plastische Grenzlast des einseitig eingespannten und auf der anderen Seite gelenkig gelagerten Einfeldträgers mit Gleichstreckenlast

Beispiel 2 (Bild **8**.18) Für den einseitig eingespannten Einfeldträger mit dem plastischen Moment M_{pl} soll die plastische Grenzlast q_{pl} bestimmt werden.

Nach der Elastizitätstheorie ist an der Einspannstelle das größte Moment, so daß sich hier ein erstes Fließgelenk bildet. Das größte Feldmoment liegt im Abstand $0{,}375 \cdot l$ vom linken Auflager entfernt. Nach Ausbildung der 1. FG verhält sich der Träger für eine zusätzlich aufnehmbare Last Δq wie der beidseitig gelenkig gelagerte Einfeldträger mit dem Maximalmoment in Feldmitte. Das Fließgelenk im Feld wird sich daher im Trägerbereich zwischen $0{,}375 \cdot l$ und $0{,}5 \cdot l$ einstellen. Seine Lage sei mit x_o bezeichnet. Mit der virtuellen Verrückung $\bar\vartheta_1 = 1$ liegen die geometrischen Verhältnisse fest.

$$\bar\vartheta_1 = 1, \quad \bar\vartheta_3 = \frac{\bar\vartheta_1 \cdot x_o}{l - x_o} = \frac{x_o}{l - x_o} \tag{8.55}$$

$$\bar\vartheta_2 = \bar\vartheta_1 + \bar\vartheta_3 = 1 + \frac{x_o}{l - x_o} = \frac{l}{l - x_o}$$

Die virtuelle Lastabsenkung der resultierenden Kräfte R_l und R_r ist – wie man sich leicht überzeugen kann – gleich groß, nämlich $x_o/2$. Mit $R_l + R_r = q_{pl} \cdot l$ gilt P.d.v.V:

$$q_{pl} \cdot l \cdot \frac{x_o}{2} = M_{pl}\left(\frac{l}{l - x_o} + \frac{x_o}{l - x_o}\right) \quad \text{oder} \tag{8.56}$$

$$q_{pl} = \frac{2\,M_{pl}}{l} \cdot \frac{l + x_o}{x_o \cdot (l - x_o)} = q_{pl}\,(x_o)$$

Nach dem *Statischen Satz* der Fließgelenktheorie stellt sich x_o so ein, daß q_{pl} zum Minimum wird. Das maßgebende x_o wird aus der Forderung $\mathrm{d}q_{pl}/\mathrm{d}x_o = 0$ bestimmt.

$$0 = \frac{x_o \cdot (l - x_o) - (l - 2x_o)\,(l + x_o)}{x_o^2\,(l - x_p)^2} \tag{8.57}$$

Setzt man den Zähler in Gl. (8.57) = 0, so läßt sich x_o aus einer quadratischen Gleichung bestimmen.

$$x_o^2 + 2x_o \cdot l - l^2 = 0 \qquad x_o = 0{,}414 \cdot l \tag{8.58}$$

Beispiel 2 Forts. Diese Lösung führt auf die kleinste Traglast mit

$$q_{pl} = 11{,}66 \cdot \frac{M_{pl}}{l^2} \tag{8.59}$$

Hätte man das Fließgelenk (fälschlicherweise) in Feldmitte angenommen, so wird

$$\bar{q}_{pl} = 12{,}0\,\frac{M_{pl}}{l^2} \tag{8.59 a}$$

Der Fehler (auf der unsicheren Seite) beträgt nur 2,9 %.

Daraus kann man den Schluß ziehen, daß die Lage des Fließgelenkes im Feld sinnvoll abgeschätzt werden darf; nach DIN 18800-1 kann bei unverschieblichen Systemen das Fließgelenk beliebig angenommen werden, wenn die entsprechenden grenz(b/t)-Werte überall eingehalten sind.

8.2.3.4 Nachweis ausreichender Bauteildicken

Sollen druckbeanpruchte Querschnittsteile beim Nachweisverfahren Elastisch-Plastisch oder Plastisch-Plastisch bis zum Erreichen der Grenztragkraft (der kinematischen Kette

Tafel **8.6** Grenzwerte grenz (b/t) und grenz (d/t) für volles Mitwirken von Querschnittsteilen unter Druckspannungen σ_x beim Tragsicherheitsnachweis nach dem Verfahren Elastisch-Plastisch und Plastisch-Plastisch, $f_{y,k}$ in N/mm^2

Zeile	Nach-weis-Verfahren	Plattenstreifen			Kreiszylinder
		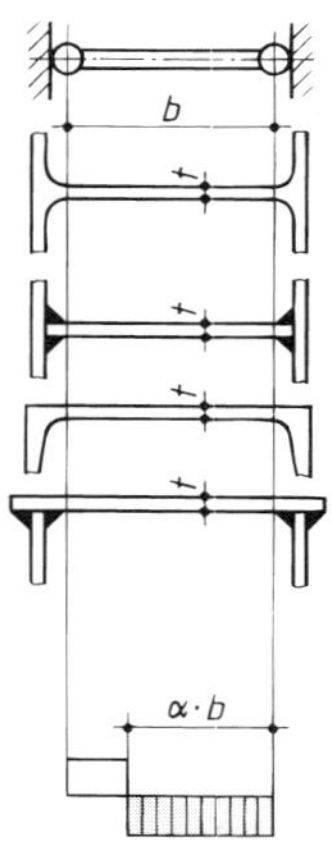	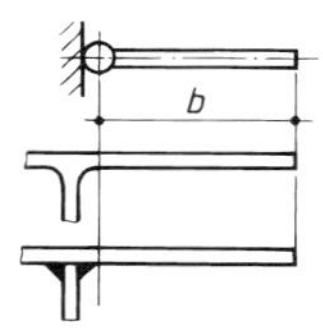 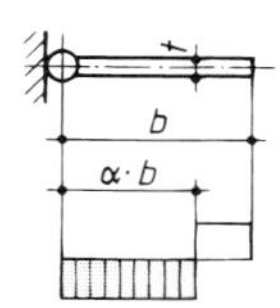	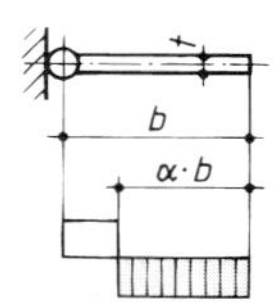	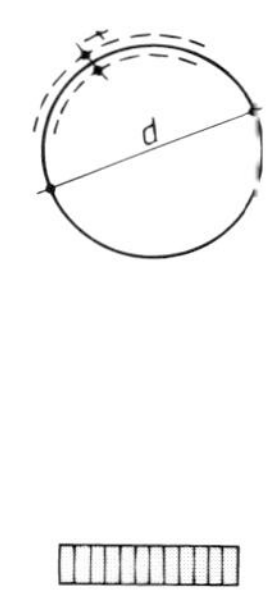
		grenz (b/t)	grenz (b/t)	grenz (b/t)	grenz (d/t)
1	Elast.-Plast.	$\frac{37}{\alpha} \cdot \sqrt{\frac{240}{f_{y,k}}}$	$\frac{11}{\alpha \cdot \sqrt{\alpha}} \cdot \sqrt{\frac{240}{f_{y,k}}}$	$\frac{11}{\alpha} \cdot \sqrt{\frac{240}{f_{y,k}}}$	$70 \cdot \frac{240}{f_{y,k}}$
2	Plast.-Plast.	$\frac{32}{\alpha} \cdot \sqrt{\frac{240}{f_{y,k}}}$	$\frac{9}{\alpha \cdot \sqrt{\alpha}} \cdot \sqrt{\frac{240}{f_{y,k}}}$	$\frac{9}{\alpha} \cdot \sqrt{\frac{240}{f_{y,k}}}$	$50 \cdot \frac{240}{f_{y,k}}$

Druckspannungen sind durch Schraffur gekennzeichnet.

bei Tragwerken mit $N = 0$) voll mittragen, so müssen die Querschnittsabmessungen grenz(b/t) und grenz(d/t) nach Tafel **8.**6 eingehalten werden. Zur Vereinfachung der Berechnung wird man auf eine genaue Ermittlung des Spannungszustandes im zu untersuchenden Querschnittsteil (Wert α nach Tafel **8.**6) verzichten und die Streckgrenze über die volle Querschnittsbreite ansetzen; man liegt dann auf der sicheren Seite.

8.2.3.5 Materialverfestigung

Bei der Anwendung der Fließgelenktheorie auf Systeme mit extremen Abmessungsverhältnissen oder Lastzuständen kann es vorkommen, daß aufgrund der Relativdrehwinkel in einzelnen Fließgelenken die Randfasern des Querschnittes sehr große Dehnungen (Stauchungen) erfahren und damit in den Verfestigungsbereich der Materialkennlinie ($\sigma > f_{y,k}$) gelangen oder eine erhöhte Streckgrenze des Materials maßgebend wird. Der auf diese Weise „verfestigte" Tragwerksbereich kann dann höhere Grenzschnittgrößen aufnehmen und zieht daher zwangsläufig auch erhöhte Schnittgrößen an. Für einen über das Fließgelenk durchlaufend gleichbleibenden Querschnitt bedeutet dies keine Gefährdung. Ist in unmittelbarer Nähe jedoch ein Stoß mit Verbindungsmitteln (z. B. Schrauben) angeordnet, bei denen eine gleichzeitige Erhöhung der Tragfähigkeit nicht gewährleistet ist, tritt eine erhöhte Beanspruchung der Verbindungsmittel auf.

Bei üblichen Tragwerken darf auf die Erhöhung der durch diesen Sachverhalt bedingten Vergrößerung der Stützgrößen verzichtet werden. Stoßstellen wird man zweckmäßigerweise außerhalb der gefährdeten Trägerbereiche legen. Ist dies nicht möglich, sind der Stoß und die Verbindungsmittel auf die 1,25fachen Grenzschnittgrößen im plastischen Zustand (mit $\sigma_{R,d}$) zu bemessen. Bei voll durchgeschweißten Stumpfstößen darf die Erhöhung der Festigkeit unterstellt werden und vorgenannter Nachweis entfällt.

8.2.3.6 Ungeeignete Systeme

Ein Fließgelenk kann einen Relativdrehwinkel φ nur in begrenzter Größe ausführen, ohne daß das vollplastische Moment M_{pl} durch *Beul- oder Krüppelerscheinungen* absinkt. Die Relativdrehwinkel φ in den Fließgelenken können erforderlichenfalls mit dem *Prinzip der virtuellen Kräfte* („Arbeitsgleichung") aus der plastischen Momentenverteilung bestimmt werden. Bei Anwendung des *Reduktionssatzes der Baustatik* (virtueller Kraftplan am statisch bestimmten System) muß in diesem Fall der Ort des sich zuletzt einstellenden Fließgelenkes bekannt sein. Für diesen Querschnitt wird elastisches Verhalten (Kontinuität) unterstellt; in allen anderen Fließgelenken dürfen beim virtuellen statischen System reibungsfreie Gelenke angenommen werden. In Fließgelenken sollten hierbei die Bedingungen

$$\boldsymbol{\varphi \leq 0{,}07 \text{ bis } 0{,}1} \quad \text{und} \quad \boldsymbol{\varphi \leq 0{,}005 \cdot l/h \; (h = \text{Trägerhöhe})} \tag{8.60}$$

eingehalten sein. Systeme mit größeren Relativdrehwinkeln sind für die Berechnung nach der Fließgelenktheorie im Hinblick auf praktische Belange auszuschließen bzw. ungeeignet.

8.3 Trägersysteme

Die statischen Systeme der Träger ergeben sich aus den speziellen Lagerungen und der konstruktiven Gestaltung.

8.3.1 Einfeldträger

Einfeldträger mit gelenkiger Endauflagerung bzw. mit gelenkigem Anschluß sind übliche Deckenträger im Stahlhochbau. Auch wenn deren Abmessungen (Trägerhöhe h, Metergewicht g) im allgemeinen größer sind als bei biegesteifen *Durchlaufträgern,* überwiegt die wirtschaftliche Fertigung gegenüber einer erzielbaren Materialeinsparnis durch Fortfall lohnintensiver Stöße. Die Schnittgrößen werden aus den gewöhnlichen Gleichgewichtsbedingungen bestimmt, und das Trägerprofil aus der Bedingung

$$\mathbf{erf}\ \boldsymbol{W_y \geq}\ \mathbf{max}\ \boldsymbol{M/\sigma_{R,d}} \qquad (8.61)$$

unter Beachtung des Trägergewichtes (kg/m) bei größtmöglichem Flächenmoment 2. Grades (Trägheitsmoment) ermittelt. Bei langen Einfeldträgern kann die Durchbiegung unter Gebrauchslast für die Querschnittswahl maßgebend werden. Die Schubtragfähigkeit wird insbesondere bei kurzen und stark belasteten Trägern für die Dimensionierung entscheidend. Wird der Träger unmittelbar auf Mauerwerk oder Beton gelagert, so ist die Größe des *Stabend-Tangentenwinkels* $\varphi_E = 1/94$ bei q = konst. und max $f = l/300$. Für die optimale Querschnittswahl können auch rein konstruktive oder wirtschaftliche Belange bestimmend sein. In der Regel sind die Werkstattkosten (Fertigungskosten) für die Profilwahl ausschlaggebend.

Beispiel 3 Ein Deckenträger aus St 37 (S 235) mit einer Stützweite l = 7,0 m und den charakteristischen Einwirkungen g_k = 4,5 kN/m², p_k = 4,0 kN/m ist bei einer Belastungsbreite b = 1,50 m zu bemessen. Im Gebrauchszustand mit γ_F = 1,0 soll die max. Durchbiegung ≤ l/300 betragen. Der Trägerobergurt ist mit einer Stahlbetondecke unverschieblich gehalten. Beim Einfeldträger ist eine Kippung dadurch ausgeschlossen.

$$q_G = 1{,}0 \cdot (4{,}5 + 4{,}0) \cdot 1{,}5 = 12{,}75 \text{ kN/m}$$

$$M_G = 12{,}75 \cdot 7{,}0^2/8 = 78{,}09 \text{ kNm}$$

$$q_d = [1{,}35 \cdot 4{,}5 + 1{,}5 \cdot 4{,}0] \cdot 1{,}5 = 18{,}11 \text{ kN/m}$$

$$M_d = 18{,}11 \cdot \frac{7{,}0^2}{8} = 111 \text{ kN/m}$$

$$\sigma_{R,d} = 21{,}8 \text{ kN/cm}^2,\ \tau_{R,d} = 21{,}8/\sqrt{3} = 12{,}6 \text{ kN/cm}^2$$

$$V_d = 18{,}11 \cdot 7{,}0/2 = 63{,}4 \text{ kN}$$

$$\left.\begin{aligned} \text{erf } W_y &\geq 11\,100/21{,}8 = 509 \text{ cm}^3 \\ \text{erf } I_y &\geq 15 \cdot 78{,}09 \cdot 7{,}0 = 8200 \text{ cm}^4 \\ \text{erf } h &\geq 7000/27 = 260 \text{ mm} \end{aligned}\right\} \quad \begin{aligned} &\text{gewählt: IPE 300} \\ &I_y = 8360 \text{ cm}^4 \\ &W_y = 557 \text{ cm}^3 \\ &A_V = 20{,}5 \text{ cm}^2 \end{aligned}$$

$$\sigma = 11\,100/557 = 19{,}93 \text{ kN/cm}^2 \qquad \sigma/\sigma_{R,d} = 19{,}93/21{,}8 = 0{,}91 < 1$$

$$\tau_m = 63{,}4/20{,}5 = 3{,}09 \text{ kN/cm}^2 \qquad \tau_m/\tau_{R,d} = 3{,}09/12{,}6 = 0{,}25 < 1$$

$$\max f \approx \frac{700}{300} \cdot \frac{8200}{8360} = 2{,}29 \mathrel{\hat{=}} l/306$$

Andere geeignete, aber schwerere Trägerprofile sind z. B. IPBl 260 oder IPB 220.

Beispiel 4 (Bild **8**.19) Der Unterzug IPB 600 – St 37 (S 235) wird durch sein Eigengewicht und 2 symmetrische Einzellasten V_K = 550 kN beansprucht. Der Trägerobergurt ist an den Lasteinleitungsstellen gegen seitliches Ausweichen unverschieblich gehalten.

$$g_d \approx 1{,}35 \cdot 2{,}12 = 2{,}86 \text{ kN/m}$$

$$V_d = 1{,}5 \cdot 550 = 825 \text{ kN}$$

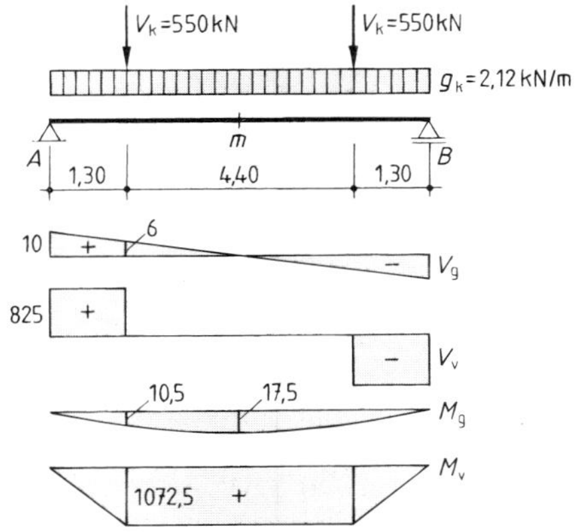

8.19 Einwirkungen und Schnittgrößen zum Träger des 2. Beispiels

Schnittgrößen

Stelle A: max $V = 2{,}86 \cdot 7{,}0/2 + 825 = 835$ kN

Stelle 1: $M_1 = 835 \cdot 1{,}3 - 2{,}86 \cdot 1{,}3^2/2 = 1083$ kN/m

$V_{1,l} = 835 - 2{,}86 \cdot 1{,}3 = 831$ kN

Stelle m: max $M = 2{,}86 \cdot 7{,}0^2/8 + 825 \cdot 1{,}3 = 1090$ kNm

$V = 0$

Spannungsnachweis (Elastisch-Elastisch)

max $\sigma = 10\,900/5\,700 = 19{,}12$ kN/cm² $\quad \sigma/\sigma_{R,d} = 19{,}12/21{,}8 = 0{,}88 < 1$

$A_V = A_{Steg} = 1{,}55 \cdot (60 - 3{,}0) = 88{,}4$ cm²

max $\tau_m = 835/88{,}4 = 9{,}45$ kN/cm² $\quad \tau/\tau_{R,d} = 9{,}45/12{,}6 = 0{,}75 < 1$

$$(A_{Gurt}/A_{Steg} = \frac{(270 - 88{,}4)/2}{88{,}4} = 1{,}03 > 0{,}6)$$

Vergleichsspannung an der Stelle 1 unmittelbar unterhalb der Ausrundung:

$$S_{y,G} = S_y - s \cdot (h - 2c)^2/8 = 3210 - 1{,}55 \cdot 48{,}6^2/8 = 2752 \text{ cm}^3$$

$$\sigma_1 = \frac{109\,000}{171\,000} \cdot 48{,}6/2 = 15{,}49 \text{ kN/cm}^2$$

$$\tau_1 = \frac{831 \cdot 2752}{171\,000 \cdot 1{,}55} = 8{,}63 \text{ kN/cm}^2$$

$$\sigma_V = \sqrt{15{,}49^2 + 3 \cdot 8{,}63^2} = 21{,}53 \text{ kN/cm}^2$$

$$\sigma_V/\sigma_{R,d} = 21{,}53/21{,}8 = 0{,}99 < 1$$

Beispiel 4 Forts.

Kippsicherheitsnachweis: Vereinfachter Nachweis nach Gl. (8.13)

Gl. (8.12): $i_{z,G} = \sqrt{\frac{13\,530}{270 - 0{,}6 \cdot 88{,}4}} = 7{,}90$ cm

$c = 440$ cm

$k_c \approx 1{,}0$ (Tafel **8.**4)

$M_{pl,y,d} = 1402$ kNm

Gl. (8.13): $\bar{\lambda} = \frac{1{,}0 \cdot 440}{7{,}9 \cdot 92{,}9} = 0{,}6 < 0{,}5 \cdot \frac{1402}{1090} = 0{,}64$

Es besteht keine Kippgefahr.

Gebrauchstauglichkeitsnachweis (mit $\gamma_F = 1{,}0$)

Die Durchbiegung aus dem Eigengewicht wird vernachlässigt

$$\max f = \frac{V_k \cdot a}{24\, EI_y} \cdot (3 \cdot l^2 - 4 \cdot a^2) =$$

$$= \frac{550 \cdot 130}{24 \cdot 21 \cdot 10^3 \cdot 171\,000} \cdot (3 \cdot 700^2 - 4 \cdot 130^2)$$

$$= 1{,}16 \text{ cm} = l/603$$

8.3.2 Durchlaufträger

Führt man Deckenträger und Unterzüge als Durchlaufträger aus, verringern sich die Feldmomente infolge der entlastenden Wirkung der Stützmomente. Die Profile werden dadurch niedriger und leichter, die Durchbiegung wird wesentlich kleiner. Es ist aber zu prüfen, ob die Baustoffeinsparung nicht aufgewogen wird von den Mehrkosten für konstruktive Maßnahmen, die zur Herstellung der Kontinuität getroffen werden müssen. In diesem Fall wären frei aufliegende Träger wirtschaftlicher.

Die Berechnung der *Schnittgrößen* und die *Bemessung* können entweder nach der Elastizitätstheorie oder bei dafür geeigneten Systemen nach der Fließgelenktheorie erfolgen. Ist ein *Durchbiegungsnachweis* erforderlich, wird er (auch bei Anwendung der Fließgelenktheorie) unter Gebrauchslasten nach der Elastizitätstheorie geführt.

8.3.2.1 Berechnung nach der Elastizitätstheorie (Elastisch-Elastisch, Elastisch-Plastisch)

Bei beliebigen Stützweiten und Belastungen geschieht die Berechnung der statisch Überzähligen, der Biegemomente, Querkräfte und Formänderungen nach den üblichen Methoden der Baustatik [26]. Die veränderlichen Einwirkungen sind im Hochbau feldweise wechselnd in der jeweils maßgebenden Laststellung anzusetzen (Bild **8.**20). Der Durchbiegungsnachweis ist entbehrlich, wenn die Trägerhöhe h ausreichend groß ist, z. B. $h \geq l/27$ bei Trägern aus St 37 und zul $f = l/300$. Andernfalls weist man zur Vereinfachung der Berechnung statt der maximalen Durchbiegung den etwas kleineren Wert in Feldmitte nach.

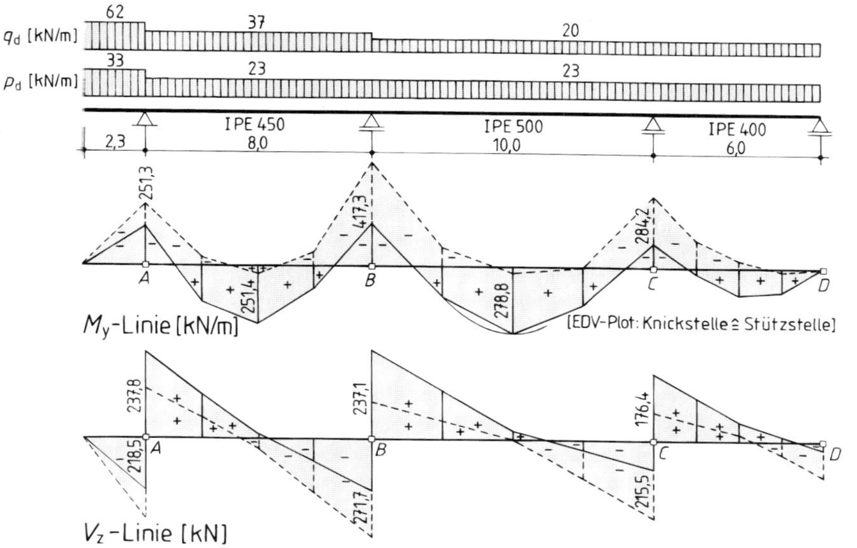

8.20 Durchlaufträger mit Kragarm; Hüllkurve der Biegemomente und Querkräfte nach der Elastizitätstheorie unter Berücksichtigung feldweise wechselnder Verkehrslast und unterschiedlicher Steifigkeiten

8.3.2.2 Berechnung nach der Fließgelenktheorie (Plastisch–Plastisch)

Die Grundlagen der Fließgelenktheorie wurden im Abschn. 8.2.3 behandelt. Dabei ist der beidseitig eingespannte Träger (Beispiel 1) direkt vergleichbar mit dem Innenfeld eines durch q belasteten Durchlaufträgers, während das 2. Beispiel dem Endfeld eines Durchlaufträgers entspricht. Die Grenztragfähigkeit eines Durchlaufträgers mit beliebiger Belastung gilt als erreicht, wenn irgendein Feld durch Ausbildung einer kinematischen Kette versagt. Bei Endfeldern sind hierbei zwei, bei Innenfeldern drei plastische Gelenke notwendig. Die anderen Felder sind dann in der Regel noch elastisch oder teilplastiziert (unvollständiges Versagen). In Ausnahmefällen versagen alle Felder gleichzeitig (vollständiges Versagen). Dabei ist zu beachten, daß das Superpositionsgesetz der Baustatik bei Anwendung der Fließgelenktheorie wegen der physikalischen Nichtlinearität des Kraft-Verformungsverlaufes nicht mehr gültig ist. Es sind daher feldweise maßgebende Lastkombinationen zu untersuchen. Da hierbei nur die Lastzustände des betrachteten Feldes entscheidend sind, entfällt die bei der Elastizitätstheorie erforderliche Untersuchung mit feldweise wechselnder, veränderlicher Last.

In der Praxis liegen im allgemeinen zwei Aufgabenstellungen vor:

1. Für ein gegebenes statisches System mit möglichen Lastkombinationen (nur feldweise) ist der Durchlaufträger zu dimensionieren. In diesem Fall löst man die virtuelle Arbeitsgleichung nach den erforderlichen M_{pl} auf und wählt – unter Beachtung der noch einzurechnenden Abminderung von M_{pl} durch die Querkraft V – ein passendes Profil. Die Berechnung wird mit den gewählten Querschnittswerten wiederholt und an Stellen mit Fließgelenken der *Interaktionsnachweis* geführt. Falls weitere Nachweise (Kippen, Verformen usw.) erforderlich sind, werden diese nach den beschriebenen Bestimmungen erbracht.

2. Für einen bereits dimensionierten Durchlaufträger ist nachzuweisen, daß die möglichen Einwirkungskombinationen sicher aufgenommen werden können. Hier ist es zweckmäßig, die (normierte) Traglast zu berechnen, die dann größer oder gleich der einwirkenden Last sein muß.

In jedem Fall führt man eine *feldweise* Berechnung durch, wobei Nachbarfelder nur dann von Interesse sind, wenn an den Stützstellen die Querschnitte wechseln. In diesem Fall ist für vorh M_{pl} der kleinere der beiden Querschnitte in die Berechnung einzuführen.

Die Anzahl der bei einem Durchlaufträger zu untersuchenden Felder richtet sich nach dem Grad der statischen Unbestimmtheit und der Anzahl der möglichen Fließgelenke. Hierbei ist zu beachten, daß bei Einzellasten nicht sofort der Ort des tatsächlichen Fließgelenkes angebbar ist. (Dies muß nicht die Stelle mit der größten Einzellast sein.) Daher sind an *jeder Einzellast* Fließgelenke möglich. Diese treten immer auch an den *Stützstellen* und bei Gleichstreckenlasten in der Nähe der Feldmitte auf. Die vollständige Anzahl der möglichen Fließgelenke ist daher eindeutig angebbar. Die Anzahl der kinematisch voneinander *unabhängigen Gelenkketten* (Elementarketten) eines statischen Systems ergibt sich aus der Beziehung Gl. (8.62), wobei Kragträger als selbständiges Feld zu betrachten sind:

$$\boldsymbol{m = p - n} \tag{8.62}$$

mit

m Anzahl der Elementarketten
p Zahl der möglichen Fließgelenke
n Zahl der statischen Unbestimmten (da $N = 0$ vorausgesetzt, gelten hier nur überzählige, vertikale Auflagerkräfte)

Beispiel 5 (Bild **8**.21) Für den dargestellten Durchlaufträger ist die Anzahl der Elementarketten zu bestimmen.

Die Anzahl der möglichen Fließgelenke beträgt $p = 7$, die Zahl der statischen Unbestimmten ist $n = 2$. Daraus erhält man die Anzahl der zu untersuchenden Elementarketten zu $m = 7 - 2 = 5$.

Werden feldweise unterschiedliche Querschnitte gewählt, so wird man zweckmäßigerweise einen *geschraubten* Stoß etwas weg von der Stützstelle wählen und so eine Berechnung bei „Überfestigung“ (s. Abschn. 8.2.3.5) vermeiden. Bei voll durchgeschweißten Stumpfstößen darf unterstellt werden, daß bei einer Materialverfestigung im Stoßbereich gleichzeitig auch eine Verfestigung im Schweißgut (Zusatzwerkstoff) stattfindet. Ein besonderer Nachweis ist daher entbehrlich.

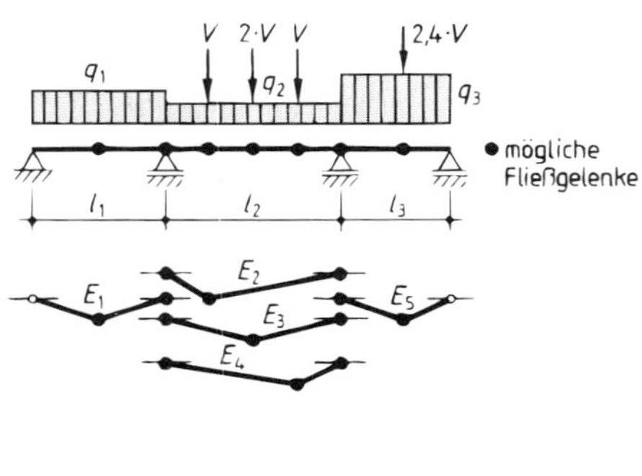

8.21
Elementarketten am Durchlaufträger mit Gleichstreckenlasten und Einzellasten

Vereinfachte Berechnung von Durchlaufträgern (nach DIN 18 801). Durchlaufende Deckenträger, Pfetten und Unterzüge dürfen vereinfacht für folgende Biegemomente mit den elastischen Widerstandsmomenten und bei Einhaltung der Grenzspannungen $\sigma_{R,d}$ ($\tau_{R,d}$) bemessen werden:

$$\text{Endfelder: } \boldsymbol{M_E = q \cdot l^2/11} \tag{8.63}$$

$$\text{Innenfelder: } \boldsymbol{M_I = q \cdot l^2/16} \tag{8.64}$$

Hierin sind q und l der jeweiligen Felder anzusetzen.

Innenstützen:

$$\boldsymbol{M_S = - q \cdot l^2/16} \tag{8.65}$$

Hierin sind q und l desjenigen angrenzenden Feldes einzusetzen, welches den größeren Wert liefert.

Die Anwendung dieser Gleichungen ist an folgende Voraussetzungen geknüpft:

1. Der Träger hat doppelsymmetrischen Querschnitt.
2. Die Stöße weisen volle Querschnittsdeckung auf.
3. Die Belastung besteht aus feldweise konstanten gleichgerichteten Streckenlasten $q \geq 0$.
4. min $l \geq 0{,}8$ max l.
5. Die Begrenzung der b/t-Verhältnisse (nach dem Nachweisverfahren Plastisch-Plastisch) sowie die Regelungen bezüglich Kippen sind zu beachten.

Beispiel 6 (Bild **8**.22) Der Durchlaufträger aus St 37 (S 235) von Bild **8**.22 wird nach dem Nachweisverfahren Plastisch-Plastisch behandelt. Fließgelenke können sich über jeder Innenstütze, am Kragarmende über der Stütze A sowie in den Feldern bilden, d. h. es können $p = 6$ Fließgelenke auftreten. Der Durchlaufträger ist zweifach statisch unbestimmt ($n = 2$). Damit ist die Zahl der unabhängigen kinematischen Ketten

$m = 6 - 2 = 4$ (s. Bild **8**.22 a)

Für jede der Elementarketten ist für den Grenzzustand die Vollbelastung maßgebend, jedoch ist der Kragarm bei der Elementarkette E 2 wegen seiner das 1. Feld entlastenden Wirkung u. U. nur mit der ständigen Last zu belegen, wenn dies aus betrieblichen Gründen möglich ist. Es wird konstruktiv vorausgesetzt, daß der Träger am Auflager B auf einen Unterzug aufgelegt wird und die Profile der Felder 1 und 2 in einem Abstand von ca. 2,0 m rechts neben der Stütze B mit einem Vollstoß verbunden werden. An dieser Stelle ist das Moment in jedem Fall so gering, daß eine evtl. Materialverfestigung über die Stütze B zu keiner Überbeanspruchung der Stoßausbildung führt. Das Moment an der Innenstütze C wird durch eine Zuglaschenverbindung mit Kontaktwirkung am Druckflansch aufgenommen (Bild **8**.63).

Dimensionierung

Zur Bemessung der noch unbekannten Trägerprofile wird geschätzt, daß die Endfelder kleinere Querschnitte aufweisen müssen als das weiter gespannte Innenfeld. Damit sind über der Stütze B und C die vollplastischen Momente der schwächeren Endfelder maßgebend. Mit Rücksicht auf die abmindernde Wirkung der Querkräfte bzw.

Beispiel 6 Forts.

wegen der geringeren Grenztragfähigkeit der Laschenverbindung bei C werden sie nur mit ihrem 0,9-fachen Wert berücksichtigt. Die Fließgelenke in den Feldern 1 und 2 werden näherungsweise in Feldmitte, im Feld 3 im Abstand $0{,}55 \cdot l_3$ von der Stütze C angenommen.

Prinzip der virtuellen Verrückung:

$$\delta_v A_a = \delta_v A_i$$

Feld 1:

$$60 \cdot 8{,}0 \cdot \overline{\vartheta} \cdot 8{,}0/4 - 62 \cdot 2{,}3 \cdot \overline{\vartheta} \cdot 2{,}3/2 = M_{pl,d,1} \cdot 2\,\overline{\vartheta} + 0{,}9\, M_{pl,d,1} \cdot \overline{\vartheta}$$

$$796\,\overline{\vartheta} = 2{,}9\, M_{pl,d,1} \cdot \overline{\vartheta}$$

erf $M_{pl,d,1} = 796/2{,}9 = 274{,}5$ kNm

gewählt: IPE 400, $M_{pl,d,1} = 285$ kNm

Feld 3:

$$43 \cdot 6{,}0 \cdot \overline{\vartheta} \cdot 0{,}55 \cdot 6{,}0/2 = 0{,}9\, M_{pl,d,3} \cdot \overline{\vartheta} + M_{pl,d,3} \cdot (1{,}22 \cdot \overline{\vartheta} + \overline{\vartheta})$$

erf $M_{pl,d,3} = 425{,}7/3{,}12 = 136{,}4$ kNm

gewählt: IPE 300, $M_{pl,d,3} = 137$ kNm

Feld 2:

Nach der Bemessung der Felder 1 und 3 ist die Größe der Stützmomente bei B und C bekannt. Das Moment in Feldmitte ergibt sich aus

$$M_{F,2} = 43 \cdot 10^2/8 - 0{,}9 \cdot (274{,}5 + 136{,}4)/2 = 352{,}6 \text{ kNm}$$

gewählt: IPE_v 400 $M_{pl,d,2} = 367$ kNm

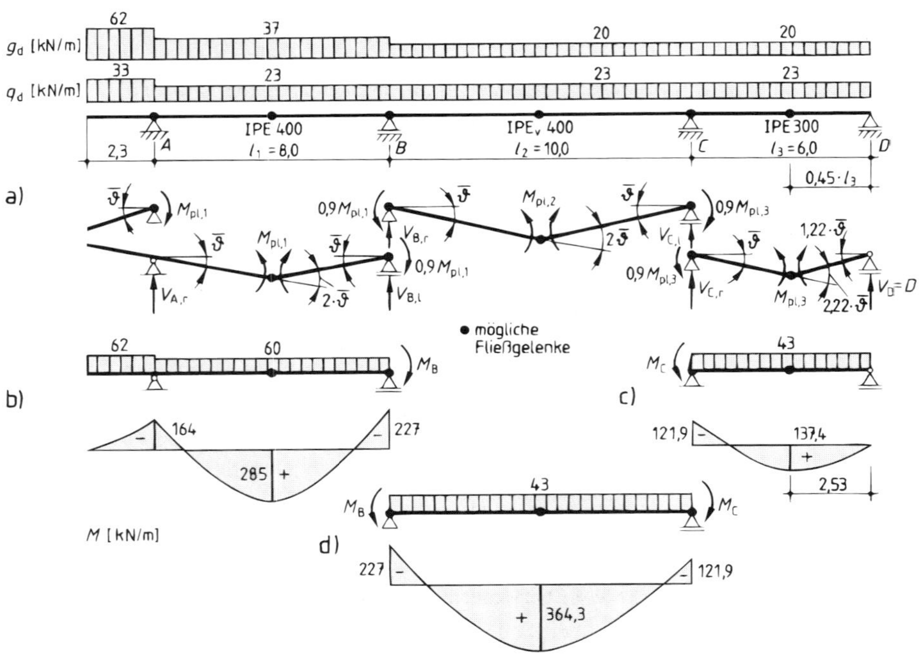

8.22 Berechnung des Durchlaufträgers mit Kragarm nach der Fließgelenktheorie

a) zur Berechnung der Trägerquerschnitte angenommene Fließgelenkkette

b), c) und d) Biegemomente der Trägerfelder unter den Bemessungslasten

Beispiel 6 Forts. *Tragsicherheitsnachweise*

	① IPE 400	② IPEv 400	③ IPE 300	
$M_{pl,d}$	285	367	137	kNm
$V_{pl,z,d}$	419	521	259	kN

Mit den gewählten Profilen wird nachgewiesen, daß im Gleichgewichtszustand an keiner Stelle im Träger die plastische Grenztragfähigkeit (Interaktionsbeziehung) überschritten wird.

Kragarm: $V_{A,l} = 95 \cdot 2{,}3 = 218{,}5$ kN

$V_{A,l}/V_{pl,z,d} = 218{,}5/419 = 0{,}52 > 1/3$

$M_A = 95 \cdot 2{,}3^2/2 = 251{,}3$ kNm

Nach Tafel **8.**5

$$0{,}88 \cdot \frac{251{,}3}{285} + 0{,}37 \cdot \frac{218{,}5}{419} = 0{,}97 < 1$$

Feld 1: Mit den gewählten Abmessungen wird sich bei der vorhandenen Belastung keine kinematische Kette mit Fließgelenken im Feld und über der Stütze B ausbilden. Nach dem *„Statischen Satz"* der Fließgelenktheorie liefert jede angenommene Momentenverteilung, die die Gleichgewichtsbedingungen erfüllt und nirgends die Interaktionsbeziehungen verletzt eine *„untere Schranke"* für die plastische Grenzlast. Daher ist folgende Annahme zulässig: Das maximale Feldmoment in Feld 1 soll gerade $M_{pl,d,1}$ erreichen. Aus Gleichgewichtsgründen ist dazu ein ganz bestimmtes Stützmoment M_B erforderlich, welches sich aus

$$M_B = \frac{q \cdot l^2}{2} \cdot \left(\sqrt{\frac{M_{pl,d} - M_A}{q \cdot l^2/8}} - 1\right) + M_A \tag{8.66}$$

errechnen läßt.

$M_A = -\,62 \cdot 2{,}3^2/2 = -\,164$ kNm

$$M_B = \frac{60 \cdot 8{,}0^2}{2} \cdot \left(\sqrt{\frac{285 - (-\,164)}{60 \cdot 8{,}0^2/8}} - 1\right) - 164 = -\,227 \text{ kNm}$$

$V_{A,r} = 60 \cdot 8{,}0/2 + (164 - 227)/8 = 232$ kN

$V_{B,l} = 60 \cdot 8{,}0 - 232 = 248$ kN

$V_{B,l}/V_{pl,z,d} = 248/419 = 0{,}59 \quad > 0{,}33$

$< 0{,}9$

Damit gilt für die Stelle B

$$0{,}88 \cdot \frac{227}{285} + 0{,}37 \cdot \frac{248}{419} = 0{,}92 < 1$$

Im Feld braucht das vollplastische Moment $M_{pl,d}$ nicht abgemindert zu werden, weil an dieser Trägerstelle die Querkraft $V_z = 0$ ist.

Feld 3: (Bild **8.**22 c) Da direkt über der Stütze *C* ein geschraubter Vollstoß vorgesehen ist, sind die Annahmen wie für das Feld 1 hier nicht zulässig. Bei gleichzeitiger Materialverfestigung in der Zuglasche und im Druckflansch könnte hier ein größeres Moment aufgenommen werden, wobei jedoch nicht auch eine Verfestigung des Schraubenmaterials unterstellt

Beispiel 6 Forts.

werden darf. Das Fließgelenk wird daher im Feld 3 über der Stütze C angenommen. An dem Rechengang für die Dimensionierung wird die Querkraft $V_{C,r}$ abgeschätzt und das aufnehmbare plastische Moment $M_{pl,d,V}$ unter der Berücksichtigung der Querkraftabminderung aus der Interaktionsbeziehung bestimmt. Auf die vorab geschätzte Abminderung durch die Stoßausbildung darf aus konstruktiven Gründen verzichtet werden.

$$D \cdot 6{,}0 - 43 \cdot 6{,}0^2/2 + 136{,}4 = 0 \qquad D = 106{,}3 \text{ kN}$$

$$V_{C,r} = 43 \cdot 6{,}0 - 106{,}3 = 151{,}7 \text{ kN} \qquad V_{C,r}/V_{pl,z,d} = 151{,}7/259 = 0{,}59 > 1/3$$

$$0{,}88 \cdot \frac{M_{pl,d,V}}{137} + 0{,}37 \cdot \frac{151{,}7}{259} = 1 \qquad M_{pl,d,V} = 121{,}9 \text{ kNm}$$

Damit erhält man eine „verbesserte" Auflagerkraft $D = 108{,}7$ kN und die Stelle des größten Feldmomentes aus $V = D - q \cdot x = 0$, $x = D/q$

$$x = 108{,}7/43 = 2{,}53 \text{ m}$$

Das größte Feldmoment ergibt sich aus

$$\max M = D^2/2 \cdot q = 108{,}7^2/2 \cdot 43 = 137{,}4 \text{ kNm}$$

Wegen $V = 0$ gilt

$$\frac{137{,}4}{137} = 1{,}003 \approx 1{,}0$$

Feld 2: (Bild **8**.22 d): An den Stellen B und C sind die aus der Berechnung der Felder 1 und 3 bekannten Momente der schwächeren Nachbarträger wirksam. Das maximale Feldmoment wird aus den Gleichgewichtsbedingungen errechnet.

$$V_{B,r} = 43 \cdot 10{,}0/2 + \frac{227 - 121{,}9}{10} = 225{,}5 \text{ kN}$$

$$\max M = 225{,}5^2/2 \cdot 43 - 227 = 364{,}3 \text{ kN}$$

$$\max M/M_{pl,d} = 364{,}3/367 = 0{,}99 < 1$$

Die Mindestdicken der Stege und Flansche aller Träger sind ausreichend (Tafel **8**.6).

Die Belastung der Träger erfolgt durch eine aufliegende Stahlbetondecke. Zur Kippsicherung der Träger werden in den Viertelspunkten der Felder Kopfbolzendübel aufgeschweißt, die an diesen Stellen ein seitliches Ausweichen des oberen Flansches verhindern. Stellvertretend für den gesamten Durchlaufträger wird der Kippsicherheitsnachweis für das erste Feld (zwischen dem ersten Kopfbolzen bei $x = 2{,}0$ m rechts von A und der Trägermitte) geführt.

Kippsicherheitsnachweis

$$M_{x\,=\,2{,}0} = 232 \cdot 2{,}0 - 164 - 60 \cdot 2{,}0^2/2 = 180 \text{ kNm}$$

Nach Tafel **8**.4

$$\psi = 180/285 = 0{,}632 \qquad k_c = \frac{1}{1{,}33 - 0{,}33 \cdot 0{,}632} = 0{,}89$$

$$\bar{\lambda}_K = \frac{200 \cdot 0{,}89}{4{,}49 \cdot 92{,}9} = 0{,}427$$

$$k = 0{,}5\,[1 + 0{,}49 \cdot (0{,}427 - 0{,}2) + 0{,}427^2] = 0{,}647$$

$$1/\varkappa = 0{,}647 + \sqrt{0{,}647^2 - 0{,}427^2} \qquad \varkappa = 0{,}883$$

Beispiel 6 Forts. Nachweis nach Gl. (8.14)

$$\frac{0{,}843 \cdot 285}{0{,}883 \cdot 285} = 0{,}95 < 1$$

Konstruktion und Berechnung der Trägeranschlüsse s. Abschn. 8.4.2. Alternativ zum oben durchgerechneten Beispiel sind auch andere Trägerprofile möglich, z. B. IPE 400 durchgehend in allen drei Feldern. Diese Ausführung ergibt ein etwas größeres Gesamtgewicht, ist jedoch dennoch wirtschaftlicher, weil sich die konstruktive Durchbildung erheblich vereinfacht.

Beispiel 7 Ein Durchlaufträger aus St 37 (S235) mit den Stützweiten im Endfeld l_E = 6,4 m und in den Innenfeldern l_I = 6,0 m ist für die Last q = 28 kN/m zu bemessen. Weil min l/max l = 6,0/6,4 = 0,94 > 0,8 ist, kann das vereinfachte Bemessungsverfahren angewendet werden. An den Innenstützen schließen die Träger seitlich an Unterzüge an und werden mit Kontinuitätslaschen verbunden. Durch die Verbindung mit der Deckenscheibe sind die Träger gegen Kippen gesichert.

Für Walzprofile aus St 37 sind die grenz (b/t)-Werte im allgemeinen eingehalten

Endfeld: IPE_o 270: $M_E = 28 \cdot 6{,}4^2/11 = 104{,}3$ kNm nach Gl. (8.63)

$\sigma = 10\,430/507 = 20{,}57$ kN/cm^2

$\sigma/\sigma_{R,d} = 20{,}57/21{,}8 = 0{,}94 < 1$

Innenfelder: IPE 240: $M_I = 28 \cdot 6{,}0^2/16 = 63$ kNm nach Gl. (8.64)

$\sigma = 6300/324 = 19{,}44$ kN/cm^2

$\sigma/\sigma_{R,d} = 19{,}44/21{,}8 = 0{,}89 < 1$

Innenstütze neben dem Endfeld (Bild **8.**59 b):

$M_B = -28 \cdot 6{,}4^2/16 = -71{,}7$ kNm nach Gl. (8.65)

$z = 27{,}4$ cm $Z = -D = 7170/27{,}4 = 261{,}7$ kN

Flanschfläche des IPE_o 270:

$A_{Fl} = 1{,}22 \cdot 13{,}6 = 16{,}6$ cm^2

$\sigma_D = 261{,}7/16{,}6 = 15{,}77$ kN/cm^2

$\sigma_D/\sigma_{R,d} = 15{,}77/21{,}8 = 0{,}72 < 1$

Für den IPE 240 ist

$\sigma = 7170/324 = 22{,}13$ kN/cm^2

$\sigma/\sigma_{R,d} = 22{,}13/21{,}8 = 1{,}02 \approx 1{,}0$

Zur Druckkraftübertragung durch Kontakt erhält der Träger IPE 240 am unteren Flansch ein Ausgleichsblech. Die Spannungsüberschreitung von ca. 2 % wird daher tatsächlich nicht wirksam (Bild **8.**59 b).

Mit der am Trägerauflager vorhandenen Querkraft

$V = 28 \cdot 6{,}0/2 = 84$ kN wird

$\tau_m = 84/14{,}3 = 5{,}87$ kN/cm^2

$\tau_m/\tau_{R,d} = 5{,}87 \cdot \sqrt{3}/21{,}8 = 0{,}47 < 1$

Unterhalb der Ausrandung ist

$\sigma \leq 22{,}13 \cdot 19/24 = 17{,}52$ kN/cm^2

$\sigma_V = \sqrt{17{,}52^2 + 3 \cdot 5{,}87^2} = 20{,}26$ kN/cm^2

$\sigma_v/\sigma_{R,d} = 0{,}93 < 1$

Bemerkung: Der vorstehende Nachweis von σ und τ_m liegt auf der sicheren Seite, weil der Trägerquerschnitt erst am Ende des Zuglaschenanschlusses voll beansprucht wird und das Stützmoment M_B an dieser Stelle bereits vermindert ist.

Beispiel 7 Forts.

Übrige Innenstützen (Bild **8.**59 a):

$$M_C = -28 \cdot 6{,}0^2/16 = -63 \text{ kNm}$$

$$z = 24{,}1 \text{ cm} \qquad Z = -D = 6300/24{,}1 = 261{,}4 \text{ kN}$$

Flanschfläche IPE 240 einschließlich der Ausrundungen:

$$A_{Fl} = (39{,}1 - 19 \cdot 0{,}62)/2 = 13{,}66 \text{ cm}^2$$

$$\sigma_D = 261{,}4/13{,}66 = 19{,}14 \text{ kN/cm}^2$$

$$\sigma_D/\sigma_{R,d} = 0{,}88 < 1$$

Zuglasche: Flachstahl 12 × 140, Schrauben M 16 – 4.6, Δd = 1 mm

$$A = 1{,}2 \cdot 14 = 16{,}8 \text{ cm}^2$$

$$A_N = 16{,}8 - 2 \cdot 1{,}2 \cdot 1{,}7 = 12{,}72 \text{ cm}^2$$

$$A/A_N = 16{,}8/12{,}72 = 1{,}32 > 1{,}2$$

$$\sigma_{R,d} = 36/(1{,}25 \cdot 1{,}1) = 26{,}2 \text{ kN/cm}^2$$

s. Abschn. 2.4.1 und Abschn. 4.2.

$$\sigma = 261{,}4/12{,}72 = 20{,}55 \text{ kN/cm}^2$$

$$\sigma/\sigma_{R,d} = 0{,}78 < 1$$

Wegen einer denkbaren Materialverfestigung im Stoßbereich werden die Verbindungsmittel auf die 1,25-fache Kraft bemessen (s. Abschn. 8.2.3.5).

$$Z_V = 1{,}25 \cdot Z = 327 \text{ kN}$$

$$V_{a,R,d} = 43{,}87 \text{ kN}$$

Mit den gewählten Abständen erhält man

$$a_l = 1{,}1 \cdot 30/17 - 0{,}3 = 1{,}64$$

$$V_{l,R,d} = 0{,}98 \cdot 1{,}6 \cdot 1{,}64 \cdot 24/1{,}1 = 56{,}1 \text{ kN}$$

$$V = 261{,}4/8 = 32{,}7 \text{ kN}$$

$$V/V_{a,R,d} = 32{,}7/43{,}87 = 0{,}75 < 1$$

Die Mindestdicken der Stege und Flansche aller Träger sind ausreichend (Taf. **8.**6). Die Träger sind durch die aufliegende Stahlbetondecke gegen Kippen drehelastisch festgehalten. Konstruktion der Trägeranschlüsse s. Abschn. 8.4.2, Bild **8.**59.

8.3.3 Gelenkträger

Gelenkträger als *Gerber-Träger* oder *Koppelträger* werden im Stahlhochbau nur noch gelegentlich bei Pfetten von Dächern eingesetzt, da die hohen Fertigungskosten (der Gelenke) und die durch die Gelenkanordnung bestimmte Montagefolge die Vorteile der Materialersparnis größtenteils aufheben. Auch ist zu beachten, daß beim Schadensfall in nur einem Teilfeld (z. B. Brand) weitere Trägerbereiche in Mitleidenschaft gezogen werden. In Deckenkonstruktionen werden sie nur in Sonderfällen (z. B. bei schlechten Gründungsverhältnissen und in Bergsenkungsgebieten) ausgeführt.

Die Gelenkträger sind statisch bestimmt. Durch geeignete Anordnung der Gelenke können Feld- und Stützmomente einander angeglichen werden. Es ist aber zu beachten, daß die Verkehrslast bei Deckenträgern im Gegensatz zur Berechnung der Pfetten in wechselnden Laststellungen untersucht werden muß, so daß die bei Pfetten übliche Gelenklage bei Deckenträgern nicht zum vollen Momentenausgleich führt.

Konstruktion der Trägergelenke s. Abschn. 8.4.3.

8.4 Konstruktive Durchbildung

8.4.1 Trägerauflagerungen

Lager müssen lotrechte und horizontale Auflagerkräfte einwandfrei an die stützenden Wände oder Konstruktionen abgeben. Abweichend von der theoretischen Annahme eines festen und eines beweglichen Lagers werden im allgemeinen beide Lager als feste Lager ausgebildet, da im Hochbau die Stützweiten, Belastungen und Temperaturänderungen relativ klein sind. Hinzu kommt, daß die Trägerlage das Gebäude aussteifen soll und daher mit dem Mauerwerk fest verankert werden muß.

8.4.1.1 Auflagerung in Wänden

Flächenlagerung

Zwischen Stahlträgern und Mauerwerk wird aus den gleichen Gründen wie bei Stützenfüßen eine *Zementmörtelschicht* mit einer üblichen Dicke von 20 bis 35 mm vorgesehen (Bild **8**.23); damit die Mauerkante nicht abplatzt, läßt man die Mörtelfuge 30 bis 50 mm zurückstehen. Die Pressung im Beton (Mauerwerk) unter dem Trägerauflager beträgt mit b = Flanschbreite

$$\sigma_b = \frac{C}{a \cdot b} \leq \beta_{R,d} \tag{8.67}$$

Die *Auflagerlänge* a darf nicht beliebig lang gemacht werden: Wegen der Endtangentendrehung des Trägers hebt sich das Trägerende vom Auflager ab und wirkt an der Lastübertragung nicht voll mit (Bild **8**.24). Rechnet man z. B. bei einer Auflagerlänge a = 300 mm mit einer Tangentenneigung von ≈ 1 : 100 (s. Abschn. 8.3.1), beträgt die Hebung des Trägerendes rechnerisch 3 mm. Damit die Annahme einer über die Auflagerfuge gleichmäßig verteilten Pressung trotzdem noch gerechtfertigt erscheint, begrenzt man die Länge des Auflagers auf

$$a \approx \frac{h}{3} + 10 \quad \text{in cm mit } h \text{ in cm} \tag{8.68}$$

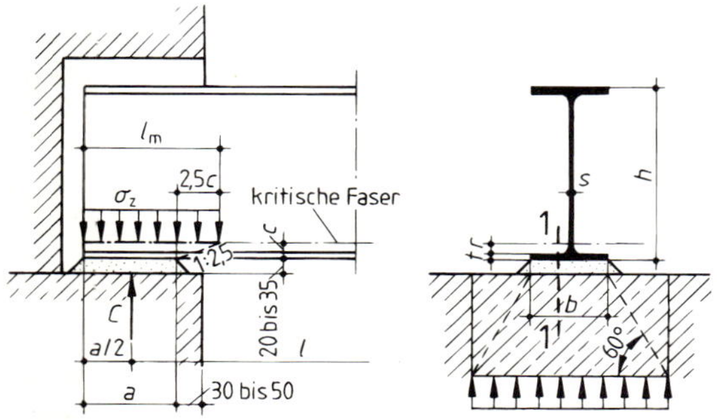

8.23 Trägerauflager in einer Wand. Lastaufnahme durch den Trägersteg; Lastverteilung im Mauerwerk

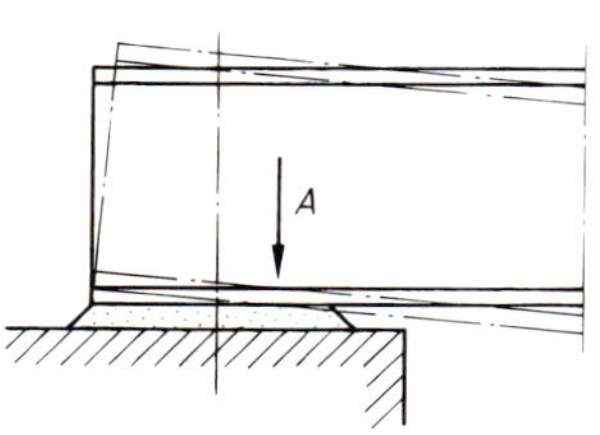

8.24 Auflagerdrehung des Trägers

In der kritischen Faser am Beginn der Ausrundung darf die von C hervorgerufene Druckspannung die Spannung $\sigma_{R,d}$ nicht überschreiten. Die mitwirkende Steglänge darf bei vorw. ruhender Belastung mit der Annahme einer Druckverteilung unter 1 : 2,5 berechnet werden. Am Beginn der Flanschausrundung (Schnitt 1 – 1) wird die Beanspruchung des Flansches kontrolliert. Örtliche Instabilitäten wie Stegbeulen oder Stegkrüppeln treten am Auflager von Walzprofilträgern nicht auf. Der Träger muß durch konstruktive Maßnahmen gegen Kippen gesichert werden.

Wegen der festliegenden Abmessungen a und b kann das Auflager nur eine ganz bestimmte Kraft C aufnehmen. Ist die Auflagerlast aber größer, werden zunächst unter dem Träger einige Schichten im Mauerwerk (Hartbrandsteine, Klinker oder Beton) mit höherer Grenzpressung $\beta_{R,d}$ angeordnet. Die Mauerwerkspannung unterhalb des Auflagerblocks wird nach DIN 1053 mit einer Druckausbreitung unter 60° berechnet.

Reicht diese Maßnahme nicht aus, verbreitert man die Lagerfläche mittels einer *Lagerplatte* unter Beibehaltung der Auflagerlänge a auf das statisch notwendige Maß B (Bild **8**.25). Die Lagerplatte wird von unten von der gleichmäßig verteilt angesetzten Lagerpressung σ_b und von oben durch den Auflagerdruck des Trägerflanschs belastet. Bei breiten, dünnen Flanschen kann hierbei gleichmäßige Verteilung über die Flanschbreite kaum angenommen werden; mit einem willkürlich, aber plausibel angesetzten Parabel-Rechteck-Lastbild (Bild **8**.26) erhält man die *Biegemomente* in der *Lagerplatte* zu

$$M_p = 0{,}125\ \sigma_b \cdot a \cdot B^2\ (1 - 0{,}782\ b/B) = C \cdot \frac{B}{8}\left(1 - 0{,}782\,\frac{b}{B}\right) \tag{8.69}$$

und im *Trägerflansch*

$$M_{Fl} = 0{,}0546\ \sigma_b \cdot a \cdot b \cdot B = 0{,}0546\ C \cdot b \tag{8.70}$$

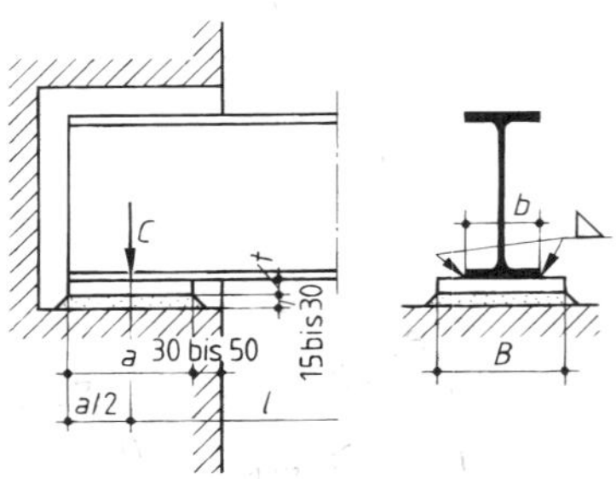

8.25 Trägerlagerung mit Auflagerplatte

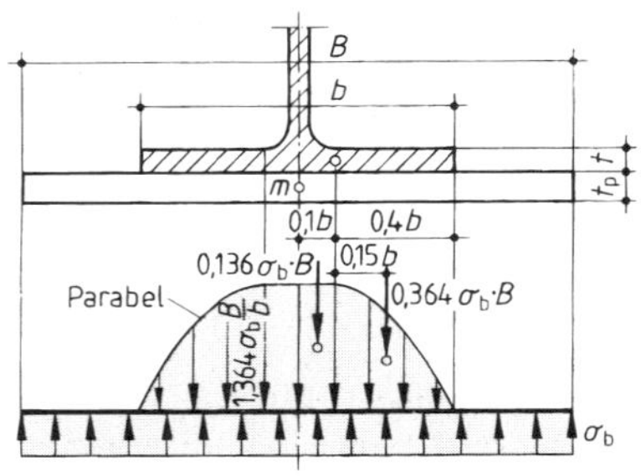

8.26 Angenommene Belastung der Auflagerplatte

M_p muß von der Dicke t_p und der Querschnittsbreite a der Lagerplatte aufgenommen werden. Beim Nachweis des Trägerflanschs für das Moment M_f kann man die mitwirkende Flanschlänge etwas größer ansetzen, z. B. $\lesssim a + 0{,}8\ b$. Sollte M_{Fl} vom Flanschquerschnitt nicht aufgenommen werden können, so weist das darauf hin, daß der Flansch die Auflagerlast nicht über seine ganze Breite b nach Maßgabe des angenommenen Lastbildes verteilen kann; in die Gln. (8.69) und (8.70) ist dann für b durch Probieren ein Wert einzusetzen, der kleiner ist als die Flanschbreite. Ein statisches Zusammenwirken des Flansch- und Plattenquerschnitts darf nur angenommen werden, wenn die Verbindungs-Schweißnaht für die Schubkräfte bemessen wird; das ist in der Regel jedoch nicht gegeben.

Für die Lagerplatten verwendet man neben Blechen auch Flansche von Walzprofilen, deren Stegansätze gegen Verschieben sichern (Bild **8**.29).

Die Flansche der *Breitflanschträger* sind meist ausreichend breit, haben aber nicht immer die nötige Dicke, um das am Flanschüberstand *ü* wirkende Moment aus der gleichmäßig verteilten Betonpressung σ_b aufzunehmen. Infolge der eintretenden Verformung weicht der Flansch der Kraftübertragung teilweise aus und verursacht eine Konzentration der Auflagerpressung unter dem Trägersteg (Bild **8**.27). Falls nicht bereits ein Teil der vorhandenen Flanschbreite rechnerisch für die Kraftverteilung genügt, kann mit einer modifizierten Pressungsverteilung gerechnet werden.

$$\mathbf{max}\,\boldsymbol{\sigma_b} = \frac{\boldsymbol{C}}{\boldsymbol{a \cdot (b - 2 \cdot \ddot{u}/3)}} \qquad (8.71)$$

mit $\ddot{u} = [b - (s + 2 \cdot r)]/2$ und (8.72)

$$M_{Fl} = \max \sigma_b \cdot a \cdot \ddot{u}^2/4$$

Gelingt der Nachweis nicht, ist es notwendig, die Verbiegung der Flansche durch Aussteifungen über dem Trägerauflager zu verhindert (Bild **8**.28). Bei hohen, dünnen Stegen führt man die Aussteifung über die Steghöhe durch, um Beulen des Steges auszuschalten (Bild **8**.28 b); zugleich verbessert diese Maßnahme die Kippsicherheit am Trägerende.

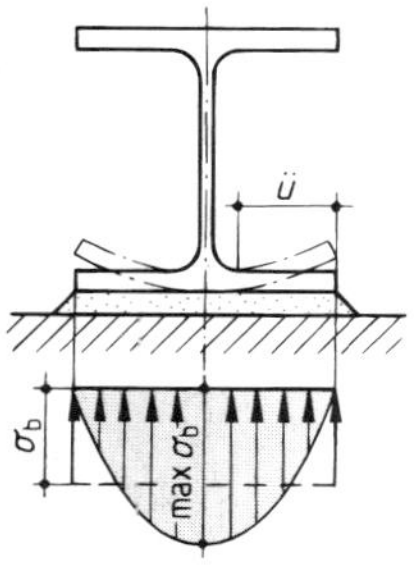

8.27 Verformung eines nicht ausgesteiften Trägerflanschs

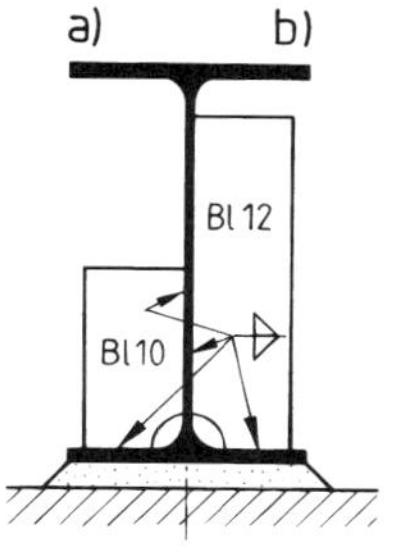

8.28 Trägeraussteifung am Auflager

Beispiel 8 Ein Unterzug IPE 400 (St 37 (S 235)) mit der Auflagerkraft C = 220 kN liegt mittels einer 22 mm dicken Lagerplatte auf einem Ortbetonquader auf. Es sind die notwendigen Nachweise zu führen. Unterstellt man eine Betongüte B 10 und geht von den bisherigen Sicherheitselementen der DIN 1045 für unbewehrten Beton aus (γ = 3,0), so kann eine Grenzpressung $\beta_{R,d}$ bei $\gamma_F \approx 1,5$ wie folgt errechnet werden:

$$\gamma = 3,0 = \gamma_M \cdot \gamma_F = \gamma_M \cdot 1,5 \qquad \gamma_M = 3,0/1,5 = 2,0$$

$$\beta_{R,d} = 7,0/2,0 = 3,5\ \text{N/mm}^2 = 0,35\ \text{kN/cm}^2$$

Ausführungsmaße

Für den Träger:

$$s = 0,86\ \text{cm} \qquad t = 1,35\ \text{cm} \qquad b = 18,0\ \text{cm}$$

Für die Platte:

$$t_p = 2,2\ \text{cm} \qquad a = 23\ \text{cm} < 40/3 + 10 = 23,3\ \text{cm} \qquad B = 28\ \text{cm}$$

Beispiel 8 *Auflagerpressung*
Forts.

$$\sigma_b = \frac{220}{23 \cdot 28} = 0{,}342 \text{ kN/cm}^2$$

$$\sigma_b / \beta_{R,d} = 0{,}342/0{,}35 = 0{,}98 < 1$$

Platte

$$M_p = \frac{220 \cdot 28}{8}\left(1 - 0{,}782 \cdot \frac{18}{28}\right) = 383 \text{ kNcm}$$

$$W = 23 \cdot 2{,}2^2/6 = 18{,}55 \text{ cm}^3$$

$$\sigma = 383/18{,}55 = 20{,}65 \text{ kN/cm}^2$$

$$\sigma/\sigma_{R,d} = 20{,}65/21{,}8 = 0{,}95 < 1$$

Träger

Flansch:

$$M_{Fl} = 0{,}0546 \cdot 220 \cdot 18 = 216{,}2 \text{ kNcm}$$

$$W \approx (23 + 0{,}8 \cdot 18) \cdot 1{,}35^2/6 = 11{,}36 \text{ cm}^3$$

$$\sigma = 216{,}2/11{,}36 = 19{,}03 \text{ kN/cm}^2$$

$$\sigma/\sigma_{R,d} = 0{,}87 < 1$$

Steg:

$$l_m = a + 2{,}5 \cdot c = 23 + 2{,}5\,(1{,}35 + 2{,}1) = 31{,}6 \text{ cm}$$

$$\sigma = \frac{220}{0{,}86 \cdot 31{,}6} = 8{,}10 \text{ kN/cm}^2 \ll \sigma_{R,d}.$$

Siehe hierzu auch Abschn. 8.4.1.2

Zentrische Lagerung

Muß man das Abwandern der Auflagerlast aus der Auflagermitte in Richtung zur Mauerkante verhindern, um damit eine mittige Belastung der stützenden Bauteile zu gewährleisten, führt man eine *zentrische Auflagerung* mit Hilfe einer *Zentrierleiste* aus, die mitten auf eine Lagerplatte geschweißt wird (Bild **8.**29). Die Auflagerkraft gelangt mittels der Krafteinleitungsrippen (Stegaussteifungen), die unentbehrlich sind und nie entfallen dürfen, in die Zentrierleiste (s. Abschn. 7.3.2). Das Trägerende läßt man

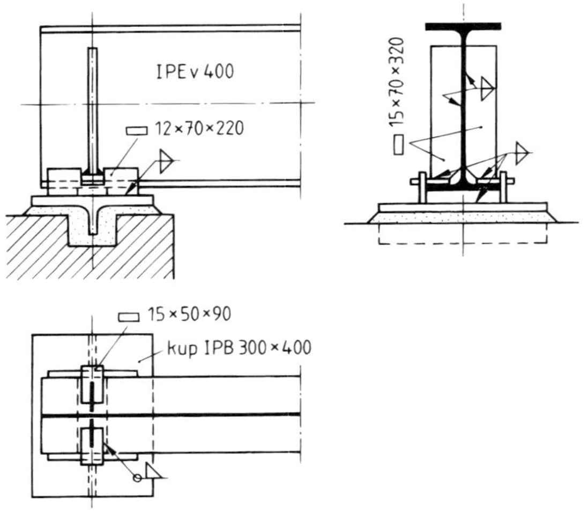

8.29
Zentrische Trägerlagerung auf einer Lagerplatte

zweckmäßig ≥ 100 mm überstehen. In Aussparungen der seitlichen Führungsbleche greifen Blechstücke ein, die am Trägerflansch angeschweißt sind. Sie übertragen Längskräfte und können einfach weggelassen werden, wenn das Lager als bewegliches *Gleitlager* wirken soll.

Bei sehr hohen Auflagerlasten würden Lagerplatten aus Blech zu dick; man ersetzt sie dann besser durch einen *Auflagerträger* oder einen Trägerrost (Bild **8**.30). Die Berechnung des Auflagerträgers erfolgt sinngemäß wie in Abschn. 7.3.1.2. Der Unterzug gibt Horizontallasten über die Anschlagknaggen ⊤ 70 an den Auflagerträger ab, der seinerseits mit der Auflagerbank durch das angeschweißte Trägerstück IPE 140 verdübelt ist. Rundstahlanker verhindern, daß der Auflagerträger bei großen Horizontalkräften umkippt.

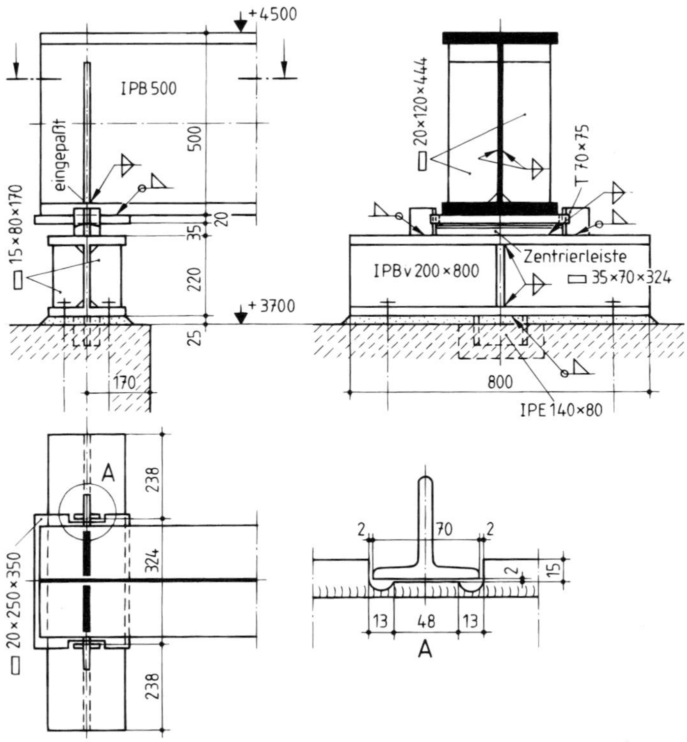

8.30
Zentrische Trägerlagerung auf einem Lagerträger

Trägerverankerung

Nach DIN 1053 müssen Umfassungswände mit den Decken verankert werden. Hauptzweck ist die Sicherung der Wände gegen Windsogkräfte. Die *waagerechten Trägerverankerungen* sind mit Größtabstand 2 m (ausnahmsweise 4 m) in vollen Wänden oder unter Fensterpfeilern anzubringen und sollen eine möglichst große Mauerfläche erfassen. Man kann sie nach Bild **8**.31 ausbilden, wobei das angeschraubte Winkelpaar bzw. eine gleichwertige angeschweißte Stirnplatte am häufigsten ausgeführt werden. Freige-

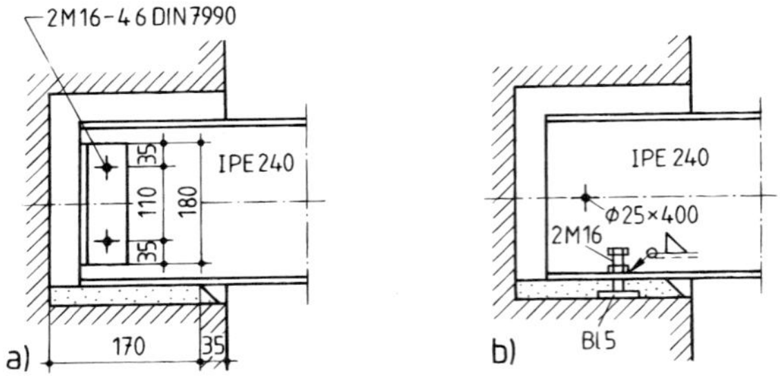

8.31
a) Waagerechte Trägerverankerungen
b) mit Stellschrauben zur Höhenregulierung des Auflagers

haltene Auflagerkammern werden nach der Montage mit Mörtel oder Mauerwerk gefüllt.

Bei Skelettbauten, bei denen sich die Stahlkonstruktion gegen einen *Stahlbetonkern* abstützt, sind vom Trägerauflager sehr große horizontale Druck- und Zugkräfte aus Winddruck und -sog sowie aus Knickseitenkräften der Geschoßstützen an die Wand abzugeben (Bild **8.**32). Die Druckkräfte werden von der sorgfältig ausgeführten Mörtelhinterfüllung der Stegwinkel übertragen; die Zugkräfte werden von Ankerschrauben übernommen, die mittels einbetonierter Rohrhülsen die Betonwand durchdringen oder in einbetonierte Ankerschienen eingreifen. Eine solche Verankerung muß natürlich statisch nachgewiesen werden. Lagertoleranzen werden von der Dicke des Mörtelbettes ausgeglichen; bei der Montage wird die Höhenlage durch untergelegte Blechfutter oder besser mit Stellschrauben in angeschweißten Muttern reguliert.

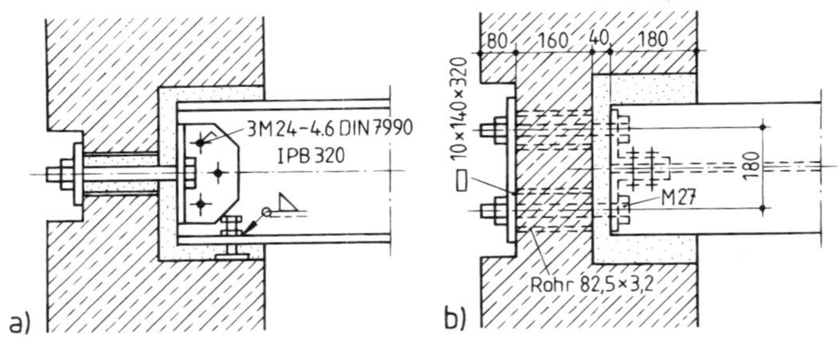

8.32
Trägerverankerung zur Aufnahme großer horizontaler Zug- und Druckkräfte

In Stahlbetonwänden erschweren es die dichte Lage der Bewehrung und das Schalungsverfahren oft, Aussparungen freizuhalten. Man kann dann eine stählerne Anschlußkonstruktion mit einbetonieren; ihre Lage wird dadurch fixiert, daß man sie an ein ebenfalls einbetoniertes Winkelstahlgerüst anschweißt. Wird die Wand in Gleitschalung betoniert, muß die stählerne Anschlußplatte bündig mit der Wandfläche liegen. Trotz aller Sorgfalt unvermeidbare Lageungenauigkeiten sind vom Trägeranschluß auszugleichen. Eine Möglichkeit hierzu bietet der Konsolanschluß nach Bild **8.**33. Die Lage in Längs- und Seitenrichtung kann durch Langlöcher korrigiert werden, die in der Konsole quer, im Träger längs liegen. Mit dem Futter unter dem Träger reguliert man die Höhenlage; den Neigungswinkel der Konsole stellt man mit einem angepaßten Keilfutter zwischen Wandplatte und Konsole ein. Eine einfachere Konstruktion ergibt sich, wenn ein Anschlußblech an die einbetonierte Platte geschweißt wird, jedoch ist das genaue Einmessen vor dem Schweißen mit erheblichem Arbeitsaufwand verbunden.

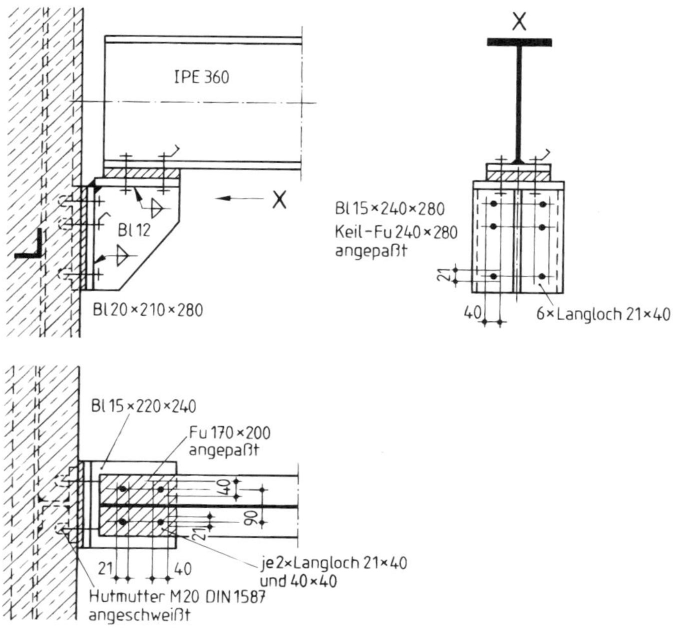

8.33 Justierbare Trägerbefestigung an einer Stahlbetonwand

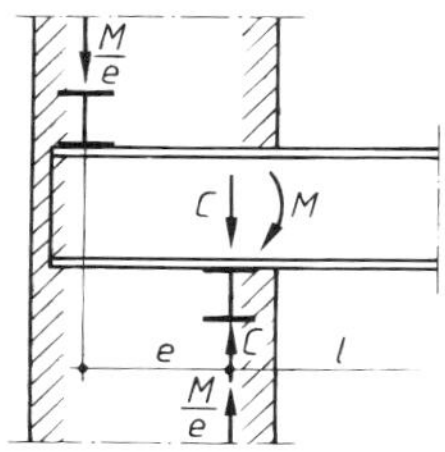

8.34 Im Mauerwerk eingespannter Kragträger

Muß ein *Lager* aus besonderen Gründen *längsbeweglich* sein, wird es im Hochbau bei Trägern bis zu ≈ 300 kN Auflagerdruck als Gleitlager, bei größeren Kräften und bei $l >$ 10 m besser als Rollenlager oder Teflon-Gleitlager ausgeführt, da bei diesen die Reibung geringer ist. Um Längsbewegungen zu ermöglichen, ist vor den Trägerköpfen im Mauerwerk ein Zwischenraum freizuhalten, der groß genug ist, um auch bei einem Schadenfeuer die Längenänderung der Träger zu gestatten.

Bei kurzen, in Wänden eingespannten *Kragträgern* müssen die positiven und negativen Auflagerkräfte aus dem Einspannmoment zweckmäßig nach Bild **8.**34 durch Breitflanschträger auf eine größere Mauerbreite verteilt werden. Es ist hierbei rechnerisch nachzuweisen, daß unter Berücksichtigung der ausmittigen Kraftwirkung und der vorgeschriebenen Lagesicherheit eine genügend große Auflast vorhanden ist. Bei nicht ausreichender oder fehlender Auflast muß der obere Querträger nach unten verankert werden.

8.4.1.2 Rippenlose Krafteinteilungen

An den Endauflagern oder Kreuzungen aufeinanderliegender Träger zur Lasteinleitung angeordnete Aussteifungen sind lohnintensiv (Bild **8.**35). Ohne solche Steifen ausgeführte *rippenlose Lasteinleitung* sind wesentlich wirtschaftlicher. Sie dürfen bei *Walzträgern* aus St 37 (S235) unter vorwiegend *ruhender* Belastung ausgeführt werden, wenn die Einleitung der Auflagerlast in den *Trägersteg* nachgewiesen wird (Bild **8.**36 a). Bei geschweißten Profilen mit I-förmigem Querschnitt ist die Stegschlankheit auf $h/s \leq 60$ beschränkt. Bei Trägern mit größerer Stegschlankheit ist ein *Beulsicherheitsnachweis* für den Steg zu führen. Zur Ermittlung von c und l ist der Wert r durch die

Nahtdicke a zu ersetzen. Weil die Kippgefahr der Träger durch den Wegfall der Aussteifungen erhöht wird, sind insbesondere für die Deckenträger konstruktive Maßnahmen zu treffen, wie z. B. Verbindung mit der Deckenscheibe durch Bolzen; die Unterzüge werden i. allg. von den Deckenträgern unverschieblich gehalten.

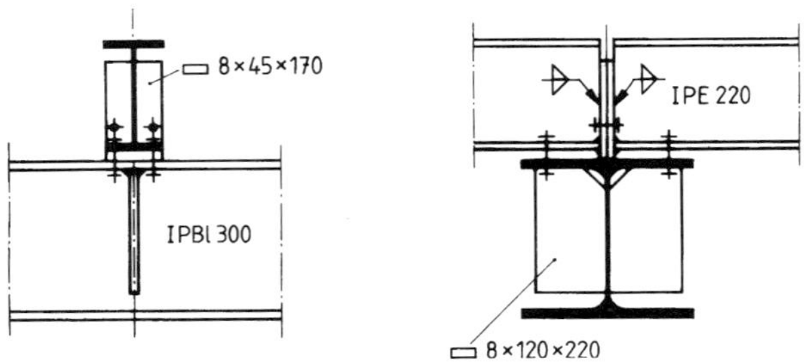

8.35
Trägerauflagerung auf einem Unterzug mit Krafteinleitungsrippen

Die *mittragende* Lasteinleitungslänge (l, l_1, l_2) bzw. Lastverteilungsbreite (c) wurde aufgrund von Versuchen bestimmt (Bild **8.**36).

Die größte, ohne Rippen einleitbare Grenzkraft $F_{R,d}$ wird wie folgt berechnet:

a) σ_x und σ_z, mit unterschiedlichen Vorzeichen und $|\sigma_x| > 0{,}5 \cdot f_{y,k}$

$$F_{R,d} = s \cdot l \cdot (1{,}25 - 0{,}5 \cdot |\sigma_x| / f_{y,k}) \cdot \frac{f_{y,k}}{\gamma_M} \tag{8.73}$$

b) alle anderen Fälle

$$F_{R,d} = s \cdot l \cdot \frac{f_{y,k}}{\gamma_M} \tag{8.74}$$

Es bedeuten:

σ_x Normalspannung im Trägersteg im maßgebenden Schnitt (oberhalb der Ausrundung bzw. Schweißnaht)

s Stegdicke des Trägers

l mittragende Steglänge

Bei einer *Auflagerkrafteinleitung* am Trägerende (Bild **8.**36 a) ergibt sich die mittragende Steglänge zu

$$l = c + 2{,}5 \cdot (t + r) \tag{8.75}$$

wobei hier c die Länge eines Auflagerbleches ist. Werden *Einzellasten im Feld* (oder Auflagerkräfte an einer Zwischenstütze) ohne Rippen in den Träger eingeleitet (Bild **8.**36 b), so gilt

$$l = c + 5 \cdot (t + r) \tag{8.76}$$

mit c = Länge eines Lastverteilungsbleches. Bei *Trägerkreuzungen* (Bild **8.**36 c) sind der obere (o) und der untere (u) Trägersteg zu untersuchen. Die Lastverteilungsbreite $c_{o,u}$ ergibt sich aus

$$c_{o,u} = (s + 1{,}61 \cdot r + 5 \cdot t)_{o,u} \tag{8.77}$$

und die Lasteinleitungslänge $l_{o,u}$ aus

$$l_{o,u} = c_{o,u} + 5 \cdot (t + r)_{o,u} \tag{8.78}$$

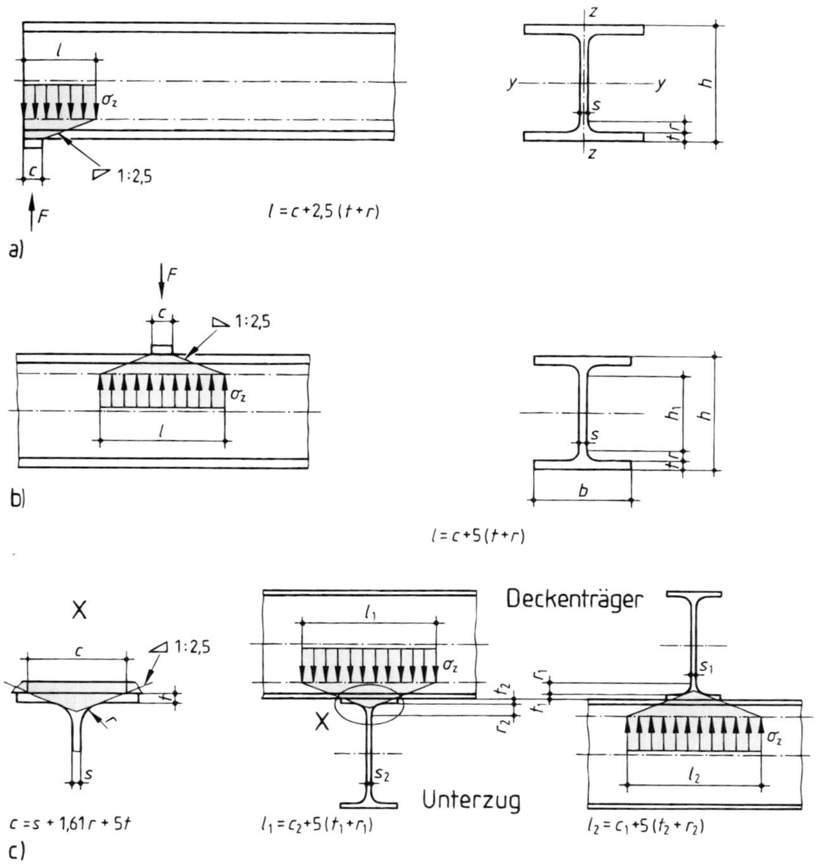

8.36 Rippenlose Lasteinleitung bei Walz- und geschweißten Profilen mit I-Querschnitt

a) Einleitung einer Auflagerkraft am Trägerende b) Einleitung einer Einzellast im Feld (gleichbedeutend mit Einleitung einer Auflagerkraft an einer Zwischenstütze) c) Träger auf Träger

Die Gln. (8.77) und (8.78) sind getrennt für die Indizes o und u auszuwerten. Falls die Grenzkraft $F_{R,d}$ kleiner als die einzuleitende Last ist, sind Lasteinleitungsrippen anzuordnen. Die Übertragung der angegebenen Formeln ist auch auf andere Lasteinleitungsprobleme (z. B. Flanschkräfte bei biegesteifen Rahmenecken (s. Teil 2 dieses Werkes) möglich.

Beispiel 9 (Bild **8**.37) Ein durchlaufender Deckenträger IPE 240 mit einer Auflast C = 300 kN und einer Biegenormalspannung von – 11,5 kN/cm^2 am Beginn der Ausrundung liegt auf einem Unterzug IPB 240 mit σ_x = – 10,0 kN/cm^2 aus Biegung auf (Trägerkreuzung). Es ist zu prüfen, ob die Auflast ohne Lasteinleitungsrippen möglich ist (St 37 (S 235)). Da im maßgebenden Schnitt in beiden Trägern σ_x und σ_z gleiches Vorzeichen (–) haben, ist die Grenzspannung grenz $\sigma_{z,R,d}$ s. Gl. (8.73) nicht abzumindern und es gilt Gl. (8.74).

Beispiel 9, Forts.

IPE 240 : $c_o = 1{,}0 + 1{,}61 \cdot 2{,}1 + 5 \cdot 1{,}7 = 12{,}88$ cm (s,r,t von IPB 240)

$l_o = 12{,}88 + 5 \cdot (0{,}98 + 1{,}5) = 25{,}28$ cm (t,r vom IPE 240)

$F_{R,d,1} = 0{,}62 \cdot 25{,}28 \cdot 24/1{,}1 = 342$ kN

$C/F_{R,d,1} = 300/342 = 0{,}88 < 1$

IPB 240 : $c_u = 0{,}62 + 1{,}61 \cdot 1{,}5 + 5 \cdot 0{,}98 = 7{,}94$ cm

$l_u = 7{,}94 + 5 \cdot (1{,}7 + 2{,}1) = 26{,}94$ cm

$F_{R,d,2} = 1{,}0 \cdot 26{,}94 \cdot 24/1{,}1 = 588\text{kN} > F_{R,d,1}$

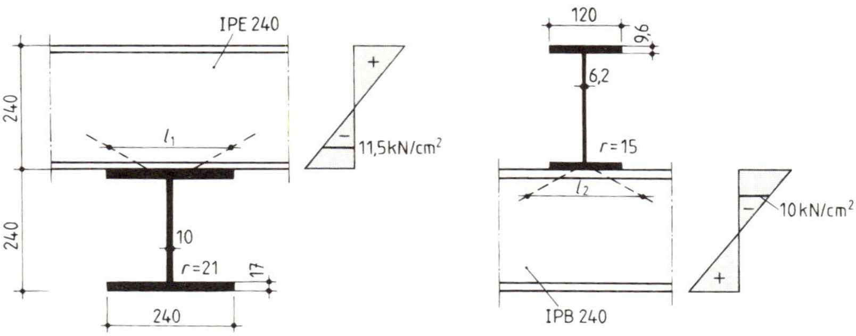

8.37 Abmessungen und Beanspruchungen zum Beispiel bei rippenloser Trägerkreuzung

Die Deckenträger sind unverschieblich auf den Unterzügen zu befestigen, weil sie den Druckgurt des Unterzuges gegen seitliches Ausweichen (Kippen) sichern müssen. Erlaubt die Flanschbreite der Träger die Anordnung ausreichend dicker Schrauben (z. B. ≥ M 16), verschraubt man die Träger unmittelbar miteinander (Bild **8.**35). Da schmalere Flansche hingegen keine direkte Verbindung gestatten, muß die Befestigung auf andere Weise erfolgen. Nach Bild **8.**38 a wird der Träger mit übereck gestellten Klemmplatten oder Hakenschrauben (Bild **3.**5 a) aufgeklemmt. Besonders einfach ist der Anschluß mit 2 kurzen Kehlnähten, die nach dem Ausrichten der Träger auf der Baustelle geschweißt werden (Bild **8.**38 b), doch ist die Montage dadurch erschwert, da die genaue Lage der Deckenträger nicht durch Bohrungen fixiert ist. Bei seitlichen Steganschlüssen entfällt dieser Nachteil (Bild **8.**38 c, **8.**39); die Ausführung nach Bild **8.**38 c weist ein geringeres Stahlgewicht auf, weil unter dem Anschlußblech kein Futter nötig ist.

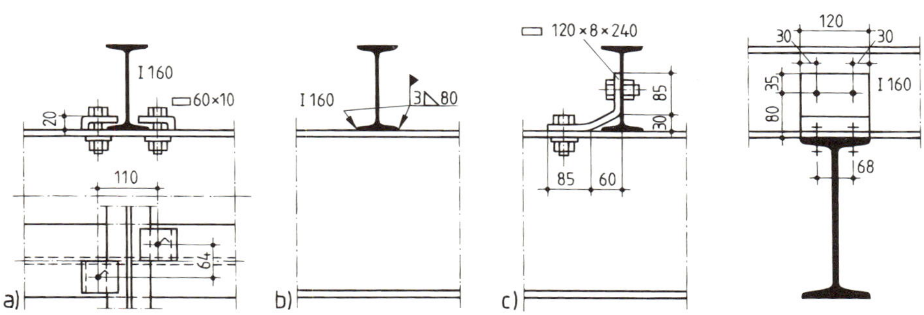

8.38 Befestigung des Trägers auf dem Unterzug durch

a) Klemmplatten b) Baustellenschweißung c) Haltewinkel

An *Trägerstößen* müssen Zug- und Druckkräfte übertragen werden, die von der Verankerung der Wände oder von anderen, rechnerisch nicht erfaßten Ursachen herrühren. Bei der Trägerlagerung in Bild **8.**35 werden die Kräfte vom Schraubenanschluß quer durch den Unterzugflansch geleitet. Wirksamer ist die Verbindung der Trägerstege mit beidseitigen Laschen (Bild **8.**39); Biegemomente können und sollen von diesen Laschen nicht aufgenommen werden.

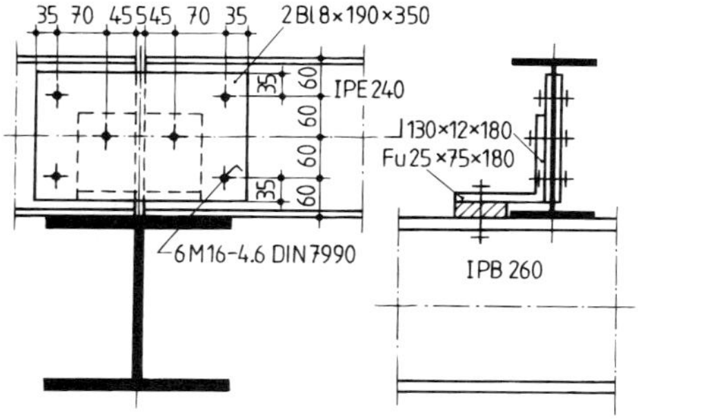

8.39 Trägerauflager mit Trägerstoß und Steglaschen

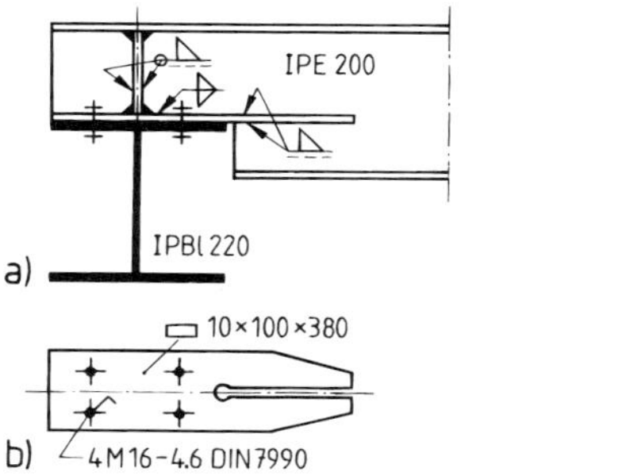

8.40 Verstärkung des ausgeklinkten Trägers am Auflager durch die verlängerte Auflagerplatte

Liegt der Deckenträger zu niedrig, wird er ausgeklinkt und mit einer untergeschweißten Platte auf dem Unterzug aufgelagert (Bild **8.**40). Bei starker Ausklinkung reicht der verbliebene T-förmige Restquerschnitt zur Aufnahme der Biegebeanspruchung am Ende der Ausklinkung nicht aus. Man ergänzt den Querschnitt dann durch einen unteren Flansch, den man durch Verlängerung der Auflagerplatte gewinnt. Die geschlitzte, über den Trägersteg geschobene Platte (b) ist vor Beginn der Ausklinkung gemäß ihrer Zugkraft durch Schweißanschluß vorzubinden.

Bei einer anderen Konstruktion (Bild **8.**41) wird aus dem Trägersteg ein Stück herausgeschnitten (b), der Flansch samt einem kurzen Stegansatz wird hochgebogen und wieder mit dem Steg verschweißt. Infolge des Richtungswechsels der Flanschkraft Z treten an den Knickstellen *Umlenkkräfte* U auf (d), die im Flansch quergerichtete Biegespannungen verursacht. Sind Z und der Umlenkwinkel groß, muß U von einer *Aussteifung* aufgenommen werden (c).

8.4.2 Trägeranschlüsse

Muß die Deckenkonstruktion niedrig gehalten werden, kann man die Träger nicht mehr aufeinanderlegen, sondern man muß sie seitlich aneinander anschließen.

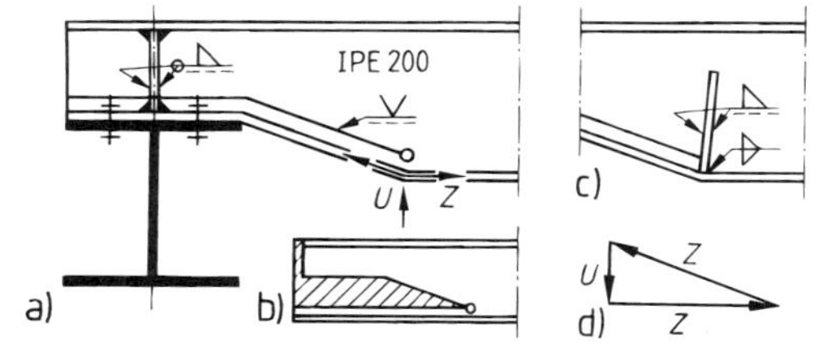

8.41
Trägerauflagerung mit hochgebogenem Unterflansch

8.4.2.1 Querkraftbeanspruchte, gelenkige Anschlüsse

Im Anschluß gelenkig lagernder Träger an Unterzüge oder Stützen ist ausschließlich eine *Querkraft* zu übertragen. Die verschiedenen konstruktiven Lösungen unterscheiden sich durch die Größe der aufnehmbaren Auflagerlast, durch den Platzbedarf und ihr Formänderungsverhalten. Man wählt die Konstruktion, die den gestellten Anforderungen bei kleinstem Herstellungsaufwand und einfachster Montage genügt. Die Anschlüsse werden in der Regel geschraubt; vollständig geschweißte Anschlüsse führt man ihrer hohen Kosten wegen nur in den seltenen Fällen aus, in denen wichtige ästhetische Gründe dafürsprechen.

Anschlußbleche. Der Anschluß nach Bild **8.**42 beansprucht nur ein Mindestmaß an Bearbeitung der Trägerenden. Er ist für die Fertigung auf automatischen Säge- und Bohranlagen besonders geeignet, die Montage ist einfach. Nachteilig ist die seitliche Versetzung des Anschlußblechs gegenüber der Stegebene des Trägers; dadurch entstehen Torsionsmomente, die es ratsam erscheinen lassen, diesen Anschluß nicht bei großen Querkräften auszuführen, sofern nicht Maßnahmen zur Aufnahme dieser Beanspruchung getroffen werden. Die Tragfähigkeit des nur 1-schnittigen Schraubenanschlusses ist wegen des *Momentes* $M = C \cdot a$ relativ klein. M ist besonders groß, wenn die Trägeroberkanten bündig liegen (Bild **8.**42 a). Wird jedoch der Oberflansch des Deckenträgers ausgeklinkt, so rückt der Anschluß an den Unterzugsteg heran und M wird kleiner (Bild **8.**43); allerdings entfällt der Vorteil der automatischen Bearbeitung der Trägerenden.

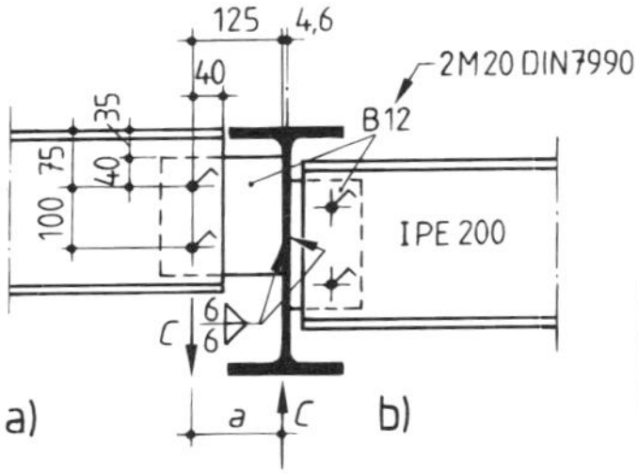

8.42 Trägeranschluß mit Anschlußblech

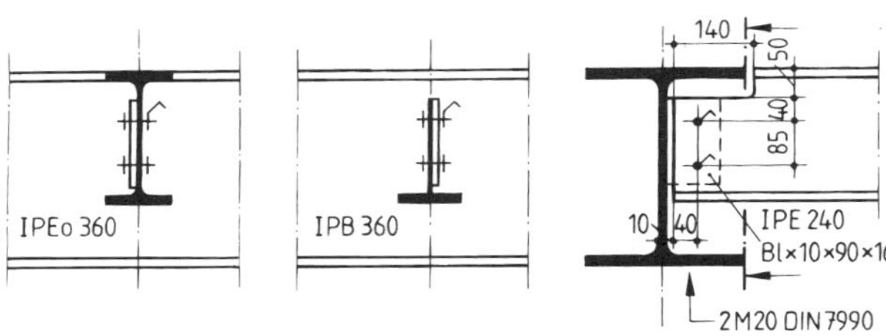

8.43 Trägeranschluß mit Anschlußblech und Ausklinkung

Der Anschluß läßt sich 2schnittig und mittig gestalten (Bild **8.**44), aber diesem Vorteil stehen die Vermehrung der Bauteile und Schrauben sowie der wiederum große Hebelarm a gegenüber.

Die *Berechnung* dieser Schraubenanschlüsse für die Querkraft C und das Moment $M = C \cdot a$ erfolgt wie beim Anschluß mit Stegwinkeln. Weil die Steifigkeitsverhältnisse im Anschluß nicht abgeschätzt werden können, sollte M auch bei der Schweißnaht des Anschlußblechs berücksichtigt werden.

Wenn der Träger *ausgeklinkt* ist, müssen im geschwächten Querschnitt 1 – 1 die allg. Spannungsnachweise geführt werden (Bild **8.**45). Beim T-Querschnitt a) verursacht das Biegemoment $M = C \cdot a_1$ die Druckspannung σ_D.

Aufgrund der Querschnittsgeometrie kann auch nicht mehr mit einer mittleren Schubspannung aus V_Z gerechnet werden; max τ ist nachzuweisen.

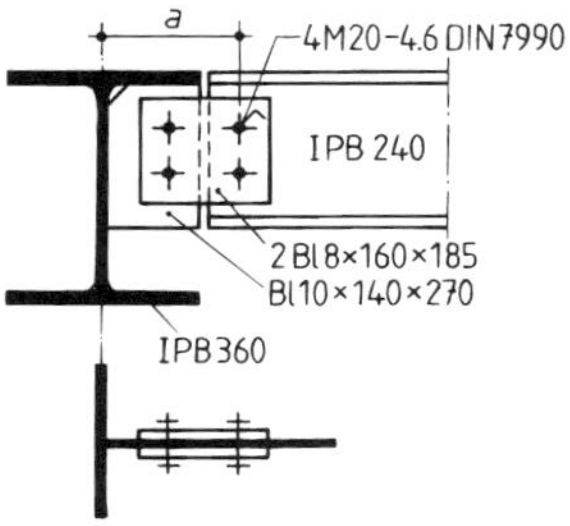

8.44 Zweischnittiger Anschluß mit Anschlußblech ohne Trägerausklinkung

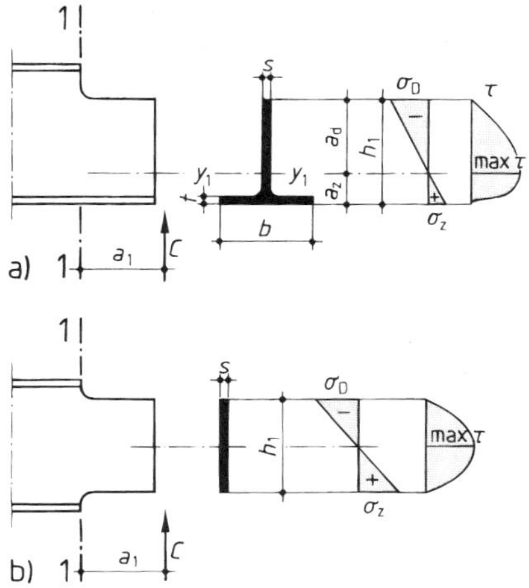

8.45 Spannungen im geschwächten Trägerquerschnitt bei

a) einfacher

b) doppelter Ausklinkung

$$\sigma_D = M \cdot a_d / I_{y1} \leq \sigma_{R,d}$$

Zur Vermeidung örtlicher Instabilitäten ist das Verhältnis a_d/s begrenzt. Durch Einhaltung der grenz (b/t) Verhältnisse wird örtliches Beulen ausgeschlossen. Unter Vernachlässigung der Profilausrundungen werden die Querschnittswerte

$$A = s\,(h_1 - t) + b \cdot t \tag{8.79}$$

$$a_d = h_1 - \frac{h_1}{2} \cdot \frac{s\,(h_1 - t)}{A} - \frac{t}{2} \tag{8.80}$$

$$I_{y1} = \frac{s\,(h_1 - t)^3}{12} + \frac{b \cdot t \cdot s\,(h_1 - t)}{A} \cdot \left(\frac{h_1}{2}\right)^2 \tag{8.81}$$

Mit $S_{y1} = s \cdot a_d^2/2$ erhält man die Schubspannung im Steg

$$\max \tau = \frac{C \cdot S_{y1}}{s \cdot I_{y1}} \leq \tau_{R,d} = \sigma_{R,d}/\sqrt{3} \tag{8.82}$$

und im Fall der doppelten Ausklinkung (b)

$$\max \tau = \frac{1{,}5\,C}{s \cdot h_1} \leq \tau_{R,d} = \sigma_{R,d}/\sqrt{3} \tag{8.83}$$

Stirnplattenanschluß. Er weist eine größere Tragfähigkeit auf, als die Konstruktion mit Anschlußblech, weil wegen sehr kleiner Hebelarme innerhalb des Anschlusses praktisch keine Momente entstehen (Bild **8**.46). Sowohl die Schweißnaht als auch die Anschlußschrauben werden nur für die Querkraft bemessen; ferner ist im Steg des Trägers der Schubspannungsnachweis neben der Schweißnaht zu führen.

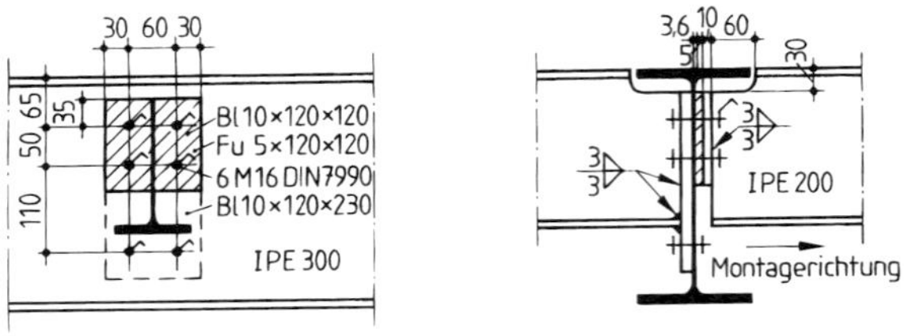

8.46
Stirnplattenanschluß bei bündigen Trägeroberkanten

Die sich bei frei aufliegenden Trägern einstellende *Endtangentendrehung* τ verursacht Verformungen des Stirnblechs und Zugkräfte in den oberen Schrauben sowie in der Schweißnaht (Bild **8**.47). Um diese Nebenwirkungen zu beschränken, empfiehlt es sich, die Stirnplatte kurz zu halten, die Schrauben so hoch wie möglich anzuordnen und die Stirnplatte am oberen Flansch anzuschweißen (Bild **7**.50). Soll ein einseitig angeschlossener Träger den Unterzug gegen Verdrehen (Kippen) sichern, ist die Einspannwirkung des Anschlusses jedoch erwünscht und wird durch eine lange, mit beiden Flanschen verbundene Stirnplatte gefördert (Bild **8**.48). Die Anschlüsse sind in [4, 12] typisiert.

Muß der Träger beim Einbau zwischen Unterzüge oder Stützen hineingedreht werden, ist der Träger um Δl kürzer herzustellen als die lichte Weite w. Mit b = Breite der Stirnplatte ist

$$\Delta l = \frac{b^2}{2w} + \text{Spielraum } (\approx 2 \text{ mm}) \tag{8.84}$$

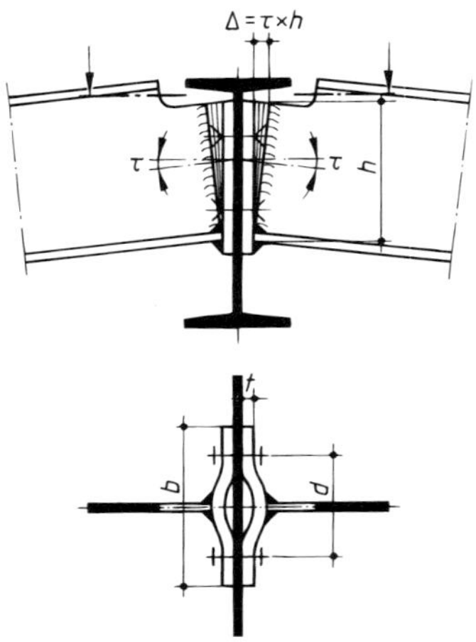

8.47 Verformung der Stirnplatte bei Endtangentendrehung der Träger

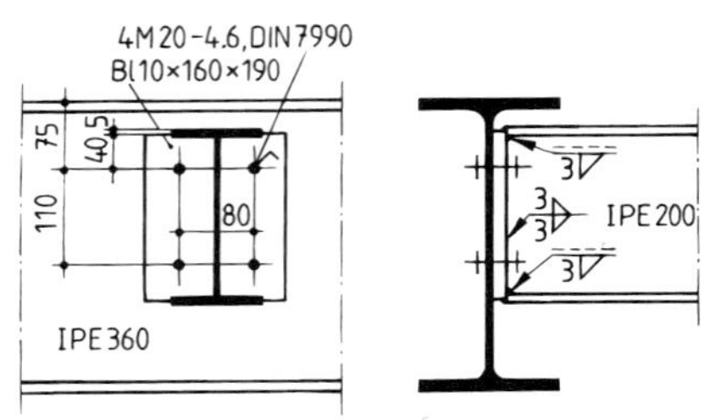

8.48 Einseitiger Stirnplattenanschluß an einen Unterzug

An einem Trägerende ist nach dem Einschwenken ein *Futter* mit Dicke Δl zwischenzulegen (Bild **8**.46). Wird $\Delta l > 6$ mm, erhält jedes Trägerende ein Futter von je halber Dicke, um das Vorbinden zu sparen. Die Futter ermöglichen außerdem den Ausgleich von Fertigungstoleranzen. Ein Trägerende erhält eine längere Stirnplatte mit 2 zusätzlichen, vom Anschluß des nachfolgenden Trägers unabhängigen Schrauben, um die Montage zu erleichtern; dabei ist die Montagerichtung zu beachten.

Aus Kostengründen wird in der Praxis auf die Montagehilfe meistens verzichtet.

Stirnplatten sind besonders geeignet für *schiefe Trägeranschlüsse* (Bild **8.**49). Die Bohrungen an der spitzwinkligen Seite müssen so weit seitlich sitzen, daß zwischen den Trägerstegen Spielraum zum Hineinstecken der Schrauben bleibt.

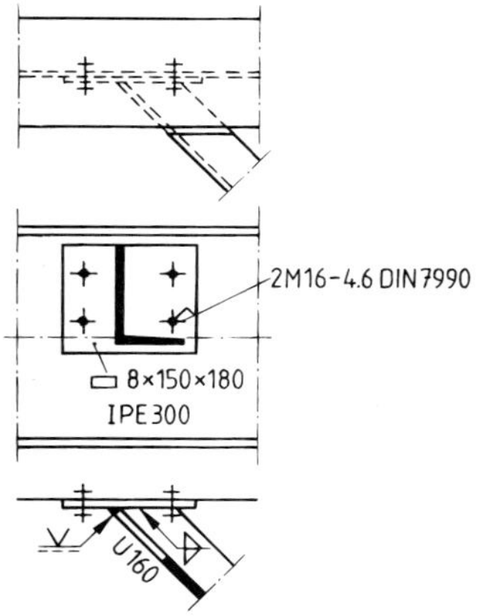

8.49 Schiefer Trägeranschluß mit Stirnplatte

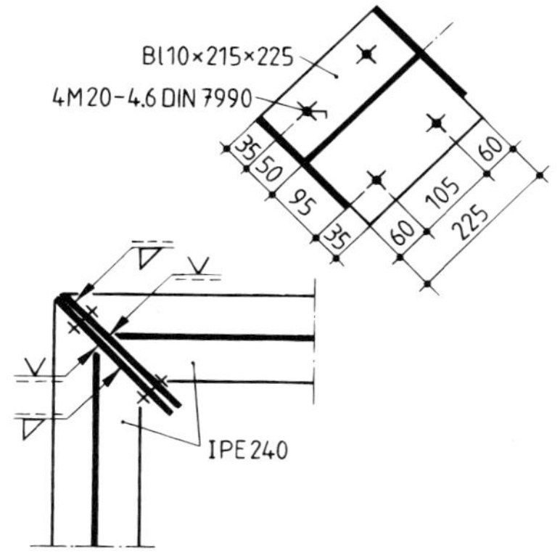

8.50 Eckverbindung mit Stirnplatten

In ähnlicher Weise kann man die *Eckverbindung* zweier Träger ausführen (Bild **8.**50); die auf Gehrung geschnittenen Trägerenden erhalten angeschweißte Stirnplatten, die verschraubt werden. Wegen der sich in 2 verschiedenen Ebenen einstellenden Endtangentenverdrehungen entstehen an der Ecke Biege- und Torsionsbeanspruchungen, die von der steifen Stirnplattenverbindung im allgemeinen gut verkraftet werden können.

Beispiel 10 (Bild **8.**46) Beiderseitiger Stirnplattenanschluß von Deckenträgern IPE 200 an einem Unterzug IPE 300. Die Auflagerlast je Träger beträgt $C = 56$ kN. St 37 (S 235).

Schweißanschluß der Stirnplatte:

$$A_w = 2 \cdot 0{,}3 \cdot 12 = 7{,}2 \text{ cm}^2 \qquad \tau_{w,R,d} = 0{,}95 \cdot 24/1{,}1 = 20{,}7 \text{kN/cm}^2$$

$$\tau_{\parallel} = 56/7{,}2 = 7{,}78 \text{ kN/cm}^2 \qquad \tau_{\parallel}/\tau_{w,R,d} = 7{,}78/20{,}7 = 0{,}38 < 1$$

Schubspannung im 5,6 mm dicken Steg:

$$\tau = \frac{56}{0{,}56 \cdot 12} = 8{,}33 \text{ kN/cm}^2 \qquad \tau/\tau_{R,d} = 8{,}33 \cdot \sqrt{3}/21{,}8 = 0{,}86 < 1$$

Im *Anschluß* am 7,1 mm dicken *Unterzugsteg* entfällt bei 4 rohen Schrauben M 16 auf eine Schraube

$$V = 2 \cdot 56/4 = 28 \text{ kN}$$

$$V_{a,R,d} = 2 \cdot 43{,}87 \text{ kN}$$

$$e_2/d_L = 30/18 = 1{,}67 > 1{,}5$$

$$(e_3/d_L = 60/18 > 3{,}0)$$

$$\alpha_l = 1{,}10 \cdot 35/18 - 0{,}3 = 1{,}839$$

$V_{l,R,d} = 0{,}71 \cdot 1{,}6 \cdot 1{,}839 \cdot 24/1{,}1 = 45{,}58$ kN (Auf der sicheren Seite wird für t die Dicke des Steges – Lochaufweitung – eingesetzt).

$$V/V_{l,R,d} = 28/45{,}58 = 0{,}61 < 1$$

Beispiel 10 Forts. Am *Beginn der Ausklinkung* wird mit den Profilmaßen des IPE 200 und

h_1 = 17 cm nach Gl. (8.79) bis (8.82)

$$A = 0{,}56\,(17 - 0{,}85) + 10 \cdot 0{,}85 = 17{,}54\ \text{cm}^2$$

$$a_\text{d} = 17 - \frac{17}{2} \cdot \frac{0{,}56\,(17 - 0{,}85)}{17{,}54} - \frac{0{,}85}{2} = 12{,}19\ \text{cm}$$

$$I_{\text{y}1} = \frac{0{,}56\,(17 - 0{,}85)^3}{12} + \frac{10 \cdot 0{,}85 \cdot 0{,}56\,(17 - 0{,}85)}{17{,}54}\left(\frac{17}{2}\right)^2 = 513\ \text{cm}^4$$

$$S_{\text{y}1} = 0{,}56 \cdot 12{,}19^2/2 = 41{,}6\ \text{cm}^3$$

$$\sigma = \frac{56 \cdot (0{,}36 + 0{,}5 + 1{,}0 + 6{,}0)\ 12{,}19}{513} = 10{,}46\ \text{kN/cm}^2$$

$$\sigma/\sigma_{\text{R,d}} = 10{,}46/21{,}8 = 0{,}48 < 1$$

$$\max \tau = \frac{56 \cdot 41{,}6}{0{,}56 \cdot 513} = 8{,}11\ \text{kN/cm}^2$$

$$\max \tau/\tau_{\text{R,d}} = \sqrt{3}//21{,}8 = 0{,}64 < 1$$

Anschluß mit aufgeschraubtem Winkelpaar

Dieser weist eine bessere Elastizität auf als der Stirnplattenanschluß. Man zieht ihn darum bei höheren Trägerprofilen vor. Da sich Walz- und Fertigungstoleranzen im Lochspiel der Schrauben bei der Montage ausgleichen lassen, erübrigen sich Futterzwischenlagen. Das Trägerende läßt man ≈ 3 bis 5 mm gegenüber der Anschlußebene zurückstehen, damit nicht ein infolge von Arbeitsungenauigkeiten vorstehendes Trägerende das glatte Anliegen des Anschlusses am Unterzug behindern kann (Bild **8.**51). Die Schenkel der vom Deutschen Ausschuß für Stahlbau typisierten Anschlußwinkel [4], [12] sind so breit und die Schraubendurchmesser sowie die von den genormten Wurzelmaßen abweichenden Anreißmaße sind so gewählt, daß die Bohrungen in den beiden Winkelschenkeln in der Höhe nicht gegeneinander versetzt werden müssen (Tafel **8.**7). Hat die notwendige Anzahl der Schrauben übereinander keinen Platz, werden sie mittels breitschenkliger Winkel nebeneinandergesetzt (Bild **8.**52, **8.**53). Vorhandene Aussteifungen des Unterzuges können für den Anschluß des Trägers benutzt werden (Bild **7.**34); der Trägerunterflansch ist hierfür einseitig abzuflanschen.

Zur Erleichterung der Montage – besonders, wenn zu beiden Seiten des Unterzugs Träger anschließen – sieht man gelegentlich unter dem Träger *Montagewinkel* vor, die rechnerisch nicht zur Aufnahme des Auflagerdrucks herangezogen werden (Bild **8.**51, **8.**55).

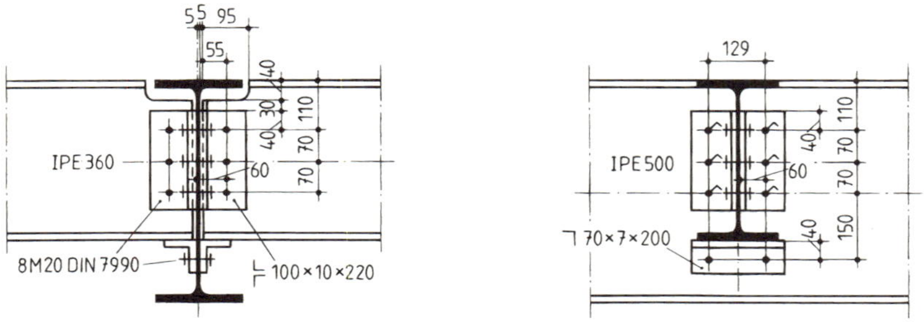

8.51 Trägeranschluß mit angeschraubten, typisierten Stegwinkeln bei bündigen Trägeroberkanten

Tafel **8**.7 Typisierte Anschlußwinkel [4]

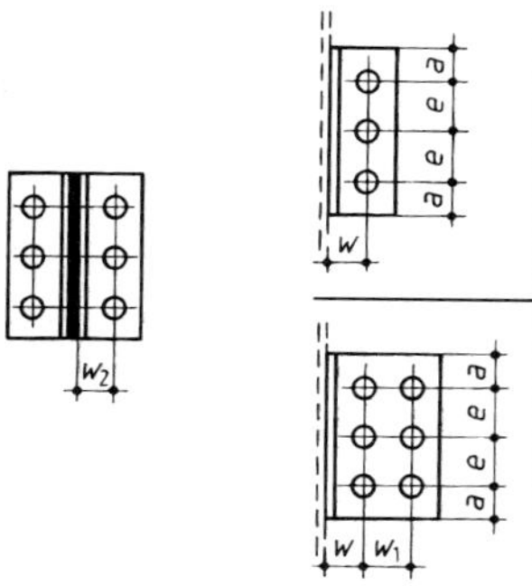

	Winkel	Schraube nach DIN 7990	Maße in mm				
			w	w_1	w_2	a	e
	L 90 × 9 L 100 × 10 L 120 × 12	M 16 M 20 M 24	50 60 70	– – –	50 60 70	35 40 50	50 70 80
	L 150 × 75 × 9 L 180 × 90 × 10 L 200 × 100 × 12	M 16 M 20 M 24	50 60 70	60 70 80	50 60 60	35 40 50	50 70 80

Bei Verwendung von HV-Schrauben gelten andere Maße!

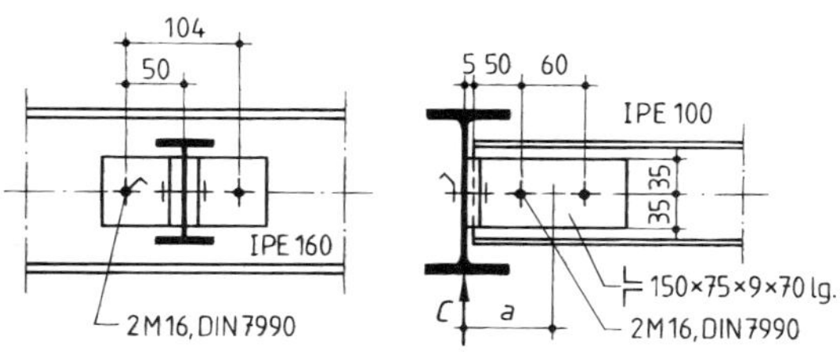

8.52 Stegwinkelanschluß eines Trägers mit kleiner Profilhöhe

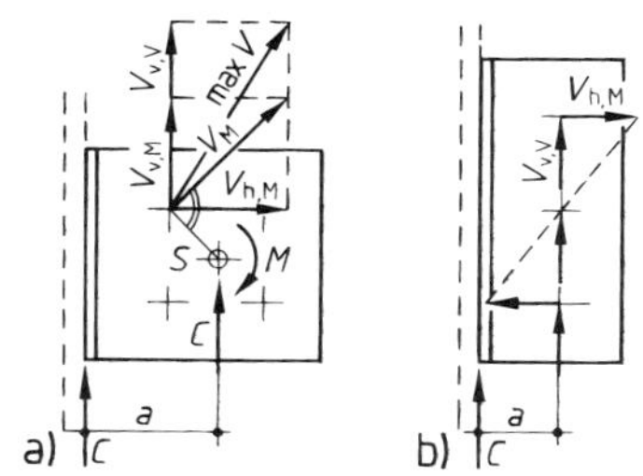

8.53 Schraubenkräfte beim Winkelanschluß im Trägersteg bei

a) zweireihiger
b) einreihiger Schraubenanordnung

Die Berechnung des Anschlusses erfolgt nach zwei unterschiedlich mechanischen Modellen, die das Verformungsverhalten in den Anschlußebenen wirklichkeitsnah erfassen. Die Verhältnisse am anzuschließenden Träger lassen sich einfach erfassen, während der Anschluß am anzuschließenden Träger besonderer kinematischer Überlegungen bedarf.

Anschluß am Trägersteg. Im Schwerpunkt S des 2schnittigen Schraubenanschlusses wirkt neben der Querkraft C noch das Moment $M = C \cdot a$ (Bild **8**.53). Die Beanspruchung entspricht der der Steglaschen am biegefesten Trägerstoß, so daß die dort angegebenen Gleichungen verwendet werden können, wenn $N_s = 0$, $V = C$ und $M_S = C \cdot a$ gesetzt werden. Bei 2reihigem, niedrigem Schraubenbild (Bild **8**.53 a) sind die Gln. (3.25), (3.26), (3.27) zu benutzen und bei einreihiger oder sehr hoher Schraubenanordnung (Bild **8**.53 b) die Gln. (3.30), (3.29), (3.27).

Bei der Berechnung der Tragfähigkeit von Winkelanschlüssen nach dem Konzept der „zulässigen Spannungen“ wurde die zulässige Belastung in den „Typisierten Verbindungen“ [4] mit Rücksicht auf den plastischen Ausgleich der Schraubenkräfte im Traglastzustand um 5 % höher angesetzt, sofern mindestens 4 Schrauben in einer Reihe vorhanden sind. In den alten Berechnungsnormen ist diese Tragfähigkeitserhöhung jedoch nicht vorgesehen. Verzichtet man auf die Ausnutzung der höheren Grenztragfähigkeit der Schrauben nach der neuen Norm, so lassen sich aus den zulässigen Anschlußgrößen durch Umrechnung mit dem Teilsicherheitsbeiwert γ_M und dem globalen Sicherheitsbeiwert γ der alten Norm, Grenzanschlußgrößen ermitteln.[1])

Weil der Anteil des Moments an der gesamten Beanspruchung groß ist, wird man den Hebelarm a durch Ausklinken der Träger klein halten. Nur bei ungewöhnlich kleiner Auflagerkraft genügt der Trägeranschluß ohne Ausklinkung (Bild **1**.11).

Anschluß am Unterzug. Jeder der beiden Winkel überträgt die halbe Auflagerlast $C/2$ (Bild **8**.54). Diese Belastung kann ersetzt werden durch eine im Schraubenschwerpunkt angreifende Querkraft V_o, die sich gleichmäßig auf alle Schrauben verteilt b), und durch ein Moment M_o, welches horizontale und auch vertikale Schraubenkräfte zur Folge hat c). Anders als beim Anschluß am Trägersteg ist hier nicht der Schwerpunkt der Drehpol, sondern der Druckpunkt, in dem sich der Winkel bei einer Verdrehung gegen den Trägersteg anlegt. Das für die Berechnung benötigte polare Flächenmoment 2. Grades $I_{p,D}$ der Schrauben ist folglich auf diesen, auf der zunächst geschätzten Wirkungslinie von D liegenden Druckpunkt zu beziehen.

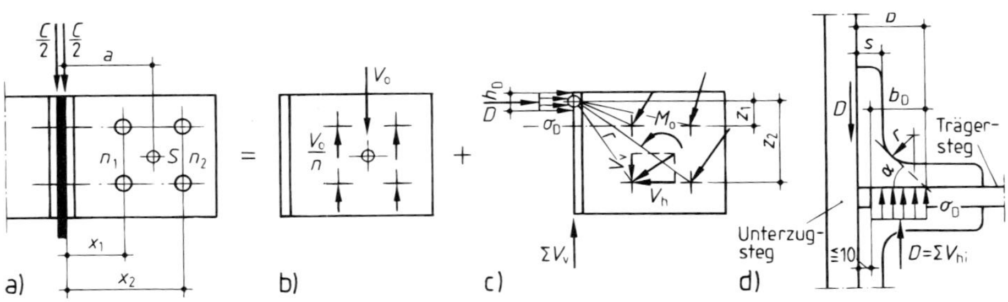

8.54 Beanspruchung des Winkelanschlusses am Unterzugsteg

Aufgrund dieses Berechnungsmodells sind in [4] die zulässigen Anschlußkräfte für die typisierten Anschlüsse bei zusätzlicher Voraussetzung eines vollständigen plastischen Ausgleichs der Schraubenkräfte berechnet worden. Traglastversuche[2]) haben gezeigt, daß es bei vorwiegend ruhender Beanspruchung in einfacher Weise möglich ist, die zulässigen Anschlußquerkräfte am Unterzug aus der mit dem Faktor $\varkappa$ (Tafel **8**.8) verminderte Summe der zulässigen übertragbaren Schraubenkräfte ohne weitere Berücksichtigung des Versatzmoments zu berechnen:

$$\text{zul } Q = \varkappa \cdot \Sigma \text{ zul } Q_{SL} \qquad (8.85)^{3)}$$

Tafel **8**.8 Abminderungsfaktoren zur Berücksichtigung des Momentes in der Stegebene des Unterzuges

Anzahl der horizontalen Schraubenreihen	1	2	3	4	≥ 5
Abminderungsfaktor $\varkappa$	0,80	0,90	0,94	0,97	1,00

[1]) In [12], 2. Aufl. sind die „Typisierten Verbindungen“ bereits auf das neue Regelwerk umgestellt

[2]) Schulte, W.: Querkraftbeanspruchte I-Trägeranschlüsse mit Winkeln – Tragfähigkeit des Anschlusses am Unterzug ohne Trägerendeinspannung. Der Stahlbau (1983) H. 8

[3]) Bezeichnung nach DIN 18800-1 (3.81)

Beispiel 11 (Bild **8**.55) Beiderseitiger Anschluß von Trägern IPB 600 gemäß Beispiel 4 (Abschn. 8.3.1) am Steg einer Stütze aus IPB 500; die Auflagerlast je Träger ist $V = 835$ kN. Der Durchmesser der rohen Schrauben (Lochspiel $\Delta d \leq$ 2mm) und die Anreißmaße der Anschlußwinkel werden in Anlehnung an die typisierten Ausführungen nach Tafel **8**.7 gewählt. St 37 (S 235)

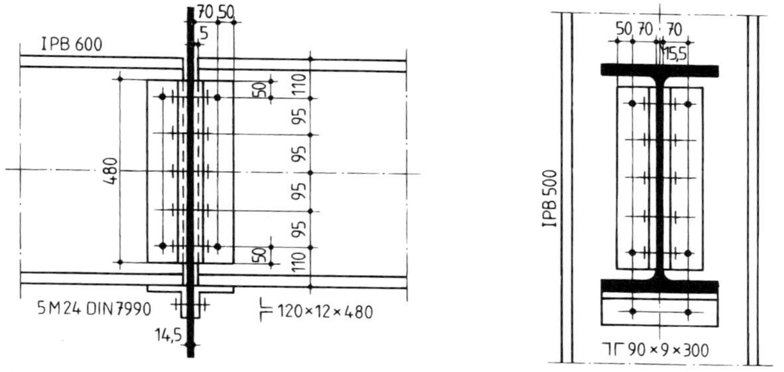

8.55 Anschluß schwer belasteter Unterzüge am Steg einer Stütze

Anschluß am Trägersteg mit 5 M 24, 5.6 nach Gl. (3.25) bis (3.27)

$$M = 835 \cdot 7{,}0 = 5845 \text{ kNcm}$$

Polares Flächenmoment 2. Grades der Schrauben bezüglich des Schwerpunktes S:

$$\Sigma z^2 = 2 \cdot (9{,}5^2 + 19^2) = 902{,}5 \text{ cm}^2$$

Für den Tragsicherheitsnachweis der Anschlußmittel ist die unterste Schraube maßgebend:

$$V_v = 835/5 = 167 \text{ kN} \qquad V = \sqrt{167^2 + 123^2} = 207{,}4 \text{ kN}$$

$$V_h = 5845 \cdot 19/902{,}5 = 123 \text{ kN}$$

$$V_{a,R,d} = 2 \cdot 123{,}4 = 246{,}8 \text{ kN}$$

$$V/V_{a,R,d} = 207{,}4/246{,}8 = 0{,}84 < 1$$

Lochleibung: Die resultierende Schraubenkraft ist hinsichtlich der Ränder schräg gerichtet, wobei die Kraftkomponenten (horizontal und vertikal) annähernd gleich sind. Mögliche Bruchlinien sind im Winkel und im Steg des Unterzuges denkbar. Unabhängig von den Kraftrichtungen werden folgende Abstände als maßgebend unterstellt:

Winkel: $e_1 = e_2 = 50$ mm $\qquad e = 95$ mm

Steg: $e_1 = 70$ mm $\qquad e = 95$ mm

Die Tragfähigkeit der Schrauben wird für den Winkel und den Unterzugsteg auf der sicheren Seite bestimmt.

Winkel: $\alpha_l = 1{,}1 \cdot 50/26 - 0{,}3 = 1{,}815 \; (e_1)$

$$V_{l,R,d} = 2 \cdot 1{,}2 \cdot 2{,}4 \cdot 1{,}815 \cdot 24/1{,}1 = 228 \text{ kN}$$

Steg: e_1: $\alpha_l = 1{,}1 \cdot 70/26 - 0{,}3 = 2{,}662$

e: $\alpha_l = 1{,}08 \cdot 95/26 - 0{,}77 = 3{,}18 > 3{,}0$

$$V_{l,R,d} = 1{,}55 \cdot 2{,}4 \cdot 2{,}662 \cdot 24/1{,}1 = 216 \text{ kN (maßgebend)}$$

$$V/V_{l,R,d} = 207{,}4/216 = 0{,}96 < 1$$

Beispiel 11 Forts.

Zum Ausgleich von Maßtoleranzen läßt man den Winkel einige Milimeter über das Stegende hinausragen. Die Tragfähigkeit des Anschlusses wird dadurch nicht berührt.

Anschluß am Stützensteg

Von beiden Seiten schließt ein Unterzug mit gleichem Lastbild an; somit ist die gesamte Anschlußkraft $2 \cdot A = 2 \cdot 835 = 1670$ kN. Bei einreihigem Anschluß darf das Versatzmoment unberücksichtigt bleiben, wenn die Grenztragfähigkeit der Schrauben mit $\varkappa$ nach Tafel **8**.8 abgemindert wird. Für $n \geq 5$ ist $\varkappa = 1$.

Winkel (e_1): $V_{l,R,d} = 228$ kN

Steg (e): $V_{l,R,d} = 1{,}45 \cdot 2{,}4 \cdot 3{,}0 \cdot 24/1{,}1 = 227{,}8$ kN

$V/V_{l,R,d} = 1670/10 \cdot 227{,}8 = 0{,}73 < 1$

Knaggenauflager. Es liegt nahe, den Träger auf dem am Unterzug angeschweißten *Montagewinkel* zu lagern und die Stegverbindung nur zur Sicherung gegen Kippen und Verschieben des Trägers heranzuziehen (Bild **8**.56). Die Auflagerlast C greift außerhalb der Unterzugachse an einem nur ungenau erfaßbaren Hebelarm an und erzeugt im Unterzug ein Torsionsmoment, zu dessen Weiterleitung der Unterzug entweder torsionssteif ausgebildet oder in anderer Weise gegen Verdrehen und Kippen gesichert werden muß. Dadurch wird die Anwendbarkeit dieser Konstruktion eingeschränkt.

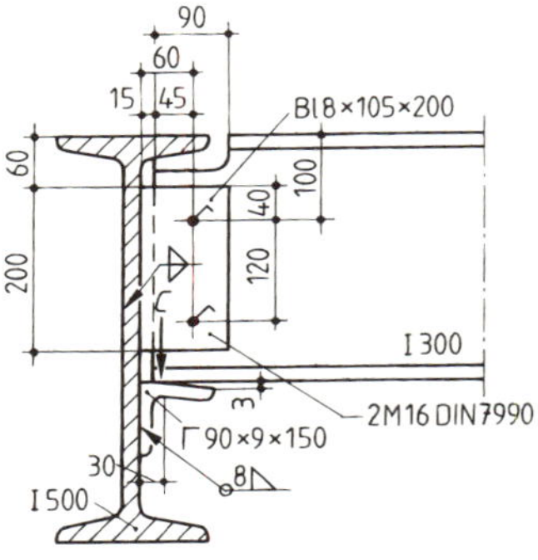

8.56
Angeschweißter Montagewinkel als Tragwinkel für das Trägerauflager

Steht eine ausreichende Anschlußhöhe zur Verfügung (z. B. bei Stützen), kann die Auflagerung besser auf *Knaggen* mit genau festliegender Wirkungslinie der Auflagerlast erfolgen (Bild **8**.57, **8**.61). Die Konstruktion ist für die Aufnahme großer Lasten geeignet und auch bei geschlossenen Stützenprofilen anwendbar, da im Stützenschaft keine Anschlußschrauben eingezogen werden müssen. Der Steganschluß sichert den Träger gegen Kippen, der an die Knagge geschweißte Flachstahl verhindert mit den Halteschrauben das Abrutschen. – Die Pressung in der *Auflagerfuge* wird bei rippenloser Ausführung mit der Verteilungsbreite c nach Bild **8**.36 c und Gl. (8.74) nachgewiesen. Maßgebend für den *Träger* ist die Spannung im Steg innerhalb der mitwirkenden Länge l (Bild **8**.36 a) nach Gl. (8.75); reicht die Stegfläche nicht aus, kann eine angeschweißte Auflagerplatte zu einer besseren Lastverteilung führen (Bild **8**.57 b), oder man leitet die Auflagerlast mittels Aussteifungsrippen in den Steg ein a).

Bei hohen Trägern kann die Auflagerknagge durch geringfügiges Ausklinken innerhalb der Trägerhöhe untergebracht werden; sie stört dann nicht bei der Stützenummantelung (Bild **8**.57). Der Träger liegt mit der angeschweißten Stirnplatte auf der Knagge auf und wird von einem angeschweißten Blech in seiner Lage gehalten.

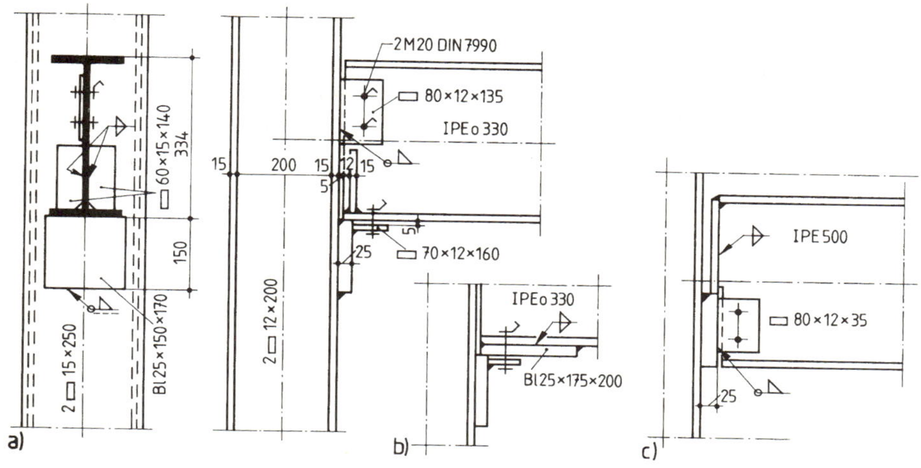

8.57 Trägerauflagerung auf angeschweißte Knagge

An der *Dehnungsfuge* des Gebäudes wird der Träger in ähnlicher Weise auf einer tragenden Konsole gelagert und durch den Stegwinkel sowie durch das auf seinen Oberflansch geschweißte Blech längsbeweglich geführt (Bild **8.**58). Die exzentrische Trägerlagerung ist bei der Bemessung der Stütze zu berücksichtigen.

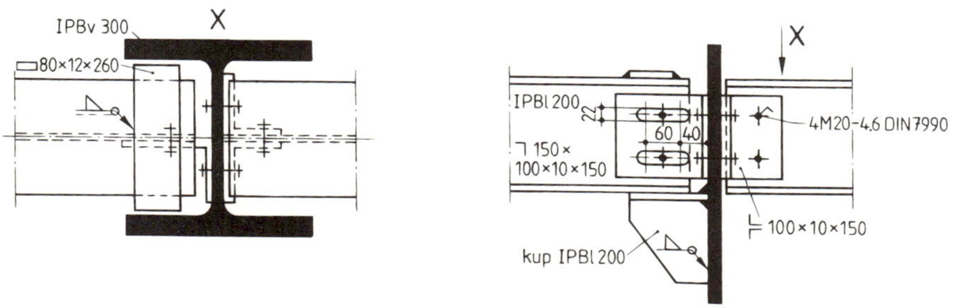

8.58 Längsbewegliche Trägerlagerung an einer Dehnungsfuge

8.4.2.2 Biegesteife Anschlüsse

Am Auflager der Durchlaufträger ist außer den Querkräften das negative Stützmoment anzuschließen. Die *Auflagerlasten* werden wie bei frei aufliegenden Trägern am Steg mit Anschlußblech, Stirnplatte oder Anschlußwinkeln angeschlossen, oder die Träger werden auf Stützwinkel oder Knaggen aufgelegt. Das *Moment* kann entweder von Laschen aufgenommen werden, oder man führt eine biegefeste Stirnplattenverbindung aus.

Anschluß mit Laschen

Das am Anschluß vorhandene negative *Stützmoment* M_{St} wird in ein *Kräftepaar* aufgelöst, das aus einer Zugkraft Z am Oberflansch und einer Druckkraft D am Unterflansch besteht.

Die *Druckkraft* wird durch *Kontaktwirkung* übertragen, indem in die Fuge vor dem Druckflansch eine *Druckplatte* scharf eingepaßt und mit Schrauben oder Heftschweißung gegen Herausfallen gesichert wird (Bild **8.**59 b). Auch durch winkelrechte Bearbeitung des Trägerendes kann die Kontaktwirkung hergestellt werden (Bild **8.**59 a). Im Brückenbau verbindet eine durch den Unterzugsteg gesteckte Drucklasche die Trägerunterflansche, im Hochbau ist diese Ausführung selten.

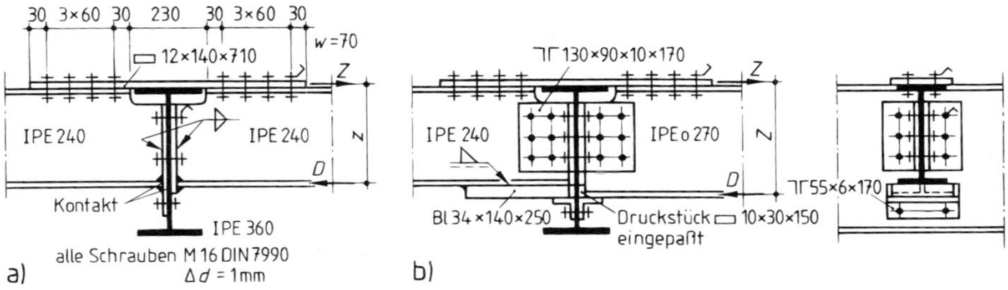

8.59 Anschluß durchlaufender Deckenträger an Unterzügen (s. Abschn. 8.3.2.2, Beispiel 7). Querkraftanschluß und Druckkraftübertragung durch
a) Stirnplatten und Kontaktwirkung
b) Anschlußwinkel und eingepaßte Druckstücke

Zur Aufnahme der *Zugkraft* sind die Obergurte der aufeinanderfolgenden Träger durch eine aufgelegte *Zuglasche* zu verbinden. Der Querschnitt der Lasche und ihre Anschlüsse sind für die Zugkraft $Z = M/z$ zu bemessen; z ist der Abstand der Wirkungslinien von Z und D. Für M ist bei Berechnung nach der Elastizitätstheorie oder nach der vereinfachten Fließgelenktheorie (s. letzter Abschn. in Kapitel 8.3.2.2) das Stützmoment M_{St} einzusetzen, bei Anwendung der genauen Fließgelenktheorie das aufnehmbare plastische Moment.

Die Zuglasche wird auf der Baustelle angeschraubt; man kann sie auch anschweißen, wenn man darauf achtet, daß die Nähte nicht in Zwangslage gezogen werden müssen. Bei der Ausführung nach Bild **8.**60 werden die Zuglaschenhälften bereits in der Werkstatt mit Kehlnähten am Träger befestigt und dann auf der Baustelle mit einer Steilflankennaht verbunden. Dadurch bleibt der Arbeitsaufwand auf der Baustelle relativ klein. In der Regel hält man die Zuglasche schmaler als den Flansch und kann sie dann mit Kehlnähten aufschweißen (Bild **8.**64).

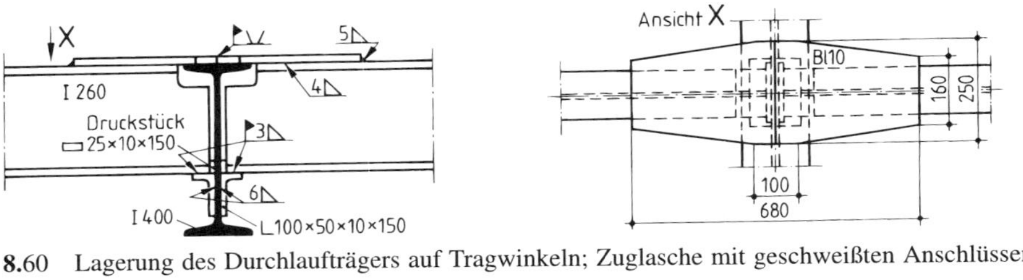

8.60 Lagerung des Durchlaufträgers auf Tragwinkeln; Zuglasche mit geschweißten Anschlüssen

Wenn vorgefertigte Decken- oder Dachelemente auf den Trägern verlegt werden sollen, dann stören die Zuglaschen und Schraubenköpfe die ebene Auflagerfläche. Im Bild **8.**61 wurden deswegen die Deckenträger so hoch gelegt, daß die zweiteilige Zuglasche zwischen Unterzug- und Deckenträgerflansch eingeschoben werden konnte. Die Baustellenkehlnähte liegen jeweils in der Längsachse der Zuglaschen, und die Lücke zwischen den Deckenträgerflanschen wird durch ein Futterblech aufgefüllt. Infolge ausreichender Trägerhöhe liegen die Deckenträger mit ihren Stirnplatten auf Auflagerknaggen am Unterzug auf, wobei jeder Träger mit je einer Schraube am Unterzug festgehalten wird. Ein Druckstück überträgt die Druckkraft des Unterflansches; bei der Montage wird der hierfür notwendige Spielraum durch ein angeheftetes 20 mm dickes Flachstahlstück freigehalten.

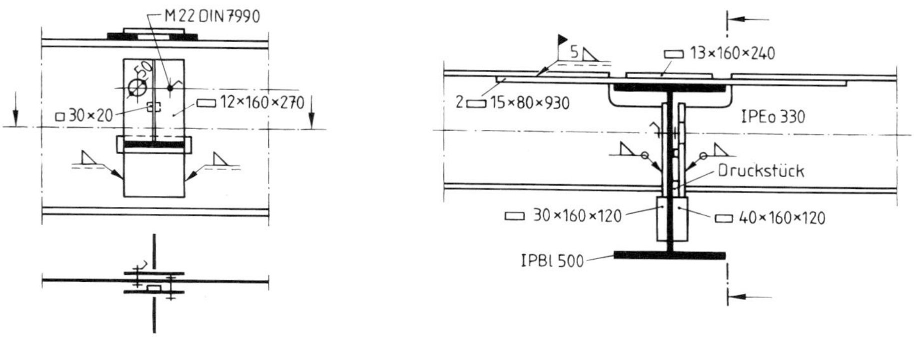

8.61 Durchlaufträger mit ebener Trägeroberfläche

Treffen Träger mit *unterschiedlicher* Höhe zusammen – z. B. wegen Profilwechsels zwischen End- und Innenfeld –, dann muß dafür gesorgt werden, daß die Druckkräfte der unteren Flansche in der gleichen Wirkungslinie liegen, weil andernfalls die zur Kraftübertragung nötige Kontaktwirkung verloren ginge und außerdem Schäden am Unterzugsteg entstehen würden. Oft vergrößert man hierfür die Höhe des niedrigeren Trägers, indem man bei Höhenunterschieden $\lesssim$ 50 mm Flanschbeilagen unter den Träger

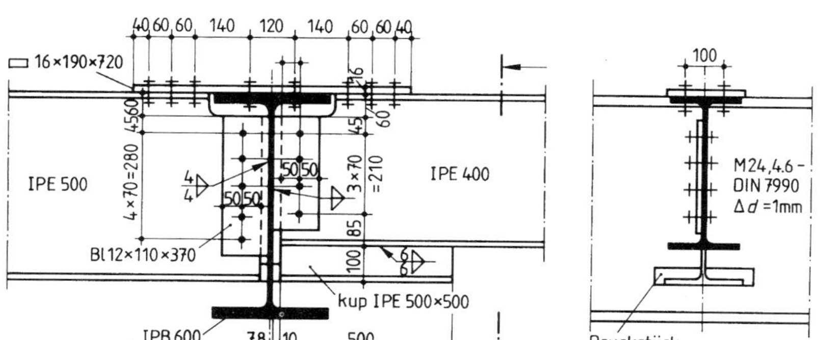

8.62 Ausgleich stark unterschiedlicher Trägerhöhen mit einem Trägerstück

schweißt (Bild **8.**59); bei größeren Unterschieden nimmt man dafür einen Profilabschnitt (Bild **8.**62), oder man zieht den Unterflansch durch Einschweißen eines keilförmigen Stegstücks flach herunter (Bild **8.**65). Bezüglich der dabei auftretenden Umlenkkräfte s. Abschn. 8.4.2. Wegen des vergrößerten Hebelarms z zwischen Z und D ist die Kraft in der Zuglasche verringert, jedoch greift die größere Trägerhöhe ein Stück weit in das Nachbarfeld hinein und kann dort konstruktiv störend wirken.

Muß das vermieden werden, ist es möglich, die Höhe des niedrigen Trägers bis zum Anschluß unverändert beizubehalten, wenn man Sorge trägt, daß die Druckkraft D auf der gegenüberliegenden Seite durch flanschartige Aussteifungen übernommen wird (Bild **8.**63).

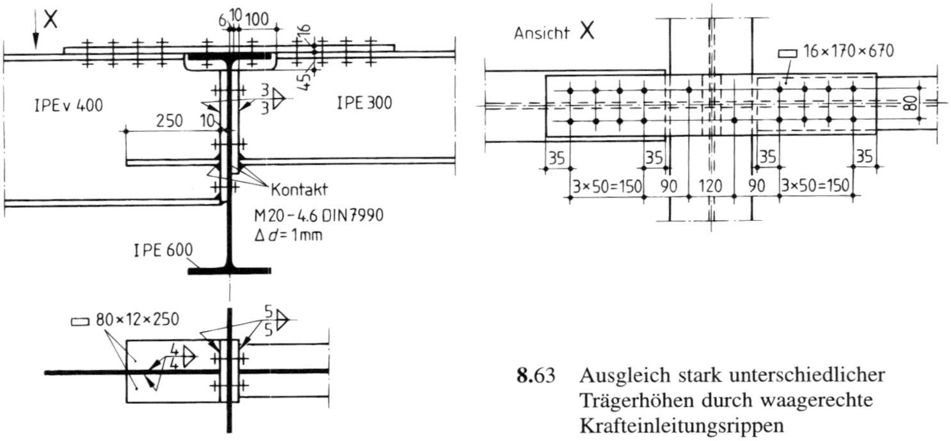

8.63 Ausgleich stark unterschiedlicher Trägerhöhen durch waagerechte Krafteinleitungsrippen

Schließt der Durchlaufträger an einem *Stützensteg* an, kann die Zuglasche durch einen gut ausgerundeten *Schlitz* durch den Steg gesteckt werden (Bild **8.**64). Wenn man die Lasche schmal hält, wird der Spannungsnachweis für den geschwächten Stützenquerschnitt im allgemeinen keine Schwierigkeiten ergeben, da ja die Reserve durch den Abminderungsfaktor $\varkappa$ zur Verfügung steht. Ein weiteres Beispiel s. Bild **7.**40.

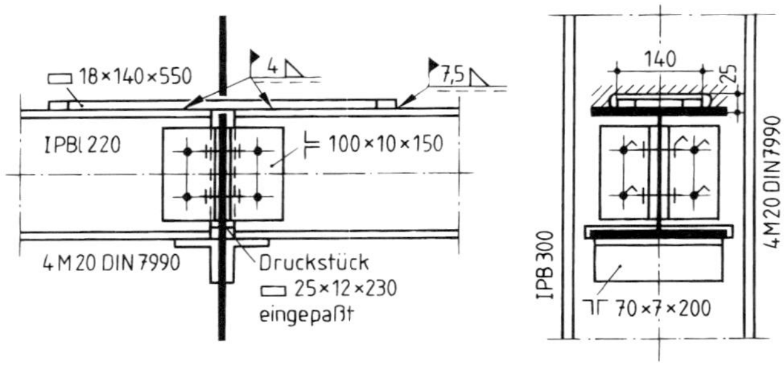

8.64 Anschluß eines Durchlaufträgers am Steg einer Stütze

Beim Anschluß des Durchlaufträgers am *Stützenflansch* werden Zuglaschen angeschweißt. Die eingeschweißten Rippen übertragen die Zugkraft von der linken auf die rechte Zuglasche. Der Stützenflansch wird zweiachsig beansprucht. Für ihn ist der Vergleichsspannungsnachweis zu führen. Auch ist auf die Terrassenbruchgefahr hinzuweisen (Bild **8.**65).

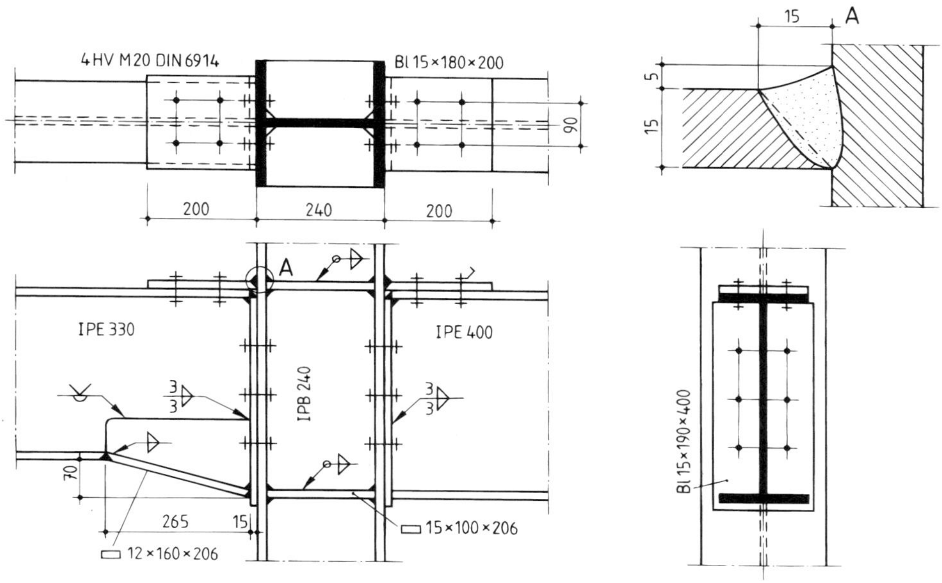

8.65 Anschluß eines Durchlaufträgers an den Flanschen einer Stütze

Beispiel 12 (Bild **8.62**) Für den nach der Elastizitätstheorie berechneten Durchlaufträger aus St 37 (S235) von Bild **8.20** wird bei Stütze C der Anschluß an den Unterzug IPB 600 nachgewiesen. Die an dieser Stelle vorhandenen maximalen Schnittgrößen sind

$$C_\mathrm{l} = 215{,}5 \text{ kN} \qquad C_\mathrm{r} = 176{,}4 \text{ kN} \qquad C = 391{,}9 \text{ kN} \qquad M_\mathrm{c} = 284{,}2 \text{ kNm}$$

Der *Querkraftanschluß* des IPE 500 erfolgt an einem vertikalen Anschlußblech. Das Moment im Anschluß

$$M = C_\mathrm{l} \cdot a = 215{,}5 \cdot 6{,}0 = 1293 \text{ kNcm}$$

wird zur Sicherheit sowohl beim Schraubenanschluß als auch bei den Schweißnähten in voller Größe berücksichtigt.

Schraubenanschluß des Trägersteges am Anschlußblech mit 5 rohen Schrauben M 20, 4.6

$$V_\mathrm{v} = 215{,}5/5 = 43{,}1 \text{ kN}$$

Gl. (3.30) $V_\mathrm{h} = 1\,293 \cdot 0{,}8/28 = 36{,}9 \text{ kN}$ $\qquad \max V = \sqrt{43{,}1^2 + 36{,}9^2} = 56{,}7 \text{ kN}$

$$V_\mathrm{a,R,d} = 68{,}54 \text{ kN}$$

$$\alpha_\mathrm{l} = 1{,}1 \cdot 50/22 - 0{,}3 = 2{,}20 \text{ (Steg)}$$

$$\min V_\mathrm{l,R,d} = 1{,}02 \cdot 2{,}0 \cdot 2{,}20 \cdot 24/1{,}1 = 97{,}9 \text{ kN} > V_\mathrm{a,R,d}$$

$$\max V/V_\mathrm{a,R,d} = 56{,}7/68{,}54 = 0{,}83 < 1$$

Schweißnahtanschluß des Anschlußbleches am Unterzugsteg mit $a = 4$ mm

$$A_\mathrm{w} = 2 \cdot 0{,}4 \cdot 37 = 29{,}6 \text{ cm}^2 \qquad W_\mathrm{w} = 2 \cdot 0{,}4 \cdot 37^2/6 = 182{,}5 \text{ cm}^3$$

$$\tau_\parallel = 215{,}5/29{,}6 = 7{,}28 \text{ kN/cm}^2 \qquad \sigma_\perp = 1\,293/182{,}5 = 7{,}08 \text{ kN/cm}^2$$

$$\sigma_\mathrm{v} = \sqrt{7{,}28^2 + 7{,}08^2} = 10{,}2 \text{ kN/cm}^2 \qquad \sigma_\mathrm{v}/\sigma_\mathrm{w,R,d} = 10{,}2/20{,}7 = 0{,}49 < 1$$

Der Querkraftanschluß des rechten Trägers IPE 400 wird in gleicher Weise berechnet.

Anschluß des Stützmomentes mit $z = 50 + 1{,}6/2 - 1{,}6/2 = 50$ cm

$$Z = -D = 28\,420/50 = 568{,}4 \text{ kN}$$

Beispiel 12 Forts.

Zuglasche ⏛ 16 × 190, Lochspiel $\Delta d = 1$ mm, M 24, 4.6

$A = 1{,}6 \cdot 19 = 30{,}4\ \text{cm}^2 \qquad A_N = 30{,}4 - 2 \cdot 1{,}6 \cdot 2{,}5 = 22{,}4\ \text{cm}^2$

$A/A_N = 30{,}4/22{,}4 = 1{,}36 > 1{,}2$

$\sigma = 568{,}4/22{,}4 = 25{,}4\ \text{kN/cm}^2 \qquad \sigma/\sigma_{R,d} = 25{,}4/26{,}2 = 0{,}97 < 1$

Anschluß mit 6 rohen Schrauben M 24, 4.6

$V_{a,R,d} = 98{,}7\ \text{kN} \qquad \text{erf}\ n = 568{,}4/98{,}7 = 5{,}77 \qquad \text{gewählt}\ n = 6$

$V_l = 568{,}4/6 = 94{,}7\ \text{kN}$

Mit $e_2/d_L = (190 - 100)/2 \cdot 25 = 1{,}8 > 1{,}5$ sind folgende Abstände einzuhalten:

$V_{l,R,d} = 1{,}35 \cdot 2{,}4 \cdot \alpha_l \cdot 24/1{,}1 \geq 94{,}7 \qquad \alpha_l \geq 1{,}34$

e_1: $\quad 1{,}34 < 1{,}1 \cdot e_1/25 - 0{,}3 \qquad e_1 = 40\ \text{mm}$

e: $\quad e/d_L \geq 2{,}2 \qquad e = 60\ \text{mm}$

Druckflansch

$A = 1{,}6 \cdot 20 = 32\ \text{cm}^2 \qquad \sigma = 568{,}4/32 = 17{,}76\ \text{kN/cm}^2$

$\sigma/\sigma_{R,d} = 17{,}76/21{,}8 = 0{,}81 < 1$

Der *Schweißanschluß* des 50 cm langen *Trägerstückes* IPE 500 muß die Druckkraft D und das Anschlußmoment $M = D \cdot e$ aufnehmen

$M = 568{,}4 \cdot (10{,}0 - 1{,}6/2) = 5229\ \text{kNcm}$

$A_w = 2 \cdot 0{,}6 \cdot 50 = 60\ \text{cm}^2 \qquad W_w = 2 \cdot 0{,}6 \cdot 50^2/6 = 500\ \text{cm}^3$

$\tau_\parallel = 568{,}4/60 = 9{,}47\ \text{kN/cm}^2 \qquad \sigma_\perp = 5229/500 = 10{,}46\ \text{kN/cm}^2$

$\sigma_v = \sqrt{9{,}47^2 + 10{,}46^2} = 14{,}11\ \text{kN/cm}^2 \qquad \sigma_v/\sigma_{w,R,d} = 14{,}11/20{,}7 = 0{,}68 < 1$

Tragsicherheitsnachweis für den *Steg des Trägerstückes*

$A = 1{,}02 \cdot 50 = 51\ \text{cm}^2 \qquad W = 1{,}02 \cdot 50^2/6 = 425\ \text{cm}^3$

$\tau_m = 568{,}4/51 = 11{,}15\ \text{kN/cm}^2 \qquad \sigma = 5229/425 = 12{,}3\ \text{kN/cm}^2$

$\sigma_v = \sqrt{12{,}3^2 + 3 \cdot 11{,}15^2} = 22{,}9\ \text{kN/cm}^2$

$\sigma_{R,d} = 1{,}1 \cdot 21{,}8 = 23{,}98\ \text{kN/cm}^2$ (örtlich begrenzte Plastifizierung)

$\sigma_v/\sigma_{R,d} = 22{,}9/23{,}98 = 0{,}95 < 1$

Ein Nachweis des Trägers IPE 400 in der letzten Schraubenreihe des Laschenanschlusses erübrigt sich, da hier noch das untergesetzte Trägerstück wirksam ist.

Beispiel 13 (Bild **8**.63) Für den Durchlaufträger, der im Beispiel 6, Abschn. 8.3.2.2 nach der Fließgelenktheorie berechnet wurde, wird der Trägerstoß über der Stütze C für das plastische Grenzmoment $M_C = M_{pl,d,V} = 121{,}9 \approx 122$ kNm und $V_{C,r} = 151{,}7 \approx 152$ kN nachgewiesen. Die Verbindungsmittel werden mit der 1,25-fachen Kraft bemessen (Materialverfesti-

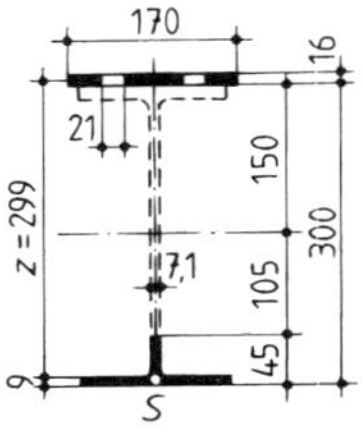

8.66
Wirksamer Trägerquerschnitt am Anschluß des IPE 300

gung); Schrauben M 20, 4.6, SL, $\Delta d = 1$ mm. Am Anschluß des IPE 300 ist durch Probieren der in Bild **8**.66 gefundene Querschnitt wirksam. Der Hebelarm der inneren Kräfte beträgt $z = 29{,}9$ cm.

Beispiel 13 Forts.

Damit wird

$$Z = -D = 12\,200/29{,}9 = 408 \text{ kN}$$

Fläche der Druckzone: $A_D = 53{,}8/2 - 10{,}5 \cdot 0{,}71 = 19{,}4 \text{ cm}^2$

$\sigma = 408/19{,}4 = 21{,}03 \text{ kN/cm}^2$ $\quad \sigma/\sigma_{R,d} = 21{,}03/21{,}8 = 0{,}96 < 1$

Zuglasche: $A = 1{,}6 \cdot 17 = 27{,}2 \text{ cm}^2$ $\quad A_N = 27{,}2 - 2 \cdot 1{,}6 \cdot 2{,}1 = 20{,}48 \text{ cm}^2$

$A/A_N = 27{,}2/20{,}48 = 1{,}33 > 1{,}2$

$\sigma = 408/20{,}48 = 19{,}92 \text{ kN/cm}^2$ $\quad \sigma/\sigma_{R,d} = 19{,}92/26{,}2 = 0{,}76 < 1$

Anschluß der Zuglasche für $Z_A = 1{,}25 \cdot 408 = 510$ kN

$V_{a,R,d} = 68{,}54$ kN $\quad$ erf $n = 510/68{,}54 = 7{,}44$ $\quad$ gewählt $n = 8$ Schrauben

Für eine Lochleibungskraft von $V_l = 510/8 = 63{,}75$ kN sind bei

$e_2/d_L = (150 - 80)/2 \cdot 21 = 1{,}67 > 1{,}5$ folgende Schraubenabstände erforderlich:

$V_{l,R,d} = 1{,}07 \cdot 2{,}0 \cdot \alpha_l \cdot 24/1{,}1 = 63{,}75$ $\quad \alpha_l \geq 1{,}37$

e_1: $\quad 1{,}37 = 1{,}1 \cdot e_1/21 - 0{,}3$ $\quad e_1 \geq 32$ mm $\quad e_1 = 35$ mm

e: $\quad e/21 \geq 2{,}2$ $\quad e \geq 46{,}2$ mm $\quad e = 50$ mm

Die Druckkraft wird durch Kontakt übertragen; die Berührungsflächen der *Steifen* sind eben zu bearbeiten. Die Steifen leiten Druckkraft in den Steg des IPE_v 400 ein.

Auf eine Aussteifung entfällt die Kraft

$$F = D/2 = 408/2 = 204 \text{ kN}$$

und das Anschlußmoment

$$M = 204 \cdot 8/2 = 816 \text{ kNcm}$$

$\sigma_{St} = 204/1{,}2 \cdot 8 = 21{,}3 \text{ kN/cm}^2$ $\quad \sigma/\sigma_{R,d} = 21{,}3/21{,}8 = 0{,}98 < 1$

Für die Steifenanschlußnähte ist

$A_w = 2 \cdot 0{,}5 \cdot 25 = 25 \text{ cm}^2$ $\quad W_w = 2 \cdot 0{,}5 \cdot 25^2/6 = 104{,}2 \text{ cm}^3$

Die Nähte werden für die 1,25-fache Anschlußkraft nachgewiesen.

$$\tau_{\parallel} = 1{,}25 \cdot 204/25 = 10{,}2 \text{ kN/cm}^2$$

$$\sigma_{\perp} = 1{,}25 \cdot 816/104{,}2 = 9{,}8 \text{ kN/cm}^2$$

$\sigma_v = \sqrt{9{,}8^2 + 10{,}2^2} = 14{,}14 \text{ kN/cm}^2$ $\quad \sigma_v/\sigma_{w,R,d} = 14{,}14/20{,}7 = 0{,}68 < 1$

Im Steg des IPEv 400 ist neben den Schweißnähten die Schubspannung

$$\tau = \frac{408}{2 \cdot 25 \cdot 1{,}06} = 7{,}7 \text{ kN/cm}^2$$

vorhanden.

Biegesteifer Stirnplattenanschluß

Hochfeste vorgespannte Schrauben in einer ausreichend dicken Stirnplatte übernehmen sowohl die Querkraft als auch mit ihren Zugkräften das Biegemoment. Bei der Durchbildung gemäß den typisierten Verbindungen im Stahlhochbau [4], [12] erübrigen sich Nachweise für die Schrauben, Plattendicke und Schweißnähte bei der dort angegebenen Tragfähigkeit. Die zulässigen Tragfähigkeiten wurden anhand von Traglastmodellen (= Grenztragfähigkeitsmodellen) unter Ausnutzung plastischer Stirnplattenreserven und durch Versuche ermittelt. Eine Umrechnung auf das neue Sicherheitskonzept ist – wie bei den Querkraftanschlüssen über Winkel – möglich.[1]) Wegen der Zugbeanspruchung in Dickenrichtung

[1]) S. Anmerkung [1]) auf S. 308. Eine Überarbeitung von [4] liegt jedoch noch nicht vor, so daß die folgenden Angaben sich auf das (alte) „zulσ-Konzept" beziehen.

darf die Stirnplatte keine Doppelungen aufweisen und muß aus geeignetem Material bestehen; die Schweißnähte werden als Doppelkehlnähte ausgeführt, damit die Gefahr von Terrassenbrüchen vermindert wird. Die gegenseitigen Schraubenabstände in der Stirnplatte sind ausnahmsweise kleiner, als es die Vorschriften normalerweise fordern; dadurch hält man die Biegebeanspruchungen in der Platte und somit die Plattendicke klein.

In der Regel kragen die Stirnplatten auf der Biegezugseite über die Profilkanten aus (Bild **8**.67) (überstehende Stirnplatte). Müssen die Stirnplatten mit der Trägeroberkante

Tafel **8**.9 Stirnplattenabmessung -und Vermaßung in mm nach [4]

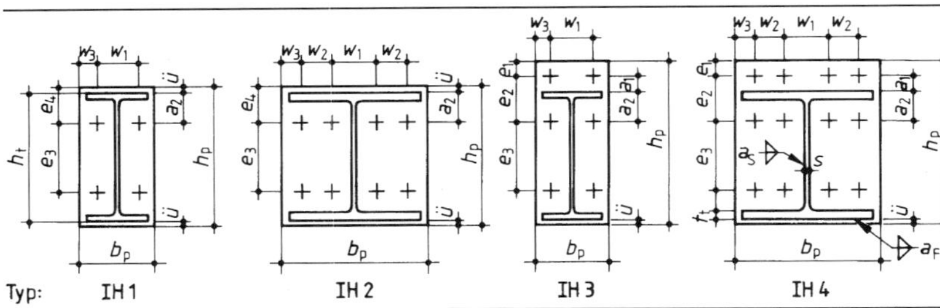

Nahtdicken
$a_F \geq t_t/2$
$a_S \geq s/2$

1	2	3	4	5	6	7	8	9	10
Schraubendurchmesser	Trägeranschluß			Schraubenlochbild				Stirnplattenbreite b_p [1]) Anzahl vertikaler Schraubenreihen	
	$ü$ [2]) in mm	a_1 in mm	e_1 in mm	e_2 in mm	w_1 [1]) in mm	w_2 in mm	w_3 in mm	2 in mm	4 in mm
M 16	10 für $h_t \leq 200$; 20 für $200 \leq h_t < 400$; 30 für $h_t \geq 400$	30	25	$2\,a_1 + t_t - 1 + \Delta$; $0 \leq \Delta \leq 4$[3])	70	40	25	120	200
M 20		40	30		90	45	30	150	240
M 24		50	35		110	55	35	180	290
M 27		60	40		130	65	40	210	340
M 30		60	45		130	70	45	220	360

erf. Stützenflanschdicke t_{Fl} in Rahmen bei 2- und 4-reihigem Schraubenbild[4])	ausgesteift		rippenlos		Stirnplattendicke d_p	[4]) [5])	[4]) [5])
	2	4	2	4			
	0,8 d	1,0 d	1,1 d	1,4 d	← überstehend →	1,00 · d	1,25 · d
	1,0 d	1,25 d	1,0 d	1,3 d	← bündig →	1,50 · d	1,70 · d

[1]) für Trägerstegdicken > 10 mm sind diese Werte um 10 mm zu vergrößern

[2]) für HEB $ü = 10$ für $h_t < 200$, $ü = 20$ für $200 \leq h_t < 400$

[3]) Zuschlag für Aufrundung auf volle 5 mm

[4]) (d = Nenndurchmesser der Schraube)

[5]) Für die praktische Ausführung sind die Stirnplattendicken d_p jeweils auf volle 5 mm aufzurunden; Bei überstehenden Stirnplatten mit K-Nähten ist die Stirnplattendicke d_p um jeweils 10 mm zu erhöhen. Min d_p = 15 mm.

bündig abschließen, ist die Tragfähigkeit der Verbindung kleiner (Bild **8.**70) und man ist ggf. gezwungen, ein größeres Trägerprofil zu wählen. Zwar läßt sich die statisch erforderliche Anschlußhöhe durch Vergrößern nach unten hin gewinnen, doch ist der konstruktive Aufwand erheblich (Bild **8.**68).

Die Stirnplattenabmessungen, die Schaubenabstände, die Überstände und Schweißnahtdicken gehen aus Tafel **8.**9 hervor. Die Anschlußschnittgrößen für den Gebrauchszustand (V und M nach dem „zul σ-Konzept" der DIN 18800-1 (3.81) können nach Tafel **8.**10 ermittelt werden. Siehe hierzu auch Teil 2 des Werkes.

Tafel **8.**10 Anschlußschnittgrößen im Gebrauchszustand nach [4]

	$\text{zul } Z \begin{array}{l} = 0{,}8 \cdot F_v \text{ (LF H)} \\ = 0{,}9 \cdot F_v \text{ (LF HZ)} \end{array} \Big\}$ zur Berechnung von zul M_A	
überstehende Stirnplatte	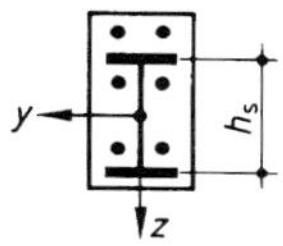 IH 3	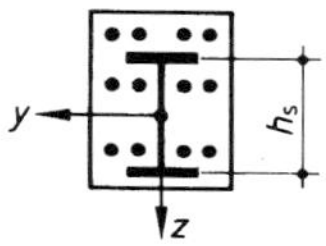 IH 4
	zul $M_A \leq$ zul $\sigma \cdot W$	
$M_y < 0$	zul $M_A \leq 4 \cdot$ zul $Z \cdot h_s$	zul $M_A \leq 7{,}8 \cdot$ zul $Z \cdot h_s$
$M_y > 0$	wie bündige Stirnplatte	
V_Z	zul $V_A \leq (h_t - t_t) \cdot s \cdot$ zul τ	
	zul $V_A \leq 2 \cdot$ zul $Q_{S,L}$	zul $V_A \leq 4 \cdot$ zul $Q_{S,L}$
bündige Stirnplatte	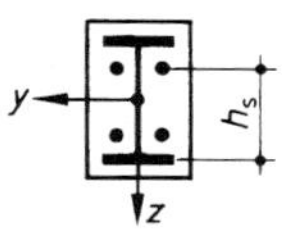 IH 1	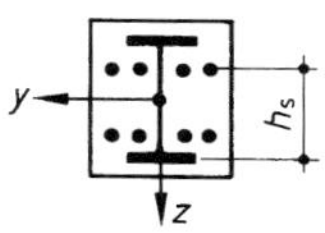 IH 2
	zul $M_A \leq$ zul $\sigma \cdot W$	
$M_y \gtrless 0$	zul $M_A \leq 2 \cdot$ zul $Z \cdot h_s$	zul $M_A \leq 3{,}6 \cdot$ zul $Z \cdot h_s$
V_Z	wie überstehende Stirnplatte	

F_v Vorspannkraft nach Tafel **3.**9
LFH/HZ Lastfalleinteilung nach DIN 18801 (5.83)
zul σ, τ zulässige Spannungen nach DIN 18800 (3.81)
zul $Q_{S,L}$ zulässige Schraubenkraft auf Abscheren und Lochleibung

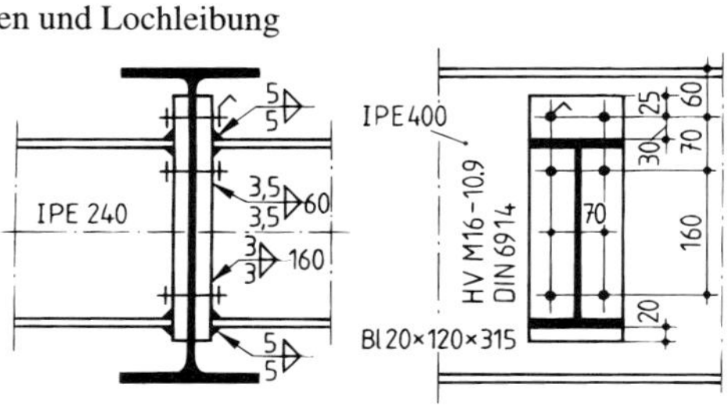

8.67
Biegesteifer Stirnplattenanschluß mit hochfesten, vorgespannten Schrauben

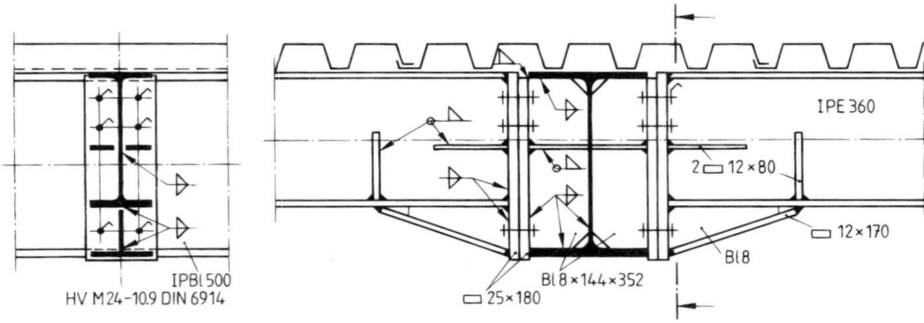

8.68 Biegesteifer Stirnplattenachschluß mit ebenen Trägeroberflächen

Die aufnehmbaren Anschlußmomente (bei Schraubenversagen) lassen sich auch aus den Werten in [4] über eine einfache Umrechnung mit den Sicherheitsbeiwerten auf das Bemessungsniveau („d") anheben:

$$\boldsymbol{M_{\mathrm{R,d,A}} = 1{,}7 \cdot \mathrm{zul}\ M_{\mathrm{A(H)}} \,/\, 1{,}1 = 1{,}55 \cdot \mathrm{zul}\ M_{\mathrm{A(H)}}} \tag{8.86}$$

Die Grenzquerkraft erhält man aus

$$\boldsymbol{V_{\mathrm{R,d,A}} = n_{\mathrm{u}} \cdot V_{\mathrm{a,R,d}}} \tag{8.87}$$

mit

zul $M_{\mathrm{A(H)}}$ zulässiges Anschlussmoment nach [4] für Lastfall *H*

n_{u} Anzahl der Schrauben im Biegedruckbereich

Beispiel 14 (Bild **8**.69) Für ein Profil IPBl 800 ist mit hochfesten, vorgespannten Schrauben HV M 27 ein überstehender Stirnplattenanschluß zu entwerfen und die zulässigen Anschlußgrößen (zul *M*, zul *V*) im LfH zu bestimmen. Werkstoff St 37 (S 235).

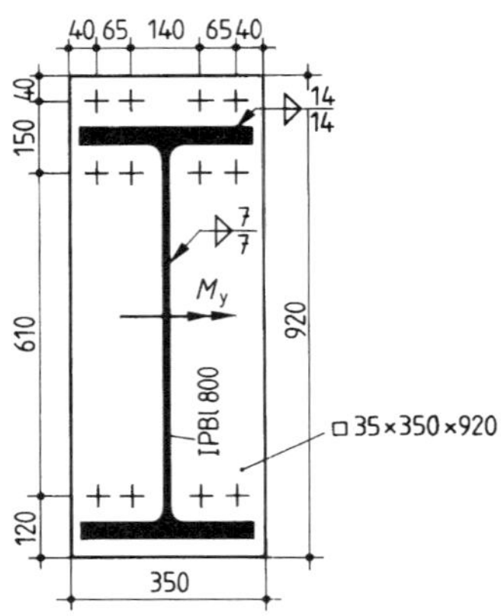

Die Berechnung erfolgt nach DIN 18800-1 (3.81) und den Angaben in [4], d. h. auf der Grundlage des „zulσ-Konzeptes". (s. Abschn. 10.2)

8.69
Typisierter Stirnplattenanschluß eines IPBl 8000

Stirnplattenabmessungen und Lochabstände nach [4]:

$h_{\mathrm{p}} \geq h_{\mathrm{t}} + a_1 + e_1 + \ddot{u} = 790 + 60 + 40 + 30 = 920$ mm

$b_{\mathrm{p}} = 350$ mm $\qquad w_1/w_2/w_3 = 140/65/40$ mm

$e_1 = 40$ mm $\qquad e_3$: gewählt 610 mm

$e_2 = 2 \cdot a_1 + t - 1 + \Delta = 2 \cdot 60 + 28 - 1 + 3 = 150$ mm

$d_{\mathrm{p}} = 1{,}25 \times 27 = 33{,}75$ mm $\qquad$ gewählt: $d_{\mathrm{p}} = 35$ mm

Die Abmessungen der Stirnplatte entsprechen den Angaben in [4].

Beispiel 14 *Tragfähigkeiten*
Forts.

$$\text{zul } Z = 0{,}8 \cdot 290 = 232 \text{ kN} \qquad h_s = 790 - 28 = 762 \text{ mm}$$

$$\text{zul } M_{\text{Tr}} = 16 \cdot 7\,680 \cdot 10^{-2} = 1228{,}8 \text{ kNm (maßgebend)}$$

$$\text{zul } M_{\text{A}} = 7{,}2 \cdot 0{,}762 \cdot 232 = 1272{,}8 \text{ kNm} > 1228{,}8 \text{ kNm}$$

$$\text{zul } V_{\text{a}} = 137{,}5 \text{ kN, zul } V_{\text{l}} = 28 \cdot 2{,}7 \cdot 3{,}5 = 264{,}6 \text{ kN}$$

$$\text{zul } V_{\text{Tr}} = (79 - 2{,}8) \cdot 1{,}5 \cdot 9{,}2 = 114{,}3 \cdot 9{,}2 = 1052 \text{ kN}$$

$$\text{zul } V_{\text{A}} = 4 \cdot 137{,}5 = 550 \text{ kN}$$

Angaben in [4]: zul $M_{\text{A}} = 1228{,}8$ kNm zul $V_{\text{A}} = 549{,}7$ kN

Für die Grenzanschlußgrößen gilt:

$$M_{\text{R,d,Tr}} = \sigma_{\text{R,d}} \cdot W = 21{,}8 \cdot 7680 \cdot 10^{-2} = 1674{,}2 \text{ kNm}$$

$$(M_{\text{R,d,A}} = 1{,}55 \cdot 1272{,}8 = 1972{,}8 \text{ kNm} > 1674{,}2 \text{ kNm})$$

$$(V_{\text{R,d,Tr}} = 114{,}3 \cdot 21{,}8 \,/ \sqrt{3} = 1438{,}6 \text{ kN})$$

$$V_{\text{R,d,A}} = 4 \cdot 286{,}3 = 1145{,}2 \text{ kN}$$

8.4.3 Trägerstöße

Biegefeste Stöße

Geschweißte Stöße der Walzträger (Bild **3**.54, **4**.11) werden in der Regel nur in der Werkstatt hergestellt, falls sie nicht überhaupt vermieden werden können. Wegen der einschränkenden Vorschriften bezüglich der Werkstoffgüte und der Grenzschweißnaht-Spannungen $\sigma_{\text{w,R,d}}$ müssen sie u. U. an Stellen geringer Beanspruchung liegen. Die Trägerprofile sind vorzugsweise rechtwinklig zur Längsachse zu stoßen; die Schweißnähte müssen sorgfältig vorbereitet werden. Es wird empfohlen, die im Zugbereich liegenden Nähte zu durchstrahlen. Schrägstöße oder zusätzliche Laschendeckungen, mit denen man früher glaubte, stumpf geschweißte Trägerstöße verbessern zu können, werden heute nicht mehr ausgeführt.

Geschraubte Laschenstöße (s. Abschn. 3.1.4.2) sind für Werkstatt- und Baustellenverbindungen geeignet. Wegen der Lochschwächung des Trägers sollte auch dieser Stoß nicht an der Stelle des Größtmoments liegen.

Die in Abschn. 8.4.2.2 für biegefeste Anschlüsse verwendeten *biegesteifen Stirnplattenverbindungen* lassen sich bei Beachtung der dort gemachten Angaben auch für Trägerstöße einsetzen (Bild **8**.70); wegen ihrer einfachen Konstruktion werden sie heute bevorzugt ausgeführt.

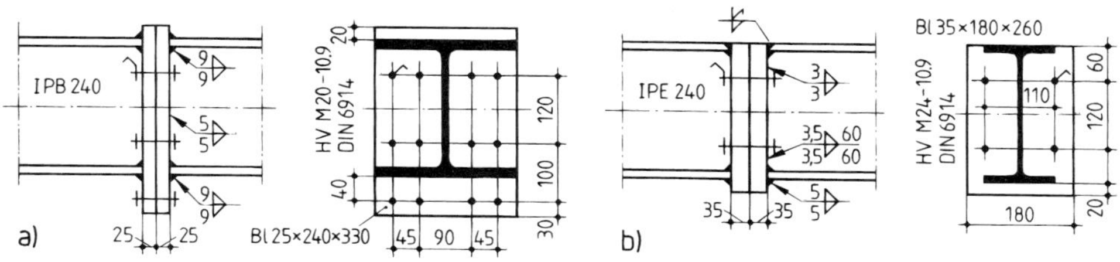

8.70 Trägerstöße mit biegesteifen Stirnplattenverbindungen. Stirnplatte auf der Zugseite
a) überstehend b) bündig (mit im allgemeinen verminderter Tragfähigkeit)

Gelenkverbindungen

In Gelenkträgern (Abschn. 8.3.3) müssen die Verbindungen frei drehbar ausgeführt werden. Für mäßige Gelenkkräfte wird meist das *Bolzengelenk* verwendet (Bild **3**.69). Vergrößert man die Lochleibungsdicke durch angeschweißte Stegbeilagen, läßt sich die Tragfähigkeit des Gelenkbolzens steigern (Bild **8**.71); zur Vereinfachung der Montage kann die Gelenklasche ⊐⊏ 180 an der festen Seite auch biegesteif angeschraubt werden.

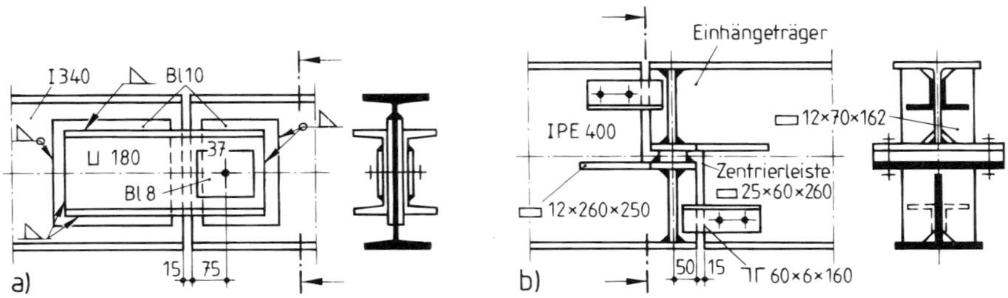

8.71 Trägergelenke

a) Bolzengelenk mit Verstärkung der Trägerstege

b) gelenkige Lagerung des Einhängeträgers auf dem Kragträger

Bei hohen Trägern lagern die jeweils halb ausgeklinkten Träger unter Zwischenschaltung einer *Zentrierleiste* aufeinander (Bild **8**.71 b). Über die Fuge greifende Führungen sichern gegen Kippen. Bei großen Querkräften müssen die Stege durch Beilagen verstärkt werden. Die Ausführung einer Dehnungsfuge mit gelenkiger Lagerung des Einhängeträgers nach Bild **8**.72 beruht auf dem gleichen Konstruktionsprinzip.

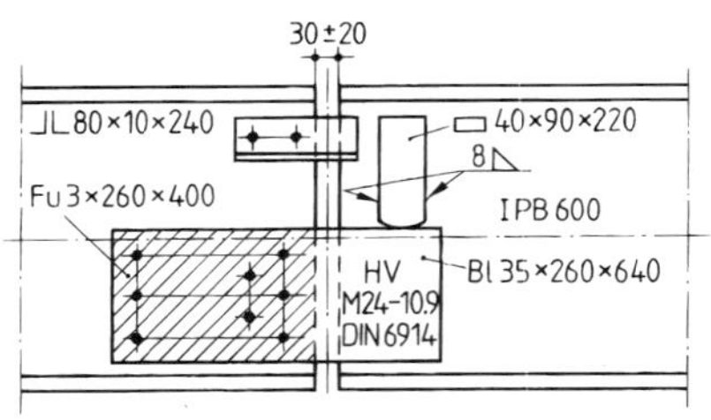

8.72
Gelenk mit Dehnungsfuge

8.4.4 Besonderheiten

Wenn Mauerwerk großer Dicke zu unterfangen ist oder wenn Unterzüge möglichst niedrig sein sollen, können 2 oder mehr Träger nebeneinander geordnet werden (Bild **8**.73). Um die Seitensteifigkeit zu erhöhen, das Schiefstellen der Träger zu vermeiden und um die Last etwa gleichmäßig zu übertragen, sind die Träger miteinander zu verbinden. Bei der *Bolzenverbindung* wahren aufgeschobene Rohre den Trägerabstand; diese Verbindung kann ihren Zweck nur erfüllen, wenn der Raum zwischen den Trägern ausbetoniert wird. Bei größerer Trägerhöhe sind 2 oder 3 Bolzen übereinander anzuordnen. Zwischen die Träger geschraubte Querschotte aus [- oder IPB-Profilen sind wirksamer als einfache Bolzenverbindungen (Bild **8**.74). Verbindungen sind vorzusehen am Auflager, unter schweren Einzellasten und dazwischen – je nach Trägergröße – in Abständen von 1000 bis 2000 mm.

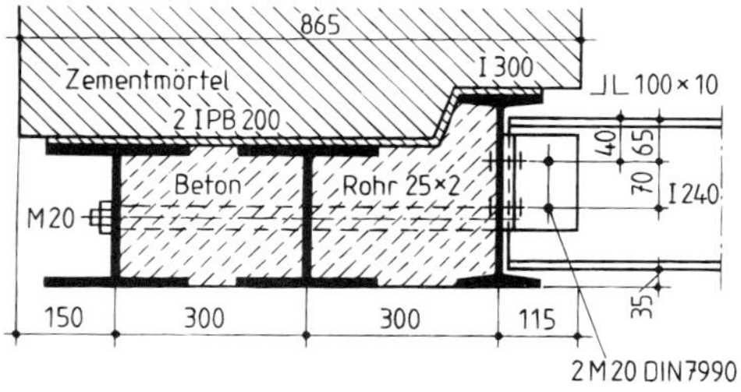

8.73 Querverbindung paralleler Träger mit Schraubenbolzen und Rohrstücken

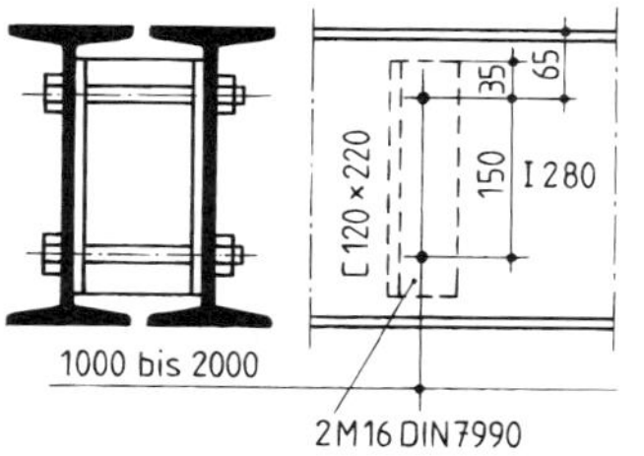

8.74 Querverbindung eines Trägerpaares mit U-Stahl-Zwischenstück

Stegdurchbrüche zur Durchführung von Rohrleitungen usw. werden zum Schutz gegen Beulen und Überbeanspruchung der Stegränder mit Flachstählen besäumt, rechteckige Löcher sind immer gut auszurunden (Bild **8**.75). In Auflagernähe muß der Restquerschnitt des Steges bei großen Querkräften durch Beilagen verstärkt werden. Die Randverstärkungen langgestreckter Durchbrüche sind wie Flansche eines Vierendeelträgers statisch nachzuweisen und vorzubinden.

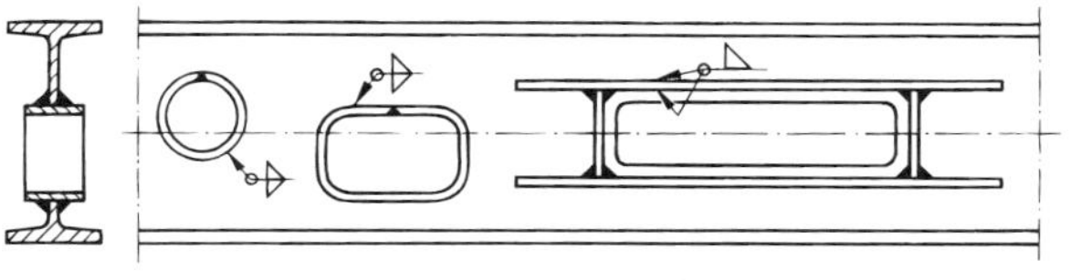

8.75 Stegdurchbrüche von Trägern

9 Literatur

[1] *Beratungsstelle für Stahlverwendung:* Merkblätter, Düsseldorf

[2] Beton-Kalender. Verschiedene Jahrgänge

[3] *DStV:* Stahlbau. Organisation, Formeln, Vorschriften, Profile. Köln 1997

[4] *DStV/DASt:* Typisierte Verbindungen im Stahlhochbau. 2. Aufl. mit 1. Ergänzung, Köln 1978/1984 (s. auch [12])

[5] *Gregor, H.-J.:* Der praktische Stahlbau, Teil 4. 6. Aufl. Köln 1973

[6] *Hünersen/Fritzsche:* Stahlbau in Beispielen. 2. Aufl. Düsseldorf 1993

[7] *Hülsdünker, A.:* Kippsicherheitsnachweis bei I-Trägern. 2. Aufl. Düsseldorf 1971

[8] *Lindner/Gietzelt:* Zweiachsige Biegung und Längskraft. Der Stahlbau 11/1984

[9] *Lindner/Habermann:* Zur Weiterentwicklung des Beulnachweises. Der Stahlbau 11/1988 und 11/1989

[10] *Lohse, W:* Kippnachweise nach DIN 4114 und DIN 18800 T 2. Schweißen und Schneiden 9/1989

[11] *Müller, G.:* Nomogramme für die Kippuntersuchung frei liegender I-Träger. 4. Aufl. Köln 1983

[12] *Oberegge/Hockelmann/Russnak:* Bemessungshilfen für profilorientiertes Konstruieren. Ausg. Köln 1986 mit 1. Ergänzung Ausg. 1988, 2. Aufl. Köln 1992

[13] *Petersen, Ch.:* Stahlbau. 2. Aufl. Braunschweig 1990

[14] *Petersen, Ch.:* Statik und Stabilität der Baukonstruktionen. 2. Aufl. Braunschweig 1982

[15] *Ramm/Uhlmann:* Zur Anpassung des Stabilitätsnachweises für mehrteilige Druckstäbe. Der Stahlbau 6/1981

[16] *Roik, K.:* Vorlesungen über Stahlbau. 2. Aufl. Berlin 1983

[17] *Roik/Carl/Lindner:* Biegetorsionsprobleme gerader dünnwandiger Stäbe. Berlin 1973

[18] *Roik/Kindmann:* Das Ersatzstabverfahren. Der Stahlbau 12/1981 und 5/1982

[19] *Roik/Kuhlmann:* Beitrag zur Bemessung von Stäben für zweiachsige Biegung mit Druckkraft. Der Stahlbau 9/1985

[20] *Ruge, J.:* Handbuch der Schweißtechnik. 2. Aufl. Berlin 1980

[21] *Hofmann/Sahmel/Veit:* Grundlagen der Gestaltung geschweißter Konstruktionen. 9. Aufl. Düsseldorf 1993

[22] *Stahlbau-Handbuch.* Für Studium und Praxis. Bd. 1,2. 2. Aufl. Köln 1982/1985, Bd. 1A 1993

[23] *Stahl im Hochbau.* 13. Aufl. Düsseldorf 1967

[24] *Stahl im Hochbau.* Band I / Teil 1, Band I / Teil 2, Band II / Teil 1. 14. Aufl. Düsseldorf 1984 / 1986 / 1987

[25] *Wagner/Erlhof:* Praktische Baustatik. Teil 1, 19. Aufl. / Teil 2, 14. Aufl. / Teil 3, 8. Aufl. Stuttgart 1994 / 1991 / 1997

[26] *Wendehorst:* Bautechnische Zahlentafeln. 25. Aufl. Stuttgart 1991, 26. Aufl. 1994, 27. Aufl. 1996

[27] *Beuth-Kommentare:* Stahlbauten. Erläuterungen zu DIN 18800-1 bis 4. 2. Aufl. Berlin/Köln 1994

[28] Muster für einen Einführungserlaß DIN 18800 T 1 bis 4, Ausg. Nov. 1990 (mit Anpassungsrichtlinie und Erläuterungen). Mitt. Institut für Bautechnik 23 (1992). Heft 2.

[29] Anpassungsrichtlinie zu DIN 18800 – Teil 1 bis 4 (11.90) mit Anpassung der Fachnormen. Mitt. Institut für Bautechnik, 26. Jahrgang, Sonderheft Nr. 11

10 Anhang

10.1 Normen und Richtlinien

Werkstoffe

DIN 1681	(06.85)	Stahlguß für allgem. Verwendungszwecke; Technische Lieferbedingungen
DIN 1691	(05.85)	Gußeisen mit Lamellengraphit (Grauguß)
DIN 17100	(01.80)	Allgemeine Baustähle, Gütevorschriften (E.12/87)
DIN 17111	(09.80)	Kohlenstoffarme unlegierte Stähle für Schrauben, Muttern und Niete; Technische Lieferbedingungen
DASt-Ri 007	(11.79)	Wetterfeste Baustähle
DASt-Ri 011	(02.88)	Hochfeste schweißgeeignete Feinkornbaustähle St E 460 und St E 690, Anwendung für Stahlbauten
DASt-Ri 014	(01.81)	Empfehlungen zum Vermeiden von Terrassenbrüchen in geschweißten Konstruktionen aus Baustahl
DIN EN 10025	(03.94)	Warmgewalzte Erzeugnisse aus unlegierten Baustählen, Techn. Lieferbedingungen.
DIN EN 10027-1	(09.92)	Bezeichnungssysteme für Stähle; Kurznamen, Hauptsymbole
DIN 17006-100	(11.93)	Bezeichnungssysteme für Stähle; Zusatzsymbole für Kurznamen
DIN EN 10113	(04.93)	Warmgewalzte Erzeugnisse aus schweißgeeigneten Feinkornbaustählen Allgemeine Lieferbedingungen
DIN EN 10115	(08.93)	Wetterfeste Baustähle; Technische Lieferbedingungen

Berechnung und Ausführung

DIN ISO 5261	(02.83)	Technische Zeichnungen für den Metallbau
DIN 4114-1*	(07.52)	Stahlbau. Stabilitätsfälle (Knickung, Kippung, Beulung), Berechnungsgrundlagen, Vorschriften
DIN 4114-2*	(02.53)	,–; –; Richtlinien
DIN 18335	(09.88)	Stahlbauarbeiten (VOB, Teil C)
DIN 18800-1*	(03.81)	Stahlbauten: Bemessung und Konstruktion
DIN 18800-1	(11.90)	Stahlbauten: Bemessung und Konstruktion
DIN 18800-1/A1	(02.96)	–; –; Änderung A1
DIN 18800-2	(11.90)	Stahlbauten: Stabilitätsfälle, Knicken von Stäben und Stabwerken
DIN 18800-2/A1	(02.96)	–; –; Änderung A1
DIN 18800-3	(11.90)	Stahlbauten: Stabilitätsfälle, Plattenbeulen
DIN 18800-3/A1	(02.96)	–; –; Änderung A1
DIN 18800-4	(11.90)	Stahlbauten: Stabilitätsfälle, Schalenbeulen

* zurückgezogen; gültig nur mehr im Rahmen von DIN 18800-2/A1 und DIN 18800-3/A1 für Stahlbrückenbauten und Verbundbauten

DIN 18800-7	(05.83)	Stahlbauten: Herstellung, Eignungsnachweise zum Schweißen
DIN 50976	(05.89)	Korrosionsschutz; Feuerverzinken von Einzelteilen, Stückverzinken; aufgebrachte Überzüge; Anforderungen und Prüfungen
DIN 59928-1	(05.91)	Korrosionsschutz von Stahlbauten durch Beschichtungen und Überzüge; Allgemeine Begriffe, Korrosionsbelastungen
DIN 59928-2	(05.91)	–; Korrosionsschutzgerechte Gestaltung
DIN 59928-3	(05.91)	–; Planung der Korrosionsschutzarbeiten
DIN 59928-4	(05.91)	–; Vorbereitung und Prüfung der Oberflächen
DIN 59928-5	(05.91)	–; Beschichtungsstoffe und Schutzsysteme
DIN 59928-6	(05.91)	–; Ausführung und Überwachung der Korrosionsschutzarbeiten
DIN 59928-7	(05.91)	–; Technische Regeln für Kontrollflächen
DIN 59928-8	(07.94)	–; Korrosionsschutz von tragenden dünnwandigen Bauteilen
DASt-Ri 006	(01.80)	Überschweißen von Fertigbeschichtungen (FB) im Stahlbau
DASt-Ri 015	(1990)	Träger mit schlanken Stegen
DASt-Ri 016	(1992)	Bemessung und konstruktive Gestaltung von Tragwerken aus dünnwandigen kaltgeformten Bauteilen
DIN 18801	(09.83)	Stahlhochbau; Bemessung, Konstruktion, Herstellung
DIN 18808	(10.84)	Stahlbauten, Tragwerke aus Hohlprofilen unter vorwiegend ruhender Beanspruchung

Verbindungsmittel

DIN EN 22553	(08.94)	Schweiß- und Lötnähte; Symbolische Darstellung in Zeichnungen
DIN EN 499	(01.95)	Umhüllte Stabelektroden zum Lichtbogenhandschweißen von unlegierten Stählen und Feinkornbaustählen, Einteilung
DIN 6914	(10.89)	Sechskantschrauben mit großen Schlüsselweiten für Stahlkonstruktionen (HV-Verbindungen)
DIN 7968	(10.89)	Sechskant-Paßschrauben für Stahlkonstruktionen
DIN 7990	(10.89)	Sechskantschrauben mit Sechskantmuttern für Stahlkonstruktionen
DIN 7999	(12.83)	Sechskant-Paßschrauben, hochfest, mit großen Schlüsselweiten für Stahlkonstruktionen
DIN EN 29692	(04.94)	Lichtbogenhandschweißen, Schutzgasschweißen und Gasschweißen, Schweißnahtvorbereitung für Stahl
DIN 8551-4	(11.76)	Schweißnahtvorbereitung; Fugenform an Stahl, Unter-Pulver-Schweißen
DASt-Ri 010	(06.76)	Anwendung hochfester Schrauben im Stahlbau (vergriffen)

Normen für Walzerzeugnisse, Scheiben und Muttern; s. in den entsprechenden Abschnitten. Weitere Anwendungsnormen s. [3].

10.2 Gegenüberstellung der Grundnormen

Bis zum Erscheinen einer europäischen Normung (EUROCODE 3) sind für die Bemessung und bauliche Ausbildung von Stahlbauten zwei verschiedene Regelwerke – und dies gilt zumindest für den Stahlbrücken- und Verbundbau – anwendbar. Die prinzipiellen Unterschiede erläutert folgende Tabelle.

Regelung alt	Regelung neu
Sicherheitsbeiwerte	
γ Global, i. d. R. auf der Widerstandsseite $\text{zul}\,\sigma = \frac{\beta_s}{\gamma}$ $(\gamma \approx \gamma_F \cdot \gamma_M)$	γ_F Sicherheitsbeiwert für Einwirkungen (Lasten) γ_M Sicherheitsbeiwert für Widerstände (Festigkeiten, Querschnittswerte)
Schnittgrößenermittlung	
mit „wirklichen“ Lasten (Th. I. O.), mit „γ“-fachen Lasten (Th. II. O.).	mit „γ_F“-fachen oder „$\gamma_F \cdot \gamma_M$“-fachen Lasten
Berechnungsmethode	
i. allg. Th. I. O., in Sonderfällen Th. II. O.	i. allg. Th. II. O. mit Imperfektionen, in Sonderfällen Th. I. O.
Nachweisform	
„vorh $\sigma \leq$ zul σ“ „vor $\sigma_{\gamma}^{\text{II}} \leq \beta_s$“	„S_d/R_d“ ≤ 1, S = Beanspruchung, R = Beanspruchbarkeit z. B.: $\frac{\sigma_d}{\sigma_{R,d}} \leq 1$; $\frac{V_d}{V_{a,R,d}} \leq 1$

Regelwerk alt		Regelwerk neu	
Norm/Ri.	Inhalt	Norm/Ri.	Inhalt
18800-1 Ri 008	Bemessung/Konstruktion Traglastverfahren	18800-1	Bemessung/Konstruktion
4114-1, -2	Stabilitätsfälle (Knicken, Kippen)	18800-2	Stabilitätsfälle, Knicken von Stäben und Stabwerken
Ri 012	Beulsicherheitsnachweis für Platten	18800-3	Stabilitätsfälle, Plattenbeulen
Ri 013	Beulsicherheitsnachweis für Schalen	18800-4	Stabilitätsfälle, Schalenbeulen

10.3 Tafeln zu DIN 18800-1 Ausg. 3.81 (Regelwerk „alt")

Tafel **10.**1 Zulässige Spannungen für Bauteile in N/mm²

Zeile	Spannungsart [1])	Lastfall	Werkstoff St 37	St 52	[2]) StE 460	[2]) StE 690
1	Druck und Biegedruck (zul σ_D) für Stabilitätsnachweis nach DIN 4114-1 und -2	H HZ	140 160	210 240	275 310	410 460
2	Zug und Biegezug (zul σ) Druck und Biegedruck	H HZ	160 180	240 270	310 350	410 460
3	Schub (zul τ)	H HZ	92 104	139 156	180 200	240 270

[1]) Lochleibungsdruck (zul σ_l) für Materialdicken ≥ 3 mm bei Schraubenverbindungen, s. Taf. **10.**6

[2]) Bei Berechnung und Anwendung sind die DASt-Richtlinie 011 und die allg. bauaufsichtliche Zulassung zu beachten

Tafel **10.**2 Übersicht über die Schrauben-(Niet-)Verbindungen

<table>
<tr><th colspan="2">Verbindungsart</th><th>Lochspiel Δd in mm</th><th colspan="2">Bezeichnung und Festigkeitsklasse der Schrauben gemäß DIN ISO 898-1</th><th>Vorspannung der Schrauben</th><th>Für Bauteile aus</th><th>Maßg. ∅ für τ_a und σ_l</th></tr>
<tr><td rowspan="6">Scher/ Lochleibungsverbindung</td><td rowspan="2">SL[1])</td><td rowspan="2">≤ 2[2])</td><td>Rohe Schraube DIN 7990, Senkschraube DIN 7969[3])</td><td>4.6, 5.6</td><td>0</td><td rowspan="4">St 37 und St 52</td><td rowspan="2">Schaft</td></tr>
<tr><td>hochfeste Schraube DIN 6914</td><td>10.9</td><td>0
≥ 0,5 F_v</td></tr>
<tr><td rowspan="4">SLP</td><td rowspan="4">≤ 0,3</td><td>Paßschraube DIN 7968</td><td>4.6, 5.6</td><td>0</td><td>Loch</td></tr>
<tr><td>hochfeste Paßschraube DIN 7999</td><td>10.9</td><td>0
≤ 0,5 F_v</td><td rowspan="3"></td></tr>
<tr><td>Niete DIN 124</td><td>St 36</td><td rowspan="2">–</td><td>St 37</td></tr>
<tr><td>und DIN 302[3])</td><td>St 44</td><td>St 52</td></tr>
<tr><td rowspan="2">Gleitfeste Verbindung</td><td>GV</td><td>≤ 2
(≤ 3)</td><td>hochfeste Schraube DIN 6914</td><td rowspan="2">10.9</td><td rowspan="2">1,0 F_v</td><td rowspan="2">St 37 und St 52</td><td>Schaft</td></tr>
<tr><td>GVP</td><td>≤ 0,3</td><td>hochfeste Paßschraube DIN 7999</td><td>Loch</td></tr>
</table>

[1]) Nur für Bauteile mit vorwiegend ruhender Belastung; nicht in seitenverschieblichen Rahmen bei Berechnung nach den Traglastverfahren.

[2]) Bei Anschlüssen und Stößen in seitenverschieblichen Räumen ist $\Delta d \leq 1$ mm einzuhalten.

[3]) Bei Senkschrauben und -nieten sind größere Verformungen zu erwarten; zus. Nachweise bzw. Verminderung der Tragkraft s. DIN 18800-1, 7.2.1. Lochspiel bei Senkschrauben $\Delta d \leq 1$ mm.

Tafel **10.**3 Zulässige Spannungen für Lagerteile und Gelenke 1) in N/mm²

Spannungsart	Werkstoff GG-15 H	GG-15 HZ	St 37 H	St 37 HZ	St 52 H	St 52 HZ	GS 52 H	GS 52 HZ	C 35 N H	C 35 N HZ
Druck	100	110								
Biegedruck	90	100	160	180	240	270	180	200	160	180
Biegezug	45	50								
Berührungsdruck nach Hertz 2) σ_{HE}	500	600	650	800	850	1050	850	1050	800	1000
Lochleibungsdruck bei Gelenkbolzen 3)	4)		210	240	320	360	240	265	210	240

1) Für andere Stähle und Baustoffe (z. B. bei Kunststofflagern) sind die jeweiligen allgemeinen bauaufsichtlichen Zulassungen maßgebend. Ein Normalblatt über Lager ist in Vorbereitung.

2) Bei beweglichen Lagern mit mehr als 2 Rollen sind diese Werte auf 85% zu ermäßigen. Solche Lager sind jedoch möglichst zu vermeiden.

3) Diese Werte gelten nur für mehrschnittige Verbindungen.

4) Als Gelenkbolzen nicht verwendbar.

Tafel **10.**4 Rand- und Lochabstände von Schrauben und Nieten

Randabstände			Lochabstände		
Kleinster Randabstand	∥ zur Kraftrichtung	2 d_1	Kleinster Lochabstand	bei allen Bauwerksteilen	3 d_1
	⊥ zur Kraftrichtung	1,5 d_1			
Größter Randabstand	∥ und ⊥ zur Kraftrichtung	3 d_1 oder 6 t	Größter Lochabstand soweit die Bemessung keine engere Teilung erfordert	im Druckbereich und für Beulsteifen	6 d_1 oder 12 t
Bei Stab- und Formstählen darf als größter Randabstand 8 t statt 6 t genomen werden, wenn das abstehende Ende eine Versteifung durch die Profilform erfährt.				im Zugbereich und für Heftung auch im Druckbereich	10 d_1 oder 20 t
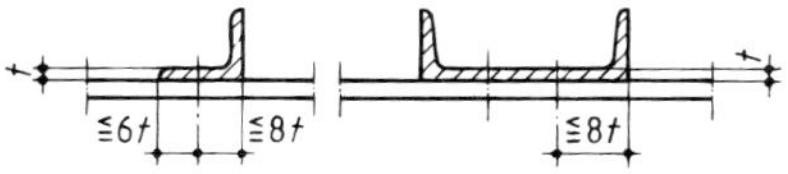			Bei breiten Stäben mit mehr als 2 Lochreihen sind nur für die äußeren Reihen die Werte nach dieser Tafel einzuhalten.		

Größere Rand- und Lochabstände sind zulässig, wenn geeignete Maßnahmen einen ausreichenden Korrosionsschutz gewährleisten, wie z.B. erforderlich für Stirnplatten biegesteifer Stirnplattenverbindungen mit hochfesten Schrauben.

Bei den vom Loch-∅ d_1 und der Dicke t des dünnsten außenliegenden Teiles abhängigen Werten ist der kleinere maßgebend.

Tafel **10.5** **Schrauben** (Niete) auf **Abscheren** bzw. **Reibung.** Zuläsige übertragbare Kraft in kN je Schraube für eine Scherfläche bzw. Reibfläche bei vorwiegend *ruhender* Belastung; für zweischnittige Verbindungen ist die Tragfähigkeit doppelt so groß. Zulässige Scherspannung zul τ_a. Vorspannkraft F_v.

Zeile	Verbindungsart, Schrauben-(Niet)-Werkstoff		zul τ_a [1]) $\frac{N}{mm^2}$	Lastfall	Lochdurchmesser für Paßschrauben (Niete) in mm, Schraubengröße 13 M 12	17 M 16	21 M 20	23 M 22	25 M 24	28 M 27	31 M 30	37 M 36
1	SL	4.6	112	H	12,7	22,5	35,2	42,6	50,6	64,2	79,2	114,0
2			126	HZ	14,2	25,3	39,6	47,9	57,0	72,2	89,1	128,3
3		5.6	168	H	19,2	34,1	53,4	64,6	76,8	97,4	120,2	173,1
4			192	HZ	21,5	38,2	59,7	72,2	85,9	108,9	134,3	193,4
5		10.9	240	H	27,0	48,5	75,5	91,0	108,5	137,5	169,5	244,5
6			270	HZ	30,5	54,5	85,0	102,5	122,0	154,5	191,0	275,0
7	SLP	4.6,	140	H	18,6	31,8	48,4	58,1	68,7	86,2	105,7	150,6
8		(St 36)	160	HZ	21,3	36,3	55,4	66,4	78,6	98,6	120,8	172,0
9		5,6,	210	H	27,9	47,7	72,7	87,2	103,1	129,4	158,6	225,8
10		(St 44)	240	HZ	31,9	54,5	83,0	99,6	117,8	147,8	181,2	258,0
11		10,9	280	H	37,0	63,5	97,0	116,5	137,5	172,5	211,5	301,1
12			320	HZ	42,5	72,5	111,0	133,0	157,0	197,0	214,5	344,0
13	GV	10,9	–	H	20,0	40,0	64,0	76,0	88,0	116,0	140,0	204,0
14	[2]) [3])		–	HZ	22,5	45,5	72,5	86,5	100,0	132,0	159,0	232,0
15	GVP		–	H	38,5	72,0	112,5	134,0	156,5	202,0	245,5	354,5
16	[2])		–	HZ	43,5	82,0	128,0	153,0	178,5	230,5	280,0	404,0
17	Vorspannkraft F_v in kN				50	100	160	190	220	290	350	510

Die Zeilen 7 bis 12 gelten auch für *nicht* vorwiegend ruhende Belastung

[1]) zul τ_a nach DIN 18000-1, Tab. 8.

[2]) Vorspannung mit F_v nach Zeile 17; Drehmoment-, Drehimpuls- oder Drehwinkel-Verfahren s. Abschn. 3.1.1.

[3]) Für GV-Verbindungen mit Lochspiel 2 mm $< \Delta d \leq$ 3 mm sind die Werte der Zeilen 13 und 14 auf 80 % zu ermäßigen.

Tafel **10.6** **Schrauben** (Niete) auf **Lochleibungsdruck.** Zulässige übertragbare Kraft in kN je Schraube für 10 mm Werkstoffdicke bei vorwiegend *ruhend* belasteten Bauteilen.

Zulässige Leibungsspannung zul σ_l.

	Verbindungsart Schrauben-(Niet-) und Bauteil-Werkstoff			zul σ_l [1] $\frac{N}{mm^2}$	Lastfall	Lochdurchmesser für Paßschrauben (Niete) in mm, Schraubengröße 13 M 12	17 M 16	21 M 20	23 M 22	25 M 24	28 M 27	31 M 30	37 M 36
Schrauben (Niete) und hochfeste Schrauben *ohne Vorspannung*													
1	SL	4.6, 5.6, 10.9	St 37	280	H	33,6	44,8	56,0	61,6	67,2	75,6	84,0	100,8
2				320	HZ	38,4	51,2	64,0	70,4	76,8	86,4	96,0	115,2
3		4.6, 5.6 [2]		*300*	*H*	*36,0*	*48,0*	*60,0*	*66,0*	*72,0*	*81,0*	*90,0*	*108,0*
4				*340*	*HZ*	*40,8*	*54,4*	*68,0*	*74,8*	*81,6*	*91,8*	*102,0*	*122,4*
5		5.6, 10.9	St 52	420	H	50,4	67,2	84,0	92,4	100,8	113,4	126,0	151,2
6				480	HZ	57,6	76,8	96,0	105,6	115,2	129,6	144,0	172,8
7	SLP [3]	4.6, 5.6, 10.9	St 37	320	H	41,6	54,4	67,2	73,6	80,0	89,6	99,2	118,4
8				360	HZ	46,8	61,2	75,6	82,8	90,0	100,8	111,6	133,2
9		5.6, 10.9	St 52	480	H	62,4	81,6	100,8	110,4	120,0	134,4	148,8	177,6
10				540	HZ	70,2	91,8	113,4	124,2	135,0	151,2	167,4	199,8
Hochfeste Schrauben mit *teilweiser Vorspannung* ≥ 0,5 F_v (F_v nach Tafel **10.**5, Zeile 17)													
11	SL	10.9	St 37	380	H	45,6	60,8	76,0	83,6	91,2	102,6	114,0	136,8
12				430	HZ	51,6	68,8	86,0	94,6	103,2	116,1	129,0	154,8
13			St 52	570	H	68,4	91,2	114,0	125,4	136,8	153,9	171,0	205,2
14				645	HZ	77,4	103,2	129,0	141,9	154,8	174,2	193,5	232,2
15	SLP	10.9	St 37	420	H	54,6	71,4	88,2	96,6	105,0	117,6	130,2	155,4
16				470	HZ	61,1	79,9	98,7	108,1	117,5	131,6	145,7	173,9
17			St 52	630	H	81,9	107,1	132,3	144,9	157,5	176,4	195,3	233,1
18				710	HZ	92,3	120,7	149,1	163,3	177,5	198,9	220,1	262,7
Hochfeste Schrauben mit *voller Vorspannung* ≥ 1,0 F_v (F_v nach Tafel **10.**5, Zeile 17)													
19	GV	10.9	St 37	480	H	57,6	76,8	96,0	105,6	115,2	129,6	144,0	172,8
20				540	HZ	64,8	86,4	108,0	118,8	129,6	145,8	162,0	194,4
21			St 52	720	H	86,4	115,2	144,0	158,4	172,8	194,4	216,0	259,2
22				810	HZ	97,2	129,6	162,0	178,2	194,4	218,7	243,0	291,6
23	GVP	10.9	St 37	480	H	62,4	81,6	100,8	110,4	120,0	134,4	148,8	177,6
24				540	HZ	70,2	91,8	113,4	124,2	135,0	151,2	167,4	199,8
25			St 52	720	H	93,6	122,4	151,2	165,6	180,0	201,6	223,2	266,4
26				810	HZ	105,3	137,7	170,1	186,3	202,5	226,8	251,1	299,7

Die Tafelwerte sind mit der vorh. maßgebenden Bauteildicke min Σt zu multiplizieren. Die Zeilen 15 bis 26 gelten auch nach DS 804 für *nicht* vorw. ruhende Belastung.

[1]) zul σ_l nach DIN 18800-1, Tabelle 7.

[2]) Die Zeilen 3 und 4 sind nach DIN 18801 nur zulässig in Bauteilen aus St 37 in zweischnittigen Verbindungen mit rohen Schrauben mit Lochspiel $\Delta d \leq 1$ mm.

[3]) Die Angaben für Paßschrauben der Festigkeitsklassen 4.6 (5.6) gelten auch für Niete aus St 36 (St 44).

Tafel **10.7** **Zulässige übertragbare Zugkraft zul *Z*** in kN je Schraube bzw. Paßschraube in Richtung der Schraubenachse bei vorwiegend ruhender Belastung.
Zulässige Zugspannung zul σ_z.

Zeile	planmäßige Vorspannung[1])	Festigkeitsklasse der Schrauben	zul σ_z [2]) $\frac{N}{mm^2}$	Lastfall	Schraubengröße									
					M 12	M 16	M 20	M 22	M 24	M 27	M 30	M 36	M 42	M 48
1	0	4.6	110	H	9,3	17,3	27,0	33,3	38,8	50,5	61,7	89,9	123,3	162,0
2			125	HZ	10,5	19,6	30,6	37,9	44,1	57,4	70,1	102,1	140,1	184,1
3		5.6	150	H	12,6	23,6	36,8	45,5	53,0	68,9	84,2	122,6	168,2	221,0
4			170	HZ	14,3	26,7	41,7	51,5	60,0	78,0	95,4	138,9	190,6	250,4
5		10.9	360	H	30,5	56,5	88,2	109,0	127,0	165,2	202,0	294,0	403,6	530,3
6		[3]) [4])	410	HZ	34,6	64,4	100,5	124,2	144,7	188,2	230,2	335,0	459,6	604,0
7	1,0 · F_v	10.9	0,7 F_v/A_s	H	35,0	70,0	112,0	133,0	154,0	203,0	245,0	357,0	–	–
8		[4])	0,8 F_v/A_s	HZ	40,0	80,0	128,0	152,0	176,0	232,0	280,0	408,0	–	–
9	Spannungsquerschnitt A_s in cm^2				0,843	1,57	2,45	3,03	3,53	4,59	5,61	8,71	11,21	14,73

[1]) F_v nach Tafel **10.**5, Zeile 17.

[2]) zul σ_z nach DIN 18800-1, Tab. 10, Zeilen 5 und 6 nur anwendbar, wenn die Lastspielzahl begrenzt ist (s. Norm).

[3]) In SL- und SLP-Verbindungen dürfen bei gleichzeitiger Beanspruchung auf Abscheren und Zug die zulässigen Werte für die einzelnen Beanspruchungsarten unabhängig voneinander ohne Nachweis einer Vergleichsspannung voll ausgenutzt werden. Für zul σ_l gelten bei voller Vorspannung (1,0 F_v) die Werte für teilweise Vorspannung (0,5 F_v), in nicht planmäßig vorgespannten Verbindungen ($\geq$ 0,5 F_v) die Werte ohne Vorspannung, falls Z = zul Z ist. Für kleinere Werte Z kann zwischen den Werten der Tafel **10.**6, Zeilen 11 bis 14 und 1, 2, 5, 6 bzw. Zeilen 15 bis 18 und 7 bis 10 geradlinig interpoliert werden.

Tafel **10.**8 Zulässige Spannungen für Schweißnähte in N/mm^2

	1	2	3			4	5	6	7	8	9	10	11
	Nahtart[4])	Nahtgüte	Spannungsart			St 37		St 52		StE 460		StE 690	
						Lastfall							
						H	HZ	H	HZ	H	HZ	H	HZ
1	Stumpfnaht D(oppel)-HV-Naht (K-Naht)	alle Nahtgüten	Druck und Biegedruck	zul σ_D	Spannungen senkrecht zur Nahtrichtung	160	180	240	270	310	350	410	460
2	HV-Naht D(oppel)-HY-Naht[2]) (K-Stegnaht)	Nahtgüte nachgewiesen[1])	Zug und Biegezug	zul σ_Z									
3	HY-Naht[2]) Dreiblechnaht	Nahtgüte nicht nachgewiesen				135	150	170	190	220	250	240	270
4	Kehlnähte[3])	alle Nahtgüten	Druck und Biegedruck	zul σ_D									
5	Dreiblechnaht		Zug und Biegedruck	zul σ_Z									
6	alle Nähte		Schub in Nahtrichtung	zul τ									
7	HY-Naht Kehlnähte		Vergleichs-wert	zul σ_V									

[1]) Freiheit von Rissen, Binde- und Wurzelfehlern und Einschlüssen, ausgenommen vereinzelte und unbedeutende Schlackeneinschlüsse und Poren, ist mit Durchstrahlungs- oder Ultraschalluntersuchung nachzuweisen.
Dieser Nachweis gilt als erbracht, wenn beim Durchstrahlen von mindestens 10% der Nähte, wobei die Arbeit aller beteiligten Schweißer gleichmäßig zu erfassen ist, ein einwandfreier Befund (d. h. mindestens Nahtgüte „blau" nach IIW-Katalog) festgestellt wird.

[2]) Wegen des vorhandenen Wurzelspaltes kommen für Zug und Biegezug (bei StE 460 und StE 690 auch für Druck und Biegedruck) nur die Werte der Zeile 3 in Betracht.

[3]) Für zul σ_D oder zul σ_Z in symmetrischen Stirnkehlnähten an Bauteilen aus St 37 dürfen die Werte nach Zeile 1 und 2 angesetzt werden.

[4]) Nahtformen s. DIN 18800-1 (3.81).

10.4 Systematische Zusammenstellung der wichtigsten Formeln zu den Stabilitätsnachweisen

Sonderfälle sind nicht erfaßt. Bei der Anwendung der nachfolgenden „Flußdiagramme" wird **gründliche Kenntnis** der entsprechenden Textabschnitte **und** der Normen selbst vorausgesetzt!

(I) ALLGEMEINE FORMELN/BEGRIFFE

$s_K = \pi \cdot \sqrt{EI/N_{Ki}}$ (6.24) $\varepsilon = l \cdot \sqrt{N/(EI)_d} = l \cdot \sqrt{\gamma_M \cdot N/(EI)_k}$ (6.27)

$\lambda_K = s_K/i$ (6.25) $\bar{\lambda}_K = \lambda_K/\lambda_a = \sqrt{N_{pl}/N_{Ki}}$ (6.29) $\lambda_a = 92{,}9$ St 37; $\lambda_a = 75{,}9$ St 52 (6.26)

$\eta_{Ki} = \frac{N_{Ki,d}}{N}$ (6.28) $\bar{\lambda}_M = \sqrt{M_{pl,y}/M_{Ki,y}}$ (6.30) $M_{Ki,y}$ = „Kippmoment"

$N_{pl} = A \cdot f_{y,k}$; $N_{pl,d} = N_{pl}/\gamma_M$ $M_{pl} = \alpha_{pl} \cdot W \cdot f_{y,k}$; $M_{pl,d} = M_{pl}/\gamma_M$

$\varkappa$ ($\varkappa_M$) Abminderungsfaktoren für Biegeknicken (– drillknicken)

(II) MITTIGER DRUCK

Biegeknicken

$\bar{\lambda}_K \leq 0{,}2$: $\varkappa = 1{,}0$ Kein Nachweis erforderlich

$\bar{\lambda}_K > 0{,}2$: $k = 0{,}5 \cdot [1 + \alpha \cdot (\bar{\lambda}_K - 0{,}2) + \bar{\lambda}_K^2]$ (6.31b)

α =	0,21	0,34	0,49	0,76
Linie	a	b	c	d

Tafel **6.4**

$$\varkappa = \frac{1}{k + \sqrt{k^2 - \bar{\lambda}_K^2}} \quad (6.31c)$$

$\bar{\lambda}_K > 3{,}0$: $\varkappa = \frac{1}{\bar{\lambda}_K \cdot (\bar{\lambda}_K + \alpha)}$ (vereinfacht) (6.31 d)

Biegedrillknicken

Nachweis erforderlich für:

⊤, ∟-Profile

I-Profile geschweißt, nicht ähnlich gewalzt

N_{Ki} Normalkraft unter der kleinsten Verzweigungslast (u. U. $N_{Ki,D}$)

$N_{Ki,D}$ Drillknicklast z. B. über λ_{Vi} nach Tafel **6.6** bei punkt- und doppelsymmetrischen Querschnitten mit beidseitiger Gabellagerung maßgebend, falls $i_p^2 > c^2$; i_p, c nach Tafel **6.6**

$$\boxed{\frac{N}{\varkappa \cdot N_{pl,d}} \leq 1} \quad (6.33)\ (6.37)$$

Fortsetzung s. nächste Seiten

(III) EINACHSIGE BIEGUNG MIT NORMALKRAFT

Nachweis am

Biegeknicken

Gesamtsystem (A) oder **Ersatzstab** (B)

(A) Nachweis nach Th.II.O mit Imperfektionen
Nachweisverfahren: Tafel **2**.3

(B) Ersatzstabverfahren ($N/\varkappa \cdot N_{pl,d} \geq 0{,}1$)

– Sonderfall:

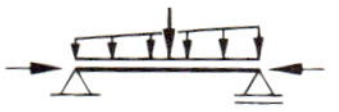

wie (II) mit $k \rightarrow k'$

$$\boldsymbol{k' = k + 0{,}5 \cdot \frac{M/M_{pl,d}}{N/N_{pl,d}}} \qquad (6.44)$$

– Allgemein:
$\boldsymbol{\beta}_m$ – Momentenbeiwerte nach Tafel **6**.7

$$\boldsymbol{\Delta n = \frac{N}{\varkappa \cdot N_{pl,d}} \cdot \left(1 - \frac{N}{\varkappa \cdot N_{pl,d}}\right) \cdot \varkappa^2 \cdot \overline{\lambda}_K^2 \leq 0{,}1} \qquad (6.46)$$

$$\boldsymbol{\frac{N}{\varkappa \cdot N_{pl,d}} + \frac{\beta_m \cdot M}{M_{pl,d}} + \Delta n \leq 1} \qquad (6.45)$$

$M = M^1$ ohne Imperfektionen;

$\alpha_{pl} \leq 1{,}25$;

Biegedrillknicken

Ersatzstab (B)

(B) Ersatzstabverfahren

$M_{Ki,y}$ „Kippmoment" bei $N = 0$
s. Literatur oder (V)

$$\overline{\lambda}_M \leq 0{,}4 : \varkappa_M = 1 \qquad (6.55a)$$

$$\overline{\lambda}_M > 0{,}4 : \varkappa_M = \boldsymbol{\left(\frac{1}{1 + \overline{\lambda}_M^{2n}}\right)^{1/n}} \qquad (6.55b)$$

n = Trägerbeiwert nach Tafel **6**.9

$$\boldsymbol{a_y = 0{,}15 \cdot (\overline{\lambda}_{K,z} \cdot \beta_{M,y} - 1{,}0) \leq 0{,}9} \qquad (6.53)$$

$$\boldsymbol{k_y = 1 - N \cdot a_y/\varkappa_z \cdot N_{pl,d} \leq 1} \qquad (6.54)$$

β_{My} Momentenbeiwert nach Tafel **6**.7

N_{Ki} s. (II), Biegedrillknicken

$$\boldsymbol{\frac{N}{\varkappa_z \cdot N_{pl,d}} + \frac{M_y}{\varkappa_M \cdot M_{pl,y,d}} \cdot k_y \leq 1} \qquad (6.52)$$

Feldmomente nach Th.I.O.
Stabendmomente u. U. nach Th.II.O.

$\alpha_{pl} \leq 1{,}25$;

(IV) ZWEIACHSIGE BIEGUNG MIT/OHNE NORMALKRAFT

Biegeknicken

Nachweismethode 1

$\beta_{My/z}$ Momentenbeiwert Tafel **6**.7

$$\boldsymbol{a_{y/z} = \overline{\lambda}_{K,y/z} \cdot (2 \cdot \beta_{My/z} - 4) + (\alpha_{pl,y/z} - 1) \leq 0{,}8} \qquad (6.60)$$

$$\boldsymbol{k_{y/z} = 1 - N \cdot a_{y/z}/\varkappa_{y/z} \cdot N_{pl,d} \leq 1{,}5} \qquad (6.61)$$

y/z Auswertung für Index „y" und „z"
$M_{y/z}$ max $M_{y/z}$ nach Th.I.O. ohne Imperfektion
$\varkappa$ min ($\varkappa_y$, $\varkappa_z$)

$$\boldsymbol{\frac{N}{\varkappa \cdot N_{pl,d}} + \frac{M_y}{M_{pl,y,d}} \cdot k_y + \frac{M_z}{M_{pl,z,d}} \cdot k_z \leq 1} \qquad (6.59)$$

$\alpha_{pl,z} > 1{,}25$ erlaubt

Nachweismethode 2

$\beta_{m,y/z}$ – Momentenbeiwert Tafel **6**.7

$$\boldsymbol{c_z = \frac{1}{c_y} = \frac{1 - \overline{\lambda}_{K,y}^2 \cdot N/N_{pl,d}}{1 - \overline{\lambda}_{K,z}^2 \cdot N/N_{pl,d}}} \qquad \text{Tafel } \mathbf{6}.11$$

$\varkappa = \min(\varkappa_y, \varkappa_z)$

Tafel **6**.11

$\varkappa_y$; $\varkappa_z$	k_y	k_z
$\varkappa_y \leq \varkappa_z$	1	c_z
$\varkappa_y = \varkappa_z$	1	1
$\varkappa_y > \varkappa_z$	c_y	1

$M_{y/z}$ wie Methode 1

Δn nach (III) mit $\overline{\lambda}_K$ entsprechend min $\varkappa$

$$\boldsymbol{\frac{N}{\varkappa \cdot N_{pl,d}} + \frac{\beta_{m,y} \cdot M_y}{M_{pl,y,d}} \cdot k_y + \frac{\beta_{m,z} \cdot M_z}{M_{pl,z,d}} \cdot k_z + \Delta n \leq 1} \qquad (6.58)$$

$\alpha_{pl} \leq 1{,}25$

Biegedrillknicken

$$\frac{N}{\varkappa_z \cdot N_{pl,d}} + \frac{M_y}{\varkappa_M \cdot M_{pl,y,d}} \cdot k_y + \frac{M_z}{M_{pl,z,d}} \cdot k_z \leq 1 \tag{6.62}$$

k_y nach (III); $a_y \leq 0{,}9$; $k_y \leq 1$

k_z nach (IV), Methode 1 ; $a_z \leq 0{,}8$; $k_z \leq 1{,}5$

$a_{pl} > 1{,}25$ erlaubt

Näherung: $k_y = 1{,}0 \quad k_z = 1{,}5$

(V) EINACHSIGE BIEGUNG OHNE NORMALKRAFT (KIPPEN)

Vereinfachter Nachweis

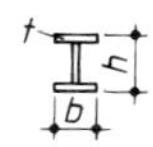

c Abstand der seitl. Stützung

k_c Normalkraftbeiwert nach Tafel **8**.4

$i_{z,g}$ Trägheitsradius d. Druckgurtes, Gl. (8.12)

$$\bar{\lambda}_K = \frac{c \cdot k_c}{i_{z,g} \cdot \lambda_a} \tag{8.13}$$

$$\bar{\lambda}_K \leq 0{,}5 \cdot M_{pl,y,d}/M_y \quad (8.13)$$

oder:

$$\frac{0{,}843 \cdot \max M_y}{\varkappa \cdot M_{pl,y,d}} \leq 1 \tag{8.14}$$

$\varkappa := \varkappa_c$ für $\bar{\lambda}_K$ nach Gl. (8.13)

$\varkappa := \varkappa_d$ für Blechträger ; $h/t \leq 44 \cdot \sqrt{240/f_{y,K}}$ (8.15)

Genauer Nachweis: bei $\bar{\lambda}_M > 0{,}4$

$M_{Ki,y}$ Kippmoment nach Literatur oder:

ζ Momentenbeiwert nach Tafel **6**.8

$$N_{Ki,z} = \pi^2 \cdot EI_z/l^2$$

$$c^2 = (C_M + 0{,}039 \cdot l^2 \cdot I_T)/I_z \tag{6.50}$$

z_p Lastangriff

$$M_{Ki,y} = \zeta \cdot N_{Ki,z} \cdot \left(\sqrt{c^2 + 0{,}25 \cdot z_p^2} + 0{,}5 \cdot z_p\right) \tag{6.49}$$

oder: $h < 600$ mm:

$$M_{Ki,y} \approx 1{,}32 \cdot b \cdot t \cdot EI_y/l \cdot h^2 \tag{6.51}$$

$\varkappa_M$ nach (III)

$$\frac{M_y}{\varkappa_M \cdot M_{pl,y,d}} \leq 1 \tag{8.16}$$

(VI) MEHRTEILIGE EINFELDRIGE DRUCKSTÄBE

Geometrie und Schnittgrößenverlauf

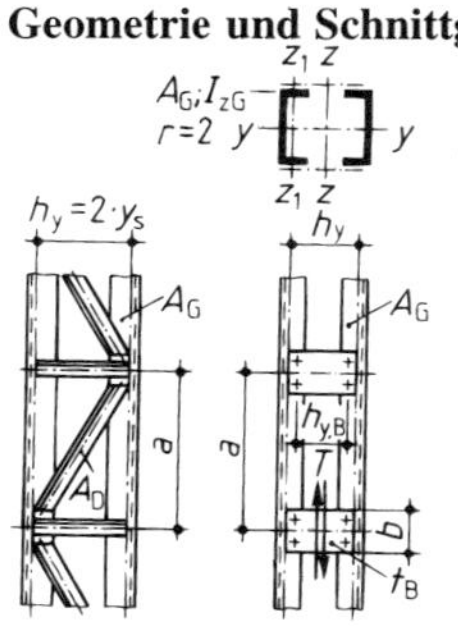

r = Anzahl der Gurte

Mehrteilige Stäbe, Beispiele für Gitterstab und Rahmenstab

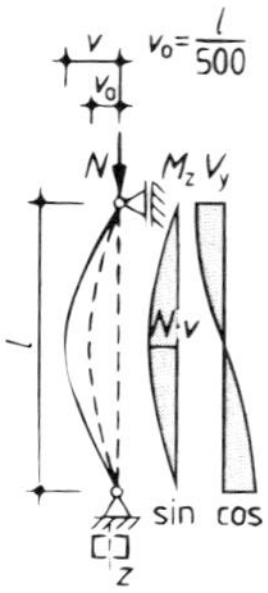

Schnittgrößenverlauf

Fortsetzung s. nächste Seite

Querschnittswerte

A_G, $I_{z,G}$ Querschnittswerte des Einzelgurtes

$$I_z = \sum\left(A_G \cdot y_s^2 + I_{z,G}\right) \quad (6.65)$$

$$A = \sum A_G \quad (6.70)$$

$$i_z = \sqrt{I_z/A} \quad (6.69)$$

$$I_z^* = \sum\left(A_G \cdot y_s^2 + \eta \cdot I_{z,G}\right) \quad (6.66) \qquad \eta = 0 \text{ für Gitterstäbe}$$

$$W_z^* = I_z^*/y_s \quad (6.68) \qquad \lambda_{K,z} = s_{K,z}/i_z$$

Tafel **6.**12 Korrekturwerte η für Rahmenstäbe

$\lambda_{K,z}$	η
≤ 75	1
$75 < \lambda_{K,z} \leq 150$	$2 - \frac{\lambda_{K,z}}{75}$
> 150	0

Schnittgrößen am Gesamtsystem

$$N_{Ki,z,d} = \frac{1}{\frac{l^2}{\pi^2 EI^*_{z,d}} + \frac{1}{S^*_{z,d}}} \quad (6.72)$$

Stabmitte:

$$M_z = \frac{N \cdot v_o}{1 - N/N_{Ki,z,d}} \quad (6.71)$$

Stabende:

$$\max V_y = \pi \cdot M_z/l \quad (6.73)$$

Nachweise

Einzelstab	End-/Einzelfeld	Bindeblech/-Anschluß
$\lambda_{K,1} = s_{K,1}/i_1 \leq 70$ (6.77) $N_G = \frac{N}{r} + \frac{M_z}{W_z^*} \cdot A_G$ (6.76) $N_D = \max V_y/n \cdot \sin\alpha$ (6.78) n Anzahl der Diagonalen $\frac{N_G}{\varkappa_1 \cdot N_{pl,G,d}} \leq 1$ $\frac{N_D}{\varkappa_D \cdot N_{pl,D,d}} \leq 1$	$M_G = \frac{\max V_y}{r} \cdot \frac{a_y}{2}$ (6.82) $N_G = \frac{N}{r} + \frac{M_z\,(x = a)}{W_z^*} \cdot A_G$ (6.81) $V_G = \max V_y/r$ (6.83) – „Spannungsnachweis“ o. – „Interaktionsnachweis“	$T_B = \max V_y \cdot a/h_y$ $M_B = T_B \cdot h_{y,B}/2$ – Aufteilung auf die Bindebleche – „Spannungsnachweis“ – „Interaktionsnachweis“

G = Gurt; D = Diagonale

11 Formeln und Begriffe nach DIN 18800-1 und -2

Koordinaten, Verschiebungs- und Schnittgrößen sowie Imperfektionen

x	Stabachse
y, z	Hauptachsen des Querschnitts (die Zeichen sind bei einteiligen Stäben so gewählt, daß $I_y > I_z$ ist)
u, v, w	Verschiebung in Richtung der Achsen x, y, z
ϑ	Verdrehung um die x-Achse
v_0, w_0	Stich einer Vorkrümmung im spannungslosen (unbelasteten) Zustand
φ_0	Stabdrehwinkel des vorverformten (imperfekten) Tragwerks im spannungslosen (unbelasteten) Zustand
N	Normalkraft, als Druck positiv (D, Z)
M_y, M_z	Biegemomente
M_x	Torsionsmoment (M_r)
V_y, V_z	Querkräfte (Q_y, Q_z)
σ	Normalspannung
τ	Schubspannung
$\Delta\sigma$	Spannungsschwingbreite

Querschnittsgrößen

t	Erzeugnisdicke, Blechdicke
b	Breite von Querschnittsteilen
A	Querschnittsfläche
A_{Steg}	Stegfläche
S	Statisches Moment
I	Flächenmoment 2. Grades (früher: Trägheitsmoment)
W	elastisches Widerstandsmoment
N_{pl}	Normalkraft im vollplastischen Zustand
M_{pl}	Biegemoment im vollplastischen Zustand
M_{el}	Biegemoment, bei dem die Spannung σ_x an der ungünstigen Stelle des Querschnitts f_y erreicht
$\alpha_{pl} = \dfrac{M_{pl}}{M_{el}}$	plastischer Formbeiwert
V_{pl}	Querkraft im vollplastischen Zustand (Q_{pl})
d	Durchmesser
d_L	Lochdurchmesser (d_l)
d_{Sch}	Schaftdurchmesser
Δd	Nennlochspiel
a	rechnerische Schweißnahtdicke
$i = \sqrt{\dfrac{I}{A}}$	Trägheitsradius
I_T	Torsionsflächenmoment 2. Grades (St. Venantscher Torsionswiderstand)
I_ω	Wölbflächenmoment 2. Grades (C_M) (Wölbwiderstand)

(...) bisher übliche Bezeichnung

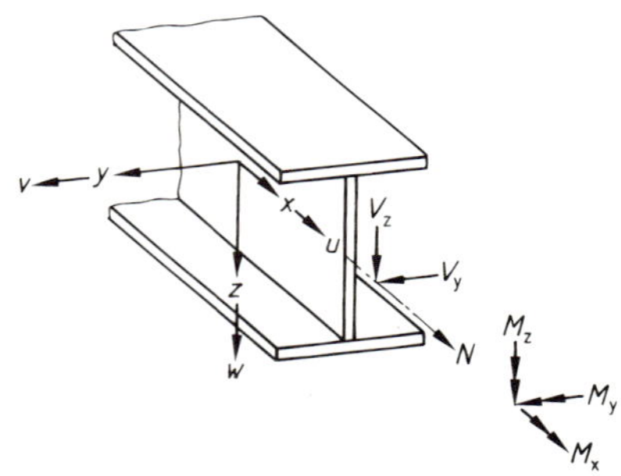

Koordinaten, Verschiebungs- und Schnittgrößen

Physikalische Kenngrößen, Festigkeiten

E	Elastizitätsmodul (E-Modul)
G	Schubmodul
α_T	lineare Temperaturdehnzahl
f_y	Streckgrenze (β_s)
f_u	Zugfestigkeit (β_z)
μ	Reibungszahl

Einwirkungen, Widerstandsgrößen und Sicherheitselemente

F	Einwirkung (allgemeines Formelzeichen)
G	ständige Einwirkung
Q	veränderliche Einwirkung
F_A	außergewöhnliche Einwirkung
F_E	Erddruck

M Widerstandsgröße (allgemeines Formelzeichen)

γ_F Teilsicherheitsbeiwert für die Einwirkungen

γ_M Teilsicherheitsbeiwert für die Widerstandsgrößen

ψ Kombinationsbeiwert für Einwirkungen

S_d Beanspruchung (allgemeines Formelzeichen)

R_d Beanspruchbarkeit (allgemeines Formelzeichen)

Nebenzeichen

Index k charakteristischer Wert einer Größe

Index d Bemessungswert einer Größe

Index R,d Beanspruchbarkeit

Index S,d Beanspruchung

Index w Schweißen

Index b Schrauben, Niete Bolzen

vers vorangestelltes Nebenzeichen zur Kennzeichnung eines Versuchswertes

Formel- und Nebenzeichen sind zum Teil aus der englischen Sprache abgeleitet: z. B. weld, bolt.

Systemgrößen

l Systemlänge eines Stabes

N_{Ki} Normalkraft unter der kleinsten Verzweigungslast nach der Elastizitätstheorie

$s_K = \sqrt{\dfrac{\pi^2 (E \cdot I)}{N_{Ki}}}$ zu N_{Ki} gehörende Knicklänge eines Stabes

$\lambda_K = \dfrac{s_K}{i}$ Schlankheitsgrad

$\lambda_a = \pi \sqrt{\dfrac{E}{f_{y,k}}}$ Bezugsschlankheitsgrad

$\bar{\lambda}_K = \dfrac{\lambda_K}{\lambda_a} = \sqrt{\dfrac{N_{pl}}{N_{Ki}}}$ bezogener Schlankheitsgrad bei Druckbeanspruchung,

$\varkappa$ Abminderungsfaktor nach den Europäischen Knickspannungslinien

$\varepsilon = l \sqrt{\dfrac{N}{(E \cdot I)_d}}$ Stabkennzahl

$\eta_{Ki} = \dfrac{N_{Ki,d}}{N}$ Verzweigungslastfaktor des Systems

$M_{Ki,y}$ Biegedrillknickmoment nach der Elastizitätstheorie bei Wirkung von Momenten M_y ohne Normalkraft

$\bar{\lambda}_M = \sqrt{\dfrac{M_{pl,y}}{M_{Ki,y}}}$ bezogener Schlankheitsgrad bei Biegemomentenbeanspruchung

$\varkappa_M$ Abminderungsfaktor für das Biegedrillknicken

Anmerkung 1: Der Bezugsschlankheitsgrad beträgt für Erzeugnisdicken $t \leq 40$ mm:
$\lambda_a = 92{,}9$ für St 37 mit $f_{y,k} = 240$ N/mm²
$\lambda_a = 75{,}9$ für St 52 mit $f_{y,k} = 360$ N/mm²

Anmerkung 2: Bei der Ermittlung bezogener Schlankheitsgrade ist für f_y, $(E \cdot I)$, N_{Ki} und M_{Ki} einheitlich entweder mit deren charakteristischen Werten oder mit deren Bemessungswerten zu rechnen.

Anmerkung 3: η_{Ki} ist für alle Stäbe eines biegesteifen Stabwerkes gleich groß.

Anmerkung 4: Das Moment $M_{Ki,y}$ wird in der Literatur häufig als Kippmoment bezeichnet.

Sachverzeichnis